深基础工程技术创新实践
（2024—2025）

主　编　张晋勋
副主编　龚维明　武福美

中国建筑工业出版社

图书在版编目（CIP）数据

深基础工程技术创新实践. 2024—2025 / 张晋勋主编 ; 龚维明, 武福美副主编. -- 北京 : 中国建筑工业出版社, 2025. 3. -- ISBN 978-7-112-30953-5

Ⅰ. TU473.2

中国国家版本馆 CIP 数据核字第 2025MG1061 号

责任编辑：杨　允
文字编辑：冯天任
责任校对：张　颖

深基础工程技术创新实践（2024—2025）
主　编　张晋勋
副主编　龚维明　武福美
*
中国建筑工业出版社出版、发行（北京海淀三里河路 9 号）
各地新华书店、建筑书店经销
国排高科（北京）人工智能科技有限公司制版
建工社（河北）印刷有限公司印刷
*
开本：880 毫米 × 1230 毫米　1/16　印张：18¾　字数：777 千字
2025 年 3 月第一版　2025 年 3 月第一次印刷
定价：**99.00** 元
ISBN 978-7-112-30953-5
（44696）

深基础工程技术创新实践（2024—2025）

序　言

作为中国深基础工程领域最具影响力的交流盛会，深基础工程发展论坛（AFDF）始终秉持“创新驱动、协同共进”的核心理念，汇聚政产学研精英，为行业技术跃升与产业转型注入磅礴动力。本届论坛以“创新智能 低碳数化”为主题，紧密契合国家战略与行业需求，聚焦智能化、绿色化、国际化的发展趋势，旨在构建深基础工程可持续发展的新坐标。

2025 年，是中国建筑业全力践行“双碳”目标、培育新质生产力的关键之年。“绿色建造”“智能建造”与“产业国际化”成为全国两会的热议话题。深基础工程作为建筑业的基石，亟需以科技创新破解复杂环境的技术难题，以低碳理念重塑工程建设逻辑。本届论坛的举办，正是对国家“十四五”规划的积极响应，也是对行业转型升级需求的精准对接。论坛议题广泛涵盖“人工智能与大数据应用”“海上风电基础创新”“低碳材料研发”等前沿领域，既展现了技术的前瞻性，又凸显了实践的务实性。

回溯第十三届论坛的“无锡共识”，六大方向为行业变革清晰指引了路径：从理念转型到技术融合，从数字化赋能到国际化合作，直击行业痛点。本届论坛在此基础上进一步深化拓展，以“创新智能 低碳数化”为主线，推动理论创新与实践应用的深度融合。数字化技术已从“虚实共生”的概念探索，迈向工程全周期管理的实际应用；人工智能算法在深基础设计中的精准预测，BIM 技术在施工中的动态协同，正逐步成为行业标配，引领行业迈向新高度。

本论文集精心收录 55 篇学术成果，分为深基坑工程、工程桩与地基基础、地基处理与复合地基、工程检测技术、岩土工程材料五大板块，全面覆盖技术研发、工程实践与标准创新的完整链条。在论文集中，我们欣喜地看到，无论是桥梁深基和深水基础工程设计的新方法，还是海上风电基础的创新性研究；无论是新型深基础工程材料的大胆探索，还是基于人工智能和大数据的设计施工技术，都无不体现了作者们对深基础工程领域的无限热爱与执着追求，以及对未来发展的深刻洞察与精准把握。这些研究成果不仅具有理论价值，更具备切实的实践意义，将为深基础工程的发展注入新活力。

以智能为引擎，以低碳为底色，深基础工程正屹立在新一轮技术革命的前沿。让我们以本届论坛为契机，共拓创新，共享合作机遇，携手书写中国深基础工程高质量发展的崭新篇章！

第十四届深基础工程发展论坛
学术委员会主任

2025 年 3 月

序 言

目　录

第一部分　深基坑工程

第二部分　工程桩与地基基础

第三部分　地基处理与复合地基

第四部分　工程检测技术

第五部分　岩土工程材料

第一部分

深 基 坑 工 程

不同开挖时序下相邻型基坑变形特征及坑外土体沉降研究

陶延安[1]，赵文庆[2,3]，戴国亮[*2,3]，龚维明[2,3]，朱文波[2,3]，尹紫蔚[2]

（1. 中国铁建投资集团有限公司，北京 100855；2. 东南大学土木工程学院，南京 211189；3. 东南大学南通海洋高等研究院，南通 226010）

摘　要：目前对于城市地下空间建设的现有研究主要针对基坑开挖对邻近的建筑的影响和基坑群内基坑同步开挖时的相互影响，但是对基坑群施工时相邻型基坑不同的开挖时序的影响研究较少。为填补该研究领域的空白，以江北地下空间某组相邻型基坑为背景，使用 Plaxis 3D 软件对不同施工顺序下土压力、坑外沉降和围护结构变形的影响进行研究。得到以下结论：①水平位移最大值：同步施工工况下为 26.8mm，先后开挖工况下为 34.6mm，交叉开挖工况下为 36.9mm，因此在施工条件允许的情况下，应优先采用同步施工进行施工。②不同的开挖时序引起地表的最终沉降没有显著变化，且沉降趋势类似，中部沉降值和边部沉降值在同步开挖时分别为−26.5mm 和−20.7mm；在先后开挖时分别为−25.0mm 和−18.7mm；在交叉开挖时分别为−26.0mm 和−20.1mm。③先后开挖和交叉开挖的后开挖基坑地下连续墙变形相较于同步开挖的变形略有增大，而先开挖基坑的地下连续墙受到的影响则更大，可达 25%左右，所以应该优先考虑采用同步施工进行施工。④不同的开挖时序下土压力的整体分布基本一致，但是由于底板的刚度较大而基坑变形不同，开挖面所在位置处的土压力变化有明显差距。

关键词：相邻基坑；开挖时序；有限元；变形特征；土体沉降；土压力

0　引言

随着我国城市化的发展，城市规模和城市人口密度增加，城市的地表建筑空间越来越紧张，导致城市地下空间的利用价值提高[1]。地下空间的建设可以提高城市土地资源的利用率，从而有效解决城市空间资源压力的问题[2]，这一需求推动了城市地下空间的建设[3]。但是，由于城市建筑群的密集，建设地下空间时新开挖基坑对于周边邻近建（构）筑物会产生不利影响[4-5]，如：建筑物最大水平位移增加、最大沉降变大、倾斜率升高等，进而使其无法满足相关规范的要求[6]。同时，大型地下空间的建设过程会面临基坑群下的邻近基坑施工问题[7]，相互影响更大，施工风险更高[8-10]。施工过程不仅会受自身施工的影响，还会受到邻近基坑的开挖、支护、卸载等施工过程产生的影响，多种影响叠加，使得基坑的变形、受力情况更加复杂[8]。

目前已有大量学者对于基坑群开挖中基坑之间的相互影响和基坑开挖对邻近建（构）筑物的影响进行了研究[11]。刘子涵等通过理论推导分析了基坑开挖对于邻近隧道的影响[12]；俞建霖等对砂性土地基深基坑开挖进行了研究，表明基坑开挖会引起围护结构、周边土体以及邻近隧道产生向基坑方向的位移[13]；何润洲等通过有限元模拟对于超大基坑群工程同步开挖过程中造成邻近建筑物的位移进行了研究[14]；戴斌等采用数值模拟方法对于上海地区相邻型基坑同步开挖引起的变形进行了研究[15]。顾正瑞等使用 Plaxis 3D 对于上海乍浦路-天潼路基坑群项目进行了分析，结果表明相邻基坑之间土体宽度引起的不同地表沉降不同[16]。

虽然现有研究对于基坑开挖对邻近的建筑的影响和基坑群内基坑之间的相互影响已经进行了较为深入的研究，但是由于工程工期要求和施工设备限制，大多数工程在基坑群开挖时采用的是同步开挖[17-18]，因而已有的对基坑群内基坑之间的相互影响的研究也主要针对的是同步开挖[18]。但是基坑群的开挖存在时空效应，不同的基坑开挖时序的对施工产生的影响同样不容忽视[19]，因此相邻型基坑在不同的开挖时序下的变形规律值得深入研究，该研究不仅可以填补基坑群施工时相邻型基坑在不同的开挖时序的研究空白，未来还可对实际工程中基坑群的非同步开挖提供参考[20]。

本文通过 Plaxis 3D 软件以江北地下空间某组相邻基坑为背景进行研究。研究了不同施工顺序下土压力、坑外沉降和围护结果变形的影响，以期能够对于今后类似相邻型基坑群的施工提供参考。

1　工程概况及有限元模型的建立

1.1　工程概况

江北地下空间位于南京江北新区核心区，场地隶属长江漫滩地貌单元。施工区域地势整体较平坦，局部为沥青混凝土路面。勘察期间，孔口高程为 4.95～5.77m，相对高差为 0.82m。根据详勘报告，场地地表均为第四系地层覆盖，基岩未见出露。表层多为 0～4m 厚的填土；其下为第四系全新统（Q_4）河流-湖沼沉积相粉质黏土、淤泥质粉质黏土、粉细砂；再下为第四系上更新统（Q_3）河床相含砾粉细砂、中粗砂、砾砂及卵砾石为主。第四系地层成因、厚度变化较大。本项目基岩埋深一般在 65.0～75.0m。

本文以江北地下空间二期基坑群工程中两个相邻型基坑 2 号、3 号地块为背景展开研究。2 号基坑面积约为 15875m^2，总延米为 504m；3 号基坑面积约为 16250m^2，总延米为 515m。两个基坑的开挖深度均为 15.9m，两基坑间距约为 16m，约为一倍开挖深度。基坑围护结构均采用厚度为 1.2m、深度为 70m 的地下连续墙（简称“地连墙”），竖向设置四道钢筋混凝土支撑。两个基坑的平面图如图 1 所示，图中点*ABCDEF*为选取的研究点位。

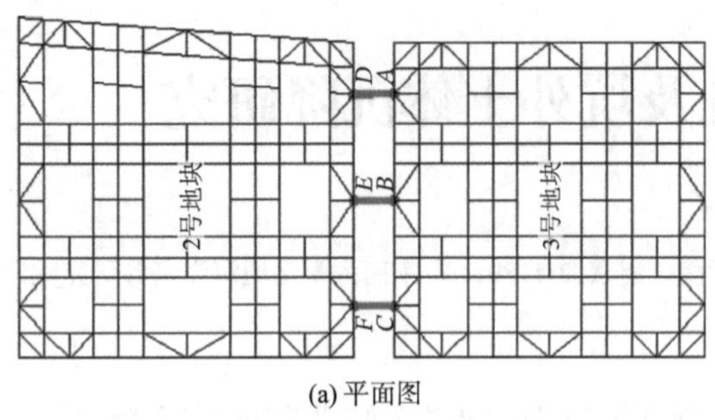

(a) 平面图

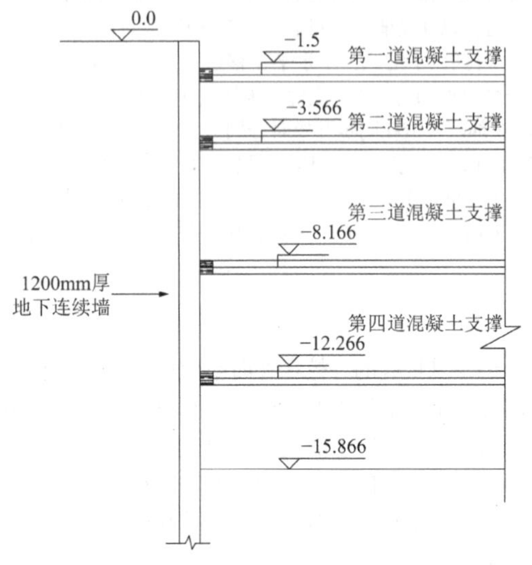

(b) 剖面图

图 1 相邻型基坑示意图

1.2 有限元模型的建立

基坑开挖的主要影响范围为 2 倍的开挖深度，次要影响范围为 2～4 倍的开挖深度；深度范围内，主要影响范围为开挖面以下 1 倍开挖深度，次要影响范围为 1～2 倍开挖深度。综上，为了不考虑边界效应对模拟结果的影响，取基坑距离模型边界为五倍开挖深度，即宽 192m、长 241m；取开挖面距离模型底部为三倍开挖深度，即高 80m。边界条件设置为地表自由边界；模型底部完全固定；土体侧面边界为法向固定。有限元模型如图 2 所示。

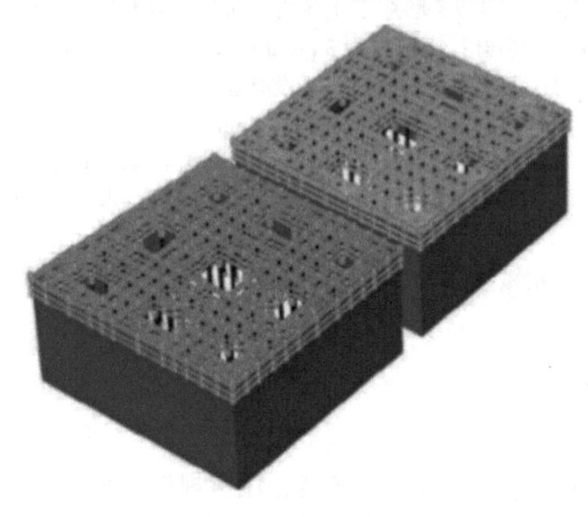

图 2 有限元模型

土体采用小应变土体硬化模型（HSS），具体参数取值见表 1。

土体参数 表 1

编号	土层类型	厚度/m	γ/（kN/m³）	c'^{ref}/kPa	φ'/（°）	ψ	E_{oed}^{ref}/MPa	E_{50}^{ref}/MPa	E_{ur}^{ref}/MPa	调整后G_0^{ref}/MPa	$\gamma_{0.7}$
1-1	杂填土	0.33	18	8	12	0	4.131	5.202	28.66	149.09	3.20×10^{-4}
1-2	素填土	3.5	17.85	12	10	0	4.131	5.202	28.66	149.09	3.20×10^{-4}
2-2	淤泥质粉质黏土	8.3	17.56	11.4	12.7	0	2.7864	3.5088	21.68	76.10	3.20×10^{-4}
2-3	含淤泥粉质黏土夹粉土	10.7	17.62	11.6	13	0	3.3453	4.2126	24.58	103.57	3.20×10^{-4}
2-3a	黏质粉土夹粉质黏土	6.6	17.99	13.2	15	0	3.7908	4.7736	26.89	128.39	3.20×10^{-4}
2-4	粉砂夹粉土	5	18.76	2	31.7	1.7	7.9623	10.0266	48.52	486.55	3.90×10^{-4}
2-5	粉细砂	13.5	18.84	1.8	32.1	2.1	9.3717	11.8014	55.83	658.92	3.90×10^{-4}

1.3 不同开挖时序下的工况

本文设计了三组不同的工况进行模拟。

第一组为相邻基坑同步施工，具体为 2 号和 3 号地块同时开挖第一层土方并设第一道支撑，如图 3 所示。

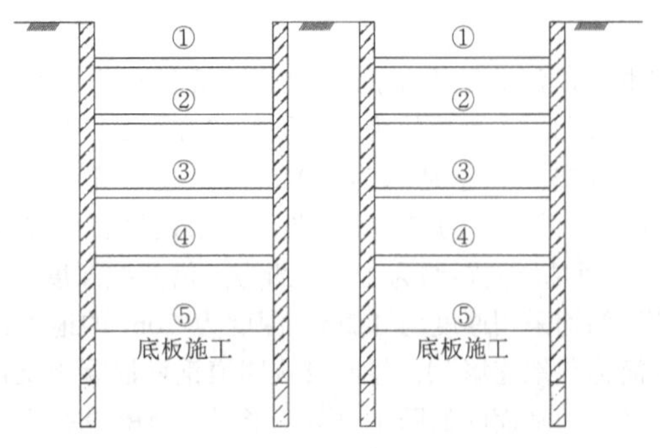

图 3 同步施工示意图

第二组为相邻基坑先后开挖，具体为 2 号基坑先开挖至坑底并浇筑底板后 3 号基坑开挖，如图 4 所示。

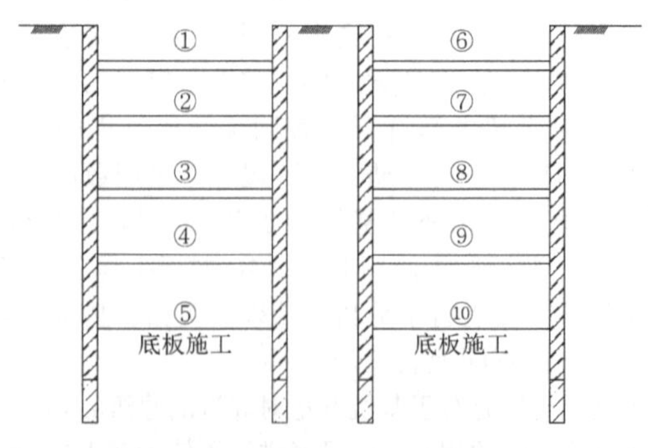

图 4 先后施工示意图

第三组为交叉施工工况，一般在工期紧张时采用该顺序施工。在此工况中，2 号基坑先开挖至坑底但未浇筑底板时 3 号基坑已形成第一道支撑并且已经开始第二层土方的开挖，如图 5 所示。

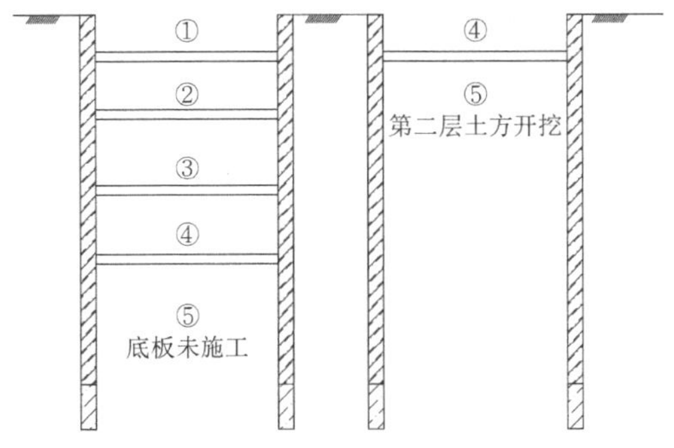

图 5 交叉施工示意图

从定性分析角度，第一组同步开挖时，同一时间内两个基坑开挖深度基本保持一致，两侧土方同时卸荷，安全性较高；第二组的施工顺序下，相邻两个基坑之间存在土方差，土方差越大，两个基坑之间的影响越显著。

2 结果分析

2.1 坑外土体水平位移

图 6 为不同开挖时序下水平方向最不利工况下的位移云图。同步施工工况下，最大水平位移出现在两基坑开挖至坑底时，如图 6（a）所示，此时x方向水平位移在两基坑两侧中点位置较为明显，且绝对值大小基本相同，最大值为 26.8mm，位移均向基坑内侧发展。y方向最大水平位移则出现在两基坑外侧中点位置，方向均向坑内发展，位移数值基本一致。这说明同步开挖工况下产生的x方向水平位移沿两基坑中点连线（对称轴 1）对称分布，y方向水平位移沿两基坑间有限宽土体中心线（对称轴 2）对称分布。

先后开挖工况下，最大水平位移出现在开挖基坑开挖至坑底时，如图 6（c）所示，此时x方向位移分布与同步开挖时相比没有明显变化，但位移最大值增大至 34.6mm。y方向水平位移分布则出现了较为明显的变化，最大水平位移出现在先开挖基坑的远离一侧的地连墙处，而两基坑相邻处的地连墙的位移相比外侧更小。

交叉开挖工况下，最大水平位移出现在后开挖基坑土方开挖至第二层时。如图 6（e）所示，其x方向位移分布与同步开挖及先后开挖较为一致，但是最大位移相达到了 36.9mm，相较于先后开挖略有提升。y方向水平位移则与先后开挖的分布相似，即最大水平位移出现在先开挖基坑的远离一侧的地连墙处。

对比三种工况下x方向的水平位移，同步开挖时产生的最大水平位移数值最小，因此在施工条件允许的情况下，优先采用同步施工进行施工。而先后施工相较于交叉施工产生的位移较小，这可能是因为先开挖基坑的围护结构对于土体的变形起到了一定的限制作用，所以在这两种工况下应该优先考虑先后施工。对比y方向的位移，先后开挖与交叉开挖会引起先开挖基坑外侧方向产生较大水平位移，因此同步施工也应被优先考虑。对比三种工况下x方向和y方向的水平位移，y方向的水平数值普遍更大，因此相邻的两个基坑开挖，应该加强长边方向的变形控制。

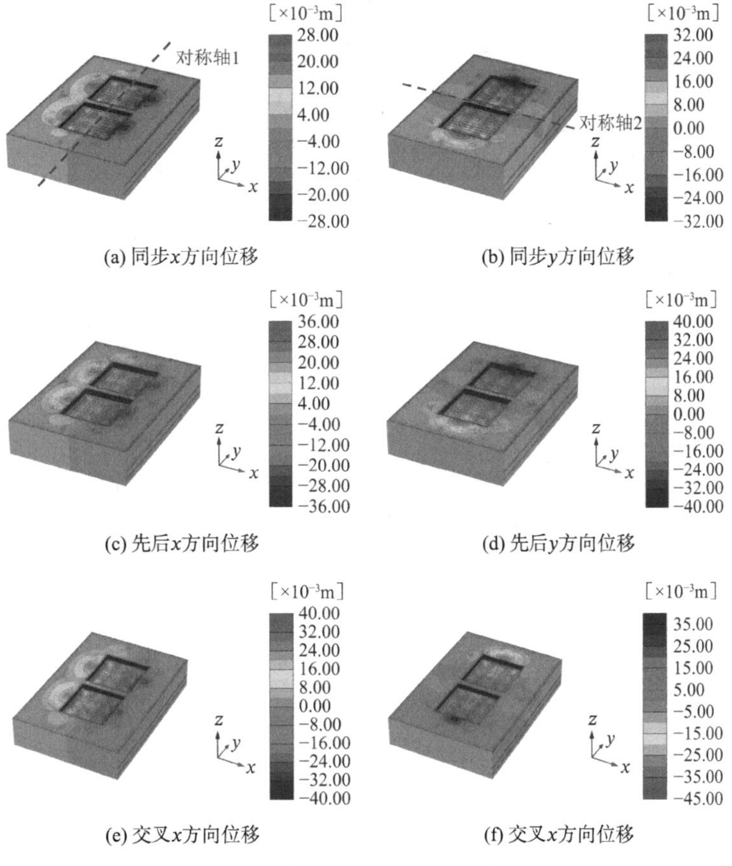

(a) 同步x方向位移　(b) 同步y方向位移

(c) 先后x方向位移　(d) 先后y方向位移

(e) 交叉x方向位移　(f) 交叉x方向位移

图 6 不同施工时序下水平位移云图

2.2 地表沉降

三种不同施工顺序下z轴方向的变形，即坑外地表的沉降，如图7所示。从图中可以看出不同的开挖时序引起地表的最终沉降没有显著变化。相比坑外其余位置的沉降，两个基坑之间的有限宽度土体发生的沉降值更为明显；对于各边的土体沉降，最大值出现在中部。因此应该着重研究中间有限宽土体的沉降。

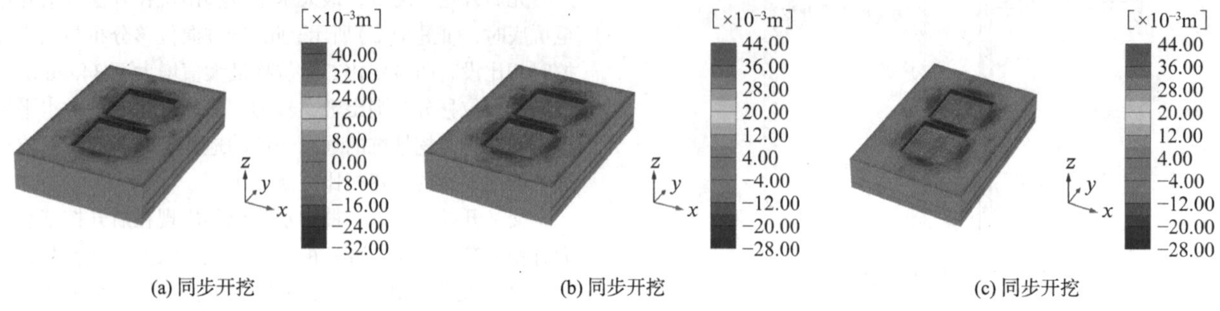

(a) 同步开挖　(b) 同步开挖　(c) 同步开挖

图7　不同开挖工况下z方向位移云图

进一步分析相邻型基坑之间有限宽度土体的主动土压力、地表沉降及相邻侧的地连墙变形，取典型断面进行分析，如图8（a）所示。对于2号基坑，沿相邻侧地连墙取A、B、C三点，对于3号基坑，沿相邻侧地连墙取D、E、F三点，地表沉降取AD、BE、CF连线所在的断面。地连墙以向基坑内变形为正，反之为负。

不同开挖顺序下的地表沉降趋势类似，如图8所示。最大沉降发生在距地连墙10m处，处于两个相邻基坑的中点处，靠近相邻围护结构附近的沉降值偏小，这主要原因是地连墙的摩擦力对靠近地连墙附近土体的竖向位移有一定的限制作用，因此地连墙附近的土体沉降偏小，并随着距离的增大逐渐变大。BE所在断面的沉降要大于AD和CF所在断面，同步开挖时中部沉降值−26.5mm，边部沉降值−20.7mm，减小约21.9%；先后开挖时中部沉降值−25.0mm，边部沉降值−18.7mm，减小约25.2%；交叉开挖时中部沉降值−26.0mm，边部沉降值−20.1mm，减小约22.7%。

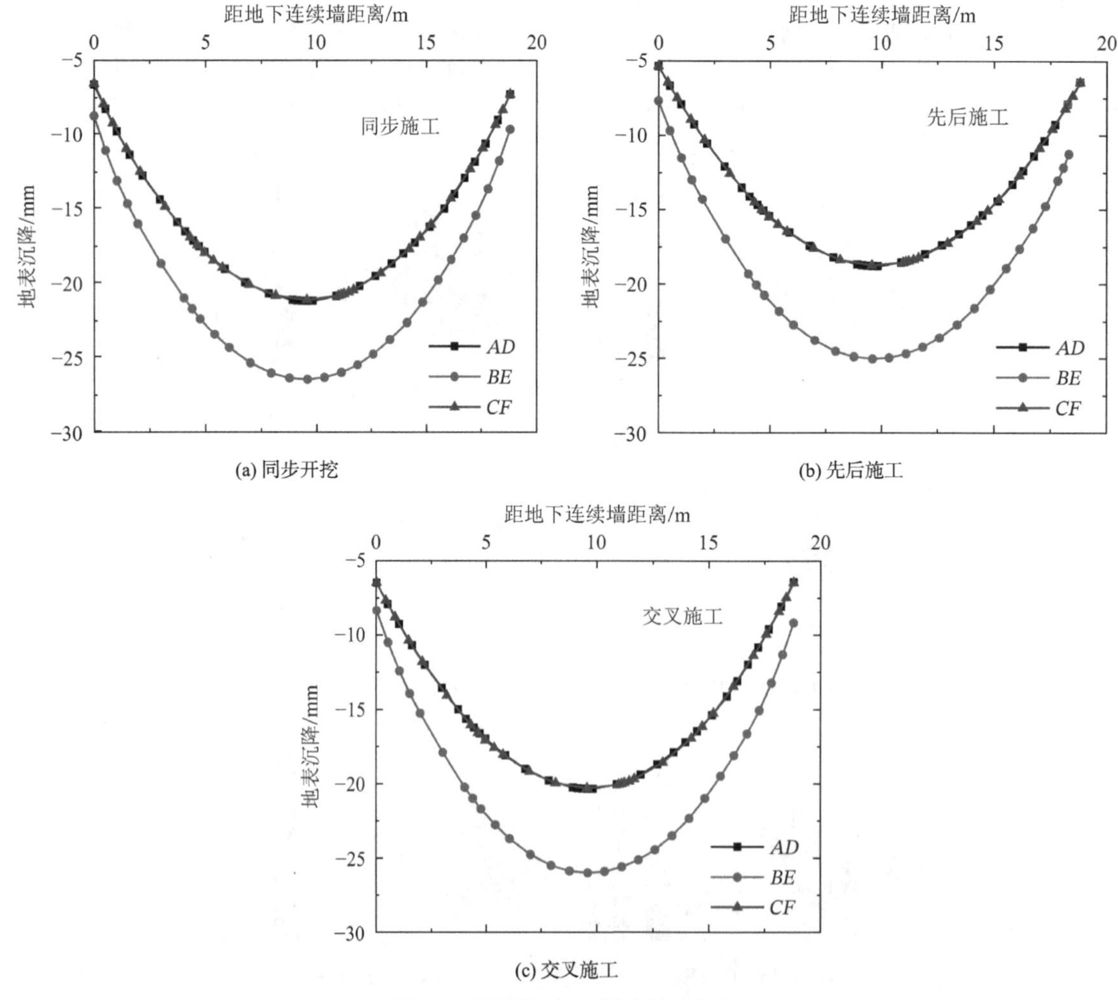

(a) 同步开挖　(b) 先后施工　(c) 交叉施工

图8　不同开挖时序下坑间土体沉降

2.3 墙体水平位移

不同开挖时序下地连墙水平位移见图 9。由图 9 可以看出，在所有施工顺序下地连墙水平位移分布规律呈现出高度一致性，都是先增大后减小，且在−35m 以上有较为明显的变化，呈现 U 形分布；最大位移大致出现在开挖面附近−20m 处；而在−35m 以下则大致呈现线性分布，并缓慢减小；约在−70m 时位移可以基本被忽视。这一现象是由于开挖面以下土体的限制作用使得地连墙的变形难以进一步发展，且该地连墙为嵌岩型地连墙，由于地连墙底部岩体的限制作用相较于土体更大，因此位移基本可以忽略。

在同步开挖时，A与D、B与E、D与F处的变形几乎一样，这与前文的分析中土体位移呈现对称分布的特征可以对应。在同步开挖时，地连墙顶的位移基本为 0mm，这是因为两边土方同时卸载，两侧地连墙的变形对称，且由于浅层土压力较小和第一层支撑的施工，使得地连墙在顶部处向坑内的变形可以忽略。而在先后施工和交错施工时，后开挖基坑的地连墙顶部变形虽然可以忽视，但是先开挖基坑地连墙则产生了较大的变形，这是由于后开挖基坑的卸载使得中间的土体成为有限宽度土体，对先开挖基坑的内侧地连墙的位移限制作用有所削弱。这一现象在D、F处相较于B处更为明显，这是由于D、F处存在贯穿y方向的支撑，将外侧均匀分布土压力转化成立了集中力从而产生了更为明显的变形。

对比三种开挖时序，先后开挖和交叉开挖的后开挖基坑地连墙变形相较于同步开挖的变形略有增大，而先开挖基坑的地连墙受到的影响则更大，可达 25%左右。这一结果同样说明在施工条件允许的情况下，应优先采用同步施工进行施工。若必须采用先后施工或交错施工时应当注意先开挖基坑相邻的一侧地连墙变形会大于后开挖相邻侧的地连墙，应该加强先开挖基坑的变形控制。

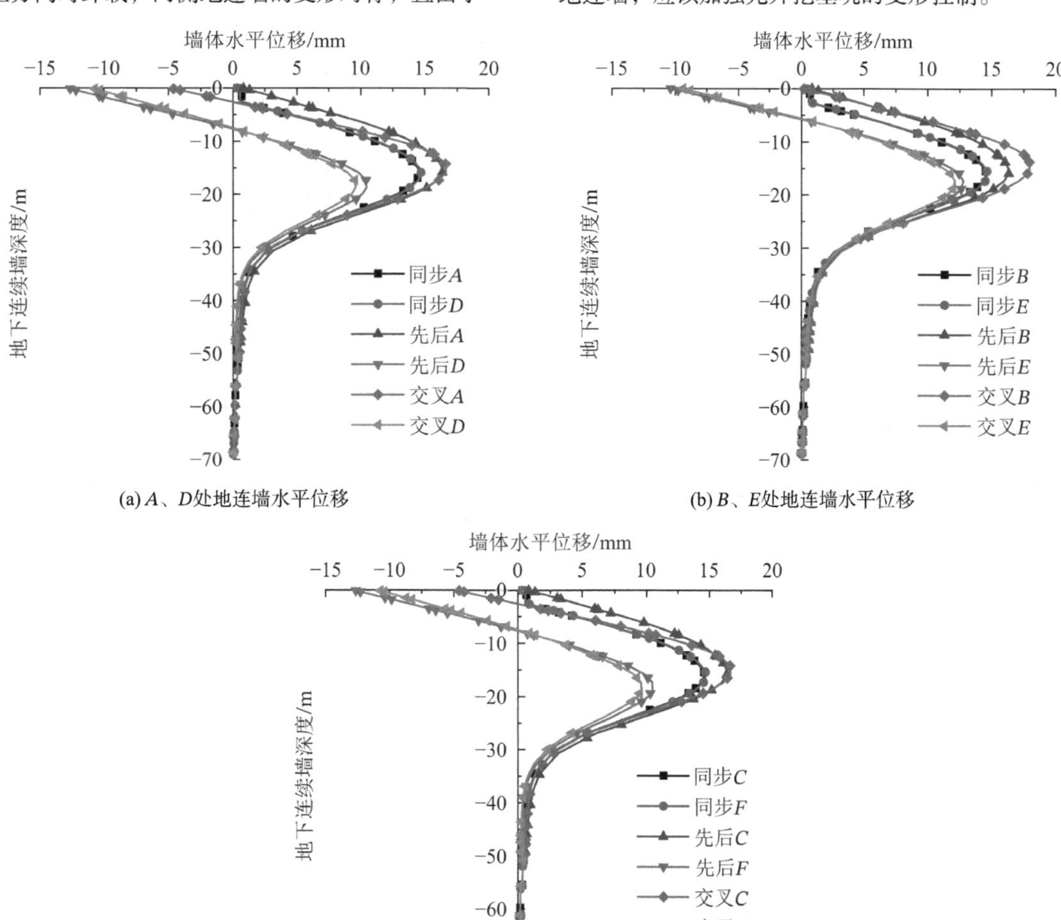

(a) A、D处地连墙水平位移

(b) B、E处地连墙水平位移

(c) C、F处地连墙水平位移

图 9　不同开挖时序下地连墙水平位移

2.4 土压力

不同开挖时序下典型断面的主动土压力如图 10 所示。由图 10（a）可知，A、D处坑外土压力呈现 R 形分布，土压力在开挖面以上大致呈现弧形分布，即先增大后减小，在开挖面以下靠近地连墙墙趾附近一定范围内则呈现线性分布。可以看出在开挖面以上土压力虽然整体呈现弧形分布，但是存在部分凸起，这是因为支撑的存在限制了土体的进一步变形，从而限制了土压力的发展。由图 10（c）可以看出C、F处的土压力分布与A、D比较接近。由图 10（b）可以看出B、E处土压力的分布与其他两处有所不同，这是由于B、E处不存在贯穿y方向的支撑，所以支撑对土体变形起到的限制作用较小，这使得此处的变形相较于*A*、*D*、*C*、*F*处更大，进而导致了土压力数值的增加，但增加的数值并不明显；同时由于支撑的限制作用减弱，开挖面以上土压力曲线形成的凸起相较于其他位置也有所减弱。

对比不同的开挖时序，可以发现不同的开挖时序下土压力的整体分布基本一致，但是我们可以注意到，图 10（a）及图 10（c）中开挖面所在位置处的土压力变化有明显差距，结合地连墙变形曲线可以得知，这是由于开挖面处先后开挖基坑变形不同，而底板的刚度较大，进一步放大了这一现象。

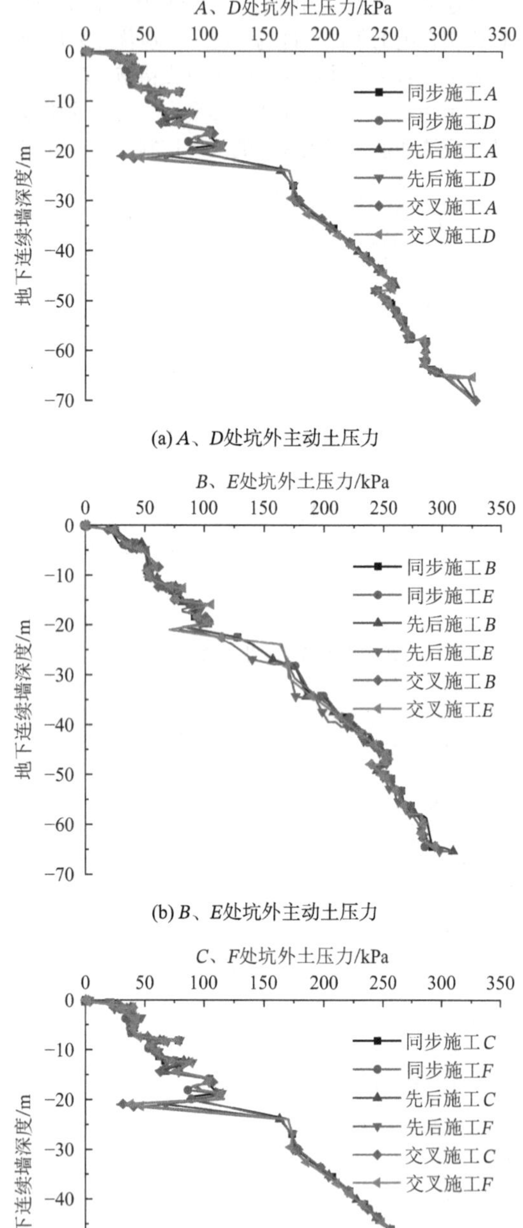

(a) *A*、*D*处坑外主动土压力

(b) *B*、*E*处坑外主动土压力

(c) *C*、*F*处坑外主动土压力

图 10　不同开挖时序下典型断面主动土压力

3　结论

本文基于江北地下空间某组相邻型基坑，使用 Plaxis 3D 建立了三维有限元模型，分析了不同开挖时序下围护结构的受力及变形及坑外的土体的沉降，得到了以下结论：

（1）不同的开挖顺序对于水平位移影响较大，对竖向位移影响较小。水平位移中，相比于x轴方向的水平位移值，y轴方向的水平位移值更大，这说明相邻的两个基坑开挖，应该加强长边方向的变形控制。同步开挖时x和y轴产生的位移相较于其他两种工况都较小，故建议在一般情况下采取同步施工。

（2）不同的开挖顺序下，墙后土压力分布曲线有一定的相似性。主动土压力整体呈 R 形分布，曲线被分为两个部分，拐点大致位于开挖面附近，开挖面以下，靠近地连墙墙趾附近一定范围内呈现线性分布。

（3）地连墙变形与主动土压力值之间存在明显的相互影响。在先后施工和交叉施工时，先开挖基坑相邻的一侧地连墙变形会大于后开挖相邻侧的地连墙，应该加强先开挖基坑的变形控制。

（4）不同开挖顺序下的地表沉降趋势类似，最大沉降发生在两个相邻基坑的中点处，靠近相邻围护结构附近的沉降值偏小。

本文对于不同工况下的基坑围护结构变形和坑外土体沉降进行了研究，建议在施工时优先考虑使用同步施工。不过，坑间距对于不同施工时序下相邻型基坑的变形和坑外土体沉降的影响仍不明确，在未来的研究中应加以考虑。

参考文献：

[1] 刘鑫宇，董杰，王睿，等. 我国城市地下空间开发适宜性评价研究现状与发展趋势[J]. 地质与勘探, 2024, 60(2): 348-355.

[2] 彭芳乐，乔永康，董蕴豪，等. 新发展阶段城市地下空间开发利用发展战略研究[J]. 中国工程科学, 2024, 26(3): 176-185.

[3] 商谦，蒲乐心. 国外典型城市地下空间发展案例及影响因素研究：以巴黎、蒙特利尔、东京为例[J]. 建筑技艺，2022, 28(8): 108-112.

[4] 叶蓉. 基于应力释放法的基坑开挖对临近桥梁的影响分析[J]. 广东土木与建筑, 2021, 28(6): 83-84+97.

[5] 陈聪. 地铁基坑开挖对临近下沉广场的影响及优化措施分析[J]. 工程技术研究, 2021, 6(4): 83-84.

[6] 李琳，李彬，刘东，等. 深厚软土区深大异形基坑开挖对临近建构筑物的影响[J]. 长江科学院院报, 2023, 40(1): 140-145.

[7] 周培娇. 临近基坑交叉施工安全间距研究进展[J]. 中国建筑金属结构, 2021, (4): 48-49.

[8] 彭麟，李悦，张舶航. 相邻基坑同步施工对围护结构受力变形的影响实例研究[J]. 地基处理, 2024, 6(2): 146-153.

[9] 房浩. 较大高差相邻基坑同步施工工艺探索[J]. 城市道桥与防洪, 2022, (9): 173-176+21-22.

[10] 霍雷声，张凯，封喜波. 相邻基坑施工顺序对高铁高架桥墩变形影响的数值模拟分析[J]. 市政技术, 2017, 35(2): 151-154.

[11] 陈颖，张冬梅. 紧邻地铁隧道的深基坑工程设计与施工要点[J]. 建筑施工. 2021, 43(10): 2036-2039.

[12] 刘子涵，王宏谦，张凯，等. 基坑群开挖引起邻近隧道附加应力

研究[J]. 地下空间与工程学报, 2024, 20(4): 1298-1308+381.
[13] 俞建霖, 夏霄, 张伟, 等. 砂性土地基深基坑工程对周边环境的影响分析[J]. 岩土工程学报, 2014, 36(S2): 311-318.
[14] 何润洲, 罗胜亮, 杨忠平, 等. 深厚淤泥土深大基坑群同步开挖对紧邻建筑的影响[J]. 地下空间与工程学报, 2024, 20(2): 577-586.
[15] 戴斌, 胡耘, 王惠生. 上海地区相邻基坑同步开挖影响分析与实践[J]. 岩土工程学报, 2021, 43(S2): 129-132.
[16] 顾正瑞, 徐中华, 宗露丹. 软土地层基坑群周边地表沉降性状研究[J]. 施工技术（中英文）2024, 53(17): 137-143.
[17] 邵鹏, 朱春柏, 潘静杰, 等. 基坑群间有限土压力及支护结构相互作用研究[J]. 地下空间与工程学报, 2021, 17(S1): 187-195.
[18] 陈娟. 软土地区小净距相邻基坑同步开挖变形特性研究[J]. 安徽建筑, 2022, 29(11): 153-154.
[19] 俞强. 非同步开挖下紧邻深基坑变形特性分析[J]. 科技通报, 2022, 38(10): 65-73.
[20] 俞强. 紧邻深基坑非同步开挖共用地下连续墙设计与变形特性实测分析[J]. 建筑科学, 2022, 38(3): 129-138.

竹索锚杆体抗拉性能试验研究

黄世卿，杨生贵，郭敬一
（中国建筑科学研究院有限公司，北京 100013）

摘　要：本研究主要分为竹材单篾顺纹拉拔试验与各编制型竹索拉拔试验，为研究在同等竹材单篾力学性质下，不同的编制工艺对竹索整体抗拉极限承载力的影响规律，并通过数据对比得出各种编制工艺的抗拔折减系数。在各编制型竹索拉拔试验中，通过对比粗编、精编、扁平化编制与扭结式编制工艺下竹索抗拉拔极限承载力的折减情况，得出最适宜新型竹索锚杆的最佳编制工艺。分析表明，编制工艺对竹索抗拉承载力的折减程度随编制复杂度和竹篾交织度的提升先减小再增大；扭结式竹索由于其折减系数适中、有一定非脆性拉拔破坏特点、索体空隙小且空间利用率高，是最适宜使用于新型竹索锚杆工程实际的编制工艺；推荐在设计承载力不高的工程中将扭结式竹索应用于新型竹索锚杆的使用。

关键词：竹索锚杆；竹索极限抗拔力；单篾顺纹抗拔力；抗拉折减系数

0　引言

近些年来，城市地下空间建设的高速发展。基坑工程地下结构支护所使用的工程技术，仍然以使用抗拔桩、土钉和抗拔锚杆进行锚固为主。但目前使用的传统预应力及非预应力锚杆大多具有临时性的性质，使用后被长久遗留在地下，不仅会成为日后该场地地下空间开发的阻碍，损伤施工机械，而且随着其在地下不断降解，产生的金属离子会对地下土体及地下水产生污染。为解决上述问题，有学者[1-2]提出可回收型锚杆的绿色土木相关技术，顺应《“十四五”建筑业发展规划》中对绿色土木的政策要求。

我国早期对竹索进行过基础性研究[3]，其中对竹索抗拉强度的影响因素进行了初步探索与定性总结，这也为本研究提供了参考依据。但截至目前，国内对于竹索在土木工程中的应用只停留于早期的一些竹索桥与竹筋混凝土[4-5]，不仅年代较为久远，且停留于试探性试验阶段。

近年来，竹材在绿色土木中的应用多为原竹结构或者重组竹结构，例如有学者[6-7]将原竹作为微型桩，应用于复合土钉墙；或用作煤巷工程中的复合竹锚杆[8-10]；也有学者[11]将原竹材料加工成重组竹材引入现代结构。

新型竹索锚杆是中国建筑科学研究院地基所近年着力研发的一项新技术，旨在抗拔支护锚杆工艺中，实现新型抗拔锚杆的“以竹代塑”或“以竹代钢”；即使用竹材制成的索状杆体替代钢筋或钢绞线杆体，制成可应用于短期临时支护工程的竹索锚杆，发挥竹材无须回收、环境影响小、成本低和碳排放量低的优势。

为了实现以上目标，本试验通过研究几种竹索典型的编制工艺对成型竹索索体抗拉强度的影响程度，对比试验数据得出相应的抗拉折减系数，直观地说明各类编制工艺的优劣，并选出最适合应用于工程实际的编制方式。为了直观地对比出抗拉折减系数，需要通过对竹索样本中使用的三种竹材取单篾样本进行单篾拉拔试验，分析其顺纹抗拉强度和相关力学性质，得出在同等净截面积条件下的理想竹索抗拉强度，最终与试验得到的实际抗拉强度取比值。

1　试验概况

1.1　试验内容

单篾拉拔试验分为四组，分别是扭结索原样品组、精编原产地样品组、粗编及扁平索原产地样品组，其中扭结索原样品分为竹青与竹黄两种篾品，需要再分两组分别进行拉拔破坏试验，具体参数见表1。

单篾样品取样表　　　　表1

样品名称	篾样品类	均宽/mm	均厚/mm
扭结索原样品	竹黄＋竹青	2.1～4.8	0.5～0.8
精编索原产地样品	竹青	2.7～5.2	0.5～0.8
粗编及扁平索原产地样品	竹青	2.1～5.6	0.7～0.9

单篾样品的平均宽度、厚度均参考三轴压缩试验土样平均直径的测量计算方法[12]：

$$b_0 = \frac{b_1 + 2b_2 + b_3}{4}$$

$$h_0 = \frac{h_1 + 2h_2 + h_3}{4}$$

式中：b_0、h_0——篾样平均宽度、厚度（mm）；b_1、b_2、b_3；h_1、h_2、h_3——篾样上、中、下部位的宽度、厚度（mm）。

竹索拉拔试验根据编制工艺、索体股数、单股篾数三种影响因素的不同分为十二组，其中编制工艺分为粗编式、精编式、扁平并排式与扭结式；索体股数分为单股与双股；并排篾数分为四篾与六篾，见表2。

竹索样品取样表　　　　表2

编制工艺	索体股数	单股篾数	有无芯骨	附加对照组
粗编式竹索	单股＋双股	—	—	—
精编式竹索	单股＋双股	—	有芯骨＋无芯骨	芯骨对照组
扁平式竹索	单股＋双股（四篾）	四篾＋六篾	—	四篾并排对照组
扭结式竹索	单股＋双股	—	—	—

1.2 试验设备及加载情况

本试验主要依托万能试验机配套操作系统控制加载过程，试验主体设备为万能试验机，可供单篾拉拔试验直接使用。取不含竹节段的单篾样本，在两端使用木制垫片将单篾样本胶合于中间，再使用试验机配套夹具夹紧垫片进行拉拔试验。

由于试验机配套的锯齿状夹具无法应用于竹索拉拔试验，因而本试验采用将竹索样本两端使用灌浆料胶结形成胶结体，再通过传力钢框架与万能试验机上下梁口座连接，在保证竹索不从胶结体中拔出且胶结体不发生挤压破坏的前提下使竹索样本发生拉拔断裂。

具体结构如图 1 所示。

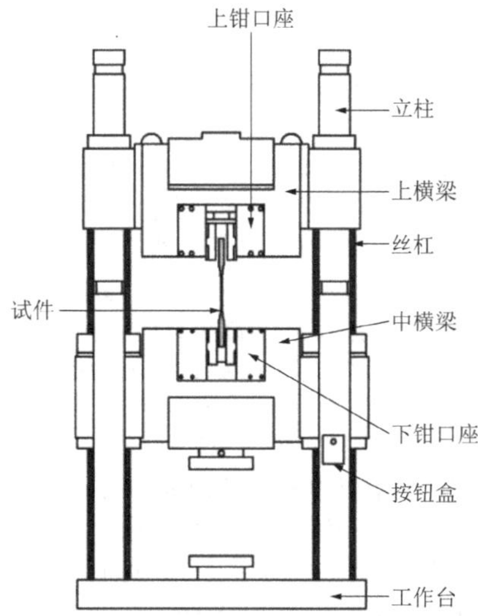

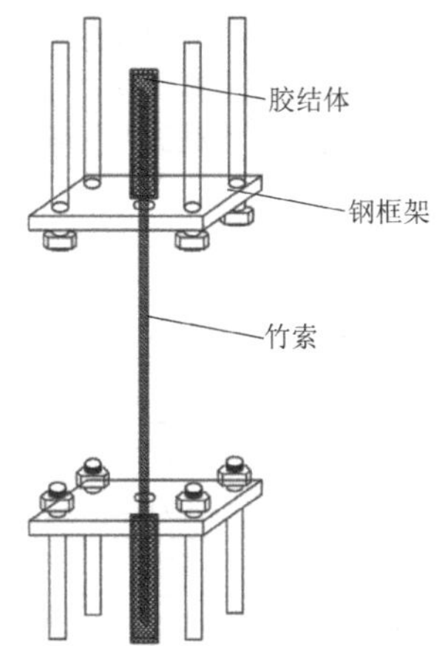

图 1　万能试验机及竹索胶结体传力钢框架示意图

参考《非金属垫片材料分类体系及试验方法 第 7 部分：非金属垫片材料拉伸强度试验方法》GB/T 20671.7—2006[13]，以及《金属材料 拉伸试验 第 1 部分：室温试验方法》GB/T 228.1—2021[14]，在万能试验机操作系统上控制加载速率为每 min 增长 200N/mm^2，试验结束条件为样本断裂破坏（图 2）。

在单篾拉拔试验与竹索拉拔试验中需要做到：

（1）注意应变增长情况或注意应力-应变曲线斜率，当应变无节制增长或应力-应变曲线斜率接近水平，而材料仍未发生断裂时，即为样本整体从胶结体或垫片中拔出，则试验失败，应舍弃数据。

（2）样本发生断裂破坏后关闭试验机，取出试验样本后观察断裂位置，若断裂位置不处于外露的试验段内，而处于胶结体或垫片内部，则无法排除胶结固定端内部可能产生的应力集中影响，舍弃数据。

（3）在试验条件允许的情况下多做若干组备用试验，原因为必须在进入数据处理阶段后才能发现不合理数据并进行舍弃，因此需要预先考虑此部分的废除试验数量，一般预留多取 1～3 组即可。

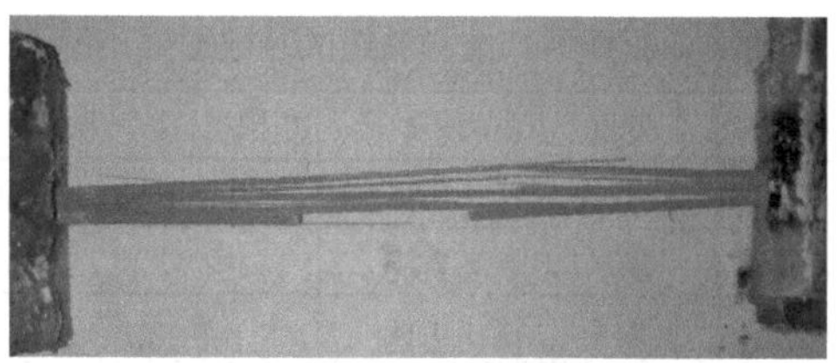

图 2　单篾样本拉拔破坏实体图

2　试验结果及分析

2.1　无竹节单篾顺纹极限抗拉承载力

单篾顺纹抗拉强度按下式计算：

$$f_{\omega}=\frac{P_{\max}}{b_0h_0}$$

式中：f_{ω}——一定含水率下单篾极限抗拉强度（kPa）；

$P_{\max}$——破坏荷载（kN）；

b_0、h_0——篾样平均宽度、厚度（mm）。

本试验中所取竹篾、竹索样本均经过一周以上的干燥环境静置，待样品含水率趋于稳定后使用保鲜膜包裹保护，防止其失水或吸水；同批次取样，保证随取随用，避免由于较长时间的外部环境搁置导致样本含水率发生明显变化。以上措施均为保证竹篾与竹索样品的含水率维持在相同条件，避免含水率变化影响试验。

试验数据见表 3～表 7，其中尺寸和面积的单位均为 mm、mm^2，力的单位均为 kN，应力的单位均为 MPa。

扭结竹黄样品组试验数据　　表 3

宽度	厚度	截面积	极限抗拉力	极限拉应力
2.60	0.50	1.30	0.32	246.92
2.68	0.54	1.45	0.43	294.36
2.30	0.50	1.15	0.27	236.52
2.96	0.60	1.78	0.52	293.36
2.13	0.60	1.28	0.36	280.91
2.60	0.80	2.08	0.58	279.33

扭结竹青样品组试验数据　　表 4

宽度	厚度	截面积	极限抗拉力	极限拉应力
2.80	0.70	1.96	0.75	384.69
3.22	0.85	2.74	0.95	347.46
2.24	0.70	1.57	0.50	320.79
2.90	0.75	2.18	0.71	325.06
2.66	0.85	2.26	0.60	264.93
3.74	0.76	2.84	1.03	362.02

续表

宽度	厚度	截面积	极限抗拉力	极限拉应力
4.30	0.96	4.13	1.35	326.55
4.50	0.90	4.05	1.43	352.35
4.54	0.74	3.36	1.06	315.81
5.90	0.96	5.66	2.02	356.29
5.10	0.80	4.08	1.46	358.09
5.08	0.70	3.56	1.05	296.12

粗编原产地样品组试验数据 表 5

宽度	厚度	截面积	极限抗拉力	极限拉应力
4.02	0.70	2.81	0.78	277.90
4.36	0.58	2.53	0.90	355.90
4.40	0.78	3.43	1.22	355.19
4.42	0.80	3.54	1.00	283.65
5.32	0.90	4.79	1.57	327.90
2.86	0.60	1.72	0.59	342.66
3.50	0.70	2.45	0.81	328.98
3.44	0.72	2.48	0.91	366.60
3.80	0.80	3.04	0.92	300.99
3.16	0.80	2.53	0.89	352.45

精编原产地样品组试验数据 表 6

宽度	厚度	截面积	极限抗拉力	极限拉应力
2.00	0.50	1.00	0.22	220.00
2.60	0.70	1.82	0.50	271.98
2.00	0.60	1.20	0.32	269.17
3.20	0.50	1.60	0.42	263.75
3.80	0.70	2.66	0.66	247.37
4.90	0.70	3.43	0.94	273.47

单篾拉拔试验各组别极限拉应力数据特征值 表 7

试验组别	极限拉应力平均值	方差	相对标准差
扭结竹黄样品组	257.62	20.73	8.05%
扭结竹青样品组	271.90	24.40	8.97%
粗编原产地样品组	334.18	32.75	9.80%
精编原产地样品组	329.22	31.65	9.61%

据《金属材料 拉伸试验 第一部分：室温试验方法》GB/T 228.1—2021[3]，钢筋弹性模量室温测试的相对标准差不超过1%，但本试验采用的为原竹材料，相较于工业制造钢筋具备较大的个体差异性，因此可适当将相对标准差放宽至10%。

由试验数据可见各组别极限拉应力相对标准差均小于10%，满足要求。

2.2 各编制工艺竹索抗拉极限承载力

对不同编制工艺的竹索样品，需要用不同的方法测量其净截面积。

（1）对扭结型竹索可通过类似单篾拉拔试验中测单篾平均宽度、厚度的方法测得其平均直径。也可将紧密扭结的单股竹索近似看作实心圆柱体，虽然本方法求得的截面积应比实际净截面积稍大，导致求得的理想竹索极限抗拉力也稍大，但由此求得的抗拉折减系数将偏小于实际值，即折减程度偏大，为工程应用中偏安全考虑，因此可近似计算：

$$S_c = \frac{\pi d_0^2}{4}$$

式中：S_c——索体测量截面积（mm^2）；

d_0——单股索体平均直径（mm）。

经过测量计算得单股扭结型竹索截面积为 59.4mm^2，双股扭结型竹索截面积则为 118.8mm^2。

（2）对粗编、精编型竹索与扁平编制型竹索，其截面空隙占比较大，则需要通过测量原样品所用编制篾样的平均截面积乘以单股所用篾数进行计算。

经过测量计算得对应竹索截面积见表 8。

各编制工艺竹索抗拉折减系数数据计算表 表 8

竹索种类	截面积/mm^2	竹篾种类	理想抗拉力/kN	实际抗拉力/kN	抗拉折减系数
扭结单股	59.40	扭结原样品（85%竹黄 + 15%竹青）	15.43	1.96	0.13
扭结双股	118.00	扭结原样品（85%竹黄 + 15%竹青）	30.65	4.83	0.16
粗编单股	46.40	粗编原产地样品	15.51	3.15	0.20
粗编双股	92.80	粗编原产地样品	31.01	4.99	0.16
扁平四篾单股	44.40	粗编原产地样品	14.84	3.72	0.25
并排四篾对照	32.87	粗编原产地样品	10.98	0.29	0.03
扁平四篾双股	94.16	粗编原产地样品	31.47	6.08	0.19
扁平六篾单股	63.44	粗编原产地样品	21.20	4.21	0.20
精编有芯单股	81.00	精编原产地样品	26.66	4.59	0.17
芯骨补充对照	14.04	精编原产地样品			
精编无芯单股	66.96	精编原产地样品	22.04	0.76	0.03
精编有芯双股	162.00	精编原产地样品	53.33	2.75	0.05

根据各种竹索中使用各类竹篾的组分，将相应组分的截面积乘以对应篾种的理想极限拉应力，再组合相加，得出竹索理想抗拉力，实际抗拉力与所求理想抗拉力的比值即为该编制工艺对竹索的抗拉折减系数。

计算得并排无编制竹篾束的折减系数为 0.03，折减程度大；精编型编制工艺同样折减程度大，系数为 0.03 与 0.05。从扭结型、粗编型到扁平型，随着编制复杂程度和竹篾交织程度的不断降低，其抗拉折减系数由 0.13、0.16 提升到 0.16、0.20，再到 0.19、0.20 和 0.25，其折减系数增大，折减程度减小。

2.3 各编制型竹索受拉力学性质

各编制型竹索受拉破坏实例情况如图 3～图 5 所示。

图 3 精编单股竹索受拉破坏实例图

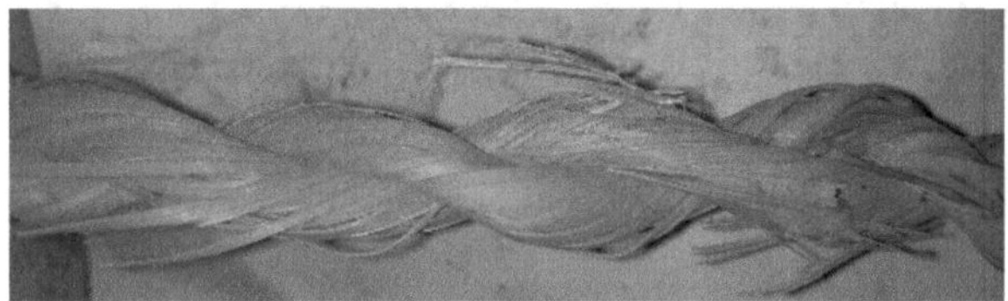

图 4 扭结双股竹索受拉破坏实例图

图 5 粗编双股竹索受拉破坏实例图

观察以上破坏情况，根据各编制型竹索受拉时的受力-变形曲线，分析其受拉变形性质：

双股竹索受拉的受拉-变形曲线较单股竹索受拉呈现明显的双峰特征（图 6）。

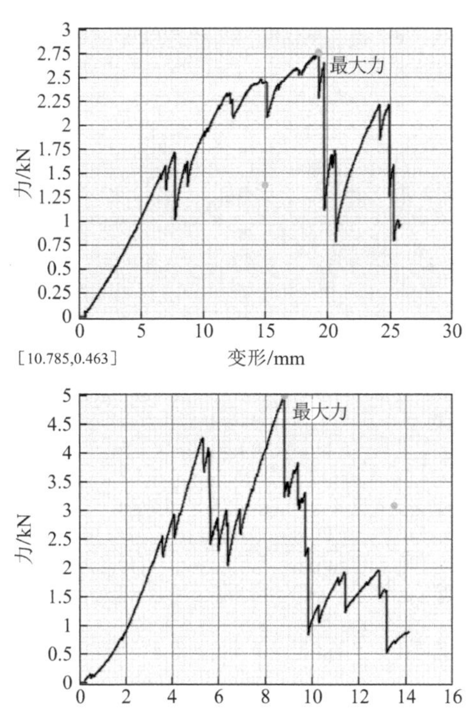

图 6 粗编双股及精编有芯双股竹索受力变形图

扭结型竹索受拉破坏达到最大拉力后不会直线陡降，呈现出一定的非脆性破坏特点（图 7）。

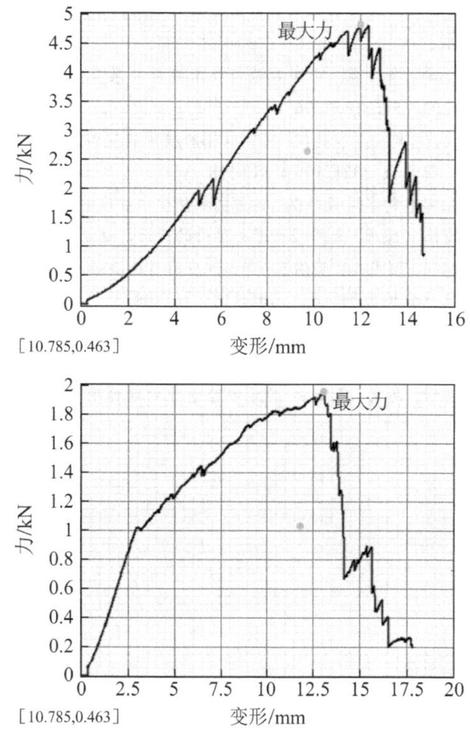

图 7 扭结单股及扭结双股竹索受力变形图

3 结论

通过对以上试验结果的分析，得出以下几点结论：

（1）并排无编制的竹篾不能协同受力，简单组合的竹篾束对整体受拉性能的浪费严重，因此需要通过编制使得竹篾之间能够协同受力。但随着编制工艺复杂程度的提升，竹篾之间的交织、咬合程度加深，纹理不平行交织的篾与篾产生一定的切割作用，导致整体竹索的抗拉折减程度也加剧。即无编制与过度编制均会导致竹索的抗拉能力大大降低。

（2）对比其他编制工艺，扭结式编制工艺对竹材单股竹索抗拉性能的折减系数为 0.13，大小适中，且随着股数的增加，其折减系数呈现增大趋势，折减程度呈现降低趋势。

扭结型竹索抗拉破坏对比其他类型能够呈现出一定非脆性破坏的特性。

此外，扭结式竹索由于竹篾排列紧密，对索体的空间利用程度高，等毛直径条件下扭结式竹索的抗拉承载力更强。

由以上三点可知，扭结式为最适宜使用于新型竹索锚杆工程的编制工艺。

（3）对比本试验竹材的顺纹抗拉强度与扭结式编制工艺的抗拉折减系数，可推得在同材料抗拉强度下，扭结式竹索在应用于复合竹锚杆工程实际时，推荐使用 5～8 股竹索替代一根杆体受拉钢筋，或采用顺纹抗拉强度更高的竹材种类编制扭结式竹索以节省股数。受制于锚杆杆体的有限空间，竹索杆体的股数及直径存在限制，因而推荐应用在抗拉拔设计承载力不大的短期、临时支护工程中。

参考文献：

[1] 龚晓南，俞建霖．可回收锚杆技术发展与展望[J]．土木工程学报，2021, 54(10): 90-96.
[2] 付文光，邹俊峰，黄凯．可回收锚杆技术研究综述[J]．地下空间与工程学报，2021, 17(1): 512-528.
[3] 林业部木材水运设计院．竹索抗拉强度初步试验简报[R]. 1994.
[4] 四川省交通厅，大跨径竹索公路桥的设计与施工[R]. 1994.
[5] 俞富耕，贺采旭，黄蒲三，等．预应力竹缆混凝土受弯构件的试探性试验报告[J]．武汉水利学院学报，1957, 2: 127-138.
[6] 阙甲林．浅谈毛竹在基坑支护中的应用[J]．西部探矿工程，2007, 8: 176-177.
[7] 朱良锋，马明，裘国荣．毛竹桩复合土钉墙作用机理有限元分析[J]．浙江建筑，2015, 32(11): 28-31.
[8] 王者尧，复合竹锚杆在屯兰矿回采巷道中的应用[J]．建井技术，1997, 18(6): 17-19.
[9] 张乃新，苏学贵．竹锚杆在煤巷中的应用[J]．煤炭科学技术，1998, 26(5): 49-51.
[10] 陈加宇，钱永辉，朱颖波，等．竹锚杆-木框架梁支护边坡的数值模拟[J]．湖南文理学院学报（自然科学版），2023, 35(1): 81-87.
[11] 赵仕兴，周巧玲，齐锦秋，等．重组竹结构的研究现状与工程应用[J]．建筑结构，2023, 53(7): 109-117.
[12] 住房和城乡建设部．土工试验方法标准：GB/T 50123—2019[S]．北京：中国计划出版社，2019.
[13] 国家质量监督检验检疫总局．非金属垫片材料分类体系及试验方法 第7部分：非金属垫片材料拉伸强度试验方法：GB/T 20671.7—2006[S]．北京：中国标准出版社，2007.
[14] 国家市场监督管理总局．金属材料 拉伸试验 第1部分：室温试验方法：GB/T 228.1—2021[S]．北京：中国标准出版社，2021.

中关村论坛主会场项目地下水综合控制技术

周喜罗[1,2]，刘丰敏[1,2]，赵晓光[1,2]，李晓勇[1,2]

（1. 建研地基基础工程有限责任公司，北京 100013；2. 建筑安全与环境国家重点实验室，北京 100013）

摘　要：受永定河秋季生态补水影响，中关村论坛主会场项目场地地下水水位较勘察阶段明显上升。地下水多次对地下施工阶段产生不利影响，包括桩基施工时涌水、集水坑突涌、坑井渗水等。通过提高桩基施工面控制涌水，压入钢管封堵突涌点，设置钢管井抽排坑井侧壁渗水，使问题得到较好的解决。

关键词：地下水；永定河补水；突涌；钢管井

0 引言

中关村论坛永久会址主会场项目位于北京市海淀区，东侧紧邻万泉河，南侧临近海淀公园，西侧距颐和园昆明湖约 1.5km。建设场地位于古清河故道内[1]，地层以砂卵石、粉黏土层为主，渗透性好，地下水水量丰富，对工程建设影响较大[2]。尽管设计有止水帷幕及疏干井等地下水控制措施，本工程施工期间仍多次受到地下水的影响，给施工造成了较大困难。本文将对施工过程中地下水问题的处理方法进行介绍，供其他类似项目参考。

1 工程概况

本项目主基坑周长 663m，基底大面开挖深度 10.95m，采用地下连续墙（简称地连墙）+ 两道锚杆支护，地连墙墙底深度为−17.55m，墙顶标高为−2.0m，−2.0m 以上采用导墙 + 扶壁柱支护，地连墙兼作止水帷幕。主基坑四周设置 29 口应急井，基坑内设 45 口疏干井。本项目筏板基础为上平设计，故坑底以下存在 300 多个承台坑和集水井坑，深度为 0.3～2.0m。

2 工程地质与水文地质条件

本项目场地内典型地层剖面如图 1 所示，主要包括①$_1$层填土层、②层圆砾—卵石层、③层粉质黏土—重粉质黏土层、④层砂质粉土—黏质粉土层、⑤层粉质黏土—重粉质黏土层及⑥层卵石层。基底大面主要位于③层粉质黏土—重粉质黏土层中，部分深度较大的集水坑（承台坑）坑底则位于④层砂质粉土—黏质粉土层中。

本场地钻孔内共存在 3 层地下水，水位情况如表 1 所示，水位测量时间为 2022 年 6 月中旬—8 月上旬。

地下水水位情况表　　　表 1

序号	地下水类型	水位标高/m	主要含水层
1	潜水	39.17～42.01	圆砾—卵石②层
2	层间水	36.26～38.71	砂质粉土—黏质粉土④层
3	承压水	34.26～35.81	卵石⑥层

根据相关研究资料，本工程拟建场地位于古清河故道中下游，其典型特征为地下 30 多米深的范围内存在上下两层砂砾石层。古清河故道内的砂砾石层构成了良好的地下水含水层，且水位受永定河河水位影响显著。

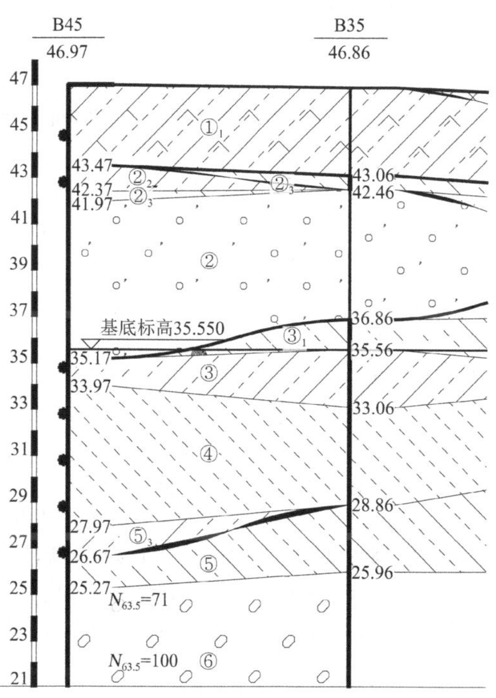

图 1　本项目场地地层剖面图

由于施工过程多次受到地下水问题的影响，2022 年 12 月初再次施工水位观测孔，对④层层间水及⑥层承压水进行测量，结果如表 2 所示。其中，承压水水头上升了约 2m。根据附近的地下水位观测数据，场地地下水水位上升是受到永定河秋季生态补水的影响。

2022 年 12 月份测得地下水水位情况表　　表 2

序号	地下水类型	水位标高/m	主要含水层
1	层间水	34.18～34.52	砂质粉土—黏质粉土④层
2	承压水	37.54～37.67	卵石⑥层

3 施工过程地下水引起的问题及处理

3.1 地下水对桩基施工的影响

（1）事件经过

本项目 2022 年 10 月份开始施工工程桩，桩径 600mm，桩端持力层为⑥层卵石层，采用长螺旋压灌混凝土工艺成桩。桩基施工初期即受到地下水的影响，主要表现为随长螺旋钻杆上提至接近孔口时，沿钻杆涌出大量地下水，导致桩基施工面土层变软，影响施工安全。个别情况下泵送的混凝土无法灌满桩孔，导致成桩失败，需原位复钻方可成桩。前期施工的数百根工程桩，混凝土充盈系数达到1.40。

（2）原因分析及处理

桩基施工面标高为36.25m，高于勘察报告量测的⑥层卵石层中的承压水水头。而④层中层间水虽然水头较高，但主要位于层砂质粉土层中，富水性较差，且地连墙穿过④层，基本隔断该层地下水。故理论上地下水应不会影响桩基施工。结合当时已有资料分析，可能原因为长螺旋钻杆上提至④层砂质粉土以上时，④层内的层间水沿钻杆向上涌出，并带出泥砂，造成④层地层损失，导致成桩困难，充盈系数过大。

为保证成桩质量，将桩基施工面提高至36.80m，涌水现象明显减小，后期混凝土充盈系数约1.10。

再根据2022年12月份的水位观测数据，实际上涌水应该主要与⑥层承压水水位上升有关，这一点在当时是不清楚的。

3.2 疏干井串通承压水

1）事件经过

本项目疏干井深度为基底以下约 4m。井身范围的土层自上而下依次为③层粉质黏土—重粉质黏土、④层砂质粉土—黏质粉土、第⑤层粉质黏土—重粉质黏土，渗透性一般，理论上涌水量不会很大。而实际工程中场地内有5口疏干井涌水量明显偏大，井内潜水泵连续抽水无法疏干（功率$3m^3/h$），且水泵关停数十秒，井内水即涌出井口。

从现场看，这5口井无法达到疏干地基土中水的目的，且涌水量大、涌水速度快，现场排水难度大，且水位较高，给后期垫层、筏板施作造成不利影响。

2）原因分析及处理

根据该疏干井的涌水特征，推测以上疏干井与⑥层卵石层的承压水存在串通的可能性。尽管井底以下存在 4m左右的粉质黏土层，但由于场地地层变化，局部承压含水层埋深可能较浅。而⑥层承压水水头约为11m，也可能造成井孔以下地层发生渗流破坏。

如持续抽水，可能导致疏干井与⑥层的联通通道进一步增大，抽水量越来越大，对后期基础施工等造成不利影响。各方研究决定对其中水量较大、能自流至槽底的疏干井在筏板施工之前进行封堵。

采用双液注浆工艺封井，示意图如图2所示，封井流程如下：

（1）安装注浆管

首先将潜水泵放至井底。在降水井内安装一根注浆管，如图2所示。降水井内填入3m高的碎石，以保证潜水泵可以正常抽水。注浆管要求为DN25焊接钢管，壁厚2.5mm。注浆阀为专用注浆阀，具有逆止功能，承受的净水压力不小于1MPa。

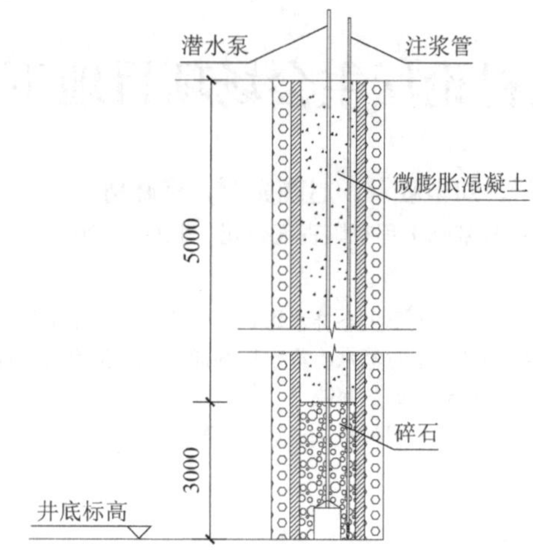

图2　注浆封井剖面图

（2）灌入混凝土

浇筑混凝土前，保持水泵正常抽水。采用C30微膨胀混凝土灌入井管内。此时水泵继续抽水，保证混凝土不被地下水冲散或者稀释。

（3）注浆

当混凝土强度达到75%以上时，安装注浆压力表，接通注浆管路准备注浆。

水泥选用 P·O 42.5 普通硅酸盐水泥，水玻璃浓度为35°Bé。其中单液浆水灰比 0.50～0.55，双液浆配合比1∶1∶1。

采用注浆量控制为主，注浆压力控制为辅的方法。注浆量依据井侧壁返浆浓度控制，当孔口返浆的密度接近搅拌桶内原浆液密度后，可以认为井管内的水被置换为泥浆。

然后停止注浆，观测管井四周漏水情况。如仍有地下水渗出，再进行间隔多次注浆，直至停止注浆后无地下水渗出为止。

（4）切除泵管

等待24h使井内浆液充分凝固后，即可切除注浆管和水泵管，完成封井。

3.3 集水坑渗水问题及处理

1）事件经过

本项目基槽内承台坑与集水坑数量较多，深度 0.3～1.7m，坑底位于③层粉质黏土—重粉质黏土或④层砂质粉土—黏质粉土内。现场施工发现坑井开挖修坡完成后，经过一段时间坑底出现一层明水，厚度10～20cm。这层明水量不大，一抽就干，但停泵后过一段又出现。并且在垫层施工后，仍有渗出，给防水施工带来极大的困难。

2）原因分析及处理方法

由于本项目工期紧，而坑底又位于粉质黏土及粉土层中，疏干井抽排时间短，疏干效果不理想，土体呈饱和状态，饱和土中水沿坑壁渗出是坑底积水的主要原因。另外地连墙局部渗漏水对地基土形成侧向补给，再就是地层中可能存在的一些竖向孔洞（如上述突涌孔），使得⑥层中的承压水竖向补给④层粉土含水层。

为便于抽排坑井内的积水，在集水坑底部施作钢管井，以保证垫层及防水正常施工[3]。待筏板浇筑完成后再对钢管井进行封堵。钢管井大样如图 3 所示。

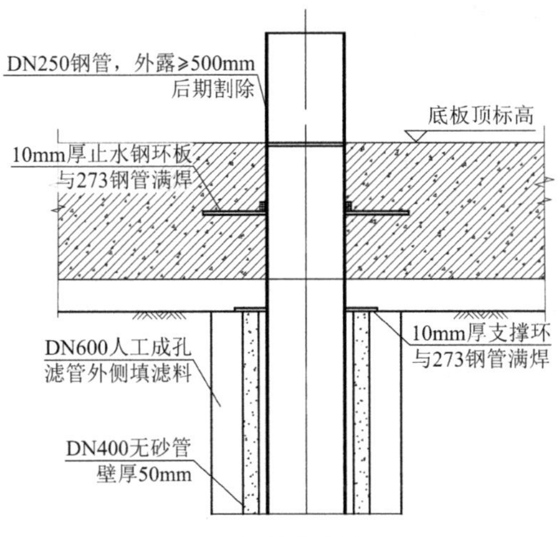

图 3 钢管井大样图

钢管井施工步序如下：

（1）钢管井设置在集水坑中间位置，避免后期与钢筋、模板冲突，钢管高出筏板完成面 500mm。

（2）人工采用铁锹及洛阳铲挖土，深度为坑底以下 1m，直径为 600mm。挖至设计深度后，将坑内的泥水清理干净。

（3）将一节无砂滤管下放坑井内，外周填入滤料，保证水体可汇入井管内。

（4）将下部设置有定位环的钢管插入无砂滤管，钢管定位环以下间隔 3cm 开直径 1cm 的透水孔，钢管内下泵抽水。

设置钢管井后，即可按正常步序施作垫层、防水，其中钢管井处防水上包至钢管井止水钢板处，并采用钢抱箍拧紧。待筏板浇筑完成后，可将钢管井采用微膨胀混凝土封死，并在口部焊接密封钢板止水。经现场实践，该方法较好地解决了集水坑渗水的问题。

4 结语

地下水是影响地下工程施工的重要不利因素。由于工程地质及水文地质条件的复杂性，以及人类干预等往往引起地下水条件的变化，给工程建设带来不可预见的问题。

受永定河补给地下水影响，本项目场地内地下水水位明显上升，造成桩基施工困难，集水坑突涌、渗水等问题。通过提高桩基施工面、注浆封井、设置钢管井等技术手段，使问题得到解决。

参考文献：

［1］ 岳升阳，马悦婷，齐乌云，等. 古高梁河演变及其与古蓟城的关系[J]. 古地理学报, 2017, 19(4): 737-744.

［2］ 康凯，李胜勇. 含水砂层小型井坑综合开挖工法研究及应用[J]. 建筑技术, 2022, 53(4): 505-508.

［3］ 李鹏举. 深基坑管井降水套管封井方法及施工[J]. 科技情报开发与经济, 2010, 20(13): 174-175.

水文变化对建筑结构变形的影响分析与评估

张　松[1,2,3,4]，刘金波[1,2,3,4]

（1. 建研地基基础工程有限责任公司，北京 100013；2. 中国建筑科学研究院有限公司地基基础研究所，北京 100013；3. 建筑安全与环境国家重点实验室，北京 100013；4. 国家建筑工程技术研究中心，北京 100013）

摘　要： 水文变化，尤其是地下水位的升降，对建筑结构的稳定性具有显著影响。地下水位的大幅下降可能导致建筑物及场地的沉降，而水位上升则可能引发建筑物的上浮及结构开裂。本研究基于两次勘察报告及地下水位观测数据，分析了水文变化对建筑结构的影响。通过重新验算抗浮水位并结合监测数据，评估了当前结构的破坏情况及安全状态。研究发现，场地地下水位的上升导致纯地下室局部抗浮稳定性不足，建议对地基基础进行局部加固。本文结合某实际工程案例，详细分析了水文变化对建筑结构的影响，并提出了相应的处理建议，可为类似工程问题提供参考。

关键词： 水文变化；结构开裂；抗浮水位；变形计算

0　引言

地下水对地基基础的安全性具有重要影响，然而在实际工程中，地下水问题往往容易被忽视。尽管《建筑地基基础设计规范》GB 50007—2011[1]对地下水的影响有详细规定，但在实际设计和施工过程中，相关技术人员可能未能全面考虑地下水的影响，导致工程事故的发生。地下水位的变化，尤其是大范围的升降，可能引发建筑物的沉降或上浮，进而导致结构开裂。近年来，随着地下水位的上升，相关工程事故频发[2-3]。本文结合某实际工程案例，通过分析两次勘察报告及地下水位观测数据，探讨了地下水位上升对建筑结构的影响，并提出了相应的安全评估及处理建议，以期为类似工程问题提供参考。

1　工程概况

昆明某小学教学楼为一栋单体建筑，地下 1 层，地上 5 层，采用框架结构，基础形式为梁板式筏形基础，地基处理采用换填砂石垫层，厚度不小于 600mm。建筑平面布置如图 1 所示。该教学楼投入使用后，出现了砌体倾斜及裂缝、外墙雨水渗漏、屋顶板裂缝及渗漏、室外地坪下沉、地下室围护墙裂缝及渗漏等问题。为查明渗漏原因及评估结构安全性，对场地水文地质条件变化对教学楼安全性的影响进行了调查，并提出了相应的处理建议。

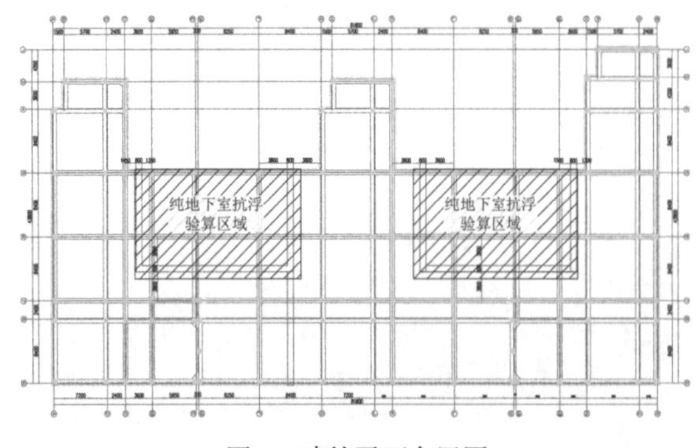

图 1　建筑平面布置图

2　水文地质条件变化分析

根据 2010 年 2 月提交的岩土工程勘察报告，2010 年 1 月勘察期间地下水位在 1922.71～1923.51m 之间。报告指出，若采用砂石垫层换填处理，基础底板埋深约为 1925.00m，位于地下水位以上，可不考虑抗浮设计。2015 年 6 月，学校操场建设项目勘察报告显示，地下水位显著上升，介于 1924.81～1926.23m 之间，高于 2010 年勘察期间的地下水位及原设计抗浮水位 1925.00m。

3　地下水位观测结果

在建筑物的四角布置了四口水位观测井（SW1～SW4），水位观测点平面布置如图 2 所示。2015 年 6 月 15 日—11 月 26 日期间进行了 11 期水位观测，观测结果如表 1 所示。观测结果显示，2015 年 7 月—10 月，随着昆明雨季的到来，地下水位显著上升，11 月后开始回落。监测期间，平均地下水位标高变化范围为 1925.217～1926.405m，波动幅度为 1.188m。其中，2015 年 10 月 15 日 SW2 观测井水位达到最高值 1927.216m，显著高于 2010 年勘察期间的地下水位及原设计抗浮水位。

水位观测成果表　　　　表 1

日期	各点水位/m			
	SW1	SW2	SW3	SW4
2015 年 6 月 15 日	1925.133	1926.227	1925.343	1924.982
2015 年 7 月 3 日	1925.108	1926.242	1925.366	1925.019
2015 年 7 月 15 日	1924.832	1925.973	1925.251	1924.813
2015 年 7 月 26 日	1925.338	1926.252	1925.721	1925.449
2015 年 8 月 6 日	1925.791	1926.764	1926.039	1925.883
2015 年 8 月 18 日	1925.423	1926.851	1926.573	1925.545
2015 年 8 月 27 日	1926.069	1926.910	1926.467	1926.175
2015 年 9 月 27 日	1925.447	1926.833	1926.420	1925.476
2015 年 10 月 15 日	1925.674	1927.216	1925.933	1925.422
2015 年 11 月 8 日	1925.340	1926.482	1925.636	1925.129
2015 年 11 月 26 日	1925.135	1926.416	1925.463	1924.931

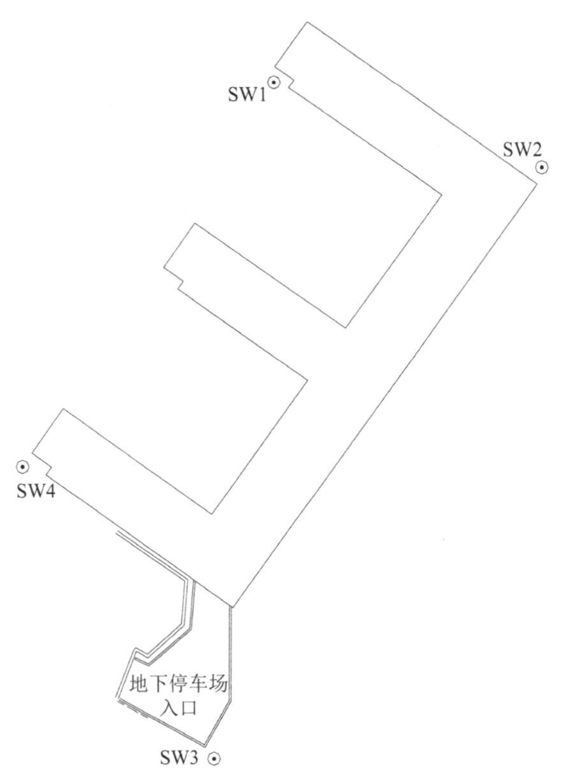

图 2　水位观测点平面布置图

4　水位上升对建筑结构的影响分析

（1）独立地下室渗漏原因分析

独立地下室渗漏主要发生在外墙与底板交接处。由于地下水位上升，渗透压力增大，导致结构底板与墙体的防渗层失效，进而引发渗漏。原建筑内防水做法已无法适应当前大幅上升的地下水位。

（2）地下车库渗漏分析

地下车库顶板渗漏主要发生在⑥～⑦轴间的纯地下室部位。由于该部位结构及覆土荷载较轻，地下水位上升后，水浮力导致顶板局部产生裂缝，降低了其防渗性能。此外，消防通道与绿化带交接处未设置排水沟，导致降雨直接渗入地下。

（3）屋顶及外墙渗漏分析

屋顶渗漏主要由于建筑防水措施不到位，而外墙渗漏则与填充墙裂缝有关，裂缝多发生在梁底及柱边。

5　水文地质条件变化对建筑结构的影响

场地地下水位的显著上升，尤其是当其超过设计抗浮水位时，会对建筑结构产生以下不利影响：

（1）纯地下室局部抗浮稳定性不足：由于地下水位上升，水浮力增大，导致纯地下室部分的抗浮稳定性无法满足设计要求，存在上浮变形的风险。

（2）地下室防水失效：地下水渗透压力随水位上升而增加，导致地下室防水层失效，进而引发严重渗漏问题。

以该小学为例，设计阶段采用的抗浮水位为 1925.00m。然而，建筑物投入使用后，实测地下水位显著高于原设计值。基于周边水文地质条件的变化，原地勘单位建议将设计抗浮水位调整为 1927.00m。以下基于调整后的抗浮水位，对地下室进行抗浮稳定性验算与分析。

5.1　整体抗浮验算

建筑±0.00 标高对应于绝对标高 1928.02m，基础形式为梁板式筏形基础，基底标高为−5.20m（即 1922.82m）。根据调整后的抗浮水位 1927.00m，对筏板基础进行抗浮稳定性验算。荷载取值及计算结果如图 3 与图 4 所示。

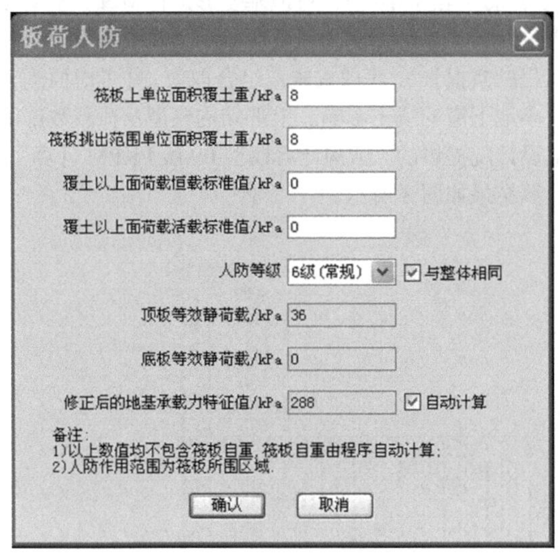

图 3　整体抗浮验算荷载取值

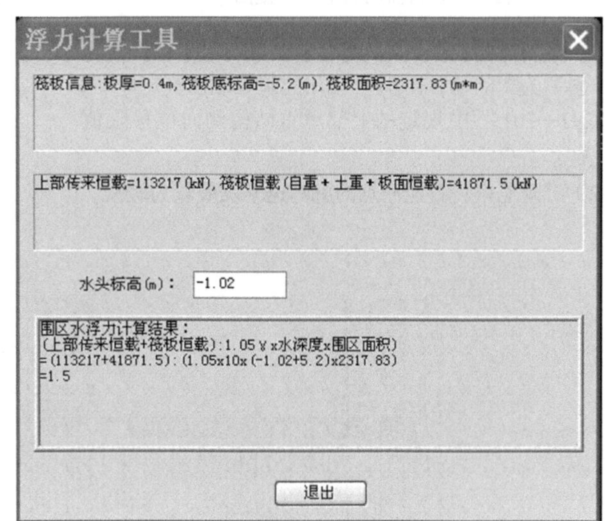

图 4　整体抗浮验算结果

验算结果表明，建筑整体抗浮稳定性满足《建筑地基基础设计规范》GB 50007—2011 的要求。

5.2　纯地下室部分抗浮验算

针对 K—N 轴间的纯地下室部分，按抗浮水位 1927.00m 进行局部抗浮稳定性验算。荷载取值及计算结果如图 5 与图 6 所示。

验算结果显示，纯地下室部分局部抗浮稳定性不满足《建筑地基基础设计规范》GB 50007—2011 的要求，存在上浮变形的潜在风险。

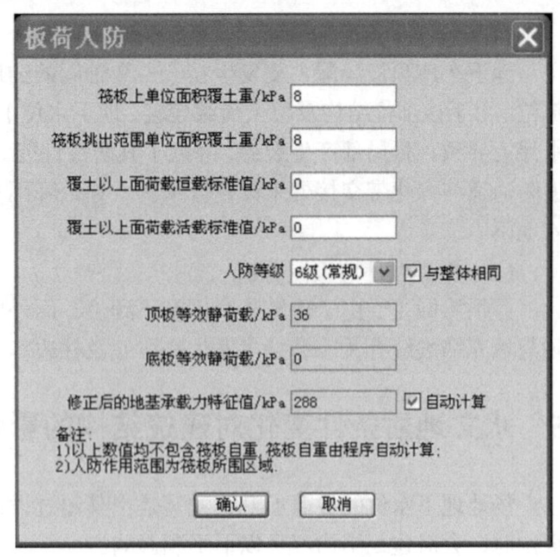

图 5　纯地下室部分抗浮验算荷载取值

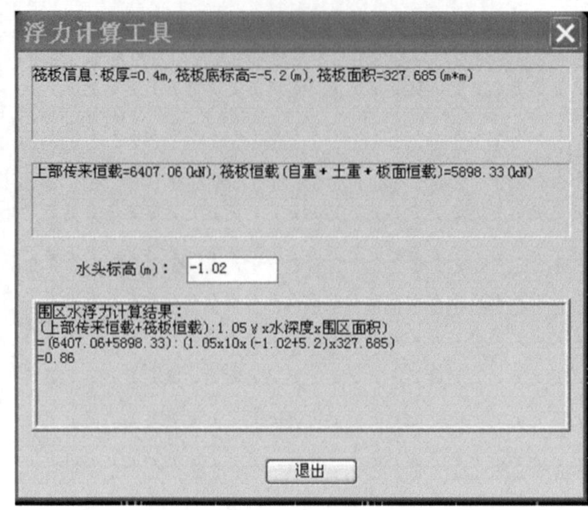

图 6　纯地下室部分抗浮验算结果

5.3　监测、测量结果

根据昆明市建设工程质量检测中心的监测布置（图 7），监测结果如下：

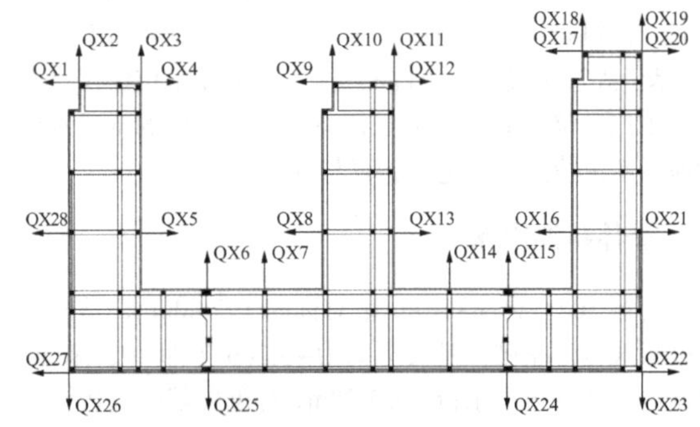

图 7　倾斜监测点平面布置图

（1）倾斜监测：最大倾斜度发生在 QX1 点，倾斜值为 4.0cm，斜率为 1.85‰，未超过《民用建筑可靠性鉴定标准》GB 50292—2015[5]中规定的上部承重结构侧向位移限值（2.2‰）。

（2）沉降速率：各监测点的沉降速率发展较为缓慢，且已趋于稳定。

（3）沉降趋势：建筑物各测点的沉降变形尚未表现出短期内停止发展的趋势。

基于屋顶板高程测量结果，推测柱间差异沉降较大的部位包括：

A、C、D 轴上④～⑤轴之间；

G、J、K 轴上④～⑤轴之间；

⑦、⑧、⑨轴上 G～J 轴之间；

K 轴上⑧～⑨轴之间。

值得注意的是，在上述差异沉降较大的部位，从负一层至五层进行了详细排查，未发现框架梁柱的结构裂缝。

5.4　沉降计算分析

参照《建筑地基基础设计规范》GB 50007—2011 第 5.3.5 条～第 5.3.7 条，对地基变形进行验算。土层参数取自 2010 年 2 月提交的《昆明某小学施工图设计阶段岩土工程勘察报告》，荷载按规范组合取值，并考虑西侧三个独立小地下室的填土影响。上部结构模型及荷载数据由云南某设计院提供的“结构计算模型-09 版 PKPM 计算”导出。计算结果如图 8 所示。

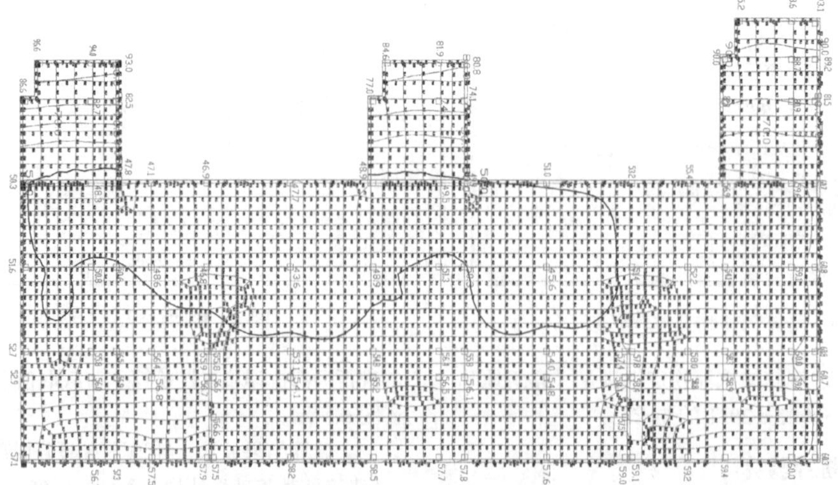

图 8　沉降计算结果

计算结果表明，各测点的差异沉降趋势与屋顶板竖向变形推测结果基本吻合，进一步验证了水文地质条件变化对建筑结构变形的影响。

6 结论和处理方案

（1）场地地下水位上升导致纯地下室局部抗浮稳定性不足，建议对地基基础进行局部加固。

（2）地下室外墙及顶板渗漏与水文地质条件变化及排水系统不完善有关，建议修复排水系统并重新设计独立地下室的内防水措施。

参考文献：

[1] 住房和城乡建设部. 建筑地基基础设计规范: GB 50007—2011[S]. 北京: 中国建筑工业出版社, 2011.

[2] 王公胜, 孙文, 张志江. 建筑地下结构渗漏原因与控制措施分析[J]. 建筑结构, 2021(2): 103-107.

[3] 钟阳, 陈凯, 陈麟海, 等. 某下沉式广场抗浮事故处理[J]. 建筑结构, 2009(3): 82-84.

[4] 住房和城乡建设部. 轻骨料混凝土技术规程: JGJ 51—2002[S]. 北京: 中国建筑工业出版社, 2002.

[5] 住房和城乡建设部. 民用建筑可靠性鉴定标准: GB 50292—2015[S]. 北京: 中国建筑工业出版社, 2016.

深大基坑锚索支护施工技术分析

李 超
（国家海洋技术中心漳州基地筹建办公室，厦门 361001）

摘 要：深基坑施工是一个极度考验施工工艺与项目管理水平的复杂工程。本文介绍了预应力锚索支护体系在某深大基坑工程中的应用，论述了锚索基坑支护体系设计方案及施工顺序，重点分析了围护墙体、土方开挖、锚索、降水、基坑监测等关键环节的施工技术要点，以供类似项目施工现场管理借鉴参考。

主题词：深大基坑，锚索支护，施工技术要点

0 引言

深基坑施工是一个极度考验施工工艺与项目管理水平的复杂工程，如果施工阶段工艺控制不好或忽略关键环节质量把控，将影响项目总体效益实现及施工生产安全，造成无法挽回的损失。基坑施工之前，必须全面研究分析工程所在地的地貌、水文地质条件，结合地质勘探数据分析，掌握建设区域的地下水位和土层结构状况，并制定针对性防控措施。根据工程功能差异，开展挡土体系与支护系统比选，选用最合理可行的支护形式，并组织专家技术评审。作为施工现场管理者，要重点把控深基坑支护施工安全，通过开展有效的全过程控制来确保基坑施工质量，同时监督施工企业严格依照专项方案施工，最大限度地控制不平衡位移、沉降等现象，以确保基坑施工有序进行[1]。目前支护技术种类繁多，且不同地区支护技术应用状况有所不同，工程现场管理者必须全面了解各种支护施工的技术特性，并做好施工全过程检查和监督，以保证工程建设活动的有序实施。

1 场地水文地质概况

拟建场地跨越残坡积台地、冲洪积阶地及海积阶地三个地貌单元，东侧紧邻海岸线，北侧、南侧与西侧均为低山丘陵。场地原多为农田、果园等，后因建设需要被人工挖填改造，场地地形相对较平坦，地面标高为 3.07～21.86m。根据地勘报告，基坑影响范围内各土层物理力学性能指标如表 1 所示。

地下水类型为潜水，稳定水位埋深为 0.00～6.80m，水位标高为 2.07～18.82m。主要含水层为杂填土①、细砂素填土$①_2$、风积细砂②、细中砂④、卵石$④_3$、卵石⑤、残积砂质黏性土⑥、全风化泥质砂岩⑦、强风化泥质砂岩⑧、全风化花岗岩⑨、（砂砾状）强风化花岗岩⑩、（碎块状）强风化花岗岩⑪、中等风化花岗岩⑫。场地内上部杂填土①、细砂素填土$①_2$渗透性能相对较好，但水位和水量受季节影响变化较大；风积细砂②、细中砂④、卵石$④_3$、卵石⑤透水性较强，富水性一般一较好；强、中等风化岩（⑧、⑩、⑪、⑫）裂隙的导水性和富水性主要受构造裂隙特征所控制，差异较大且具各向异性（因场地内基岩裂隙大多呈闭合状态，其导水性和富水性总体较差，但不排除局部基岩破碎带有水量较大的可能），其余各岩土层属弱～微透水、弱含水层，富水性差。地下水主要接受大气降水、局部地表水的下渗和相邻含水层的渗透补给，总体上随地势由西向东方向渗流、排泄。地下水对混凝土结构具微腐蚀性，在长期浸水作用下，对钢筋混凝土结构中的钢筋具微腐蚀性；在干湿交替作用下，对钢筋混凝土结构中的钢筋具弱腐蚀性。场地地下水埋藏较浅，基坑开挖深度位于地下水位以下，土方开挖前要进行基坑疏干降水。

基坑影响范围内各土层物理力学性能指标 表 1

岩土层名称及代号	水上		水下	
	黏聚力c	内摩擦角φ	黏聚力c	内摩擦角φ
	kPa	°	kPa	°
杂填土①	2	15	2	12
粉质黏土③	26.8	19.3	25	12
细中砂④	2	25	2	20
（砂砾状）强风化花岗岩⑩	30	30	24	26
（碎块状）强风化花岗岩⑪	35	35	28	30
中等风化花岗岩⑫	90	40	85	35

2 基坑开挖方案

本基坑工程开挖面积大，且开挖深度较深，属于深大基坑。根据《岩土工程勘察规范》GB 50021—2001（2009年版），基坑安全等级为一级；根据《建筑基坑支护技术规程》JGJ 120—2012，基坑重要性等级为一级。基坑采取放坡开挖和支护结合的方式进行开挖。基坑外 2 倍开挖深度范围为主影响区，4 倍开挖深度范围为次影响区域，主次影响区域内均未有已建建筑、构筑物、管线设施等。第一阶段先进行土方大开挖，上部细砂层两级放坡，基坑四周设置一圈高压旋喷止水体系。围护墙体采用咬合钻孔灌注桩，钻孔灌注桩嵌入中风化岩层。围护墙外侧安装三道预应力锚索，围檩采用型钢。依据地质勘察报告，基坑施工工序安排如下：①场地障碍物清理、平整场地及测量放线；②施工高压旋喷桩止水帷幕、钻孔灌注咬合桩；③逐级放坡开挖至设计标高，坡面喷浆护坡、井点降水，设排水沟；④开挖至冠梁底，施工冠梁及第一道锚索；⑤当第一道锚索到达设计强度时，坑内降水，开挖并安装第二道锚索；⑥当第二道锚索达到设计强度时，坑内降水，开挖并安装

第三道锚索；⑦待三道锚索都达到设计强度时，坑内降水，开挖至基坑坑底设计标高。

3 施工技术要点

（1）围护墙体施工技术要点。沿着基坑四周交替设置钢筋混凝土和素混凝土桩支撑，桩径均为 1m，两根相邻桩相互咬合 0.2m，且支护桩嵌入中风化岩的深度要求不少于 2.5m。施工次序安排上，首先施作素混凝土桩，待其完全凝固、强度满足设计要求后，再施作钢筋混凝土支护桩。采用旋挖钻机成孔法，在紧邻的两根素混凝土桩中间用旋挖钻切削素混凝土桩[2]。注意观察成孔，不得出现坍孔、孔斜、缩径现象，且成孔后的桩孔底部沉渣的厚度不得超过 5cm。浇筑水下混凝土时应严格按照规范施工，控制充盈系数不小于 1.15，不大于 1.25。桩身混凝土浇筑完成面必须至少高出设计桩长 1m，同时应凿除桩顶浮浆。钢筋笼主筋采用电渣焊焊接工艺时，应控制焊接搭接长度，双面焊缝搭接长度不小于 5 倍桩径，单面焊缝搭接长度不小于 10 倍桩径。当钻孔达到设计深度时，经检验合格后应立即进行清孔。清孔过程分为两次实施，首次清孔在成孔结束后马上实施，第二次清孔工艺在导管装设完毕后实施。在混凝土桩浇筑阶段，施工管理人员应全程监视并做好施工记录。

（2）土方开挖技术要点。基坑支护施工企业要与土方作业单位密切协调，开挖与支护应分层、分段进行，确保围护桩 28d 桩身强度达到 1.5MPa 以上，然后进行土方开挖。土方开挖时应考虑山体及槽壁的稳定性，按照“先撑后挖，分步挖掘，严禁超挖”的总体方针，尽量减少挖掘工作对土体的影响，缩短土方开挖卸荷后无支撑的暴露时长，均匀开挖，合理发挥土体本身在挖掘过程中控制位移的能力。在基坑施工阶段，应该采取有效措施防止撞击支护构件、施工桩或扰动基坑底部原状土。当发现异常情况后，应立即中止开挖，待查明原因并制定妥当预防措施后方能继续开挖。土方开挖完工后，要及时联系勘察、设计、监理、施工等单位进行验槽，尽早进行地下结构施工，严防基坑长期裸露。

（3）预应力锚索施工技术要点。预应力锚索钻孔须使用高压水泥浆充实，锚索外部预留 1m 以上长度用于保证后期张拉，端头应连接导向锥。预应力锚索锚固段应采用防锈处理，自由段用聚乙烯塑料管保护，并在管中充填防腐蚀润滑脂[3]，预应力锚索应按孔号进行喷涂编号。在安装预应力锚索之前，要检查孔洞内是否出现杂质阻塞及填埋的情况，并视情采取适当措施处理。预应力锚索推进过程要用力平稳、缓慢推进；遇到障碍时，应停止推送，检查锚索的保护层和注浆管的情况，待查明原因并采取措施后继续推进；一旦发现锚索配件有松动现象或粘附较多的泥浆，应对配件进行紧固，必要时重新清孔；要不断检查注浆管，以保证注浆管通畅。预应力锚索张拉荷载要采取分级施加的策略，不可一次性加至锁定负荷。预应力锚索的轴线方向应与张拉方向保持一致，保证牵引力不受损失，最后锁紧前要检查锚索预应力有无产生减弱现象，再予以锁紧。预应力锚索完工后应及时开展试验验收，由监理、施工、设计等单位参加，取最后几根锚索和代表性部位进行验收试验，重点检验张应力、伸长率、锁定损失、灌浆质量能否达到设计要求。

（4）降水作业技术要点。基坑开挖过程中，土层滞水、砂土中的细微承压水、裂缝水、承压水及降雨排水，都将影响边坡支护稳定性和周边设施安全。若不能有效处理排水问题，当地下水进入基坑内部时，将破坏基坑支撑结构的稳定性，引起边坡失稳、坑底管涌等现象，极端情况下甚至可能引发严重社会安全事件，威胁到施工作业人员人身安全。基坑四周地面应设置排水沟，并采取防渗漏措施避免水进入基坑内。降水方案应经过专家论证，并应充分考虑降水对场地周边山体、村庄的不利影响。本工程降水施工主要分为轻型井点疏干降水及真空管井降水两部分。轻型井点布置于放坡开挖坡面，深坑部分实行真空管井降水，每 $200m^2$ 布置 1 口深井，根据土方开挖情况分段设置滤头，降水深度限制在坑内以下 0.5m 以上。降水方案应由具备资质的勘察单位，按照地质勘察报告和有关标准规范编制，结合以往抽水试验数据制定合理的降水参数，并经设计、建设单位确认后方可执行。降水系统通常要持续工作，抽水过程要做好记录，并与基坑监测单位密切协作。在基坑开挖阶段，必须定期测报抽水量和坑内地下水位有关数据，保证土方开挖安全。深井管道在分层施工至一定深度时，必须将外露的井管和滤管迅速移除。

（5）基坑监测技术要点。根据《建筑基坑支护技术规程》JGJ 120—2012 要求，一级基坑需进行基坑工程监测。基坑监测实施方案应包括监测目的及方式、监测部位布置方案、监测预警值、监测时间间隔、监测数据通报反馈流程、数据记录、应急处置预案等[4]。监测内容至少应包括周围山体、重要道路的沉降、位移监测，基坑周围土体的变形（水平、垂直）监测，围护墙结构受力和变形特征的监测，围护墙内及墙后土体的倾斜监测，基坑底部的隆起监测等。基坑监测应委托技术能力强、社会公信力高的基坑监测机构，以保证监测数据资料的可靠性，并重视对现场监测数据采集与大数据分析，以指导施工企业全面考量基坑变形幅度，编制切实可行的施工方案。基坑开挖过程中，施工企业必须自行完成重点监测工作[5]，结合监测数据和现场实际情况动态调整施工方案。依托深基坑监测技术，现场管理人员可以测量支撑构件的各项参数，并将参数限制在正常范围内。监测报警指标一般由累计变化率和变化速率两项来控制，具体报警指标由设计单位提供。当发现异常参数报警后，施工单位必须迅速上报建设、设计单位，研究商讨相应对策，以优化支撑结构。通常情况下，重点监测的周期一般是 2～3d，周期不能过长[6]；基坑降水和开挖期间，须做到一日一测，观测间隔可视测得的位移和内力变化情况适当增减；遇台风暴雨、地质条件复杂等情况应加密进行监测。为提高监测的精度，工作人员可从不同监测部位、不同施工时段开展监测作业，从不同方位监测沉降、变形以及水位，便于提高监测数据质量。

4 结束语

深基坑施工过程中常常伴随着各种风险隐患，对施工现场管理提出很高的要求。在项目设计阶段时，要通过实地勘察充分获取水文地理信息，结合项目实际选择合理适用的支护技术。施工中要制定科学合理的专项施工方案，并组织专人审查，严格按照方案施工。实体质量上应注重把控好钻孔灌注咬合桩、止水帷幕、预应力锚索等关键环节，及时开展基坑降水，依托基坑监测数据抓好施工安全监管，最大程度上保证支护结构稳定。

参考文献：

［1］火贤昌. 建筑施工中深基坑支护的施工技术与管理[J]. 居舍, 2022, (14): 72-74.

［2］靳高明, 包胜普, 王宝成. 咬合桩＋预应力锚索在饱和砂岩层深基坑支护中的应用[J]. 河南科技, 2021, 40(16): 47-49.

［3］黄顶雷. 灌注桩锚索技术在基坑施工中的应用[J]. 居舍, 2019(16): 56-57.

［4］王毅嵘. 钻孔灌注桩、高压旋喷桩和锚杆组合支护在基坑施工中的应用[J]. 福建建材, 2018(5): 69-70+13.

［5］郑元成. 浅析房建工程深基坑施工中的常见问题及施工措施[J]. 房地产世界, 2022(8): 96-98.

［6］姚若定. 深井降水技术在船闸施工中的应用[J]. 河南建材, 2022(10): 63-67.

深大基坑开挖对紧邻地铁线路影响分析

杨笑男

（天津市勘察设计院集团有限公司，天津　300191）

摘　要：随着工程建设的不断发展，越来越多的深基坑乃至超深基坑开始大量涌现，同时也带来许多亟需解决的工程难题，其中深基坑开挖对周边环境的变形影响分析尤为重要。本文从具体的工程实例入手，以深基坑开挖的前、中、后不同阶段的全过程管理与监测数据为依托，采取多专业（勘察、设计、监测）联合方式，采用不同数值分析方法对影响结果进行分析比较，进而反演推算合适参数及计算模型，通过不断以实际情况进行验证，从而实现对类似工程更好的预测分析效果，为工程实际应用创造更大的价值。

关键词：深基坑；数值模拟；反演推算；多专业联合

0　引言

本文从具体的工程实例入手，依托勘察、设计及现场监测数据，针对深基坑开挖过程对紧邻地铁的影响进行深入分析；以深基坑开挖的前、中、后不同阶段的全过程管理与监测数据建立 BIM 模型，将勘察资料、设计方案及监测数据转化为直观可视的图像资料，便于使用分析；同时采取多专业（勘察、设计、监测）联合方式[1]，采用不同数值分析方法对影响结果进行分析比较，进而反演推算合适参数及计算模型，通过不断对实际情况进行验证，从而实现对类似工程更好的预测分析效果，为工程实际应用创造更大的价值[2]。

1　案例分析

1.1　工程背景

本文依托天津地标建筑金融街（和平）中心项目，其最大基坑开挖深度为 23.2m（地下 5 层）。工程地处商业中心，场地周边条件极为复杂，地铁 3 号线从场地东南部穿过，距离基坑最近仅为 6.1m，地铁深度为 16.0～22.0m，与基坑开挖深度基本持平，对地铁的保护是本工程需要考虑的重点。具体位置关系见图 1。

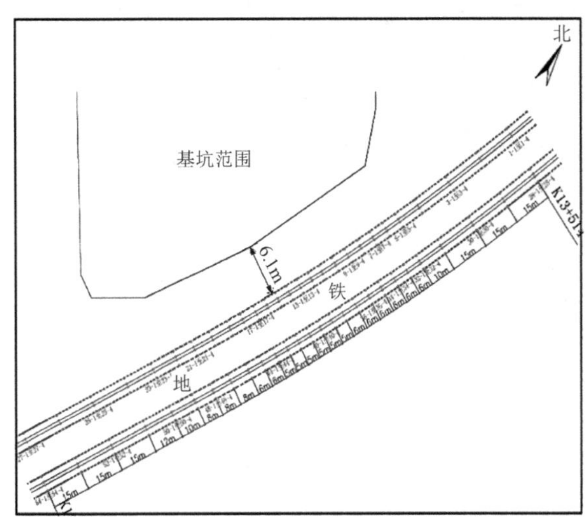

图 1　平面位置关系图

针对以上问题，设计拟采用钻孔灌注桩结合三道钢筋混凝土支撑进行支护，地铁一侧采用大直径的钻孔桩（d = 1.4m）以控制变形，钻孔桩外侧采用地下连续墙（CSM）止水并封隔影响范围内的承压水层，具体支护体系见图 2。同时，由于场地狭小、地形条件复杂及基坑深度较大，经过多方对比分析，综合考虑基坑的安全性及经济性，现场施工过程采取多专业联合，并依托数值模拟手段进行深基坑开挖的技术方案优化[3]。

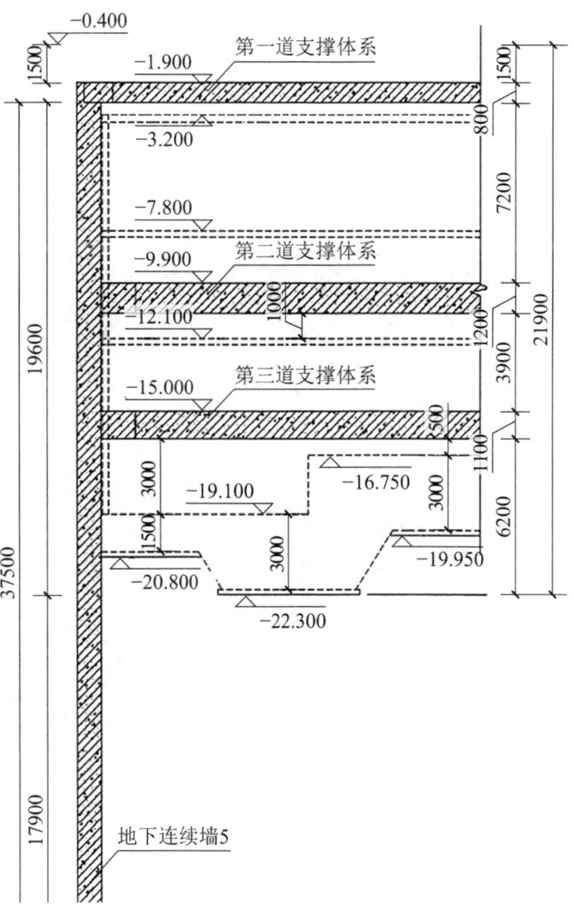

图 2　支护体系剖面示意图

1.2　多专业监测体系构建

根据工程建设过程中勘察、设计、监测等各个专业的技术信息整合，基于 BIM 全过程建模方法[4]的应用推广，将以上各个专业更加紧密地协同配合起来，是今后工程建设发展的大势所趋。这一点在深基坑的工程建设中尤为重要，本文拟提出建立协同系统，如图 3 所示。

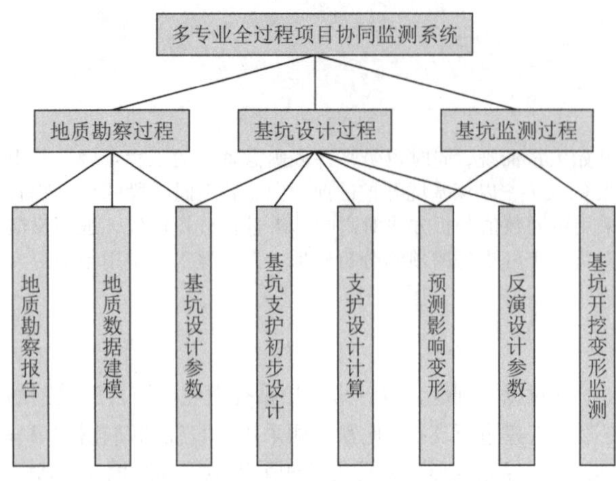

图 3　多专业全过程 BIM 体系

1.3　勘察模型的构建

根据勘察地质资料，基于 BIM 软件平台，针对营建产业的需求特性提供参数化的功能。通过对拟建场地进行可视化展示、协调、模拟、优化，并出具各专业图纸及深化图纸，使工程表达更加详细，以维持数据之间的一致性。利用勘察地质报告地层资料（图 4）建立信息化模型[5]，同时绘制拟建物与地铁空间位置剖面图，具体模型构建见图 5。

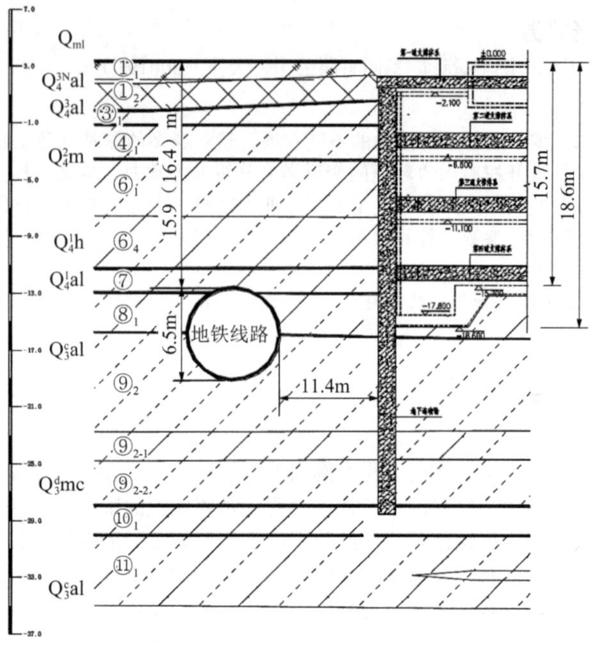

图 4　地铁线路情况剖面图

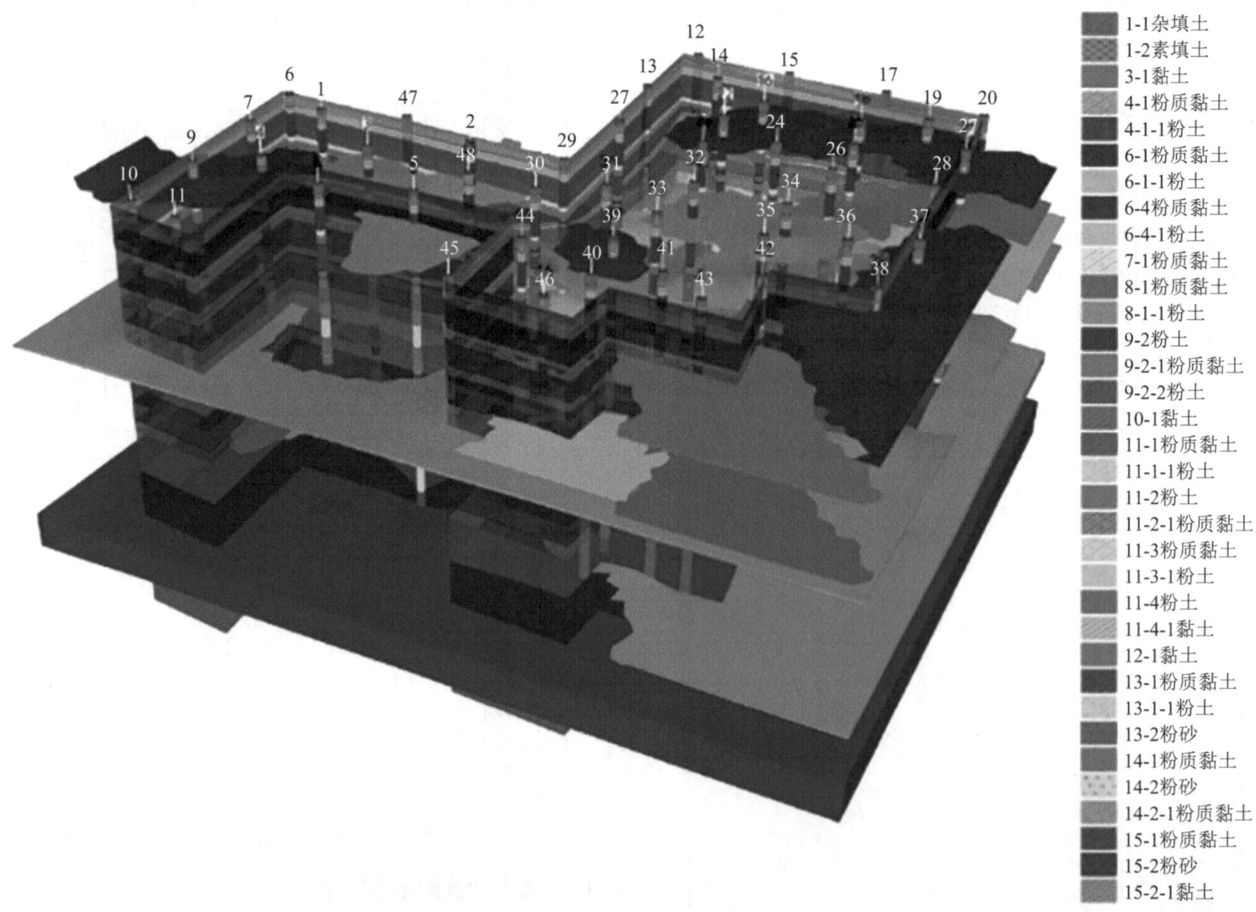

图 5　三维 BIM 地质建模

1.4 基坑设计过程

针对此类问题的设计过程中主要考虑基坑开挖、降水以及施工动载等不确定因素的影响，加之周边环境复杂，存在很大的风险性。本场地浅层分布有较厚的填土及粉质黏土，深层埋藏有与基坑基底距离较近的承压含水层[6]。复杂的工程地质、水文地质条件是本基坑工程设计中必须重点考虑并给予妥善处理的问题。

深基坑工程中水平支撑主要有钢筋混凝土支撑以及钢支撑两种形式[7-9]。钢筋混凝土支撑具有刚度大、变形小的特点，对减少围护体的水平位移、保证围护体稳定具有重要作用。同时，混凝土支撑施工适应性强，可适用于各种复杂形状的基坑工程。根据本工程场地条件及基坑深度，采用钢支撑体系受到很多限制，不宜优先考虑。因此本工程采用钢筋混凝土支撑形式[10]。支撑的位移计算结果见图 6、图 7。

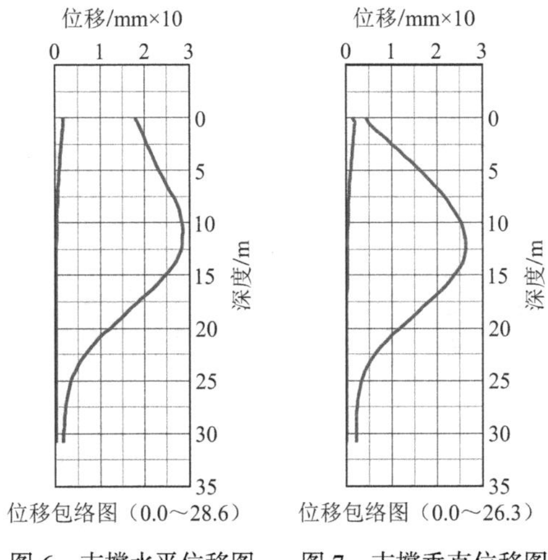

图 6 支撑水平位移图　图 7 支撑垂直位移图

基坑设计计算采用启明星基坑支护计算软件（FRWS&BSC），构件配筋计算采用 PKPM 系列软件。钻孔桩内力及位移的计算采用平面单元计算的方法。该方法采用朗肯土压力理论，杂填土及粉土粉砂层采用固结快剪指标，水土分算；粉质黏土、黏土层采用直剪快剪指标，水土合算，用弹性抗力法求得计算结果。对于支护桩嵌固深度，本设计主要通过基坑的抗倾覆安全性和整体稳定安全性来确定[11-13]。基坑计算模型见图 8、图 9，计算结果见图 10。

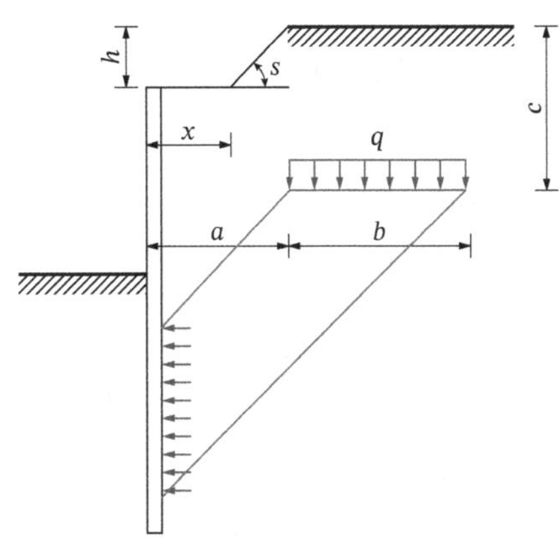

图 8 基坑计算模型（一）

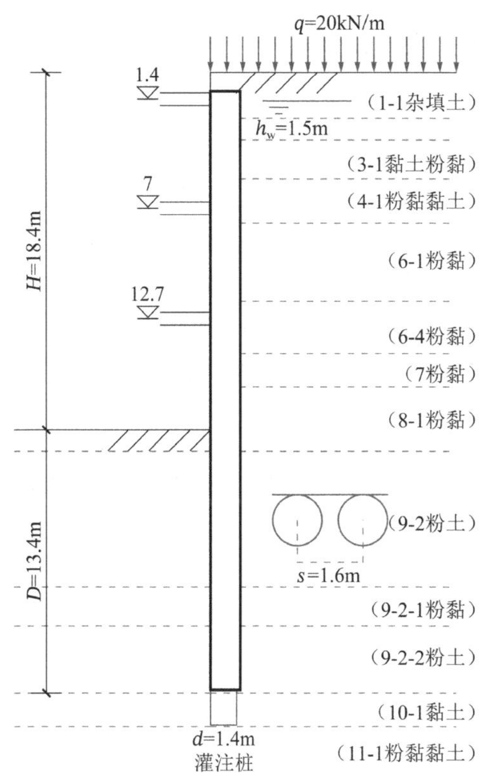

图 9 基坑计算模型（二）

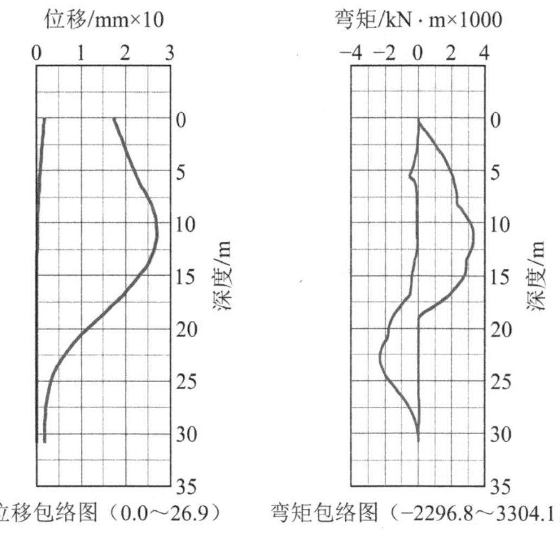

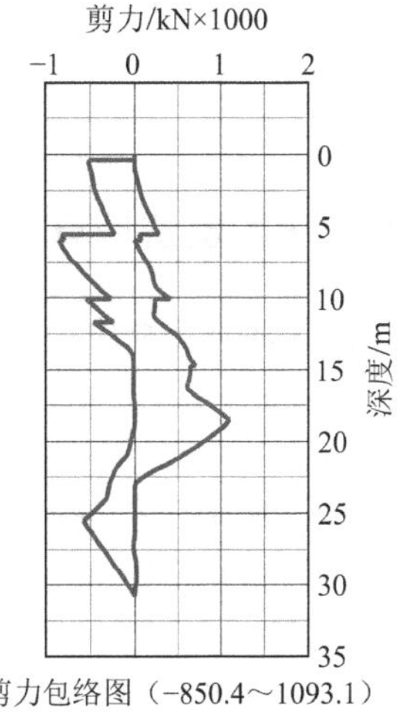

图 10 支护内力计算值

1.5 基坑监测过程

为保证地铁结构的安全，在基坑施工的各步措施中对地铁结构及轨道道床进行现场监测[14]。本项目的监测项目主要有以下 6 项：①既有线路结构沉降监测；②地铁结构、轨道道床水平位移监测；③地铁隧道收敛监测；④地铁隧道轨道竖向位移监测；⑤地铁隧道轨道纵向差异沉降监测；⑥地铁隧道区间巡查。地铁变形监测项目及警戒值见表 1。

地铁变形监测项目及警戒值　　　表 1

监测项目	变形速率/（mm/d）		累计变形量/mm	
	控制值	报警值	控制值	报警值
既有线路结构沉降监测	0.5	0.4	5	4

续表

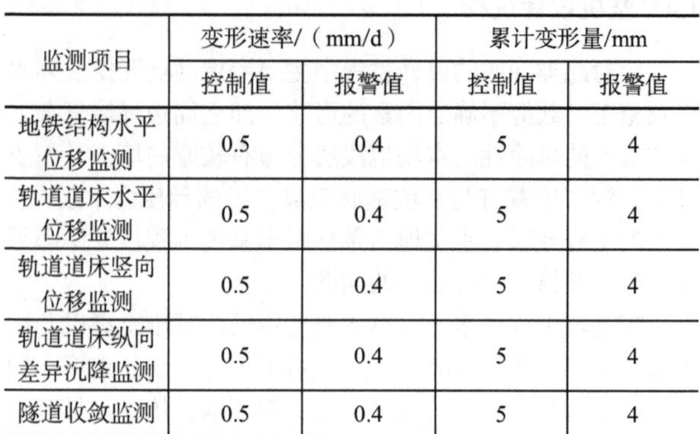

监测项目	变形速率/（mm/d）		累计变形量/mm	
	控制值	报警值	控制值	报警值
地铁结构水平位移监测	0.5	0.4	5	4
轨道道床水平位移监测	0.5	0.4	5	4
轨道道床竖向位移监测	0.5	0.4	5	4
轨道道床纵向差异沉降监测	0.5	0.4	5	4
隧道收敛监测	0.5	0.4	5	4

水准系统是根据相连的容器中液体总是寻求具有相同势能的原理来测量监测点和基准点彼此之间的垂直高度的差异和变化量。部分监测结果见图 11、图 12。

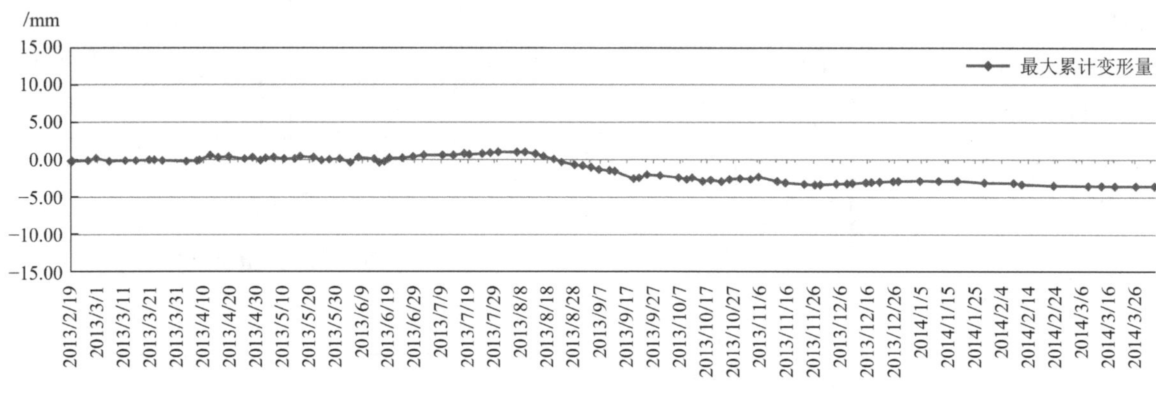

图 11　地铁隧道水平位移最大值监测值

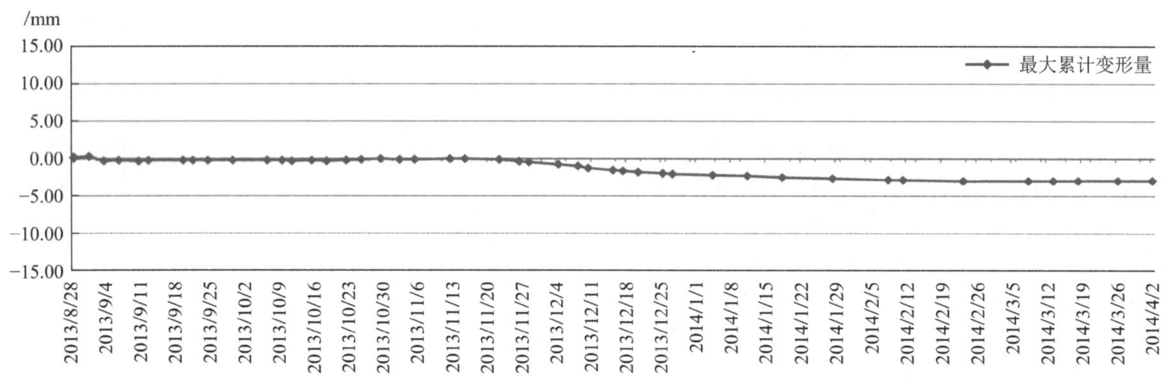

图 12　地铁隧道纵向位移最大值监测值

2　数值模拟方法的反演计算

2.1　基于 FLAC3D 的有限差分法

本工程基坑最大开挖深度为$H = 19.6$m。基坑开挖时，护坡桩在周围土体作用下，会产生向基坑内的水平位移，从而导致基坑周围地面的沉陷。利用 FLAC3D 软件，按水土分算对支护体系的位移引起地面沉陷进行计算，从而估算基坑开挖的影响范围。

（1）土体本构模型采用 Mohr-Coulomb 理论解，计算选用的强度参数有以下：

c：有效黏滞力（kN/m²）；

φ：有效内摩擦角（°）；

ψ：膨胀角（°）。

土体刚度的基本参数：

E_{50}^{ref}：标准固结排水三轴试验的割线刚度（kN/m²）；

$E_{\text{oed}}^{\text{ref}}$：等相压缩下的切线刚度（kN/m²）；

m：与应力水平相关的刚度指数。

地基土本构关系模型采用 Mohr-Coulomb 弹塑性模型[14]，假定作用在某一点的剪应力等于该点的抗剪强度时，该点发生破坏，剪切强度与作用于该面的正应力呈线性关系。Mohr-Coulomb 屈服准则如下：

$$\tau = c + \sigma \tan\varphi$$

式中：τ——剪切强度；

c——材料的黏聚力；

σ——正应力；

φ——材料的内摩擦角。

（2）基坑开挖数值模拟计算：

基坑开挖数值计算后，参数的选取采用数值反演，沉陷位移云图如图 13 所示。计算云图显示，距基坑边缘距离为d（$d \approx 2.8H$）的范围内（云图中所示区域），地面沉陷效应明显。

综合以上分析计算结果，基坑开挖完成后，支护桩的桩身最大水平变形为 27.22mm，造成周围土体的最大沉降量为 21.56mm，造成地铁线路的最大水平位移为 10.23mm，造成地铁线路的最小沉降量 5.03mm，最大沉降量为 9.08mm，差异沉降 6.25mm。

2.2 基于 SAP5 软件分析

根据 SAP5 软件计算结果[15]，地面最大沉陷量为 55.0mm，经过参数反演后计算值为 38.9mm（分别见图 14、图 15），其结果更加接近实测值。最大位移发生在距基坑边缘 9.00～10.00m 处，地面沉陷影响范围约 20.10m。故在上述支护体系设计的条件下，支护体系的位移引起的地面沉陷对周围道路、地下管线有一定影响，设计及施工时应引起注意。

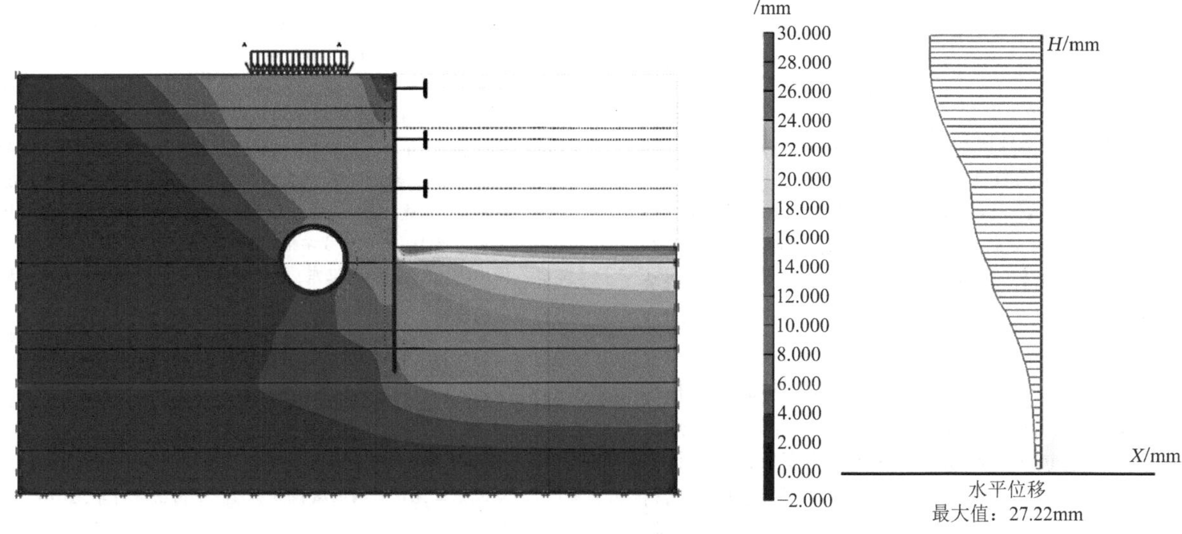

图 13 模拟计算结果云图

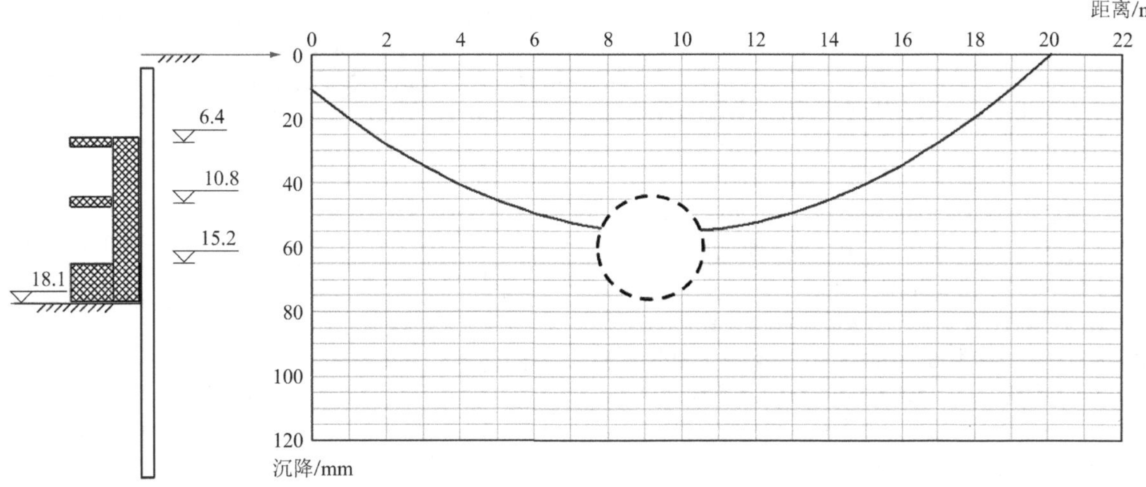

图 14 基坑开挖引起周围地面沉陷简图

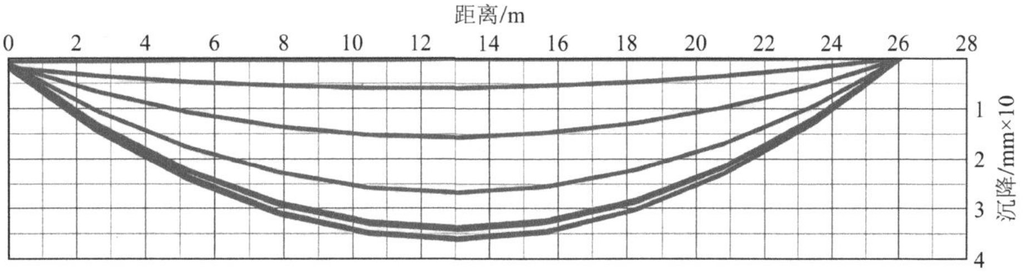

图 15 参数反演优化后地面沉陷简图

根据同济抛物线地表沉降模拟结果，地铁所在范围为地面沉降影响较大区间。根据设计提出地铁结构设施绝对沉降量及水平位移不超过 10mm。建议设计单位根据实际计算条件进一步反演参数计算，并根据实际计算结果对地铁设施采取相应的保护措施[16-17]。

3 数据分析

（1）实际监测隧道结构竖向位移监测点位最大累计沉降量为+2.34mm，平均累计沉降量为+0.71mm；隧道收敛监测点位最大累计变形量为+2.06mm，平均累计变形量为+0.59mm；隧道水平位移监测点位最大累计变形量为−3.52mm，平均累计变形量为−1.29mm；轨道道床竖向位移监测点位最大累计沉降量为+2.95mm，平均累计沉降量为+1.01mm；轨道道床纵向差异监测点位最大累计沉降量为−2.93mm，平均累计沉降量为 0.00mm。地铁结构未发生明显变形，整体结构处于稳定状态。

（2）采用 FLAC3D 有限差分模拟变形影响分析所得数值解与实测值对比较传统模拟方法更准确，具有较好的通用性和可移植性。根据有限差分模拟结果分析，基坑支护设计满足对地铁的保护要求，且不会造成过高的成本浪费。

（3）采用 SAP5 有限元软件及启明星计算软件模拟结果偏保守，在实际应用中可能会造成一定上的成本浪费。解决方法在于通过多专业联合及现场实测变形，反演计算参数，通过累计类似工程经验，可在一定程度上归纳出行之有效的参数反算方法，进而优化模拟的结果，使之更接近实测值。

4 结论

（1）本文采用多专业联合协同分析解决深基坑影响问题，具有样本示范意义，可为工程项目的前中后带来一定的经济效益。多专业联合使得设计参数更加合理，更及时地解决工程中发现的问题；同时，设计中采用了合理的支撑结构及支撑道数，不仅满足了基坑施工期间的要求，也为建设单位节省了大量的工期。

（2）数值模拟计算中参数的选取及确定一直是工程师们急需面对和解决的难题，同时也是严重影响工程本身的关键所在。参数选不对，后续的模拟计算只会南辕北辙，造成巨大的误差甚至工程隐患。在多专业联合的前提下，可根据现场实际监测变形值反演推算，检验参数的合理性，并可通过工程经验的累积，找出优化参数的方法；增进数值模拟在工程建设中的经济价值，为以后的基坑设计工作积累工程经验。

（3）采用 FLAC3D 有限差分模拟变形影响分析所得数值解与实测值对比，较传统模拟方法更准确，具有较好的通用性和可移植性，根据有限差分模拟结果分析，基坑支护设计满足对地铁的保护要求，且不会造成过高的成本浪费。

参考文献：

[1] 王喜. 软土地区深基坑施工中的基坑变形控制[J]. 民营科技, 2016(8): 167.

[2] 宁宏伟. 软土地区深基坑施工中的基坑变形控制[J]. 建筑工程技术与设计, 2015(14): 646.

[3] 曾婕，龚迪快，成怡冲，等. 软土地区深基坑变形控制措施对减小临近隧道变形的效果分析[J]. 工程勘察, 2018(5): 14-21.

[4] 王建华，徐中华，王卫东. 支护结构与主体地下结构相结合的深基坑变形特性分析[J]. 岩土工程学报, 2007, 29(12): 1899-1903.

[5] 徐中华，王建华，王卫东. 上海地区深基坑工程中地下连续墙的变形性状[J]. 土木工程学报, 2008, 41(8): 81-86.

[6] 徐中华，王建华，王卫东. 软土地区采用灌注桩围护的深基坑变形性状研究[J]. 岩土力学, 2009, 30(5): 1362-1366.

[7] 姚爱军，向瑞德，衡朝阳. 地铁开挖过程与临近建筑地基变形的动态响应[J]. 地下空间与工程学报 2007, 3(8): 1575-1579.

[8] 曹权，施建勇，柴寿喜，等. 小应变下土体刚度非线性分析的试验研究[J]. 岩土工程学报, 2009, 31(5): 699-703.

[9] 吕高峰，魏庆朝，倪永军. 考虑土体小应变特性的浅埋暗挖地铁隧道施工扰动影响的数值分析[J]. 中国铁道科学, 2010, 31(1): 72-78.

[10] 余志成，施文华. 深基坑支护设计与施工[M]. 北京：中国建筑工业出版社, 2002: 188-189.

[11] 龚晓南，高有潮. 深基坑工程设计施工手册[M]. 北京：中国建筑工业出版社, 1998. 187-188.

[12] 程斌，刘国彬. 基坑工程施工对邻近建筑物及隧道的相互影响[J]. 工程力学, 2000(A3): 486-491.

[13] 刘纯洁. 地铁车站深基坑位移全过程控制与基坑邻近隧道保护[D]. 上海：同济大学, 2000.

[14] 刘国彬，黄院雄，侯学渊. 基坑工程下已运行地铁区间隧道上抬变形的控制研究与实践[J]. 岩石力学与工程学报, 2001, 20(3): 202-207.

[15] 吉茂杰，刘国彬. 开挖卸荷引起地铁隧道位移预测方法[J]. 同济大学学报, 2001(5): 531-535.

[16] 吉茂杰，陈登峰. 基坑工程影响隧道位移的施工工艺控制方法[J]. 中国市政工程, 2001(2): 36-40.

[17] 蒋洪胜，侯学渊. 基坑开挖对临近软土地铁隧道的影响[J]. 工业建筑, 2002(5): 53-56.

土岩双元深基坑永久支护结构工程案例分析

赵　星[1]，巩世林[2]，董良哲[2]，林西伟[2]
（1. 青岛市建设工程施工图设计审查有限公司，青岛 266000；2. 青岛业高建设工程有限公司，青岛 266000）

摘　要：土岩双元深基坑工程永久支护结构，采用微型桩与锚杆挡墙结合形成支护体系，利用双顺作法完成支护体系，可以降低主体结构受力。简支板两端搭设在主体结构预留牛腿梁和锚杆挡墙顶部异型梁，形成闭合门字形肥槽，内部设置降排水系统、通风系统和照明设施，有效降低主体结构设计参数，节约建设成本，从而实现深基坑永久支护使用的功能。
关键词：土岩双元；永久支护；双顺做法；单侧支模；简支板

0　引言

基坑工程一直作为一项临时工程，待回填后便从理论上失去了支护功能，但实际情况下，它依然能够发挥支护功能，即便数十年不回填的基坑，依旧能够发挥支护作用，因此，单纯的把基坑工程看作临时工程，是对资源的浪费，也是各个设计专业不协同的一种表现。

基坑永久性支护结构，是对基坑工程的一次革新。按照永久结构标准去设计、施工基坑工程，使其作为永久结构的一部分，不仅仅是技术的进步，更是设计理论的创新。虽然基坑工程成本，但是整体的工程成本会大大降低。我们以某个土岩双元深基坑永久支护结构项目做了一次成功的尝试，就本项目的经验做一下分享。

1　工程概况

拟建场地位于某市即墨鳌山卫街道问海路以南、于家沟村以东、中石油鳌山油库以西、小岛湾海岸带以北。拟建项目二期建筑物 3 栋，分别为海洋能源开发利用平台、仓库和车库、蓄水池三部分。西侧为海洋能源开发利用平台 1～4 层，地下 1 层，基底标高 13.00m，边坡高度 2.52～9.20m，边坡长度 116m，北侧较深边坡采用永久支护结构。边坡安全等级为一级。

支护结构构件主要包含微型桩、全粘结锚杆、冠梁、钢筋混凝土挡土墙、预制盖板、暗格构梁等。

2　工程地质条件

2.1　地形、地貌

场地地貌形态属构造剥蚀地貌-丘陵区，场区地形崎岖，地面标高约为 5.70～20.66m，地形总体上呈北高南低的趋势，局部起伏较大，微地貌形态主要为剥蚀、堆积缓坡和冲沟。

2.2　地层岩性

①层素填土：

黄褐色—褐色，稍湿—饱和，松散状态。成分不均匀，以砂性土、碎石、黏性土为主，表层见较多植物根系。该层在场区内分布较广泛，揭露厚度 0.40～5.50m，平均厚度 1.73m。

⑫层含砾石黏性土：

黄褐色，湿—饱和，中密—密实状态，不均匀，黏性土为主，多含风化砾石、碎石、砂性土等。该层在场区内分布局限，揭露厚度 0.60～2.50m。该层地基承载力特征值 $f_{ak}=300\text{kPa}$。

⑯层强风化砂岩：

黄褐色、灰褐色、灰绿色，砂状结构，层理构造，裂隙发育，不均匀，岩体破碎，成分以长石、石英、云母为主，岩芯呈砂土状—小碎块状，原岩结构清晰，冲击及干钻困难，软化性较强，无膨胀性、崩解性。该层在空气中暴露或太阳暴晒下，有进一步风化的可能。该层在场区内分布较广泛，揭露厚度 0.40～3.00m。该地层地基承载力特征值 $f_{ak}=500\text{kPa}$。

⑰层中风化砂岩：

灰褐色，灰白色，灰绿色，黄绿色，砂状结构，层理构造，风化中等，岩芯呈块状—短柱状，节理裂隙发育，不均匀，钻进困难，软化性弱，无膨胀性及崩解性。该层在空气中暴露或太阳暴晒下，进一步风化的可能性较小。该层在场区内广泛分布，揭露厚度 2.60～6.50m。中风化砂岩层承载力特征值 $f_a=1500\text{kPa}$。

⑱层微风化砂岩：

青灰色，灰白色，黄绿色，砂状结构，层理构造，风化轻微，岩芯呈大块状—柱状，均匀，主要矿物成分为石英、长石，岩块强度高，锤击声脆，不易碎，无软化性、膨胀性及崩解性。该层在场区内广泛分布，钻遇层顶埋深 4.20～10.00m。微风化砂岩层承载力特征值 $f_a=3000\text{kPa}$。

2.3　水文地质条件

拟建场地地下水主要赋存于①层素填土、⑫层含砾石黏性土中，属潜水；局部风化砂岩中存在基岩裂隙水，地下水不丰富。勘察期间地下水稳定水位埋深为 0.50～2.90m，稳定水位标高为 4.21～13.22m。拟建场地地下水的主要补给来源为大气降水的垂直入渗补给和上游地下水的侧渗补给。拟建场地地下水位年动态变幅为 1.0～1.5m。

3　基坑支护设计

根据本项目地质条件、周边环境条件、地下水汇集排泄方式、工程安全性以及工程成本，经过几番对比、论证，从重力式挡土墙、桩锚支护体系＋混凝土挡土墙、锚杆挡墙等支护形式中，借鉴排桩式锚杆挡墙支护形式，采用微型桩 + 锚杆挡墙支护形式（图 1）。

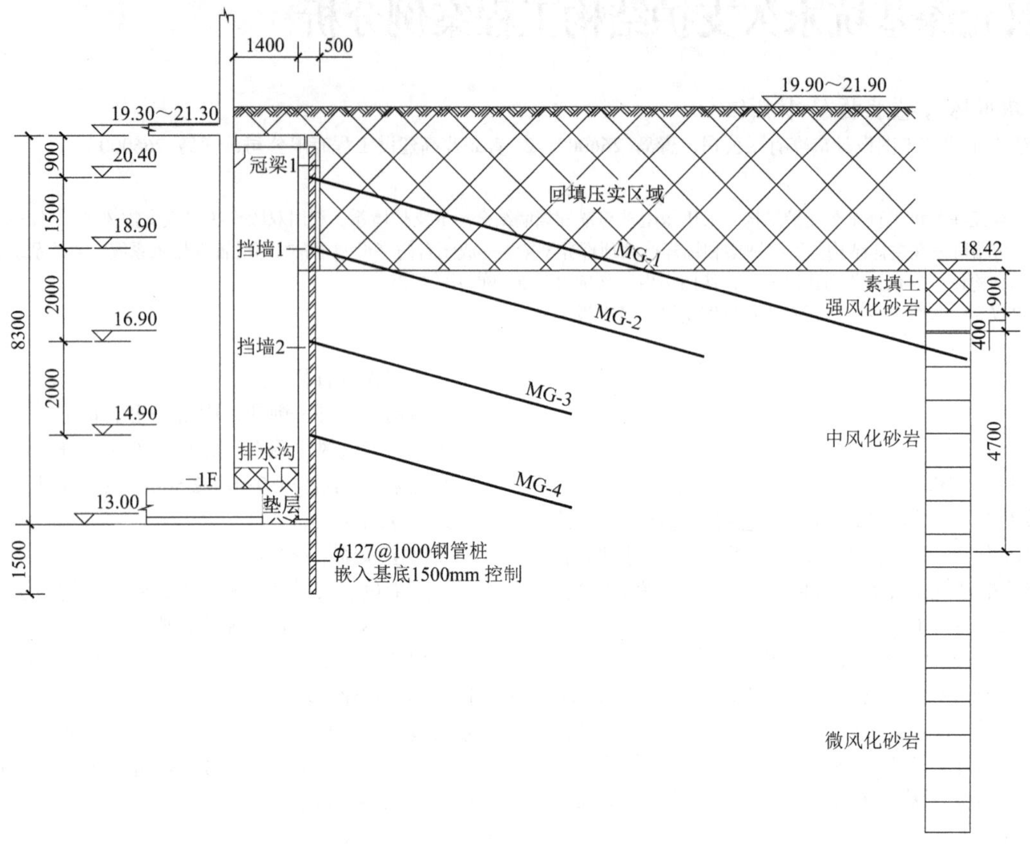

图 1　典型支护设计剖面

微型桩选用$\phi127\times5$ 钢管，成孔直径 180mm，采用先注浆后下钢管工艺。

全粘结锚杆杆体选用 2ϕ25 钢筋，成孔直径 130mm，采用先注浆后下锚杆工艺。

钢筋混凝土挡墙分为挡墙 1 和挡墙 2，挡墙 1 厚度 500mm，采用双侧支模方式；挡墙 2 厚度 250mm，采用单侧支模方式。均内置双层双向钢筋ϕ14@200 × 200（mm），混凝土强度等级 C30；挡墙迎水面保护层厚度不小于 50mm，背水面保护层厚度不小于 40mm；挡墙底部设置厚度 100mm 的 C20 素混凝土垫层，坡面每 2.0m × 2.0m 设置一处泄水孔，采用ϕ100mmPVC 管，可根据坡面渗水情况适当调整；抗震设防等级丙级。

冠梁为异型梁，预制盖板厚度 250mm，两侧搭设在牛腿及异型梁上，按照简支板考虑受力模式。

坡顶超载不应超过 15kPa，且距离坡顶边缘不小于 2.0m；回填土压实系数不小于 0.94。

4　施工工艺及技术要点

4.1　工艺流程

场地平整→测量放线定位→微型桩施工→分层开挖、分层施工锚杆、初步锁定→混凝土垫层施工→挡墙 2 钢筋绑扎→挡墙 2 单侧支模、加固、搭设脚手架→混凝土浇筑→养护拆模→挡墙 1 钢筋绑扎→挡墙 1 双侧支模、加固、搭设脚手架→混凝土浇筑→养护拆模→冠梁施工→盖板搭设→墙背土方回填压实

4.2　技术要点

（1）微型桩施工

微型桩施工前的准备工作：场地平整和测量放线定位，对整个工程的成败起到了至关重要的作用。微型桩的桩位和垂直度，决定了挡墙的水平和垂直度，要求桩位偏差 ±50mm，垂直度偏差 0.5%。必须采用自动校准的设备进行成孔，中间要不间断地控制桩身垂直度，一旦超出允许值，应重新成孔。

（2）分层开挖、分层施工锚杆

本项目地质条件好，对周边环境影响小，充分利用岩层的自稳性好的特点，我们摒弃以前的传统做法：锚杆顺作法 + 挡墙逆作法，而是大胆地采用锚杆和挡墙施工双顺作法，即锚杆采用顺作法，分层施工至基底；挡墙采用顺作法，从基底施工至冠梁顶部，双顺作法很好地解决了挡墙逆作法出现的自重大、墙背裂缝、锚头受剪、接缝不密实、渗漏严重等问题。

锚杆作为永久性支护构件，其耐久性、可靠性对保证边坡和主体结构的安全，起到了至关重要的作用。一旦锚杆失效，必然引起边坡滑塌，继而影响主体结构的安全，同时也会引起地下水位上升，对于结构的抗浮极其不利。因此，锚杆施工控制的要点：①注浆密实，使水泥浆体充分包裹杆体，采用孔底返浆、多次补浆方式；②锚杆锚头端部 1.50m 范围内，涂刷三遍环氧树脂作为

防腐层；③回填区域范围的锚杆杆体防腐措施：锚杆杆体钢筋应除锈、刷沥青船底漆（或环氧树脂），缠裹玻纤布两层，外套塑料管（要求具有足够的强度，不易破损，且壁厚不小于 3mm），两端 0.20m 长度范围内填充黄油，外缠绕工程胶布固定。孔口以内杆体刷环氧树脂，长度不少于 0.50m。

（3）钢筋混凝土挡墙 2 施工

利用岩石和锚杆共同作用，使之短期内稳定，为挡墙的施工提供了充足时间和空间，同时节省开挖石方量，挡墙 2 采用单侧支模浇筑方式。单侧支模浇筑的控制最终决定了挡墙的质量，其控制核心：挡墙外侧钢筋的水平和垂直度以及模板的平整度、刚度等。

通过利用拉筋设置垫片方式（图 2）控制模板平整度，同时利用 500mm × 500mm 方格网的拉筋，结合方木和钢管进行模板加固，保证模板刚度，达到保护层厚度一致，表观质量良好的效果。要求完成混凝土挡墙面层平整度 ±10mm。

图 2　拉筋设置详图

挡墙钢筋绑扎要求符合抗震设防要求。

由于挡墙与岩层之间未设置防水层，因此，对于地下水的排泄主要依靠泄水孔，但是，分层分段浇筑混凝土留设的施工缝极易出现接槎、不密实，出现线状渗漏，为了解决渗漏问题，在每次浇筑留设的施工缝位置，设置防水钢板，同时浇筑前按照施工缝做法进行处理，阻断地下水从施工缝位置渗流。

本方案因岩石开挖支护不及时，极易造成小范围的片帮，加之岩石节理发育，岩面凹凸不平，使得混凝土充盈系数增加至 1.5～2.0，浇筑后形成的挡墙厚度远远超过设计厚度。

（4）钢筋混凝土挡墙 1 及冠梁施工

挡墙 1 设置在回填区域，采用双侧支模方式。微型桩与挡墙 1 结合体作为竖向挡土构件，其挡土、耐久性需要得到保证。因此，需要采用混凝土将其包裹，以达到耐久的目的。挡墙 1 双层双向钢筋按照挡墙 2 设计尺寸继续往冠梁方向延伸，并按照设计要求锚入冠梁内，使挡墙 2、挡墙 1 和冠梁受力骨架形成整体，挡墙 1 采用双侧支模方式，将钢管桩与挡墙 1 一起浇筑包裹，达到其挡土耐久的目的。同时，一同浇筑异形冠梁，为预制盖板的搭设提供支座。

（5）预制盖板搭设及回填压实

主体结构施工中，在预定位置设置了牛腿梁，与异形冠梁形成两个固定支座，预制盖板作为活动体，两侧搭设，搭设长度不小于 150mm，预制盖板跨度不大于 1.50m，厚度 250mm，上覆土厚度不大于 600mm，该部分覆土只做种植土使用。挡墙 1 墙背填土采用流态固化土或者分层回填分层压实，压实系数 0.94，回填土不能采用淤泥和淤泥质土、膨胀土、有机质物含量大于 8%的土、含水溶性硫酸盐大于 5%的土、含水率不符合压实要求的黏性土，分层厚度不大于 0.30m，压实系数符合设计要求后方可进行上层回填土回填压实。

（6）第三方监测

由于选用工艺的特点，造成开挖支护无法在短期内形成封闭的支护体系，给第三方监测造成了一定的困难。为了解决施工过程中监测问题，将监测分为两步：第一步挡墙未浇筑前监测，第二步挡墙浇筑后监测。浇筑前，在坡顶用混凝土固定观测点，记录坐标，观测数据，及时通知各参建单位；待墙后回填后，利用原有坐标找到相应位置，并将观测设置在冠梁上，作为永久观测使用，同时将前期积累的数据作为浇筑后的初始数据，两次数据的累加作为本项目的监测数据。

5　实施效果

本项目利用微型桩与锚杆挡墙结合形成支护体系（图 3），采用顺作法顺利完成了支护体系的施工，通过第三方监测数据显示，基本控制基坑深度 0.1%以内，达到了永久支护结构目的。利用简支板、牛腿梁和地库外墙形成的门架肥槽，结合降排水系统、通风系统和照明设施等，成功地完成了土岩双元深基坑永久支护结构，该永久支护结构保证了基坑工程与主体结构工程正常运行及周边环境的安全，受到了建设单位、监理单位及相关政府职能部门一致好评。

图 3　加固施工完毕效果图

6　总结与体会

本工程作为土岩双元深基坑永久性结构的实践，采用永久支护技术、单侧支模技术、顺作法、抗震设防措施等，使得基坑永久结构顺利完成，目前运行良好。总结如下可供借鉴的经验：

（1）岩土设计作为永久结构专业参与项目全过程设计，是一次成功的尝试。利用岩土设计弥补结构设计中存在的缺陷，大大降低了工程的建设成本，合理地利用资源，节省了基坑回填、地库剪力墙、外墙防水、建筑抗浮等工序；但同时要求各个专业必须紧密配合，否则会失之毫厘、谬以千里。

（2）本次实践并非简单的技术累加，而是有着必然的逻辑性。为保证基坑使用年限，必须参照永久标准设计施工，为了降低过度设计，又需要基坑支护作用介入。

（3）本次实践的成功，需要做好后期的维护工作，例如，汛期的降排水工作，由于地势较低，降水汇集的地表水和地下水会大量涌进肥槽内，造成肥槽内水大量汇集，需要及时排泄，防止水进入地库内，损坏设备，同时会破坏结构抗浮。

（4）对于深基坑工程永久支护结构，在设计、施工还存在一些不足之处，要不断地完善、深化设计理念和方案，同时，也需要专业施工单位来完成专业施工工作，避免出现不必要的损失。

参考文献：

［1］住房和城乡建设部. 建筑基坑支护技术规程: JGJ 120—2012[S]. 北京: 中国建筑工业出版社, 2012.

［2］住房和城乡建设部. 建筑边坡工程技术规范: GB 50330—2013[S]. 北京: 中国建筑工业出版社, 2013.

［3］住房和城乡建设部. 混凝土结构设计标准: GB/T 50010—2010[S]. 北京: 中国建筑工业出版社, 2016.

［4］住房和城乡建设部. 建筑地基基础工程施工质量验收标准: GB 50202—2018[S]. 北京: 中国计划出版社, 2018.

土岩双元超危基坑事故案例分析及处置措施

赵　星[1]，董良哲[2]，巩世林[2]，林西伟[2]
（1. 青岛市建设工程施工图设计审查有限公司，青岛 266000；2. 青岛业高建设工程有限公司，青岛 266000）

摘　要：灌注桩和预应力锚索作为桩锚支护体系中重要的受力构件，对支护工程的成败起决定作用。土岩双元超危基坑中，因为参建单位的不专业，导致质量把控失准，出现了多个项目的预警问题。通过启动应急预案，采取被动区加固，改变原有支护模型的受力方式，以锚索的复拉和置换为契机，成功地消除了本次的基坑预警问题，为土岩双元基坑的险情处置提供宝贵的经验和依据，同时，也提醒我们要加强基坑的质量管控。

关键词：土岩双元；监测预警；被动区加固；锚索复拉；锚索置换；岩肩

0　引言

在土岩双元地层中，基坑支护的形式受限于地质条件、周边环境、开挖深度等因素影响，市区基坑通常以直立开挖等形式出现，基坑深度也随着用地的紧张不断加深。

深基坑施工过程中，往往出现各种安全质量事故，并以监测预警方式呈现。面对这些监测预警指标和现场事故，技术人员如何分析判断，提出妥善的解决方案，是解决基坑事故的关键。本文以某超危基坑事故为例，提供一种解决思路和方法。

1　工程概况

本项目位于某市金水路以南，九水东路以北，东川路以东，李村河以西。拟建建筑地下 6 层，基底标高呈台阶状自北向南逐步降低，基底标高 17.70～33.70m，基坑开挖深度约 20.30～29.26m，东西方向长度约 143m，南北方向长度约 746m，基坑边坡总长约 1829m。基坑支护结构安全等级一级。

支护结构构件主要包含灌注桩、高压旋喷桩、微型桩、锚杆、冠腰梁、喷射混凝土面层等。

2　工程地质条件

2.1　地层岩性

场区地层结构较为简单，层序清楚。按自上而下地质年代由新到老的层序分述如下：

①层素填土

广泛揭露于场区，揭露厚度 0.50～7.00m。灰褐色，干—稍湿，松散—稍密。以回填砂土、碎石为主，碎石直径 3～15cm，夹有块石及砖块。

⑪层粉质黏土

分布于整个场区，局部地段该层缺失。层厚 0.60～7.30m。灰褐色—黄褐色，可塑，具有中等压缩性，强度中等，韧性中等。见高岭土条带，无摇振反应，切面较光滑，局部地段见有铁锰氧化物，含少量中粗砂。

⑫层粗砾砂

分布于整个场区。层厚 0.50～8.00m。褐黄色，饱和，中密—密实，以长英质颗粒为主，颗粒分选差，级配较好，磨圆度差，局部夹有少量碎石，碎石粒径 2～6cm。

⑯层花岗岩强风化带

揭露厚度 0.50～18.50m。黄褐色—肉红色，粗粒结构，块状构造；主要矿物成分为石英、正长石，含有黑云母、角闪石，岩石风化强烈，岩芯呈碎块状，手搓易碎，呈砂土—角砾状。

⑰层花岗岩中等风化带

揭露厚度 0.50～11.80m。肉红色—灰褐色，粗粒结构，块状构造，以长石、石英为主要矿物成分，节理裂隙较发育，岩石风化中等，岩芯呈块状，锤击易碎，需要爆破开挖。花岗岩中等风化带为碎裂块状结构岩体，属于较软岩，岩体较破碎，岩体基本质量等级Ⅳ级。

⑱层花岗岩微风化带

揭露厚度 3.20～22.00m。肉红色，粗粒结构，块状构造，以长石、石英为主要矿物成分，岩石风化轻微，裂隙稍发育—不发育，岩芯呈块状—短柱状，锤击不易碎。花岗岩微风化带为块状—整体块状结构岩体，属于较硬岩，岩体较完整，岩体基本质量等级Ⅲ级。

2.2　水文地质条件

场区地下水类型为第四系弱承压水及基岩裂隙水。第四系弱承压水为含黏性土中粗砂层及粗砾砂层，基岩裂隙水含水层为基岩各风化带。大气降水是其主要补给来源，地下水整体流向自北向南。勘察期间，钻孔中测得地下水稳定水位埋深为 1.3～7.1m，水位绝对标高为 41.67～51.13m。青岛地区历年水位最大变幅 2m 左右。

3　基坑支护设计

本基坑邻近李村河，地质以土岩双元地层为主，含有富水承压砂层。地下空间规划距离用地红线约 5～15m，需要采取垂直开挖支护方式。基于本项目设计条件，基坑整体采用吊脚桩支护形式，即岩肩以上采用桩锚支护体系，以下采用复合土钉墙支护体系。灌注桩桩间设置高压旋喷桩作为止水帷幕。

选取典型支护设计剖面 1 单元，灌注桩ϕ800@1600，桩间高压旋喷桩ϕ1200@1600，微型桩ϕ146@1000，设置 10 层预应力锚索＋1 层全粘结锚杆，锁定值 260～320kN。

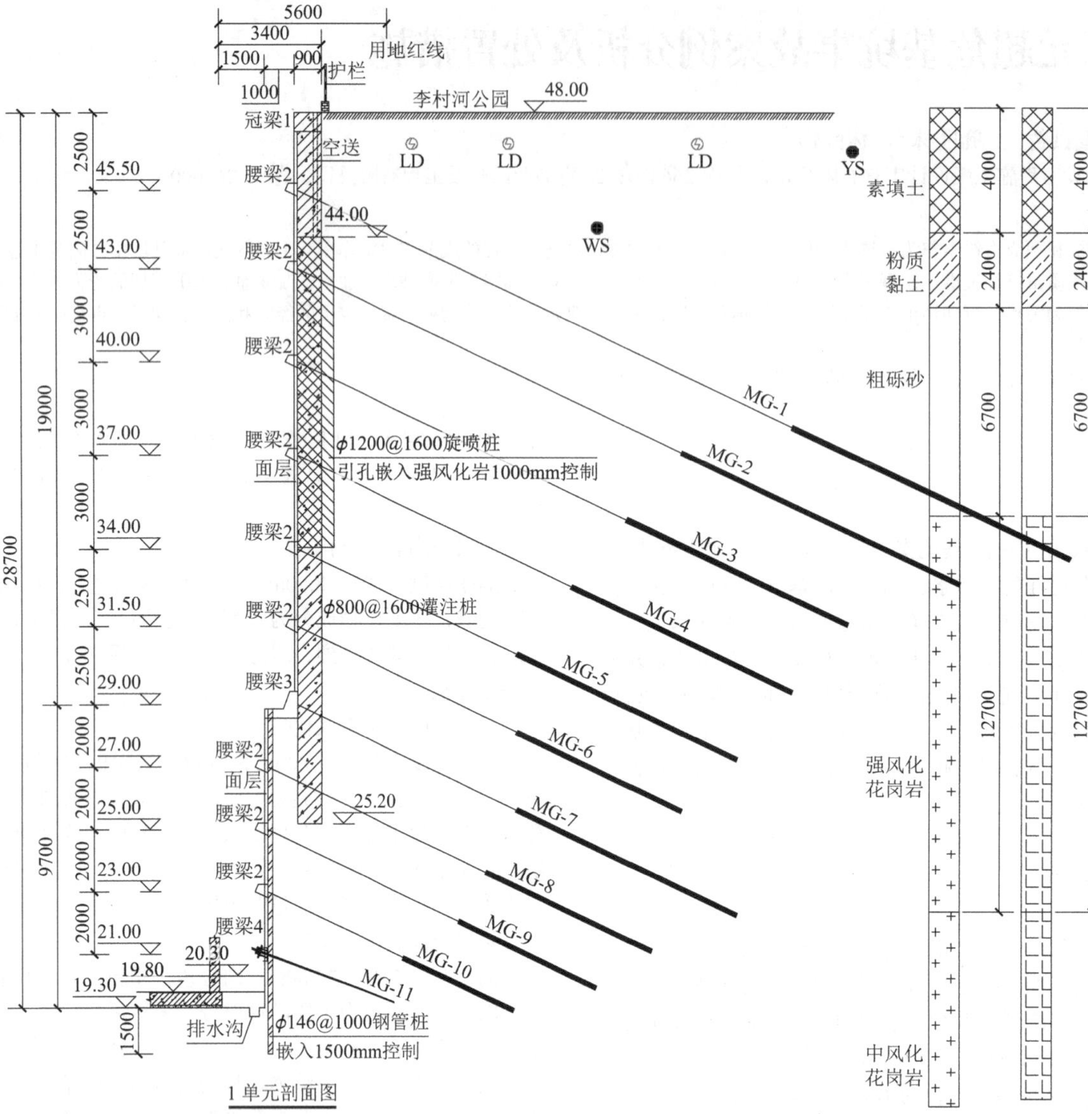

图 1 典型支护设计剖面

4 基坑事故

4.1 出现的问题

基坑 1、2、3 单元施工至岩肩部位，开挖深度约 16～19m，发现部分灌注桩桩底沉渣存在过厚、断桩等问题。监测报告数据显示：坡顶水平位移累计绝对值 30mm，变化速率 5mm/d；竖向位移累计绝对值 40mm；地表裂缝最大宽度 32.15mm；地下水位下降累计值 7300mm；锚杆轴力锁定值 100～200kN，根据基坑监测相关标准和规定，以上各种监测数据均已达到预警值，监测单位提出预警，随即启动应急预案。

本项目位移变化存在显著特征：先发生竖向位移，后发生水平位移。

4.2 事故原因分析

经现场踏勘取证、技术检测、各参建单位汇报以及多轮技术研讨会，最终认为事故原因如下：

图 2 灌注桩桩底沉渣过厚、断桩

（1）灌注桩施工过程中，钢筋笼成批量安放，停滞几天后进行混凝土灌注，灌注前，未按照设计及规范要求进行二次清孔和沉渣测量，造成桩底沉渣远超允许值 200mm。这是导致竖向位移报警的主要因素之一。

（2）部分灌注桩存在桩长不足的问题，原设计中要求吊脚桩与钢管桩在岩肩部位形成一定的连接，桩长的不足致使支护体系在竖向支护出现“断层”现象。这是导致竖向位移报警的另一重要因素。

（3）预应力锚索施工错误

① 未根据地质条件和周边环境条件，选择合适的成孔工艺、注浆工艺及施工工序，成孔完毕后，即刻拔管、下锚索、孔口注浆，致使孔内出现塌孔现象，造成锚固体与孔侧壁无法形成有效摩阻力，锁定值达不到设计要求值。这是导致水平位移报警的主要因素之一。

② 未选用合适的张拉锁定工艺，存在锚头“自锁”现象，孔内钢绞线一直处于松弛低应力状态，导致张拉锁定值未真正主动控制边坡位移，直至位移发生累积到一定量值后，被动控制位移。这是导致水平位移报警的另一重要因素。

5 应急处置

5.1 应急处置流程

划定、封闭处置范围→边坡被动区反压→检验锚索锁定值和承载力→不合格锚索复拉→再次检验锚索锁定值和承载力→依据结果制定加固方案→分层清理被动区域→分层支护被动区域→同步增设观测点观测→稳定后逐步拆除被动加固区域→施工原支护体系加固锚索→被动区拆除至原貌→正常化施工及观测

5.2 技术要点

（1）回填反压封闭处置范围

根据监测数据，现场的变化情况，决定在预警 1、2、3 单元被动区范围内进行回填反压，反压高度取已完成支护高度的 1/2 处作为反压终点，反压长度为 1～3 单元边坡长度，坡度约 45°，回填的材料宜为不含有机质的砂土。

（2）锚索检验及不合格锚索复拉

每层锚索设置锚索计作为监测元件，通过监测元件反馈锚索预应力的锁定值。若是无法达到设计锁定值 80%的锚索，即判为不合格锚索，需进行补强张拉。为了防止锚头“自锁”现象再次发生，技术人员对补强张拉工艺和方法做了技术交底，要求张拉设备安装顺序依次为：原工作锚具、限位板、承压钢板、千斤顶、承压钢板、工具锚具。注意正确使用限位板，带有凹槽一侧卡扣到原工作锚具，利用限位板凹槽的设计深度，在张拉过程中起到固定锚具夹片的作用，适当的限位距离（限位板的槽深）可以使锚具回缩量达到最小。这是解决锚头“自锁”的关键工序。

锁定锚杆预应力值，以目前锁定工艺技术，无法按照规范要求的超张拉 1.1～1.15 倍锁定值完成。根据实践经验，锁定预应力值影响因素主要有杆体和注浆材质特性、地层蠕变、自由段长度、外部承载体弹性模量、摩擦损失等。针对以上因素，超张拉值宜为锁定值 1.5～2.0 倍。杆体和注浆材质特性越好、地质条件越好、自由段越短、弹性模量越大、摩擦损失越小，超张拉倍数越小。

（3）依据复拉结果制定加固方案

通过以上操作验证锚索锁定值和承载值，若能达到 95%合格率，可以继续开挖施工；若无法达到，应根据复拉的结果做加固设计验算。根据复拉情况，无法到达 95%合格率保证，暂时无法继续开挖施工，需要进行加固施工。设计单位依据复拉结果，采用土钉墙支护形式进行被动区加固。

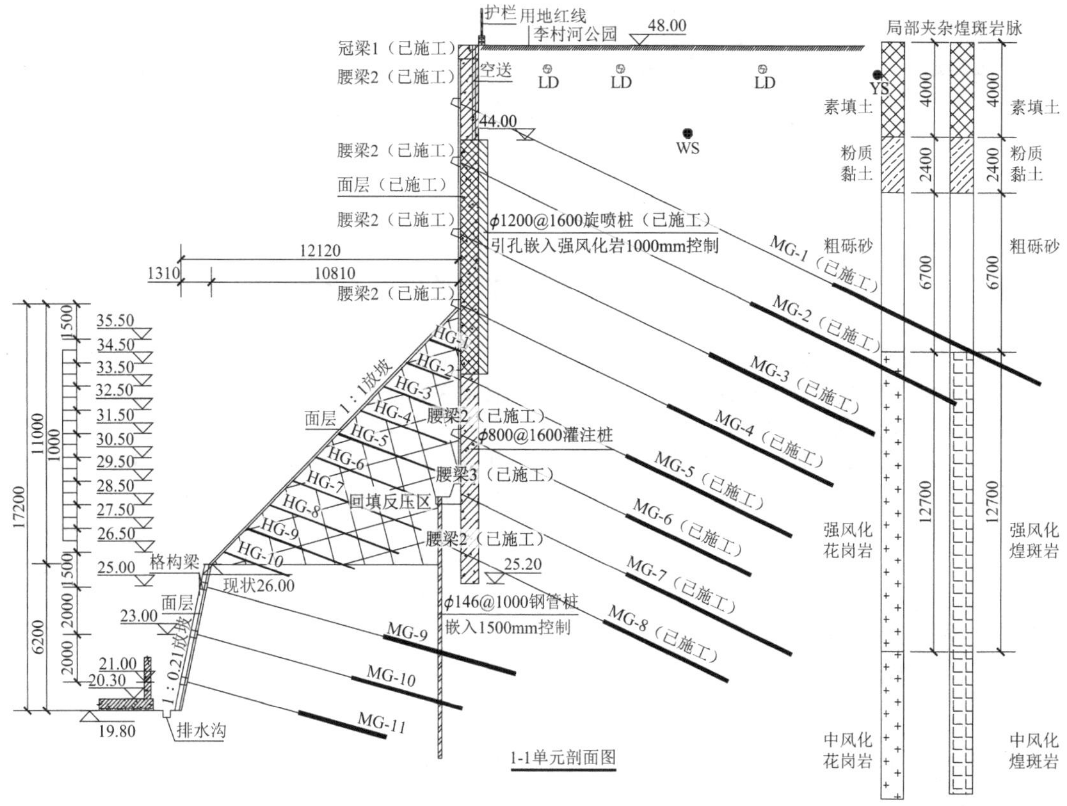

图 3 被动区加固设计剖面

（4）加固方案实施

对于回填形成的被动区，采用机械刷坡、压实方式，便于后续加固施工。搭设脚手架，为加固施工提供操作平台，逐层施工注浆土钉和预应力锚索，由于回填时间短，内部空隙率较大，采用注浆固结方式加固被动区更有效果。达到以下情况可停止注浆：①注入压力达到设计压力的前提下达到稳定为原则，稳定时间为5min；②注浆过程中出现地面冒浆、漏浆、开裂、隆起等异常现象；③注浆压力大于两倍设计压力且浆液无法注入时；④单孔注浆量异常大时。

（5）第三方同步监测

为了防止突发事故，加固施工期间，第三方监测单位同步进行监测作业，频率不少于2次/d，现场巡检也要同步进行，注意观察原边坡位移和裂缝变化情况，一旦出现数据突变，应及时通知人员撤离，组织专家论证会议，做进一步的加固施工。

（6）原支护体系加固施工

被动区加固施工完毕后，历经2个月的稳定期，经再次召开技术研讨会，决定采用在原有支护体系上增设预应力锚索方式置换被动区的反压加固，即先施工预应力锚索，再拆除被动区的反压加固。通过增设两道预应力锚索＋增大岩肩宽度方式来解决被动区置换问题，同时分步降低基坑开挖深度，已达到安全开挖支护的目的。

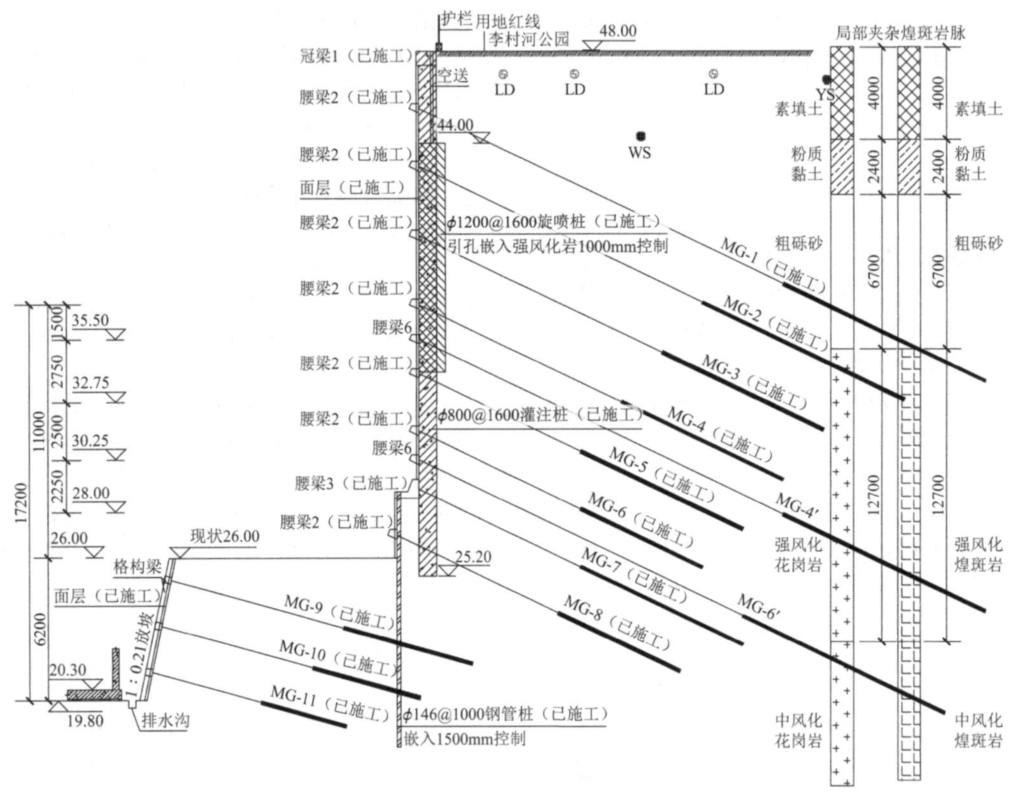

图4 置换被动区设计剖面

6 实施效果

通过利用被动区加固方式作为过渡段解决方案，既承接了原有支护体系不拆除的方案，又很好引领了后续顺利开挖支护到设计要求层面，顺利地解决了本次基坑事故，完成了本项目的基坑支护工程，保证了基坑工程的正常运行及周边环境的安全，受到了建设单位、监理单位及相关政府职能部门一致好评。

图5 加固施工完毕效果图

7 总结与体会

本基坑工程作为土岩双元超危基坑事故的代表，采用被动区加固、锚索复拉、锚索置换被动区、加大岩肩宽度等方式成功地解决了本次事故，防止发生塌方事故，取得了良好的加固效果。本次事故的原因值得深思，总结如下可供借鉴的经验：

（1）质量是安全的根本。各参与方对于质量的认知以及专业水准，直接决定了项目的成败。基坑支护工程虽然是临时工程，但同时也是超危工程，对于周边环境的影响巨大，同样值得各参与方关注、重视。不能因临时工程，置若罔闻。

（2）事故的发生不是一蹴而就的，是多种因素的叠加，最终酿成了巨大的损失。无论是一次数据的突变，还是现场小小的裂缝发展，都值得去重视思考，寻求解决之道，不能因小失大。

（3）本次事故通过监测预警、被动区反压和加固、原有锚索的复拉和检测、新增锚索置换被动区加固、增加岩肩宽度等方法，形成了一种解决土岩双元超危基坑事故的思路，依次和并行采取这些方法，最终顺利解决本次基坑事故，值得肯定。

（4）对于灌注桩的沉渣控制，预应力锚索的正确张拉方式以及超张拉的倍数关系，监测数据的关注，都在本次事故中体现得淋漓尽致，也为土岩双元基坑质量把控指明了方向。

本次土岩双元超危基坑事故的成功解决，为后续类似工程事故提供了可靠的决策依据和技术指标，新颖的技术理念推动新技术发展，同时，应当总结经验，做到施工安全、合理，避免造成不必要损失。

参考文献：

［1］ 住房和城乡建设部. 建筑基坑支护技术规程: JGJ 120—2012[S]. 北京: 中国建筑工业出版社, 2012.

［2］ 住房和城乡建设部. 建筑边坡工程技术规范: GB 50330—2013[S]. 北京: 中国建筑工业出版社, 2013.

［3］ 住房和城乡建设部. 混凝土结构设计标准: GB/T 50010—2010[S]. 北京: 中国建筑工业出版社, 2016.

［4］ 住房和城乡建设部. 建筑地基基础工程施工质量验收标准: GB 50202—2018[S]. 北京: 中国计划出版社, 2018.

城区硬岩基坑微差爆破与静态破碎试验与应用

季维果[1]，张启军[2,3*]，杜福民[2]，乔凤阳[2]，徐梁超[4]，陈爱青[2]，刘腾飞[2]

（1. 中铁十局集团有限公司，济南 250100；2. 青岛业高建设工程有限公司，青岛 266042；3. 青岛理工大学，青岛 266520；4. 青岛恒材汇建材有限公司，青岛 266100）

摘　要：在保证基坑安全和周边环境正常使用的前提下，将炸药爆破范围最大化，可使石方开挖最快速和经济。为此，先对基坑周边环境条件进行详细调查，对拟保护的建（构）筑物及管线以及侧壁支护结构的安全振速进行合理确定，找出对炸药爆破最敏感的重点保护对象。通过现场炸药爆破试验，分析出控制爆破范围与重点保护对象的安全距离，对保护对象有安全影响的石方采用静态破碎开挖方法。试验结果表明：采用城镇浅孔逐孔松动爆破技术，控制单次起爆药量，微差分段起爆，距离最敏感的重点保护对象——侧壁支护结构 3m 以上时，爆破振速能够控制在 10cm/s 以内，对保护对象未造成破坏性影响，变形监测表明基坑安全稳定。该方案的设计与应用，使基坑石方开挖工期大大加快，造价得以控制，对类似工程具有参考价值。

关键词：炸药爆破；静态破碎；微差爆破；支护结构；变形监测

0　前言

随着城市化进程的发展，地下空间的开发力度越来越大，这些项目中有很大一部分深基坑涉及石方的开挖。对于石方来说，采用炸药爆破无疑是一种最经济高效的方法。复杂环境条件下的石方爆破工程，对爆破的振动等有严格的要求。对于深基坑来说，一方面，要保证不能对周边建（构）筑物和管线的安全使用产生影响；另一方面，不能对基坑侧壁的支护结构产生破坏性影响。如何确定炸药爆破和静态破碎的范围，是石方开挖的重点和难点。

基坑的特点决定了爆源距离基坑侧壁支护结构越近，影响越大，但针对这种情况的研究相对较少。孙鹏昌等[1]进行了深基坑开挖爆破对桩锚支护结构的影响及其机理研究，研究表明爆破加载作用在波阻抗较小的岩土体边界上，易使支护桩与岩土体的交界面产生受拉损伤；爆破加载使不同排预应力锚索的拉力产生重新分配调整；爆破对桩锚支护结构的影响，主要是爆破地震波与支护桩以及岩土体相互作用的综合结果。林潮等[2]进行了爆破开挖对深基坑吊脚桩支护体系性能影响数值模拟研究，通过分析爆破振动引起深基坑岩土体塑性区的变化、应力波传播过程中速度放大效应及特征监测点速度时程变化，给出爆破振动对深基坑吊脚桩支护体系的动力响应规律，并提出吊脚桩支护结构各部位振动速度的建议控制标准（基底边缘振动速度控制在 10cm/s 以下，预留桩前岩肩速度控制在 8～15cm/s，地表土振动速度控制在 10cm/s 以下）。同时，对于周边环境条件，不同的建（构）筑物和管线对安全允许支点振动速度有不同的要求。不同的爆破部位需要满足上述已有结构最敏感的要求。

根据爆破振动衰减理论，爆源条件和传播途径是影响爆破振动的两大因素。其中，爆源条件因素主要包含炸药种类、孔网参数、单段最大装药量、装药结构和延迟时间等；传播途径因素主要包含岩石性质、地质与地形条件、爆心距等。因此，在工程实践中进行爆破振动控制时，可采取调整爆破方法和爆破参数等措施，从爆源条件和传播途径 2 个方面对爆破振动进行控制[3]。随着数码电子雷管的推广应用，逐孔爆破理论和技术得到了迅速发展，专家学者对此做了大量的研究。付天光等[4]分析了逐孔爆破合理微差时间选择方法及爆破网路安全性问题，并进行了现场试验验证；邓秀艳等[5]采用逐孔起爆技术减少爆破振动，显著降低了对周边建筑物的影响；相志斌等[6]做了复杂环境条件下的逐孔松动爆破技术试验研究。逐孔松动爆破技术结合了逐孔爆破和松动爆破各自的优点，在工程实践中广泛应用，可显著降低爆破振动，控制爆破飞石，明显改善爆破效果。

对于石方采用炸药爆破的方法，即便采取逐孔松动爆破技术，要达到石方破碎后机械开挖较为容易，也需要确保一定的单方炸药消耗量，邻近爆源区域的质点振动速度仍然很大。孙鹏昌等[1]的研究表明，紧邻爆区的支护桩最大爆破振动速度超过 30cm/s，远大于可参照的爆破振动安全控制标准，桩顶爆破振动存在放大效应。因此，邻近基坑侧壁的部位需要采取相应的办法，降低对邻近支护结构的影响，使支护结构正常运行，保证基坑的稳定性。

炸药爆破的减振措施常设置减振槽、减振孔等方法，邹奕芳[7]通过减振槽减振效果的爆破试验研究发现，爆心距为 5m 时，减振槽的减振率为 29%～41%，爆破地震波的强度沿减振槽中垂线方向朝两侧扩散。与减振槽相比，减振孔虽然没有减振槽的减振效果理想，但以其施工简单效率快的特点在工程实践中应用较多，也有这方面的一些试验研究。黎罡[8]利用 Midas GTS 模拟工程爆破中减振孔的隔振效果，得到爆心距为 5m 时，减振率为 15%左右，减振孔的孔距越小隔振效果越好，减振孔的排数越多隔振效果越好，减振孔的爆心距在一定范围内较小时，减振孔的隔振效果更好。

当采取一定的减振措施后，爆破振速仍然超过安全标准时，可采取非炸药爆破破碎的方法，包括机械破碎和静态膨胀破碎等。机械破碎锤的动力来源一般是挖掘机、装载机或泵站，动力来源驱动活塞往复运动，活塞冲程时高速撞击钎杆，由钎杆破碎岩体，提高工作效率。该方法的优点是对邻近结构影响小，软岩破碎的效率较高；缺点是噪声大持续时间长，对硬岩破碎效率低、成本高。静态膨胀破碎是在岩体上按一定密度和深度打孔，将静态破碎剂加水搅拌，灌入孔内，发生水化反应，体积膨胀，把岩石涨破。该方法的优点是，对邻近结构基本无影响，无振动和噪声，缺点是功效低、造价很高。

深基坑工程是一项危险性较大的分部分项工程，岩质基坑的开挖方法和施工组织是否合理，对支护体系是否能保证基坑的稳定性有重大影响，对周边环境的能否正常使用也有重大影响。不合理的土石方开挖方法、步骤可能导致支护结构失效，造成基坑失稳，也可能导致基坑周边建（构）筑物及管线的损坏，造成事故。因此，对于岩质基坑的破碎开挖，应因地制宜，兼顾安全、快速经济的原则，合理划分采用不同破碎方法的区段，制定合理的爆破（破碎）参数及顺序等，都需要进行周密设计和计划。

以青岛某深基坑工程项目为依托，通过现场炸药爆破试验，获得在一定的爆破参数条件下、设置与未设置减振孔、不同爆心距的质点振速测试数据，对基坑石方破碎方案进行优化细化，划分出不同破碎方法的范围，制定合理的爆破（破碎）施工参数与科学的爆破网路；在施工过程中加强爆破振动测试，以及基坑变形和应力监测，保证了基坑安全及周边环境的正常使用。该项目已圆满结束，应用成果可为类似深基坑石方开挖方案的选择提供参考。

1 工程概况

该项目位于青岛市市北区，建设用地面积约 4.1 万 m^2。基坑周长约 800m，基坑深度 15～49m，基坑侧壁土层采用吊脚桩锚支护，岩层采用钢管桩 + 锚杆支护。

1.1 场区地质条件

场区地形起伏较大，整体北高南低，场区西侧原有一条自北向南的冲沟，冲沟后被人工回填。场区地貌类型属于剥蚀斜坡-侵蚀堆积沟谷，后经人工回填改造。

根据地勘报告，场区需要破碎后开挖的石方地层为：⑰层中等风化带：较广泛揭露于场区，揭露厚度 0.5～5.00m，岩石坚硬程度为软岩，岩体较破碎，岩体基本质量等级Ⅴ级，属碎裂状块状结构岩体；⑱层微风化带：较广泛揭露于场区，揭露厚度 0.8～8.20m，岩石坚硬程度为坚硬岩，岩体较完整，岩体基本质量等级Ⅱ级，为整体块状结构岩体。

1.2 重点保护对象分析

经现场调查分析，周边环境条件复杂，最终确定爆破工程重点保护对象见表 1。

爆破工程重点保护对象统计表　　表 1

方位	重点保护对象名称	拟开挖石方与保护对象的距离/m
东侧	燃气管线	9.3
	齐鲁医院	17.52
西侧	电力管线	8.62
	中压燃气管线	21.38
	信号塔	18.63
西侧	阳光山色小区	47.45
	浮山后二小区	95.73
四周	钢管桩锚杆支护	0

续表

1.3 基坑侧壁支护方案

本项目采用了多种支护形式，以岩石边坡为主的部分，根据深度的不同，有一级微型桩支护、二级微型桩支护、三级微型桩支护。东侧与一期院区之间有垂直临空面，考虑采用微型钢管桩 + 对穿锚索支护；南侧西半部上部砂土层较厚，考虑采用上部桩锚支护（灌注桩吊脚）、下部微型桩支护形式；北坡考虑使用功能上半部（标高 52m 以上）是永久边坡，先做临时支护，后做永久格构梁板。

2 初步爆破方案与爆破试验

2.1 初步爆破方案

该基坑支护设计要求支护结构处爆破振速不高于 2cm/s，爆破公司提报的石方爆破方案是基坑内周边预留 6m 范围采用静态膨胀方法破碎，内部采用城镇控制爆破。静态破碎的范围较大，经测算造价很高、工期太长。经咨询行业专家关于爆破减振措施及振速控制值方面的意见，决定采用逐孔松动爆破并设减振孔的措施来降低爆破振速，建议调整基坑及边坡支护结构安全振速允许值为 10cm/s，通过现场炸药爆破试验进行验证与调整相关参数。

2.2 爆破试验方案

试验方案一：试验爆破区 5m × 5m，爆破试验区域均有临空面，临空面符合现场实际爆破工况。钻孔直径 42mm，采用梅花形布置孔位，孔位排距 0.5m，孔距 0.6m，单孔药量 0.1kg，孔深 1m，超深 0.3m。设置 2 排减振孔，孔径 90mm，孔距 200mm，排距 200mm，梅花形布置，孔深超过爆破打孔深度 1m。

试验方案二：试验爆破区 3m × 3m，爆破试验区域均有临空面，临空面符合现场实际爆破工况。钻孔直径 42mm，采用梅花形布置孔位，孔位排距 0.5m，孔距 0.6m，单孔药量 0.1kg，孔深 1m，超深 0.3m。减振孔同试验方案一。

试验材料设备：采用凿岩机钻孔，选用 2 号岩石乳化炸药，数码电子雷管起爆。

爆破试验操作流程：钻孔→装药入孔→炮孔填塞→进入项目管理平台→条码录入→并联组网→网络检测→网络授时→充电起爆→爆区检查→数据上传。

2.3 振速监测数据

试验方案一设置 2 个振速监测点，监测点与减振孔同侧，监测点 1 距爆破区直线距离 2m，监测点 2 距离爆破区 10m。实测数据见表 2。

试验方案一监测数据　　表 2

测点	距爆区距离	实测振速	备注
测点 1	2m	15.15cm/s	超标
测点 2	10m	0.37cm/s	—

试验方案二设置 3 个振速监测点，监测点 1 和监测点 2 与减振孔同侧，监测点 1、监测点 2 距爆破区直线距离分别为 2m、2.5m，监测点 3 位于无减振孔一侧，距离爆破区域 2m。实测数据见表 3。

试验方案二监测数据 表 3

测点	距爆区距离		实测振速	备注
测点 1	减振孔一侧	2m	12.80cm/s	超标
测点 2		2.5m	5.63cm/s	符合要求
测点 3	无减振孔一侧	2m	16.52cm/s	超标

通过以上两次爆破试验，对数据进行初步分析得出以下结论：

（1）爆破振速实测值均超出理论计算值，平均超出 9.8%，最大超出 14.6%。

（2）在设置减振孔的情况下，距离爆破区域 2m 的振速不能满足设计 10cm/s 的控制值。

（3）在设置减振孔的情况下，距离爆破区域 2.5m 的振速满足设计 10cm/s 的控制值。

（4）通过试验方案二的对比可发现，减振孔有一定的减振效果，本次试验减振效果为：$(16.52-12.8)/16.52\times100\%=22.52\%$。

（5）在设置减振孔的情况下，距离爆破区域 2.5m 的振速满足设计要求。

2.4 静态膨胀破碎范围建议

根据专家意见和设计要求，通过试验实测数据分析，爆心距 3m 的理论振速计算值为 6.95cm/s，考虑实测值超出计算值 15%，因此爆心距 3m 位置实际振速计算为 8cm/s，满足设计要求。爆心距 2m 位置不设减振孔理论计算值为 14.40cm/s，超出设计允许值 10cm/s 达 44%，试验实测爆心距 2m 位置不设减振孔一侧振速为 16.52cm/s，超出设计允许值达 65.2%，经分析，即使试验条件、临空面最理想状态下也难以满足设计允许的振速要求。据此，技术上提出 2 个可行的处理方案：

处理方案一：距支护结构 2.5m 范围采取静态膨胀破碎，并按专家意见设减振孔。

处理方案二：距支护结构 3m 范围采取静态膨胀破碎，不设减振孔。

以剩余工程量进行经济性分析：方案一造价约为 2302.1 万元；方案二造价约为 1652.6 万元。

经比较，方案一造价高出方案二约 649.5 万元，高出约 39%，方案二性价比优于方案一，综合考虑选用方案二。

3 石方爆破优化方案

通过专家咨询、图纸优化结合现场爆破试验数据，对静态膨胀破碎范围进行了缩小，由原设计的 6m 范围优化为 3m。炸药爆破区域采用城镇浅孔、逐孔松动、微差爆破技术，爆破 a 区域宽度 10m、台阶高度 1m；爆破 b 区域宽度 20m、台阶高度 2.0m；核心爆破 c 区域台阶高度 3.0m，爆破开挖顺序自中间向四周（c→b→a）进行，平面施工区段划分见图 1。

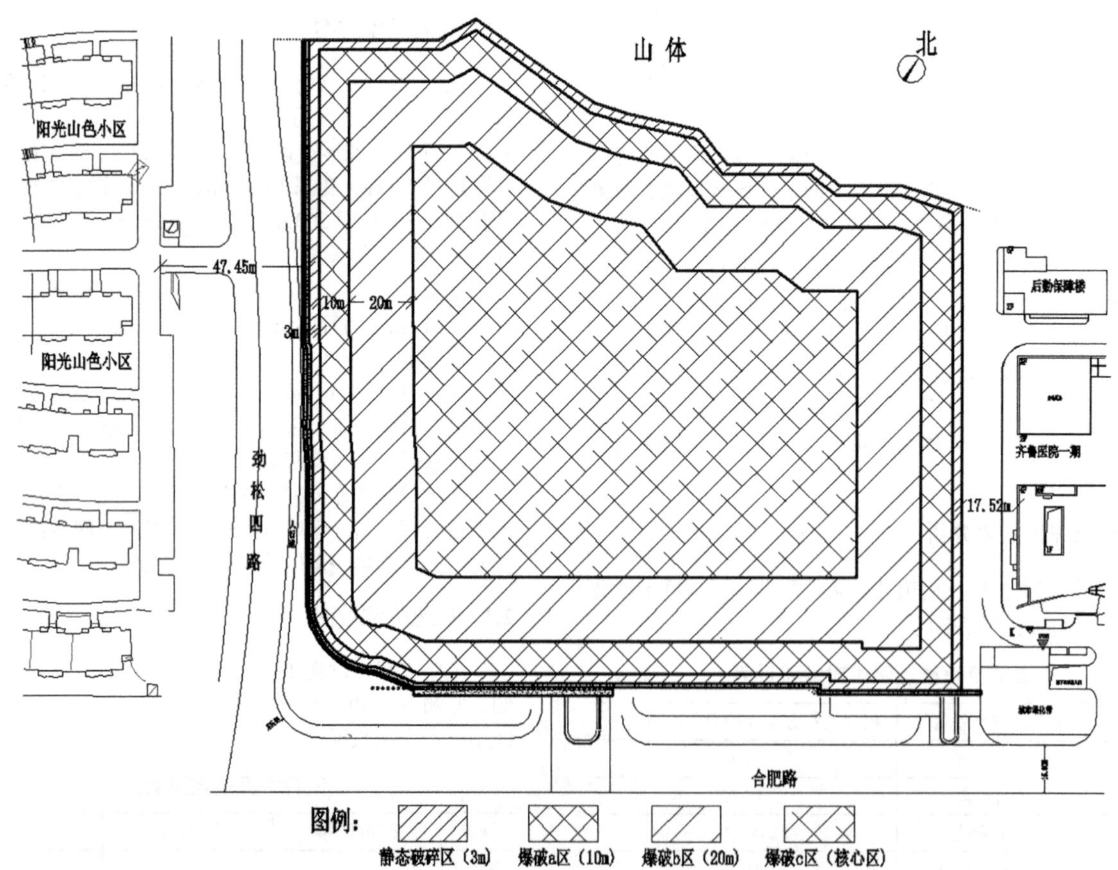

图 1 石方开挖平面区段划分图

根据最新设定的爆破区域范围，依据相关规范标准，结合现场试验数据，设定重点保护对象的爆破振速安全控制标准见表4。

重点保护对象的爆破振速安全控制标准表　表4

方位	重要保护对象名称	爆区与保护对象的距离/m	爆破振速安全控制标准/（cm/s）
东侧	燃气管线	12.3	0.5
	齐鲁医院	20.52	1.0
西侧	电力管线	11.62	1.0
	中压燃气管线	24.38	0.5
	信号塔	21.63	1.0
	阳光山色小区	50.45	1.0
	浮山后二小区	98.73	1.0
四周	钢管桩锚杆支护	3.0	10

3.1 爆破参数

（1）炮孔及孔网参数

①钻孔直径：$d = 38 \sim 42$mm；②布孔形式：梅花形；③钻孔方向：垂直钻孔；④台阶高度：$H = 1.0 \sim 3.0$m；⑤底盘抵抗线：取$W = (0.4 \sim 1.0)H$；⑥孔距：$a = 0.3 \sim 1.4$m；⑦排距：$b = 0.2 \sim 1.3$m；⑧超深：$h = 0.3$m；⑨孔深：$L = H + h = 1.3 \sim 3.3$m。

（2）装药参数

炸药单耗：基坑爆破$q = 0.3 \sim 0.40$kg/m^3。单孔装药量：依照药量计算公式：$Q = KqabH$（取$K = 1.1 \sim 1.2$）计算单孔药量。不同台阶高度单孔药量计算参考值见表5。

浅孔台阶逐孔松动爆破参数表　表5

台阶高度H/m	超深/m	孔距a/m	排距b/m	底盘抵抗线W/m	药量/kg	
					计算值	实际取值
1.0	0.3	0.6	0.5	0.2	0.1	0.1
2.0	0.3	1.2	1.1	1.1	0.92	0.9
3.0	0.3	1.5	1.4	1.4	1.89	1.8

（3）单段药量

由于爆源至保护物距离不同所允许的最大单段药量不同，因此需要设计出若干不同距离下对应不同单段药量，以满足实际施工安全高效要求。依据项目环境特点和单段药量计算公式$Q = R^3(V/K)^3/\alpha$计算，确定本设计单段药量及区域划分为：浅孔a区域单段药量为0.1kg；浅孔b区域单段药量为0.9kg；浅孔c区域单段药量为1.8kg。

（4）试爆调整

以上计算药量为试爆药量，目的是在满足周边建（构）筑物和管线振速控制要求的前提下，进行多次试爆，实时收集不同点的振速和距离数据，通过回归曲线方程，推导出存在密集空孔情况下的K、α的真实值。然后在此基础上，重新调整适合的爆破参数，达到满足振动速度控制的同时，提高爆破作业的效果和经济性。

3.2 起爆网路设计

根据该工程周边环境特点，为有效地控制爆破地震及飞散物等有害效应，起爆网路采用数码电子雷管毫秒微差起爆网路，按不同距离及相应单段最大药量分段，控制最大一段起爆药量不超过安全允许值。网路连接采用并联网路，爆破主线分别卡入电子雷管快速接线夹卡槽内。设定每个电子雷管的起爆延时时间。数码电子雷管起爆延时时间的设定，取决于单段起爆药量和一次允许起爆药量的大小。做到可有效控制一次起爆的药量和炮孔数量，防止起爆过多，爆破振动过大产生危害。

一次起爆网路连接的总延时设置应小于16000ms。连接示意图见图2、图3。

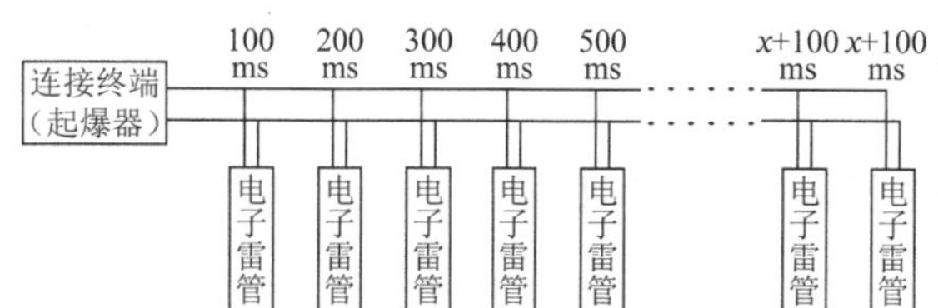

图2　单孔单段起爆网路连接示意图

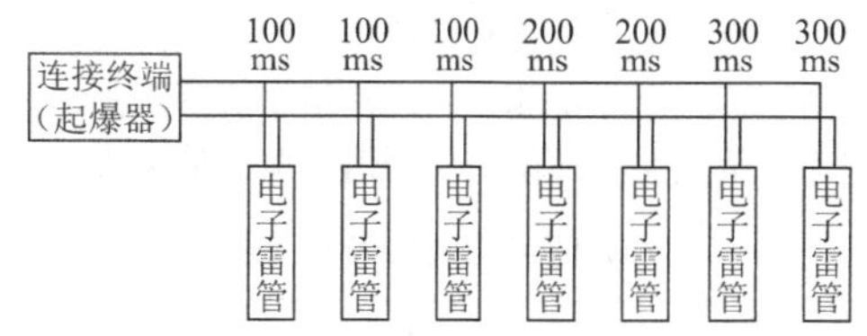

图3　多孔单段起爆网路连接示意图

3.3 爆破振速安全校核

根据已进行的爆破设计，对施工区周边重点建筑物和管线进行爆破振动校核。

经计算，爆区周边重点保护物安全振速校核表见表6。

爆区周边重点保护物安全振速校核表　表6

名称	结构/材质	方位	控制振速/（cm/s）	单段最大药量/kg	爆点至保护物直线距离/m	振速校核值/（cm/s）	是否超标
燃气管线	PE	东	0.5	0.1	13.47	0.19	否
				0.9	19.79	0.35	
				1.8	27.86	0.28	
齐鲁医院	框架		1.0	0.1	20.52	0.09	否
				0.9	28.65	0.18	
				1.8	37.70	0.16	
				0.9	13	0.93	
电力管线	铜	西	1.0	0.1	11.62	0.24	否
				0.9	17.61	0.43	
				1.8	35.49	0.23	
燃气管线	PE		0.5	0.1	24.38	0.06	否
				0.9	33.68	0.13	

续表

名称	结构/材质	方位	控制振速/（cm/s）	单段最大药量/kg	爆点至保护物直线距离/m	振速校核值/（cm/s）	是否超标
燃气管线	PE	西	0.5	1.8	53.05	0.09	否
信号塔	钢架		1.0	0.1	21.63	0.08	否
				0.9	30.46	0.16	
				1.8	49.48	0.1	
阳光山色	钢筋混凝土		1.0	0.1	50.45	0.02	否
				0.9	60.21	0.05	
				1.8	80.00	0.04	
浮山后二小区	钢筋混凝土		1.0	0.1	98.73	0.01	否
				0.9	109.4	0.02	
				1.8	125.07	0.01	
钢管桩支护边坡	锚索＋混凝土	四周	10.0	0.1	3	3.48	否
				0.9	13	0.93	
				1.8	33	0.27	

4 静态破碎

静态破碎设计孔距为 0.4m，排距为 0.4m，孔深 2m，选用 38～42mm 的钻头成孔。静态破碎中产生大块石和作业面需创造临空面时，用大型挖掘机冲击钻协助破碎岩石开挖；对于静态破碎效果不佳的，也使用冲击钻、冲击锤等机械设备配合开挖作业。

5 工程应用情况

5.1 安全监测情况

本项目的监测内容包括爆破振速监测及基坑监测，基坑监测的内容包括：坡顶水平位移及沉降观测，周边地面沉降观测、管线沉降观测、周边建筑物沉降观测、锚杆拉力监测等。重点监测部位的控制值和监测值见表 7。

监测项目控制值及监测值　　　表 7

监测项目	控制值	监测值
爆破振速	＜10.0cm/s	8.7cm/s
坡顶水平位移	＜31.5mm	15.7mm
坡顶沉降	＜31.5mm	15.3mm
周边地面沉降观测	＜31.5mm	10.9mm
周边建筑物沉降观测	＜20.0mm	2.0mm
锚杆拉力	189～270kN	221kN

各项监测数据表明，支护结构和基坑周边环境均没有发生过大的位移和沉降，基坑在安全受控范围内正常运行。

5.2 应用效益分析

本项目采用炸药爆破部位，每天爆破方量约 1000～3000m^3，采用静态破碎部位，每天破碎方量 100～200m^3。炸药爆破与静态破碎相比，效率提高 10 倍以上，单方成本仅为静态破碎的不到 1/10，最大范围的炸药爆破为项目加快了工期，缩短了对周边居民的影响时间，节省了造价。

6 总结

本项目基坑内部石方采用城镇浅孔逐孔松动爆破技术，控制单次起爆药量，采用微差爆破技术，邻近支护结构部位的爆破振速控制在 10cm/s 以内，将周边静态破碎范围由 6m 缩减为 3m，对支护结构未造成破坏性影响，支护结构安全运行，使基坑开挖工期大大加快，造价得以控制。通过该项目设计与应用实践，总结如下几点：

（1）基坑石方开挖方案设计前，要对基坑周边环境条件进行详细调查，对拟保护的建（构）筑物及管线以及侧壁支护结构的安全振速进行合理确定，找出对爆破振速最敏感的重点保护对象。

（2）复杂环境基坑内部石方爆破，应采用城镇浅孔逐孔松动爆破技术，控制单次起爆药量，采用微差爆破技术，将重点保护对象的爆破振速控制在允许范围以内。距离太近采用炸药爆破无法保证安全时，采用静态破碎。

（3）应先进行爆破试验，获取试验数据，为爆破范围及参数设计提供第一手资料。爆破施工前期进行多次试爆，校验爆破振速等有害效应，检验对邻近结构及环境的影响程度。

（4）基坑开挖及支护过程中，应严格进行爆破振速、变形监测及相关支护结构应力监测，及时反馈设计、施工等各方主体单位，动态设计、信息化施工，保证基坑安全和周边环境的正常稳定。

参考文献：

[1] 孙鹏昌，覃卫民，陈明，等. 深基坑开挖爆破对桩锚支护结构的影响及其机理研究[J]. 振动与冲击, 2021, 40(22): 144-150.

[2] 林潮，平扬. 爆破开挖对深基坑吊脚桩支护体系性能影响数值模拟研究[J]. 水利规划与设计, 2018(12): 167-172.

[3] 孙冰，罗志业，曾晨，等. 爆破振动影响因素及控制技术研究现状[J]. 矿业安全与环保, 2021, 48(6): 129-134.

[4] 付天光，张家权，葛勇. 逐孔起爆微差爆破技术的研究和实践[J]. 工程爆破, 2006, 12(2): 28-31.

[5] 邓秀艳，千海洪. 逐孔爆破技术在三道庄钼矿空区处理中的应用[J]. 工程爆破, 2011, 17(4): 19-52.

[6] 相志斌，杨仕教，朱忠华，等. 复杂环境条件下的逐孔松动爆破技术试验研究[J]. 南华大学学报：自然科学版, 2018, 32(5): 34-37+43.

[7] 邹奕芳. 预裂缝和减震槽减震效果的爆破试验研究[J]. 爆破, 2005, 22(2): 96-99.

[8] 黎罡. 工程爆破中减震孔的隔震机理与效果研究[D]. 长沙：长沙理工大学, 2014.

紧邻在建城市轨道交通特别保护区开口基坑支护实践

吴 亮[1,2]

（1. 无锡市建筑设计研究院有限责任公司，无锡 214001；2. 无锡市大筑岩土技术有限公司，无锡 214028）

摘 要： 基坑北侧距离济南市在建城市轨道交通 R2 线特别保护区仅 1.9m，特别保护区内严禁支护结构进入，务必在该有限的空间内实现支护桩和止水桩的布置，因此济南市常规的桩锚支护体系难以应用。基坑南侧为先开挖到底的居住地块基坑，因其邻近本基坑侧采用放坡支护，导致本基坑在南侧形成开口，难以满足支撑支点设置要求。通过在居住地块侧设置专门的支撑传力结构作为支座，在解决支撑支点设置问题的同时还增加了地下室的实际使用面积，使本基坑成为 R2 线特别保护区边首个采用钢管支撑的地下 2 层深基坑，在确保基坑本身安全的同时，满足了 R2 线的建设控制要求。

关键词： 城市轨道交通；特别保护区；基坑支护；钢管支撑；支撑传力结构

0 引言

我国已有超 50 个城市开通了轨道交通，为解决人民群众的出行作出了重要贡献。城市轨道交通作为城市的生命线，其安全运行至关重要。随着城市轨道交通建设和运营里程数的增加，邻近的工程项目也越来越多，为确保城市轨道交通的安全，对这些工程项目的建设提出了更高的要求。

城市轨道交通沿线均设置了控制保护区，控制保护区一般为距离地下车站与隧道结构外边线不小于 50m 的范围[1]，在控制保护区范围内还设置有特别保护区，特别保护区一般为距离地下车站与隧道结构外边线外侧不小于 5m 的范围。对于特别保护区内的外部施工作业将受到严格的限制，使其不会影响轨道交通结构的承载能力、正常使用、耐久性和其他特殊功能。

目前，对邻近地铁基坑的研究较多集中在基坑开挖对地铁结构的影响[2]，对基坑支护方案的研究主要有吴伯建等关于桩撑和桩锚支护的比选，栗晓龙[3]、贾飞[4]关于斜撑支护的分析研究。对于紧邻在建地铁特别保护区的开口基坑，通过设置专门的支撑支座进行传力的支护研究还不多见。

1 工程概况

1.1 基坑概况

本项目分为居住地块和商业地块，居住地块位于南侧，两地块地下室外墙间距 3.0m，居住地块先于商业地块施工，本基坑为商业地块，见图 1。商业地块用地面积 7923m²，总建筑面积 35876.95m²，其中地下建筑面积 8202.64m²，地下 2 层，基坑周长约为 330m，基坑总面积约 5400m²，开挖深度 9.45～10.45m。

1.2 周边环境概况

拟建项目北侧地下室外墙与在建轨道交通 R2 线特别保护区距离约 1.9m，与用地红线距离约 24m，用地红线外为北园大街。东侧地下室外墙与京沪铁路距离约 27.4m。南侧为在建居住地块项目，两地下室外墙距离 3.0m，居住地块项目先于商业地块施工，居住地块项目同样为地下 2 层。西侧地下室外墙与用地红线距离约 5.3m，用地红线外有一条宽约 4m 的小路和 1 幢 1 层轻质简易房。周边环境见图 2。

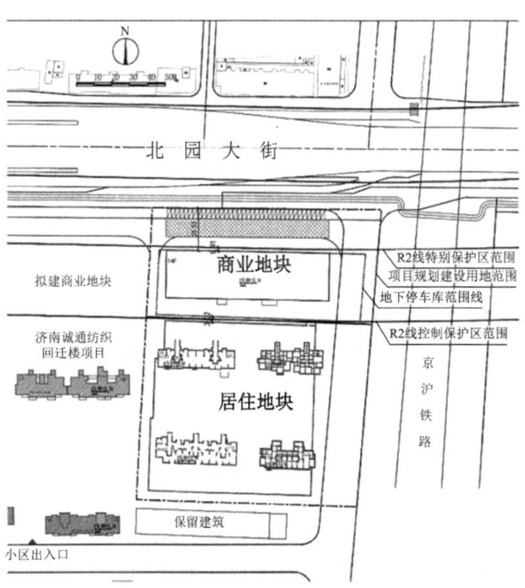

图 1 项目总平面图

图 2 基坑周边环境

1.3 工程地质条件

基坑开挖影响范围内的土层主要有：①杂填土、①$_1$素填土、②粉土、③淤泥质黏土、④黏土、⑤粉质黏土、⑥粉质黏土、⑦黏土、⑦$_1$粉质黏土混姜石、⑦$_3$粉质黏土、⑧粉质黏土，土层物理力学指标见表 1。

土层物理力学指标 表 1

土层名称	重度γ/（kN/m^3）	直剪试验	
		c_k/kPa	φ_k/（°）
①杂填土	19.0	5.0	12.0
①$_1$素填土	18.5	10.0	10.0
②粉土	18.8	17.0	19.3
③淤泥质黏土	16.9	10.2	11.3
④黏土	18.8	30.3	15.5
⑤粉质黏土	19.6	16.9	17.8
⑥粉质黏土	19.6	20.0	22.5
⑦黏土	19.7	61.6	23.5
⑦$_1$粉质黏土混姜石	19.5	30.0	15.0
⑦$_3$粉质黏土	19.7	32.0	16.8
⑧粉质黏土	18.8	31.2	21.0

1.4 水文地质条件

场地地下水类型为第四系孔隙潜水，地下水补给主要为大气降水补给、地表水入渗补给。地下水静止水位 1.60～2.60m，相应高程为 21.38～22.90m。地下水季节性变化幅度 2.0～3.0m。

2 基坑重难点

2.1 紧邻在建城市轨道交通特别保护区

基坑北侧距离济南市在建城市轨道交通 R2 线特别保护区仅 1.9m，特别保护区内严禁支护结构进入，务必在该有限的空间内实现支护桩和止水桩的布置，并且济南市常规的桩锚支护体系难以应用。

2.2 开口基坑支撑支点设置困难

南侧为在建住宅地块，同样是地下 2 层，其基坑深度比本商业地块浅 1.5m，两侧地下室外墙距离仅 3.0m。住宅基坑设计方案为邻近本基坑侧采用放坡锚喷，其余三侧桩锚支护，住宅基坑已先行开挖到底，因此本基坑支撑在南侧形成开口，支撑支点设置困难。

3 基坑支护方案

3.1 北侧空间受限的处理方案

为解决基坑北侧空间受限的问题，将支护桩套打在止水桩内，使得支护结构所占空间宽度仅 850mm，满足了竖向挡土结构不进入轨道交通特别保护区的要求，见图 3。同时，为了避免锚杆进入特别保护区内，将常规预应力锚杆改为钢管支撑作为水平支挡结构。

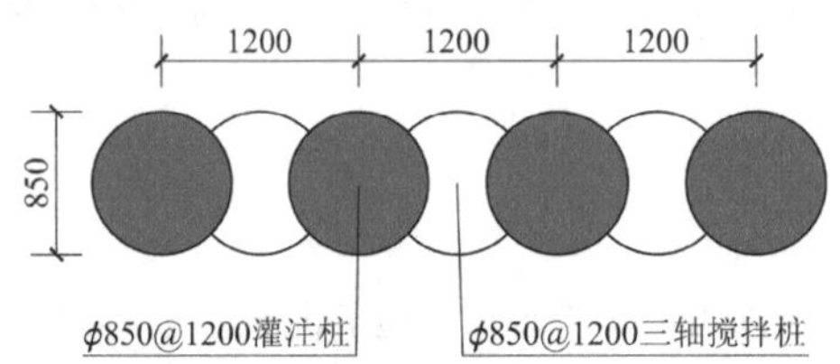

图 3 止水桩套打支护桩平面大样图

3.2 南侧支撑支点的处理方案

常规解决思路是将住宅基坑临本侧的放坡锚喷支护方案改为与其余三侧一样的桩锚支护，该侧支护桩一桩两用，将来作为商业地块支撑支点，这样一来，两侧地块不能同期开挖，需要等住宅地库基坑回填后方可开挖商业基坑，否则将影响该侧住宅支护锚杆的承载力，该方案不能满足业主总体进度要求。

最终提出在住宅与商业之间仅有的 3.0m 空间内增设地下结构作为商业地块支撑的支座，在满足支撑设置的同时，还可增加住宅部分地下建筑实际使用面积，支撑支点设置问题得到解决，图 4 是支护结构剖面图，图 5 是新增支撑传力结构平面图。

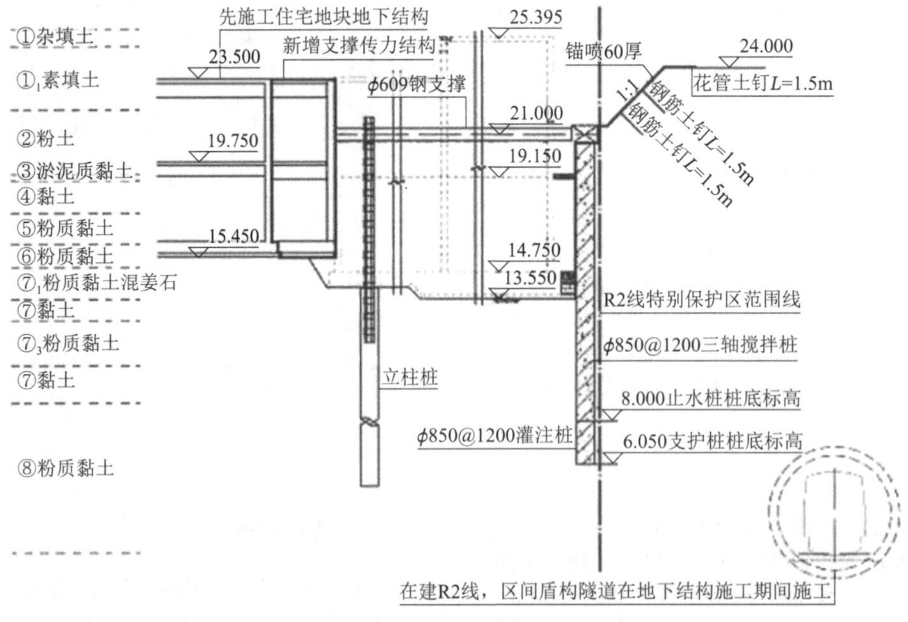

图 4 支护结构剖面图

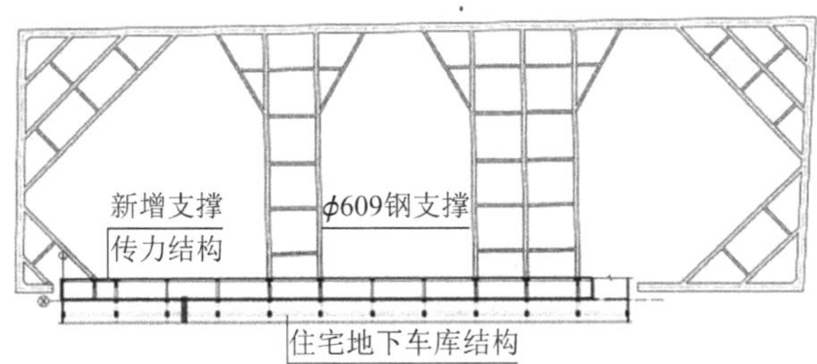

图5　新增支撑传力结构平面图

4　计算分析

4.1　基坑开挖对在建隧道结构影响分析

轨道交通 R2 线为在建工程，本基坑紧邻区间隧道特别保护区，考虑基坑施工对隧道的最不利工况进行建模分析，即区间隧道施工完成后基坑再开挖的工况，建立有限元模型进行计算分析。

（1）计算模型

根据实际工程条件及几何关系建立有限元平面模型，设置边界条件，分析采用岩土工程专业有限元软件 PLAXIS 2D[5]，有限元模型见图6。

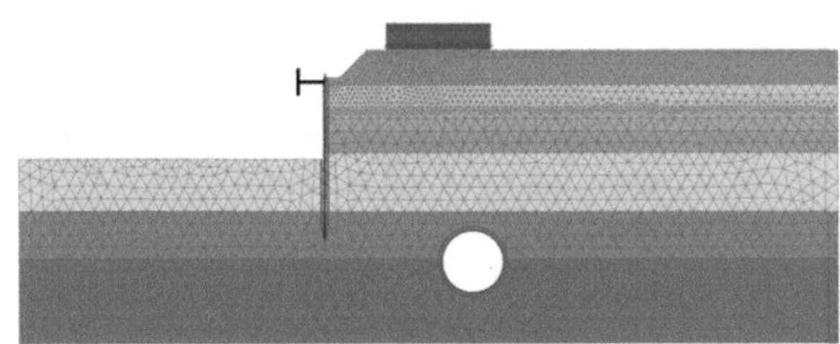

图6　有限元模型

（2）计算参数

土层采用摩尔-库仑理想弹塑性模型，计算参数见表2[6]。支护桩和隧道衬砌采用弹性板单元，材料为混凝土。

土层有限元计算参数　　表2

编号	土名	静止土压力系数	泊松比	变形模量
		K_0	ν	E_0/kPa
①	杂填土	0.74	0.43	1645
$①_1$	素填土	0.71	0.41	2473
②	粉土	0.52	0.34	4534
③	淤泥质黏土	0.69	0.41	1247
④	黏土	0.42	0.30	5425
⑤	粉质黏土	0.54	0.35	3949
⑥	粉质黏土	0.50	0.34	4385
⑦	黏土	0.20	0.17	14681
⑧	粉质黏土	0.35	0.26	8779
⑩	强风化辉长岩	0.16	0.14	19151

（3）计算工况

有限元模拟考虑地铁隧道先施工完成后再开挖基坑，其计算工况为：生成初始应力→地铁隧道衬砌施工→施工支护桩→开挖第一层土方至冠梁顶面→开挖第二层土方至支撑轴线下 0.5m→安装支撑→开挖第三层土方至地面下 7.0m→开挖第四层土方至坑底。

（4）计算结果

根据建立的有限元模型，设置的计算参数和工况，得到了土体、支护桩及隧道的变形结果。土体的最大水平位移为 21.1mm，支护桩的最大水平位移为 11.9mm，隧道的最大位移为 2.1mm，见图7。

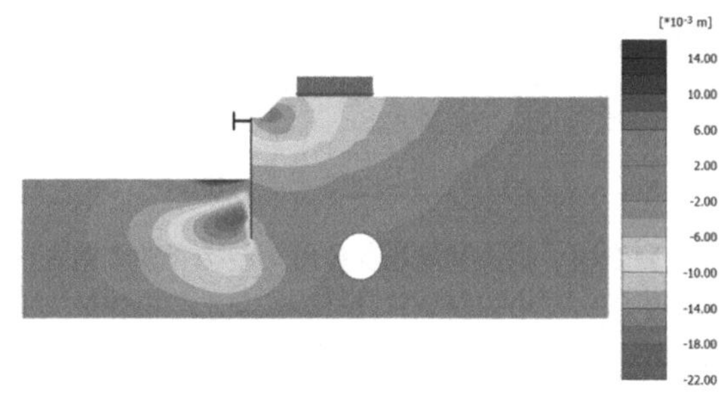

图7　有限元水平位移云图

4.2　新增支撑传力结构受力分析

（1）计算模型

新增支撑传力结构与居住地块项目地下室同期施工，考虑施工最不利工况，即居住地块仅完成最北侧后浇带以北的地下室底板，并与新增支撑传力结构底板整体浇筑，新增传力结构施工完成。荷载取每根钢支撑的最大轴力作用于传力结构的相应节点位置。经计算，模型底板抗滑移和抗倾覆均满足要求，因此底板边界条件为水平和垂直方向均设置位移约束。采用结构有限元软件 MIDAS Gen 建立空间结构有限元模型，见图8[7]。

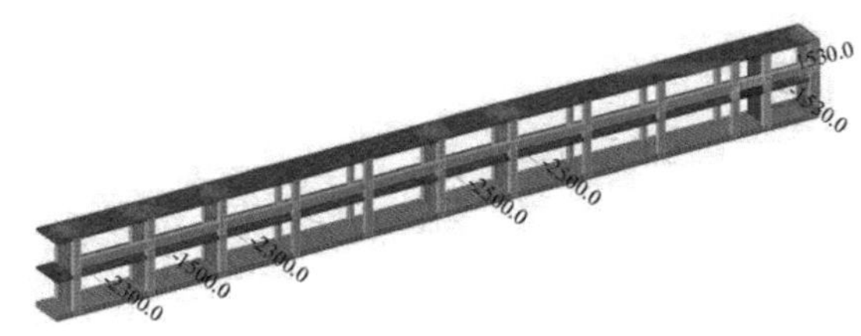

图8　新增传力结构空间有限元模型

（2）计算结果

经计算，新增支撑传力结构在钢支撑作用下的最大水平变形为 4.71mm，满足变形控制要求，变形计算结果见图9。

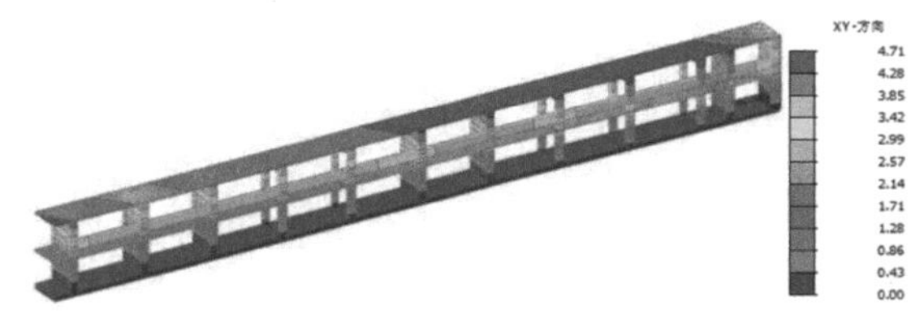

图9　新增支撑传力结构变形云图

5　基坑实施效果

基坑最终实施情况好于预期，区间盾构隧道在基坑施工期间施工，基坑施工未对轨道交通 R2 线造成影响。基坑开挖时，南侧住宅地块北侧主楼已施工至上部主体结构，为支撑传力支座提供了更强的支点，图10是基坑实施现场照片。

图 10 基坑实施现场照片

监测表明，基坑和新增支撑传力结构在整个施工阶段都工作正常，变形控制效果良好，桩顶水平位移最大值发生在 C5 点，累计最大水平位移为 16.9mm，见图 11。

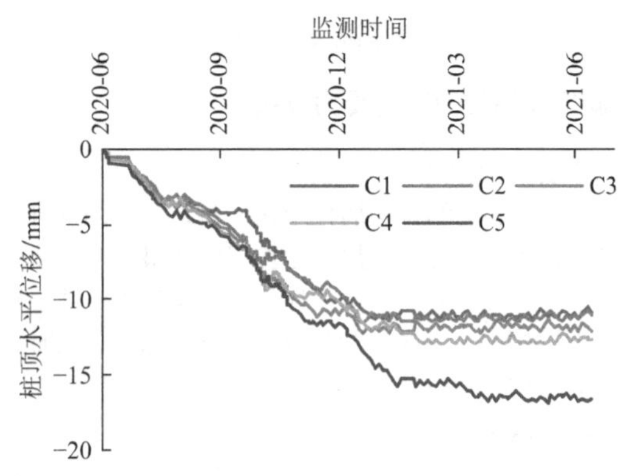

图 11 桩顶水平位移历时曲线

6 结论

为解决紧邻在建城市轨道交通特别保护区的开口基坑支护问题，采取的措施起到了良好的实施效果：

（1）通过将支护灌注桩套打在三轴搅拌桩内，解决了紧邻特别保护区时支护结构布置位置受限的问题。

（2）通过设置钢管支撑，避免采用锚杆支护，为 R2 线特别保护区边首个采用钢管支撑的地下两层深基坑，在确保基坑本身安全的同时，满足了 R2 线的建设控制要求。

（3）通过设置专门的支撑传力结构，解决了开口基坑支撑无对撑支点的问题，同时新增加的传力结构可作为永久的地下室使用空间。

参考文献：

[1] 住房和城乡建设部. 城市轨道交通结构安全保护技术规范: CJJ/T 202—2013[S]. 北京: 中国建筑工业出版社, 2014.

[2] 徐如泉, 陈青. 深基坑开挖对邻近地铁车站和隧道变形影响的实测研究[J]. 江苏建筑, 2015, 169(3): 83-86.

[3] 栗晓龙. 超宽深基坑开挖对邻近既有地铁隧道安全影响研究[J]. 交通科技, 2023, 316(1): 84-87+114.

[4] 贾飞. 邻近地铁深基坑钢管斜撑支护与土方开挖技术[J]. 施工技术（中英文), 2023, 52(22): 87-91.

[5] 刘志祥, 张海清. PLAXIS 2D 基础教程[M]. 北京: 机械工业出版社, 2017.

[6] 刘松玉. 土力学[M]. 4 版. 北京: 中国建筑工业出版社, 2016.

[7] 王昌兴. MIDAS/Gen 应用实例教程及疑难解答[M]. 北京: 中国建筑工业出版社, 2009.

深厚填土地层邻近在建建筑深基坑钢板桩悬臂支护实践

朱卫华[1]，吴　亮[2,3]

（1. 江苏合筑建筑设计股份有限公司，无锡 214122；2. 无锡市建筑设计研究院有限责任公司，无锡 214001；3. 无锡市大筑岩土技术有限公司，无锡 214028）

摘　要：在周边存在在建建筑的基坑工程中，因在建建筑的持续施工加载，基坑周边条件是动态变化的，对于此类基坑采取动态设计方法是必要的。在深厚填土地层中，基坑设计开挖深度 6.45m，原设计采用土钉墙支护。邻近在建建筑由于其自身施工需要，在其周边提前进行了土方回填，使得基坑深度较设计增加了 1.7m，实际开挖深度达到 8.15m，且增加深度范围均为回填土，通过动态设计及信息化施工管理，将原设计土钉墙改为 U 形钢板桩悬臂支护并取得了成功。

关键词：深厚填土；邻近在建建筑；基坑；钢板桩；悬臂支护；动态设计

0　引言

近年来，随着绿色建造的逐步深入人心，绿色环保的可回收支护结构应用越来越多。钢板桩作为一种施工速度快，沉桩后无需养护，使用完毕后可完全回收的绿色支护结构在建筑基坑中得到广泛应用。

U 形钢板桩抗弯刚度较小，抗变形能力相对较弱，在开挖深度较大时，一般不采用悬臂支护[1-2]。钢板桩施工一般采用振动打入，在周边存在既有建筑的工程中需谨慎施工或采用无振动的静力植桩法施工工艺。受其沉桩工艺限制，钢板桩在软土地区应用较多[3-4]，为增加其支护刚度，也出现了 U 形钢板桩的多种组合形式[5-6]。

与周边存在既有建筑的情况不同，当基坑周边存在在建建筑时，因在建建筑的持续施工，基坑周边条件是动态变化的。在深厚填土地层且邻近在建建筑采用 U 形钢板桩悬臂支护的应用尚不多见。

1　工程概况

1.1　基坑概况

拟建项目可建设用地面积约 9420m^2，总建筑面积约为 23956m^2，其中地上约为 14126m^2。场地内共计 3 栋建筑，1 号楼为集团办公大楼，主楼 6 层、裙楼 3 层，位于地块南侧。2 号楼四层、3 号楼两层，位于地块北侧平行于向阳路布置，其中 2 号楼为远期规划，3 号楼已建成尚未装修。3 栋建筑均采用筏形基础，上部均采用钢筋混凝土框架结构。

本基坑为 1 号楼，设两层地下室。基坑周长约为 310m，开挖面积约为 5800m^2，基坑开挖深度为 4.70～6.45m，详见表 1。

基坑开挖深度分布　　表 1

部位	地面高程/m	开挖深度/m
南侧	6.00	6.45
北、东、西侧主楼	4.25	4.90
北、东、西侧地库	4.25	4.70

1.2　场地环境概况

拟建场地位于清源路以北，状元路以西。场地东至相邻君一合地块，南至相邻融晟地块，西至规划道路，北至向阳路，如图 1 所示。

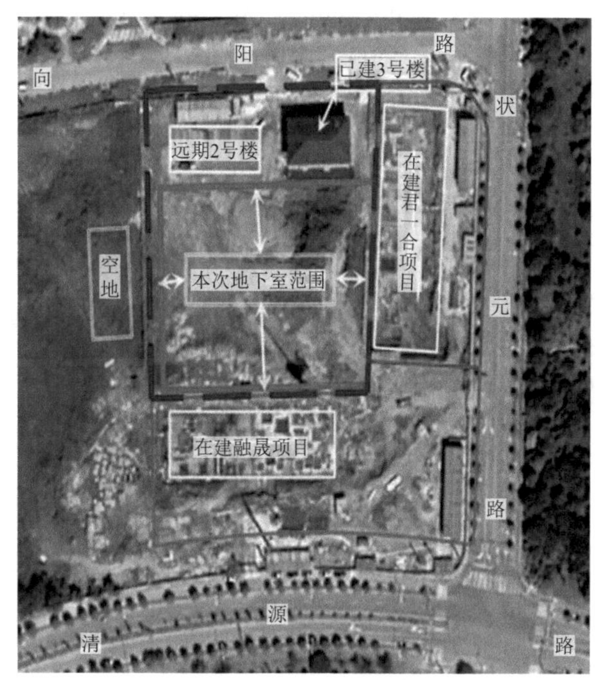

图 1　基坑周边环境图

北侧东段为已建成的 3 号楼，其基底低于本基坑 0.4m，天然地基，将来与本地下室连通；2 号楼为远期规划，暂不施工。

东侧为在建君一合项目，与本地下室底板间水平距离 4.3～5.3m，基础比本地下室高 1.75～1.95m，6 层，天然地基。

南侧为在建融晟项目，与本地下室底板间水平距离 10.6m，基础比本地下室高 3.9m，6 层，天然地基；融晟项目塔式起重机设置在其北侧，塔式起重机基础边与本地下室水平距离约 4.1m，高于地下室基础底 1.95m，天然地基。

西侧为空地，无建（构）筑物，无地下管线。

场地周边在建建（构）筑物相对位置关系见图 2。

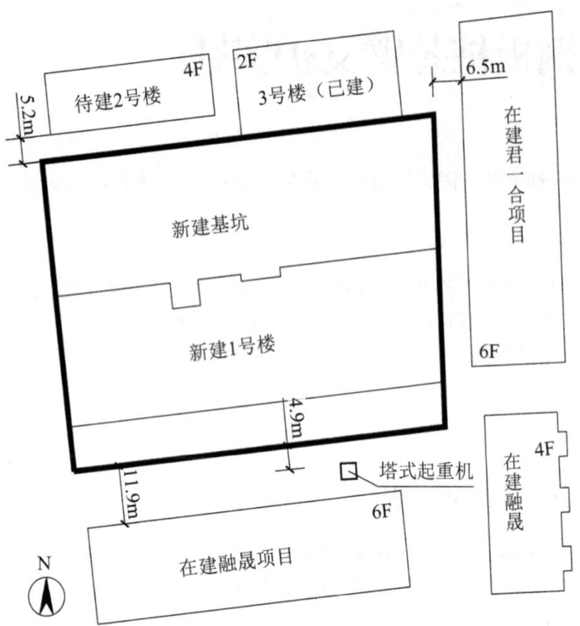

图 2　新建基坑周边建（筑）物平面图

1.3　工程地质条件

拟建场地在基坑开挖深度范围内主要土层特征描述如下：

①层杂填土：杂色，土质松散，以生活垃圾和建筑垃圾为主，厚度 0.30～3.60m。

③$_1$层黏土：灰—黄灰色，硬塑，厚度 2.10～6.10m。

③$_2$层粉质黏土：灰黄—棕色，可塑，含铁锰氧化物，部分地段夹粉土薄层，含少量云母碎屑，厚度 3.80～6.40m。

⑥$_1$层黏土：黄灰—棕褐色，硬塑，含铁锰结核及高岭土团块，局部夹粉土团块，厚度 2.40～15.60m。

土层物理力学指标见表 2。

土层物理力学指标　　　表 2

层号	岩土名称	重度 γ/kN/m^3	黏聚力 c_k/kPa	内摩擦角 φ_k/°
①	杂填土	18.0	12	10.0
③$_1$	黏土	19.3	53	17.5
③$_2$	粉质黏土	19.1	30	15.2
⑥$_1$	黏土	19.8	69	18.2

1.4　水文地质条件

场地无地表水分布。地下水主要为潜水和基岩裂隙水。

潜水主要赋存于 1 层杂填土中，富水性较差，与地表水联系密切。水位埋深 0.10～0.80m。

基岩裂隙水赋存于砂岩风化层中，受该层上游水补给，赋水性较差。

2　基坑动态设计

2.1　在建建筑附加荷载确定

基坑动态设计一般是根据实际开挖地层条件，周边荷载条件以及监测变形情况对支护结构进行动态调整。本基坑周边存在 3 栋在建建筑，考虑到基坑开挖到底时周边在建建筑可能达到主体封顶的最不利工况，在考虑附加荷载时，均按照在建建筑完工后的满载，即设计层数 × 15kPa/层的均布荷载。

2.2　初始条件下支护设计

基坑西侧和北侧场地条件相对较好，采用 1∶1 放坡锚喷支护。东侧经与在建君一合项目协商，该侧采用卸土后剩余高差 1∶1 放坡锚喷支护。

南侧经与融晟项目初步协商，其基坑回填至高程 6.00m，与现状地坪标高基本一致，本基坑从现状高程向下两级放坡土钉墙支护，见图 3。塔式起重机部位采用钢板桩悬臂支护，见图 4。

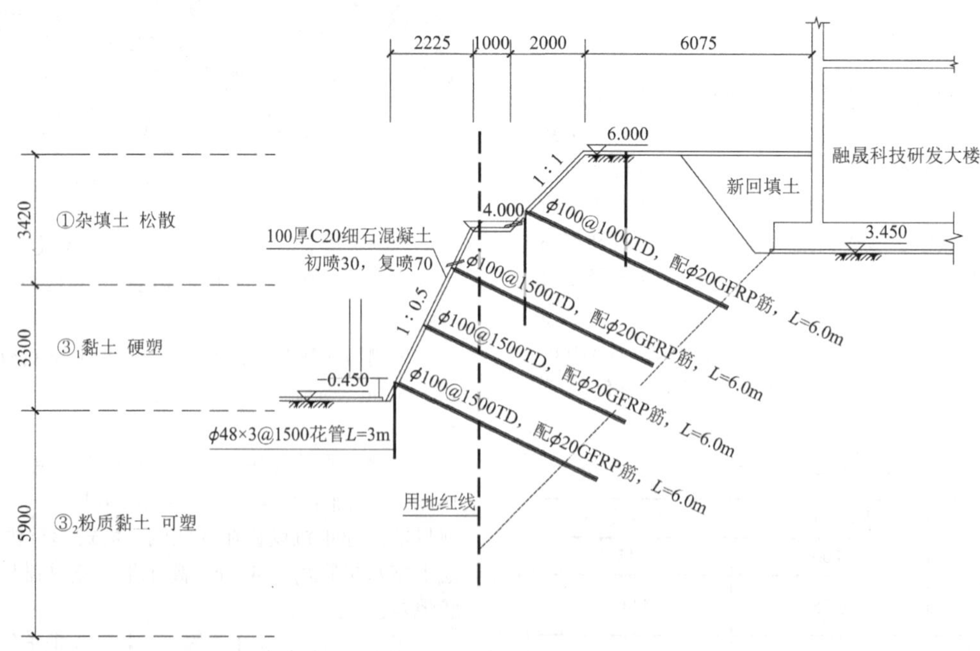

图 3　基坑南侧初始设计剖面

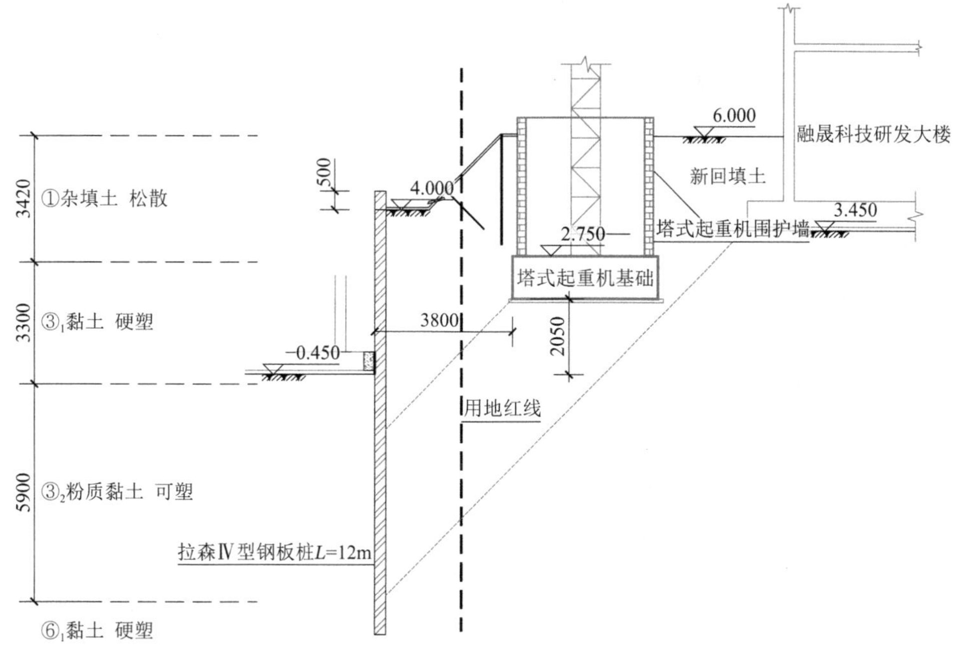

图 4　南侧塔式起重机处初始设计剖面

2.3　支护设计动态调整

在本基坑放坡至高程 4.00m，将塔式起重机部位钢板桩施工完毕后，南侧融晟项目为方便脚手架搭设，将其四周土方均回填至高程 7.70m，导致本基坑开挖深度达到 8.15m，此时基坑侧壁的填土厚度达 5.12m，原设计土钉墙支护不能确保安全，土钉墙圆弧滑动稳定安全系数仅为 1.058，小于 1.30，不满足要求[7]，见图 5。

鉴于此分析结果，需要对原设计土钉墙支护方案进行动态调整，调整后的支护形式为上部新填土与原设计放坡组合形成两级放坡，下部采用 U 形钢板桩悬臂支护，计算结果均满足要求，见图 6 和图 7。

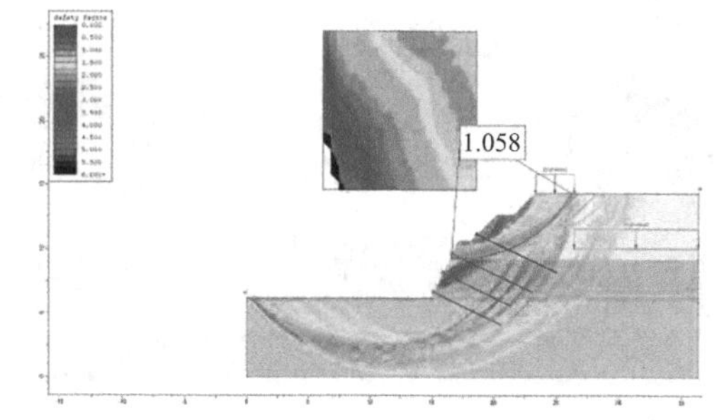

图 5　土钉墙圆弧滑动稳定性分析结果

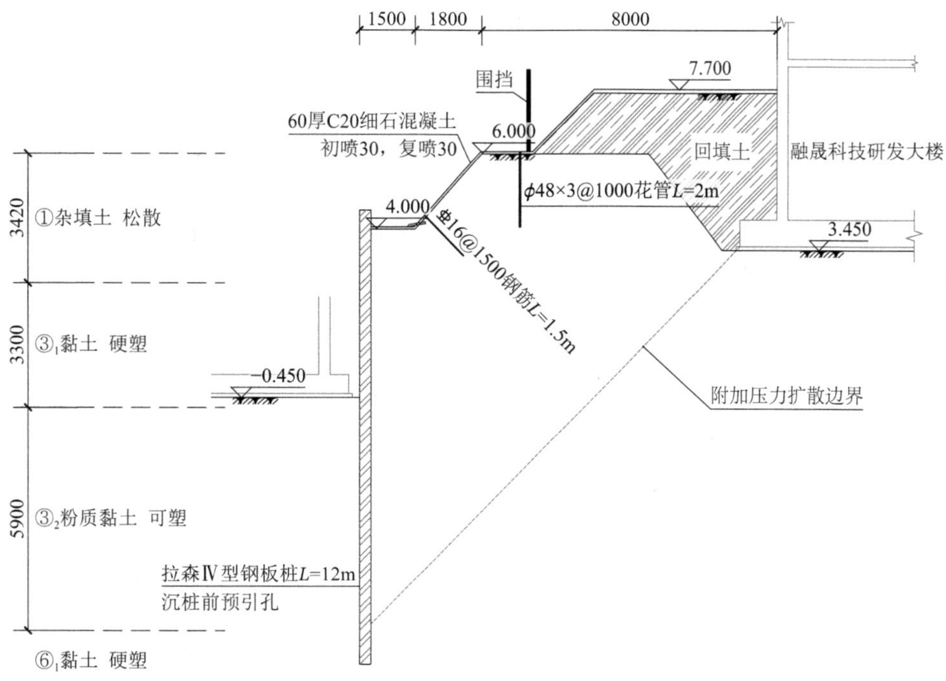

图 6　基坑南侧最终实施剖面图

图 7　基坑南侧支护实况

施工过程中，随着塔式起重机部位土方的不断开挖，钢板桩顶部水平位移有逐步增大的趋势，为确保塔式起重机安全，在塔式起重机部位临时增设了 3 根斜抛撑，将先施工完毕的主楼底板作为斜抛撑支座，见图 8。

图 8　南侧塔式起重机部位临时增设斜抛撑

3　信息化施工管理

本基坑变形监测贯穿于整个施工全过程，通过变形数据信息化指导施工管理。

3.1　基坑监测方案

监测项目包括基坑本体和周边环境，基坑本体主要监测钢板桩桩顶水平和竖向位移、放坡坡顶水平和竖向位移，周边环境监测主要包括南侧融晟项目的在建建筑竖向位移、在用脚手架竖向位移和塔式起重机竖向位移，各监测项目及其预警值见表 3。

监测项目及其预警值　　　　**表 3**

监测项目	预警值	
	变化速率/（mm/d）	累计变化量/mm
桩顶水平位移	±6	±30
桩顶竖向位移	±4	±20
建筑竖向位移	±1	±10
脚手架竖向位移	±8	±40
塔式起重机竖向位移	±1	±10

3.2　变形监测情况

桩顶水平位移变化量较大，累计值均超过了预警值，其中位于南侧中部的 ZD10 累计变化值最大，在基坑刚开挖到底稳定之前该点的最大水平位移达到 234.7mm，随着荷载与抗力的重分布，后续变形趋于稳定并有所恢复，见图 9。

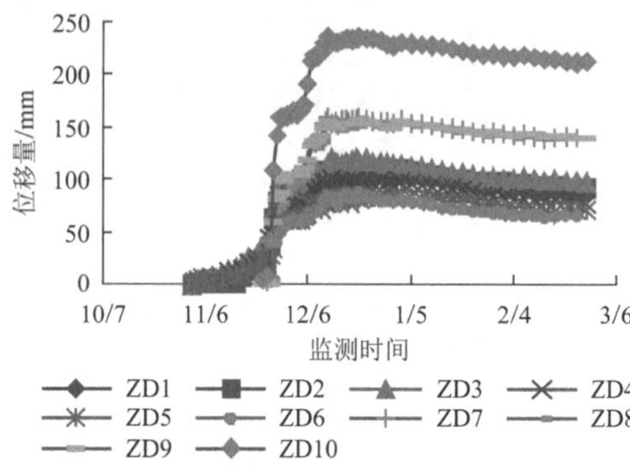

图 9　桩顶水平位移历时曲线

塔式起重机的沉降量并不大且始终较稳定，但出现了西侧上抬、东侧下沉的趋势，西侧最大上抬量为 5.1mm，东侧最大下沉量为 7.2mm，而并不是向基坑方向倾斜，见图 10。鉴于塔式起重机的变形趋势，根据监测数据，及时采取了附墙措施并增加了临时斜抛撑。

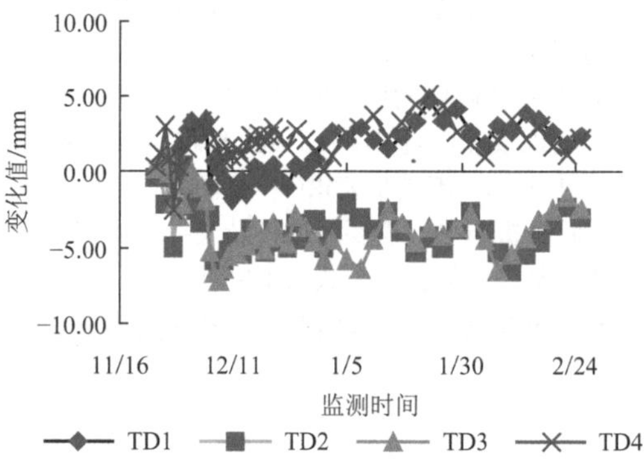

图 10　塔式起重机竖向位移历时曲线

南侧融晟项目在建主楼总体沉降不大，其最大沉降点位于东北角，最大沉降量为 5.59mm，见图 11。由于其正在施工主体结构，随着上部荷载的增加本身也会有沉降，该沉降量符合要求。

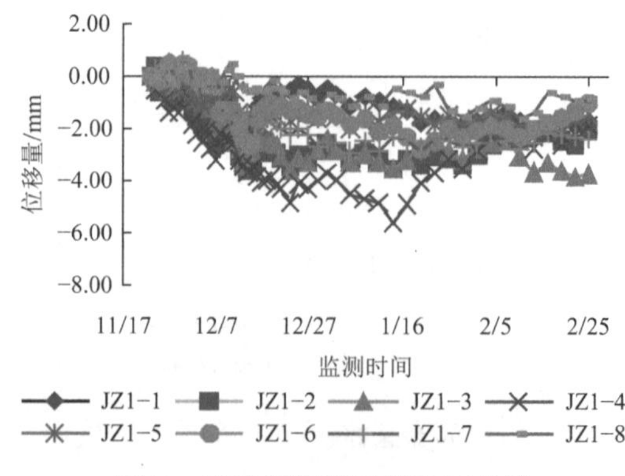

图 11　融晟在建建筑沉降历时曲线

南侧融晟项目的脚手架位于新填土上，由于填土的自重固结尚未完成，前期沉降速率较大，后续逐渐稳定，脚手架最大沉降量为 89.3mm，见图 12。

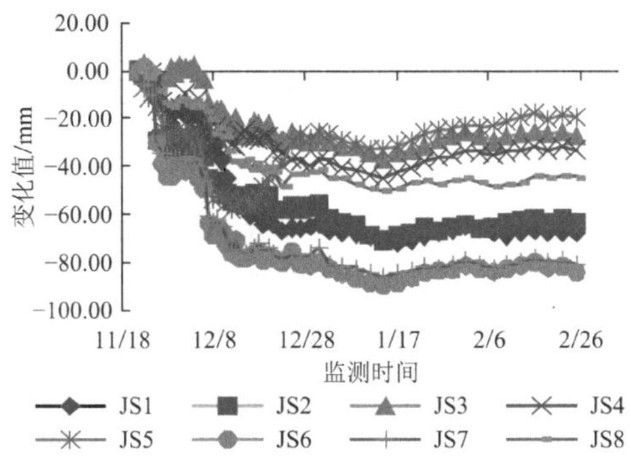

图 12 融晟项目脚手架沉降历时曲线

4 结论

（1）基坑邻近在建建筑时，因在建建筑的持续施工加载，其荷载是不断变化的，基坑设计应充分考虑到这种变化情况。

（2）随着在建建筑的施工，其周边环境条件也可能随之变化，如本工程中的新填土用于搭设施工脚手架，此时需要采用动态设计方法，根据实际情况及时调整设计。

（3）在深厚填土地层中，只要做好信息化施工管理，钢板桩悬臂支护也是可行的。本工程虽然钢板桩自身变形较大，但是周边环境中的被保护对象，如南侧建筑、塔式起重机等变形都是在可控范围的，抓住了问题的关键因素，节省了支护投入。

参考文献：

［1］ 侯兴利，谢苏娜. 钢板桩在深厚淤泥质土基坑中的应用[J]. 土工基础, 2017, 31(6): 690-692.

［2］ 边广生，王傲寒，周雅馨. 华东沿海地区软土深基坑工程拉森钢板桩选型分析[J]. 建筑技术, 2023, 54(21): 2606-2608.

［3］ 周强. 临近既有构筑物软土基坑开挖支护施工技术[J]. 江苏建筑, 2021(3): 89-91, 105.

［4］ 王蕾. 周边既有建筑物条件下基坑钢板桩支护应用及计算分析[J]. 安徽建筑, 2024, 31(1): 124-126.

［5］ 陈飞仰. 钢板桩在软土基坑工程中的应用研究[J]. 山西建筑, 2024, 50(1): 99-101, 120.

［6］ 王瑾. 钢板桩支护在淤泥质软土中的应用[J]. 山西建筑, 2017, 43(14): 55-56.

［7］ 住房和城乡建设部. 建筑基坑支护技术规程: JGJ 120—2012[S]. 北京: 中国建筑工业出版社, 2012.

水平定向钻法穿越对既有城市主干给水管的影响分析

吴　亮 [1,2]，戴俊豪 [3]

（1. 无锡市建筑设计研究院有限责任公司，无锡 214001；2. 无锡市大筑岩土技术有限公司，无锡 214028；3. 无锡市城乡给排水工程设计院有限责任公司，无锡 214001）

摘　要：作为城市生命线重要组成部分的城市主干给水管的安全影响着城市的正常运行，在工程建设中需要对其加以严格保护。某新建电力管工程位于既有 DN1800 城市主干给水管下方，并与其呈 81°空间交会，上下净距 11.80m。新建电力管采用水平定向钻法穿越，为确保既有给水管安全，采用有限元法分析了穿越施工对管线的影响，并在施工全过程对管道及管侧土体进行了监测。实测数据与有限元分析结果较为吻合，表明该施工方法是安全可行的。

关键词：水平定向钻法；城市主干给水管；有限元分析；直接监测点

0　引言

水平定向钻法最早于 20 世纪 70 年代应用于工程中，是传统的公路钻孔和油田定向钻井技术的结合，已成为目前使用广泛的管道非开挖施工方法，可用于石油、天然气等流体输送管道和电力光缆管道的施工[1]。当前，这一工法不仅应用于河流、沟渠、水库等水域的穿越，同时还广泛应用于高速公路、铁路、机场、海岸、岛屿及密布建筑物、管道密集区等的穿越[2-3]。

目前的研究大多集中在水平定向钻法穿越的设计和施工技术[4]，对于水平定向钻法穿越对既有城市主干管道的影响分析及安全监测的研究较少。本文研究了新建电力管采用水平定向钻法穿越既有 DN1800 城市主干给水管时的影响分析及现场实测。

1　工程概况

1.1　给水管概况

洛南大道 DN1800 给水管为锡澄水厂出厂西干管，管道建设于 2008 年，起点为锡澄水厂，沿惠暨大道敷设，在惠暨大道上分为两根，向南为锡澄水厂出厂中干管，主供市区；向西顶管过锡澄运河为锡澄水厂出厂管西干管，沿新长铁路东侧向南敷设，过沪宁高速、惠澄大道、中惠大道至洛南大道，沿洛南大道南侧向西敷设至锡西大道，沿锡西大道东侧继续向南穿越锡宜高速敷设至钱胡路，沿钱胡路北侧向西敷设至胡埭增压站。管道口径自锡澄水厂出厂由 DN2400 向南变为 DN2000，为出厂中干管；向西变为 DN1800，为出厂西干管，沿新长铁路、洛南大道敷设至锡西大道变为 DN1600，至钱胡路变为 DN1200，接入胡埭增压站，供胡埭、马山等地区使用。

本工程涉及的给水管为锡澄水厂出厂管西干线，管径为 DN1800，主供前洲、玉祁、洛社、阳山、胡埭、马山等锡西地区。一旦发生管道破坏，将导致锡西地区低压供水甚至大面积停水。由于管线管径较大，同时位于洛南大道南侧绿化带及物流园区河北侧，一旦发生管道破坏，可能导致洪涝灾害，对河流驳岸、洛南大道道路造成影响，经济损失和社会影响极大，管道重要性极高。

1.2　新建电力管与给水管位置关系

既有 DN1800 给水管沿道路南侧绿化带呈东西走向，其南侧是现状河道，河宽 15.0m 左右，石驳岸，水面标高 1.88m，给水管与河道驳岸的水平距离约 4.5m。

新建电力管为 15 孔 MPP 管，管底标高为−14.00m，扩孔外径为 1m，管顶标高为−13.00m，与现状 DN1800 给水管相交角度约为 81°。既有 DN1800 给水管材为钢筒混凝土管，给水管底标高为−1.20m，与新建电力管净距为 11.80m，见图 1。

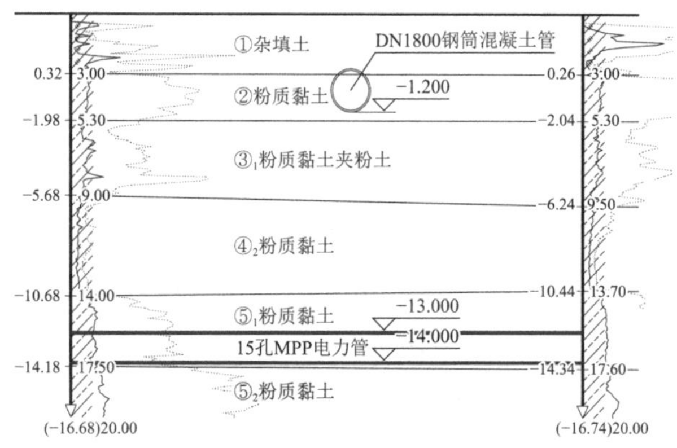

图 1　电力管与给水管位置关系图

1.3　工程地质条件

拟建场地自上而下地层分布有①层杂填土、②层粉质黏土、$③_1$ 层粉质黏土夹粉土、$④_2$ 层粉质黏土、$⑤_1$ 层粉质黏土和$⑤_2$ 层粉质黏土等，地层分布见图 1。既有 DN1800 给水管位于②层粉质黏土中，新建 15 孔 MPP 电力管位于$⑤_1$ 层粉质黏土中，各土层物理力学指标见表 1。

土层物理力学指标　　　表 1

层号	名称	重度γ/（kN/m³）	c/kPa	φ/（°）	压缩模量 E_s/MPa
2	粉质黏土	19.5	45.0	17.5	8.5
3-1	粉质黏土夹粉土	19.0	25.0	14.5	5.5
4-2	粉质黏土	18.5	17.5	12.0	4.0
5-1	粉质黏土	19.5	45.0	17.5	7.5
5-2	粉质黏土	19.5	60.0	17.0	8.5

1.4 地下水条件

拟建场地地下水主要为①层杂填土中的潜水及③$_1$层粉质黏土夹粉土中的微承压水。根据该区的水文观测资料，近3～5年最高潜水水位标高2.40m左右，水位变化幅度约1.00m。

2 电力管施工对DN1800给水管影响分析

2.1 电力管施工方案

电力管穿越洛南大道及园区内河采用水平定向钻法施工，其步骤分为先导孔钻进、扩孔钻进和管道回拖[5]。

（1）先导孔钻进：根据设计轨迹和方位，确定钻机位置、固定钻机并连接泥浆系统及辅助系统。导向钻进时根据设计好的钻孔轨迹，注入膨润土泥浆。导向仪严格控制方位、曲线深度，钻出精确且曲线平滑的先导孔。

（2）扩孔钻进：先导孔钻进完成后，卸掉探测棒并安装楔形挤扩器进行逐级扩孔，经多次扩孔后将土挤向周边形成孔洞，根据不同地质配制不同浓度的泥浆，使其扩孔时回拖力的数值和扭矩值控制在钻机正常工作参数之内，以保证孔洞的正确形成。

（3）管道回拖：扩孔完成后首先对所回拉管线进行检查，经检查合格后根据现场情况通过发送沟回拉管道，向发送沟内注入水和膨润土的混合物，使回拖的管道在发送沟内处于悬浮状态，管线在其上面匀速行进。回拖的同时根据钻机参数注入适当量的泥浆，减小管道与孔壁的摩擦，确保管壁防腐层不被破坏，并使管道与孔壁的缝隙充分填满，通过膨润土的膨化作用完成孔壁与原土的完整结合。回拖管线完成后割下拖头，焊上母板，进行管口保护。

从水平定向钻法穿越敷设管道的施工过程可知，其对周边环境可能造成如下影响：

（1）扩孔孔径较大时可能会由于土质原因造成坍塌。

（2）管道回拖中断时间过长时可能造成孔壁坍塌。

（3）管道与孔壁环空间隙内的泥浆固结后可能发生地层沉降。

而现状DN1800给水管道位于水平定向钻穿越上方，且其材质为钢筒混凝土管，管道接口及管道结构受地层沉降影响较大，因此需针对电力管沟施工过程中对给水管道的影响进行全面系统的分析，并提出相关措施。

2.2 有限元分析模型

为分析电力高压管道水平定向钻法施工对既有DN1800给水管道施工影响，选取下穿节点建立基于Midas GTS程序的三维计算模型进行数值模拟[6]，如图2和图3所示。

图2 有限元整体模型

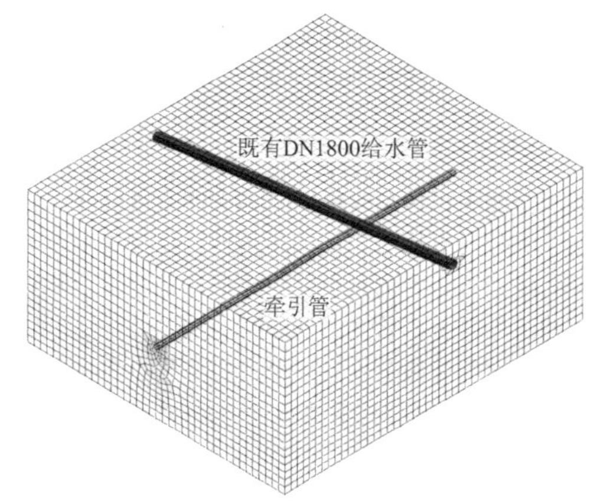

图3 管线空间关系

土层采用修正摩尔-库仑本构模型，电力管道采用MPP管材，管道铺设完成后对内部空腔进行充填注浆，钢材及注浆材料采用弹性本构模型。

牵引管施工按照初始状态-开挖扩孔-铺管注浆的工序进行计算，开挖期间泥浆相对密度取1.2，钻头回拖时按铺管直径的1.5倍进行扩孔，施工完成后考虑注浆充填不密实和干缩，根据工程经验考虑收缩7%。

2.3 有限元分析结果

根据有限元分析结果，水平定向钻管道施工完毕后的地面沉降呈抛物线形，其最大值位于施工管道正上方，为2.81mm，见图4。

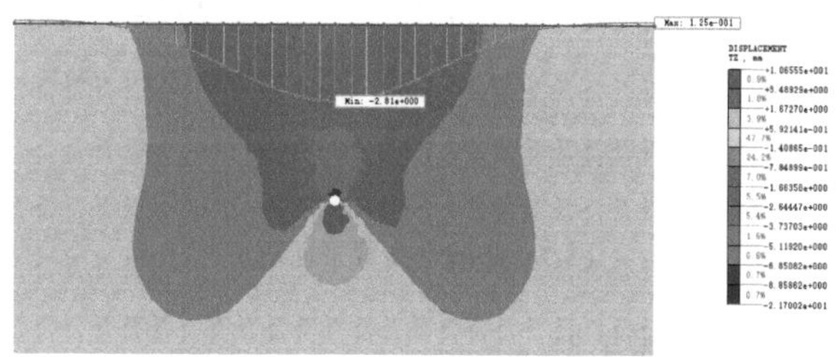

图4 施工完毕后地面沉降云图

DN1800给水管的沉降亦呈抛物线形，水平定向钻法穿越扩孔阶段的最大沉降量为1.00mm，施工完毕后的最大沉降量为2.79mm，见图5。

图5 施工完毕后DN1800给水管沉降云图

从有限元分析结果看，水平定向钻法穿越施工对DN1800给水管的影响不大，能够确保安全。

3 现场监测情况

为准确掌握水平定向钻法穿越施工对既有DN1800给

水管的实际影响，在整个施工阶段对 DN1800 给水管及其管侧土体进行了安全监测。

3.1 监测方案

本次监测项目包括管线沉降和管侧土体沉降。管线沉降监测一般分为直接法和间接法两种，直接法是将监测点埋设在管线上直接观测其沉降，间接法是通过观测管线周边土体的沉降来分析管线的变形[7]。考虑到管线的重要性，在穿越正上方的管线上设置 1 个直接监测点，做法见图 6，其余采用间接点，同时在管侧布置了土体沉降监测点，图 7 为监测点布置平面图。

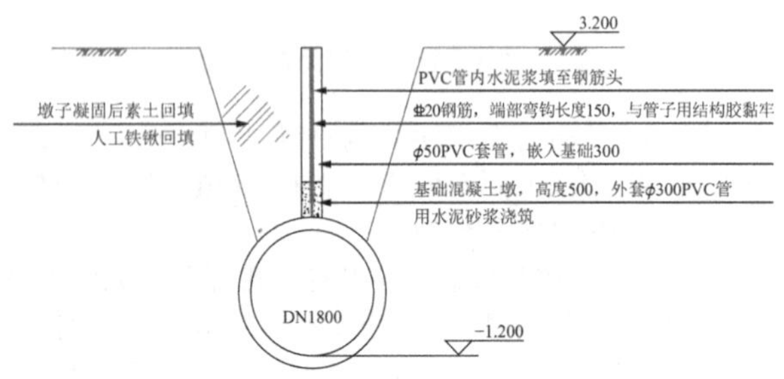

图 6 管线直接监测点做法

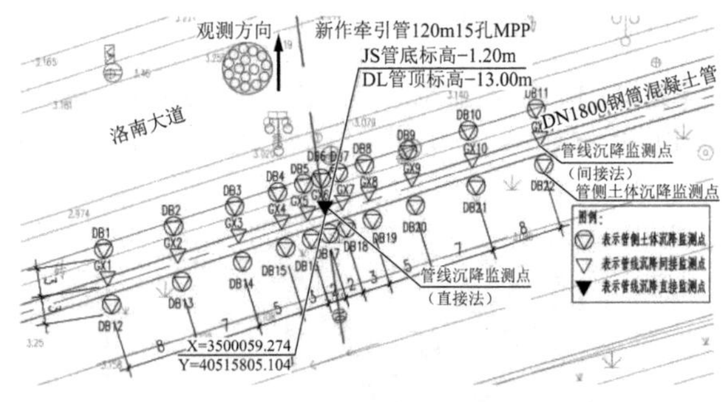

图 7 监测点布置平面图

3.2 监测变形结果

从变形监测结果看，无论是管线还是管侧土体的最大沉降点均在水平定向钻法穿越的正上方；管线与管侧土体沉降量基本一致，实际最大沉降量发生在穿越正上方的北侧土体，为 2.37mm，略小于计算结果 2.79mm；理论计算在距离下穿节点超过 20m 时，管线基本没有沉降，而实测仍有 1.00mm 左右的沉降，对比曲线见图 8。

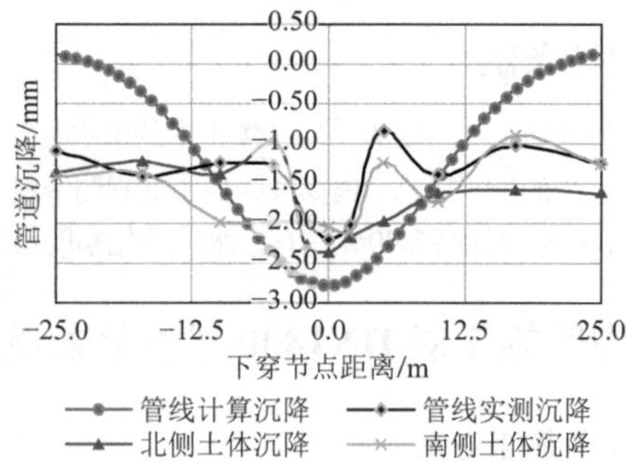

图 8 理论计算沉降与实测沉降对比曲线

4 结论

通过对新建电力管采用水平定向钻法施工穿越既有 DN1800 给水管的安全影响分析及现场实测可以得出如下结论：

（1）计算模拟下穿节点的管线沉降与实测结果较为接近，说明只要选取合理的参数和模型，采用有限元可以较准确地模拟水平定向钻法穿越对既有大直径给水管的影响。

（2）采用套管法设置的管线直接监测点可以准确地反映管线的沉降变化，在重要的管线监测中应尽量设置直接监测点。

（3）总体来看，采用水平定向钻法穿越既有大直径给水管，只要前期理论分析正确，施工措施得当，穿越对管线的影响完全可控。

参考文献：

[1] 吴九红. 过路电力排管水平定向钻拖拉管施工技术应用[J]. 安徽建筑, 2023, 30(5): 56-57.

[2] 张建国. 采用国产 DDW-350 水平钻机钻孔牵引管道下穿既有线路施工技术[J]. 铁道技术创新, 2013, (3): 47-49.

[3] 谭祖勇, 曾子, 刘晓燕. 水平定向钻法管道穿越工程技术在城市复杂综合管线背景下的应用[J]. 水电站设计, 2023, 39(1): 82-91.

[4] 石硕, 苏思. 基于实例分析水平定向钻法管道穿越设计[J]. 重庆建筑, 2023, 22(7): 32-34.

[5] 中国工程建设标准化协会. 水平定向钻法管道穿越工程技术规程: CECS 382: 2014[S]. 北京: 中国计划出版社, 2015.

[6] 王海涛. MIDAS/GTS 岩土工程数值分析与设计[M]. 大连: 大连理工大学出版社, 2013.

[7] 住房和城乡建设部. 建筑基坑工程监测技术标准: GB 50497—2019[S]. 北京: 中国建筑工业出版社, 2019.

沿江高速防洪排涝影响区域内堆土沉降变形分析案例

杨正平[1]，曹小林[1]，龚维明[2]

（1. 兰州理工大学 土木工程学院，兰州 730050；2. 东南大学 土木工程学院，南京 211189）

摘 要：为了保证某沿江高速防洪排涝影响区域内桥梁上部结构工程的正常使用，必须使桩基的承载力和稳定性满足要求，根据勘察、施工、设计单位等提供的C匝墩柱范围内地质情况、桥墩范围内的堆土情况，建立有限元模型进行数值分析。通过现场调研发现，C匝道出现较大变位的 2～5 号墩柱周围有堆土，由于桥墩周围的堆土堆载作用，对桩基产生负摩阻力使桥墩产生竖向位移而沉降，可能对桥桩基的正常运行产生影响。

关键词：摩阻力；竖向位移；大面积无序堆土；有限元模拟

0 引言

堆土作业在高速公路建设中较为常见，然而在高速防洪排涝影响区域内的堆土行为，可能引发一系列不容忽视的沉降变形问题。

大面积堆土会使桩周土层压密下沉，对基桩产生较大的负摩阻力，引起基桩的沉降。De Beer[1]于 1977 年最早指出堆载作用下邻近桩基础属于被动桩，堆载工况下桩基发生的水平位移已有大量深入分析[2-6]，大面积堆载工况下中性点位置及桩侧摩阻力分布规律的研究也取得了较多成果[7-10]。Muthukku-maran 等[11]、Karim[12]分析了被动桩的相对刚度对其横向响应以及界面滑移对桩基性能的影响。吴回国等[13]通过试验证明大面积堆载下试验桩中性点逐渐下移，桩侧负摩阻力增大。张蔚[14]采用模型试验和数值模拟建立了考虑软土压缩模量、堆载荷载和堆载距离的桩基最大侧移经验公式。赵彤雯[15]对软土地基由于大面积堆载而引发的桩基发生水平位移以及内力变化进行了深入分析。曹文昭等[16]阐述了堆载法静载试验中桩侧堆载与地基变形对试桩的影响，定义了试桩沉降的实测值和真实值。刘自由[17]建立群桩数值模型，分析了不同间距情况下桩侧摩阻力、中性点以及土体变形规律。Ashour 和 Helal[18]基于竖向位移随时间变化的关系建立了一种计算轴向摩阻力的方法。黄挺等[19]通过单桩及双桩负摩阻力模型试验，测定了模型桩身应力、桩顶位移以及土体分层沉降随固结时间的变化，说明了沉降、负摩阻力具有明显的时间效应。

本研究旨在综合考虑高速防洪排涝影响区域的多种复杂因素，采用理论分析、现场监测以及数值模拟等多手段相结合的方法，系统地研究堆土产生的沉降变形机理、特征以及其随时间和空间的变化规律，为保障高速公路的安全运营、提升防洪排涝系统的可靠性以及促进区域的可持续发展提供坚实的理论依据和技术支持。

1 工程概况

C 匝道 1 号桥位于深圳西海岸堤沿海滩涂区，此处属于流塑状淤泥区，地质情况复杂，且该地区已多处发生过类似地质桥梁位移变化情况，为保证已施工 C 匝 1 号道桥主体结构安全，于 2018 年 12 月 16 日开始对已完成的 1～8 号墩进行位移监测，监测频率为 1 次/月，2018 年 12 月至 2019 年 3 月期间共进行了 4 次位移监测，数据结果变化不大，但 2019 年 4 月 16 日大桥局架桥机移至此处进行预制梁架设时，发生梁体支座错栓情况，但支座垫石相对盖梁位置无误，立即对预制梁进行检查，梁底支座中心位置无误，并立即组织对此处的桥墩再次进行位移观测，发现 2～5 号墩柱有较大位移。

根据现场照片（图 1～图 8）可以发现，出现较大变位的 2～5 号墩柱旁边均匀堆土。由于桥墩竖向的堆土，对桩基产生负摩阻力使桥墩产生竖向位移。

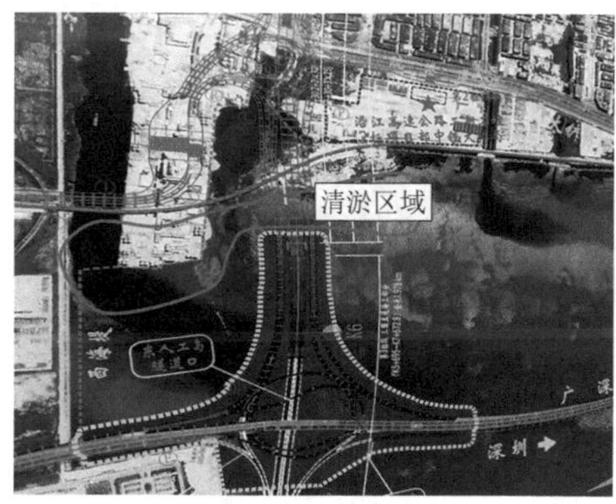

图 1 清淤范围图

图 2 C 匝 3 号桥墩周围环境示意图

图 3 C 匝 4 号桥墩周围环境示意图

图 4 C 匝 5 号桥墩周围环境示意图

图 5 C 匝 6 号桥墩周围环境示意图

图 6 C 匝 7 号桥墩周围环境示意图

图 7 C 匝 5～7 号桥墩示意图

图 8 C 匝 2～4 号桥墩示意图

2 理论背景

2.1 有效应力原理

这是分析堆土沉降变形的核心理论之一。有效应力是指土颗粒之间传递的应力，总应力等于有效应力与孔隙水压力之和。在堆土过程中，增加的荷载首先由孔隙水压力承担一部分，随着时间推移，孔隙水逐渐排出，有效应力增加。根据有效应力原理$\sigma' = \sigma - u$（其中σ'为有效应力，σ为总应力，u为孔隙水压力），有效应力的增加会导致土颗粒重新排列，从而引起土体的压缩和沉降。

2.2 模型理论

（1）土体模型。土体模型是基于有效应力变化率和应变变化率之间的关系来建立的；（2）硬化模型。硬化模型的屈服面在主应力空间中不是固定的，而是由于塑性应变的发生而扩张。（3）板单元。板用来模拟底层中的细长形结构对象，具有较大的抗弯刚度和轴向刚度。

2.3 土体流变理论

土体具有流变特性，即土体的变形不仅与所受应力大小有关，还与应力作用时间有关。在长期堆土荷载作用下，即使荷载不变，土体也会随时间产生缓慢的变形。流变特性主要包括蠕变、松弛和弹性后效等现象。例如，蠕变是指土体在恒定荷载作用下，变形随时间不断增长的现象。

2.4 太沙基一维固结理论

该理论是研究饱和土体在竖向压力作用下孔隙水排出、土体逐渐固结过程的经典理论。它基于以下假设：土体是均质、各向同性的饱和土体；土颗粒和水是不可压缩的；外荷载是一次瞬时施加的均布荷载；孔隙水的渗流服从达西定律，且渗流只沿竖向发生。根据这些假设，建立了一维固结微分方程，通过求解该方程可以得到土体在不同时间的孔隙水压力分布和沉降量。

2.5 比奥固结理论

比奥固结理论是对太沙基一维固结理论的扩展，它考虑了土体在三维方向上的变形和渗流，以及孔隙水压力与土体骨架变形之间的耦合作用。比奥固结理论更符合实际工程中土体的受力和变形情况，能够更准确地描述土体在复杂应力状态下的固结过程，但求解过程相对复杂，通常需要借助数值方法进行计算。

3 有限元分析

3.1 模型建立概况

为了分析桩周堆土对 C 匝道 2～5 号墩柱的影响，利用大型通用有限元模拟软件对该部位桥梁桩基附近基坑开挖进行数值建模。模型水平尺寸考虑边界效应的影响，顺桥向总长度为400m，横桥向总长度为200m，模型的前后左右约束相应的侧向位移，底部约束竖向位移，流固耦合计算时四周及底部采用不透水边界，地表面为自由透水面。桩基采用 embedded beam 桩单元，承台墩柱等采用实体单元。分析工况如图9所示。

在建模过程中，主要考虑C匝道的1～5号墩柱墩桩基影响，桩的材料参数、桩长和桩径按设计参数选取，土层的材料参数见表1，土层特性按钻孔编号为ZKX326的勘测结果选取（图10）。

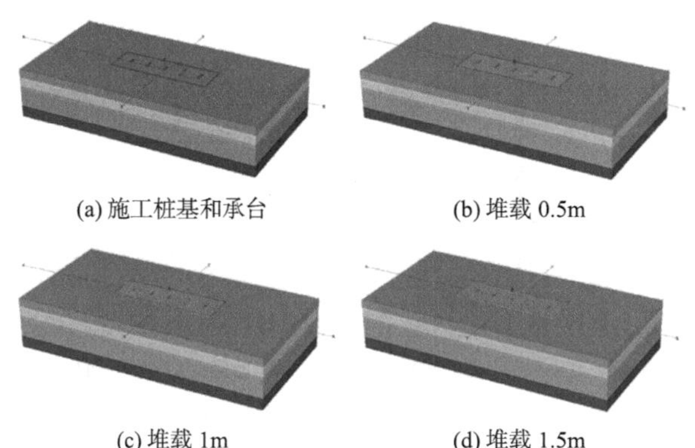

(a) 施工桩基和承台　(b) 堆载 0.5m

(c) 堆载 1m　(d) 堆载 1.5m

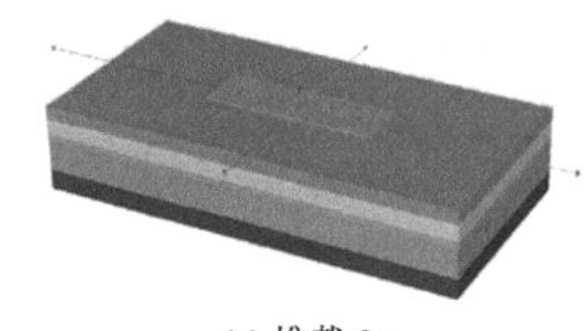

(e) 堆载 2m

图9　不同施工阶段模型图

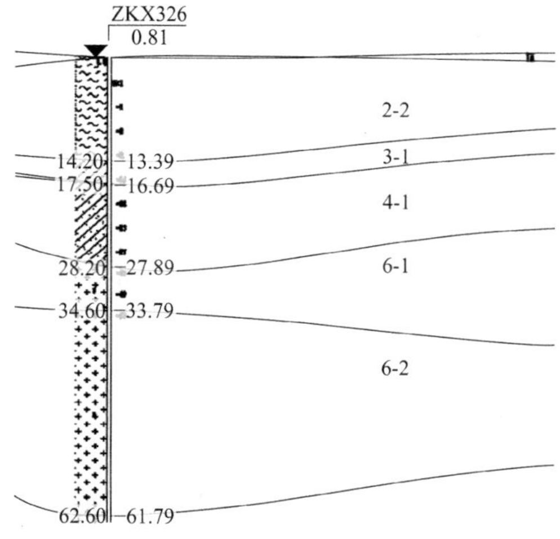

图10　钻孔 ZKX326

各主要土层物理力学指标　表1

土层编号	岩土名称	含水率 w	天然密度 ρ	孔隙比 e	塑性指数 I_P	液性指数 I_L	压缩系数	压缩模量	直剪快剪		固结快剪		基床系数
									黏聚力 c	内摩擦角 φ	黏聚力 c	内摩擦角 φ	
		%	g/cm^3	—	—	—	MPa^{-1}	MPa	kPa	°	kPa	°	MPa/m
②$_1$	淤泥	90.1	1.49	2.511	24	2.55	2.337	1.53	3.1	2.0	5.7	7.0	1
②$_2$	淤泥	81.7	1.52	2.279	23	2.33	2.424	1.41	2.8	1.8	11.1	11.4	3
②$_3$	淤泥质粉质黏土	64.2	1.61	1.815	19.7	1.89	1.581	1.93	5.6	3.3	9.4	15.3	6
③$_1$	黏土	28	1.97	0.783	18.8	0.20	0.301	6.29	32.2	8.7	37.4	12.0	25
③$_2$	粉质黏土	27.8	1.92	0.811	15.1	0.45	0.38	4.77	23.5	9.7	30.3	14.1	25
③$_3$	淤泥质粉质黏土	44	1.76	1.23	16.3	1.31	0.751	3.01	10.8	4.2	15.6	9.7	5
③$_6$	中砂	16.8	2.05	0.521			0.145	11.29	7.1	23.7			25
③$_7$	粗砂	13.9	2.02	0.5			0.083	18.07	8.4	25.9			30
④$_1$	残积粉质黏土	28.1	1.87	0.868	12.0	0.72	0.192	9.6	15.1	25.1			35
⑥$_{11}$	全风化花岗岩	25.1	1.89	0.797	11.5	0.62	0.097	18	18.5	27.4			30
⑥$_{12\text{-}1}$	砂土状强风化花岗岩	23.0	1.93	0.723	11.2	0.41	0.064	26	27.5	28.6			60
⑥$_{12\text{-}2}$	碎块状强风化花岗岩		2.55						3000	30			200
⑥$_{13}$	中风化花岗岩		2.62						15000	41			500

3.2　计算结果及分析

（1）C匝道1号桥墩左桩基

从图11可以看出，C匝道1号桥墩左桩基堆土0.5m，桩头产生的竖向沉降为1.624mm；堆土1m，桩头产生的竖向沉降为3.22mm；堆土1.5m，桩头产生的竖向沉降为4.814mm，堆土2m，桩头产生的竖向沉降为6.438mm。通过与定的竖向位移沉降标准15mm对比，桩周堆载对1号桥墩左桩基有较小影响。

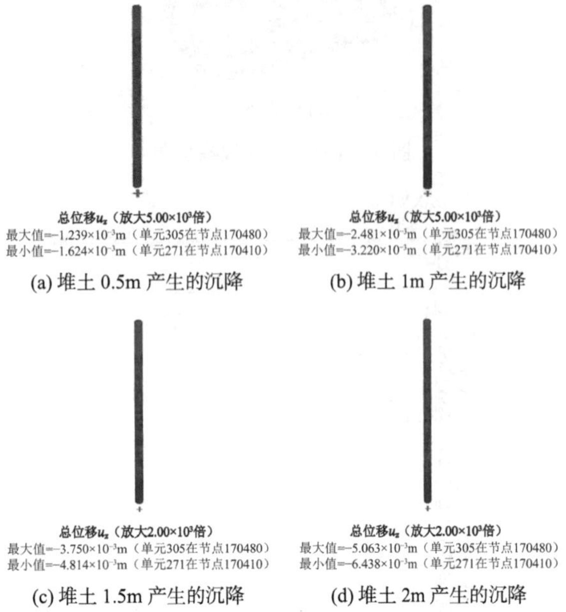

总位移u_z（放大5.00×10^3倍）
最大值=-1.239×10^{-3}m（单元305在节点170480）
最小值=-1.624×10^{-3}m（单元271在节点170410）

(a) 堆土 0.5m 产生的沉降

总位移u_z（放大5.00×10^3倍）
最大值=-2.481×10^{-3}m（单元305在节点170480）
最小值=-3.220×10^{-3}m（单元271在节点170410）

(b) 堆土 1m 产生的沉降

总位移u_z（放大2.00×10^3倍）
最大值=-3.750×10^{-3}m（单元305在节点170480）
最小值=-4.814×10^{-3}m（单元271在节点170410）

(c) 堆土 1.5m 产生的沉降

总位移u_z（放大2.00×10^3倍）
最大值=-5.063×10^{-3}m（单元305在节点170480）
最小值=-6.438×10^{-3}m（单元271在节点170410）

(d) 堆土 2m 产生的沉降

图 11　清淤后 C 匝道 1 号桥墩左桩基沉降

（2）C 匝道 1 号桥墩右桩基

从图 12 可以看出，C 匝道 1 号桥墩右桩基堆土 0.5m，桩头产生的竖向沉降为 1.2635mm；堆土 1m，桩头产生的竖向沉降为 3.244mm；堆土 1.5m，桩头产生的竖向沉降为 4.853mm；堆土 2m，桩头产生的竖向沉降为 6.493mm。通过与定的竖向位移沉降标准 15mm 对比发现，桩周堆载对 1 号桥墩右桩基有较小影响。

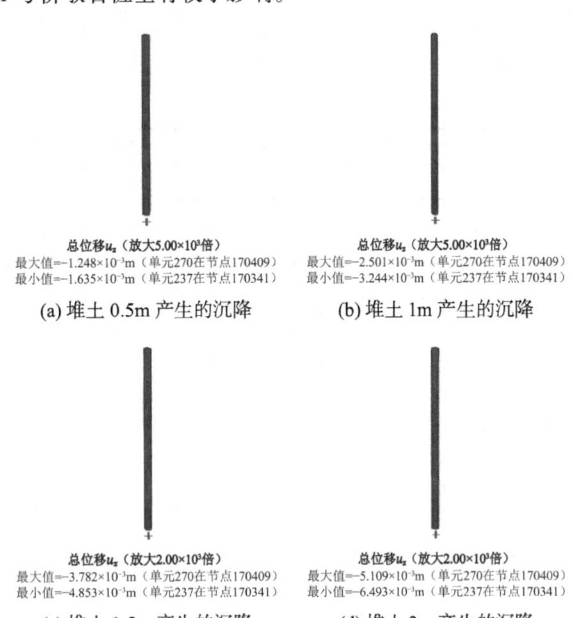

(a) 堆土 0.5m 产生的沉降　(b) 堆土 1m 产生的沉降

(c) 堆土 1.5m 产生的沉降　(d) 堆土 2m 产生的沉降

图 12　清淤后 C 匝道 1 号桥墩右桩基沉降

（3）C 匝道 2 号桥墩左桩基

从图 13 可以看出，C 匝道 2 号桥墩左桩基堆土 0.5m，桩头产生的竖向沉降为 1.848mm；堆土 1m，桩头产生的竖向沉降为 3.679mm；堆土 1.5m，桩头产生的竖向沉降为 5.524mm；堆土 2m，桩头产生的竖向沉降为 7.414mm。通过与定的竖向位移沉降标准 15mm 对比发现，桩周堆载对 2 号桥墩左桩基有较小影响。

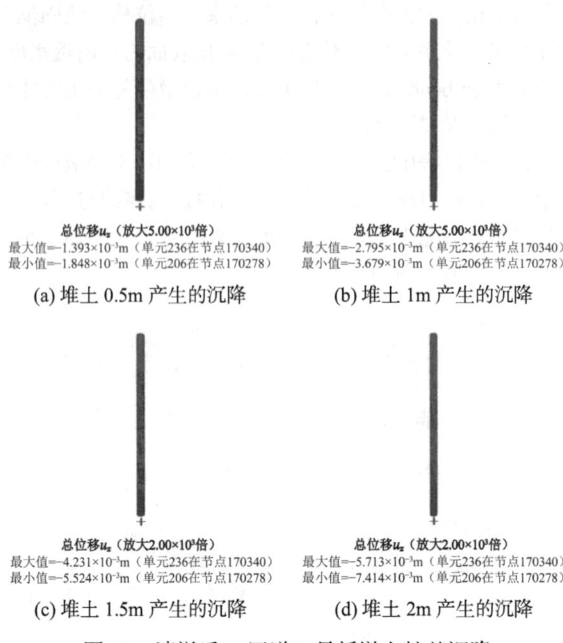

(a) 堆土 0.5m 产生的沉降　(b) 堆土 1m 产生的沉降

(c) 堆土 1.5m 产生的沉降　(d) 堆土 2m 产生的沉降

图 13　清淤后 C 匝道 2 号桥墩左桩基沉降

（4）C 匝道 2 号桥墩右桩基

从图 14 可以看出，C 匝道 2 号桥墩右桩基堆土 0.5m，桩头产生的竖向沉降为 1.82mm；堆土 1m，桩头产生的竖向沉降为 3.621mm；堆土 1.5m，桩头产生的竖向沉降为 5.439mm；堆土 2m，桩头产生的竖向沉降为 7.293mm。通过与定的竖向位移沉降标准 15mm 对比发现，桩周堆载对 3 号桥墩右桩基有较小影响。

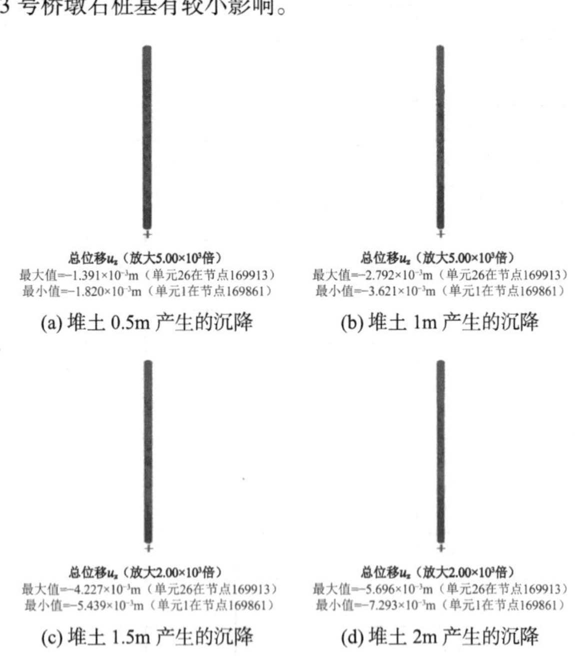

(a) 堆土 0.5m 产生的沉降　(b) 堆土 1m 产生的沉降

(c) 堆土 1.5m 产生的沉降　(d) 堆土 2m 产生的沉降

图 14　清淤后 C 匝道 2 号桥墩右桩基沉降

（5）C 匝道 3 号桥墩左桩基

从图 15 可以看出，C 匝道 3 号桥墩左桩基堆土 0.5m，桩头产生的竖向沉降为 1.91mm；堆土 1m，桩头产生的竖向沉降为 3.805mm；堆土 1.5m，桩头产生的竖向沉降为

5.705mm；堆土 2m，桩头产生的竖向沉降为 7.637mm。通过与定的竖向位移沉降标准 15mm 对比发现，桩周堆载对 3 号桥墩左桩基有较小影响。

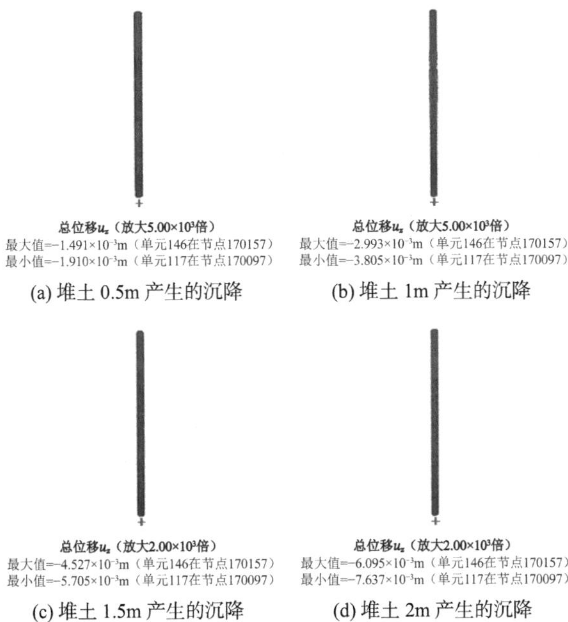

(a) 堆土 0.5m 产生的沉降　(b) 堆土 1m 产生的沉降

(c) 堆土 1.5m 产生的沉降　(d) 堆土 2m 产生的沉降

图 15　清淤后 C 匝道 3 号桥墩左桩基础沉降

（6）C 匝道 3 号桥墩右桩基

从图 16 可以看出，C 匝道 3 号桥墩右桩基堆土 0.5m，桩头产生的竖向沉降为 1.904mm；堆土 1m，桩头产生的竖向沉降为 3.792mm；堆土 1.5m，桩头产生的竖向沉降为 5.686mm；堆土 2m，桩头产生的竖向沉降为 7.614mm。通过与定的竖向位移沉降标准 15mm 对比发现，桩周堆载对 3 号桥墩右桩基有较小影响。

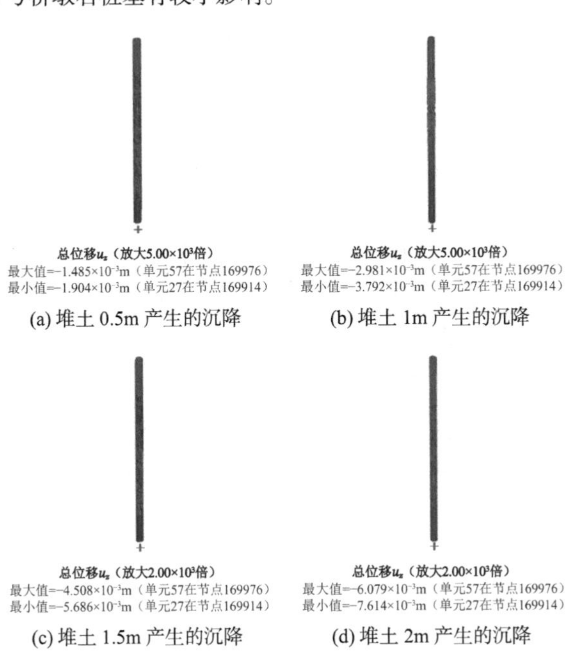

(a) 堆土 0.5m 产生的沉降　(b) 堆土 1m 产生的沉降

(c) 堆土 1.5m 产生的沉降　(d) 堆土 2m 产生的沉降

图 16　清淤后 C 匝道 3 号桥墩右桩基沉降

（7）C 匝道 4 号桥墩左桩基

从图 17 可以看出，C 匝道 4 号桥墩左桩基堆土 0.5m，桩头产生的竖向沉降为 1.821mm；堆土 1m，桩头产生的竖向沉降为 3.628mm；堆土 1.5m，桩头产生的竖向沉降为 5.444mm；堆土 2m，桩头产生的竖向沉降为 7.296mm。通过与定的竖向位移沉降标准 15mm 对比发现，桩周堆载对 4 号桥墩左桩基有较小影响。

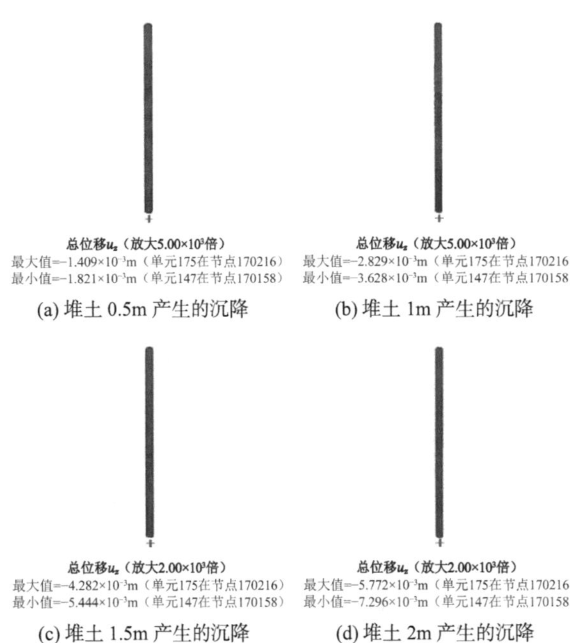

(a) 堆土 0.5m 产生的沉降　(b) 堆土 1m 产生的沉降

(c) 堆土 1.5m 产生的沉降　(d) 堆土 2m 产生的沉降

图 17　清淤后 C 匝道 4 号桥墩左桩基沉降

（8）C 匝道 4 号桥墩右桩基

从图 18 可以看出，C 匝道 4 号桥墩右桩基堆土 0.5m，桩头产生的竖向沉降为 1.872mm；堆土 1m，桩头产生的竖向沉降为 3.683mm；堆土 1.5m，桩头产生的竖向沉降为 5.458mm；堆土 2m，桩头产生的竖向沉降为 7.351mm。通过与定的竖向位移沉降标准 15mm 对比发现，桩周堆载对 4 号桥墩右桩基有较小影响。

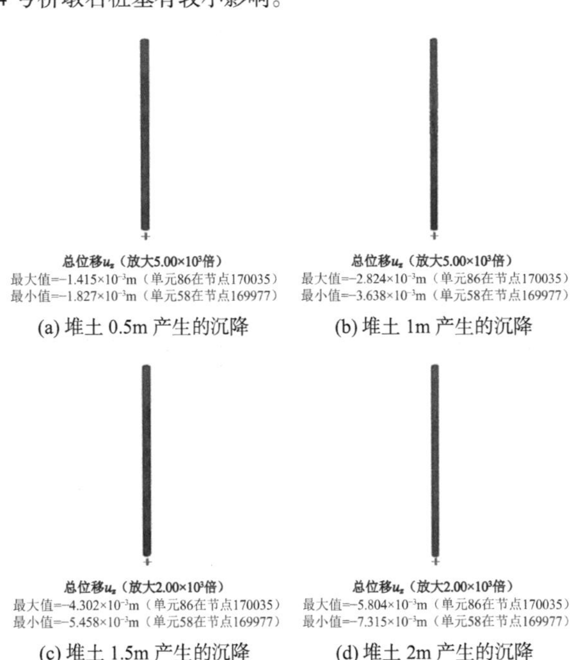

(a) 堆土 0.5m 产生的沉降　(b) 堆土 1m 产生的沉降

(c) 堆土 1.5m 产生的沉降　(d) 堆土 2m 产生的沉降

图 18　清淤后 C 匝道 4 号桥墩右桩基沉降

（9）C 匝道 5 号桥墩左桩基

从图 19 可以看出，C 匝道 5 号桥墩左桩基堆土 0.5m，桩头产生的竖向沉降为 1.609mm；堆土 1m，桩头产生的竖向沉降为 3.193mm；堆土 1.5m，桩头产生的竖向沉降为 4.779mm；堆土 2m，桩头产生的竖向沉降为 6.391mm。通过与定的竖向位移沉降标准 15mm 对比发现，桩周堆载对 5 号桥墩左桩基有较小影响。

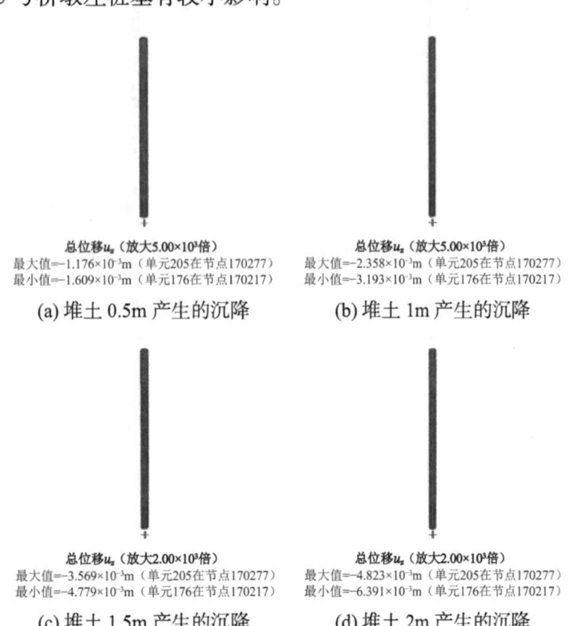

图 19 清淤后 C 匝道 5 号桥墩左桩基沉降

（10）C 匝道 5 号桥墩右桩基

从图 20 可以看出，C 匝道 5 号桥墩右桩基堆土 0.5m，桩头产生的竖向沉降为 1.602mm；堆土 1m，桩头产生的竖向沉降为 3.179mm；堆土 1.5m，桩头产生的竖向沉降为 4.759mm；堆土 2m，桩头产生的竖向沉降为 6.368mm。通过与定的竖向位移沉降标准 15mm 对比发现，桩周堆载对 5 号桥墩右桩基有较小影响。

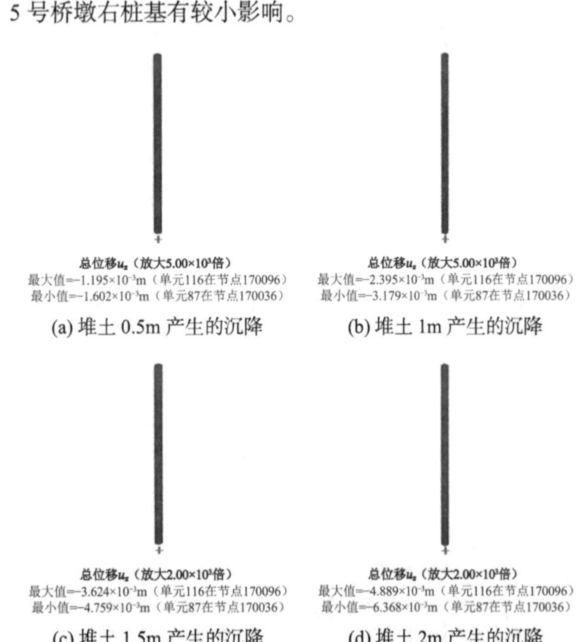

图 20 清淤后 C 匝道 5 号桥墩右桩基沉降

3.3 计算结论

（1）C 匝道桥梁桩基础竖向位移

两侧堆土对 C 匝道桥梁桩基础竖向位移影响如表 2、图 21 所示。

C 匝道桥梁桩基础竖向位移计算结果　　表 2

计算工况	桩基产生的沉降/mm
施工承台和桩	0
堆土 0.5m	1.91
堆土 1.0m	3.805
堆土 1.5m	5.705
堆土 2.0m	7.637

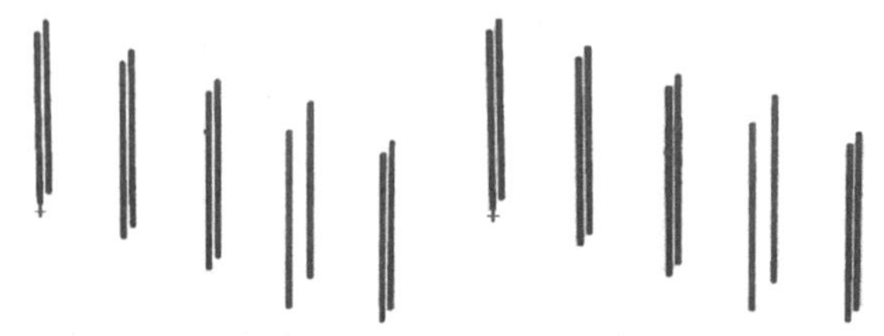

(a) 堆土 0.5m 桩基产生的沉降　(b) 堆土 1m 桩基产生的沉降

(c) 堆土 1.5m 桩基产生的沉降　(d) 堆土 2m 桩基产生的沉降

图 21 匝道桥梁桩基础竖向位移

（2）C 匝道桥梁桩基础附加轴力

邻近桥梁桩基周围堆土引起 C 匝道桥梁桩基础产生竖向沉降，从而使桩基础产生附加轴力。如表 3、图 22 所示。

C 匝道桥梁桩基轴力计算结果　　表 3

计算工况	轴力/kN
施工承台和桩	0
堆土 0.5m	1601
堆土 1m	2766
堆土 1.5m	3895
堆土 2m	4997

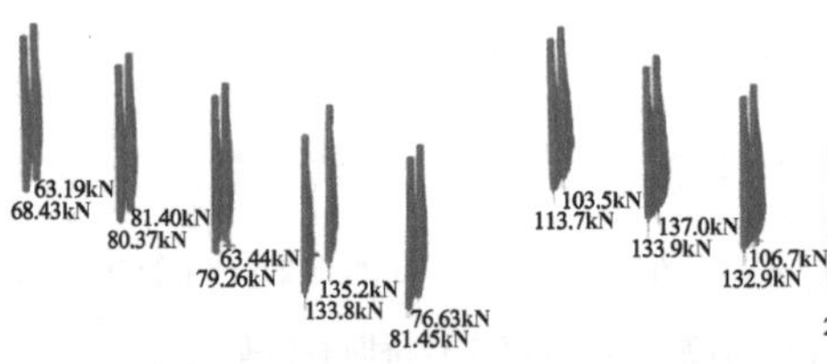

(a) 堆土 0.5m 桩基产生的沉降　(b) 堆土 1m 桩基产生的沉降

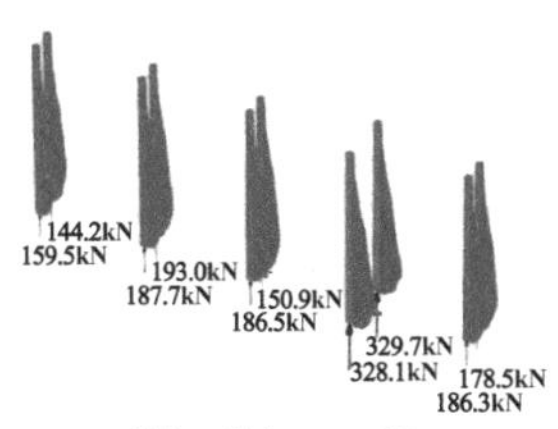

(c) 堆土 1.5m 桩基产生的沉降

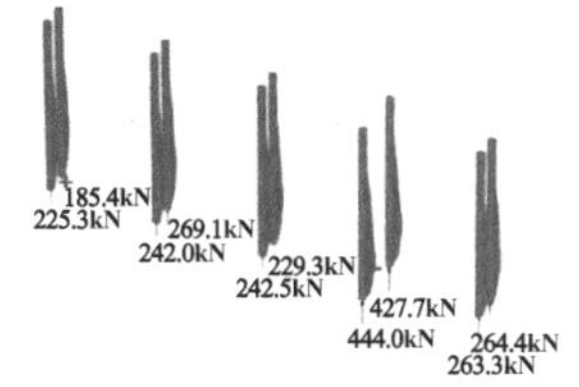

(d) 堆土 2m 桩基产生的沉降

图 22　C 匝道桥梁桩基础附加轴力图

4 结论

在 C 匝道的 1～5 号桥墩周围堆土发现，桩基的竖向沉降较小，但桩基产生的轴力比较大，且端部产生的端阻力较大，这种情形不符合摩擦桩的承载特点，因此应避免桩周堆土。

参考文献：

[1] DE BEER E E. Effects of horizontal loads on piles due to surcharge or seismic effects[C]//Proceedings of the 9th International Conference on Soil Mechanics and Foundation Engineering. Tokyo, 1977, vol.3: 547-558.

[2] 赵伟封，文军强，冯凯，等. 带状堆载对邻近桩基作用效应的计算方法[J]. 长安大学学报（自然科学版), 2019, 39(2): 100-107, 116.

[3] 宋修广，李信，万立尧，等. 堆载作用下被动桩的水平受力及位移分析[J]. 建筑科学与工程学报, 2018, 35(2): 56-62.

[4] 陈柯星. 软土场地堆载对邻近桩基影响的试验及数值研究[D]. 杭州：浙江大学, 2015.

[5] 竺明星，龚维明，徐国平，等. 大面积堆载作用下轴向受力隔离桩的承载机制分析[J]. 岩石力学与工程学报，2014, 33(2): 421-432.

[6] 孔纲强，杨庆，杨钢，等. 负摩阻力引起的桩身下拽力和桩顶下拽位移研究进展[J]. 河海大学学报（自然科学版), 2010, 38(4): 411-417.

[7] 孙军杰，王兰民. 桩基负摩阻力研究中几个基本理论问题的探讨[J]. 岩石力学与工程学报, 2006, (1): 211-216.

[8] 杨敏，朱碧堂，陈福全. 堆载引起某厂房坍塌事故的初步分析[J]. 岩土工程学报, 2002(4): 446-450.

[9] 陆明生. 桩基表面负摩擦力的试验研究及经验公式 [J]. 水运工程, 1997(5): 54-58.

[10] 解家毕，刘祖德，刘小文. 大面积堆载情况下桩基础的力学特性分析[J]. 武汉大学学报（工学版), 2004(3): 57-60, 65.

[11] MUTHUKKUMARAN K, KRISHNAN M G. Three dimensional analysis of piles on sloping ground subjected to passive load induced by surcharge[J]. International Journal of Engineering and Technology Innovation, 2012, 2(1): 31-47.

[12] KARIM M R. Behaviour of piles subjected to passive subsoil movement due to embankment construction-a simplified 3D analysis[J]. Computers and Geotechnics, 2013(53): 1-8.

[13] 吴回国，吴跃东，梁传扬，等. 大面积堆载对桩基负摩阻力的影响[J]. 中国水运（下半月), 2021, 21(2): 154-156.

[14] 张蔚. 堆载作用下软土地基中的被动桩效应研究[D]. 哈尔滨：哈尔滨工业大学, 2020.

[15] 赵彤雯. 软土地区大面积堆载对场地以及临近桩基础的影响[D]. 西安：西安理工大学, 2018.

[16] 曹文昭，杨志银，蔡巧灵，等. 软土地基超长桩静载试验中桩侧堆载影响分析[J]. 建筑科学与工程学报, 2021, 38(6): 1-10.

[17] 刘自由. 土体堆载情况下的群桩效应分析[J]. 中南大学学报（自然科学版), 2013, 44(11): 4707-4711.

[18] ASHOUR M, HELAL A. Contribution of vertical skin friction to the lateral resistance of large-diameter shafts[J]. Journal of Bridge Engineering, 2014, 19(2): 289-302.

[19] 黄挺，龚维明，戴国亮，等. 桩基负摩阻力时间效应试验研究[J]. 岩土力学, 2013, 34(10): 2841-2846.

[20] 张楠，武岳，刘永超，等. 大面积无序堆土引起基桩沉降的研究[J]. 岩土工程技术, 2023, 37(5): 538-544.

第二部分

工程桩与地基基础

浸水状态下黄土地区长短桩基础承载特性试验研究

马天忠[1,2,3]，杨嘉俊[1,2,3]，王正振[1,2,3]，陈璋佳[1,2,3]，郭保文[1,2,3]

（1. 兰州理工大学 土木工程学院，兰州 730050；2. 兰州理工大学 甘肃省土木工程防震减灾重点实验室，兰州 730050；3. 兰州理工大学 西部土木工程防灾减灾教育部工程研究中心，兰州 730050）

摘　要：为深化地基与浸水作用机制的研究，本文通过模型试验，探讨浸水对黄土地区长短桩基础承载特性的影响。试验使用 16 根组合桩（8 长 8 短），在竖向荷载与浸水条件下，全面分析湿陷变形、桩身承载力和变形特性。结果表明：长短桩基础在竖向荷载与浸水作用下的 *Q-s* 曲线呈典型的缓变型曲线，随浸水和荷载的增加，桩端沉降逐渐增大。水浸入使桩周湿陷土层变形加剧，湿陷变形先缓后急再减缓，湿陷深度增大导致桩侧摩阻力发展，中性点下移。浸水 10d 后，长桩负摩阻力最大值为 61.27kPa，短桩为 53.85kPa。浸水时，从负摩阻力减小速度与中性点深度变化范围来看，边桩最显著，中心桩和角桩接近；最大负摩阻力出现在角桩，中心桩次之、边桩最后。土体全部饱和后，长桩（边桩）中性点深度比为 0.55，角桩、中心桩中性点深度比为 0.64，短桩在 0.62～0.64 之间，试验结果与桩基规范推荐值较为接近。

关键词：土木工程；长短组合桩；桩侧摩阻力；中性点；有限元模拟

0　引言

长短桩基础的应用在沿海地区分布范围较广，但在大厚度黄土区域，特别是西北的广袤地带，相关的研究却并不多见。同时，由于黄土的垂直节理发育特性，群桩基础在西北地区的工程建设中得到了广泛应用。

近年来，在湿陷性黄土场地桩基工程研究中，诸多学者通过理论分析、现场浸水试验、数值模拟等手段，针对桩基负摩阻力、中性点深度、下拉荷载等问题，开展了大量的研究，有效地推进了湿陷性黄土地区桩基工程的开展[1-3]。曹明等[4]运用积分方程法，推导第二类 Fredholm 积分方程，并借助叠加原理，对长短桩基础进行分析。林本海等[5]基于不同桩体长度、刚度和周围多层土体分布的长短桩相互作用计算模型，对长短桩复合地基进行分析计算。叶观宝等[6]结合现场试验，研究大面积填土场地单桩负摩阻力影响因素，建立数值分析模型。陈天镭等[7]、赵壮福等[8]为研究湿陷性黄土区桩基负摩擦的变化与分布，设计并完成了考虑黄土湿陷性的桩基负摩擦模型试验。Di 等[9]分析了湿陷性黄土地区高耸结构的地基处理、桩基优化设计，为湿陷性黄土地区高耸结构的施工提供技术支持。

目前，关于长短桩基础在西北地区的研究主要集中在大厚度湿陷性黄土地区，已有文献对于浸水状态下长短桩基础的特性尚未有深入的探讨。为了更全面地探究浸水条件下湿陷性黄土地区长短桩基础，在已有研究的基础上设计 8 根长桩 + 8 根短桩室内模型试验，深入揭示黄土地区在浸水条件下长短桩基础群桩的作用机理。

1　长短桩模型试验概况

1.1　试验方案确定

试验采用 16 根桩（8 根长桩和 8 根短桩），桩基布置为梅花形，旨在通过这种布置方式，更全面、更准确地获取黄土地区长短桩基础的性能数据。试验桩位布置图如图 1 所示。

试验分为两个阶段进行，先对长短桩基础进行竖向荷载的分级加载。在分级加载完成后，保持荷载不变的条件下，进行浸水试验。试验过程中，详细记录模型试验的整个过程，从加载到完全浸水，收集湿陷性黄土地区长短桩基础的桩身轴力、桩侧摩阻力等关键数据。

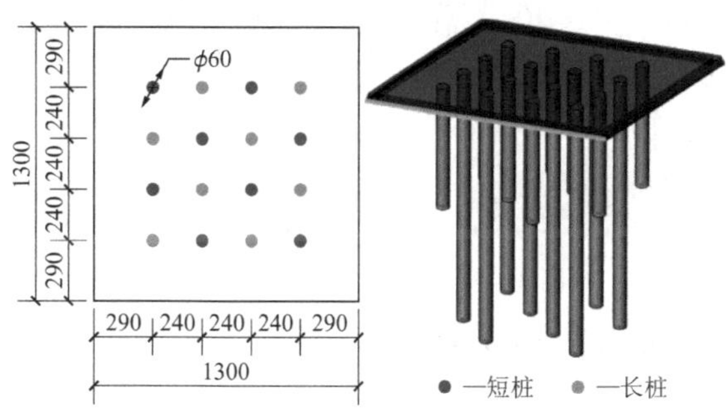

图 1　试验桩位布置图（mm）

1.2　试验模型制作

1.2.1　模型箱与加载装置

试验用箱采用方箱，模型箱尺寸（长 × 宽 × 高）为 2.1m × 2.1m × 1.8m，承台尺寸 1.3m × 1.3m，模型箱侧边及顶边采用角钢加以固定。试验加载装置采用自制竖向加载架，由工字钢梁焊接而成。试验加载采用桩顶传力，加载板为 2cm 厚钢板，在千斤顶上放置量程为 20t 的荷载传感器，对总加载量进行测量；利用加载量为 20t 的千斤顶与 40cm × 40cm × 40cm 的方形钢墩（提高千斤顶的位置，并传力至承台）将反力加至加载架的横梁以施加竖向力；对于土层沉降采用自制沉降标测量。模型试验布置示意图见图 2。

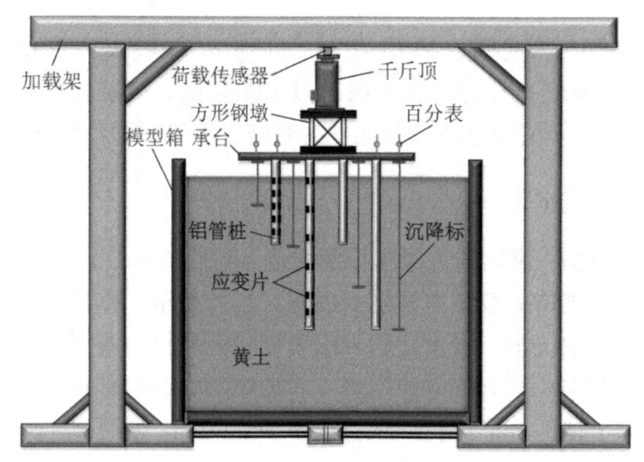

图 2　模型试验布置示意图

1.2.2　模型桩

试验采用预埋法成桩，结合模型箱尺寸，根据模型试验的相似准则，试验模型桩采用空心铝管，外径为 60mm，壁厚为 2mm，长桩桩长 1.2m，短桩桩长为 0.6m，且短桩桩径与长桩桩径相同。

1.2.3　应变片

通过粘在铝管桩表面的应变片来测量桩身应力沿深度分布规律，应变片以 1/4 桥方式连接，短桩桩身应变片布置分别位于桩身 15cm、25cm、35cm、45cm、55cm 处，共粘 5 对应变片；长桩桩身应变片布置分别位于桩身 15cm、35cm、55cm、75cm、95cm、105cm 处，共粘 6 对应变片。模型桩应变片的粘贴布置如图 3 所示。

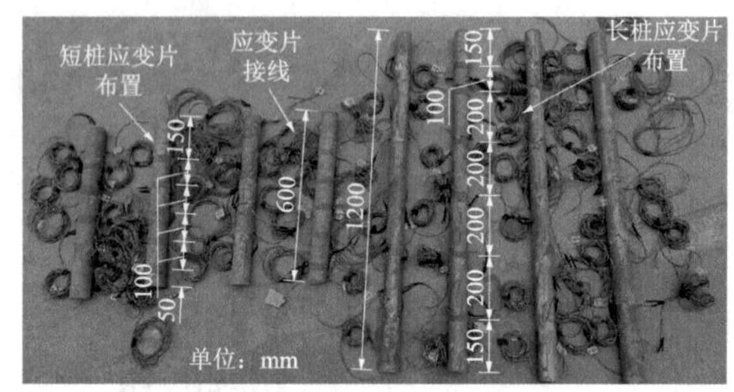

图 3　模型桩应变片布置示意图

1.2.4　桩周土筛选及装填

试验采用西北地区兰州湿陷性黄土作为桩周土。经过粉碎、过筛、增湿等工序，最后制备成所需的桩周土。筛土与桩身定位示意图如图 4 所示。

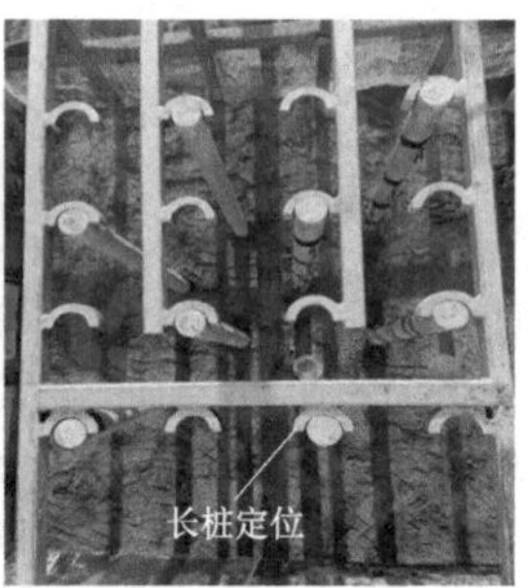

图 4　筛土与桩身定位示意图

通过击实试验测量多组制备土样参数，土壤含水率在 9.5%～17.4%之间，平均含水率为 13%；湿密度在 1.891～2.063kg/m^3 之间，平均值为 1.90kg/m^3，最大干密度为 1.849kg/m^3；孔隙比在 0.693～1.147 之间，孔隙比平均值为 0.928。试样土体的压实度为 0.95，满足试验的要求。

1.2.5　浸水方案

根据《建筑基桩检测技术规范》JGJ 106—2014[10]，运用慢速维持荷载法实施加载过程。当加载至工作荷载阶段时，开始浸水，浸水过程采用喷壶喷灌进行。当湿陷性土层达到饱和状态，停止浸水。后续观测中，若桩顶沉降及桩周土体的变形量持续保持小于 1mm/24h，便可以判定变形处于相对稳定的状态。

1.2.6　数据采集系统

数据采集包括桩身应力量测、承台沉降量测和土层沉降测量。桩身应力量测采用电阻应变片、两台 DH3816N 静态应变数据采集仪，使用适配器连接，并配备稳压电源和电脑，承台沉降量测采用 10 个量程为 20mm 的电子百分表，精度为 0.01mm，通过对称布置来控制竖向加载是否偏心以及承台钢板是否倾斜。土层沉降使用特制沉降标配合百分表进行测量。试验装置示意图如图 5 所示。

图 5　试验装置示意图

2　土体湿陷变形分析

浸水试验前，首先对天然状态下的长短桩基础施加竖向荷载，分级加载至 42kN。待土层稳定后，开始浸水环节，使用喷壶喷灌的方式逐次进行浸水。试验浸水过程按照《湿陷性黄土地区建筑标准》GB 50025—2018[11]中的相关规定进行。

试验浸水周期为 10d，平均每天浸水量约为 70L，累计浸水量约为 700L。计算土层的平均饱和度为 0.87。在停水测试持续 6d 后，土体的湿陷变形达到了相对稳定的状态。土层累计湿陷变形量与浸水时间关系曲线如图 6 所示。

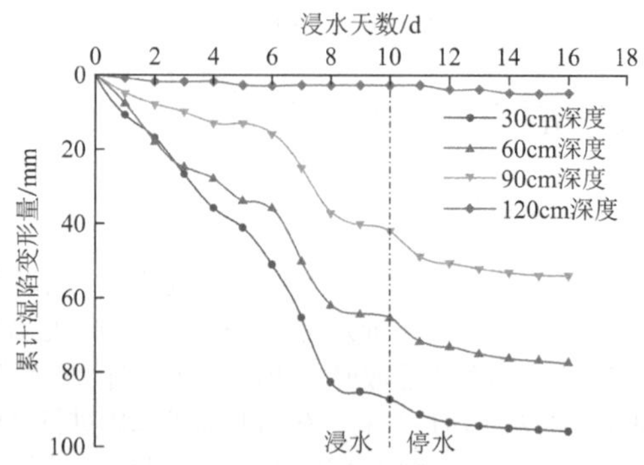

图 6　土层累计湿陷变形量与浸水时间关系曲线图

经过对不同浸水时间下土体湿陷变形的观察和分析，发现其过程可分为几个阶段。在初期，由于水分刚开始渗透，主要影响土体的上层，造成微小的湿陷变形，而中下层则基本保持原状。随着水分逐渐深入，进入浸水陡降段，此时大、中孔隙迅速破坏，导致整个土层从表层至深层发生显著的湿陷变形。

当浸水达到 8d 时，约 80%的总湿陷变形量已完成。随后进入中期平缓段，此阶段主要是少量中等孔隙和小孔隙的破坏，以及土颗粒位置的微调，导致湿陷过程相对缓慢。最后，当停止浸水时，由于模型箱的限制和底部压实黄土的低渗透性，土层不会发生明显的自重排水固结，曲线最终趋于稳定。

这一试验结果与现场浸水试验的结论相吻合，表明在自重黄土层较薄的情况下，土层的累计沉降量随时间的变化呈现出初期平缓、浸水陡降和中期平缓[12]的典型阶段。

3 浸水状态长短桩基础荷载传递特征

3.1 浸水状态下桩顶有附加荷载时长短桩试验

浸水前，长短桩基础荷载-沉降曲线为渐变型曲线，沉降随着荷载的增大不断增大，无明显陡降破坏特征点，满足后续浸水试验要求。分级加载至承载力特征值 42kN，承台顶累计沉降为 3.98mm。浸水前桩基沉降曲线如图 7 所示。

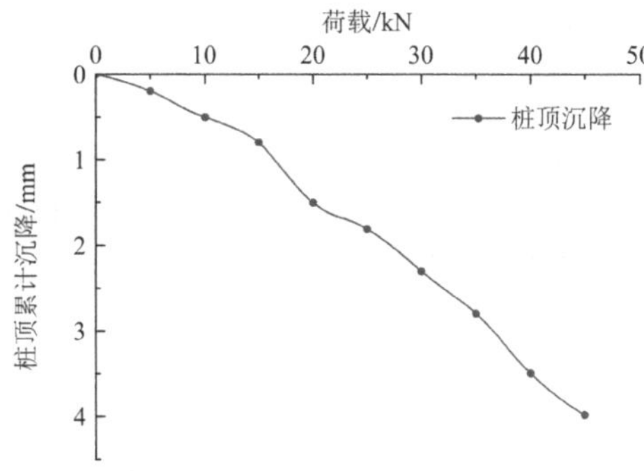

图 7 浸水前桩基荷载沉降曲线

此时，维持稳定荷载 42kN 开始浸水。与土体累计湿陷量随时间变化规律一致，桩顶沉降与浸水时间关曲线见图 8。

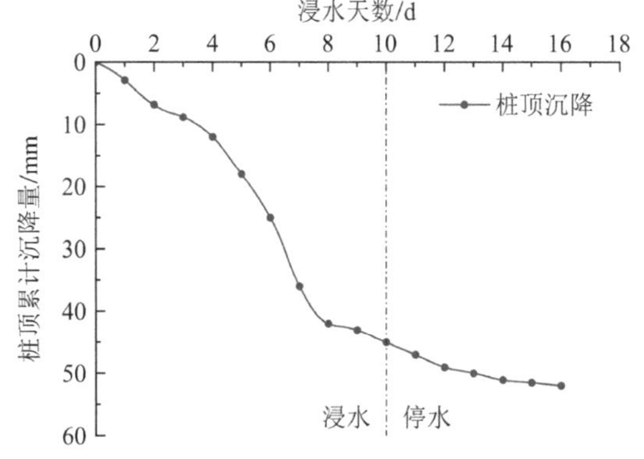

图 8 桩顶累计沉降与浸水时间曲线

分析图 8 可知，在开始浸水的 2～4d，桩顶沉降量增幅较小；从 4～8d，桩顶沉降量近似线性增加，8d 累计沉降量占最终沉降量 78%。桩周土体变形稳定时，承台顶的最终沉降量为 52.62mm。8d 开始至停水稳定期间，桩顶沉降量缓慢增加，最终达到稳定。

3.2 长短桩基础桩身轴力和侧摩阻力传递特征

3.2.1 浸水前长短桩基础桩身轴力分析

图 9 为浸水前长短桩基础长桩和短桩桩身轴力分布曲线。

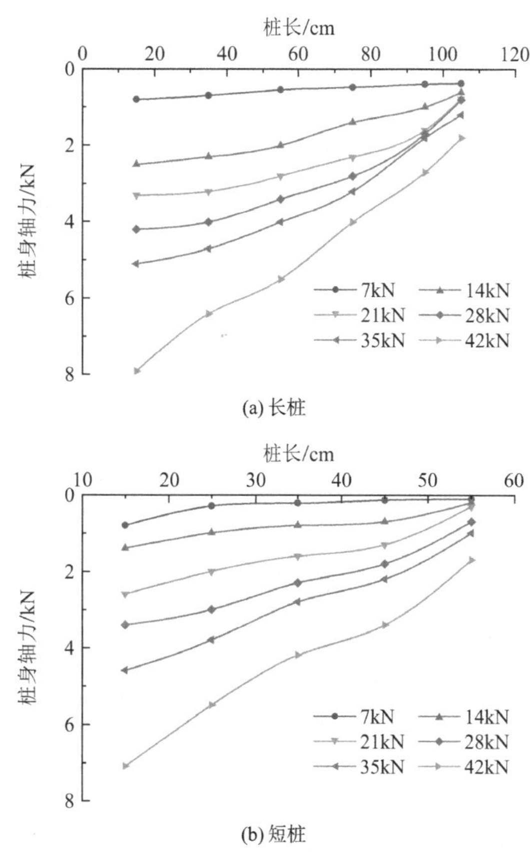

图 9 浸水前长短桩基础长桩和短桩桩身轴力分布曲线

从曲线分布来看，随着桩埋深的增加，桩身轴力逐渐减小，这与传统理论研究结论一致。两图比较来看，长桩的桩身轴力平均是大于短桩，但是短桩在埋深范围内桩身轴力减小得较为均匀；长桩在 60cm 埋深前轴力变化较为均匀，超过 60cm 埋深后轴力减小较快。分析原因，认为这与桩侧摩阻力有关。

3.2.2 浸水前长短桩基础侧摩阻力分析

图 10 为浸水前长短桩基础长桩和短桩侧摩阻力分布曲线。

图中曲线呈 M 形，侧摩阻力先增大再减小；长桩在埋深 20cm 处，每级荷载作用下桩侧摩阻力达到最大值；短桩在埋深 15cm 位置处，桩侧摩阻力也达到最大值。由于其侧摩阻力最大值都发生在桩身前端，说明此模型桩为典型的摩擦型桩，桩底承受荷载较小。

长桩、短桩正摩阻力最大值达到了 47.75kPa 和 42.44kPa。且都出现在桩身的上半部分。这一结果表明，桩的侧摩阻力并未得到充分的发挥。

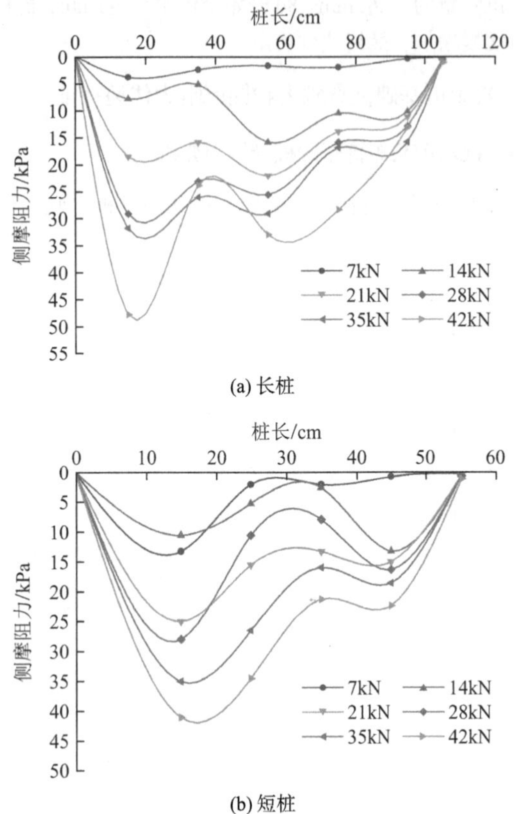

图 10 浸水前长短桩基础长桩和短桩侧摩阻力分布曲线

3.2.3 浸水后长短桩基础长桩桩身轴力分析

图 11 为浸水状态下长短桩基础长桩（边桩、中心桩及角桩）桩身轴力分布曲线图。分析图 11 可知，长短桩基础边桩在浸水下桩身轴力的分布，在桩长范围内呈先增大后减小趋势，边桩整体桩身轴力是小于角桩和中心桩的，如浸水 10d 时，边桩最大桩身轴力为 11.13kN，而角桩的桩身轴力最大值为 12.21kN。

分析原因，认为中心桩和角桩在同等桩顶荷载作用下桩身轴力由上部荷载和中性点以上下拉荷载共同构成，而上部荷载角桩中心桩相同，因此角桩桩身轴力大于中心桩的核心因素在于下拉荷载不同。

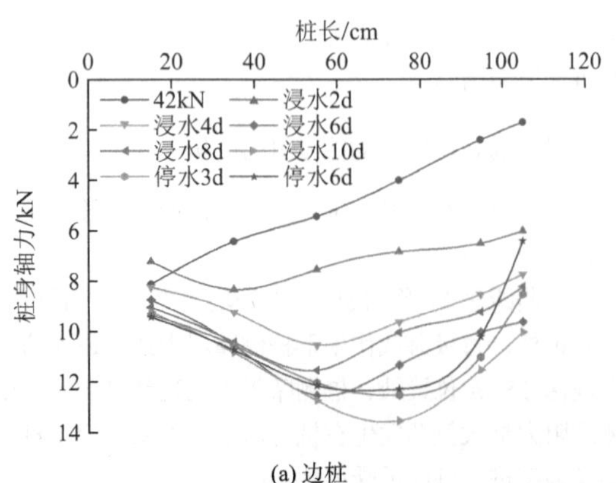

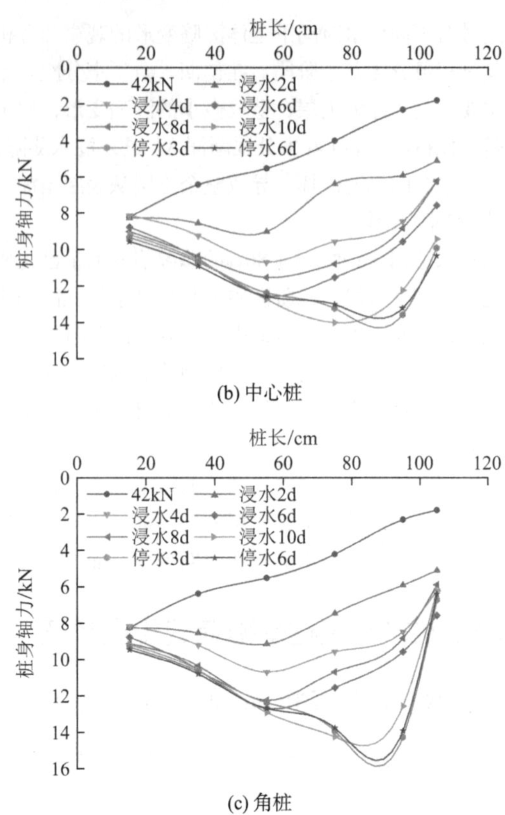

图 11 浸水后长短桩基础长桩桩身轴力分布曲线

3.2.4 浸水后长短桩基础长桩侧摩阻力分析

图 12 为浸水状态下长短桩基础长桩（边桩、中心桩及角桩）侧摩阻力分布曲线图。边桩负摩阻力整体小于中心桩和角桩，但边桩负摩阻力随浸水压力的改变曲线增幅十分明显，中性点深度分布在（0.25～0.55）L之间，随浸水时间延长缓慢下移。中心桩随着浸水，负摩阻力提升幅度参差不齐；中性点深度随浸水过程的进行在（0.33～0.64）L之间移动，中性点深度相比较边桩更深，变化较大。

对于角桩来说，在长短桩基础浸水过程中，其中性点深度与中心桩相似，也是导致其摩阻力增长的一个重要因素。在浸水后期，角桩的最大负摩阻力达到 61.72kPa，最大正摩阻力 128.76kPa，比中心桩和边桩都要大。这是因为角桩四周桩数最少，受其他桩影响最小，故相较于边桩和中心桩，角桩的正摩阻力最大；浸水会导致土体饱和、软化，角桩周围土体受桩体约束最小，故变形最大，导致桩侧负摩阻力最大。

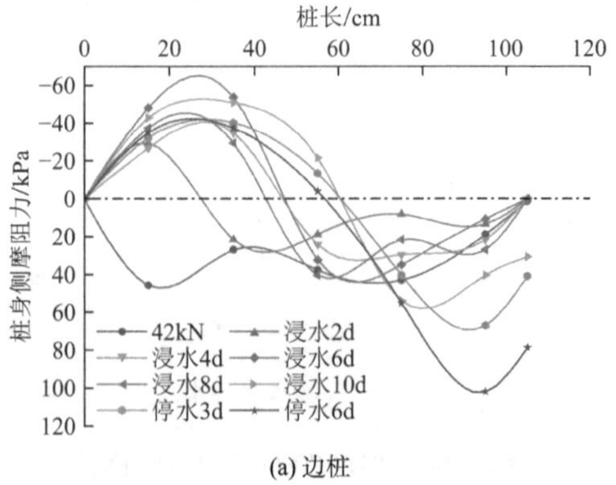

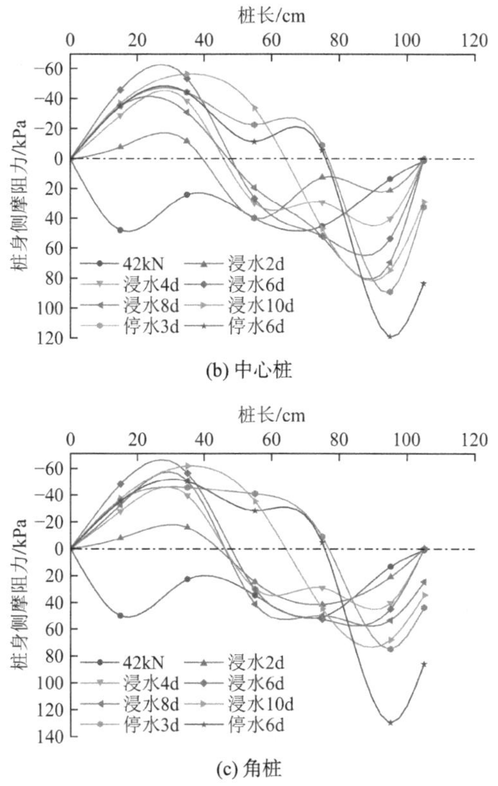

图 12　浸水后长短桩基础长桩侧摩阻力分布曲线

3.2.5　浸水后长短桩基础短桩桩身轴力分析

图 13 为浸水状态下长短桩基础短桩（边桩、中心桩及角桩）桩身轴力分布曲线。

分析图 13，短桩与长桩在受力特性上具有一定的差异。短桩桩身在桩长范围内的轴力变化趋势与长桩类似，都是先增大后减小。然而，短桩在桩埋深范围内的轴力减小程度相对较为均匀，这主要是因为短桩在受到侧摩阻力的影响较小。相较之下，长桩在桩长前半程范围内轴力变化较为均匀，但在超过一半的桩长之后，轴力减小幅度明显大于短桩。

在长短桩基础中，虽然长短桩的承载力差异并不十分显著，但从总体上看，长桩的承载力要高于短桩。这是因为长桩在承载过程中，其抗弯抗压性能相对较好，能够承受更大的荷载。同时，长桩的刚度也相对较大，有利于提高整个群桩结构的稳定性和承载能力。在实际工程中，选择长桩或短桩需要综合考虑多种因素，如地质条件、荷载特性、施工条件等。因此，在桩基设计中，可根据具体工程需求来选择合适的长度，以达到最优的承载效果。

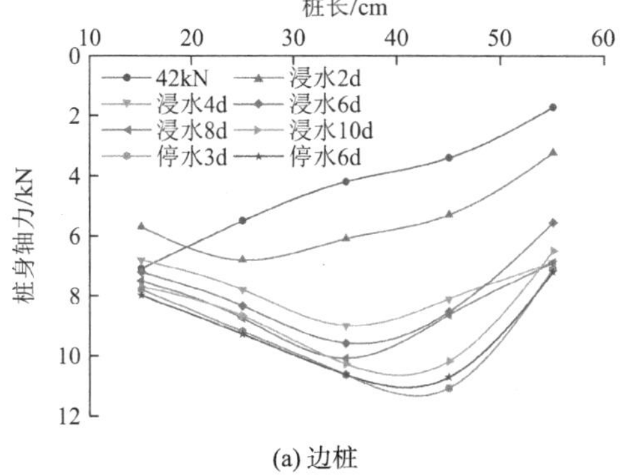

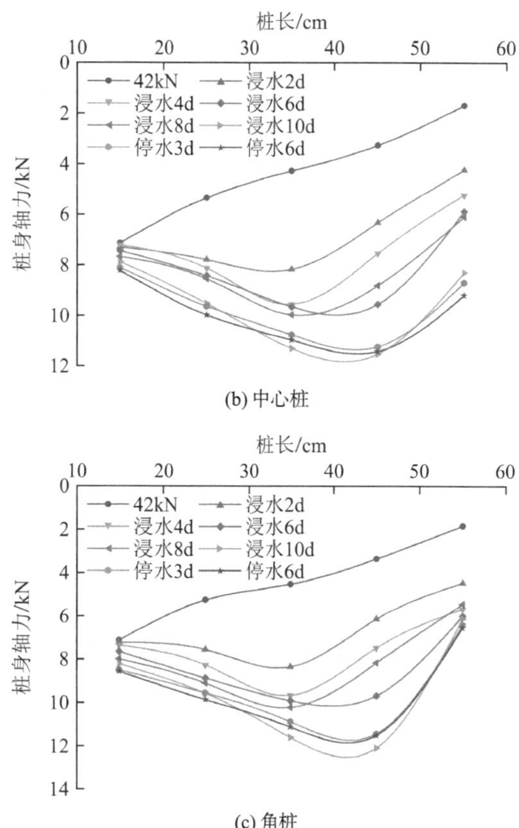

图 13　浸水后长短桩基础短桩桩身轴力分布曲线

3.2.6　浸水后长短桩基础短桩侧摩阻力分析

图 14 为浸水状态下长短桩基础短桩（边桩、中心桩及角桩）侧摩阻力分布曲线。

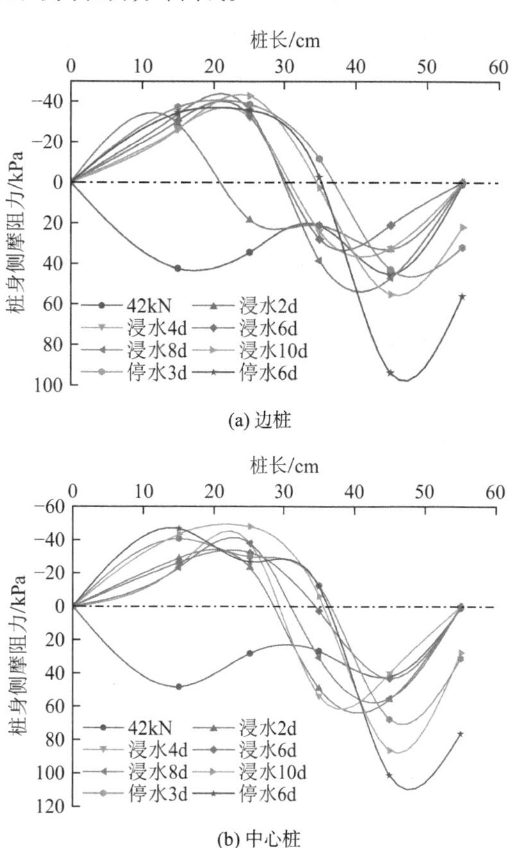

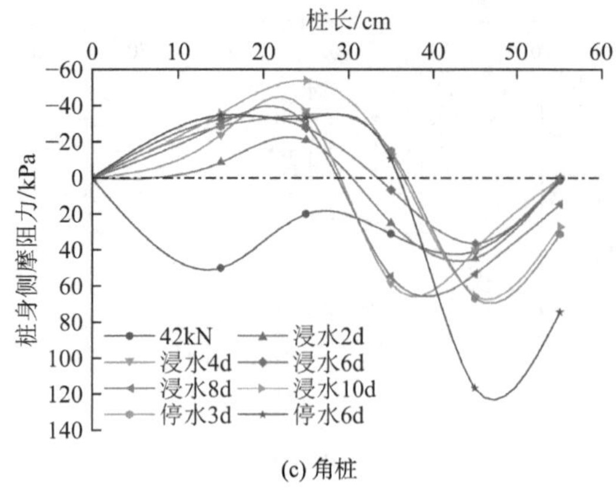

(c) 角桩

图 14　浸水后长短桩基础短桩侧摩阻力分布曲线

结合图 14（a）～（c）综合分析，桩身上半部分随着浸水产生负摩阻力，短桩中性点深度分布在（0.47～0.62）L之间，中性点位置随浸水时间缓慢下移。最大负摩阻力出现在角桩，在浸水后期桩基负摩阻力最大值达到 53.85kPa，最大正摩阻力达到 116.21kPa，短桩其角桩侧摩阻力比中心桩和边桩都大，与长桩相似。

在浸水过程中，最大负摩阻力分布情况为角桩 > 中心桩 > 边桩，角桩、中心桩和边桩在桩长保持相等时，其综合侧摩阻力无论是负摩阻力还是正摩阻力，都是角桩最大。

这是因为中心桩和边桩虽与角桩桩长相等，但在上部荷载作用下，由于协同作用长短桩基础中心桩的沉降量是明显大于其他桩的，因此在同等浸水时间下中心桩桩土相对位移较小，所以负摩阻力小；而边桩承载协同作用较多，负摩阻力最小。

长桩和短桩的侧摩阻力表现出的差异值得关注。这是因为长桩和短桩在承受荷载时的变形方式和应力分布有所不同，导致了侧摩阻力的差异。首先在变形方式上，长桩由于长度较大，桩身压缩量大，桩土相对位移较大，故侧摩阻力较大；短桩压缩量小，故侧摩阻力相对较小。在应力分布中，长桩由于长度较大，在桩顶刚性连接条件下承受竖向荷载时分配的荷载较大，桩身轴力沿桩长衰减较快，故长桩的桩侧摩阻力整体大于短桩的桩侧摩阻力。对此，需要深入研究长桩和短桩在各种受力条件下的表现，以便更好地理解和应用长短桩基础。

4　结论

（1）在湿陷性黄土场地，Q-s曲线呈现典型的缓变型曲线。随着水分逐渐渗透，湿陷性土层围绕桩体发生变形，在初始阶段，土层的变形呈现缓慢增长的趋势；随着浸水时间的延长，变形速度开始显著加快，表现出急剧增加的特点；随后，进入了一个中间阶段，变形的增速有所减缓；停止浸水后，变形速度趋于平缓。

（2）浸水状态下长短桩基础，角桩、中心桩、边桩负摩阻力都会产生相应的变化，从负摩阻力减小速度来看，边桩最强，中心桩和角桩持平；从中性点深度的变化范围来看，也是边桩最强，中心桩和角桩接近；从最大负摩阻力来看，角桩最强，中心桩次之，边桩最弱。

（3）在桩顶保持恒载条件下浸水，随土层浸水深度的增大，湿陷变形快速发生，负摩阻力自上而下发展，中性点深度下移，浸水 10d 结束时，长桩中性点深度比为 0.55。中性点深度比在 0.62～0.64 之间，试验结果与桩基规范推荐值较为接近。

参考文献：

[1] 朱小军，杨敏，杨桦，等. 长短桩组合桩基础模型试验及承载性能分析[J]. 岩土工程学报, 2007, 29(4): 580-586.

[2] 黄茂松，李波，程岳. 长短桩组合路堤桩荷载分担规律离心模型试验与数值模拟[J]. 岩石力学与工程学报, 2010, 29(12): 2543-2550.

[3] 马天忠，孙晨东，高玉广，等. 浸水状态下湿陷性黄土场地螺旋灌注桩负摩阻力与土体湿陷规律试验[J]. 中国公路学报, 2022, 35(8): 151-161.

[4] 曹明，陈龙珠，陈胜立，等. 长短桩桩筏基础相互作用系数解法及分析[J]. 地下空间与工程学报, 2007, 3(2): 382-388.

[5] 林本海，方辉. 长短桩高强复合地基在高层建筑中的应用[J]. 岩土力学, 2009, 30 (S2): 302-307.

[6] 叶观宝，郑文强，张振. 大面积填土场地中摩擦型桩负摩阻力分布特性研究[J]. 岩土力学, 2019, 40(S1): 440-448.

[7] 陈天镭，谢飒，吴健. 自重湿陷性黄土地基中双向螺旋挤土灌注桩负摩阻力的浸水试验研究[J]. 工业建筑, 2020, 50(6): 11-15.

[8] ZHAO. Z F, YE S H, ZHU Y P, et al. Scale model test study on negative skin friction of piles considering the collapsibility of loess[J]. Acta Geotechnica: An International Journal for Geoengineering, 2022, 17(2): 601-611.

[9] DI S J, LV J J, GAO X J. Research on optimize design of pile foundations in collapsible loess areas[J]. IOP Conference Series: Earth and Environmental Science 2021, 643(1): 1-6.

[10] 住房和城乡建设部. 建筑基桩检测技术规范: JGJ 106—2014[S]. 北京: 中国建筑工业出版社, 2014.

[11] 住房和城乡建设部，湿陷性黄土地区建筑标准: GB 50025—2018[S]. 北京:中国建筑工业出版社, 2018.

[12] 钱鸿缙，王继堂，罗玉生，等. 湿陷性黄土地基[M]. 北京:中国建筑工业出版社, 1985.

砂土中倾斜桩循环承载特性试验研究

孙超逸，竺明星，李小娟，鲜金琼，刘平宇
（江苏科技大学土木工程与建筑学院，镇江 212100）

摘　要：桩基础因其生产简单、安装方便而成为海上风电最常用的地基形式，然而目前海上风电桩基在循环荷载作用下的累积变形和承载特性仍不清楚。因此，本文开展了室内试验和理论研究，分析了不同荷载系数对循环荷载桩累积位移和承重特性的影响。本文基于团队自行研制的多角度加载设备，开展了砂土中桩基水平静力加载试验、桩基水平循环加载试验、倾斜桩基倾斜循环加载试验这三种工况的试验研究，并基于上述试验荷载-位移数据，研究了不同工况下循环荷载桩累积位移的发展规律，提出了相应的循环荷载桩累积位移预测公式；同时基于试验弯矩数据，揭示了桩身峰值弯矩的发展规律。研究结果表明：循环荷载幅值对归一化累积位移发展的影响可忽略不计；循环荷载比越小，循环位移累积越快；桩土相对刚度、循环荷载倾斜角度和桩身倾斜角度越大，循环位移累积越快，负斜桩位移累积比正斜桩更慢。当桩身倾斜角度θ_p小于等于 20°、循环荷载倾斜角度θ_L等于 20°时，桩身弯矩在循环次数N到达 400 时达到最大值，随后也开始下降；当θ_L增大到 40°时，随着循环次数N的增大桩身峰值弯矩降低了 35%，当N大于 2000 时，桩身峰值弯矩开始随着循环次数的增加缓慢稳定。当循环荷载倾斜角度θ_L大于等于 60°时，桩身峰值弯矩的变化规律几乎一致，且随着循环次数增加，M_N/M_1值均在 1.0～1.1 之间徘徊，变化可忽略不计。

关键词：循环受荷桩；累积位移；峰值弯矩；桩土相对刚度

0　引言

海上风电桩基础是我国基础设施发展战略的重要方向，基础桩在循环荷载作用下的承载机理和累积变形特性对海上风电等项目的安全性、经济性和可靠性具有重要影响，但循环荷载作用下桩基响应的研究仍存在缺少考虑桩土相对刚度、循环荷载特性、循环次数和桩倾斜角等参数的问题，有待进一步研究。

Hettler[1]、Lin 等[2]分别进行了海上风机单桩基础的水平循环加载原位试验，在试验数据基础上，分别提出了水平循环荷载下单桩累积变形的预测公式。LeBlanc 等[3-4]在不同相对密实度的砂土基础中开展了刚性桩水平循环荷载模型试验，考虑了循环次数和循环荷载大小等因素对循环受荷桩的影响，提出了砂土中刚性桩的无量纲参数框架，但只采用了两种不同相对密实度的土体，因此拟合公式以及预测方法中均没有砂土相对密实度D_r的影响因子，仅定性地分析了砂土相对密实度D_r对桩身累积转角的影响。Little 等[5]、Verdure 等[6]、Rosquoet 等[7]一些学者进行了砂土中单桩水平循环加载试验，并对试验数据进行分析，进一步建立了单桩水平循环受荷桩累积位移计算的指数函数或对数函数模型，罗如平等[8]利用数值模拟方法对比分析了两种模型的优缺点，但是这两种模型均不能考虑水平循环加载路径对桩基础循环累积位移的影响。现有规范（API[9]、DNV 等）仅提供循环荷载作用下桩基累积变形计算的经验循环折减系数，未考虑桩土相对刚度、循环荷载特性、循环次数和桩倾斜角等参数对桩响应的影响。

针对循环荷载作用下桩基支座特性及累积变形研究存在明显不足，本研究设计开展了斜桩在砂中的水平静荷载试验、水平循环荷载试验和斜循环荷载试验，并在试验数据的基础上，提出了适用于循环荷载作用下桩基累积变形分析的简化计算模型，为制定适用于工程应用的桩基长期循环荷载下累积变形设计方法提供了一定的试验依据。

1　试验设备与方案设计

1.1　试验模型

（1）地基土体

本章模型试验采用福建标准砂作为地基土体，通过常规土体物理试验测试获得本次试验所使用福建标准砂的各项参数，中值粒径D_{50}为 0.17mm，土粒相对密度G_s为 2.632，不均匀系数 1.7，最大干密度 1.978g/cm^3，最小干密度 1.495g/cm^3，土体含水量为 2%。

将土体分层填筑进模型箱。整个填筑深度为 1m，且每层填筑高度为 10cm。每层填筑完成后，都对表面进行压实并抹平，并静置 0.5h，在下一次填筑前均将表面刮毛以增加层与层之间的粘结力。在填筑过程中，对该状态下的砂土密度进行了三次检测，得到的结果平均值约为 1.77g/cm^3，且三次检测数据之间的差异不超过 5%，由此计算得出试验土样的相对密实度D_r约为 62%。

（2）模型桩

本文选用不同尺寸但材料相同的桩模型来改变桩土的相对刚度，模型桩具体参数如表 1 所示。

模型桩参数表　　　　表 1

编号	长度/cm	桩径/cm	壁厚/cm	泊松比	弹性模量/GPa
A	60	3	0.1	0.3	71.37
B	70	3	0.1	0.3	66.54
C	60	2	0.1	0.3	72.89
D	60	5	0.2	0.3	67.47
E	50	2	0.1	0.3	73.63
F	50	3	0.1	0.3	67.16

1.2　试验系统

本文试验在自主研制的多角度加载设备（已授权国家发明专利，一种地基基础模型多向加载试验装置及方法，专利号 ZL202310011514.6）中开展，该设备由模型箱、多角度反力架、伺服加载系统等部分组成。模型箱尺寸为100cm（长）× 70cm（宽）× 100cm（高），侧面设有高低两个卸砂孔；模型箱上安装了一套可 180°自由旋转的反力架平台，可实现对模型桩进行任意角度的加载，该反力架由钢板焊接制成，其刚度满足反力装置刚度必须大于预估荷载 1.2 倍的规定[9]；加载装置采用大行程高载荷伺服电缸加载系统，伺服电缸可用螺栓固定在反力架上，最大推、拉力为 6kN，最大位移行程为 30cm，可实现连续不间断加载、循环加载等功能。

1.3 技术路线

试验包括砂土中桩基水平静载试验、砂土中桩基水平循环加载试验和砂土中倾斜桩基倾斜向循环加载试验三个部分，技术路线如图 1 所示。

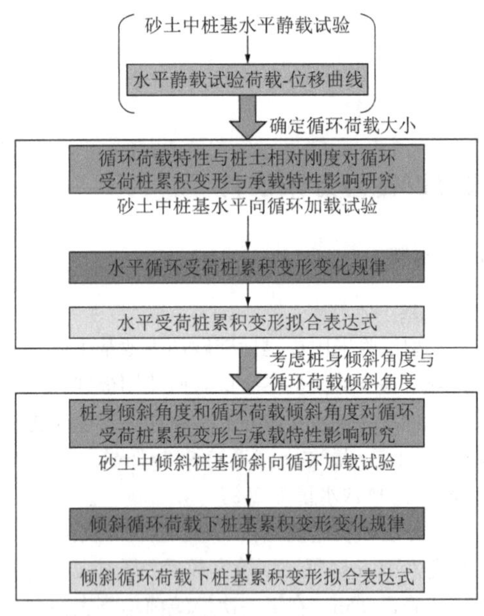

图 1 本文技术路线

2 试验结果分析

2.1 水平静力加载试验

6 根桩都需要进行循环荷载试验，因此先进行水平静荷载试验，得到荷载-位移曲线，从而得到各桩的水平静极限承载力，并据此确定各桩循环荷载试验的荷载值。在后续试验中，所有模型桩的循环荷载值大小均以各自的水平极限承载力为标准取值。本文试验土体地基反力模量n_h为10.2MN/m^3，计算得到各模型桩在水平静载下的桩土相对刚度系数，如表 2 所示。

静载试验参数 表 2

试验编号	埋深/cm	桩径/cm	壁厚/cm	荷载类型	T/L
A-s	60	3	0.1	静载	0.244
B-s	70	3	0.1	静载	0.206
C-s	60	2	0.1	静载	0.190
D-s	60	5	0.2	静载	0.375
E-s	50	2	0.1	静载	0.229
F-s	50	3	0.1	静载	0.289

2.2 桩基水平循环荷载试验

本文所有试验均为单向循环加载，且循环次数均为10000 次。循环荷载幅值比ζ_b参照海上风电桩基常见的循环荷载水平选取范围取为 0.3～0.7，循环荷载比ζ_c取值范围为 0～0.6[10]。为研究不同参数对循环受荷桩承载特性与累积位移的影响，现严格控制不同组试验的参数：A 桩ζ_c控制均为 0，ζ_b取值分别为 0.3、0.5、0.7，用于研究循环荷载幅值比对桩基承载特性与累积位移的影响；B 桩ζ_b取值均为 0.5，ζ_c取值分别为 0、0.3、0.6，用于研究循环荷载比值对桩基承载特性与累积变形的影响。

对上述静载试验得到的桩顶荷载-位移数据进行处理，得到每根桩的水平静力加载下桩顶荷载-位移曲线如图 2 所示。由图 2 发现，各桩的荷载-位移曲线与双曲线形状相似度较高，因此采用双曲线函数拟合各桩荷载-位移曲线，以各拟合曲线的水平渐近线纵坐标对应的数值为试验中各桩的水平极限承载力。

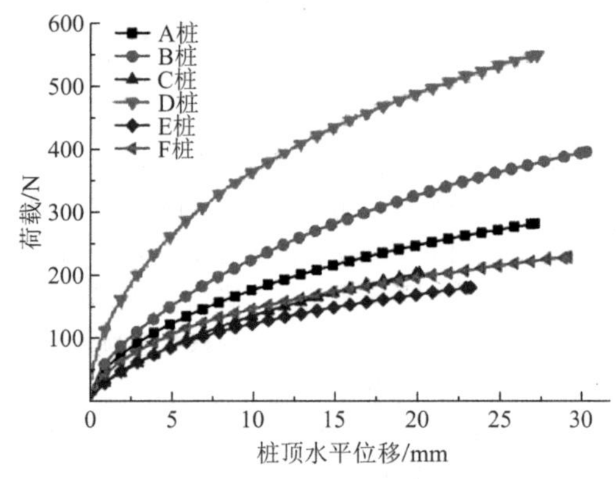

图 2 桩顶荷载-位移

由试验得到桩顶荷载-位移数据绘制出水平循环试验的桩顶荷载-位移曲线。为了进一步研究水平循环荷载桩累积位移的发展规律，便于不同模型桩试验结果的比较，利用第一次循环荷载y_1的峰值位移对各循环荷载下的位移结果进行归一化处理。以循环次数为横坐标，每次循环的峰值位移与y_1的比值y_N/y_1为纵坐标，绘制出桩基水平循环加载试验的归一化循环累积位移与循环次数的关系曲线。观察曲线可发现，桩土相对刚度T、循环荷载幅值ζ_b和循环荷载比值ζ_c均可以单独作为水平循环受荷桩累积位移的影响因素进行研究。

2.3 倾斜桩基倾斜循环加载试验

本试验选取的循环荷载倾斜角度分别为 20°、40°、60°和 80°，同时分别选取−20°和 20°两个不同倾斜角度的模型桩进行倾斜循环加载试验。

由倾斜桩倾斜循环加载试验所得的桩顶荷载-位移数据绘制出桩顶荷载-位移曲线。为进一步研究倾斜桩在倾斜循环受荷下桩累积位移发展规律，方便对比不同桩角度不同倾斜角度的试验结果，以循环次数为横坐标，归一化循环累积位移y_N/y_1为纵坐标，绘制出桩基倾斜循环加载试验的归一化循环累积位移与循环次数的关系曲线，如图 3 所示。

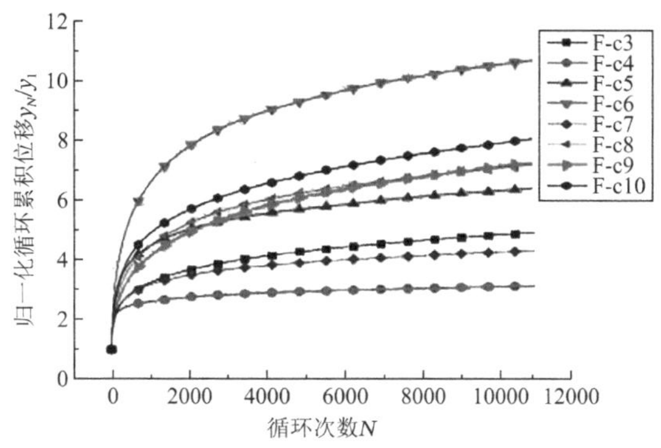

图 3　倾斜循环受荷桩归一化循环累积位移

图 3 表明，在倾斜循环加载初期，桩头累积位移快速增加，随着循环次数的增加逐渐平缓；在倾斜循环加载初期，各桩累积位移发展速度大致相同，随着循环次数N增加，累积位移的发展速率差异逐渐增大；当循环荷载参数（ζ_b和ζ_c）和桩土相对刚度T、桩身倾斜角度θ_p值均一致时，循环荷载角度θ_L越大，循环位移的累积速度越快。当循环荷载参数（ζ_b和ζ_c）和桩土相对刚度T、荷载角度θ_L均一致时，桩身倾斜角度θ_p值越大，循环位移的累积速度越快。

3　循环受荷累积位移公式预测

3.1　水平循环受荷桩累积位移预测公式

Truong[11]等在离心机中对 17 根桩进行了循环加载试验，提出了位移累积系数α、受砂土相对密实度D_r和循环荷载比值ζ_c影响；Leblanc 等[3]和张勋[12]等的研究均表明，循环受荷桩累积位移的发展受到砂土相对密实度D_r，循环幅值比ζ_b和循环荷载比ζ_c等参数的影响。综上所述，目前研究对于循环受荷桩累积变形影响参数的主要关注点集中在砂土密实度D_r和循环荷载特性参数ζ_b和ζ_c；但是从本文试验结果看，在砂土相对密实度不变的情况下，控制循环荷载特性参数ζ_b和ζ_c均不变，仅改变模型桩尺寸，其循环累积位移的发展规律也会有很大差异，而桩土相对刚度T里包含了地基土体与桩身各方面参数的情况，因此本文采用桩土相对刚度T代替砂土相对密实度D_r作为位移累积系数的影响参数。为了研究方便，以T/L来表征桩土相对刚度，进而拟合出桩基在循环荷载下的位移累积系数。

同时，本文试验发现，循环荷载幅值ζ_b对水平循环受荷桩累积变形的发展规律影响并不明显，且从 Klinkvort[13]等、林靖阳[10]、王洋[14]等的试验研究中也可以得出相似的结论，因此本文在进行位移累积系数α拟合时，不考虑循环荷载幅值ζ_b的影响。虽然这一操作会导致拟合结果存在一定的误差，但范围可控，影响并不大[10]。

综上所述，水平循环受荷桩位移累积系数α_1的拟合表达式如下：

$$\alpha_1 = f(T/L)g(\zeta_c) \tag{1}$$

式中：$f(T/L)$、$g(\zeta_c)$——桩土相对刚度T和循环荷载比ζ_c对水平循环受荷桩位移累积系数α_1的影响系数，其中T/L大于等于 0.5 时为刚性桩，大于 0.2、小于 0.5 时为柔性桩。

由影响因素分析可知，完全单向水平循环加载时，循环荷载比值ζ_c为 0，循环累积位移并不受循环荷载比ζ_c的影响，此时与ζ_c相关的影响系数值为 1，因此针对式(1)求解时，有如下边界条件：

$$\begin{cases} g(\zeta_c = 0) = 1 \\ \alpha_1 = f(T/L) \end{cases} \tag{2}$$

本节的拟合思路是：严格按照控制变量方法，先对所有循环荷载幅值$\zeta_b = 0.5$的完全单向水平循环试验结果进行总结，拟合出ζ_c为 0 时，α_1与T/L的函数关系，即为式(2)中的$f(T/L)$，随后再利用非完全单向水平循环试验的数据拟合出$g(\zeta_c)$，即可得到最终的水平循环受荷桩累积位移系数α_1。

本文试验中，循环荷载幅值$\zeta_b = 0.5$的完全单向水平循环试验有 6 组，以桩土相对刚度系数T/L为横坐标，水平循环位移累积系数α_1为纵坐标，绘制拟合结果如图 4 所示。

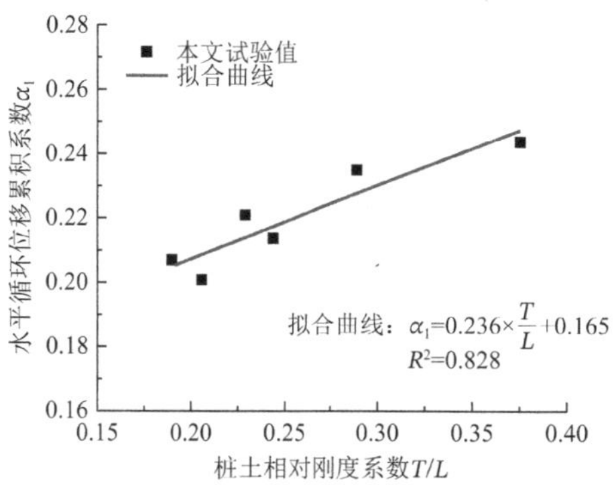

图 4　α_1与T/L拟合结果

从图中数据点可以看出，位移累积系数α_1与桩土相对刚度系数T/L存在较明显的线性关系，故对其采用线性拟合。拟合结果与试验结果方差R^2为 0.828，拟合得到完全单向水平循环荷载下桩基位移累积系数α_1与桩土相对刚度系数T/L的函数关系如下：

$$\alpha_1 = f(T/L) = 0.236 \times \frac{T}{L} + 0.165 \tag{3}$$

以ζ_c为横坐标，$g(\zeta_c) = \alpha_1/f(T/L)$为纵坐标，绘制出$\alpha_1/f(T/L)$与循环荷载比值$\zeta_c$的关系，如图 5 所示。

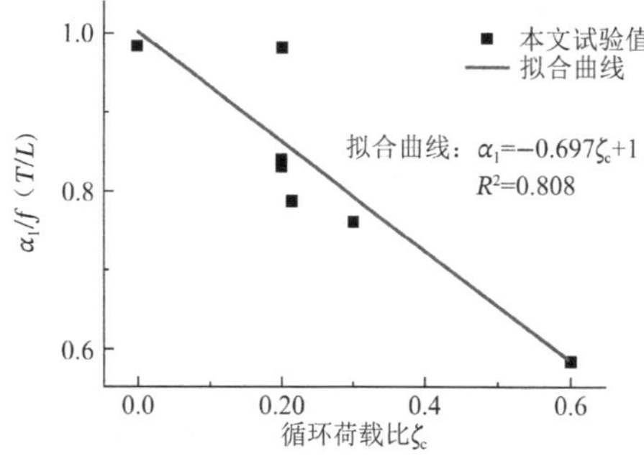

图 5　α_1与ζ_c拟合结果

从图 5 可以看出，本文试验值大致呈直线关系，则对其采用线性拟合，拟合结果与试验结果方差R^2为 0.808，可见该线性拟合结果与原试验数据吻合度较好，拟合公式如下：

$$g(\zeta_c) = \frac{\alpha_1}{f(T/L)} = -0.697\zeta_c + 1 \tag{4}$$

对式(4)进行进一步处理，并代入式(3)，即可得到完全单向水平循环荷载下的桩基位移累积系数α_1最终表达式：

$$\begin{aligned}\alpha_1 &= f(T/L)g(\zeta_c) \\ &= (-0.697\zeta_c + 1)\left(0.236 \times \frac{T}{L} + 0.165\right)\end{aligned} \tag{5}$$

3.2 倾斜桩倾斜循环受荷累积位移预测公式

对倾斜桩基倾斜循环加载试验的归一化累积位移随循环次数的关系进行双对数处理，可知两者近似存在正比关系，可用如下公式表示：

$$\log\left(\frac{y_N}{y_1}\right) = \alpha_2 \log(N) \tag{6}$$

式中：α_2——倾斜桩倾斜循环受荷位移累积系数。

由于本章研究的倾斜桩倾斜循环受荷位移累积预测公式是在水平循环受荷桩累积位移预测公式的基础上进一步研究得到，因此令：

$$\alpha_2 = p(\theta_L)q(\theta_p)\alpha_1 \tag{7}$$

式中：$p(\theta_L)$——循环荷载倾斜角度θ_L对桩基循环累积位移的影响系数；

$q(\theta_p)$——桩身倾斜角度θ_p对桩基循环累积位移的影响系数；

α_1——水平循环受荷桩累积位移系数，由式(5)确定。

对倾斜桩倾斜循环加载试验的数据进行统计，以循环荷载角度θ_L和桩身倾斜角度θ_p为自变量，倾斜循环受荷桩位移累积系数α_2与水平循环受荷桩位移累积系数α_1的比值α_2/α_1［即为$p(\theta_L)$值］为因变量，绘制关系如图6所示。

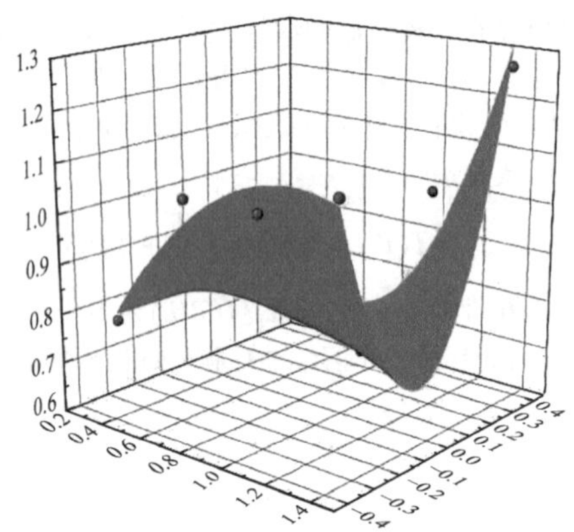

拟合曲线：$\frac{\alpha_2}{\alpha_1}=2.528\theta_L^2\theta_p^2+2.147\theta_L^2\theta_p-0.635\theta_L\theta_p^2-3.491\theta_L\theta_p-0.077\theta_L+0.981\theta_p+0.826$

$R^2=0.895$

图6 α_2/α_1拟合结果

从图6可以看出，α_2/α_1值与循环荷载倾斜角度θ_L和桩身倾斜角度θ_p存在明显的相关性，对其进行拟合并结合式(5)～式(7)，即可得到倾斜循环荷载下桩基累积位移预测公式：

$$\begin{aligned}&\log\left(\frac{y_N}{y_1}\right) \\ &= \begin{pmatrix}2.528{\theta_L}^2{\theta_p}^2 + 2.147{\theta_L}^2\theta_p - 0.635\theta_L{\theta_p}^2 \\ -3.491\theta_L\theta_p - 0.077\theta_L + 0.981\theta_p + 0.826\end{pmatrix} \\ &\quad(-0.697\zeta_c + 1)\left(0.236 \times \frac{T}{L} + 0.165\right)\log(N)\end{aligned} \tag{8}$$

4 桩身峰值弯矩发展规律

将8组试验，每组试验桩身七个截面选出最大弯矩，并将该循环数据归一化处理，如图7所示。

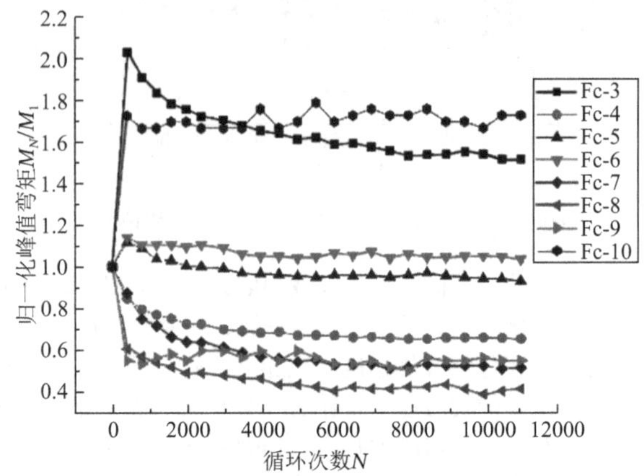

图7 F桩峰值弯矩M_N/M_1与循环次数N关系

从图7中可以看出，随着循环次数N的增加，不同试验中桩身峰值弯矩的变化规律各不一样。当桩身倾斜角度θ_p小于等于20°，循环荷载倾斜角度θ_L小于等于20°（F-c3组试验）时，归一化峰值弯矩M_N/M_1值在循环次数N到达400时达到最大值2.2左右，随后也开始下降，在循环次数N达到11000时，下降到1.6左右，下降幅度为27%。当θ_L增大到40°（F-c4组试验）时，随着循环次数N从1增加到2000，桩身峰值弯矩降低了35%，当N大于2000时，桩身峰值弯矩开始随着循环次数的增加缓慢稳定，最终在经过11000次循环后，M_N/M_1值下降至0.6左右。当循环荷载倾斜角度θ_L大于等于60°，（F-c5、F-c6组试验）时，桩身峰值弯矩的变化规律几乎一致，且随着循环次数N从1增加到10000，M_N/M_1值均在1.0～1.1之间徘徊，变化可忽略不计。当桩身倾斜角度θ_p等于−20°，循环荷载倾斜角度θ_L为20°、40°、60°（F-c7、F-c8、Fc-9组试验）时，桩身峰值弯矩在前1000次循环中会略微下降，随后一直到荷载循环次数$N = 10000$时，桩身峰值弯矩均稳定在初始弯矩的40%～60%。不过随着θ_L增大到80°（F-c10组试验），循环次数$N = 400$时M_N/M_1值达到最大值1.7左右，随后趋于稳定。

5 结论

本文进行了1g条件下的砂土中桩基水平静载试验、桩基水平循环加载试验、倾斜桩基倾斜循环加载试验，研究了循环荷载幅值ζ_b、循环荷载比值ζ_c、桩土相对刚度系数T/L、循环荷载倾斜角度θ_L和桩身倾斜角度θ_p五个因素对循环受荷桩累积位移与承载特性的影响。本文主要结论如下：

（1）对于循环受荷桩累积位移发展规律：分别提出考虑桩土相对刚度系数T/L、循环荷载比ζ_c、循环荷载倾斜角度θ_L和桩身倾斜角度θ_p四个因素的倾斜循环受荷桩位移累积系数α_2表达式。

（2）基于试验弯矩数据，揭示了桩身弯矩峰值弯矩的发展规律。试验结果表明：当桩身倾斜角度θ_p小于等于20°，循环荷载倾斜角度θ_L等于20°时，桩身弯矩在循环次数N到达400时达到最大值，随后也开始下降；当θ_L增大到40°时，随着循环次数N的增加，桩身峰值弯矩降低了35%，当N大于2000时，桩身峰值弯矩开始随着循环次数的增加缓慢稳定。当循环荷载倾斜角度θ_L大于等于60°时，桩身峰值弯矩的变化规律几乎一致，且随着循环次数的增加，M_N/M_1值均在1.0～1.1之间徘徊，变化可忽略不计。

参考文献：

[1] HETTLER A. Deformations of stiff and elastic foundation structures in sand under monotonous and cyclic loading[R]. Bodenmechanik und Felsmechanik der Universita¨t Fridericiana in Karlsruhe, Heft 9, 1981.

[2] LIN S S, LIAO J C. Permanent strains of piles in sand due to cyclic lateral loads[J]. Journal of Geotechnical and Geoenvironmental Engineering, 1999, 125(9): 798-802.

[3] LEBLANC C, HOULSBY G T, BYRNE B W. Response of stiff piles in sand to long-term cyclic lateral loading[J]. Géotechnique, 2010, 60(2): 79-90.

[4] LEBLANC C, BYRNE B W, HOULSBY G T. Response of stiff piles to random two-way lateral loading[J]. Géotechnique, 2010, 60(9): 715-721.

[5] LITTLE R L, BRIAUD J L. Full scale cyclic lateral load tests on six single piles in sand[R]. Texas: Geotechnical Div. Texas A & M University, College Station, 1988.

[6] VERDURE L, GARNIER J, LEVACHER D. Lateral cyclic loading of single piles in sand[J]. Journal of Physical Modelling in Geotechnics, 2003(3): 17-28.

[7] ROSQUOET F, THOREL L, GARNIER J, et al. Lateral cyclic loading of sand-installed piles[J]. Soils and Foundations, 2007, 47(5): 821-832.

[8] 罗如平，李卫超，杨敏. 水平循环荷载下海上大直径单桩累积变形特性[J]. 岩土力学, 2016, 37(S2): 607-612.

[9] American Petroleum Institute. Recommended Practice for Planning, Designing and Constructing Fixed Offshore Platforms-working Stress Design[S]. Washington D C: American Petroleum Institute Publishing Services, 2005.

[10] 林靖阳. 水平循环荷载下单桩承载性能演化与累积变形特性研究[D]. 南京：东南大学, 2021.

[11] TRUONG P, LEHANE B M, ZANIA V, et al. Empirical approach based on centrifuge testing for cyclic deformations of laterally loaded piles in sand[J]. Géotechnique, 2019, 69(2): 133-145.

[12] 张勋，黄茂松，胡志平. 砂土中单桩水平循环累积变形特性模型试验[J]. 岩土力学, 2019, 40(3): 933-941.

[13] KLINKVORT R T, HEDEDAL O. Lateral response of monopile supporting an offshore wind turbine[J]. Proceedings of the Institution of Civil Engineers-Geotechnical Engineering, 2013, 166(2): 147-158.

[14] 王洋. 砂土中大直径水平受荷桩尺寸效应和循环承载性能研究[D]. 南京：东南大学, 2022.

多层互剪搅拌桩搅拌次数质量影响试验研究

兰 伟[1,2]，刘 钟[1,2,3]，文 磊[1,2]，陈天雄[1,2]，杨宁晔[1,2]，葛春巍[1,2]，林明峰[1,2]

（1. 浙江坤德创新岩土工程有限公司，宁波 315000；2. 坤德智慧岩土技术研究院，浙江坤德创新岩土工程有限公司，宁波 315000；3. 中冶建筑研究总院有限公司，北京 100088）

摘 要： 针对深层搅拌桩技术现存的搅拌不均匀和桩身强度不连续等技术难题，研发出多层互剪搅拌桩技术体系。由于该项新技术投入工程应用时间较短，工程界对这种搅拌桩的基本性能尚缺乏了解。通过室内模型与现场足尺试验，系统研究了单位桩长搅拌次数对搅拌桩均匀性及力学性能的影响，提出了单位桩长搅拌次数T值计算公式，建立了桩身完整性（$\overline{PID}$）和均匀性（$\overline{PSUD}$）的评价指标及其计算方法，以便进行施工质量的定量评价。模型与现场试验数据分析结果表明，应用本文提出的$\overline{PID}$和$\overline{PSUD}$指标可深入揭示搅拌桩在完整性、均匀性以及桩身强度的分布特征。在相同地质与水泥掺量条件下，提高单位桩长搅拌次数能够有效提高桩身强度。针对影响搅拌桩质量的关键施工控制因素，提出将单位桩长搅拌次数T值作为多层互剪搅拌桩施工质量的控制依据。本文试验研究成果能够为推广应用多层互剪搅拌桩新技术提供试验依据。

关键词： 深层搅拌桩；多层互剪搅拌桩；CS-DSM 工法；搅拌次数；模型试验；足尺试验

0 引言

随着城市化进程的加快，软土地基处理技术不断受到关注。软土广泛分布在全球沿海、沿河及沿湖地区，其高含水率、低强度和高压缩性使得建设工程中的地基处理面临重大挑战。历经 70 多年发展，深层搅拌法（DSM）作为一种有效的软基处理技术，得到了广泛应用[1]。DSM 技术通过使用水泥或其他固化材料强制搅拌土体，形成具有一定强度和水稳定性的增强体［图 1（a）］。然而，传统的单向搅拌技术在工程实践中存在较多问题，如搅拌均匀性差、糊钻抱钻现象严重、施工效率低及施工质量差等[2]。

为了克服这些技术难题，刘松玉等学者[3-7]成功开发了双向水泥土搅拌桩钻机及双向搅拌桩工法（Double Deep Mixing Method，简称 DDM 工法）。其钻机装备采用同轴双层钻杆，由动力系统带动安装在内外钻杆上的两组搅拌叶片，通过叶片正反向旋转搅拌形成水泥土搅拌桩［图 1（b）］。相对于传统 DSM 桩，该装备与工法可减少冒浆量，提高桩身搅拌均匀性和成桩质量；但搅拌钻具仅在内外钻杆交界面处实现搅拌叶片的一层剪切搅拌，未能彻底解决糊钻与搅拌不均匀问题。为了应对这些难题，日本率先开发出 DCS 搅拌技术，其实现了钻具内外搅拌叶片对土体的多层复合搅拌。这种技术以日本青山机工的 DCS 装备与工法[8]、小野田的 Epocolumn 装备与工法[9]、德国 Bauer 的 SCM-DH 装备与工法[10]，以及青美建设的 KSS 装备与工法[11]为主要代表。

近年来，我国浙江坤德创新岩土工程有限公司也开发出具有自主知识产权[12-15]的多层互剪搅拌桩（Contra-rotational Shear Deep Soil Mixing Column，简称 CS-DSM 桩）技术、多层互剪搅拌桩工法（Contra-rotational Shear Deep Soil Mixing Method，简称 CS-DSM 工法）及大扭矩钻机设计方案［图 1（c）］；并与厦兴科技（浙江）有限公司合作研发生产出 110kW 的 SXJ-110-D1/D2 电动型及 250kW 的 SXJ-250-Y 液压型钻机装备（图 2）。这些搅拌桩施工钻机装备采用了大扭矩及同轴双层钻杆技术，利用多层互剪搅拌钻具上多层交错设置的搅拌翼板，能够对桩身固化土体实现多层次、多路径、立体式剪切搅拌，形成搅拌均匀、高强度的搅拌桩；其最大施工深度为 50m、最大施工直径为 2m。自 2022 年多层互剪搅拌桩新技术、新装备投入工程应用后，已在工业建筑、高速公路、市政工程及轨道交通工程领域实施了 20 多个工程项目。

我国 CS-DSM 搅拌桩新技术工程应用时间较短，缺乏工程数据与施工经验的积累，工程界对这项新型搅拌桩施工可靠性和基本性能尚缺乏了解。为此，本文通过室内模型试验与现场足尺试验，重点探索施工中的单位桩长搅拌次数对桩身均匀性与强度的影响，提出搅拌桩完整性及均匀性量化指标，导出评估桩身强度的计算公式，并且提出多层互剪搅拌桩施工质量的定量判据，为今后多层互剪搅拌技术和 CS-DSM 工法的工艺控制原则和质量保障体系提供试验数据。

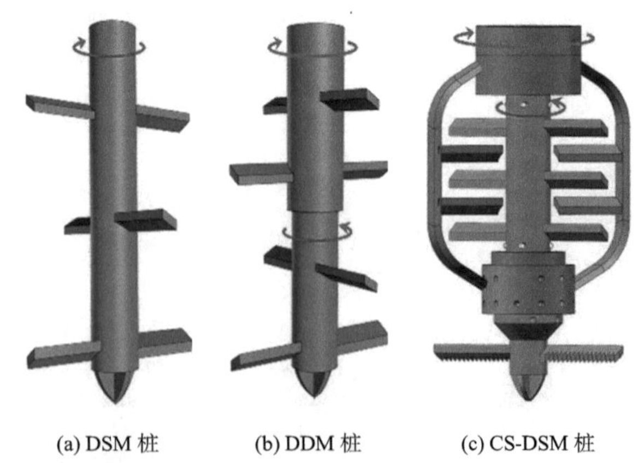

(a) DSM 桩　(b) DDM 桩　(c) CS-DSM 桩

图 1　DSM、DDM、CS-DSM 工法的钻具结构对比

基金项目：宁波市高新区重大科技专项（2023CX050004）；“基于深厚软基处理的数字化智能深层搅拌工法关键技术及装备研发”科技研发项目。

图 2　SXJ-250-Y 型液压多层互剪搅拌桩施工钻机装备

1　室内模型试验

1.1　试验装置

为保障模型试验的搅拌桩成桩预设效果，控制同轴双层钻杆的升降速度、内外钻杆的转速与转向，量测施工时的内外钻杆扭矩，调节桩段的水泥浆喷注量，实时记录施工参数信息，自主研制了用于模型试验的多层互剪搅拌桩智能控制试验系统（ACS）和自动成桩的模拟钻机和可控注浆系统。在此基础上，开展了针对主要工艺因素影响的试验研究，以期揭示单位桩长搅拌次数对搅拌桩身完整性、均匀性及强度的影响，从而提出定量判别多层互剪搅拌桩施工质量的方法。图 3 展示的试验装置包括模拟钻机、ACS 系统以及模型箱。

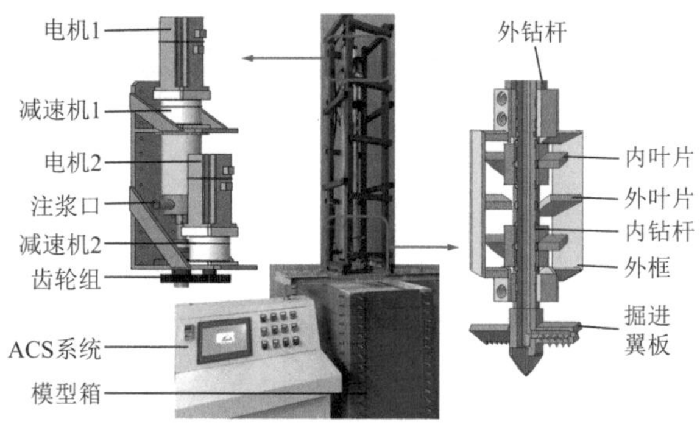

图 3　模型箱、模型钻机与 ACS 系统

（1）动力系统

图 3 中展示的模拟钻机外部设有钢框架，钻机立柱滑台固定在框架一侧，动力头的上下运动由线性数控丝杆滑台控制，可带动钻具上下移动。双动力头总重 28kg，加上成桩时的工作负荷，动力模块的负载率不超过 75%，最高垂直满载速度为 0.4m/s，位置精度为±2mm。双动力头由电机和内外钻杆的转动模块组成，动力模块包括伺服电机与减速比为 35：1 的减速机。内外钻杆转动模块的额定扭矩分别为 44.5N · m 和 83.6N · m。可控注浆系统通过轴套式旋转接头与内钻杆连接，为钻具提供注浆通道。

（2）搅拌钻具

图 3 展示的模型多层互剪搅拌钻具由双伺服电机驱动，外钻杆与内钻杆的旋转方向和转速能够分别调节。钻具搅拌翼板采用活动模块，通过更换钻具内外模块，可达到调整搅拌翼板角度、间距和钻具几何形状的目的。5 层互剪搅拌钻具的内外翼板数量均为 6 个；内钻杆底部设有掘进翼板，直径为 100mm；一侧掘进翼板的底部设有 5 个喷浆口。内钻杆与动力头下方的旋转接头连接，可以保障钻具芯管与注浆管路连通，为喷浆口提供浆液通道。

（3）智能自动控制系统

模拟试验钻机采用 PLC 编程模块自动控制成桩，试验前通过输入模块的触摸屏预设多层互剪搅拌钻具的旋转速度、旋转方向，钻具钻掘与提升速度及每 5cm 细分桩段的喷浆量。注浆采用液压站设备，其工作压力为 0.3MPa，浆液流量调节范围为 0.3～1.0L/min。实时浆液喷注量通过变频器控制液压站电机转速进行调节，即利用自适应反馈控制技术达到桩身恒量或变量注浆的目的。

图 4 为自研的智能自动控制系统（ACS）框图，试验员通过中控平台的触摸屏和实体键对 ACS 系统进行控制管理。模拟钻机运行由 PLC 程序进行逻辑控制，实现施工数据的实时感知、采集和存储。ACS 系统装置除拥有预设施工参数、模拟钻机自动运行、屏幕显示及人机操作界面功能外，还能够实时监测各种施工参数数据，包括时间、扭矩、钻深、钻具转速与升降速度，成桩数据采样频率为 1Hz。模型桩在施工过程中的各细分桩段的注浆量和单位桩长搅拌次数 T 值能够在成桩过程中实时显示与存储。上述 ACS 控制系统原理与自适应反馈控制算法也能够应用于大型搅拌桩施工钻机的智能测控系统装置，对实际搅拌桩工程施工进行智能化管理。在模型试验中，ACS 系统对成桩过程中采集的数据如图 5 所示。

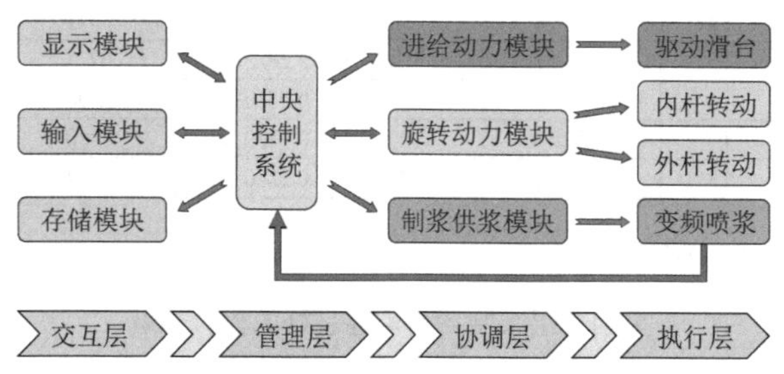

图 4　智能自动控制系统（ACS）框图

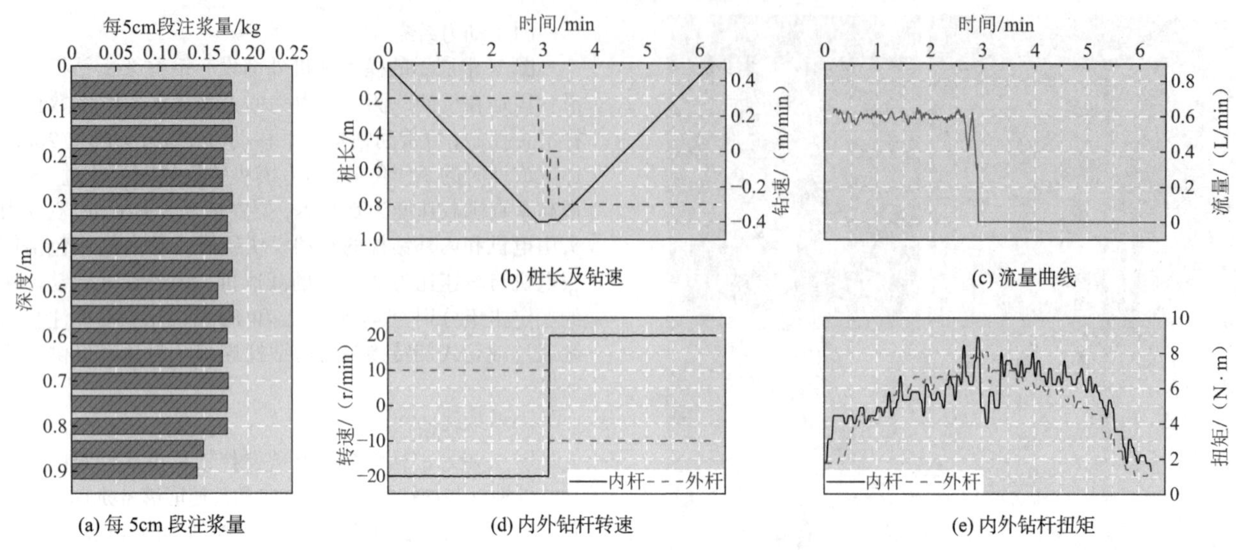

图 5 典型的模型试验搅拌桩的 ACS 控制系统实时施工参数监测数据图

1.2 模拟地基

模型试验箱由多层钢框架组成，尺寸为 100cm × 60cm × 120cm，模型箱相邻两层外框架通过卡扣连接。模型箱底部设有 10cm 厚中粗砂排水层，在排水层中预埋硬质排水管。地基制备采用分层填筑方法，单层土填筑高度为 5cm，每层压实刮平后再继续下一层土的填筑，从而保证模拟地基的均匀性和可重复性。模拟地基的物理力学指标见表 1。

模拟地基的物理力学指标　　表 1

密度/（g/cm³）	含水率/%	液限/%	塑限/%	黏聚力/kPa	内摩擦角/（°）	塑性指数	岩土分类
1.84	30	34.1	20.5	8.4	13.7	13.6	粉质黏土

1.3 试验方案

模型试验研究了单位桩长搅拌次数对 CS-DSM 桩质量影响，共设计了 8 根桩，桩长 1m，桩径 0.1m，水泥掺量均为 13%，水灰比为 0.7，内外钻杆转速比介于 1.40～1.55，具体施工参数见表 2。

室内模型试验方案　　表 2

桩号	转速比	搅拌转速/（r/min）		升降速度/（m/min）	搅拌次数/（rev/m）
		内杆	外杆		
T1	1.40	7	5	0.28/0.28	514
T2	1.50	12	8	0.28/0.28	858
T3	1.50	12	8	0.28/0.28	858
T4	1.50	15	10	0.28/0.28	1071
T5	1.50	15	10	0.28/0.28	1071
T6	1.55	17	11	0.28/0.28	1200
T7	1.55	17	11	0.28/0.28	1200
T8	1.54	20	13	0.28/0.28	1414

1.4 试验步骤

（1）采用分层法制备均匀性良好的模拟地基。

（2）试验成桩采用两搅一喷、下钻喷浆快捷工艺，通过 ACS 控制系统预设水灰比、水泥掺量、钻掘深度、钻具转速、升降速度及每 5cm 细分桩段喷浆量等施工参数，并根据水灰比和水泥掺量要求制备水泥净浆。

（3）启动 ACS 控制系统、钻机及注浆设备，每箱施工 8 根模型桩，成桩过程中测量、显示并存储全部施工参数信息，包含深度、扭矩、钻具转速、升降速度及每 5cm 细分桩段注浆量等。成桩结束后用土工膜封顶，并在地基土内插入温度传感器并养护 7d。

（4）7d 后拆箱取出模型搅拌桩，利用台式电锯将每根桩切割成 8～10 块边长为 50mm 正立方体芯样试块，并立即进行无侧限抗压强度检测，最后取检测试块的平均值作为模型桩的抗压强度指标。

2 现场足尺试验

2.1 工程地质

现场足尺试验场地位于浙江省三门县某在建工业厂区内，地貌单元属海积、冲积平原。图 6 为试验场地地质剖面，场地表层有约 2m 厚素填土，多层互剪搅拌桩主要处理土层为淤泥层②，其厚度约为 12～16m，外观为灰色，流塑态，含水率高、压缩性大，且含少量贝壳碎屑，土质不均匀，局部夹淤泥质黏土。各层土体的物理力学指标见表 3。

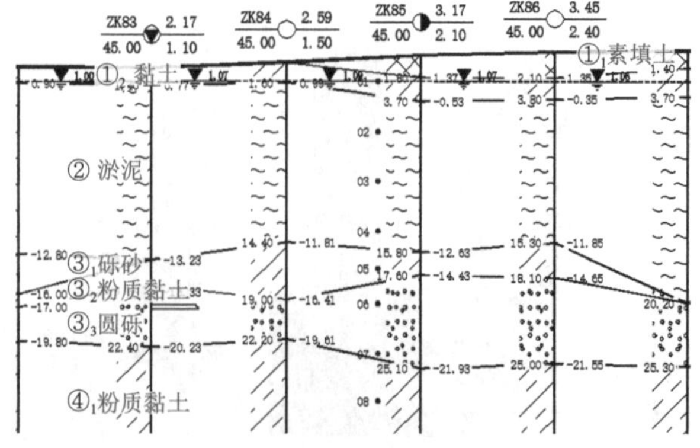

图 6 试验场地的地质剖面

土层及主要物理力学参数　　表 3

层序	土层名称	ω/%	e	c/kPa	φ/(°)	f_{ak}/kPa	E_{s1-2}/MPa
①$_2$	黏土	39.2	1.120	18.0	11.3	70	3.4
②	淤泥	55.8	1.581	9.6	8.0	50	2.0
③$_1$	砾砂	—	—	—	—	210	$E_0=21$
③$_2$	粉质黏土	27.4	0.770	35.2	16.2	160	6.8
③$_3$	圆砾	8.1	—	—	—	250	$E_0=25$
④$_1$	粉质黏土	34.3	0.977	21.8	13.5	120	4.1

注：c和φ分别为基于 CU 试验获得的土体黏聚力和内摩擦角。

2.2 施工装备

CS-DSM 桩足尺试验采用多层互剪搅拌桩施工钻机装备，使用双电机驱动动力头，每个电机功率为 55kW。外钻杆转速 0～36.4r/min，内钻杆转速 0～52.0r/min，可无级变速调节。钻具升降速度利用液压手柄控制，也可无级变速调节。钻杆采用同轴双层钻杆结构，钻杆连接采用六方接头。多层互剪搅拌钻具结构采用 6 层搅拌翼板/钻掘翼板，上下相邻的搅拌翼板均为正反向相对旋转，可形成 5 层剪切搅拌效果。施工供浆设备采用流量可调节的变频注浆泵。

2.3 试验方案

现场足尺试验研究针对施工搅拌次数对 CS-DSM 桩质量的影响，试验方案包括 2 根 CS-DSM 桩，桩长 18m，桩径 0.7m。固化材料采用坤德固化剂产品，水灰比 0.55。施工工艺采用两搅一喷、下钻喷浆，具体施工参数见表 4。

现场足尺试验方案　　表 4

桩号	转速比	内杆转速/(r/min)	外杆转速/(r/min)	下钻速度/(m/min)	提钻速度/(m/min)	搅拌次数/(rev/m)
1	1.5	30	20	1.0	1.5	750
2	1.5	45	30	1.0	1.5	1125

2.4 施工工艺

现场 CS-DSM 桩施工采用两搅一喷、下钻喷浆工艺，具体的施工工艺流程为：①钻具按设定下沉速度下行搅拌并喷浆至设计桩底标高，桩底部复搅 30～60s，完成一搅一喷；②停止喷浆，切换内外钻杆的旋转方向，搅拌钻具按设定提速与转速提升搅拌至桩顶标高，完成两搅一喷施工。图 7 为足尺试验成桩过程中智能测控系统采集的实时施工数据。

施工结束 7d 后，采用钻芯法进行桩体全长钻孔取芯，现场记录取芯率。芯样拍照后，现场就地进行无侧限抗压强度检测试验，并统计各桩段的平均抗压强度值。

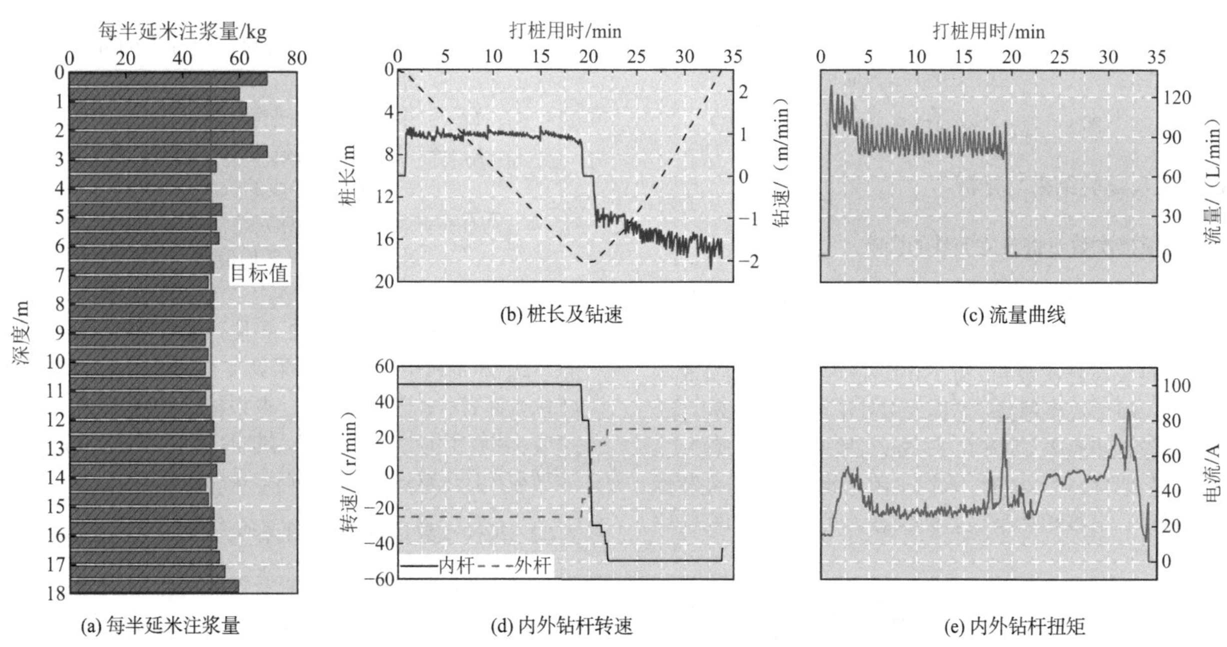

图 7　现场试验多层互剪搅拌桩的智能测控系统装置实时监测施工参数数据图

3 结果与分析

3.1 模型试验结果与分析

日本工程界认为，深层搅拌桩的搅拌均匀性是控制桩身质量的核心因素[16-17]，并指出单向搅拌桩工法的单位桩长搅拌次数是评价搅拌桩均匀性的关键指标[18]。对于采用 CS-DSM 工法的多层互剪搅拌桩施工，笔者团队提出单位桩长搅拌次数 T 值为内钻杆与外钻杆搅拌翼板的搅拌次数之和：

$$T=M_1\left(\frac{N_1}{v_1}+\frac{N_2}{v_2}\right)+M_2\left(\frac{N_3}{v_1}+\frac{N_4}{v_2}\right) \tag{1}$$

式中：M_1，M_2——内、外钻杆的搅拌翼板个数；

v_1，v_2——钻具下钻与提钻的速度（m/min）；

N_1，N_2——下钻与提钻阶段内钻杆的转速（r/min）；

N_3，N_4——下钻与提钻阶段外钻杆的转速（r/min）。

根据表 3 试验组数据绘制出单位桩长搅拌次数T值

与 7d 桩身强度UCS关系曲线，见图 8。室内试验条件下，在水泥掺量不变时，桩身水泥土强度与搅拌次数T值呈现线性增长规律。这表明随着搅拌次数的增加，地基土与水泥浆搅拌更均匀充分，在微观上提高了水泥土中水泥水化产物分布的均匀性，减少了因水泥浆分布不均匀在水泥土中形成低强度区；在宏观上则体现为桩体强度提高[19]。

室内试验条件下，当内外钻杆的转速比R_N介于 1.40～1.55 时，从图 8 的试验拟合曲线可获得桩身强度与单位桩长搅拌次数T值的关系公式：

$$UCS = 1.2 \times 10^{-3} T + 0.4387 \tag{2}$$

该试验曲线拟合指数R^2为 0.92，表明桩身强度与单位桩长搅拌次数之间具有良好的相关性。

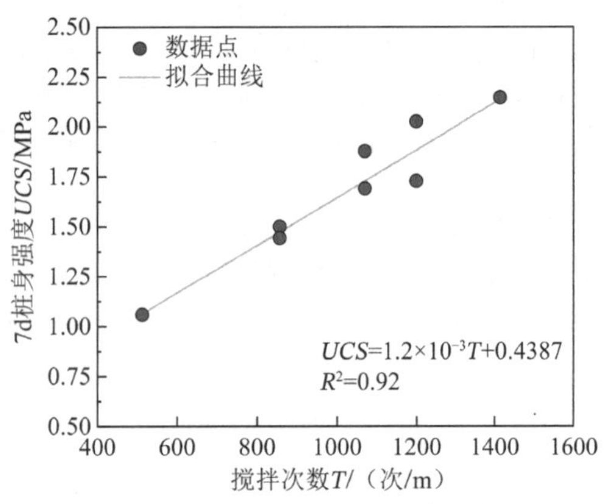

图 8 搅拌次数对桩身强度的影响

3.2 足尺试验结果与分析

3.2.1 搅拌次数对桩身完整性的影响

现场试验的 1 号和 2 号桩成桩 7d 后，进行钻孔抽芯检验并判断桩身完整性。钻孔芯样如图 9（a）、（b）所示，当单位桩长搅拌次数T值为 750 次/m 时，水泥浆分布不太均匀，固化效果稍差，芯样大多处于可塑～硬塑状态，桩身完整性也稍差，尤其在 3～5m 桩段的芯样出现缺失；当T值达到 1125 次/m 时，水泥土固化效果及桩身完整性显著提升，芯样整体呈较坚硬状态，固化效果和完整性良好。

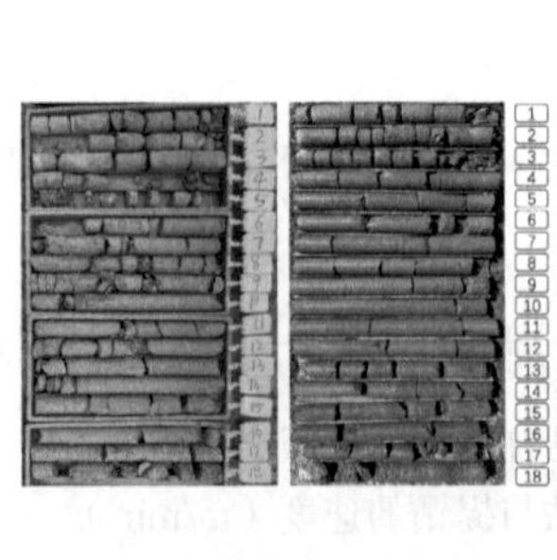

(a) 1 号芯样图　　(b) 2 号芯样图

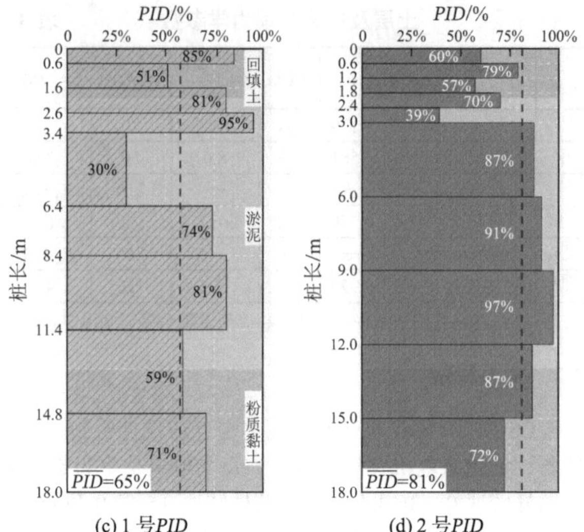

(c) 1 号PID　　(d) 2 号PID

图 9 不同搅拌次数下的芯样图及 PID 评价指标

为能够定量分析单位桩长搅拌次数对桩身完整性的影响，笔者团队提出搅拌桩的桩身完整性评价指标$\overline{PID}$（Pile Integrity Designation），按下式计算。

$$PID_i = \frac{\sum l_{ij}}{L_i} \times 100\% \tag{3}$$

$$\overline{PID} = \frac{\sum (L_i \times PID_i)}{H} \tag{4}$$

式中：PID_i——第i回次钻孔进尺段搅拌桩的桩身完整性指标（%）；

L_i——第i回次钻孔进尺长度（cm）；

l_{ij}——第i回次钻孔进尺中，长度大于或等于 7cm 的第j个芯样段的长度（cm）；

$\overline{PID}$——搅拌桩的桩身完整性指标（%），其为各回次PID的加权平均值；

H——桩长（cm）。

依据式(3)和式(4)计算 2 根搅拌桩的每回次钻孔进尺段PID及桩的$\overline{PID}$值，计算结果见表 5 及图 9（c）、（d），图中纵坐标表示各进尺段深度。两根桩的$\overline{PID}$分别为 65%、81%，相较于 1 号桩而言，2 号桩的$\overline{PID}$增幅达 25%，这表明增加搅拌次数，桩身完整性会显著提高。

3.2.2 搅拌次数对桩身强度的影响

进一步研究搅拌次数对桩身强度影响，在 2 根搅拌桩成桩 7d 后，对钻孔芯样试件进行了无侧限抗压强度试验。为快速获得准确的试验结果，采用 7d 钻芯取样并进行现场芯样加工与 UCS 检测试验。桩身芯样按 1∶1 高径比（试件平均直径和平均高度为 90mm）制成圆柱形试件进行抗压强度检测。

2 根搅拌桩检测结果见图 10。在 0～2m 深度处桩身强度较高，这是因为提高桩的承载力，采用了水泥变掺量设计，即在桩顶 0～3m 深度内增加了 20%水泥浆喷注量，但各桩的总喷浆量保持不变。

进一步分析图 10，结合地勘报告，对不同土层的桩芯试样强度测试结果进行统计分析，结果见表 5 及图 11。在淤泥土层中，2 根桩的芯样平均强度$\overline{UCS}$分别为 1.12MPa、

1.40MPa，相较于1号桩而言，2号桩该指标增幅达25%；在粉质黏土层中，2根桩的芯样平均强度$\overline{UCS}$分别为1.07MPa、2.27MPa，相较于1号桩而言，2号桩该指标增幅达112%。此外，在不同土层中，2号桩芯样强度的变异系数均小于1号桩，芯样样本数均大于1号桩，表明增加单位桩长搅拌次数，搅拌桩身强度会大幅度提高。

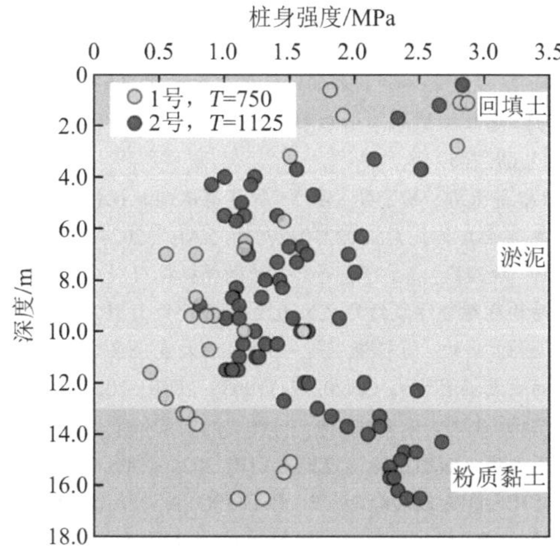

图10 不同搅拌次数下桩身强度随桩长变化图

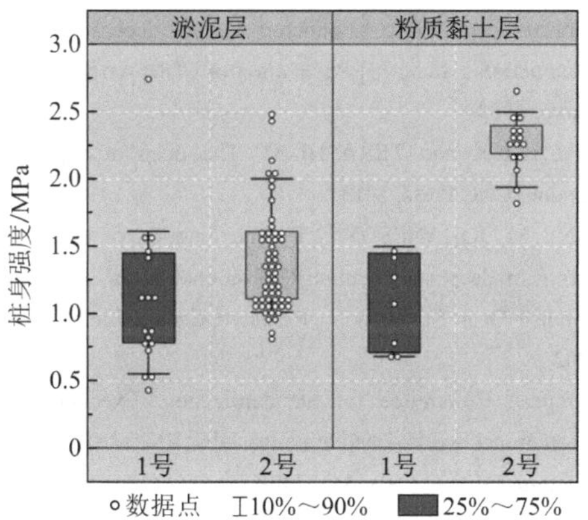

图11 不同土层的搅拌次数对桩身强度影响的统计分析

3.2.3 搅拌次数对桩身均匀性的影响

目前在搅拌桩工程中，常用算术平均值方法计算桩身平均强度来表征搅拌桩性能，忽略$\overline{PID}$值的影响；当桩$\overline{PID}$值较低时，试件样本数较少，难以准确反映出桩的施工质量。这可能会导致工程数据分析出现错判。因此，笔者认为不宜采用桩身平均强度指标来判断搅拌桩的施工质量。搅拌桩的基本性能评价应包括桩身完整性、桩身强度与桩身均匀性三个方面，其中桩身均匀性是桩身完整性和桩身强度的综合体现。

基于上述原因，提出搅拌桩的桩身均匀性指标$\overline{PSUD}$（Pile Strength Uniformity Designation）以及按PID指标折减桩身强度UCS的计算方法。该方法可以从不同侧面描述桩身完整性和桩身强度对桩身均匀性的贡献。因此认为，$\overline{PSUD}$可作为桩身均匀性指标来客观表征搅拌桩的施工质量。该指标计算公式如下：

$$PSUD_i = \frac{\sum UCS_{ij}}{n_i} \times PID_i \tag{5}$$

$$\overline{PSUD} = \frac{\sum PSUD_i \times L_i}{H} \tag{6}$$

式中：$PSUD_i$——第i回次钻孔进尺段按PID_i折减桩身强度后的均匀性指标（MPa）；

UCS_{ij}——第i回次钻孔进尺段内第j个试件的无侧限抗压强度（MPa）；

n_i——第i回次钻孔进尺段无侧限抗压试验的试件个数；

$\overline{PSUD}$——搅拌桩的桩身均匀性指标（MPa）。

利用式(5)和式(6)可计算2根桩的每回次钻孔进尺段按PID折减桩身强度后的均匀性指标$PSUD$以及搅拌桩的均匀性指标$\overline{PSUD}$，计算结果见图12及表5。从中可见，当T为750次/m时，1号桩的均匀性指标$\overline{PSUD}$仅为0.73MPa；当T为1125次/m时，2号桩的均匀性指标$\overline{PSUD}$大幅增加至1.38MPa，增幅达89%。从试验结果定量分析可知，增加搅拌次数T值，桩身均匀性也会大幅度提高。

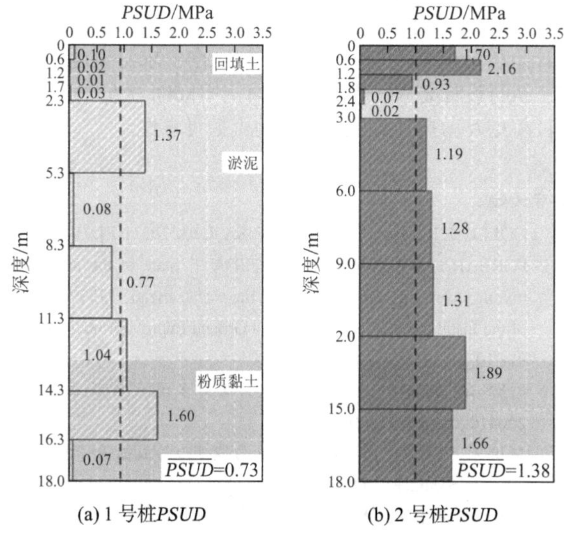

图12 不同搅拌次数下的$PSUD$随桩长变化规律图

现场试验结果汇总 **表5**

桩号	1	2	指标增减幅
T	750	1125	50%
$\overline{PID}$	65%	81%	25%
$\overline{UCS_1}$	1.12MPa	1.40MPa	25%
COV_1	34.4%	28.1%	−18%
$\overline{UCS_2}$	1.07MPa	2.27MPa	112%
COV_2	32.8%	10.1%	−69%
$\overline{PSUD}$	0.73MPa	1.38MPa	89%

注：下标1为淤泥层，下标2为粉质黏土层，COV为变异系数。

基于模型与足尺试验实测结果，研究了施工搅拌次数T值对多层互剪搅拌桩的完整性、均匀性以及桩身强度的影响。分析揭示出在地层条件和固化材料掺入量确定条件下，施工T值将是影响搅拌桩质量的决定性因素。在工程中，若依据式(3)～式(6)计算结果判断搅拌桩施工质量，只能在事后进行；而工程实际更需要施工阶段的判断方法。本文建议把T值作为搅拌桩施工质量优劣的判据；即在设计阶段给出T值设计要求，在施工中则要求每根搅拌桩满足T值设计要求。对于传统单向搅拌桩工法，欧洲标准DIN

EN 14579[20]基于日本的工程经验，建议T值应大于 350，Bruce et al.[21]建议T值应大于 360。针对 CS-DSM 工法，结合笔者团队开展的室内模型试验结果以及近两年的工程实践经验，建议将单位桩长搅拌次数T值不小于 600 次/m 作为搅拌桩质量的定量判据，从而保证多层互剪搅拌桩施工质量的可靠性。

4 结论

本文围绕单位桩长搅拌次数对 CS-DSM 桩质量影响展开研究，通过 8 组模型试验及 2 组足尺试验，得到如下结论：

（1）针对 CS-DSM 工法，结合现场足尺试验的实际数据，提出 CS-DSM 桩的桩身完整性指标$\overline{PID}$和桩身均匀性指标$\overline{PSUD}$，可用于搅拌桩施工质量的定量评估。

（2）模型试验和足尺试验结果已验证在相同地质与水泥掺量条件下，提高单位桩长搅拌次数能有效提高桩身完整性、桩身强度及桩身均匀性。

（3）建议把T值作为搅拌桩施工质量优劣的判据，在设计阶段给出T值设计要求，在施工中要求每根搅拌桩的施工执行设计要求。当施工T值不小于 600 次/m 时，能够保证多层互剪搅拌桩施工质量的可控可靠性。

参考文献：

[1] COLLE E R. Mixed in place pile: USA, US3270511[P]. 1966-09-06.

[2] PORBAHA A, SHIBUYA S, KISHIDA T. State of the art in deep mixing technology. Part Ⅲ: geomaterial characterization[J]. Proceedings of the Institution of Civil Engineers - Ground Improvement, 2000, 4(3): 91-110.

[3] 刘松玉，宫能和，冯锦林，等. 双向水泥土搅拌桩机: CN 200410065861[P]. 2005-06-29.

[4] 刘松玉，宫能和，冯锦林，等. 双向搅拌桩的成桩操作方法: CN 200410065862[P]. 2006-09-13.

[5] 刘松玉，席培胜，储海岩，等. 双向水泥土搅拌桩加固软土地基试验研究[J]. 岩土力学, 2 007(3): 560-564.

[6] 刘松玉，易耀林，朱志铎. 双向搅拌桩加固高速公路软土地基现场对比试验研究[J]. 岩石力学与工程学报, 2008(11): 2272-2280.

[7] 刘松玉，朱志铎，席培胜，等. 钉形搅拌桩与常规搅拌桩加固软土地基的对比研究[J]. 岩土工程学报, 2009, 31(7): 1059-1068.

[8] 木付拓磨，澤口宏，今井 正，など. 大口径大深度深層混合処理工法の適用における リアルタイム管理システムの導入[J]. 日本材料科学学会雑誌, 2018, 67(1): 93-98.

[9] 鈴木孝，齋藤邦夫，原満生，など. 複合相対撹拌翼を用いた深層混合処理工法の改良原理と適用事例[J]. 日本材料科学学会雑誌, 2010, 59(1): 32-37.

[10] DENIES N, HUYBRECHTS N. Deep Mixing Method[M]//Ground Improvement Case Histories. Elsevier, 2015: 311-350.

[11] 島野嵐. 大口径相対攪拌工法の概要と施工事例: KS-S•MIX 工法[J]. 建設機械施工一般社団法人日本建設機械施工協会誌, 2017, 69. 7: 59-63.

[12] 刘钟，陈天雄，杨宁晔，等. 一种具有双向旋搅机构的智能钻机装备及施工方法: CN202210127239. XA[P]. 2024-01-05.

[13] 刘钟，李国民，王占丑，等. 一种搅拌桩机用同心三管三通道钻杆结构和组合注浆钻具: CN202220278659. 3U[P]. 2022-09-06.

[14] 陈天雄，刘钟，杨宁晔，等. 一种用于大直径湿喷搅拌桩施工钻具的喷浆掘削结构: CN202221110637. 2U[P]. 2022-09-02.

[15] 林明峰，刘钟，张云霖，等. 一种智能制浆供浆的控制装置及其使用方法: CN202210505720. 8A [P]. 2024-03-08.

[16] YOSHIZAWA H, OKUMURA R, HOSOYA Y, et al. JGS TC Report: factors affecting the quality of treated soil during execution of DMM[C]//In Proceedings, IS Tokyo 96/2nd International Conference on Ground Improvement Geosystems, 1997, 2: 931-937.

[17] Cement Deep Mixing Association. Cement deep mixing design and construction manual [S] Publication of CDM Association of Japan, Tokyo, 1994.

[18] MASAKI K and TERASHI M. The deep mixing method[M]. London: CRC Press, 2013.

[19] JANZ M, JOHANSSON S E. The function of different binding agents in deep stabilization[R]. National Deep Mixing Program, Swedish Deep Stabilization Research Centre, Linköping, Sweden, 2002.

[20] European Committee for Standardization. Execution of special geotechnical works-Deep mixing: DIN EN 14679 [S]. Brussels, Belgium: European Standard, 2005.

[21] BRUCE M E C, BERG R R, FILZ G M, et al. Federal Highway Administration Design Manual: Deep Mixing for Embankment and Foundation Support: FHWA-HRT-13-046[R]. (2013-10-01).

组合荷载下海上风机大直径钢管桩基础耦合承载特性研究

鲜金琼，竺明星，李小娟，孙超逸，刘平宇

（江苏科技大学土木工程与建筑学院，镇江 212100）

摘　要：大直径钢管桩基础在海上风电设施中应用广泛，但目前对于风、浪、流等水平荷载与风机等竖向自重荷载共同作用下桩基础承载特性研究相对较少，且已有方法仅将组合荷载分解为水平与竖向承载力分别计算，忽略了不同方向荷载间的相互影响。针对这一问题，本文采用有限元软件 ABAQUS，对组合荷载下桩基础的耦合承载特性进行研究，分析在该荷载作用下，不同加载角度的桩基础失效破坏面；通过荷载-位移曲线、桩身应力曲线以及V-H面桩基承载力包络线等研究组合荷载下桩基础的承载性能。研究结果表明：桩长对桩基失效有较大影响，长桩虽不易发生整体转动，上层土体塑性区也会有所减小，但其内力较大。由组合承载力包络线可得：当加载角度小于 60°时，竖向荷载对桩基水平承载性能没有影响；当加载角度为 60°～75°时，竖向和水平荷载分量共同起主导作用；当加载角度大于 75°时，桩基承载性能主要由竖向荷载分量控制。

关键词：桩基础；耦合承载特性；组合承载力包络曲线；有限元模拟

0　引言

钢管桩基础在海洋环境中除了要承受风、浪、流等水平荷载作用外，还承担着较大的竖向荷载。然而，目前对于组合荷载作用下海上风机大直径钢管桩基础的承载特性研究相对较少，缺少较为合理的荷载耦合计算方法，大直径桩基工程可能因此存在较大的安全隐患。

在海上风电桩受力分析中，有限元分析方法发挥着重要作用。Rizvi[1]通过 Plaxis 3D 建立海上风电机组基础的有限元模型，分析基础的变形和承载特性，并提出了相应的设计建议和加固措施；Zhou 等[2]通过 ABAQUS 数值模拟，得到了台风对大型风力发电结构的影响规律，探讨了台风引起的破坏模式及机理；Bouzid 等[3]考虑了土层的非均质性和复杂性，通过建立风力塔基桩的 ABAQUS 有限元模型，分析了桩的刚度和阻尼对结构动力响应的影响；Auersch[4]通过 ANSYS 数值模拟，得到了单桩基础侧向土阻力分布的影响因素，并探讨了单桩基础的承载能力和稳定性问题；Kong 等[5]通过建立 ANSYS 高桩帽基础的动力响应模型，得到了其在波浪作用下的动力响应规律和变形情况；Merifiled 等[6]通过 ANSYS 数值模拟分析了大直径桩基础在海上风电场中的桩土相互作用；Beuckelaers 等[7]通过建立液压桩的一维有限元模型，预测了液压桩拔出的力学性能，探讨了桩的拔出机理和影响因素。因此，有限元模拟软件不仅能解决现场试验成本高、难度大的问题，还具备可靠的技术支撑。

目前关于组合荷载作用下的单桩承载力研究中，一般设定加载角度为 0°、30°、45°、60°、90°等特殊角度，得到的承载力包络曲线大多为椭圆形。然而，现有的有限元分析及之前的相关研究结果均表明实际情况并非如此。因此，有必要开展缩小加载角度间隔的模拟研究，进一步探究桩的组合承载特性。

本文通过 ABAQUS 有限元模拟得到了桩基础在不同加载角度下的失效破坏面、荷载位移曲线、桩身应力曲线和地基承载力包络线，通过分析归纳出桩基础在组合荷载下的承载特性，为“海洋强国”和“双碳”背景下的海洋土木发展贡献绵薄之力。

1　缩尺有限元模型简介

基于桩基础结构和荷载的对称性，本文采用 ABAQUS 软件建立三维半模型。在本节中，钢管桩的物理学参数如表 1 所示。桩体采用实体单元建模，材料为各向同性线弹性，桩身网格大小为 0.005m，桩帽和底座厚度均为 1mm。

缩尺模型桩的物理学参数　　表 1

模型编号	桩径/mm	壁厚/mm	埋深/m	桩长/m	弹性模量/GPa	泊松比
M1	3	1	0.52	0.6	69	0.3
M2	3	1	0.62	0.6	69	0.3
M3	3	1	0.72	0.6	69	0.3

为避免边界条件干扰，土体模型边界应大于 10 倍桩径，土体底部桩底的高度应大于一半埋深。故取土体模型尺寸为 100cm × 50cm × 25cm，采用扫掠中性轴的划分方法，网格大小为 0.025cm。土体模型底部所有节点x、y、z方向位移及侧面所有节点在侧面法线方向的位移都设为 0。土体塑性本构采用摩尔-库仑模型，土体参数通过土工试验确定，具体见表 2。

缩尺模型土体参数　　表 2

土体	弹性模量/kPa	泊松比	剪胀角/（°）	黏聚力/kPa	内摩擦角/（°）	有效重度/（kN/m³）
砂土	9000	0.34	1	0.2	32	16.35

采用面与面的接触模型、主-从（Master-Slave）接触算法，接触面的法向模型用硬接触，切向模型用摩尔-库仑摩擦罚函数。

有限元模拟的应力平衡和荷载施加如下：

首先，将第一个分析步设为 geostatic 分析步，并将其中的 incrementation 类型设置为 automatic。在这个分析步中，通过生死单元（model change）将模型桩单元杀死；在整个土体域中施加 10kg/m³ 的重力场，直至平衡，以此来减小初始位移、形状、荷载引起的地基应力变化对结果的影响。

在地应力平衡完成后，设置第二个分析步：static，general 分析步。在此分析步中，将桩的结构单元激活，并将桩和地基土重合，将桩中心的土体单元杀死，同时将桩与地基土之间的接触激活，实现用桩基及其他结构单元代替地基土体单元的目的。

最后，采用参考点的方法施加荷载，在桩基中心点上方设置参考点，并将参考点与桩基顶面进行耦合，这样可以更好控制荷载作用范围及大小，也更贴合实际。

本文建立了 0.6m、0.7m、0.8m 的桩长模型，对这三种模型进行了加载角度的加密，加载角度依次为 0°、7.5°、15°、22.5°、30°、37.5°、45°、52.5°、60°、67.5°、75°、82.5°、90°。然后在这些工况下进行桩基失效破坏面、桩长及加载角度对桩基承载性能的影响分析。

2　数值计算结果分析

2.1　失效破坏面分析

本文以有限元模型计算不收敛时的荷载作为极限承载力。由 0°加载下的不同桩长桩基础位移云图（图 1）可得，桩长对水平荷载作用下的桩基础失效破坏面有很大影响，且随着桩长增加，桩基在失效破坏时的变形量明显减少，土体隆起度降低。此外，桩基础破坏时的位移从整体转动变为局部转动。0°加载下桩长为 0.6m 桩基础的分级荷载变形图如图 2 所示。由图可知，桩基础在小于 0.25 倍极限荷载条件下不发生明显位移，此时土体塑性区只发生在基础加载方向一侧。随着荷载的增加，土体塑性区逐渐扩大，加载侧土体隆起，最终桩基破坏。

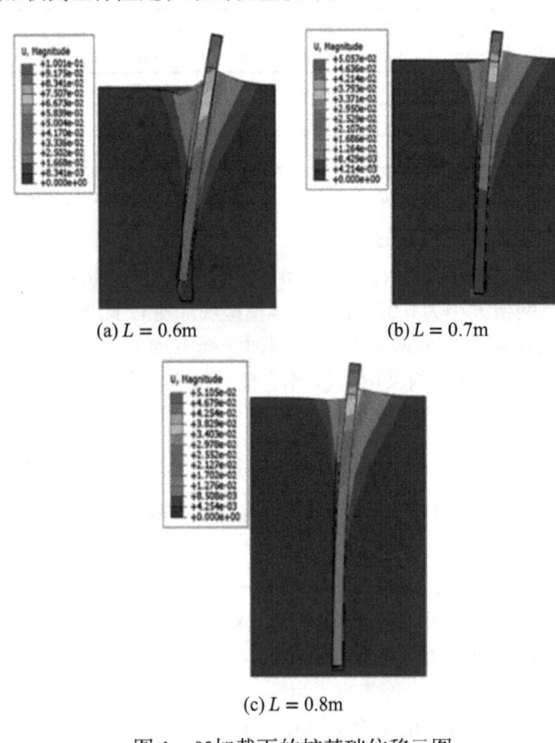

(a) $L = 0.6$m　(b) $L = 0.7$m　(c) $L = 0.8$m

图 1　0°加载下的桩基础位移云图

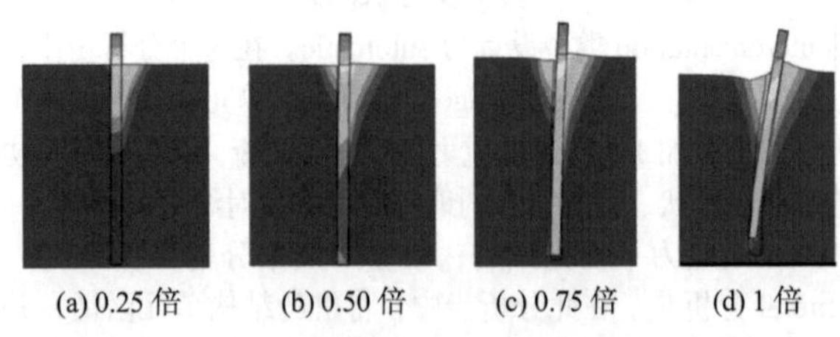

(a) 0.25 倍　(b) 0.50 倍　(c) 0.75 倍　(d) 1 倍

图 2　0°加载下的分级荷载变形图

30°加载下桩基的位移云图及荷载分级变形图如图 3、图 4 所示。由图可得，桩基失效破坏时，土体塑性区和桩基位移量明显减小；桩基破坏趋势与 0°加载下的相同，此时桩发生明显转动，但无明显弯曲。

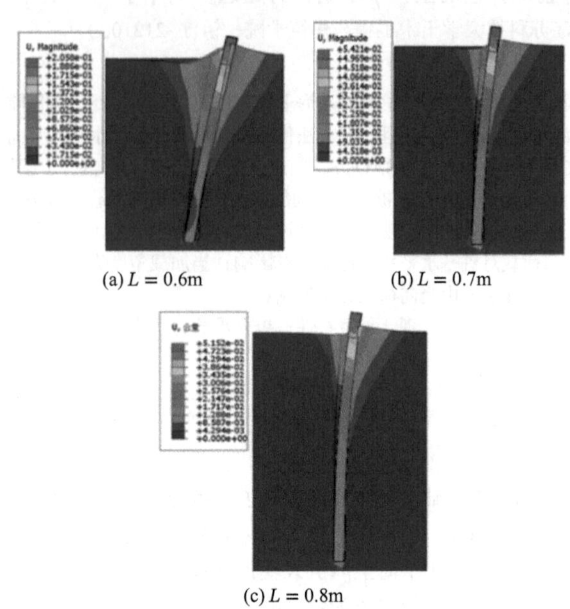

(a) $L = 0.6$m　(b) $L = 0.7$m　(c) $L = 0.8$m

图 3　30°加载下的桩基位移云图

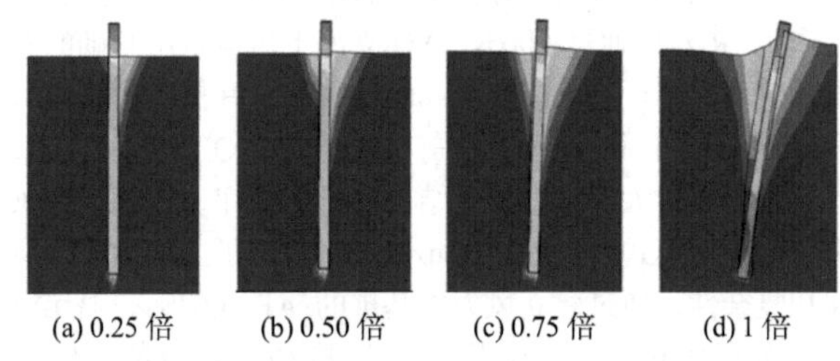

(a) 0.25 倍　(b) 0.50 倍　(c) 0.75 倍　(d) 1 倍

图 4　30°加载下的荷载分级变形图

45°加载下桩基的位移云图及荷载分级变形图分别如图 5、图 6 所示。观察图所得结论与 30°加载下的相同。

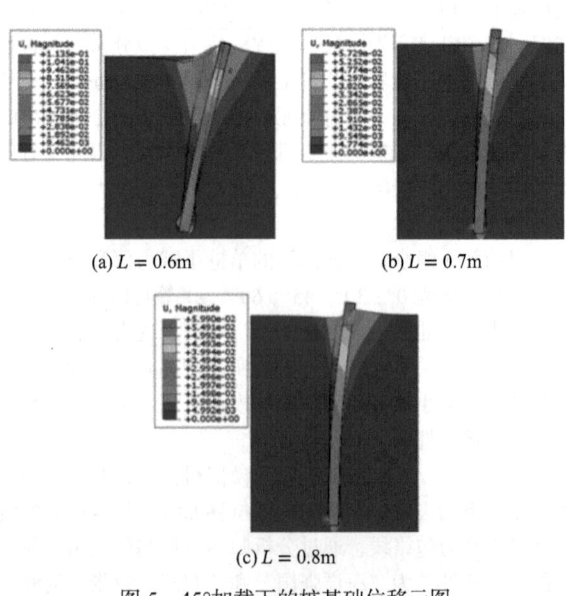

(a) $L = 0.6$m　(b) $L = 0.7$m　(c) $L = 0.8$m

图 5　45°加载下的桩基础位移云图

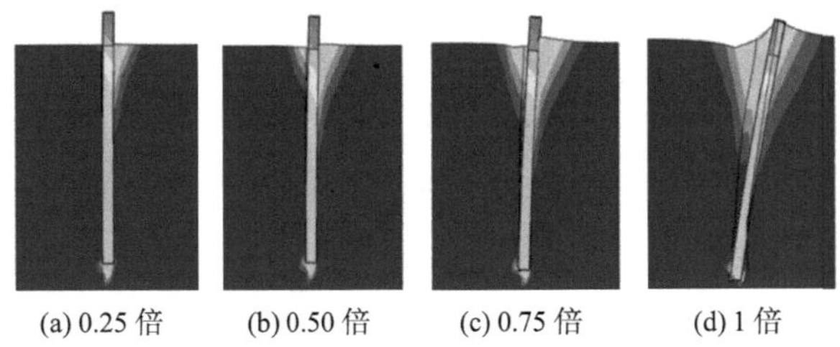

(a) 0.25 倍　(b) 0.50 倍　(c) 0.75 倍　(d) 1 倍

图 6　45°加载下的荷载分级变形图

60°加载下桩基的位移云图及荷载分级变形图如图 7、图 8 所示。由图可得，随着桩长增加，桩基在失效破坏时的竖向位移增加，桩身出现明显弯曲。同时，桩基上部土体塑性区明显减小，而底部土体塑性区扩大。

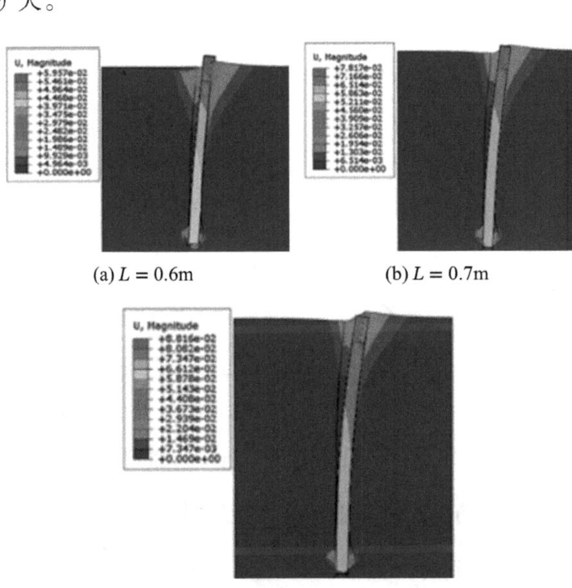

(a) $L = 0.6$m　(b) $L = 0.7$m

(c) $L = 0.8$m

图 7　60°加载下的桩基础位移云图

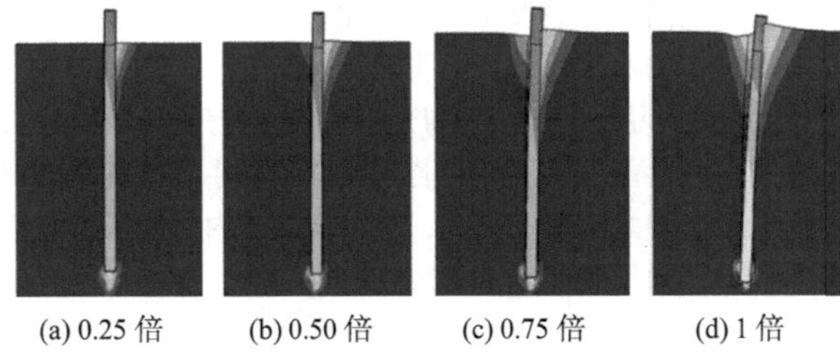

(a) 0.25 倍　(b) 0.50 倍　(c) 0.75 倍　(d) 1 倍

图 8　60°加载下的荷载分级变形图

90°加载下桩基的位移云图及荷载分级变形图如图 9、图 10 所示。由图可得，桩基在 90°加载时仅发生竖向位移。

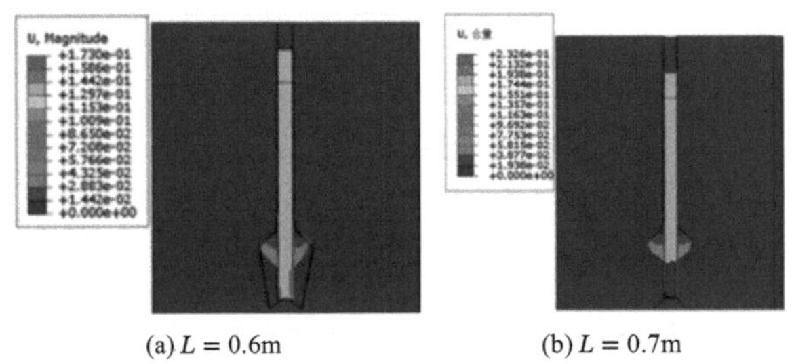

(a) $L = 0.6$m　(b) $L = 0.7$m

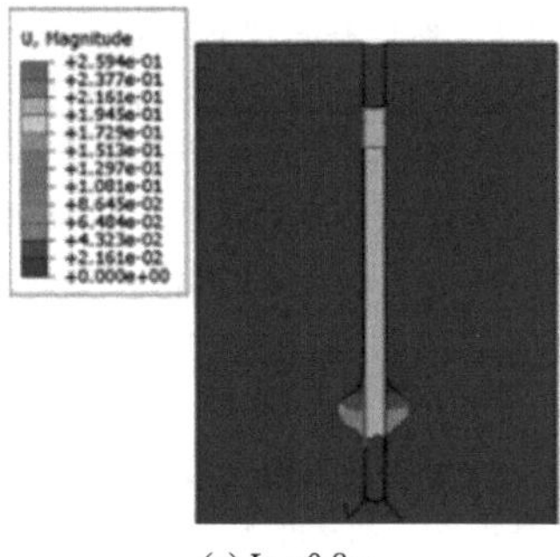

(c) $L = 0.8$m

图 9　90°加载下的桩基础位移云图

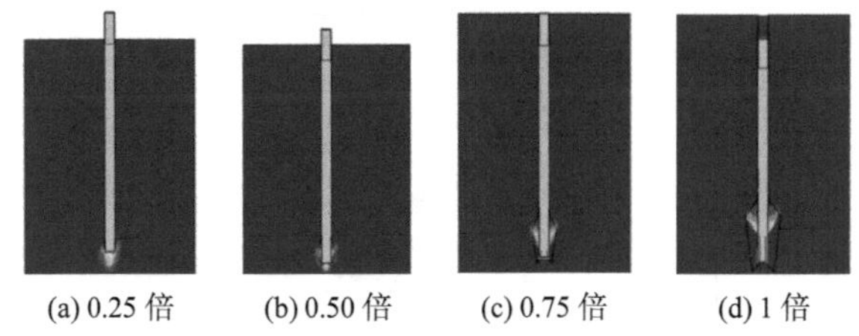

(a) 0.25 倍　(b) 0.50 倍　(c) 0.75 倍　(d) 1 倍

图 10　90°加载下的荷载分级变形图

综上，加载角度对桩基的失效破坏模式影响显著。随着加载角度的增加，桩基上部土体塑性区逐渐减小，而底部土体塑性区逐渐增加；桩基础由 0°加载时的整体转动转变为局部转动；桩基水平位移量逐渐降低，而竖向位移量逐渐增加，直至 90°加载时仅发生竖向位移。

2.2　桩长对桩基础承载性能的影响

用 ABAQUS 提取桩顶位移在不同水平荷载下的曲线，以有限元模型计算不收敛时的荷载作为极限承载力。由于无量纲化可以消除物理量单位和数量级对曲线的影响，便于比较分析，所以将荷载位移曲线中的物理量进行无量纲化处理，如图 11～图 15 所示。荷载、位移归一化分别如表 3、表 4 所示。

荷载归一化处理　　表 3

荷载	无量纲值（承载力系数）	归一化值
H	$N_{ch} = H/AT$	$h = H/H_{ult}$
V	$N_{cv} = V/AT$	$v = V/V_{ult}$

注：下标“ult”表示极限承载力；A为初始桩土接触面积；T为摩尔-库仑抗剪强度值。

位移归一化处理　　表 4

桩顶位移	无量纲值	归一化值
W	W/D	W/D

注：D为桩径。

由图 11 可得，当无量纲位移小于 0.005 时，桩基在单独水平荷载作用下的荷载位移曲线呈线性增长；当其大于 0.005 时，曲线呈非线性增长，且增速变缓。此外，在排除初始桩土接触面积造成的影响后，可发现随着桩基埋深的增大，桩基的水平承载性能得到显著提升。

由不同桩长桩基的桩身弯矩图（图 13）可得，桩身弯矩分布规律与桩长无关。弯矩从桩土接触面顶部增长至

0.25m 处达到最大，然后开始减小，到桩底时几乎为 0。此外，桩身弯矩的极值随着桩长的增加而明显增加。因此，在设计桩长时须考虑桩身弯矩的影响。

提取桩顶位移在竖向荷载作用下的曲线，做相同处理，得到图 14、图 15。由图 14 可得，当无量纲位移小于 0.05 时，桩基在单独水平荷载作用下的荷载位移曲线呈线性增长，当其大于 0.05 时，曲线呈非线性增长，且增速变缓。此外，当排除初始桩土接触面积造成的影响后，可发现增加桩基埋深，桩基的竖向承载性能无明显变化。此外，由图 12、图 15 可得，桩基的承载力随着桩长的增加而增加。

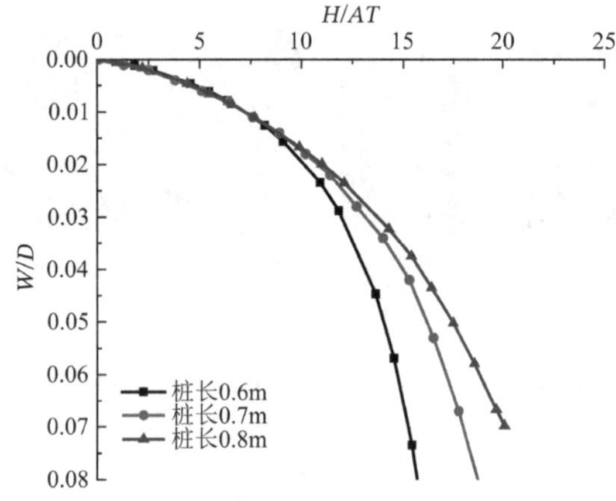

图 11 水平荷载位移曲线

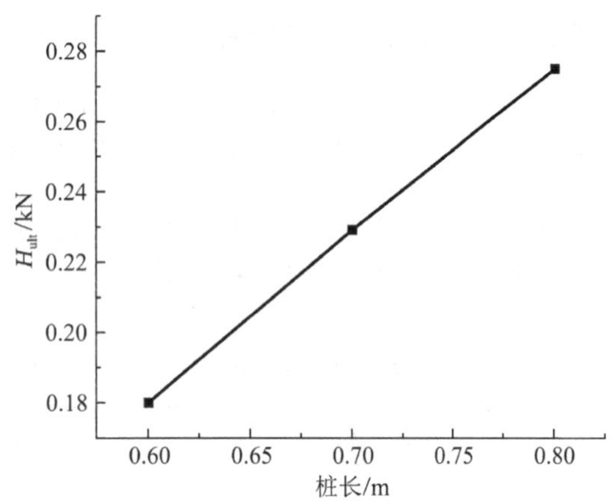

图 12 极限承载力与桩长关系曲线

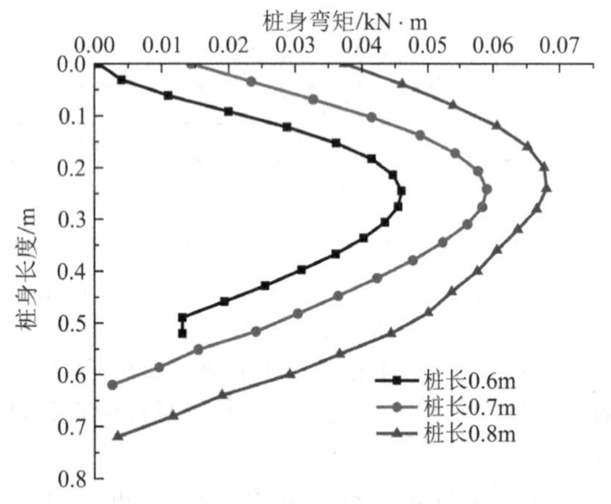

图 13 桩身弯矩图

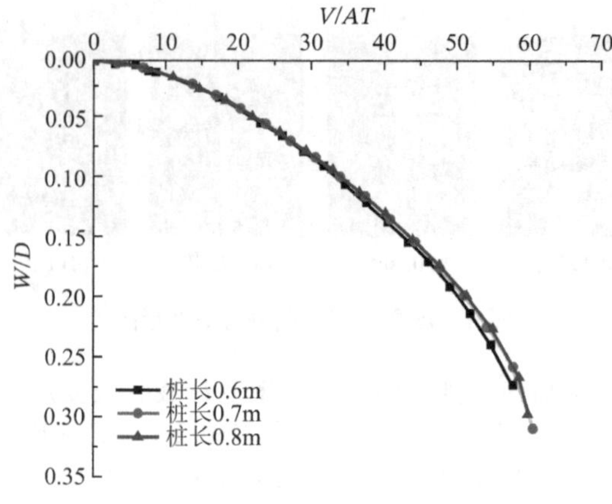

图 14 竖向荷载位移曲线

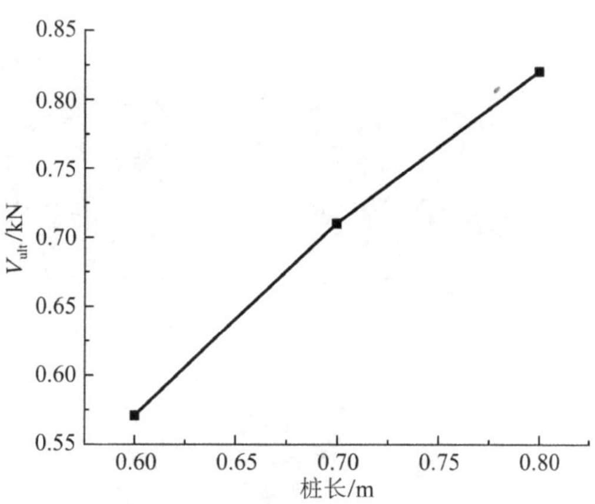

图 15 极限承载力与桩长关系曲线

2.3 加载角度对桩基础承载性能的影响

通过得到的加载角度与桩基水平、竖向极限承载力关系曲线（图 16、图 17）发现，不同桩长的该曲线规律大致相同。

由图 16 可得，开始阶段，桩基的水平承载能力不会随着加载角度的增加而发生明显变化，而在加载角度为 60°左右时，桩的水平承载性能明显下降。

由图 17 可得，当加载角度为 90°时，若角度减小不大，则竖向承载性能几乎不变；若角度继续减小，桩基竖向承载性能也会随之降低。因此，在一定范围内，水平荷载不会对桩基竖向承载性能造成影响。

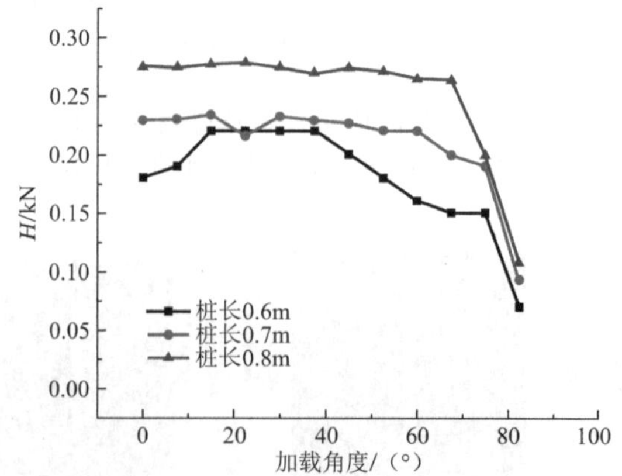

图 16 水平极限承载力与加载角度关系曲线

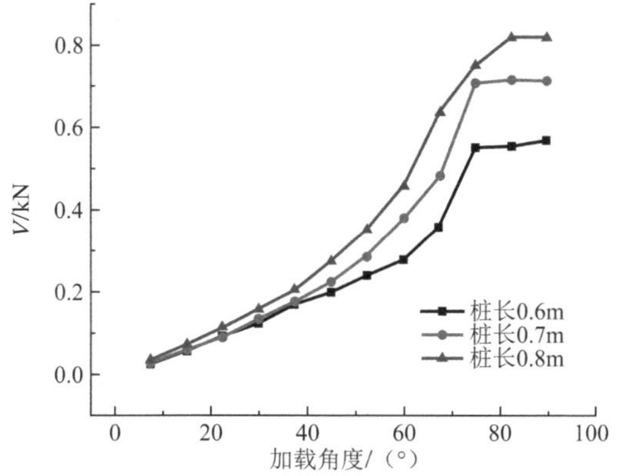

图 17　竖向极限承载力与加载角度关系曲线

由不同桩长桩基的V-H承载力包络线（图 18）可得，桩基础承载力包络线随桩长的增加而逐渐扩大，且桩基的竖向承载性能降低系数随着水平荷载增加而增大。归一化处理后的桩基础承载力包络线如图 19 所示，其中H_{ult}为 0°加载下桩基的水平极限承载力，V_{ult}为 90°加载下桩基的竖向极限承载力。

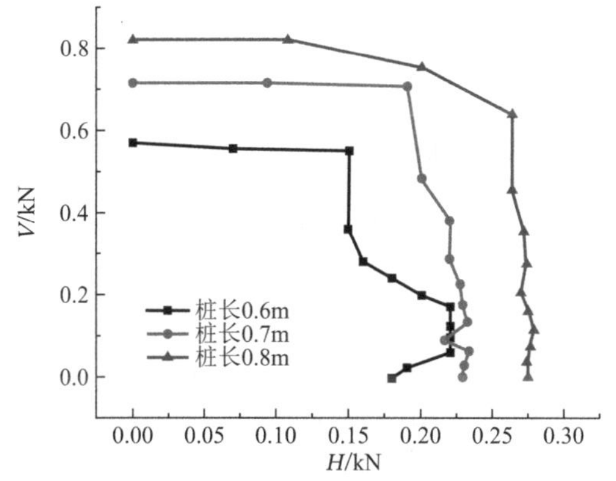

图 18　桩基础承载力包络线

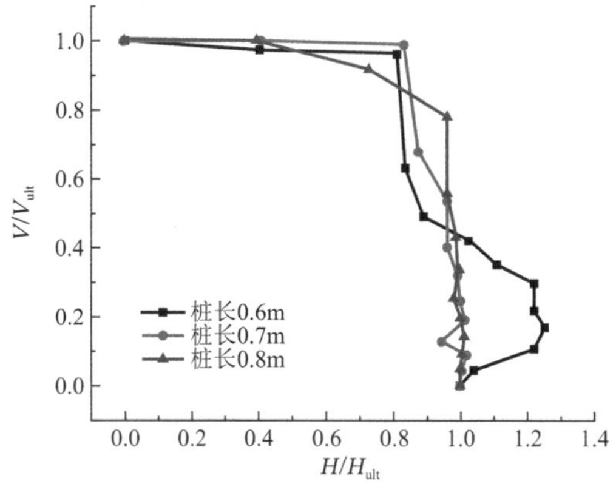

图 19　归一化的桩基础承载力包络线

3　足尺有限元模型分析

3.1　有限元模型

在缩尺模型模拟的基础上进行足尺模型模拟，补充之前所得结论。具体的土体参数、桩基模型参数分别如表 5、表 6 所示。模型的接触面设置、应力平衡方法、荷载施加及加载角度的设置均与缩尺模型一致。

足尺模型土体参数　　表 5

土体	弹性模量/kPa	泊松比	剪胀角/（°）	黏聚力/kPa	内摩擦角/（°）	有效重度/（kN/m³）
砂土	9000	0.34	1	0.2	32	16.35

足尺模型桩的物理学参数　　表 6

模型编号	桩径/m	壁厚/m	埋深/m	桩长/m	弹性模量/GPa	泊松比
Z1	6	0.08	30	40	210	0.3

3.2　失效破坏面分析

在不同加载角度作用下，足尺模型桩基失效破坏时的位移云图如图 20 所示。由图可得，随着加载角度的增加，土体浅层的塑性区逐渐减小，而桩端土体塑性区逐渐增大。

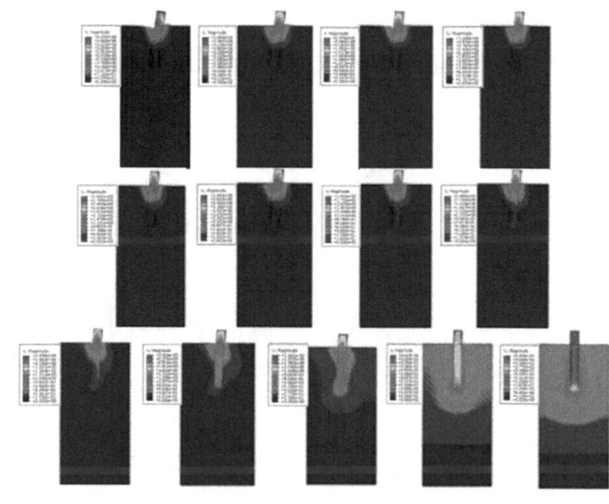

图 20　不同加载角度下的位移云图

3.3　加载角度对桩基础承载性能的影响

加载角度与基础水平、竖向极限承载力关系曲线图如图 21、图 22 所示。

由图 21 可得，基础的水平承载性能随加载角度的增加而逐渐降低，当角度为 60°左右时，降低速率显著增加，直至 90°时降至最低。除此之外，足尺模型的曲线变化趋势与缩尺模型基本一致。

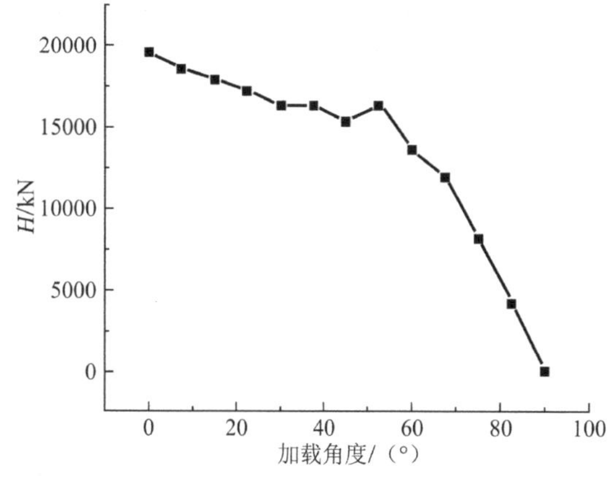

图 21　水平极限承载力与加载角度关系曲线

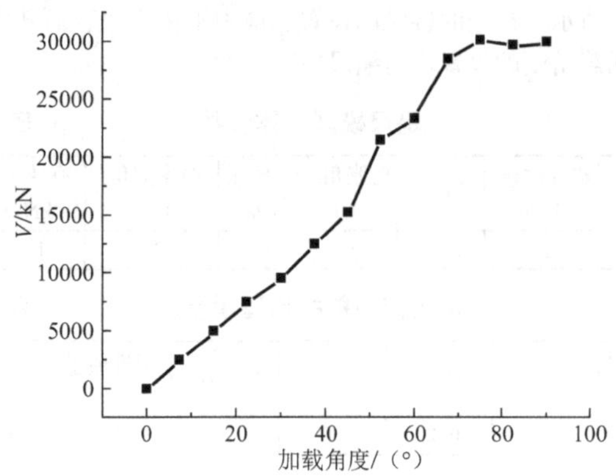

图 22 竖向极限承载力与加载角度关系曲线

由图 22 可得，桩基的竖向承载性能不随加载角度降低而发生明显变化。当加载角度为 60°左右时，竖向承载性能开始线性降低，直至 0°降至最低。此外，足尺模型与缩尺模型的曲线变化趋势一致。

归一化的地基V-H承载力包络线如图 23 所示。

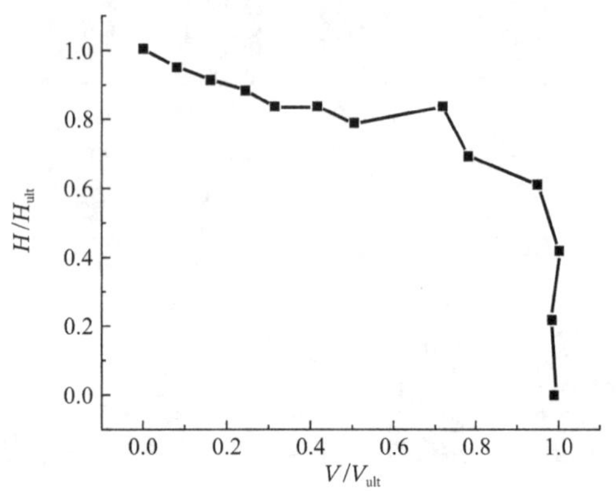

图 23 归一化的地基V-H承载力包络线

4 结论

采用有限元软件 ABAQUS 建立缩尺和足尺模型，通过分析桩基在不同加载角度下的失效破坏面、荷载位移曲线、桩身应力曲线、地基的承载力包络线，得到桩基在组合荷载下的承载特性：

（1）分析桩基在不同加载角度下的失效破坏面可得，加载角度对桩基础的失效破坏影响显著。随着加载角度的增加，桩基上部土体塑性区逐渐减小，而底部土体塑性区逐渐增加；桩基础由 0°加载时的整体转动转变为局部转动；桩基水平位移量逐渐降低，而竖向位移量逐渐增加，直至 90°加载时仅发生竖向位移。此外，桩长的增加可以使桩基在受到水平荷载时不易发生整体转动，且土体塑性区会减小。

（2）由不同桩长桩基的荷载位移曲线可得，在排除增加桩长导致桩土接触面不同产生的影响后，桩长的增加可以显著提高桩基的承载性能。

（3）由不同桩长的桩身应力曲线可得，桩身弯矩分布规律不会随着桩长的改变而变化，但增加桩长会提高桩基水平承载性能，导致桩身弯矩极值的增加。

（4）通过分析加载角度对桩基水平、竖向承载性能的影响可得，开始阶段桩基的水平承载能力不会随着加载角度的增加而发生明显变化，而加载角度在 60°附近时，水平承载性能明显下降；当加载角度在 90°附近时，桩基的竖向承载性能基本不变，但随着角度的减小，竖向承载性能显著降低。

（5）由V-H包络曲线可得，桩长的增加会扩大桩基承载力包络线的范围。水平荷载一开始不随竖向荷载的增加而发生显著变化，但当竖向荷载达到 0.8 时，水平荷载会急速下降。

（6）通过分析足尺模型的失效破坏面和V-H面包络线，可以发现所得结果与缩尺模型基本一致。

参考文献：

［1］ Rizvi S M F. Finite Element Analysis of Laterally Loaded Fin Monopiles for Offshore Wind Turbine Foundation in Plaxis 3D[D]. 南京：东南大学, 2017.

［2］ ZHOU J S , ZHANG S H, CHEN G M, et al. Dynamic response analysis for offshore wind power high-pile cap foundation under wave action[J]. China Harbour Engineering, 2017.

［3］ BOUZID D A, BHATTACHARYA S, OTSMANE L. Assessment of natural frequency of installed offshore wind turbines using nonlinear finite element model considering soil-monopile interaction[J]. 岩石力学与岩土工程学报：英文版, 2018, 10(2): 14.

［4］ AUERSCH L. Compliance and damping of piles for wind tower foundation in non-homogenerous soils by the finite-element boundary-element method[J]. Soil Dynamics & Earthquake Engineering, 2019, 120: 228-244.

［5］ KONG D, LIU Y, DENG M, et al. Analysis of influencing factors of lateral soil resistance distribution characteristics around monopile foundation for offshore wind power[J]. Applied Ocean Research, 2020, 97: 102106.

［6］ MERIFIELD R S, GOODALL S J, MCFARLANE S A . Finite element modelling to predict the settlement of pile groups founded above compressible layers[J]. Computers and Geotechnics, 2021, 134(3): 104139.

［7］ BEUCKELAERS W, FRANOIS S, VERBRAECKEN J, et al. One-dimensional finite element limit analysis for hydraulic pile extraction[J]. Computers and Geotechnics, 2021, 133(3).

基于 BOFDA 的钻孔灌注桩承载特性试验研究

黄　磊[1]，王正振[1]，戴国亮[2]，曹程明[3]，朱文涛[1,4]

（1. 兰州理工大学 土木工程学院，兰州 730050；2. 东南大学 土木工程学院，南京 210000；3. 甘肃中建市政工程勘察设计研究院有限公司，兰州 730050；4. 航天长征化学工程股份有限公司兰州分公司，兰州 730050）

摘　要：依托兰州某桩基检测项目，结合布里渊散射光频域分析（BOFDA）技术与锚桩法静载试验，测试并计算了两根不同长度钻孔灌注桩在竖向荷载作用下的桩顶沉降、桩身轴力、桩侧摩阻力和桩土相对位移，对比分析了层状地基中长桩和短桩的竖向承载特性、内力发挥特性以及受桩端沉渣的影响。结果表明，长桩具有更高的竖向承载力和沉降变形控制能力，以及更大的弹性工作范围；在竖向荷载作用下，长桩和短桩桩身轴力的变化趋势基本相同，当荷载较小时，桩身轴力主要由桩上部承担，随着荷载逐渐增大，桩身轴力从桩顶到桩底以更快速率衰减；桩周土层的侧摩阻力先于桩端阻力发挥作用，且上部土层侧摩阻力先于下部土层发挥作用，不同土层侧摩阻力随荷载增加的幅度也不同；与长桩相比，短桩的桩身压缩量少，各土层位移差距较小，桩顶沉降大部分由桩底位移引起，且短桩桩端阻力受桩端沉渣影响更大。

关键词：钻孔灌注桩；BOFDA；静载荷试验；竖向承载力；荷载传递特性

0　引言

钻孔灌注桩作为一种承载力高、适应性强、施工工艺相对成熟的基础形式，被广泛应用于结构基础设计中。然而，由于灌注桩往往贯穿土层较多，地质条件复杂，且受到桩端沉渣和桩侧泥皮等影响，施工质量难以控制，使得其在竖向荷载下的承载特性以及桩身内力的发挥特性非常复杂[1-4]。

桩基内力检测是了解灌注桩承载特性最为可靠的途径。然而，传统的检测方法采用的钢筋应力计、电阻式应变片等点式传感器测量长度有限，且存活率低、易被腐蚀。因此，国内外学者针对新的检测方法进行了大量探索。朴春德等[5]将布里渊光时域反射计（BOTDR）应用于钻孔灌注桩检测中，并将检测结果与传统的钢筋应力计进行对比，对比结果表明 BOTDR 具有分布式、长距离、耐久性好、存活率高等优点。魏广庆等[6]详细介绍了 BOTDR 的传感原理与光纤的植入工艺，给出了基于分布式应变模式下桩身变形和内力的分析方法和计算公式。江宏[7]在 BOTDR 的基础上，结合脉冲预泵浦技术，介绍了一种 PPP-BOTDA 技术，并将其成功应用于混凝土管桩的桩身应变测量，得到了不同荷载下桩侧摩阻力和端阻力的变化规律。高鲁超等[8]将 FBG 光纤传感技术与自平衡试验方法相结合，对 3 种自平衡等效转换方法的结果进行了对比，分析了大直径灌注桩桩身轴力和桩侧摩阻力传递规律的差异性。Mohamad 等[9]通过在三根不同位置的灌注桩上安装应变仪和光纤电缆，对桩的沉降和内力变化进行监测，研究了 EPBS 隧道开挖对不同距离桩基的影响。

除此之外，布里渊散射光频域分析（BOFDA）技术作为一项新型光纤感测技术，采用频域分析方法，突破了以往时域技术的局限，提高了测试空间分辨率和测试精度，且具有分布式、耐腐蚀、成本低、动态范围大、多频信号同时处理等优势，近年来在桩基检测中得到了大量应用[10-12]。本文依托兰州市某桩基检测项目，结合 BOFDA 技术与锚桩法静载试验，测试并计算了两根不同长度钻孔灌注桩在竖向荷载作用下的桩顶沉降、桩身轴力、桩侧摩阻力和桩土相对位移，对比分析了层状地基中长桩和短桩的竖向承载特性、内力发挥特性以及受桩端沉渣的影响，以期为钻孔灌注桩的设计和检测提供参考。

1　试桩及桩周土层分布概况

根据整个项目的地层分布特点，在试验场地的两个不同区域各选择一根试验桩，分别编号为 SZ1 和 SZ2，各试验桩参数如表 1 所示。图 1 为两根试桩桩长范围内的土层分布情况，从中可以看出，两根试桩的上部土层分布基本相同。由于试桩 SZ1 的长度远大于 SZ2，故本文将试桩 SZ1 视为长桩，将试桩 SZ2 视为短桩。

试桩参数　　表 1

桩号	实际桩径/mm	实际桩长/m	施工工艺	成孔质量检测结果	最大加载值/kN	桩顶最大沉降量/mm
SZ1	819	42.64	泥浆护壁	垂直度：0.71% 沉渣厚度：90mm	17000	47.48
SZ2	831	15.86	泥浆护壁	垂直度：0.61% 沉渣厚度：80mm	8736	48.90

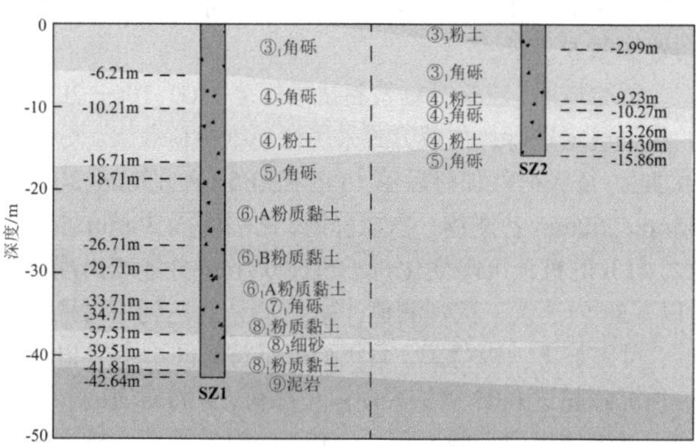

图 1　桩周土层分布情况

2　现场检测与试验概况

2.1　BOFDA 光纤感测技术

本次试验采用 BOFDA 技术测试桩身应变，根据桩长范围内的轴向应变，计算得到桩身轴力和桩侧摩阻力等参数。试验时沿桩身全长布置传感光纤，通过扎丝绑扎方式将光纤固定到桩基础的一根主筋上，在桩端形成 U 形连接，并在对称的主筋上形成回路（图 2）。同时，为确保光纤的工作性能，钢筋笼下放后、混凝土浇筑前，对光纤回路进行测试（图 3）。试验采用 BOFDA 型双端高精分布式光纤应变解调仪（NZS-DSS-AD01）进行数据采集，该仪器采用光频域分析技术，精度可达 2με 或 0.1℃，且具有 0.2m 空间分辨率，可以实现应变分布精细分解。每级荷载下测试时间选在位移观测判断稳定后进行，采集结束后施加下一级荷载，每次采集时间约 15min。

图 2　光纤传感器布置

图 3　光纤回路测试

2.2　锚桩法静载荷试验

为了确定试桩 SZ1 和 SZ2 的单桩竖向极限承载力，现场进行了基于锚桩法的单桩静载试验。试验采用锚桩反力梁装置，由四根反力梁连接四根锚桩组成，其中反力梁包括主、次梁各 2 根。图 4 为该试验装置示意图，现场装置布置如图 5 所示。

试验按照《建筑基桩检测技术规范》JGJ 106—2014[13] 的相关规定进行，加载方式采用慢速维持荷载法，分级等量加荷。每级荷载加荷后第 1h 内在第 5min、15min、30min、45min、60min 各测读一次沉降值，之后每隔 30min 测读一次。每 h 的桩顶沉降变化量不超过 0.1mm 并连续出现两次（以 1.5h 内连续三次观测值计算），则认为达到相对稳定标准，可施加下一级荷载，每级荷载维持时间不小于 2h。当桩顶沉降超过 0.05 倍桩径时停止加荷，并将对应的荷载值作为试桩的极限承载力值。BOFDA 对钻孔灌注桩的检测过程与桩的静载试验同步进行。

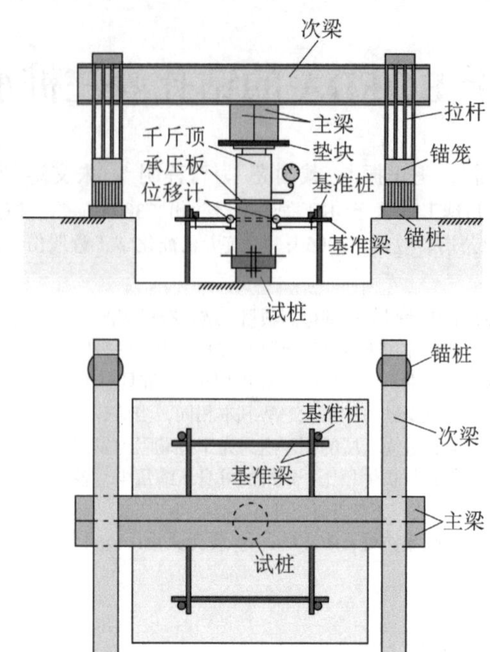

图 4　锚桩法静载试验装置示意图

图 5　现场装置布置

3　竖向承载及内力传递分析

3.1　桩顶荷载-沉降曲线

为了对比分析长短桩的竖向承载特性，根据试桩 SZ1、SZ2 的静载试验结果绘制桩顶荷载-桩顶沉降曲线，如图 6 所示。可以看出，两根试桩的桩顶荷载-沉降曲线较为光滑，无明显拐点。在加载阶段初期荷载较小时，曲线变化较为平缓，近似呈现出线性关系；而随着荷载的增加，累积沉降量不断增大，单级内沉降量也在增大，当达到终止荷载时，各试桩的沉降量达到最大。其中试桩 SZ1 的最大沉降量为 47.48mm，终止荷载为 17000kN；试桩 SZ2 的最大沉降量为 48.90mm，终止荷载为 8736kN。长桩 SZ1 的最大承载力大于短桩 SZ2，且在相同荷载作用下时，SZ1 的桩顶沉降明显小于 SZ2。这表明增加桩身长度有利于使灌注桩表现出更高的承载力，或在相同荷载作用下表现出更强的沉降变形控制能力。

在卸载过程中，曲线的变化更加平缓，桩顶土体开始回弹，卸载至 0 时回弹量达到最大。其中试桩 SZ1 的最大回弹量为 13.99mm，回弹率为 29.47%；试桩 SZ2 的最大回弹量为 6.10mm，回弹率为 12.47%。两根试桩的桩顶土体均达到塑性状态，但试桩SZ1的回弹率远大于SZ2，这说明桩身长度的增加会对桩的弹性工作范围产生积极影响。

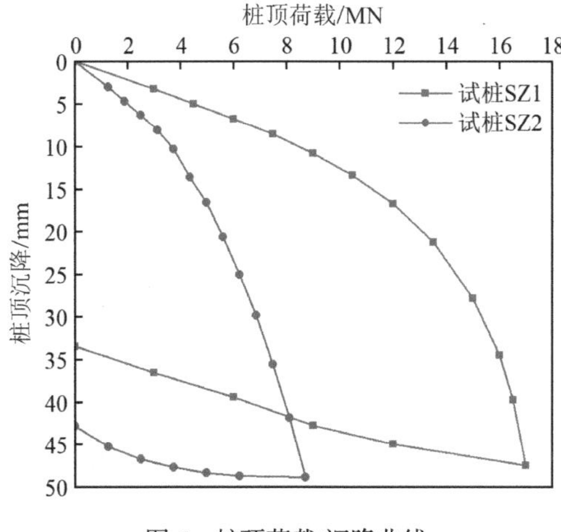

图6 桩顶荷载-沉降曲线

3.2 桩身轴力传递特性

BOFDA检测仪器测得的是光纤在深度z处的轴向应变$\varepsilon(z)$，由于光纤固定在桩身表面，假设在静载下光纤轴向变形与桩身轴向一致，因此桩身应变也为$\varepsilon(z)$，根据以下方程，便可得到深度z处的桩身应力和桩身轴力：

$$\sigma(z)=\varepsilon(z)\cdot E_c \tag{1}$$

$$Q(z)=\sigma(z)\cdot A \tag{2}$$

式中：$\sigma(z)$——桩身在深度z处的应力值（kN/m^2）；

E_c——桩身混凝土的弹性模量（MPa），由桩顶荷载与实测应变之比反计算确定；

A——桩身截面面积（m^2）。

图7为根据桩身应变曲线计算得到的桩身轴力分布曲线。从中可以看出，长桩SZ1和短桩SZ2轴力曲线的变化趋势基本相同。在各级荷载作用下，试桩桩顶处的轴力近似等于桩顶作用的荷载，桩身轴力沿桩顶到桩底逐渐衰减，且在不同的加载阶段呈现出不同的衰减速率。这表明轴力分布曲线的斜率存在差异，斜率越小，同一段桩身的轴力差就越大，也说明该段桩身的侧摩阻力越大。

在加载初期，荷载较小时，两根试桩的轴力曲线斜率较大，且桩端附近轴力基本为零，说明此时的桩侧摩阻力较小，且桩身轴力主要由桩上部承担，桩端及桩端附近土层几乎不承担荷载；随着荷载的增加，桩身轴力逐渐增大，桩周土层侧摩阻力不断发挥，曲线斜率也不断减小。当荷载达到某一值后，桩端处出现轴力，说明此时桩端及周围土层压缩，产生了位移，端阻力开始发挥作用，在桩端处桩身轴力与桩端阻力相平衡，从而荷载传递结束。另一方面，当荷载达到3120kN时，试桩SZ2的桩端阻力就已开始发挥，而试桩SZ1的桩端阻力在荷载达到12000kN时开始发挥；随着荷载的增大，桩端阻力也不断增大，在最大荷载作用下，试桩SZ1的桩端阻力为1341kN，仅承担7.89%的试验荷载；试桩SZ2的桩端阻力为1415kN，承担了16.20%的试验荷载，这表明两根试桩的桩侧摩阻力承担了绝大部分荷载，均为典型的端承摩擦桩，但短桩桩端阻力的发挥占比更大。

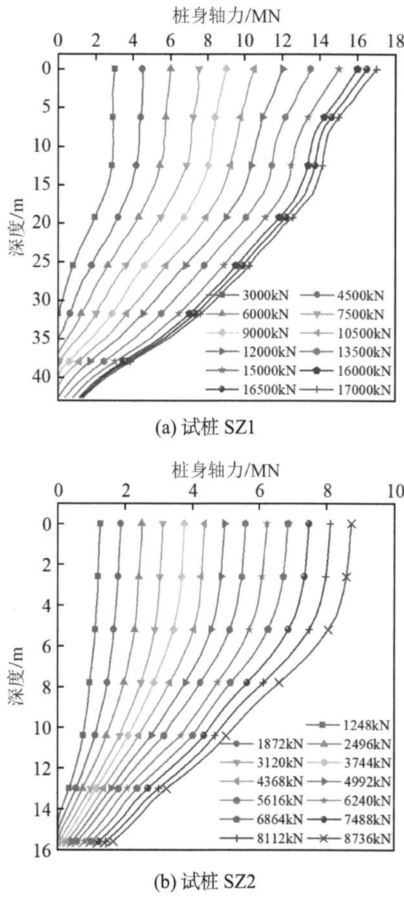

图7 不同荷载下桩身轴力-深度曲线

3.3 桩侧摩阻力发挥特性

桩身侧摩阻力按土层进行计算，在同一土层的桩身上取两个横截面，两截面上的轴力值之差与该段内桩周边面积之比就是该段桩身的侧摩阻力。图8为试桩SZ1、SZ2桩身范围内侧摩阻力随桩周土层的变化曲线。由图8可知，随着荷载的逐渐增大，桩侧摩阻力也不断增加，且不同土层的增加幅度也不同。从图8（a）中可以看出，在③$_1$角砾层、⑥$_1$粉质黏土层和⑧$_1$粉质黏土层中，试桩SZ1的桩侧摩阻力增幅较大，而在④$_1$粉土层中，桩侧摩阻力随荷载的变化较小；从图8（b）中可以看出，随着荷载的增加，试桩SZ2的桩侧摩阻力在③$_1$角砾层、④$_3$角砾层和⑤$_1$角砾层中增长较快，而在③$_3$粉土层和④$_1$粉土层中增长较为缓慢。这表明角砾层和粉质黏土层为桩基承担荷载的主要部分，而粉土层的侧摩阻力有限，对承担荷载的贡献较小。

另一方面，沿深度方向看，在同一级荷载作用下，长桩SZ1和短桩SZ2桩周土层的侧摩阻力-深度曲线均表现为单峰型。前几级荷载下，SZ1桩身上部土层侧摩阻力先于下部土层发挥作用并承担了大部分荷载，峰值出现在桩身1/2处；而当荷载较大时，上部土层承载能力有限，荷载逐渐向下传递，下部土层侧摩阻力及桩端阻力开始发挥作用，峰值的位置也逐渐向桩身下半部分移动。SZ2桩则由于桩身较短，荷载传递更快，峰值主要集中于桩身3/4位置处，两根试桩下部土层的承载能力均未到达极限；这是由于上部桩身变形大，上部土层侧摩阻力发挥完全，而下部土体位移相对较小，其侧摩阻力仍有发挥空间。

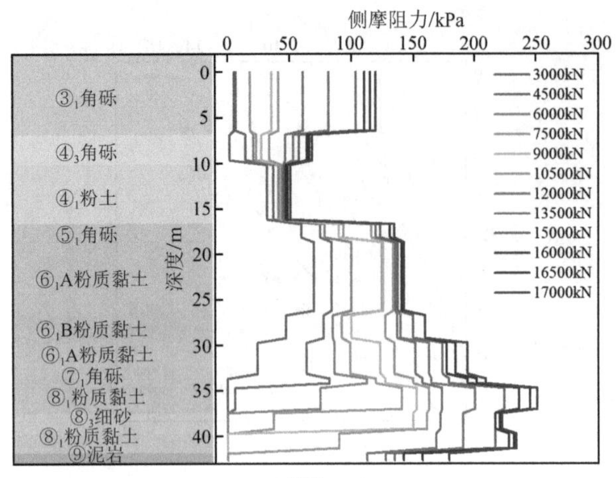

(a) 试桩 SZ1

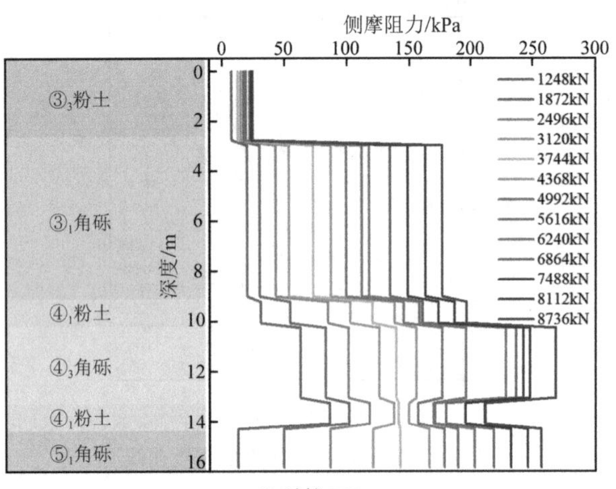

(b) 试桩 SZ2

图 8　桩周土层侧摩阻力-深度曲线

4　桩土相对位移计算与分析

单桩受桩顶荷载作用下产生变形，其变形量S_0由桩身混凝土变形量S_s和桩底土变形量S_b两部分组成。在桩基分布式检测中，传感光纤沿着桩身轴向布设，假设单桩相邻测试截面之间的轴力按线性变化且不会产生较大误差。设桩长为L，第i截面和第$i+1$截面的测试轴力分别为$Q(i)$和$Q(i+1)$，两截面距离桩顶部的深度分别为z_i和z_{i+1}，则桩身第i截面和第$i+1$截面之间的变形量S_{si}为：

$$S_{si}=\int_{z_i}^{z_{i+1}}\frac{Q(i)}{E_c\cdot A}\mathrm{d}z \tag{3}$$

桩身轴力公式推导为：

$$Q(i)=\sigma\cdot A=\varepsilon_i\cdot E_c\cdot A \tag{4}$$

将式(4)代入式(3)中可得：

$$S_{si}=\int_{z_i}^{z_{i+1}}\frac{Q(i)}{E_c\cdot A}\mathrm{d}z=\int_{z_i}^{z_{i+1}}\varepsilon_e\cdot\mathrm{d}z \tag{5}$$

式中：ε_e——第i截面和第$i+1$截面间桩身平均应变（με）。

通过上式可得桩身累积变形量S_s：

$$S_s=\sum_{i=1}^{n}S_{si}=\sum_{i=1}^{n}\int_{z_i}^{z_{i+1}}\varepsilon_e\cdot\mathrm{d}z \tag{6}$$

对于桩底位移量S_b，可通过桩顶沉降S_0减去桩身沉降量S_s得到，即：

$$S_b=S_0-S_s \tag{7}$$

在竖向荷载作用下，桩身材料将压缩变形，桩和桩侧土之间产生相对位移。桩土之间的相对位移量（假设土体未变动）可由下式得到：

$$S_i=S_0-\sum_{i=1}^{n}\int_{z_i}^{z_{i+1}}\varepsilon_e\cdot\mathrm{d}z \tag{8}$$

式中：S_i——第i段桩土相对位移（m）。

根据上述方法计算得到的各土层中间位置处桩土相对位移随荷载的变化关系如图 9 所示。从中可以看出，随着荷载的增加，各土层的桩土相对位移也随之增大，且相同荷载下各土层的位移沿深度方向逐渐递减。其中长桩 SZ1 桩周各土层位移差距较大，且当荷载较小时，SZ1 的桩顶沉降主要由桩身上部土层的变形引起，⑥₁粉质黏土层及其下部土层几乎没有出现相对位移；而短桩 SZ2 各土层位移的差距较小，桩底位移与桩顶位移比较接近，且在加载初期下部土层就已出现相对位移。这是由于 SZ2 的桩身长度较短，桩身压缩量小，荷载传递更快，桩顶沉降大部分由桩底位移引起，这也进一步说明长桩具有更大的弹性工作范围。

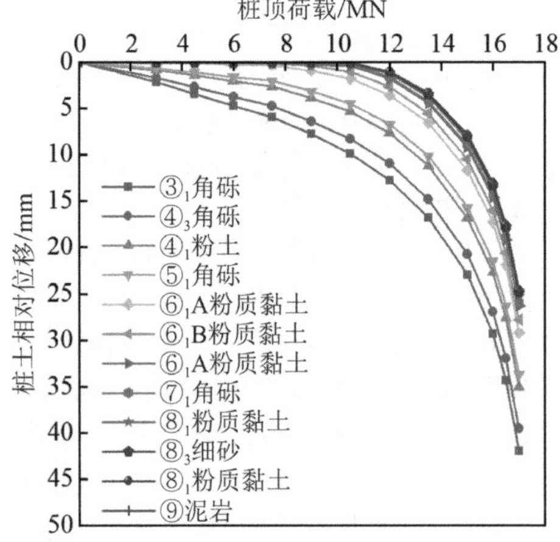

(a) 试桩 SZ1

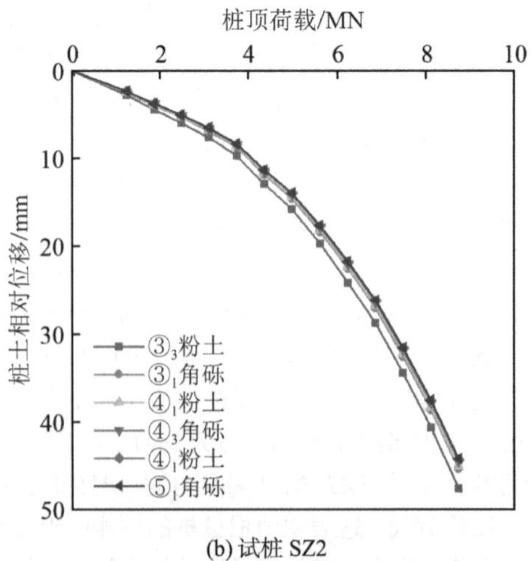

(b) 试桩 SZ2

图 9　桩土相对位移随荷载变化关系

图 10 为试桩 SZ1 和 SZ2 的桩端阻力-桩端位移关系曲线。从图 10 中可以看出，随着桩端位移的增加，桩端阻力也不断发挥，但在桩端位移出现初期，桩端阻力发挥很小，甚至趋近于零；这是由于桩端沉渣对桩端阻力具有弱化效应[14-15]，桩端沉渣在荷载作用下会产生压缩变形，从而降低桩端强度，使得桩端阻力无法正常发挥，这也表明弱化效应在桩端阻力开始发挥作用时就已经出现。利用沉渣测定仪测得长桩 SZ1 和短桩 SZ2 桩端的沉渣厚度分别为 90mm 和 80mm，但 SZ1 桩端阻力发挥更早，这也说明在沉渣厚度相近时，短桩受桩端沉渣的影响更大，因此，在设计和施工时应充分考虑桩端沉渣对不同长度桩基承载力的影响，更加重视短桩的施工工艺和沉渣处理。

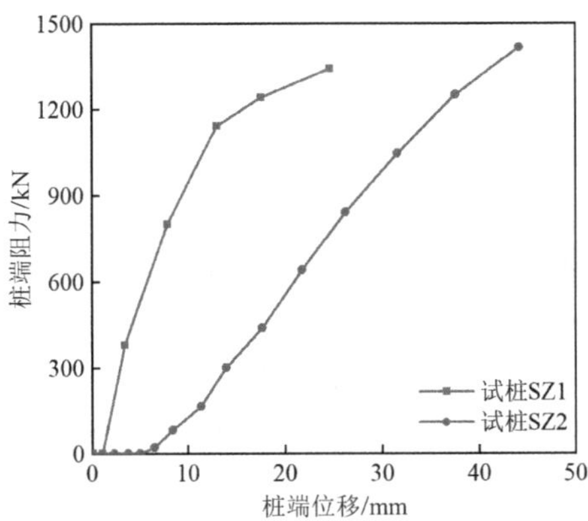

图 10　桩端阻力-桩端位移关系曲线

5　结论

（1）长桩具有更高的竖向承载力，且在相同荷载作用下表现出更强的沉降变形控制能力，同时桩身长度的增加对桩的弹性工作范围也产生了积极影响。

（2）在竖向荷载作用下，长桩和短桩桩身轴力沿深度的变化趋势基本相同，均从桩顶到桩底逐渐衰减，且在不同的加载阶段呈现出不同的衰减速率。当荷载较小时，桩身轴力主要由桩上部承担，而随着荷载增大，桩身轴力逐渐增加，桩周土层的摩阻力不断发挥，衰减速率加快。

（3）不同土层桩侧摩阻力随荷载增加的幅度不同。在同一级荷载下，长桩和短桩的侧摩阻力均表现为单峰型，桩上部土层的侧摩阻力先于下部土层发挥作用，且下部土层的侧摩阻力未发挥完全，仍有一定的承载空间。

（4）相同荷载下桩周各土层的相对位移沿深度方向递减，且由于短桩的桩身压缩量小，各土层位移差距较小，桩顶沉降大部分由桩底位移引起。

（5）桩端沉渣的弱化效应在桩端阻力开始发挥作用时就已经出现，且相较于长桩，短桩桩端阻力受桩端沉渣的影响更为显著。

参考文献：

[1] LI S C, ZHANG Q, ZHANG Q Q, et al. Field and theoretical study of the response of super-long bored pile subjected to compressive load[J]. Marine Georesources & Geotechnology, 2014, 34(1): 71-78.

[2] 万志辉，戴国亮，龚维明. 超厚细砂地层大直径后压浆桩荷载传递计算与分析[J]. 岩土力学, 2018, 39(4): 1386-1394.

[3] AL-KHAZAALI M, VANAPALLI S K. Experimental investigation of single model pile and pile group behavior in Saturated and unsaturated sand[J]. Journal of Geotechnical and Geoenvironmental Engineering, 2019, 145(12): 04019112. 1-04019112. 18.

[4] 张恩祥，赵天时，王正振，等. 非达西流影响的超长桩荷载传递研究[J]. 岩土工程学报, 2022, 44 (S1) : 213-218.

[5] 朴春德，施斌，魏广庆，等. 分布式光纤传感技术在钻孔灌注桩检测中的应用[J]. 岩土工程学报, 2008(7): 976-981.

[6] 魏广庆，施斌，贾建勋，等. 分布式光纤传感技术在预制桩基桩内力测试中的应用[J]. 岩土工程学报, 2009, 31(6): 911-916.

[7] 江宏. PPP-BOTDA 分布式光纤传感技术及其在试桩中应用[J]. 岩土力学, 2011, 32(10): 3190-3195.

[8] 高鲁超，戴国亮，龚维明，等. 光纤光栅传感技术在大直径灌注桩承载力自平衡法测试中的应用[J]. 东南大学学报（自然科学版), 2019, 49(4): 688-695.

[9] MOHAMAD W, BOURGEOIS E, KOUBY A L, et al. Full scale study of pile response to EPBS tunnelling on a Grand Paris Express site[J]. Tunnelling and Underground Space Technology, 2022, 124: 104492.1-104492.14.

[10] 王兴，施斌，张丹，等. BOFDA 分布式光纤监测技术及其在桩基测试中的应用[J]. 工程勘察, 2015, 43(12): 13-17.

[11] PELECANOS L, SOGA K, CHUNGE M P M, et al. Distributed fibre-optic monitoring of an Osterberg-Cell pile test in London[J]. Géotechnique Letters, 2017, 7(2): 1-9.

[12] CHEN W B, HONG C Y, WANG J, et al. Investigation on compressive and pullout behavior of cast-in-situ piles using BOFDA technique[J]. Acta Geotechnica, 2023, 18(8): 4195-4206.

[13] 住房和城乡建设部. 建筑基桩检测技术规范:JGJ 106—2014[S]. 北京：中国建筑工业出版社, 2014.

[14] 王铁行，刘衡，杨波. 厚层沉渣嵌岩桩承载性状研究[J]. 岩土力学, 2013, 34(7): 2072-2076.

[15] 刘春林，唐孟雄，胡贺松，等. 考虑桩底沉渣的随钻跟管桩竖向承载特性模型试验研究[J]. 岩土力学, 2021, 42(1): 177-185.

桩基负摩阻力平衡堆载模型试验研究

陈智伟，戴国亮，龚维明，朱文波，赵文庆，石晨晨
（东南大学土木工程学院，南京 211189）

摘　要：桩周进行堆载等情况易引起较大的桩土沉降，产生的负摩阻力对桩基有不利影响。而现有研究对群桩负摩阻力影响因素的探究不够全面。本文基于室内模型试验，选取单桩和矩形 3 × 3 群桩，进行平衡堆载下桩基负摩阻力试验研究。通过改变堆载等级、桩间距，从桩土沉降、桩身轴力、中性点位置及群桩效应等角度展开研究。结果表明：桩间距和堆载等级的增加，均会引起桩土沉降与桩身轴力的增加以及中性点下移；且群桩效应系数增大，当达到 6*D*桩间距时群桩效应基本消散，其中堆载等级的改变对于负摩阻力特性影响最大；不同桩位在轴力、下拉力、群桩效应系数及中性点埋深方面也存在角桩 > 边桩 > 中心桩的大小关系，其中角桩群桩效应系数可达到 0.9 以上，更近似于单桩受力特性。

关键词：桩基；负摩阻力；平衡堆载；模型试验

0　引言

桩周由于堆载、填土等工况，将产生较大土体沉降从而引起桩身负摩阻力。负摩阻力有着诸多不利影响，会使桩的沉降增加和轴力增大，极端情况下会造成桩体的强度破坏和群桩不均匀沉降破坏。

平衡堆载表现为以桩基础为中心，四周对称均匀分布。平衡堆载在工程中也较为常见，如后期填土、二次建筑等。因此探索桩基在平衡大面积堆载的工况下的负摩阻力特性极为重要；揭示负摩阻力发展规律，对平衡堆载条件下桩基的工程设计意义重大。

在负摩阻力问题的研究中，室内试验方法得到了广泛应用。Shibata 等[1]设计了黏土中竖直和倾斜群桩模型试验，首次利用冲压气囊实现了土表堆载的模拟。此后学者们利用不同桩体材料进行了系列试验[2-4]。王长丹等[5]针对湿陷性黄土利用离心试验探讨了不同桩间距下桩网复合地基沉降量、中性点、负摩阻力的特点；试验表明桩间距越大负摩阻力越大，中性点位置越低。黄挺等[6]通过单桩及双桩室内模型试验，得出时间变量对于负摩阻力和沉降具有显著影响。张建新等[7]进行了软土单桩室内试验，发现负摩阻力在次固结阶段随深度先增大后减小。杨庆等[8]对比了堆载条件下端承桩和摩擦桩的负摩阻力特性，得出端承桩全长都将受负摩阻力影响的结论。孔纲强和杨庆[9]通过改变桩间距及桩数，对比了单桩、群桩模型结果，分析了负摩阻力、下拉力和中性点位置与时间效应的关系。刘洋[10]采用不同的桩周填土方式、填土厚度对单侧堆载排桩负摩阻力进行分析，明确了单桩与排桩摩阻力分布特性的区别。戴国亮等[11]进行了边载与围载两种不同堆载条件的群桩模型试验，明确了桩身轴力、沉降、下拉力大小关系。闫澍旺等[12]采用低位真空预压方法研究了大面积堆载条件下群桩负摩阻力问题，更好地反映了桩周土真实固结情况。

以上研究对桩土性质、荷载施加方式、桩型桩数与负摩阻力的关系进行了多层次研究，但多以单桩为主，对群桩的研究略有不足，且缺少群桩效应对于整体沉降和中心点位置的分析。基于上述原因，本文进行了平衡堆载条件下单桩和 3 × 3 群桩负摩阻力室内模型试验，并从沉降、轴力、中性点、下拉力及群桩效应等维度展开负摩阻力特性分析。

1　模型试验

1.1　试验方案

试验方案将考虑单桩、3 × 3 矩形群桩这 2 种不同布桩方式，设计 3*D*、4*D*、6*D*三种桩间距（*D*为桩径），分 5 级施加平衡堆载：20kPa、40kPa、60kPa、80kPa、100kPa。

1.2　试验模型箱

试验模型箱内部净空尺寸为 200cm × 200cm × 200cm。模型箱顶部设计反力架便于加载，箱底铺碎石垫层，并用土工布覆盖。试验箱底部间距 100cm 设置排水开关各 2 个，砂池底部内铺打孔管道，并用土工布包裹排水孔，用以防止砂土流失堵塞孔洞。

1.3　试验桩周土选取

桩周土选用粒径为 0.01～2mm 的石英砂，曲率系数为 1.31，不均匀系数为 5.29，均匀性良好。具体的土体物理参数见表 1。采用人工分层压实的方法将砂土相对密实度控制在 45% ± 3%。

试验土性指标参数　　表 1

泊松比	重度/（kN/m³）	内摩擦角/（°）	含水率/%	最大干密度/（g/cm³）	最小干密度/（g/cm³）
0.26	15.9	35.2	16.87	1.733	1.429

1.4　试验模型桩制作

模型桩采用 7075 型铝管，长 1m，桩径 30mm，壁厚 2mm。对群桩试验，采用钢板承台，厚度为 3cm。

1.5　测点布置

桩身应变片在模型桩两侧对称分布，如图 1 所示。应变片使用环氧 AB 胶二次覆盖，形成硬质保护壳体。

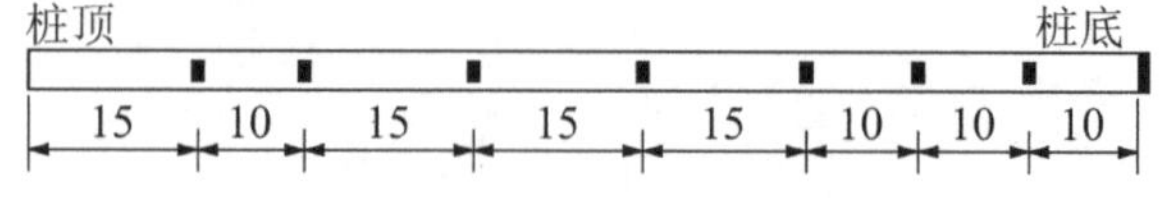

图 1　桩身应变片分布示意图

本文通过在土体不同深度埋设沉降标来测量位移，见图 2。沉降标长度分别为 45cm、75cm、105cm，埋设后露出土表高度 15cm，外套 PVC 管并涂抹凡士林。总体的试验装置示意图如图 3 所示。

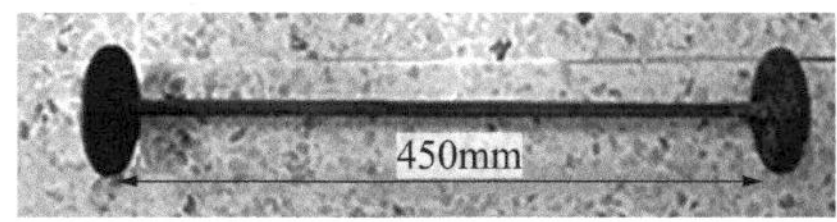

图 2　沉降标实物图

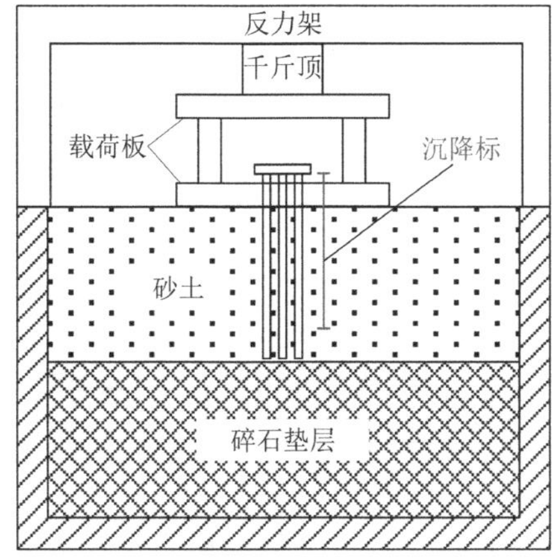

图 3　试验装置示意图

1.6　加载方法

桩顶施加 500N 静力荷载。平衡堆载由千斤顶上顶反力架提供。加载采用慢速维持荷载法，每级荷载为 20kPa，加载时间控制在 40min，土体沉降速率稳定（小于 0.01mm/10min）方可施加下一级。

2　模型试验结果及分析

2.1　单桩模型试验

不同堆载下的桩土沉降曲线如图 4 所示。由在 20～100kPa 的不同堆载等级下的桩体和土体沉降可以看出，随着土层深度增加，沉降变化幅度减小；随着堆载等级增加，相同土层深度沉降也随着增加，但土层越深沉降相对变化幅度越小。

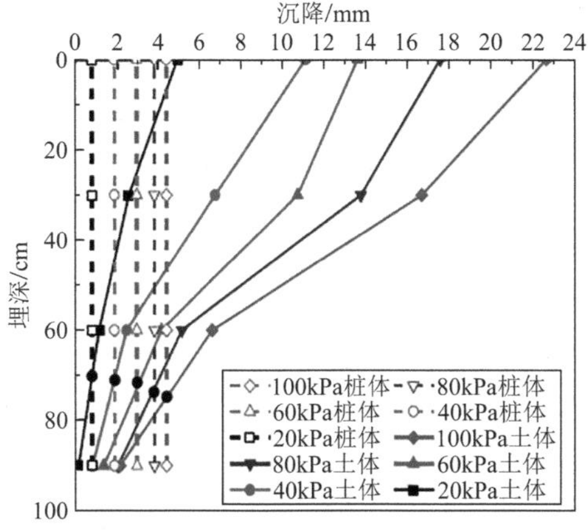

图 4　单桩-不同堆载下桩土沉降图

不同堆载下桩身轴力分布如图 5 所示。随着堆载等级增加，轴力随之增加，堆载等级为 100kPa 时轴力最大，且轴力沿桩身出现较明显的先增大后减小的规律。

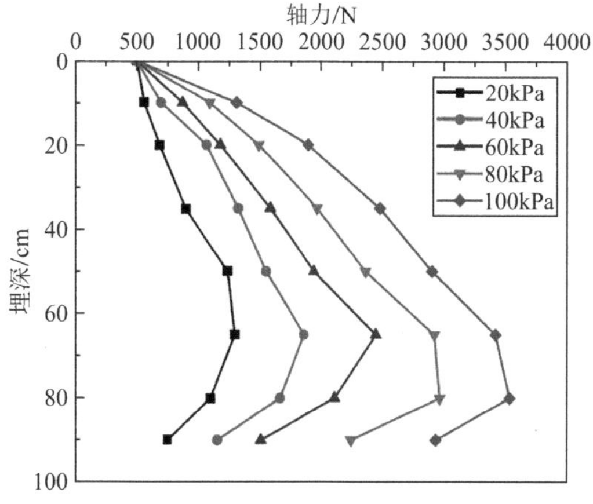

图 5　单桩-不同堆载下桩身轴力图

图 6 中给出了不同堆载下桩侧阻力分布图。随着土体堆载等级增加，负摩阻力峰值随之增加，所产生的负摩阻力区域范围亦增大。对于不同堆载条件，随着堆载等级增大，中性点位置不断下移，中性点位置分别为：0.77L、0.83L、0.86L、0.89L、0.93L（L为桩长）。

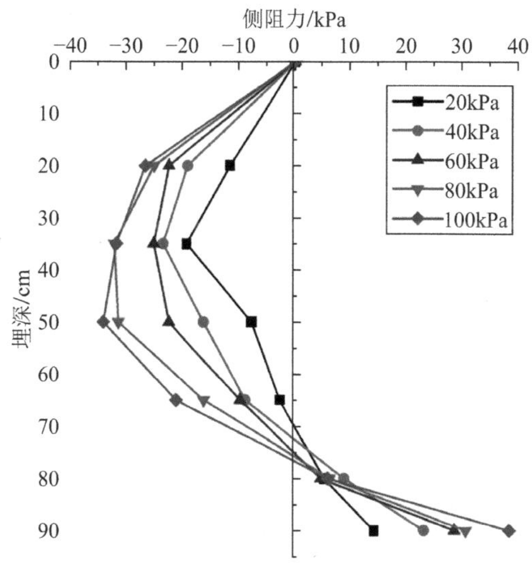

图 6　单桩-不同堆载下桩身侧阻力

2.2　矩形 3 × 3 桩试验

（1）桩土沉降及中性点位置分析

不同桩间距条件下桩周土体分层沉降曲线如图 7 所示。土表处沉降变化最大，沿着桩身方向变化幅度减小；随着堆载增加，桩周土沉降随之增加；对不同桩间距，随桩间距增加，桩周土及承台沉降增加。

（2）桩体轴力分析

角桩、边桩、中心桩的轴力如图 8 所示。随着堆载等级增加，三种桩型都一致出现随着堆载增加，轴力先增大后减小的规律。原因为随土表荷载的增加，上部土体沉降大于桩体沉降产生负摩阻力，直至桩土位移相等点转换为正摩阻力。

在同一桩间距下，三种桩型的最大轴力关系为：角桩 > 边桩 > 中心桩。因为角桩位于群桩的边角处，直接接触由堆载压缩的土体面积最大，也使得桩土相对沉降最大，产生的侧摩阻力最大，从而轴力最大。

在不同桩间距条件下，轴力随着桩间距增加相应增加。桩间距增加时，相邻桩体之间的相互影响减少，群桩效应降低，100kPa 下 6*D*桩间距时轴力与单桩试验值最为相近，最大轴力比值约为 0.89。在相同堆载等级下，4*D*相比 3*D*轴力分别依次增加；6*D*相比 4*D*轴力分别依次增加。群桩效应逐渐减弱。

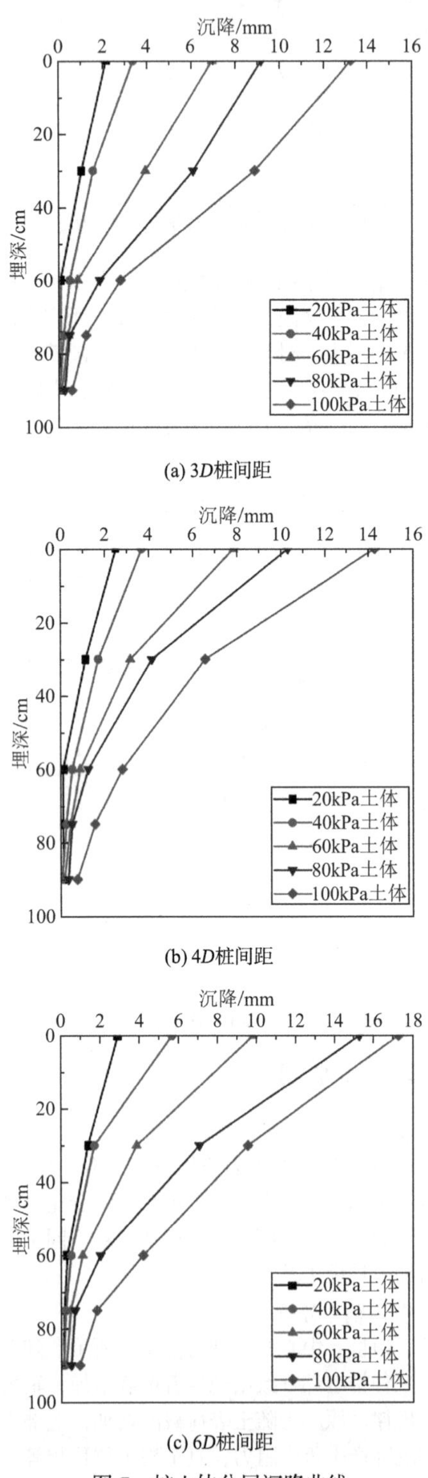

图 7　桩土体分层沉降曲线

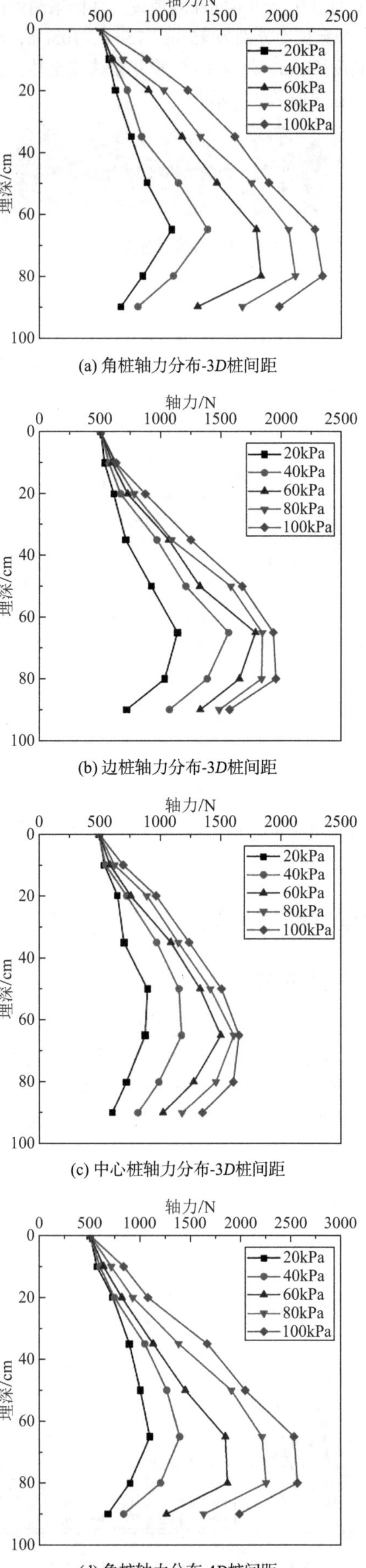

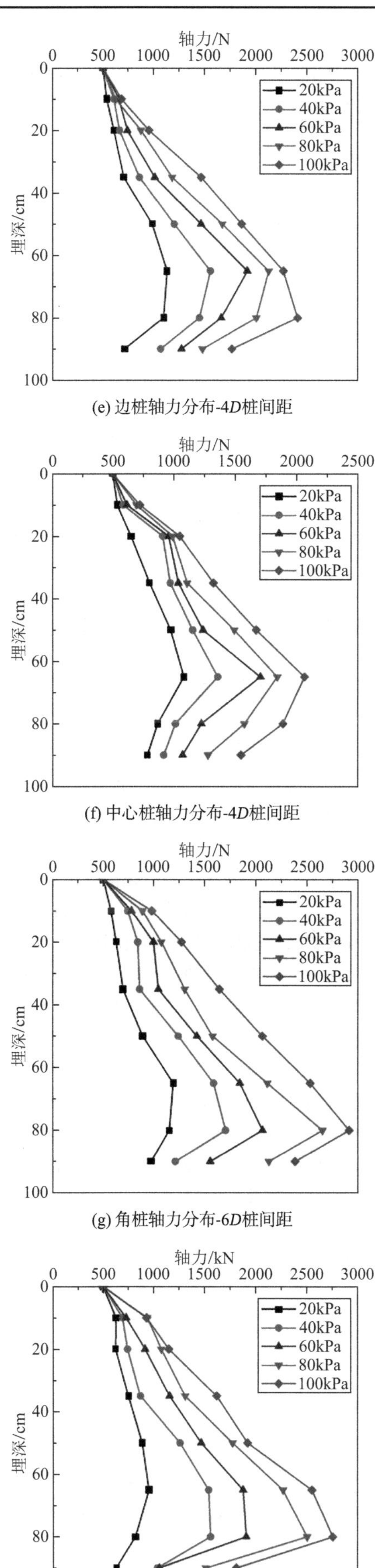

(h) 边桩轴力分布-6D桩间距

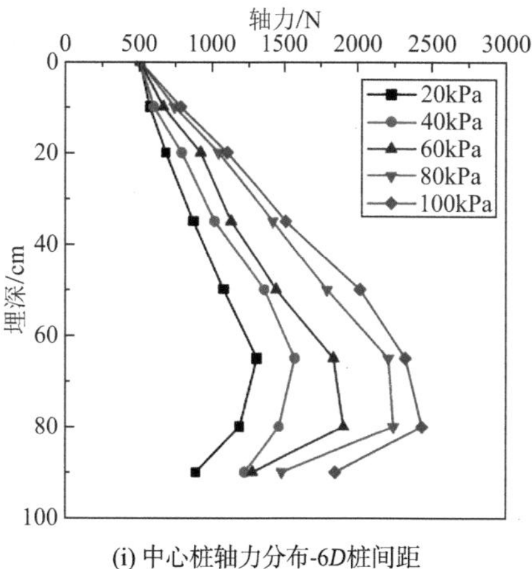

(i) 中心桩轴力分布-6D桩间距

图 8 不同堆载下桩身轴力

（3）桩侧摩阻力分析

在不同桩间距条件下，侧摩阻力随着桩间距的变化规律与轴力的变化规律类似。由于篇幅原因，这里仅给出桩间距为 6D时的侧阻力分布，如图 9 所示。6D桩间距条件下，角桩桩侧摩阻力大于边桩大于中心桩，角桩因负摩阻力产生的下拉力也最大，边桩次之但其力的大小相近，中心桩远小于边桩。

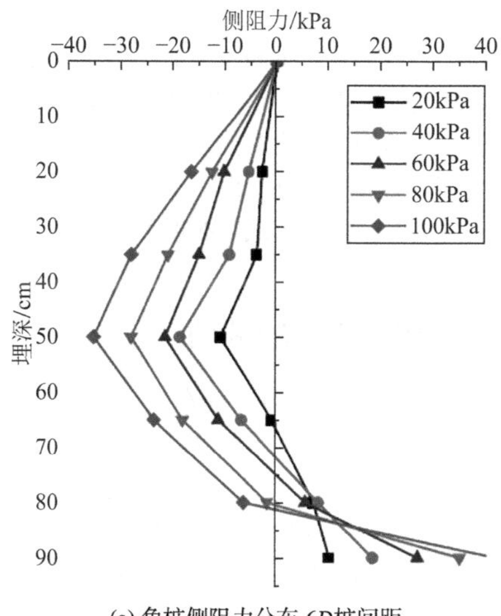

(a) 角桩侧阻力分布-6D桩间距

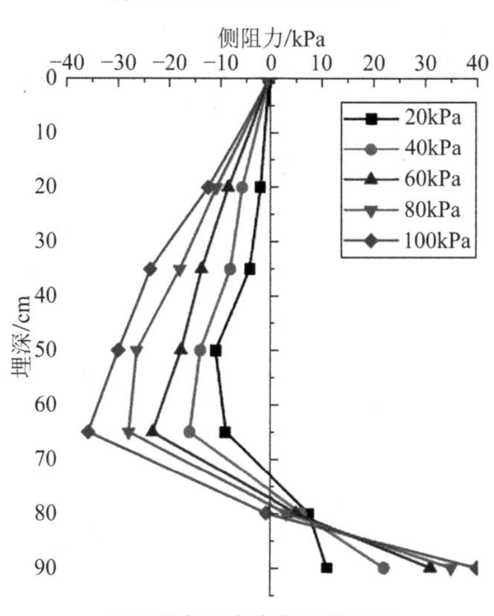

(b) 边桩侧阻力分布-6D桩间距

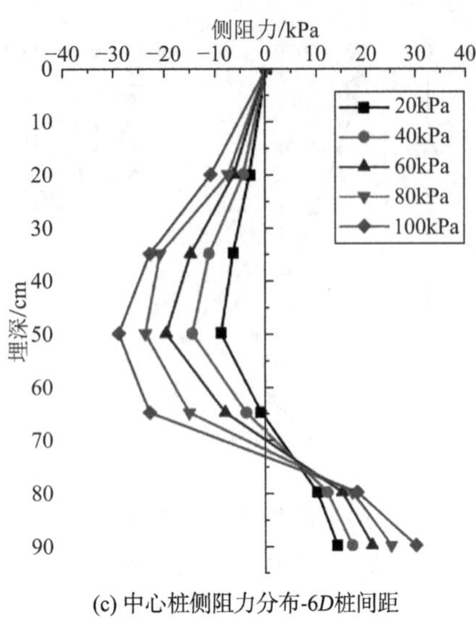

(c) 中心桩侧阻力分布-6D桩间距

图 9　不同堆载下桩身侧阻力

中性点是正负摩阻力变化的转折点。从图 9 中可看出相应的中性点位置变化规律与侧摩阻力相反，中心桩中性点位置最高，边桩中心桩相近，其所对应的中性点与桩长比值按照角桩、边桩、中心桩顺序依次减小。

对于不同桩间距，在同一堆载等级、桩位条件下，随着桩间距增加，平均负摩阻力相应增加，6*D*桩间距时平均负摩阻力最大。原因在于桩间距增加，相邻桩之间的相互影响减弱，群桩效应逐渐消散，当桩间距为 6*D*时，其中角桩最为接近单桩试验负摩阻力分布。

结合负摩阻力分布特性，以正负摩阻力交替处确定中性点位置，可得知：随着堆载等级增加，中性点位置明显下移；随着桩间距增加，中性点位置出现下移。

2.3　群桩效应对中性点位置影响

为分析负摩阻力群桩效应的存在对于中性点位置的影响，在此选取不同桩型、不同桩间距的中性点位置与单桩试验中性点位置比值为研究对象，即群桩中性点位置与单桩中性点位置比值为纵坐标，以不同堆载等级为横坐标，研究中性点位置受群桩效应的影响程度。由图 10 可得出，随着堆载等级增加，中性点位置比值也随着增大，越趋近于单桩值，负摩阻力群桩效应影响减小。桩间距为 3*D*和 4*D*时群桩效应增幅较为明显，但在堆载大于 80kPa 时趋于平稳。对于不同桩间距，可看出中性点位置比值 6*D* 大于 4*D*大于 3*D*，即桩间距越大，群桩效应对中性点影响越小。

为进一步探究群桩效应对不同桩位的中性点影响，在此选取矩形 3 × 3 桩型中 3*D*桩间距试验组为研究对象，因为其桩间距较小，桩与桩相互作用大，群桩效应较为明显且矩形布桩中存在角桩、边桩、中心桩三种桩型，更便于对比分析。结合图 9 可得，同一堆载等级下，中性点位置比值：角桩大于边桩大于中心桩，其中角桩中性点比值范围为 0.90～0.97，边桩为 0.81～0.86，中心桩为 0.73～0.77；角桩与单桩较为接近，表明相应受到负摩阻力群桩效应最小；但中心桩和边桩折减较大，设计中应注意。同时，不同桩位中性点比值都表现出随着堆载正比例增加，与上部分得出规律一致。总结而言，环形 5 桩及矩形 3 × 3 角桩的中性点位置比都大于 0.9，群桩效应影响较小，故在工程设计中可近似取单桩中性点位置作为计算依据。

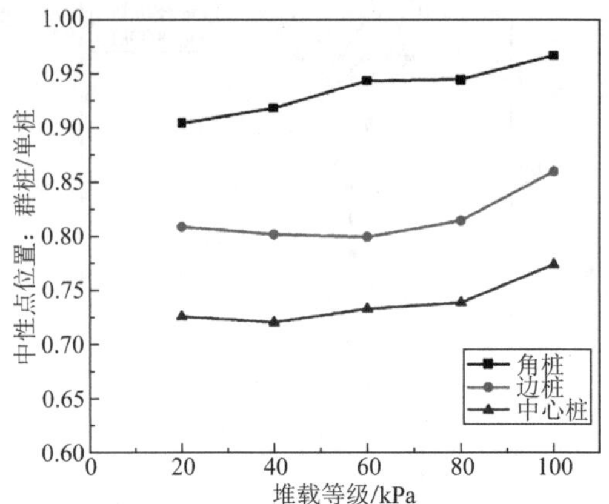

图 10　矩形 3 × 3 群桩效应对不同桩位中性点影响

2.4　群桩效应对桩体沉降的影响

群桩基础中桩与桩之间存在应力叠加影响，使得桩体承受的下拉力产生折损，同时也会间接改变桩体沉降值。图 11 中将纵坐标定义为群桩与单桩沉降之比，探讨不同桩型、不同堆载等级、不同桩间距条件下受群桩效应影响而产生的桩体沉降变化规律。

结合图 11 可得，各工况下桩体沉降比值分布在 0.4～0.9 范围内，与下拉力所得群桩效应系数相对比数值略大，更趋近于单桩沉降状态。具体而言，同一桩型和堆载等级下，桩间距越大桩体沉降比越大，越接近单桩沉降，即群桩效应的影响越小；同一桩型桩间距下，随着堆载等级增加沉降比略微增长，也反映出桩体沉降比受堆载等级影响较小，如矩形 3 × 3 群桩 4*D*桩间距时浮动最小，依次为 0.68、0.69、0.74、0.76、0.77，趋向于平缓直线。

群桩效应对矩形 3 × 3 群桩的沉降影响最大。因桩间距小于桩体相互影响应力圆半径，矩形 3 × 3 群桩的桩数和桩与桩影响圆叠加面积都要更大，使得桩体受到下拉力的减小幅度更高，引起的桩体沉降也减小得更多，进而扩大了群桩效应作用。故在实际工程中对群桩沉降需要单独计算，充分考虑群桩效应影响。

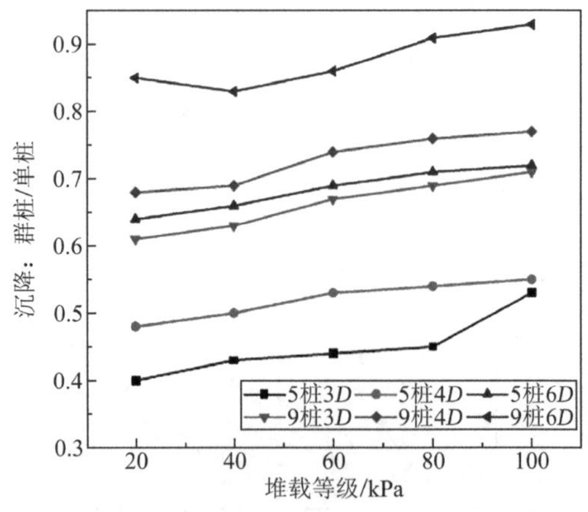

图 11　群桩效应对桩体沉降影响

3 结论

本文通过室内模型试验研究方法，设计平衡堆载下单桩、矩形 3 × 3 群桩的不同布桩试验方案。通过改变平衡堆载等级和桩间距研究桩基负摩阻力特性，具体针对桩土沉降、中性点位置、桩体轴力以及桩侧摩阻力分布展开分析，得出了群桩效应对中性点及沉降影响。得到以下结论：

（1）对于不同布桩方式，同一荷载等级下单桩沉降小于矩形 3 × 3 桩沉降；对于不同桩间距的群桩，随着桩间距增大，桩体沉降反而减小，6*D*桩间距与单桩较为相近。

（2）随着土层埋深增加，桩周土体都近乎线性减小；对于同一深度，土层沉降随着堆载等级增大而增大；随着桩间距增加，桩周土沉降增加；对于不同布桩方式，单桩的桩周土体沉降大于矩形 3 × 3 桩。

（3）桩身轴力随着堆载等级增加呈现轴力整体增加的规律，且轴力沿埋深的变化规律一致：先增加至最大点后出现弯折逐渐减小；对于不同桩间距，同一荷载条件下，随着桩间距的增加，桩体最大轴力增大；同时不同桩位也有着不同轴力分布特性，在同一桩间距条件下，矩形 3 × 3 群桩的最大轴力关系为：角桩 > 边桩 > 中心桩。

（4）桩侧摩阻力随着深度增加出现先增大后减小至零值，随后负摩阻力转变为正摩阻力的变化规律；对于不同堆载等级，随着荷载增加，桩周土体有效应力增加，导致桩侧摩阻力最大值也有增大，且下拉力增加；对于不同桩间距，随着桩间距增大，其桩身受到的桩身最大负摩阻力值随之增加；不同桩位也呈现不同负摩阻力分布：角桩大于边桩大于中心桩，下拉力规律保持一致。

（5）中性点位置随着堆载等级增加而不断下移，单桩基本在 0.77*L*～0.93*L*范围内；对于不同桩间距，随着桩间距增大，负摩阻力分布范围越大，中性点逐步下移；对于不同布桩方式，6*D*桩间距下的矩形 3 × 3 角桩与单桩中性点位置较为接近，且不同桩位也有不同分布，呈现角桩低于边桩低于中心桩的规律。

参考文献：

[1] SHIBATA T, SEKIGUCHI H, YUKITOMO H. Model test and analysis of negative skin friction acting on piles[J]. Soils and Foundations, 1982, 22(2): 29-39.

[2] RAO S N, KRISHNAMURTHY N R. Studies of negative skin friction in model pile[J]. Geotechnical Engineering, 1982, 13: 83-91.

[3] ERGUN M U, SONMEZ D. Negative skin friction from surface settlements in model group tests[J]. Canadian Geotechnical Journal, 1995, 32(6): 1075-1079.

[4] TOMA T M. A model study of negative skin friction on a fixed base pile in soft clay[D]. Edinburgh: Heriot-Watt University, department of civil engineering, 1989.

[5] 王长丹，王炳龙，王旭，等. 湿陷性黄土桩网复合地基沉降控制离心模型试验[J]. 铁道学报, 2011, 33(4): 84-92.

[6] 黄挺，龚维明，戴国亮，等. 桩基负摩阻力时间效应试验研究[J]. 岩土力学, 2013, 34(10): 2841-2845.

[7] 张建新，岳晓鹏，刘举，等. 软土次固结阶段桩侧负摩阻力变化规律研究[J]. 工程地质学报, 2017, 25(3): 692-698.

[8] 杨庆，孔纲强，郑鹏一，等. 堆载条件下单桩负摩阻力模型试验研究[J]. 岩土力学, 2008, 29(10): 2805-2810.

[9] 孔纲强，杨庆. 考虑时间效应的斜桩基负摩阻力室内模型试验研究[J]. 岩土工程学报, 2009, 31(4): 617-621.

[10] 刘洋. 支挡排桩在单侧填土作用下的桩侧摩阻力研究[D]. 长沙：长沙理工大学, 2010.

[11] 戴国亮，黄挺，龚维明，等. 边载作用下砂土桩基负摩阻力试验[J]. 中国公路学报, 2015, 28(1): 1-7.

[12] 闫澍旺，郎瑞卿，孙立强，等. 低位真空预压作用下桩基负摩阻力试验研究[J]. 东南大学学报, 2016, 43(3): 184-189.

滨海软土地区桥台-桩-土相互作用分析与模拟研究

马乐民，徐小乐，刘明亮

（天津市勘察设计院集团有限公司，天津 300191）

摘　要：本文通过数值模拟手段分析了桥台、桩基础、台后填土以及地基土之间相互协调的共同作用关系。在台后填土荷载的作用下，软弱地基土发生不均匀沉降和侧向变形，产生对邻近桥台桩基础的向下负摩擦力和附加水平力作用，导致桩基础产生侧向挠曲变形，使桥台发生不均匀沉降和水平侧移，而桥台在不均匀沉降过程中又会反作用于台后填土，使填土体的应力重新分布。整个体系在不断的相互协调、相互影响中，达到新的平衡状态。

关键词：软土地基；桩基础；桥台；共同作用；数值模拟

0　引言

桥台及其桩基础在软土地基中的相互作用是一个复杂而渐进的过程，仅仅通过理论分析和简单的计算分析已经不能满足目前研究的需要[1-2]。本文引入岩土工程中常用的数值模拟分析方法，选择适合的数值模拟软件以及适当的本构模型和边界条件，结合工程实际选择合理的材料参数和施工工序，对软土软土地区桥台-桩-土作用体系进行数值模拟分析。

1　数值模拟方案设计与实现

利用 FLAC3D 有限差分程序，对某滨海软土地区桥台、桩基础和地基土作用体系进行系统数值模拟分析。建立数值模型，对模型进行钻孔灌注桩施工、承台及桥台浇筑、路基及台后填土施工以及上部结构施工的整个过程的模拟分析，并通过 FLAC3D 有限差分程序内置的历史变量命令，对整个过程应力应变进行监控。

1.1　模型的简化与实现

模型结合某工程设计图纸并进行了部分简化，本次数值模拟分析取桥台高度为 7.5m，桥台墙厚 1.0m，桥台宽度取 12.0m，桩基础采用钻孔灌注桩，桩径 1.0m，桩长 25.0m，双排桩间距为 2.5m。计算模型几何参数确定后，使用 ANSYS 进行相同尺寸的三维实体建模，并考虑计算精度和计算效率，以 1.5m 为基数对实体模型进行单元网格划分，最终得到计算模型的三维实体模型如图 1 所示。

桥台桩基础通过 FLAC3D 中的桩结构单元进行模拟，取桩长 25.0m，桩径 1.0m；桩体弹性模量E取 25GPa，泊松比ν取 0.25，密度ρ取 2500kg/m^3；剪切耦合弹簧刚度cs_{sk}与法向耦合弹簧刚度sc_{sk}均取 50GPa，耦合弹簧黏聚力及摩擦角参考桩周土体的黏聚力与摩擦角进行取值，并且定义桩结构单元局部坐标系的y轴方向与整体坐标系y轴方向相同，以便于桩结构单元与土体单元应力应变的比较分析。

对于桥台台面与台后填土之间的相互接触和侧移作用，以及承台和周边地基土之间的错动滑移与相对剪切作用，本文采用基于库仑剪切模型的无厚度接触面单元进行模拟[3-4]。在模拟计算过程中，首先计算接触面节点和实体目标面间的绝对法向位移以及相对剪切速度矢量，然后通过接触面的本构方程计算得到接触面上的法向作用力和切向力作用，其中接触面在处于弹性阶段$t+\Delta t$时刻接触面的法向力和切向力的表达式如下所示：

$$F_{\mathrm{n}}^{(t+\Delta t)}=k_{\mathrm{n}}u_{\mathrm{n}}A+\sigma_{\mathrm{n}}A$$

$$F_{\mathrm{s}}^{(t+\Delta t)}=F_{\mathrm{s}}^{(t)}+k_{\mathrm{s}}\Delta u_{\mathrm{s}}^{(t+0.5\Delta t)}A+\sigma_{\mathrm{s}}A$$

对于库仑滑动的接触面单元存在相互接触以及相对滑动两种状态，这样得到的相对滑动所需切向力F_{smax}作用为：

$$F_{\mathrm{smax}}=c_{\mathrm{if}}A+\tan\varphi_{\mathrm{if}}(F_{\mathrm{n}}-uA)$$

式中：c_{if}——接触面黏聚力；

φ_{if}——接触面的摩擦角；

u——孔隙水压力。

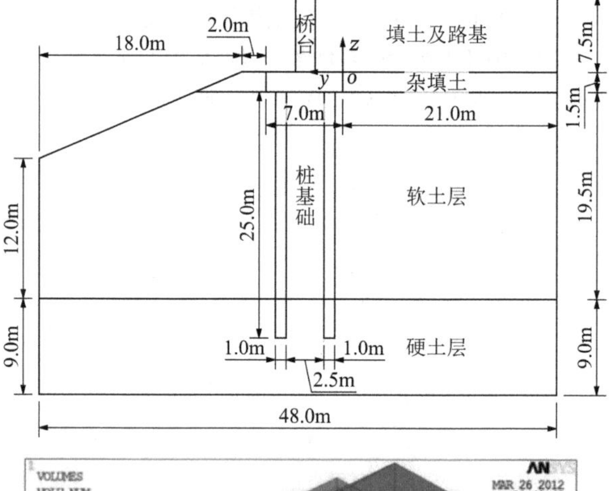

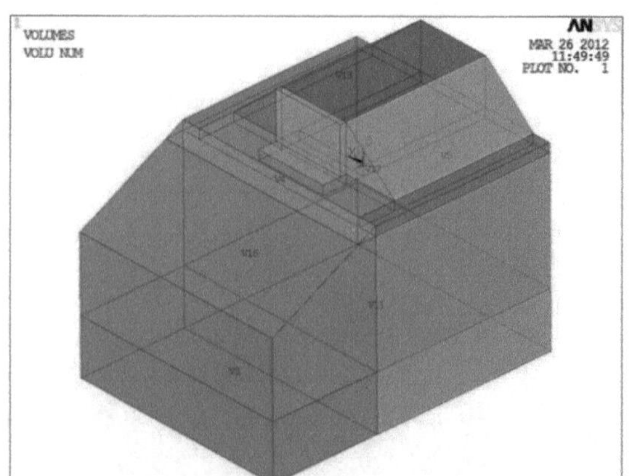

图 1　计算模型的几何尺寸与三维实体模型图

1.2 数值模型参数的选取

数值模拟不同于现场试验，它是将真实的岩土体经过数值方法导入计算机建立数值分析模型进行分析计算，因此数值计算结果的准确性主要取决于计算模型的选择和计算参数的确定[5]。

各个土层及桥台与承台具体的密度ρ、体积模量K、剪切模量G、黏聚力c、摩擦角φ等物理及力学性质指标见表 1。

各土层及桥台结构的物理力学参数表　　表 1

项目名称	ρ/（kg/m³）	K/MPa	G/MPa	c/kPa	φ/（°）
台后填土	2000	5.33	4.8	10.0	9.0
杂填土	1900	4.45	4.00	6.0	11.0
软土 1	1880	3.82	1.76	12.5	11.2
软土 2	1830	2.87	0.96	13.0	10.7
软土 3	1800	4.23	1.96	16.5	12.5
硬土 1	1910	6.55	4.92	30.0	15.0
硬土 2	1990	6.0	3.61	35.0	20.5
桥台承台	2500	11000	10000	—	—

接触面单元的参数选取，由于桥台基础采用钻孔灌注桩，使得桩体与土体特性比较接近，因此取接触面上的黏聚力c值为相邻土层最大黏聚力的 0.8 倍，摩擦角φ取相邻土层的 0.8 倍。K_n和K_s的取值按照如下公式计算：

$$K_n = K_s = 10\max[(K + 4G/3)/\Delta z_{min}]$$

式中：K_n，K_s——法向和切向刚度（MPa）；

K和G——体积模量和剪切模量；

Δz_{min}——周边土体单元的最小法向宽度[6]。

1.3 数值模拟计算流程

数值模拟中前处理阶段采用 ANSYS 进行模型的建立，求解及后处理阶段采用 FLAC3D 程序进行模拟分析[7]，具体的模拟分析流程如图 2 所示。

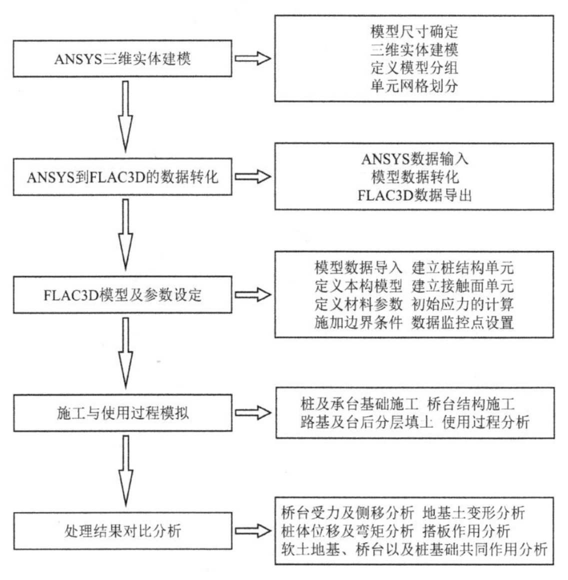

图 2　模拟分析流程图

2 施工过程数值模拟及结果分析

本文数值模拟工况主要包括：

（1）初始地应力的计算。计算前将桩基础、桥台及承台、台后填土设置为空模型，施加边界条件，考虑地下水位（地面以下 1.5m 处）影响，采用更改强度参数的弹塑性求解法，计算达到最终的平衡状态。

（2）钻孔灌注桩基础施工。建立桩结构单元，并通过 FLAC3D 内置的 FISH 语言建立新的桩基础与承台连接，改变桩底连接形式来模拟摩擦端承桩效果。

（3）承台及桥台结构施工。激活承台及桥台的实体模型，赋予材料属性和参数，并在桥台台背与台后填土之间、承台与地基土之间建立接触面单元，模拟它们之间的滑动与分离的接触关系。

（4）台后填土分层回填施工。本阶段是数值分析的重点，根据模型特点和现场施工工序要求，将填土过程分为六步进行逐级填筑，通过对新的填土单元赋予材料属性和边界条件的方式实现填土过程的模拟，并且在上一步填土计算至平衡后，再进行下一次填土的模拟。

（5）上部桥梁结构施工。上部桥梁的施工对桥台的影响主要表现在桥台竖向荷载的增加，由于上部桥梁结构与桥台采用铰接形式，因此，本次模拟通过对桥台顶面施加竖向荷载的方式，来模拟上部桥梁施工对桥台及其基础的影响。

2.1 施工过程模拟结果分析

数值模拟施工步骤较多，综合考虑各工况对桩土相互作用影响[8-9]，本文主要针对填筑完成后及上部桥梁施工完成后的模拟结果进行分析。

（1）填土施工工序完成后的计算结果

本次模拟分析填土总高度 7.5m，分六次进行填筑，经求解计算至平衡后，得到了填土完成后地基土和台后填土的沉降和侧移变形图、桩基础轴向力以及桩基础耦合弹簧法向应力云图，如图 3、图 4 所示。

模拟采取分层分步方式进行填土施工，在台后填土完成后，填土和地基土体的最大沉降发生在远离桥台一侧的填土与地基土的交界处，符合工程实际。桥台前后双排桩轴力存在一定差异，桥台前侧桩轴力发挥作用较小，桥台后侧桩因距离填土近，所受轴向力较大。

对于土体及桥台侧移，土体侧移变形随着填土高度的增加而持续增大，且地基土的侧移在桩基础作用区域明显小于其他区域的侧移量。桥台结构呈现出向台后倾斜的趋势，导致桩基础靠近承台区段的法向耦合弹簧应力与桩体下部其他部位的应力方向相反，其中，黑色表示土体与桩体间发生法向分离，灰色则表明桩土体的相互挤压。

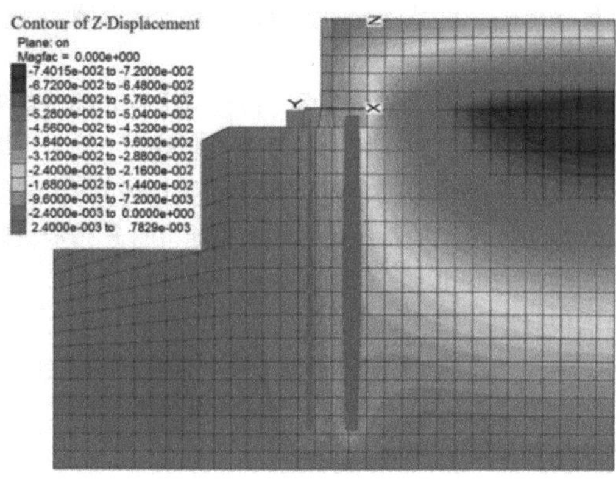

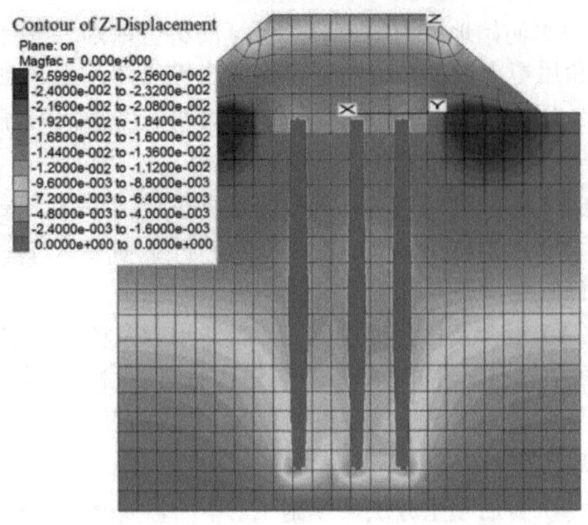

图 3　填土完成后桥台、桩土沉降及桩单元轴力图

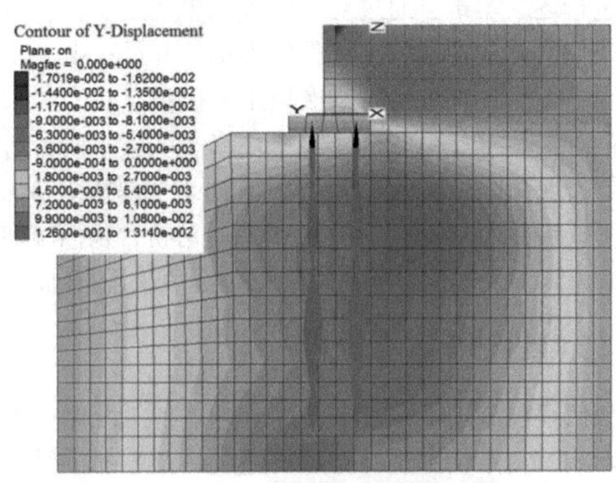

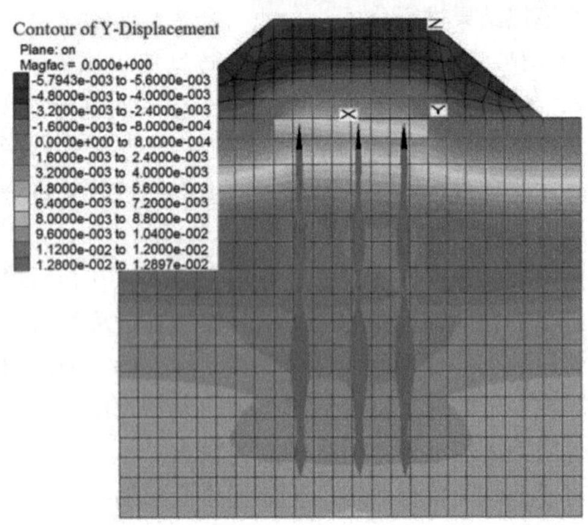

图 4　填土完成后桥台、桩土侧移及桩单元法向耦合弹簧应力图

（2）上部桥梁的施工完成后的计算结果

上部桥梁的施工完成后，地基土和桥台后填土的沉降和侧移变形图、桩基础轴向力以及桩基础耦合弹簧法向应力云图如图 5、图 6 所示。

施加上部结构竖向荷载后，桥台结构及底部桩基础的沉降变形有所增加。在填土过程中，地基土不均匀沉降引起的桥台前侧桩轴力减小的趋势已经发生改变，由于竖向荷载的作用，使得地基土趋于均匀受压。这些趋势反映到桩基础的轴力变化上，就表现为前排桩轴力增大，双排桩共同承担竖向荷载。对于地基土的侧向位移，由于竖向荷载向下传递的影响，土体侧移也在逐渐向深部地基土扩展；同时，对于浅部地基土来说，竖向荷载的作用使得地基土压实，土体侧移有所减小。

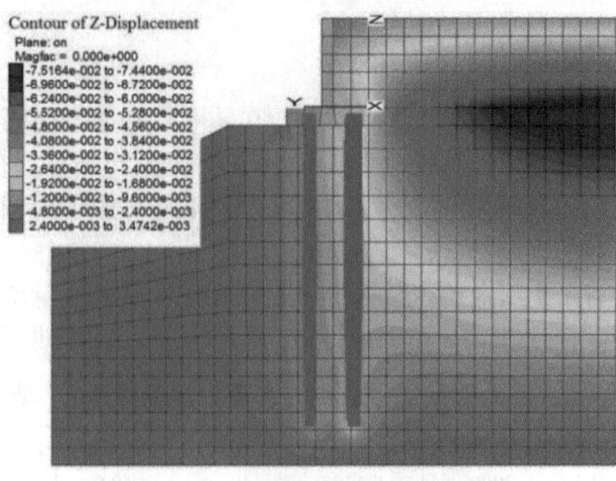

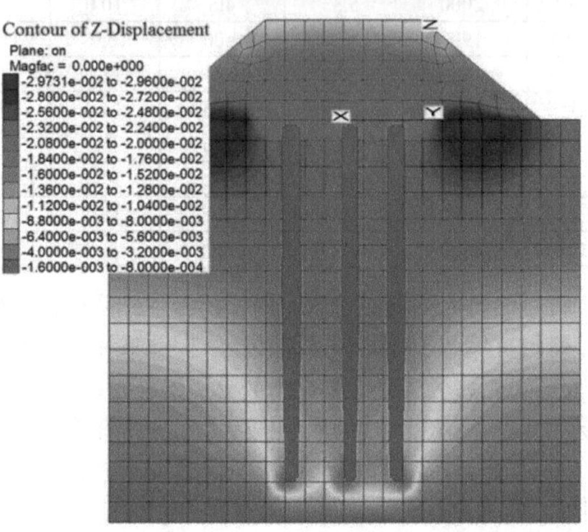

图 5　上部结构施工后桥台、桩土沉降及桩单元轴力图

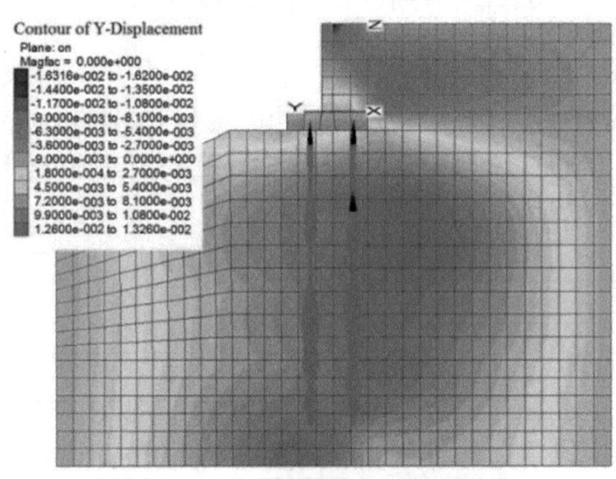

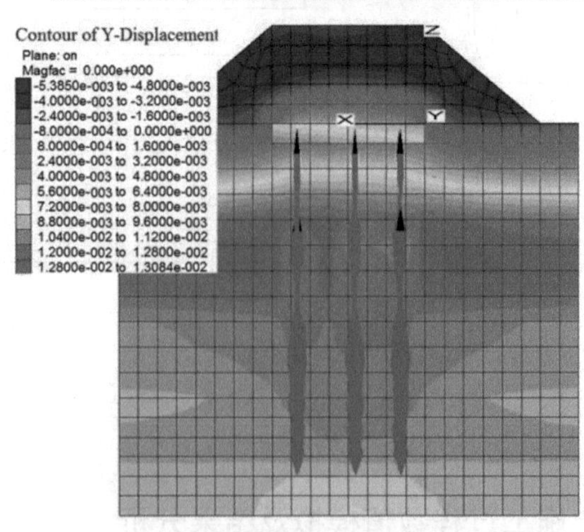

图 6　上部结构施工后桥台、桩土侧移及桩单元法向耦合弹簧应力图

从整个数值模拟过程看，随着填土高度的不断增加及后期上部桥梁施工影响，承台与桩基础连接部位桩体处相离的法向耦合弹簧应力不断减小，说明桥台的侧移变形与下部地基土的侧移变形随着台后填土过程的进行由各自独立的变形模式逐渐向整体式的相互协调的变形模式转变。体现了桥台、桩基础以及地基土三者之间相互协调的共同作用关系。

2.2 施工过程模拟监测数据分析

对施工模拟过程中的监测数据进行分析，以便更加清晰、准确地认识桥台和桩基础之间以及桩基础与土体之间的相互作用关系。

将施工过程中记录的历史变量数据通过命令导出并经过处理，得到一系列曲线图。图 7 为桥台桩基础侧向位移及沉降沿桩身变化曲线图，从图中可以看出，桩体侧向位移均较大，由于右侧桩体位于靠近台后填土一侧，因此其侧向位移明显大于左侧桩体侧移，并且桩体的侧向位移均发生在距离地面约 5～20m 的软土层中，说明填土荷载产生的土压力对该区域土体作用明显；两根桩体的沉降变形沿桩身分布较均匀，但靠近填土一侧的右侧桩体沉降量要大于左侧桩体沉降量，左右两根桩体的不均匀沉降。

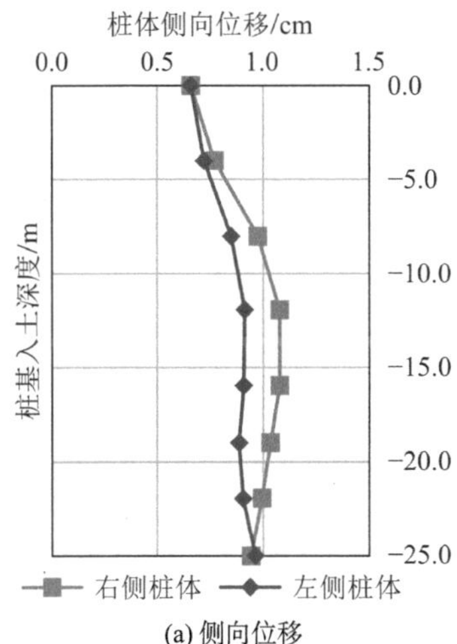

(a) 侧向位移

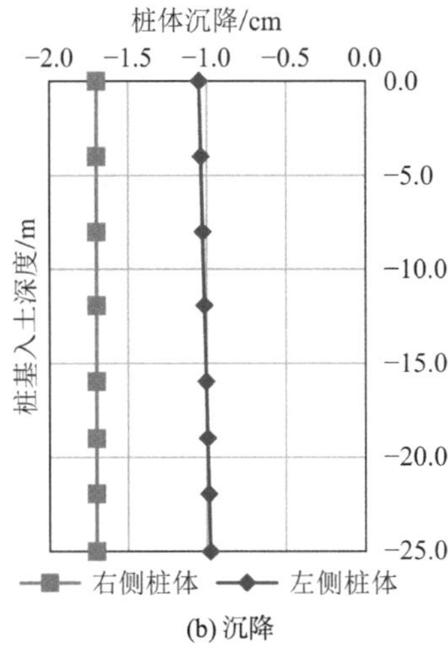

(b) 沉降

图 7 桥台桩基础侧向位移及沉降沿桩身变化曲线

图 8 为地基土的侧向位移及沉降变形沿深度变化曲线，分别取双排桩左侧地基土、双排桩中间地基土以及双排桩右侧地基土进行比较分析。地基土的侧移量与地基土距离台后填土的距离成比例关系，距离填土越近的地基土的侧移量就越大；三个区域的地基土的最大侧移均发生在地面以下 5～20m 的软土地基中。比较三个区域地基土的沉降曲线可以看出，地基土的不均匀沉降也主要发生在距离地面较近的软土地层中，且沉降值与土体物理特性密切相关，沉降曲线的拐点主要发生在各个土层的交界处，对比沉降曲线斜率可知软土层中地基土沉降最显著，发生在软土层中的沉降量约占土体总沉降量的一半。

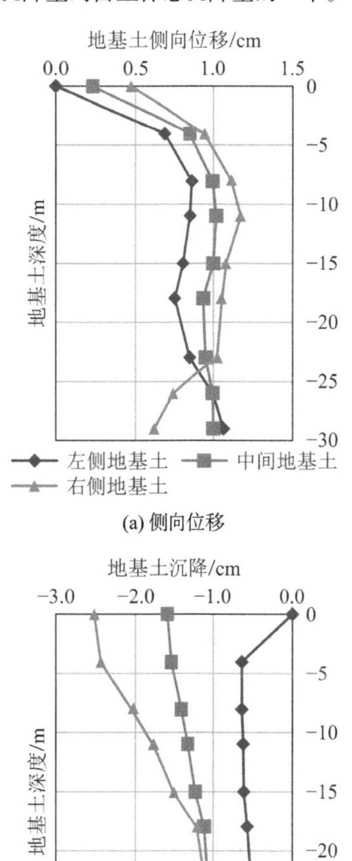

图 8 地基土侧向位移及沉降沿深度变化曲线

3 结语

数值模拟分析表明，桥台及桩基础侧向变形主要发生在填土阶段，桥台台后填土是引起桥台以及桩基础侧移变形的主要原因。

填土过程中，桥台前后地基土发生不均匀沉降，导致桥台结构有向填土方向侧移的趋势，桥台对填土产生一定的反作用力，而桥台的这种位移模式又会增大台后填土的被动土压力。

上部桥梁结构作用于桥台的竖向荷载可以起到增加桥台稳定性的作用，有利于协调桥台、桩基础与土体的不均匀沉降。

软土地基由于其压缩性大，固结度低等特点，在整个过程中起到了传递荷载与协调变形的作用。整个体系中在软土层中土体变形最为明显，这也是桥台病害多发生在软土地区的一种重要原因之一。

参考文献：

［1］江祖铭，王崇礼．公路桥涵设计手册：墩台与基础[M]．北京：人民交通出版社，1994.

［2］姚玲森．桥梁工程[M]．北京：人民交通出版社，2008.

［3］FANG Y S, ISHIBASHI M. Static earth pressures with various walls movements[J]. Journal of Geotechnical Engineering, ASCE, 1986, 112(3): 317-333.

［4］WANG Y S. Distribution of earth pressure on a retaining wall [J]. Géotechnique, 2000, 50(1), 83-88.

［5］NARAIN J, SARAN S, NANDAKUMARAN P. Model study of passive earth pressures in Sand[J]. Journal of the Soil Mechanics and Foundation Division, ASCE, 1969, 95(4): 969-983.

［6］郑颖人，赵尚毅，邓楚键，等．有限元极限分析法发展及其在岩土工程中的应用[J]．中国工程科学，2006. 12, 8(12): 39-61.

［7］郑颖人，赵尚毅．岩土工程极限分析有限元法及其应用[J]．土木工程学报，2005, 38(1): 91-99.

［8］费正华，邓永明，容耀华．软弱地基桥台桩有限元分析[J]．中南公路工程，2001, 26(4): 47-49.

［9］王年香．被动桩与土体相互作用研究综述[J]．水利水运科学研究，2000. 9(3): 69-75.

组合荷载下桩基础承载特性试验研究

刘平宇，李小娟，竺明星，孙超逸，鲜金琼
（江苏科技大学土木工程与建筑学院，镇江 212100）

摘　要：现有组合受荷桩试验研究普遍未能考虑60°～90°的倾斜加载角度对桩基承载特性影响，导致对桩基础组合受荷承载性能的评估准确性有待提升。本文基于自主研发的加载试验设备开展了组合荷载下模型桩承载特性试验研究，获得了不同加载角度、埋置深度情况下的桩顶荷载-位移曲线及桩身弯矩、剪力、轴力分布曲线。试验结果表明：模型桩组合承载性能受加载角度影响显著，主要受组合荷载的竖向分量与水平分量博弈的控制，其中60°加载角度为博弈转折点，即当小于60°时荷载水平分量占组合承载性能控制的主导地位，当加载角度大于60°时则由竖向分量控制。本文研究成果可为进一步理解组合荷载下桩基础耦合承载特性提供较好的参考。

关键词：桩基础；组合荷载；承载特性；模型试验；承载力包络曲线

0　引言

单桩基础以其施工工艺成熟、造价成本低等优势，成为海上风电最主要的基础形式。但在现有规范的计算中，往往将各个荷载分解为竖向、水平荷载独立计算，而未考虑到竖向承载力、水平承载力及抗倾覆力矩三者的耦合作用[1]。

在众多学者开展各类试验研究，如马宏旺等[2]通过试验探讨了长期循环荷载对海上风电桩基础的影响；卢钦先等[3]研究了局部冲刷对桩顶位移、桩身应变的影响；黄质宏[4]则对低配筋率灌注桩的水平荷载下的受力特性进行了试验研究。此外，离心机试验也已成为研究桩基性能的重要手段。荣冰等[5]则进行了风机单桩基础的离心模型试验，分析了桩身响应及周围土体变形；刘俊峰和向君[6]研究了重力式基础水下挤密砂桩复合地基的承载力；刘建秀等[7]则研究了海上风电单桩基础的水平承载特性。值得注意的是，Lei 等[8]研究了吸力桶基础在复合载荷作用下的行为；Wei 等[9]则分析了单桩支承的海上风电机在波浪和风载荷作用下的动态响应；Wu 等[10]和 Zhou 等[11]研究了混合型单桩-吸力桶基础在复合载荷下的受力特性；Hsu 等[12]研究了一种新型基础结构，该基础由混凝土圆筒体、钢管桩和吸力桶组成；Lei 等[13]则探讨了吸力桶基础在饱和砂土中的行为特性。在上述研究的基础上，本文拟采用自主研制的多维度组合加载设备进行模型桩组合加载试验。该设备能随意调整组合加载角度，并通过自主开发的电脑端加载控制系统实时采集桩身受荷、桩身应变、泥面以上桩身位移等数据。这一设备为研究海上风电钢管桩基础在复合荷载下的耦合承载特性提供了可靠手段。

本文对组合荷载作用下的桩基础的承载特性及其影响的室内试验进行了介绍，包括试验方案、模型制造、试验土体制备等；并对单桩基础进行组合荷载作用下的室内模型试验所得数据进行处理，获得了不同加载角度、埋置深度情况下的桩顶荷载-位移曲线及桩身弯矩、剪力、轴力分布曲线，分析了组合荷载作用下桩基承载特性及规律，并进行比较。

1　试验方案

1.1　试验基本概述

本次组合荷载作用下基桩承载特性的室内模型试验拟在模型箱中开展，地基土体采用标准砂，模型桩设置两种埋设深度，分别为 52cm 与 62cm。

在模型箱内分层填筑标准砂，到预定埋深 52cm 位置安置模型桩并继续铺砂至指定埋深；随后，将桩身两侧共 8 对应变片导线与应变采集仪连接，并将铺设好的砂土地基静置 7d；开始试验时，调整多维加载及反力平台角度，随后安装伺服电缸加载系统，将伺服电缸的活塞与模型桩桩帽连接，在模型桩侧壁安放位移传感器测量泥面处位移，通过控制系统操控伺服电缸输出，并通过数据采集仪实时采集压力传感器、位移传感器、桩身应变片等数据。上述过程完成后，依次按 0°、15°、30°、45°、60°、75°、80°、85°、90°进行试验；之后，以上述同样流程进行埋深为 62cm 模型桩的室内模型试验。

1.2　实验材料制备

（1）地基砂土制备

本次模型试验的地基土采用福建标准砂。通过烘干试验、击锤试验等常规土体物理试验测试获得本次试验所使用福建标准砂的各项参数：平均粒径D_{50}为 0.17mm，最大干密度 1.638g/cm^3，最小干密度 1.349g/cm^3，不均匀系数 1.7，土粒相对密度G_s为 2.632，土体含水量为 2%，相对密实度D_r为 52%。

标准砂地基土采用分层填筑的方式装入模型箱中，填筑总深度为 1m；按照每层压实后高度为 10cm 的标准进行填筑，填筑完成后对标准砂表面进行压实抹平；每次压实完静置 2h，并对砂土表面进行刮毛后再进行下一次填筑。填筑过程中采用环刀法测定了三次试验土样重度，均值为 1.74g/cm^3，且三次数据相差不超过 5%，计算得到试验土样相对密实度D_r约为 52%。

（2）模型桩制作与标定

模型桩采用空心铝合金管制作，并在桩身两侧粘贴应变片用于采集桩身应变。由于在加载过程中连接应变片的导线可能会被破坏，因此在桩身两侧对称打孔，将导线从桩身内部穿过从桩尾引出；与此同时，为防止模型桩在预埋过程中土塞破坏应变片，还配置了桩塞。

2 实验结果分析

2.1 单桩模型实验组合加载过程

本次试验中，组合荷载加载时的倾斜角度是主要影响因素，因此，单桩模型设定了 0°、15°、30°、45°、60°、75°、80°、85°、90°9 个不同倾斜角度的组合荷载作用方式。由于加载角度较多，每组试验周期较长，因此仅考虑两种埋设深度的模型桩，模型桩的参数为：①模型桩长度为 60cm，埋设深度为 52cm，泥面上自由段长度为 8cm；②模型桩长度为 70cm，埋设深度为 62cm，泥面上自由段长度为 8cm。

2.2 桩顶组合荷载-总位移曲线

模型桩埋设深度分别为 52cm 与 62cm 的全角度组合加载时的桩顶荷载-位移关系曲线如图 1 所示。

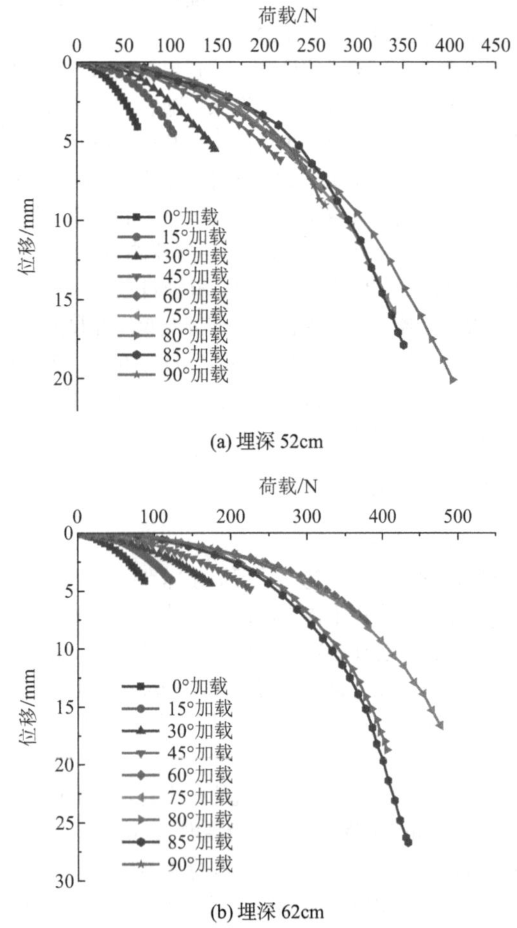

(a) 埋深 52cm

(b) 埋深 62cm

图 1 桩顶组合荷载-总位移曲线

从图 1 中可以看出，本试验不同组合荷载的倾斜加载角度下，砂土地基中两种埋设深度的模型桩桩顶的荷载-位移曲线变化规律一致，且均呈现非线性特性。

对于埋设深度为 52cm 的模型桩而言，当组合荷载的加载角度为 0°～45°时，模型桩的组合承载性能均随着加载角度的增加而逐渐增加；当组合荷载的加载角度为 45°～90°时，荷载-位移曲线基本重叠在一定范围内，但也存在一定的差异。

对于埋设深度为 62cm 的模型桩而言，当组合荷载的加载角度为 0°～60°时，模型桩的组合承载性能均随着加载角度的增加而逐渐增加；当组合荷载的加载角度为 60°～80°时，组合承载性能随着加载角度的增加而逐渐衰减，但在 90°又略有回升，不过依然小于 60°时的情况。

2.3 加载角度与极限荷载水平、竖向分量关系

本文以泥面处桩身位移为 0.1 倍桩径时所对应的荷载作为单桩的组合极限承载力，根据图 1 的组合荷载-总位移曲线结果，可得出埋设深度分别为 52cm 与 62cm 的模型桩极限承载力竖向分量-加载角度关系曲线和极限承载力水平分量-加载角度关系曲线，如图 2 与图 3 所示。

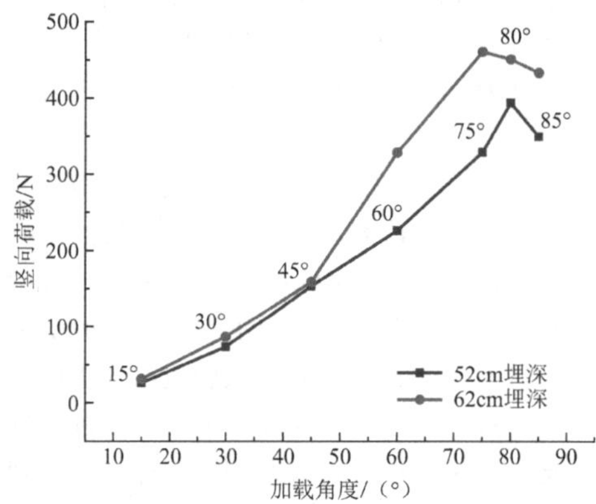

图 2 极限承载力竖向分量与角度关系曲线

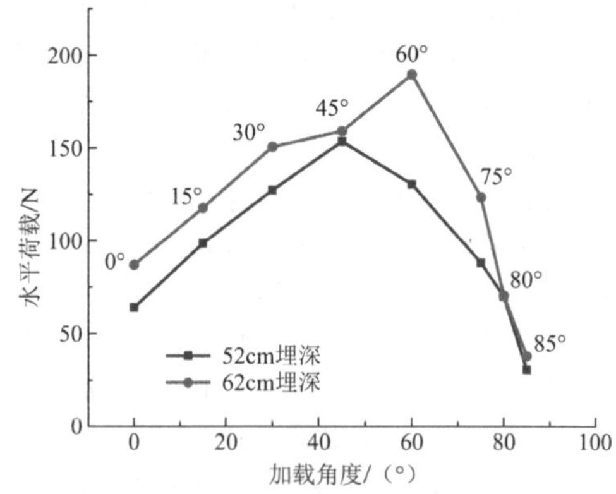

图 3 极限承载力水平分量与角度关系曲线

将图 2 与图 3 中的结果进行汇总，进一步对比可知埋设深度分别为 52cm 与 62cm 的两种模型桩极限承载力竖向分量、极限承载力水平分量与加载角度之间变化规律相同，具体为：

（1）模型桩极限承载力竖向分量规律分析

当组合荷载的作用角度为 15°～45°时，埋设深度为 52cm 的模型桩极限承载力竖向分量略微小于埋设深度为 62cm 的情况，但差异较小；随着组合荷载的加载角度的进

一步增加，埋设深度为 62cm 的模型桩极限承载力竖向分量显著大于埋设深度为 52cm 的情况；这也说明随着加载角度的增加，竖向分量逐渐在模型桩组合承载力中占主导作用，随着模型桩的长度增加，其竖向承载力也逐渐增加。

（2）模型桩极限承载力水平分量规律分析

当组合荷载的作用角度为 0°～75°时，埋设深度为 62cm 的模型桩极限承载力水平分量显著大于埋设深度为 52cm 的情况，表明在 0°～75°作用角度范围内，水平分量在模型桩组合承载力中占主导作用，同时随着模型桩的长度增加，桩土相互作用范围更长，地基土体提供的抗力更大；但当组合荷载的作用角度为 80°～85°时，埋设深度为 52cm 的模型桩极限承载力水平分量略微小于埋设深度为 62cm 的情况，但差异较小，可以忽略不计，这说明加载角度较大时，两种埋设深度的模型桩组合承载力主要受竖向分量控制导致。

2.4 组合受荷桩极限承载力包络线

进一步根据图 2、图 3 的结果绘制埋设深度分别为 52cm 与 62cm 的两种模型桩的组合受荷极限承载力包络线，如图 4 所示。

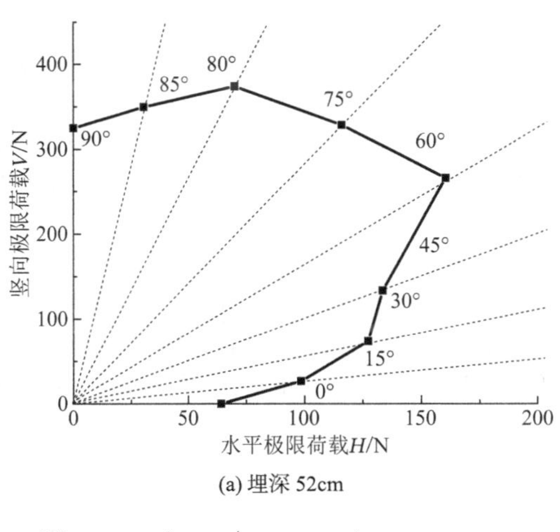

(a) 埋深 52cm

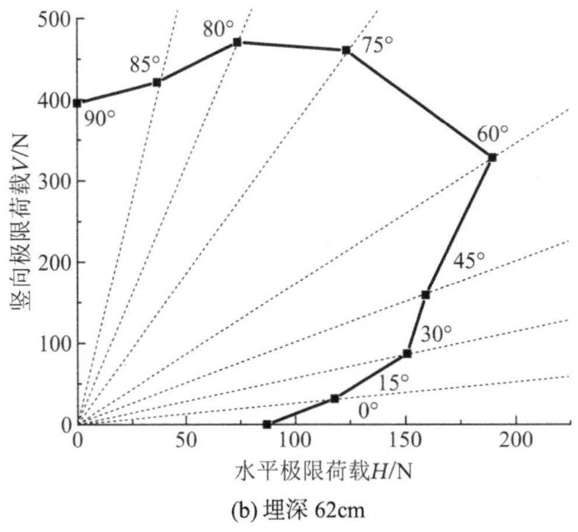

(b) 埋深 62cm

图 4 模型桩H-V强度包络曲线

对于埋设深度为 52cm 的模型桩的组合受荷极限承载力包络线，随着组合荷载加载角度的增加，强度包络曲线逐渐呈增强趋势，并且在加载角度为 60°时出现明显转折点。随着加载角度的逐渐增加，强度包络曲线在纵轴方向逐渐呈增强趋势、而横轴方向呈现衰减趋势，并且在加载角度等于 80°时达到最大值，随后回落，直到表现为仅有竖向荷载作用的极限承载力。

对于埋设深度为 62cm 的模型桩的组合受荷极限承载力包络线，其规律特性与埋设深度分别为 52cm 的模型桩的情况一致。

2.5 桩身弯矩结果处理与分析对比

埋深 52cm 模型桩各组合加载角度下的弯矩图如图 5 所示。（由于篇幅原因，只展示在 0°、30°、60°、80°的结果。）

埋深 62cm 模型桩各组合加载角度下的弯矩图如图 6 所示。

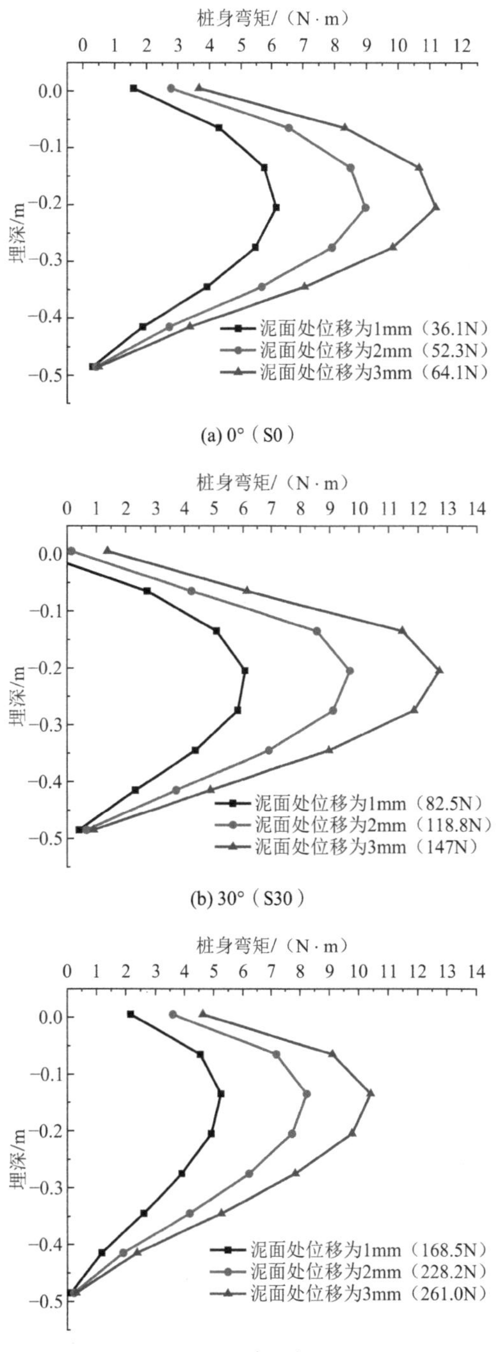

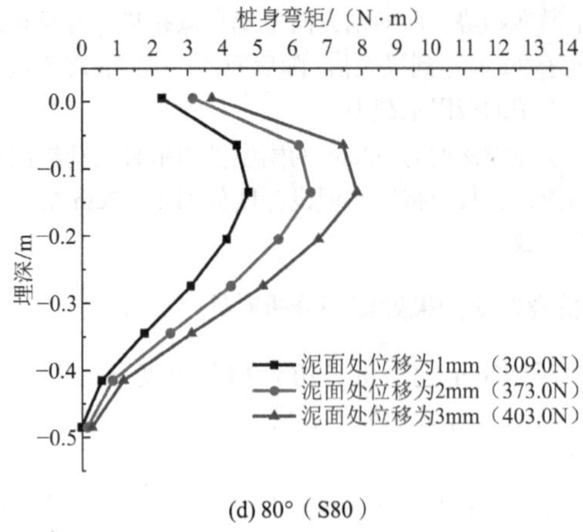

(d) 80°（S80）

图 5 埋深 52cm 桩身弯矩图汇总

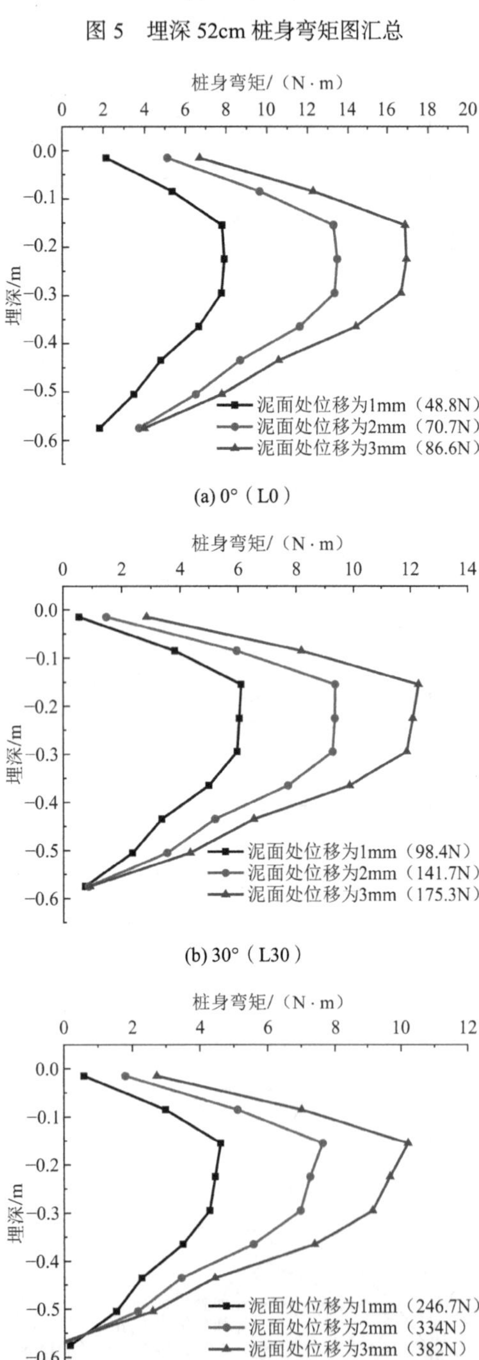

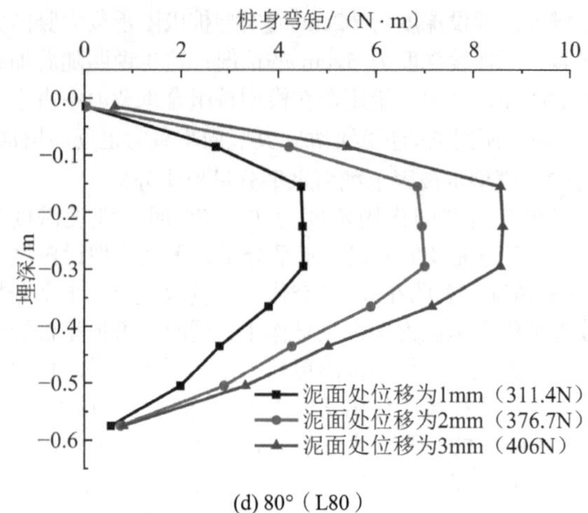

(d) 80°（L80）

图 6 埋深 62cm 桩身弯矩图汇总

对比图 5 和图 6 可知，埋深 52cm 与埋深 62cm 的模型桩桩身弯矩分布存在以下异同点：

（1）弯矩分布规律相同点

其一，弯矩分布规律一致，均是随着深度的增加，桩身弯矩值也增加，在达到最大弯矩值之后，随着深度的增加，弯矩逐渐减小，在桩端处，弯矩几乎为 0；其二，相同加载角度的情况下，桩身弯矩沿深度的分布规律一致，但弯矩随着组合荷载作用的增大而增大；其三，随着组合荷载加载角度的增加，桩身截面最大弯矩的深度也发生了转变，向浅层方向发展，具体表现为由砂面以下 0.2m 上升至砂面以下 0.15m。

（2）弯矩分布规律的差异点

与埋深 52cm 模型桩相比，图 6 所示的埋深 62cm 模型桩 L0、L30 和 L80 的加载工况的最大弯矩值点上下范围内的弯矩值差异较小，这可能与该范围内桩周的试验土体填筑不均匀有关。

2.6 桩身剪力结果处理与分析对比

埋深 52cm 模型桩各组合加载角度下的桩身剪力图如图 7 所示。

埋深 62cm 模型桩各组合加载角度下的桩身剪力图如图 8 所示。

对比图 7 和图 8 可知，埋深 52cm 与埋深 62cm 的模型桩桩身剪力分布存在以下异同点：

（1）剪力分布规律相同点

其一，剪力分布规律一致，均是随着深度的增加，桩身剪力逐渐减小，在达到 0 点值之后，随着深度的增加，负剪力呈先增加后减小的变化特性；其二，相同加载角度情况下，桩身剪力沿深度的分布规律一致，但正剪力值随着组合荷载作用量值的增加而增加，而负剪力值随着组合荷载作用量值的增加而减小；其三，桩身截面剪力 0 点值的深度发生了转变，向浅层方向发展，均由加载角度 0°时的砂面以下 0.20m 上升至加载角度 85°时的砂面以下 0.15m 左右。

（2）剪力分布规律的差异点

其一，与埋深 52cm 模型桩相比，埋深 62cm 模型桩的在负剪力分布段均存在一些“反常”现象，即存在负剪力在一定范围内的弯矩值差异较小，这可能与该范围内桩周的试验土体填筑不均匀有关；其二，埋深 52cm 模型桩在 45°加载角度时最大剪力为 100N，加载角度为 85°时桩身剪力逐渐减小至 40N，而埋深 62cm 模型桩在 30°加载角度时最大剪力为 105N 加载角度为 85°时桩身剪力逐渐减小至 50N，这是由于埋深 62cm 模型桩长度较长，达到极限承载力时所施加的组合荷载值较大，因此总体剪力值要大于埋深 52cm 模型桩的情况。

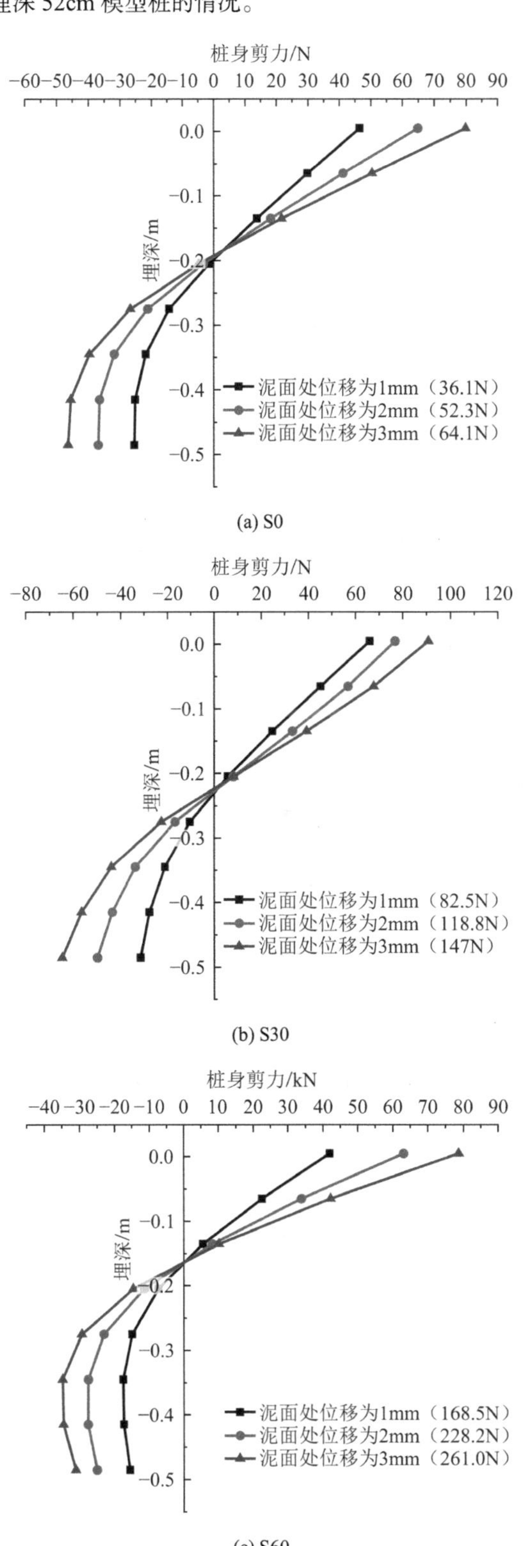

(a) S0

(b) S30

(c) S60

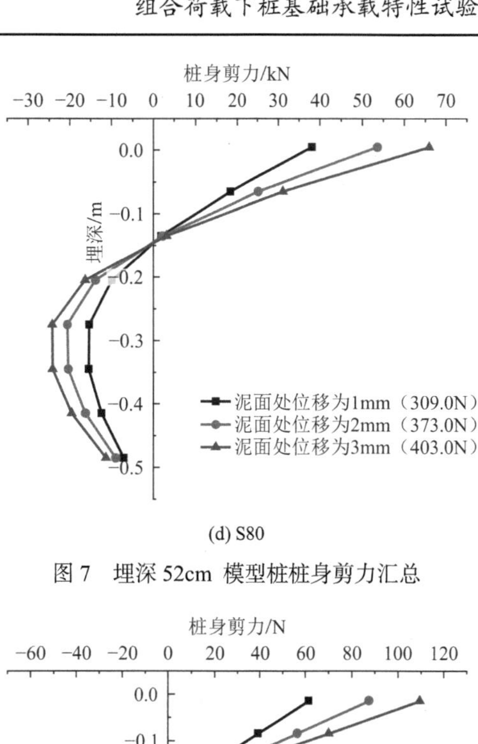

(d) S80

图 7　埋深 52cm 模型桩桩身剪力汇总

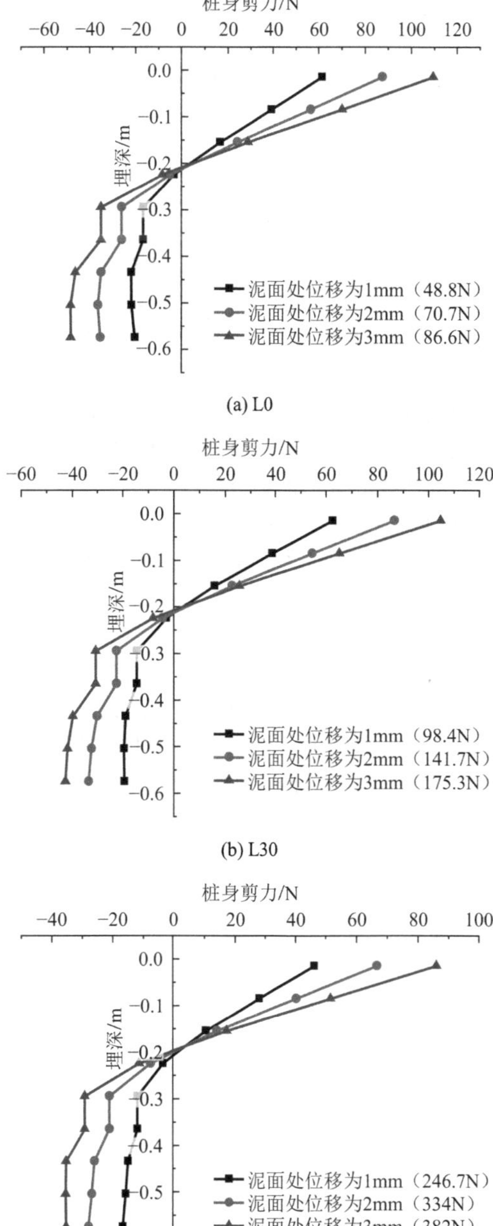

(a) L0

(b) L30

(c) L60

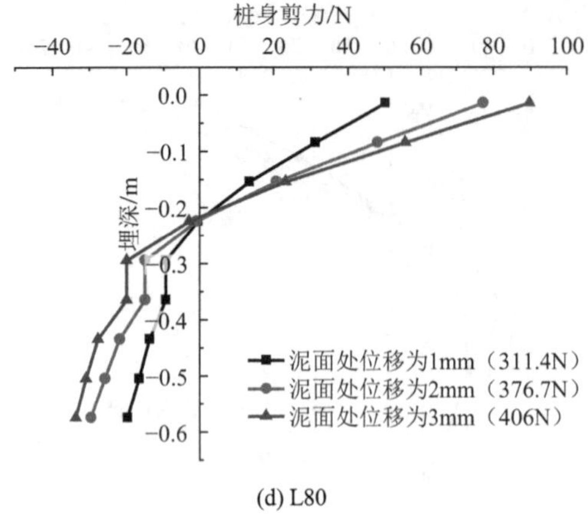

(d) L80

图 8 埋深 62cm 模型桩桩身剪力汇总

2.7 桩身轴力结果处理与分析对比

埋深 52cm 模型桩各组合加载角度下的桩身轴力图如图 9 所示。

埋深 62cm 模型桩各组合加载角度下的轴力图如图 10 所示。

对比图 9 和图 10 可知，埋深 52cm 与埋深 62cm 的模型桩桩身轴力分布存在以下异同点：

（1）轴力分布规律相同点

其一，轴力分布规律一致，均是随着深度的增加，桩身轴力整体呈现线性降低特性；其二，随着组合荷载作用的加载角度逐渐增加，桩端处的轴力也逐渐增加；其三，加载角度相同的情况下，桩身轴力沿深度的分布规律一致，但剪力值随着组合荷载作用量值的增加而增加；最后，桩身轴力值随着组合加载角度的增加先是增加，随后降低，均在特定的加载角度下出现转折。

（2）轴力分布规律的差异点

其一，与埋深 52cm 模型桩相比，埋深 62cm 模型桩在相同条件下的轴力值整体要偏大，这是由于随着桩长的增加，组合荷载作用的量值更大；其二，相同位移加载输出情况下，桩身轴力值随着角度的增加先是增加，随后降低，这一现象对应的转折点加载角度不同，埋深 52cm 模型桩的转折点加载角度为 80°，而埋深 62cm 模型桩的转折点加载角度为 75°，这可能是由于随着桩长的增加，组合荷载作用的量值增加，导致竖向荷载作用也增加且依然占据主导作用。

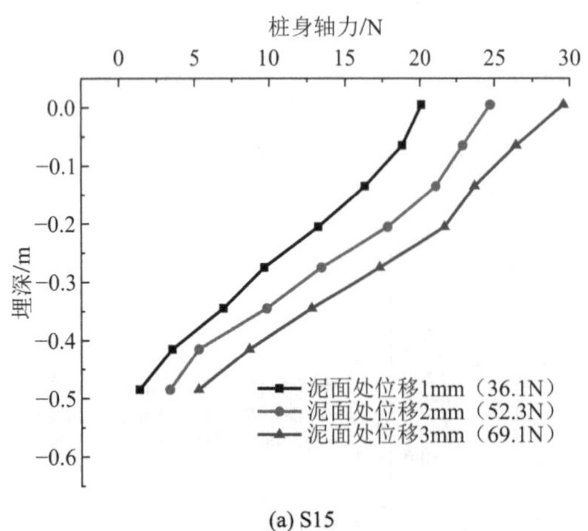

(a) S15

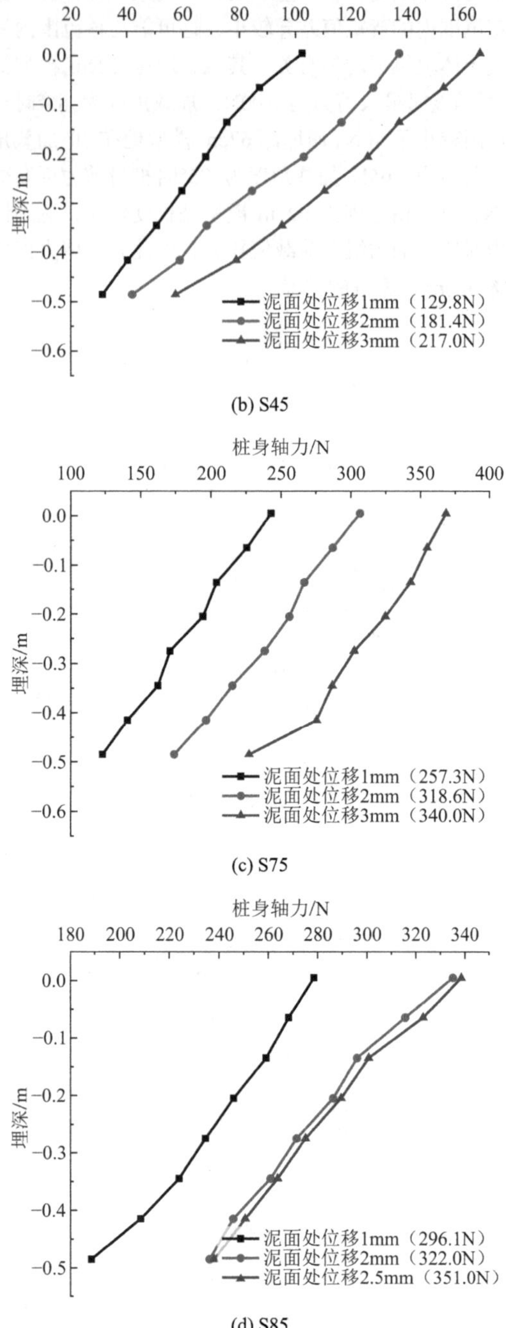

(b) S45

(c) S75

(d) S85

图 9 埋深 52cm 模型桩桩身轴力汇总

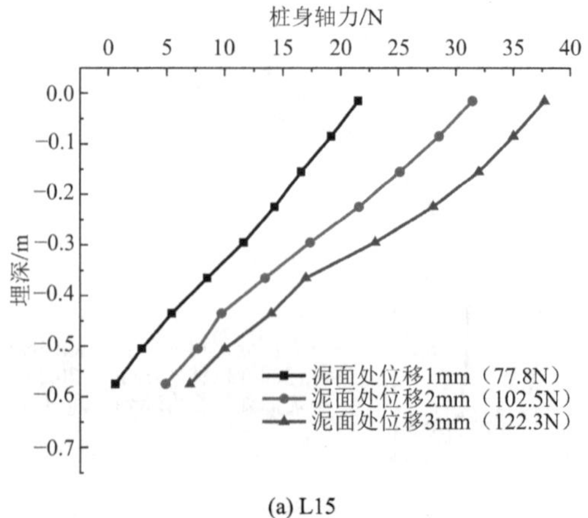

(a) L15

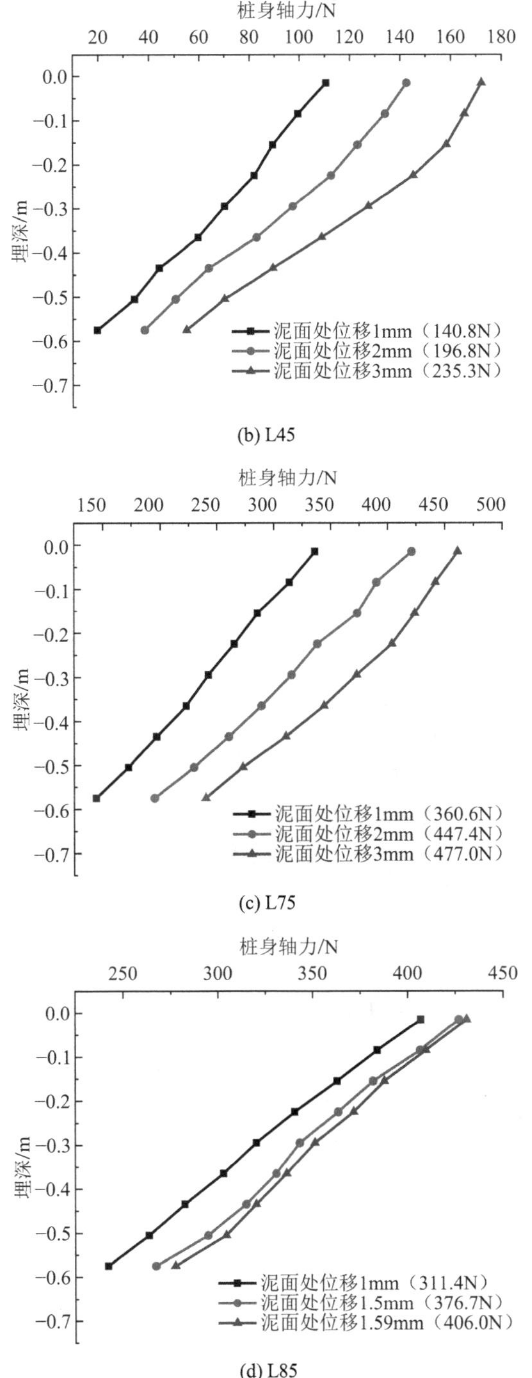

图 10　埋深 62cm 模型桩桩身轴力汇总

3　结论

基于所开展的荷载施加角度、模型桩埋置深度等因素影响下单桩组合承载特性模型试验研究，重点分析了桩身弯矩、剪力、轴力分布规律特性，形成了组合受荷模型桩极限承载力包络曲线，得出以下结论：

（1）模型桩组合承载性能受组合荷载作用的加载角度影响显著，随着加载角度的增加，竖向分量逐渐在模型桩组合承载力中占主导作用，而水平分量的影响作用则与荷载竖向分量相反，模型桩组合承载特性取决于竖向分量、水平分量之间的博弈。

（2）模型桩的长度对其承载性能也有明显影响，随着模型桩长度的增加，其竖向承载力也逐渐增加；桩土相互作用范围更长，地基土体提供的抗力更大。

（3）当模型桩在竖向荷载作用时，如果存在较小的水平荷载分量作用，总体组合荷载承载力出现提升现象，意味着较小的水平分量对模型桩竖向极限承载力具有增益作用；同样地，对于水平受荷桩而言，随着竖向荷载的增加，也即组合荷载的加载角度由 0°逐渐增加时，总体组合荷载承载力出现提升现象，也就意味着竖向分量对模型桩竖向极限承载力具有增益作用。

（4）相同组合加载角度情况下，埋设深度分别为 52cm 和 62cm 的两种模型桩的桩身弯矩、剪力、轴力等分布规律一致，但前者总体量值要小于后者，这是由于随着桩长的增加，组合荷载作用量值也增加，桩-土相互作用的水平抗力、阻力等荷载效应也在增强。

参考文献：

[1] 史佩栋. 桩基工程手册: 桩和桩基础手册[M]. 北京: 人民交通出版社, 2008.
[2] 马宏旺, 杨峻, 陈龙珠. 长期反复荷载作用对海上风电桩基础受力性能影响[C]//中国力学大会, 2015.
[3] 卢钦先, 王洪庆, 刘晓建, 等. 珠海金湾海上风电单桩基础局部冲刷试验研究[J]. 交通科学与工程, 2022, 38(1): 108-114+122.
[4] 黄质宏, 单桩水平承载力试验分析及研究[J]. 贵州工学院学报, 1996, 25(3): 42-47.
[5] 荣冰, 张嘎, 张建民. 水平荷载作用下风电机桩基础的离心模型试验研究[J]. 岩土力学, 2012(2): 428-432.
[6] 刘俊峰, 向君. 海上风电重力式基础水下挤密砂桩复合地基承载力试验研究[J]. 工程建设与设计, 2021, (11): 15-17.
[7] 刘建秀, 刘齐, 乔超男, 等. 大直径海上风电单桩基础水平承载特性研究[J]. 能源与节能, 2022(7): 18-20+135.
[8] LEI Z M, HUANG M, SUN Y Q, et al. Experimental and numerical study on the behavior of suction bucket foundations for offshore wind turbines under combined loads[J]. Ocean Engineering, 2017, 146: 317-329.
[9] WEI C, GAO C X, SHI C. Experimental study on the dynamic response of monopile supported offshore wind turbines under wave and wind loads[J]. Renewable Energy, 2018, 127: 102-116.
[10] WU W H, CHANG I L, WANG W T. Experimental study on the behavior of hybrid monopile suction bucket foundations for offshore wind turbines[J]. Marine Structures, 2019, 68: 102651.
[11] ZHOU J, XIA Z, XU H Y. Experimental study on the behavior of a new type of bucket foundation for offshore wind turbines[J]. Renewable Energy, 2020, 153: 301-310.
[12] HSU M H, CHAO W W, HUANG T H. Experimental and numerical study of a new type of offshore wind turbine foundation[J]. Renewable Energy, 2019, 143: 1016-1024.
[13] LEI Z M, LIU Y, GUO X P. Experimental study on the behavior of bucket foundation for offshore wind turbines in saturated sand[J]. Marine Structures, 2020, 74: 102807.

海上风机大直径单桩尺寸效应研究

刘向杰[1]，李　欢[1]，陈蕾蕾[1]，王　洋[1,2]，龚维明[2]

（1. 山东理工大学 建筑工程与空间信息学院，淄博 255000；2. 东南大学 土木工程学院，南京 211189）

摘　要：为适应逐步增加的水深和机组容量，海上风电单桩基础尺寸随之增大，进而引起的“尺寸效应”问题备受业界关注。为探究尺寸效应的具体体现及影响因素，基于 ABAQUS 有限元软件建立大直径单桩基础三维模型；通过 Python 程序开发平台，批量提取桩-土界面应力，并进行集成计算，以量化桩周抗力占比；进一步对桩径、桩基长细比、土体刚度和土体摩擦角等因素展开分析。结果表明：桩-土界面环向水平土压力分布与传统模式相符，而水平剪切力分布存在差异，其峰值随荷载增大向 0°偏移。竖向剪切力分布与水平土压力基本一致。水平土抗力沿埋深的分布呈三角形，侧阻抗力矩分布类似，而内部土芯对承载力影响较小。外部荷载主要由水平土抗力、侧阻抗力矩和桩端剪力共同抵抗，其中水平土抗力贡献最大。各抗力弯矩贡献比随荷载增加而变化，受桩基长细比、桩径和土体密实度影响。长细比对各抗力组分的弯矩贡献比影响明显，密实度对水平土抗力和桩端剪力影响较大。初始弹性阶段，各抗力弯矩贡献比与桩-土相对刚度相关，揭示了单桩由柔性至刚性发展过程中桩-土相互作用变化机理。

关键词：大直径单桩；桩-土相互作用；数值模拟；抗力占比

0　引言

桩基水平响应，如桩头荷载位移曲线、桩身弯矩和桩身位移是外部荷载作用下的结构宏观表现，也是开展理论研究的主要目的，而这些宏观行为取决于微观的桩-土相互作用，因此，开展桩-土界面力学特性研究是开展桩基理论研究的基础[1-2]。

大直径水平受荷桩的桩-土界面力学特性较为复杂，且随桩径增大、长细比减小、桩土相对刚度变化而多元化。国内外学者提出的“四弹簧”模型[3-4]，包括水平土抗力、侧阻抗力矩、桩端剪力和桩端弯矩，已成为研究热点。三维有限元分析（3D FEA）技术因其成本低、能准确模拟地应力、进行多因素参数分析、精确采集应力和变形数据，以及分析尺寸效应等优势，已成为研究大直径水平受荷桩的重要工具[5-7]。

本研究将利用 ABAQUS 软件，系统研究大直径水平受荷桩的桩-土界面应力，阐明荷载分布特性，剖析桩周水平抗力组成要素，以揭示“尺寸效应”本质。

1　数值模型及有效性验证

1.1　模型尺寸与边界条件

本研究基于 ABAQUS 2017 软件进行三维模拟，采用半结构模型以减少计算成本。模型尺寸经过敏感性分析验证，可避免尺寸效应。边界条件为：模型对称面采用对称约束，侧边圆弧面采用法向约束，底部采用三向固定约束，顶面自由。桩与土体均采用三维八节点六面体（C3D8）单元进行离散；考虑到桩周附近为应力集中区，径向采用渐变网格划分模式，即在桩基周围增加网格密度，远离桩基网格逐步稀疏；竖向采用间隔D/100 的等间距划分网格。敏感性分析表明，采用的网格划分方式可保证计算精度和模型收敛性。三维模型尺寸及网格划分如图 1 所示。

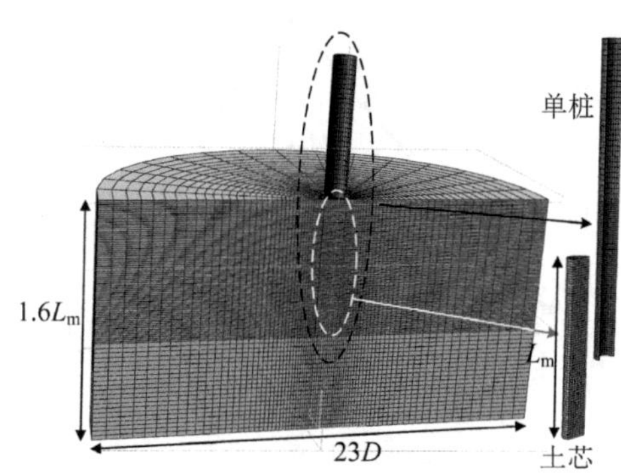

图 1　3D 有限元模型及网格划分

1.2　材料属性与本构

桩体为钢管桩，采用线弹性模型，弹性模量取 210GPa，泊松比取 0.2。土体采用弹塑性的摩尔-库仑（MC）模型，为进一步保证模型的准确性，研究中多基于 Fortran 语言编写用户子程序（user subroutine，USDFLD）来赋予沿深度变化或者随应力变化的土体弹性模量。本次研究采用后者，基于土体弹性模量E_s与中主应力σ_m的之间非线性关系模型[8]，具体如下：

$$E_s = \kappa p_{at}\left(\frac{\sigma_m}{p_{at}}\right)^{\lambda} \tag{1}$$

式中：p_{at}——大气压力，等于 100kPa；

$\sigma_m = (\sigma_{11} + \sigma_{22} + \sigma_{33})/3$；

σ_{11}、σ_{22}和σ_{33}——土体单元大、中、小主应力；

κ、λ——无量纲系数，中等密实和密实砂中取值分别为 400～600 和 0.55～0.60。

桩-土接触采用主-从算法，桩体为主控面，土体为从属面，摩擦模型模拟接触面，摩擦系数μ通常取tan(2/3φ)，法向硬接触。忽略打桩效应，桩预置。模型分析分为地应力平衡、桩土界面特性生效和桩顶水平荷载施加三个阶段。

1.3 模型有效性验证

Choo 和 Kim[9]基于离心机试验对砂土中单桩p-y曲线展开研究，从中选取 M1 试验组与本文数值模拟方法展开对比。该试验组模拟的原型桩基$D = 6\text{m}$，埋深$L_{\text{m}} = 31\text{m}$，荷载作用点至泥面的距离$L_{\text{e}} = 33\text{m}$。相对密实度$D_{\text{r}} = 86\%$，属于密砂，$\kappa$、$\lambda$分别取值 600、0.55。土体有效重度$\gamma' = 9.54\text{kN/m}^3$，土体摩擦角$\varphi = 42°$，剪胀角$\psi = 8°$。有限元计算值与实测值对比见图 2，结果进一步证实了本文有限元建模方法的合理性。

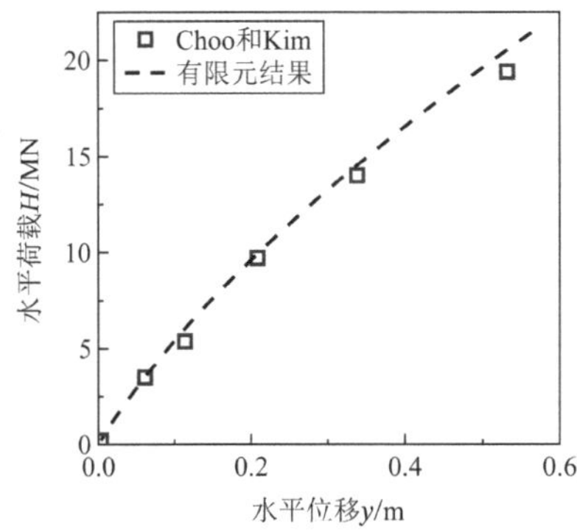

图 2　Choo 和 Kim 试验值与数值模拟结果对比

2　桩-土界面环向荷载分布特性

研究模型参数包括：桩径$D = 5\text{m}$、埋深$L_{\text{m}} = 30\text{m}$、加载点高度$L_{\text{e}} = 30\text{m}$、土体摩擦角$\varphi = 38°$、剪胀角$\psi = 8°$、黏聚力$c = 0.1\text{kPa}$、界面摩擦系数$\mu = 0.4$，允许桩土界面脱开。土体弹性模量依据式(1)，$\kappa$、$\lambda$取 560、0.6，表征中密实砂层。

2.1 水平土压力分布

选取旋转点上下两个不同深度位置$z = 1.04D$和 5.6D，将不同水平荷载下桩-土界面的水平土压力f_{cn}以极坐标形式分别绘制于图 3（a）和（b）。依据土压力受力形式，可将两幅图示沿 90°～270°中轴线划分为被动区和主动区，对于旋转点以上位置，右幅为被动区；而旋转点以下的左幅为被动区。图中结果表明，f_{cn}沿水平荷载作用方向（0°～180°轴线）对称分布，峰值点位于 0°轴线上，随着角度的增大，接触力逐渐减小直至 90°方向趋于零值；随着荷载的增大，被动区f_{cn}不断增大，而主动区不断减小，在图 3（b）中表现清晰；较大荷载下，主动侧荷载趋于极小值，几乎可以忽略，这一点与图 3（a）一致。从荷载沿桩周的分布形态来看，图 3（b）曲线形态大致呈椭圆形，与图 3（a）的存在一定差异，但与 Prasad 和 Chari[10]的试验结果较为一致。

2.2 水平剪切力分布

图 4 为深度位置$z = 1.04D$和 5.6D处水平剪力f_{cs1}在不同荷载水平下沿桩周的分布形式。图 4 表明，f_{cs1}的分布模式并不符合常规经验判断。图中揭示真实的环向水平剪力峰值随着水平荷载的增大逐渐由 90°向 0°偏移，最终大致位于 45°，这与 Min 等[11]的研究结论相一致。原因可能是随着水平荷载的增大，桩前被动区 0°～45°围压明显增大，而剪切力的大小与围压密切相关，从而引起峰值剪力向 0°方向偏移。

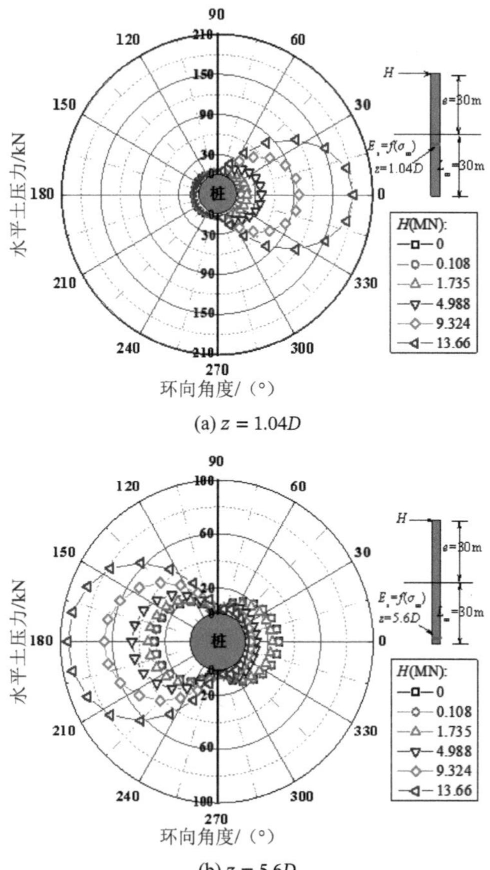

(a) $z = 1.04D$

(b) $z = 5.6D$

图 3　不同深度处桩周土压力分布

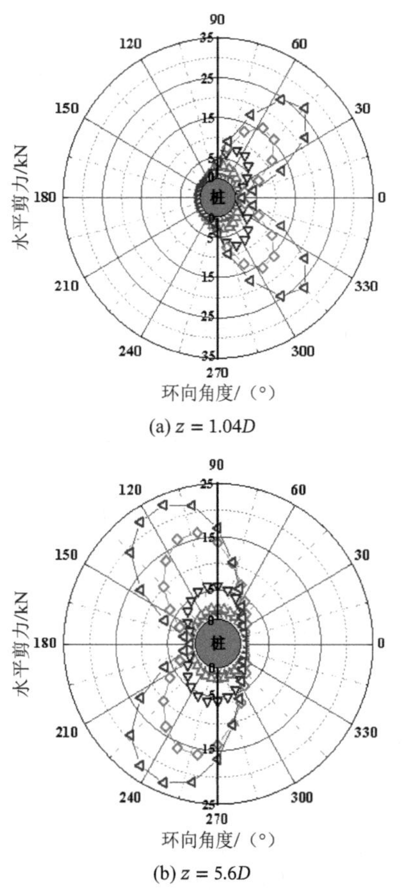

(a) $z = 1.04D$

(b) $z = 5.6D$

图 4　不同深度处桩周水平剪力分布

2.3 竖向剪切力分布

图 5 绘制了两个位置处桩周竖向剪力f_{cs3}的分布形式，结果表明f_{cs3}的分布模式与f_{cn}基本一致，均表现出沿加载轴线的对称分布模式，曲线形态也较为一致；浅层的f_{cs3}分布闭合图形相对修长、趋向椭圆形，而深层趋于圆形，这可能是由浅层和深层的围压差异造成的。

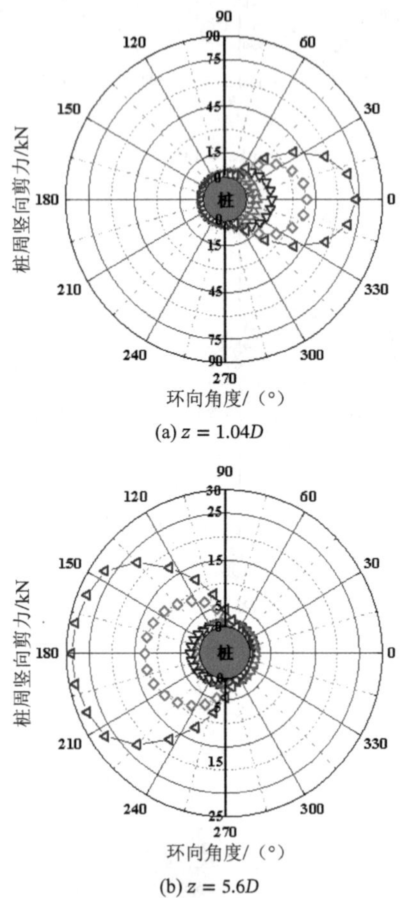

(a) $z = 1.04D$

(b) $z = 5.6D$

图 5　不同深度处桩周竖向剪力分布

3　沿埋深荷载分布特性

3.1　水平土抗力 p

图 6 展示了桩体左右幅的外壁和内壁水平土抗力随埋深的变化。随着荷载增大，右幅被动区土抗力$p_{out,R}$增大，主动区减小，左幅$p_{out,L}$趋势相同，表明被动区挤密，桩-土相互作用增强，而主动区减弱，可能出现界面脱开。土抗力分布呈三角形，旋转点以上先增大后减小，以下随深度增大，与 Prasad 和 Chari[10]的研究结论一致。

图 6 还表明，脱开位置多在旋转点上部，随荷载增加下移，幅度减小，最终稳定。稳定旋转点约 20m，即 $0.7L_m$，与 Ahmed 等的数值模拟和 Klinkvort 的离心机试验结论相符。

对于大直径单桩基础，内部土芯对水平承载性能的影响较小。竺明星等[3]通过改变桩-土内界面摩擦系数探究土芯影响，结果表明土芯影响可忽略。图 6（c）、（d）显示，荷载增加时，右幅$p_{in,R}$和左幅$p_{in,L}$在旋转点以上略有增加，以下略有减小，整体变化小，说明土芯对水平承载力影响小。

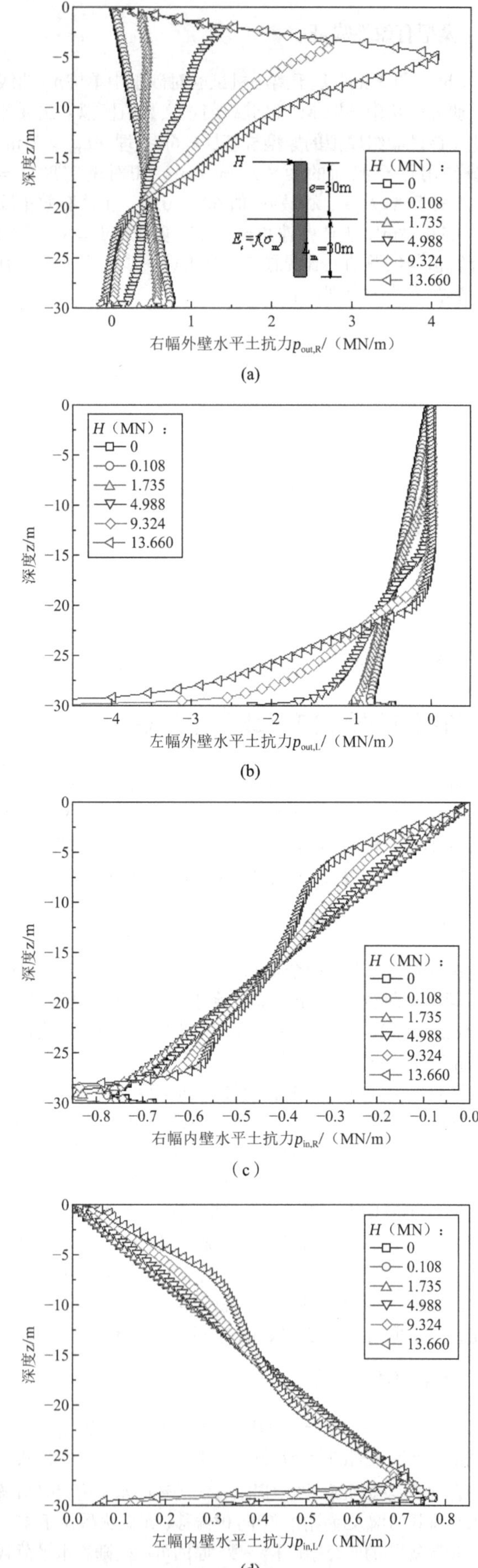

(a)

(b)

（c）

(d)

图 6　桩侧水平土抗力沿埋深的分布形式

3.2 侧阻抗力矩 m

同水平土抗力p一样，侧阻抗力距m沿埋深的分布模式绘制于图7中。从图7（a）、（b）看来，侧阻抗力距m_{out}与水平土抗力p_{out}沿桩身的分布模式基本一致，这里不再赘述。图7（c）、（d）表明，内部土芯产生的m_{in}随荷载的增加逐渐有所发挥，增幅相较于水平土抗力p_{in}更加明显，尤其是左幅$m_{in,L}$。

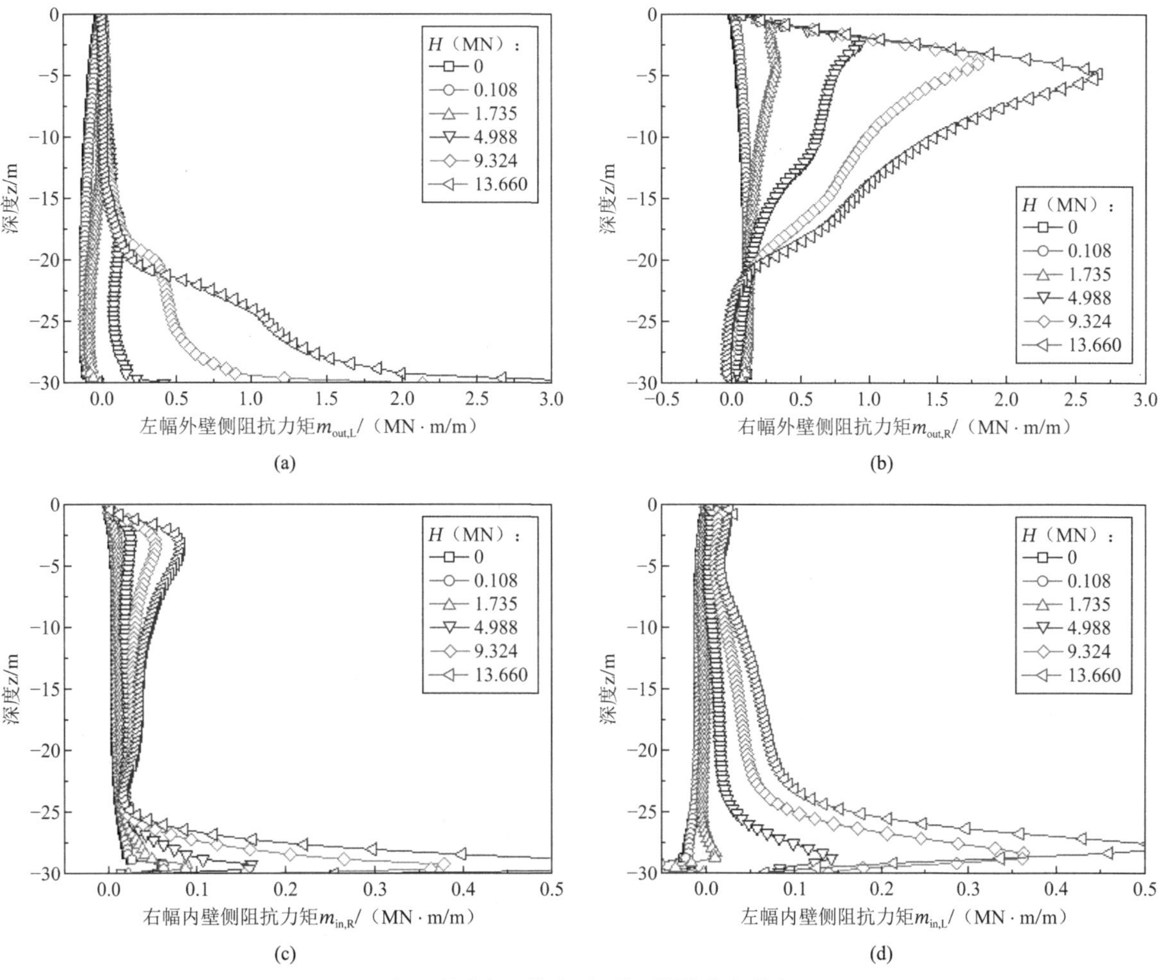

图7 桩身侧阻抗力距m沿埋深的分布形式

4 各抗力弯矩贡献比及影响因素分析

4.1 各抗力弯矩贡献比

水平力H由水平土抗力p和桩端剪力Q_b承担，弯矩M由p、侧阻抗力矩m、Q_b和桩端弯矩M_b共同承担。由于M_b贡献极小，本文聚焦p、m和Q_b三部分抗力。定义弯矩贡献比MCR来衡量各抗力组分的贡献。图8显示，三种抗力的MCR变化趋势为$MCR_p > MCR_m > MCR_{Qb}$。水平土抗力的MCR_p随水平位移先降后增，分配弯矩荷载约83%；侧阻抗力矩的MCR_m稳定，约占11%；桩端剪力的MCR_{Qb}先增后减，小变形时与MCR_m相近，随位移增大逐渐降低。这表明桩端剪力在小变形初期起作用，随着变形增大达到极限，土体破坏，承载能力丧失，由水平土抗力补偿，显示三种抗力间存在制约关系。

4.2 多因素分析

多因素分析采用均质刚度土体以控制变量，包括四种长细比（$L_m/D=4$、6、8、10）、五种桩径（$D=1$m、3m、5m、7m、9m）和四种土体密实度（非常松、松砂、中密砂、密砂）。表1中的1～11算例分析长细比、桩径和密实度影响，11～15算例扩展桩土相对刚度K_R，涵盖柔性、半刚性和刚性单桩，K_R值按Poulos和Hull公式[12]计算。

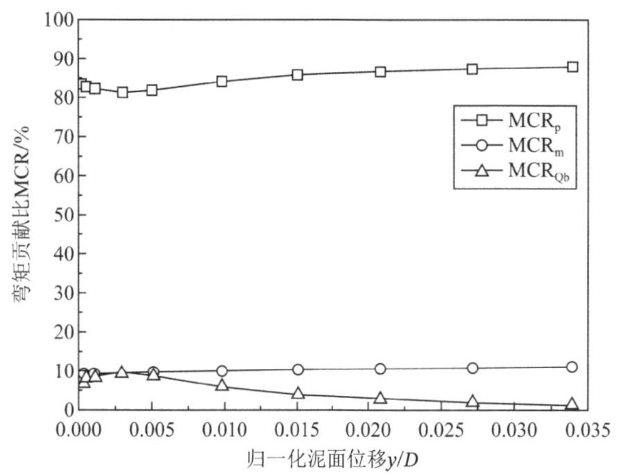

图8 各抗力的弯矩贡献比

$$K_R=\frac{E_pI_p}{E_sL_m{}^4}\begin{cases}>0.208 & 刚性桩\\ <0.0025 & 柔性桩\end{cases}\tag{2}$$

式中：E_pI_p——桩基抗弯刚度；

L_m——桩基埋入深度；

E_s——土体弹性模量。

模型算例参数配置方案　　表 1

编号	桩径 D/m	长细比 L_m/D	土体弹性模量 E_s/MPa	土体密实度	K_R	刚/柔性
1	1	6	90	密实	0.0141	半刚
2	3	6	90	密实	0.00942	半刚
3	5	6	90	密实	0.00989	半刚
4	7	6	90	密实	0.0080	半刚
5	9	6	90	密实	0.0078	半刚
6	5	4	90	密实	0.0501	半刚
7	5	8	90	密实	0.00313	半刚
8	5	10	90	密实	0.00128	柔
9	5	6	30	松	0.0296	半刚
10	5	6	60	中密	0.0148	半刚
11	5	4	15	非常松	0.301	刚
12	5	4	20	非常松	0.226	刚
13	5	4	25	非常松	0.180	半刚
14	5	4	30	非常松	0.150	半刚
15	3	10	90	密实	0.00122	柔

4.2.1　长细比 L_m/D

不同长细比L_m/D下，水平土抗力p、侧阻抗力矩m、桩端剪力Q_b的弯矩贡献比 MCR 如图 9 所示。L_m/D对各抗力组分的MCR值影响显著。随着L_m/D增加，MCR_p提高，MCR_m和 MCR_{Qb}降低。L_m/D从 4 增至 10，MCR_p从 70%增至 95%，MCR_m从 16%降至 4%，MCR_{Qb}峰值从 16%趋于零。

L_m/D从 6 增至 8 时，三种抗力的 MCR 值变化明显，而L_m/D进一步增至 10 时，MCR 变化幅值降低，MCR_{Qb}趋于零，表明单桩趋于柔性时，MCR_p和 MCR_m可能稳定，桩端剪力不起作用；若单桩趋于刚性，竖向侧摩阻和桩端剪力贡献更突出。荷载施加和泥面位移发展过程中，各抗力 MCR 非恒定。MCR_p随水平位移先减小后增大后稳定；MCR_m非线性增加后稳定；MCR_{Qb}先增加，峰值后减小趋于零。MCR 变化主要在加载前期，即 $y<0.01D$时，超出此范围，MCR_p和 MCR_m稳定，MCR_{Qb}作用丧失，因桩端旋转和土体脱开效应。

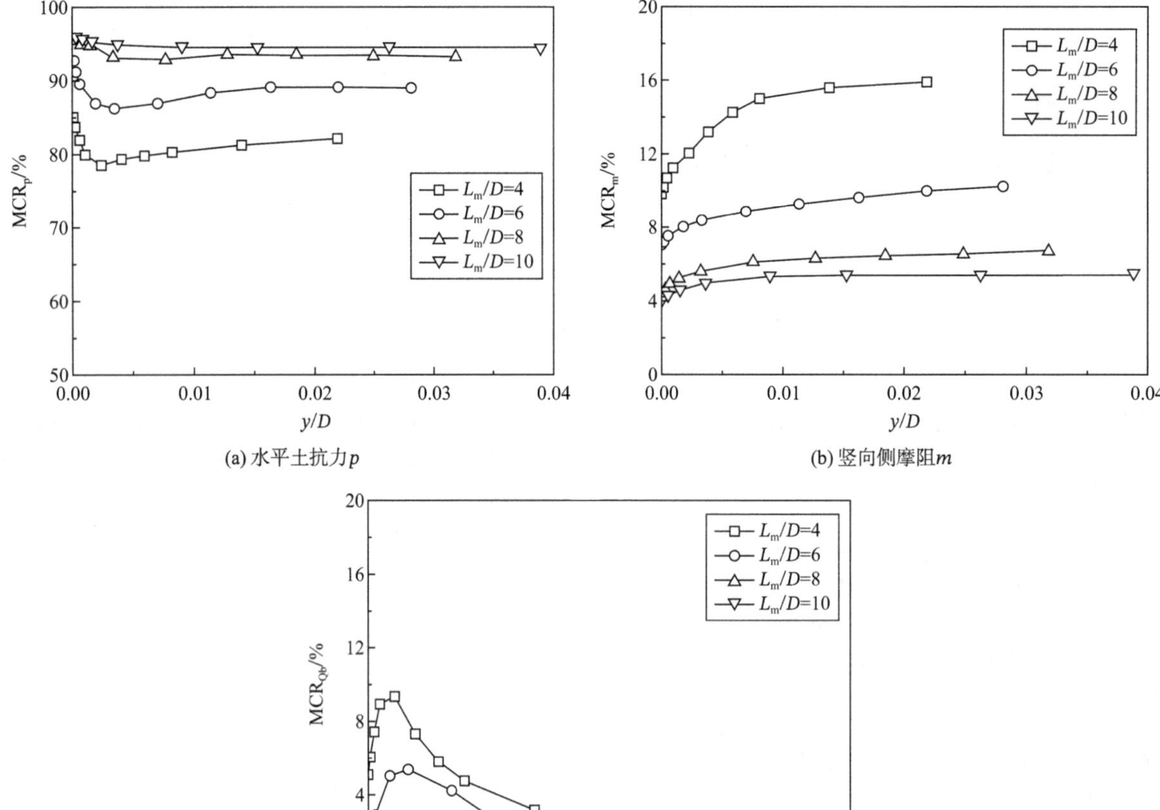

(a) 水平土抗力p　　(b) 竖向侧摩阻m

(c) 桩端剪力Q_b

图 9　长细比对各抗力弯矩贡献比的影响

4.2.2 桩径 D

图 10 分别给出了不同桩径下水平土抗力p、侧阻抗力矩m、桩端剪力Q_b的弯矩贡献比 MCR。从图中可以看出，桩径D对各抗力组分的MCR值有一定影响。随着D的增大，MCR_p 有所降低，而 MCR_m 和 MCR_{Qb} 有所提高。相较之下，桩径D对 MCR_m 的影响最为明显，但整体来看，其影响程度远不及桩基长细比L_m/D。

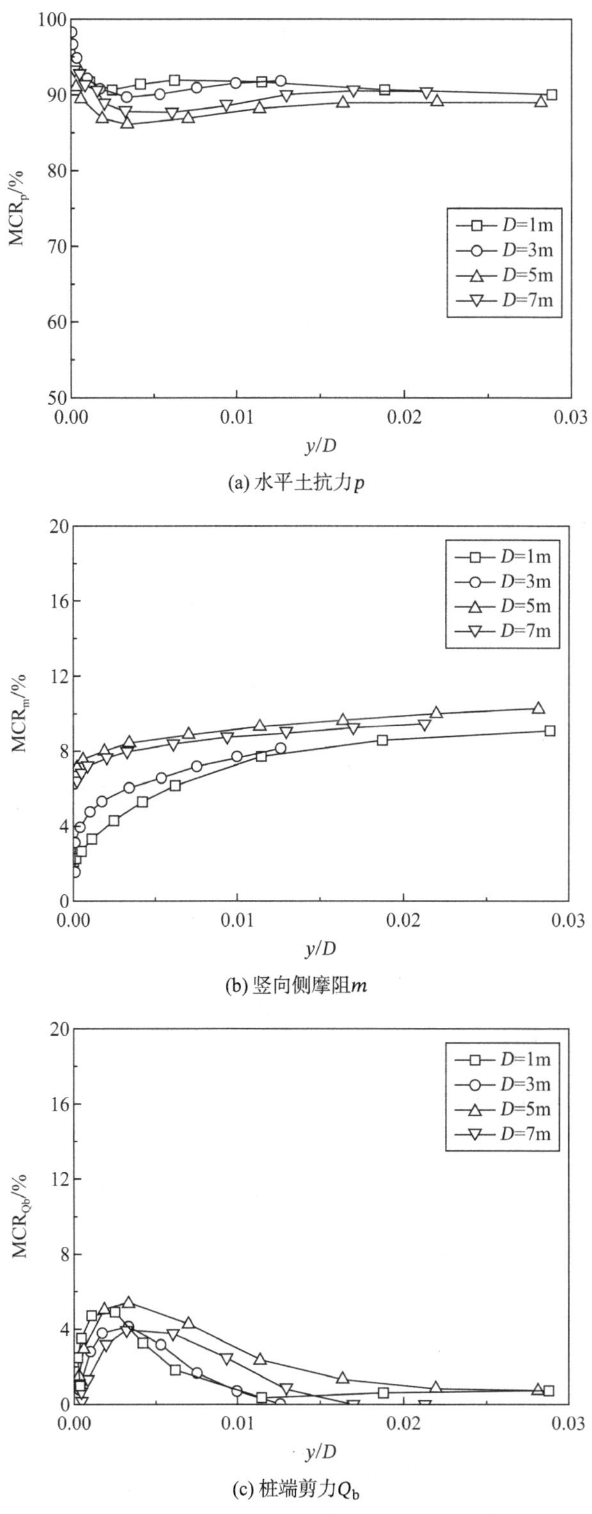

图 10 不同桩径下各抗力弯矩贡献比

4.2.3 土体相对密实度 D_r

图 11 给出了不同土体密实度D_r下，各抗力弯矩贡献比 MCR 随水平位移y/D的变化规律。结果表明，D_r的变化对水平土抗力和桩端剪力的发挥影响较大，对侧阻抗力矩的影响不明显。随着土体密实度的增加，MCR_p 逐渐增大；MCR_{Qb} 逐渐降低；MCR_m 随D_r的减小略有增大趋势，增幅不明显。

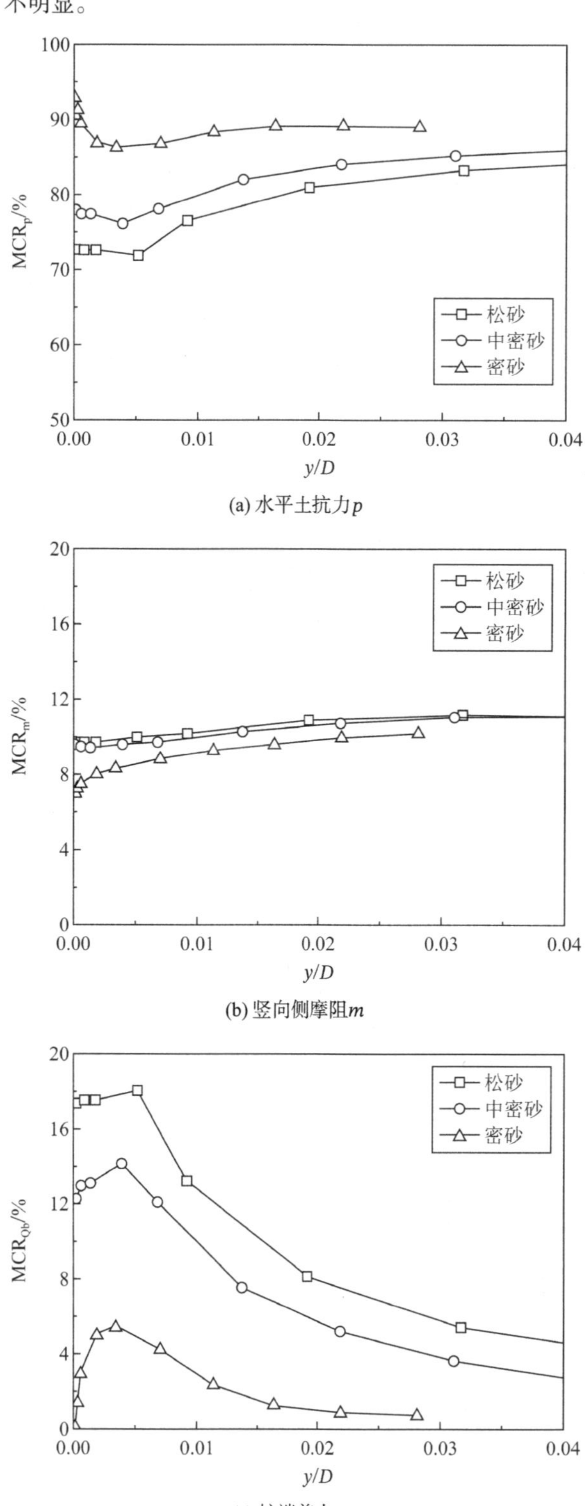

图 11 不同土体密实度下各抗力弯矩贡献比

4.3 初始弹性阶段的荷载分配

研究表明，桩-土相互作用下各抗力抵抗外荷载的程度复杂，受桩体特性、土体参数和外部荷载影响，并随变形发展而变化。重点探究初始弹性阶段各抗力的弯矩贡献比（MCR）。图 12 显示，桩-土相对刚度K_R能准确反映桩土参数对各抗力 MCR 的影响。当K_R接近无穷小时，MCR_p超过 97%，MCR_m约为 3%，MCR_{Qb}为零，表明桩端Q_b不发挥作用，可用单一"p-y"弹簧表征桩土作用。随着K_R增大，MCR_p减小，MCR_m增大，MCR_{Qb}开始发挥作用，需考虑"p-y + m-θ"双弹簧影响。K_R进一步增大，MCR_p降低，MCR_m和MCR_{Qb}增大，需考虑"p-y + m-θ + Q_b-y_b"三弹簧联合作用。各抗力发挥速率随K_R增大而降低，K_R大于 0.2 时趋于稳定。图 12 采用非线性指数函数拟合得到 MCR 与K_R的关系表达式：

$$MCR_p = 75.6 + 22.05 \times 1.48^{-9K_R} \tag{3}$$

$$MCR_m = 14.01 - 10.72 \times 2.19^{-8K_R} \tag{4}$$

$$MCR_{Qb} = 10.20 - 11.37 \times 3.93^{-12K_R} \tag{5}$$

公式表明，当K_R接近 0 时，$MCR_p = 97.65\%$，$MCR_m = 3.29\%$，$MCR_{Qb} = -1.17\%$；$K_R = 0.0074$时，$MCR_p = 0\%$，表明公式能较好描述数据特征。分析揭示，单桩由柔性至刚性发展过程中，桩土相互作用机制从"p-y"弹簧向"p-y + m-θ"双弹簧，最终向"p-y + m-θ + Q_b-y_b"三弹簧模式转化，如图 13 所示，并提供了初始弹性阶段各抗力贡献比的定量评估方法。考虑不同刚柔性单桩受力模式的差异及各组分抗力在不同桩土体系中的发挥程度，将其纳入计算方法对设计至关重要。

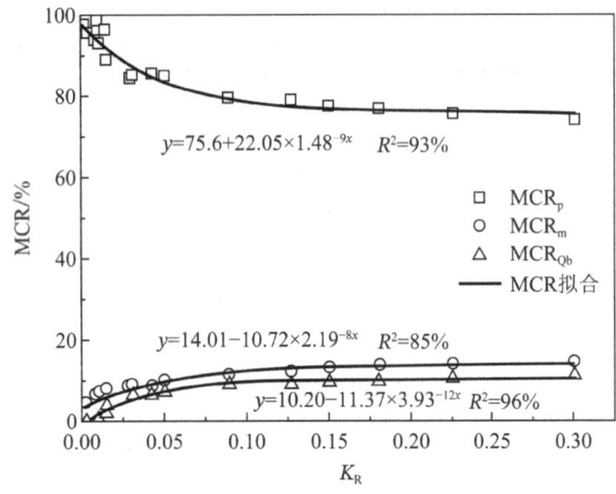

图 12 初始弹性阶段各抗力的 MCR 与K_R的关系

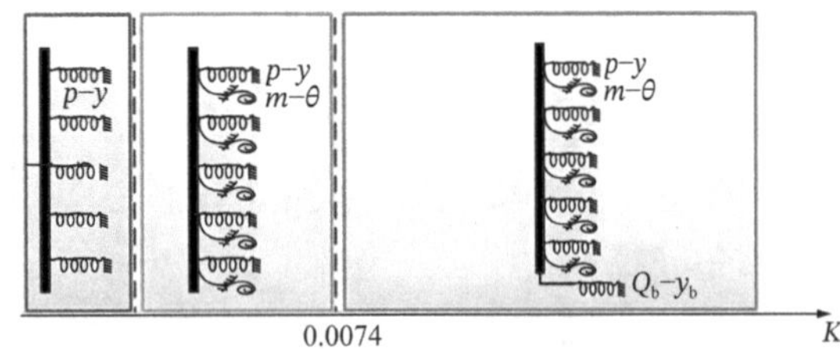

图 13 桩-土相互作用随K_R增大的演化机制

5 小结

本章利用 ABAQUS 软件对大直径水平受荷桩进行了三维数值分析，深入研究了桩-土界面力的分布特性，并量化了各抗力的弯矩贡献比。主要结论如下：

（1）桩-土界面环向水平土压力分布与传统模式相符，而环向水平剪切力分布存在差异，峰值随荷载增大由 90°向 45°偏移。环向竖向剪切力分布与水平土压力基本一致。

（2）水平土抗力p沿埋深先增大后减小，旋转点以下逐渐增大，与多数研究一致。内部土芯对承载力影响小，可忽略。侧阻抗力矩m分布与p基本一致。

（3）外部荷载主要由水平土抗力p、侧阻抗力矩m和桩端剪力Q_b共同抵抗，桩端弯矩M_b的作用可忽略。$MCR_p > MCR_m > MCR_{Qb}$。水平荷载增加时，MCR_p先降低后稳定，MCR_m增大后稳定，MCR_{Qb}增大后降低。

（4）抗力弯矩贡献比受L_m/D、D和D_r影响。L_m/D影响明显，增大时MCR_p提高，MCR_m和MCR_{Qb}降低。D增大时MCR_p降低，MCR_m和MCR_{Qb}提高，对MCR_m影响最明显。D_r增大时MCR_p提高，MCR_{Qb}降低，对MCR_m影响小。

（5）初始弹性阶段，各抗力弯矩贡献比与桩-土相对刚度K_R相关。K_R趋于无穷小时，MCR_p超过 97%，MCR_m约 3%，MCR_{Qb}为负。随着K_R增大，MCR_p减小，MCR_m增大，Q_b作用增强。数据拟合得到 MCR 与K_R的关系表达式，揭示了单桩由柔性至刚性发展过程中，桩-土相互作用机制的变化。

参考文献：

［1］王洋，竺明星，戴国亮，等. 考虑桩-土相对刚度的大直径单桩p-y曲线模型[J/OL]. 工程力学，1-11. [2024-12-26].

［2］王磊，朱斌，来向华. 砂土循环累积变形规律与显式计算模型研究[J]. 岩土工程学报，2015, 37(11): 2024-2029.

［3］竺明星，王洋，龚维明，等. 基于桩-土界面脱开效应及摩阻力增强效应影响的水平荷载作用下桩受力机理研究[J]. 建筑结构学报，2021, 42(4): 117-130+138.

［4］SHOUR M, HELAL A. Contribution of vertical skin friction to the lateral resistance of large-diameter shafts[J]. Journal of Bridge Engineering, 2013, 19(2): 289-302.

［5］王雪菲，李树鑫，李家乐. 海上风机复合式单桩基础载荷传递机理研究[J]. 天津大学学报（自然科学与工程技术版），2023, 56(6): 655-663.

［6］陈琛，马宏旺，李玉韬，等. 冲刷对海上风电单桩基础自振频率影响的研究[J]. 振动与冲击，2020, 39(22): 16-22.

［7］徐海滨，吕鹏远，杜修力. 基于现场试验的海上风电大直径单桩三维水平承载力研究[J]. 水利水电技术，2020, 51(7): 154-160.

［8］ACHMUS M, AKDAG C T, THIEKEN K. Load-bearing behavior of suction bucket foundations in sand[J]. Applied Ocean Research, 2013, 43: 157-165.

［9］CHOO Y W, KIM D. Experimental development of the p-y relationship for large-diameter offshore monopiles in sands: centrifuge tests[J]. Journal of Geotechnical and Geoenvironmental Engineering, 2016, 142(1): 04015058.

［10］PRASAD Y, CHARI T R. Lateral capacity of model rigid piles in cohesionless soils[J]. Soils and Foundations, 1999, 39(2): 21-29.

［11］MIN Y, BIN G, LI W. Force on the laterally loaded monopile in sandy soil[J]. European Journal of Environmental and Civil Engineering, 2018: 1-20.

［12］POULOS H G. HULL T S. The role of analytical geomechanics in foundation engineering[C]//Foundation Engineering: Current Principles and Practices, ASCE, Reston, VA, 1578-1606.

超高层建筑劲性复合高强管桩试验研究

吴步青
（海口 570100）

摘　要：超高层建筑单位基底面积竖向荷载很大，对基础的承载力和变形控制要求较高，目前我国绝大多数 200m 以上的超高层建筑采用混凝土灌注桩基础。劲性复合管桩是由高喷搅拌或取土搅拌后回灌形成的水泥土桩与同心植入的预制管桩复合而成的基桩，可解决常规预制管桩深成孔施工难度大、难以进入密实砂层等问题，充分发挥桩身的高强度，达到较高承载力。本文简要介绍了劲性复合高强管桩在海口某 268m 超高层塔楼基础中的创新应用方案，通过采用内芯钢管混凝土管桩和超高强混凝土管桩保证桩身高强度，并对试桩桩身埋设密集分布式光纤传感器，在静载试验中测量桩身应变，计算出桩身的内力和桩侧土层的侧阻力，从而分析劲性复合高强管桩在不同土层中的受力特性。试验结果表明，本项目劲性复合高强管桩的单桩承载力特征值可达 7000kN，在成本、质量和工期上均比灌注桩有明显优势，并可在一定程度上促进建筑桩基产业化的发展。

关键词：劲性复合高强管桩；超高层建筑基础；密集分布式光纤；桩基选型

0　引言

海口某超高层办公塔楼位于城市中心，结构主屋面高度 249m，含幕墙塔冠总高度 268m，地上 59 层，地下室 4 层，地下室深度约 20m。地下室底板以下有效桩长范围土层为粉质黏土与中砂交错，初步设计为摩擦桩基础，单桩承载力要求在 6500kN 以上。如采用灌注桩，孔深预计超过 60m，在厚砂层易产生塌孔、缩颈等问题，且成桩质量受施工工艺、施工时长影响很大，桩承载力不易控制。近年来，随着预制桩植桩技术的发展，劲性复合管桩逐步推广应用，解决了常规预制管桩深成孔施工难度大、难以进入密实砂层等问题，可充分发挥桩身的高强度，达到较高承载力，并避免了灌注桩的上述问题。本项目超高层塔楼桩基础拟研究采用劲性复合高强管桩，内芯采用预制钢管混凝土管桩保证桩身的高强度，通过对试桩桩身埋设密集分布式光纤传感器，在静载试验中测量桩身应变，计算出桩身的内力和桩侧土层的侧阻力，从而分析劲性复合高强管桩在不同土层中的受力特性。试验结果表明，本项目劲性复合高强管桩的单桩承载力达到 7000kN，完全满足超高层塔楼承载力需求，并在成本、质量和工期上均比灌注桩有明显优势。

1　结构体系和场地地质情况

1.1　结构体系

超高层办公塔楼采用钢框架-钢筋混凝土核心筒结构体系，标准层结构平面及模型示意图见图 1。上部结构传至基础的荷载（恒 + 活）约 3×10^6kN。

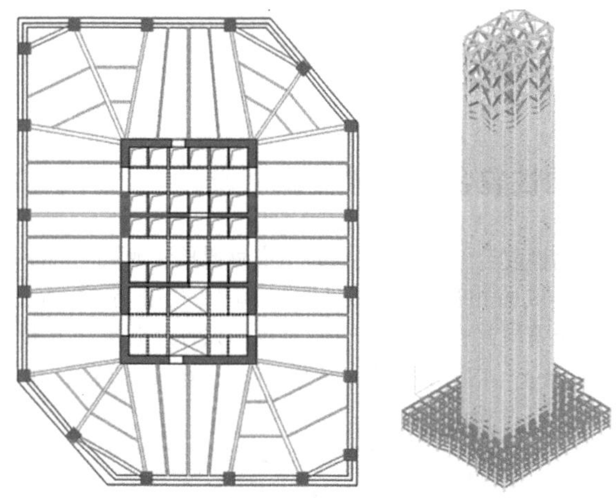

图 1　标准层结构平面及模型示意图

1.2　场地地质情况

在勘探深度范围内自上而下地层的顺序为：①层杂填土（块石土）、②层中砂、③层淤泥质粉质黏土、④层粉砂、⑤层黏土、⑥层中砂、⑦层粉质黏土、⑧层中砂、⑨层粉质黏土、⑩层中砂、⑪层粉质黏土、⑫层中砂、⑬层粉质黏土、⑭层强风化凝灰岩和⑮层中风化凝灰岩。典型地质剖面图如图 2 所示。建筑底板底面以下约 100m 才见强风化凝灰岩，故桩基荷载传递机理判断为摩擦桩。勘察报告提供的预制桩设计参数建议值（有效桩长段）见表 1。

预制桩设计参数地勘建议值（有效桩长段）　　**表 1**

指标地层	预制桩	
	桩的极限侧阻力标准值q_{sik}/kPa	极限端阻力标准值q_{pk}/kPa
⑦粉质黏土	77	4000
⑧中砂	74	8000
⑨粉质黏土	82	4200
⑩中砂	84	8500
⑪粉质黏土	86	4800

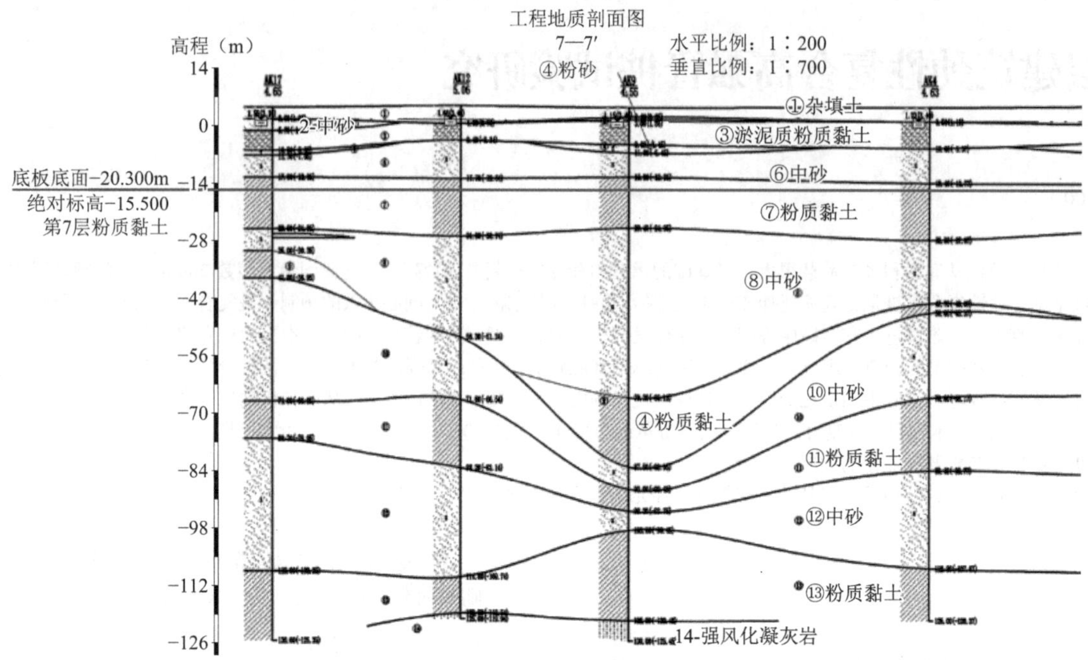

图 2 典型地质剖面图

2 劲性复合高强管桩试桩设计

劲性复合管桩（图 3）是由高喷搅拌法或取土回灌搅拌法形成的外芯水泥土桩与同心植入的内芯预应力高强混凝土管桩复合而成的基桩。本项目设计外芯水泥土桩直径 900mm，内芯管桩直径 600mm，有效桩长 38m。由于单桩承载力特征值较高（初步设计为 6500kN），常规 PHC 管桩桩身强度无法满足要求，故内芯管桩采用钢管混凝土管桩（SC 桩，图 4）和超高强混凝土管桩（UHC 桩，桩身混凝土强度等级为 C105）组合。静载试验在现状地面进行，有效桩长 38m，考虑地下室部分长度 21m，试桩总长 59m，桩端位于⑧中砂层或⑩中砂层，本组设计三根试桩。

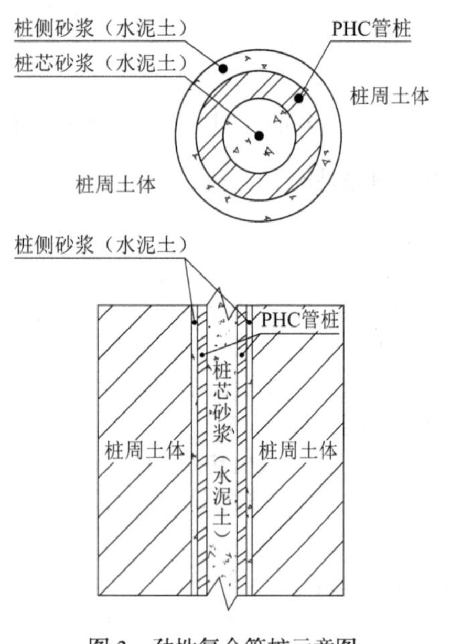

图 3 劲性复合管桩示意图

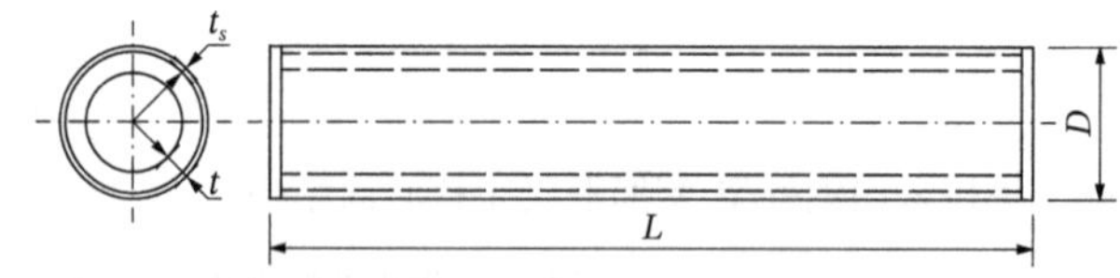

图 4 SC 桩的结构形状

2.1 试桩参数要求

试桩受压承载力采用《劲性复合桩技术规程》JGJ/T 327—2014[7]经验公式初步估算，取劲性复合桩桩侧破坏面位于内、外芯界面和位于外芯和桩周土的界面两种计算结果的较小值。

外芯水泥土桩采用原位搅拌工艺（搅拌至地面），暂定工艺参数：水泥掺量 20%，水灰比 1.0，水泥土强度（试块室内养护 90d）不小于 1.5MPa。完成水泥土桩施工后，用静压送桩机植入预制管桩，植桩和成孔垂直度偏差不大于 0.3%，静压终压值不小于 2000kN，保证植桩深度（不含桩尖长度）不小于钻孔深度。

受压承载力极限值设计为 17700kN（包含地下室 21m

深度范围的侧阻力），加载按不超过 23000kN 控制。内芯管桩配桩从上至下分为 3 段（图 5），确保桩身在试验荷载下不会破坏。

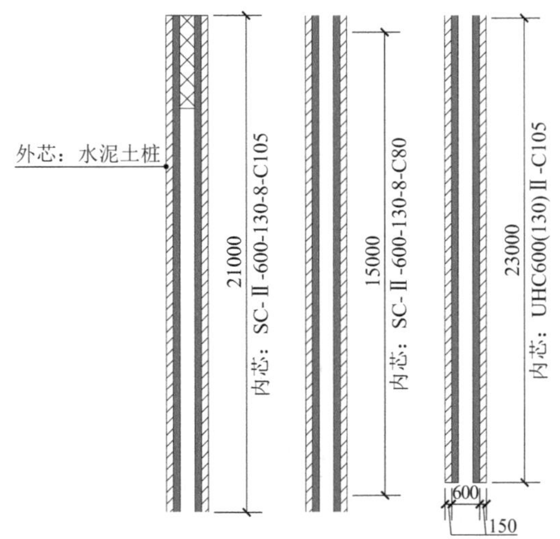

图 5　内芯管桩配桩（左到右为桩顶到桩底）

2.2　密集分布式光纤传感器布设

光纤布拉格光栅（FBG）的折射率沿光纤轴向呈周期性分布，具有良好的波长选择特性，满足布拉格衍射条件的入射光（波长为λ_B）在 FBG 处被耦合反射，其他波长的光则会全部通过而不受影响，反射光谱在 FBG 中心波长λ_B处出现峰值。温度和应变变化均能引起λ_B的改变，且满足线性关系式 (1)：

$$\frac{\Delta\lambda}{\lambda_B} = (1 - P_e)\varepsilon + (\alpha + \zeta)\Delta T \tag{1}$$

式中：$\Delta\lambda$——FBG 波长变化量；

ε——光纤轴向应变；

ΔT——温度变化；

P_e——光纤光弹系数；

α——光纤热膨胀系数；

ζ——光纤热光系数。

将多个 FBG 传感器布置在空间预定位置上，采用串联或其他网络结构形式连接在一起，通过时分复用技术便可以构成分布式监测网络系统。本项目通过在试桩桩身埋设密集分布式光纤传感器，可测得桩身轴向应变，从而计算出桩身轴力和桩侧土层侧阻力分布。

UHC 桩的光缆采用开槽对称布设［图 6（a）］，凹槽宽宜为 4～5mm，槽深宜为 5～8mm，确保传感光缆全部没入槽内。在距桩底 50cm 处可按 U 形布设过渡，弯曲半径应大于 10cm；为便于光缆布设，U 形过渡段凹槽可加宽加深。凹槽清理后涂覆环氧树脂胶固定光缆。SC 桩的光缆采用粘贴方式在桩身两侧对称布设［图 6(b)］，测线和引线组合布设，保证每个截面都有两个对称的测点。

(a) UHC 桩

(b) SC 桩

图 6　光缆布设

2.3　基于光纤应变的桩身分析原理

测试得到的光纤轴向应变$\varepsilon(Z)$，由于光纤固定在桩身表面，在静载作用下，光纤轴向变形与桩身轴向一致，因此桩身应变也为应变$\varepsilon(Z)$。则桩身应力$\sigma(Z)$为：

$$\sigma(Z) = \varepsilon(Z) \cdot E_c \tag{2}$$

式中：E_c——管桩的弹性模量。

桩身轴力$Q(Z)$为：

$$Q(Z) = \sigma(Z) \cdot A \tag{3}$$

式中：A——桩身截面面积。

桩端阻力即为最底部一段桩微元的桩身轴力。

桩侧分布摩阻力为：

$$q_s(Z) = -\frac{1}{U}\frac{\mathrm{d}Q(Z)}{\mathrm{d}Z} \tag{4}$$

式中：$q_s(Z)$——桩侧分布摩阻力；

$Q(Z)$——桩身轴向力；

U——桩身周长。

上式可以简化为：

$$q_s(Z) = -\frac{1}{U}\frac{\Delta Q(Z)}{\Delta Z} \tag{5}$$

式中：$\Delta Q(Z)$——某土层内桩身两截面间轴力变化量；

ΔZ——该土层内桩身两截面间深度差。

将式(2)、式(3)代入式(5)中有：

$$\begin{aligned} q_s(Z) &= -\frac{1}{U}\frac{\Delta Q(Z)}{\Delta Z} = -\frac{1}{U}\frac{\Delta\sigma \cdot A}{\Delta Z} \\ &= -\frac{A}{U}\cdot\frac{\Delta\varepsilon \cdot E}{\Delta Z} = -\frac{A \cdot E}{U}\frac{\Delta\varepsilon}{\Delta Z} \end{aligned} \tag{6}$$

式中：$\Delta\varepsilon$——某土层内桩身两截面间轴向应变变化量。

桩在竖向荷载作用下，桩身将产生压缩变形，桩和桩侧土之间产生相对位移。桩土之间的相对位移量（假设土体未变动）为：

$$S_i = S - \sum_{j=1}^{i} \int_{l_j}^{l_{j+1}} \varepsilon_e \cdot dh \tag{7}$$

式中：S——桩顶沉降；

S_i——第i段桩的桩土相对位移；

ε_e——第j截面和第$j+1$截面间桩身平均应变。

3 试验结果分析

3.1 静载试验 Q-s 曲线

1 号试桩加载到最大荷载 20700kN 时，总沉降量为 61.16mm；2 号试桩加载到最大荷载 23000kN 时，总沉降量为 79.99mm；3 号试桩加载到最大荷载 23000kN 时，总沉降量为 74.41mm。终止加载时三根桩的桩身完整，Q-s曲线均为缓变型，试桩极限承载力超过设计预期值，如图 7 所示。

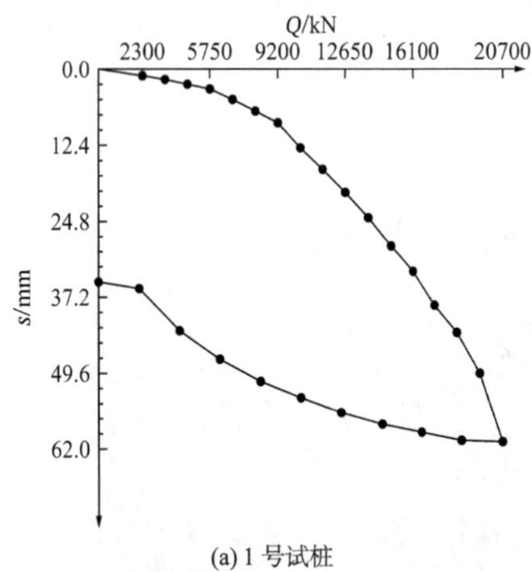

(a) 1 号试桩

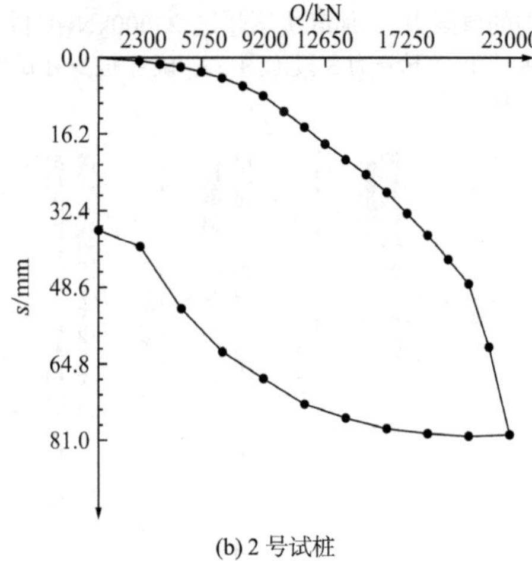

(b) 2 号试桩

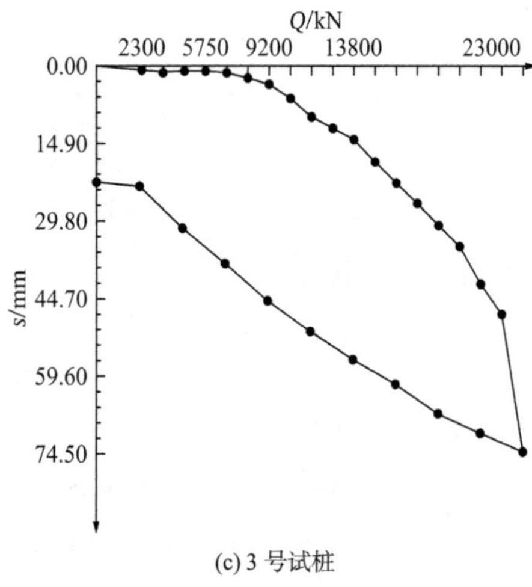

(c) 3 号试桩

图 7 各试桩Q-s曲线

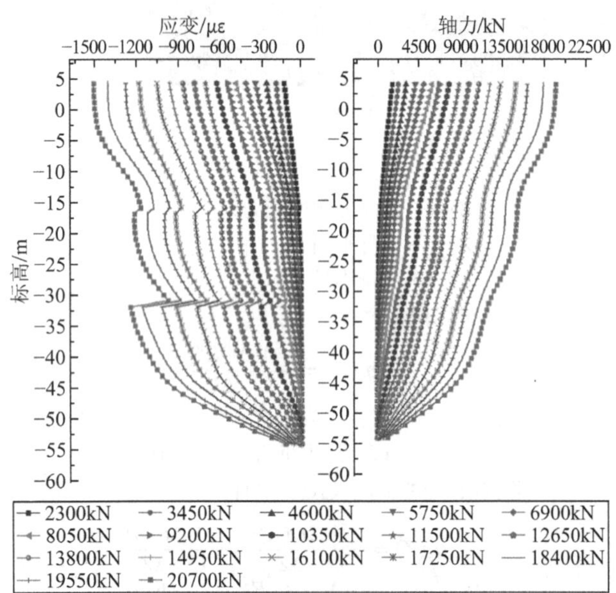

图 8 1 号试桩桩身应变、轴力图

3.2 桩身光纤测试数据分析

根据桩身实测光纤数据和计算，1 号、2 号试桩桩身应变和轴力图、桩侧摩阻力分布图详见图 8～图 13。

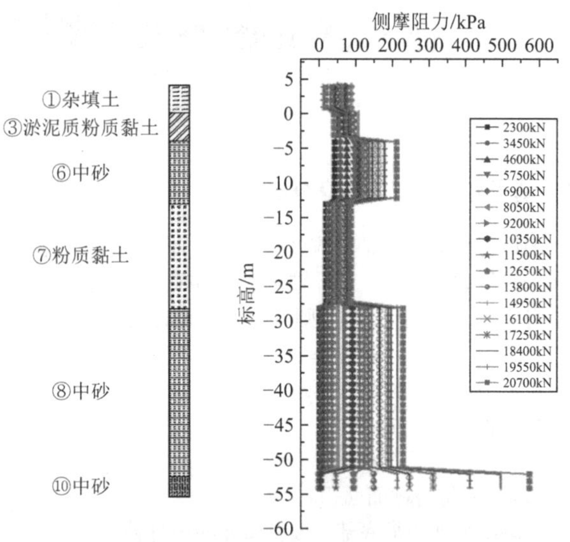

图 9 1 号试桩桩侧摩阻力分布图（各土层平均值）

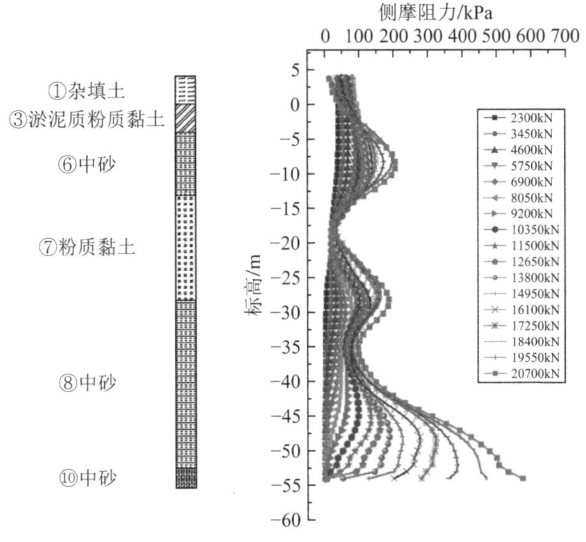

图 10　1 号试桩桩侧摩阻力分布图（单位深度值）

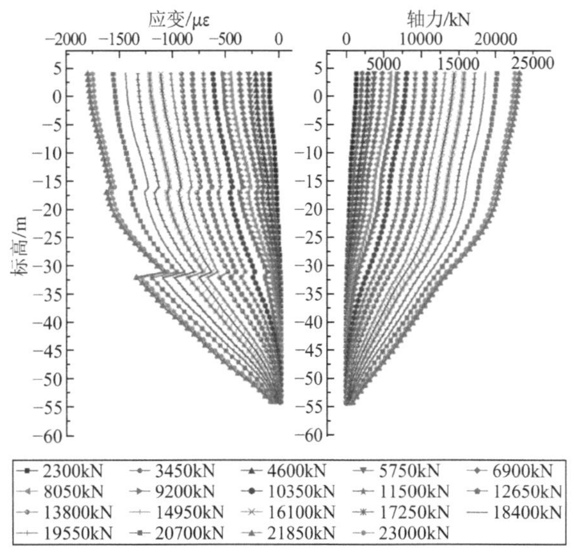

图 11　2 号试桩桩身应变、轴力图

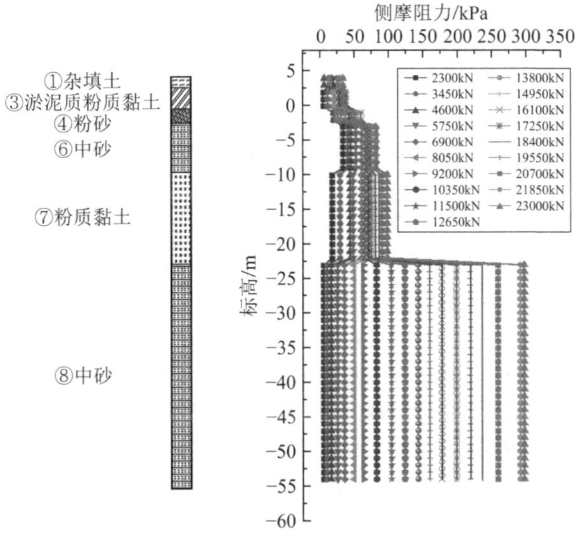

图 12　2 号试桩桩侧摩阻力分布图（各土层平均值）

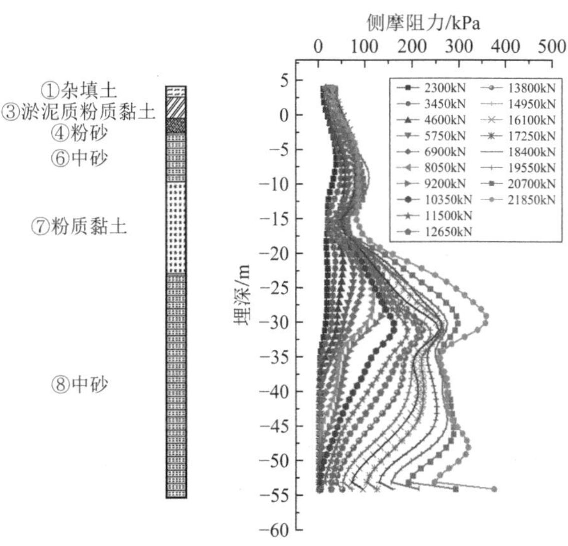

图 13　2 号试桩桩侧摩阻力分布图（单位深度值）

由图 8～图 13 可知，在整个抗压试验过程中，桩身侧摩阻力发挥主要作用；有效桩长范围内，中砂层的侧阻力比黏土层大得多，且随荷载等级增加，⑧中砂层逐渐发挥主要作用。

有效桩长范围内各土层侧摩阻力（平均值）与桩顶荷载的关系见图 14，各土层侧摩阻力（土层中点）与桩土相对位移的关系见图 15～图 17。

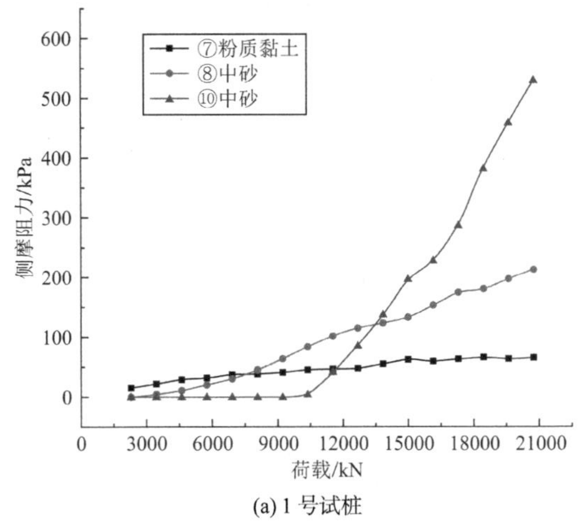

(a) 1 号试桩

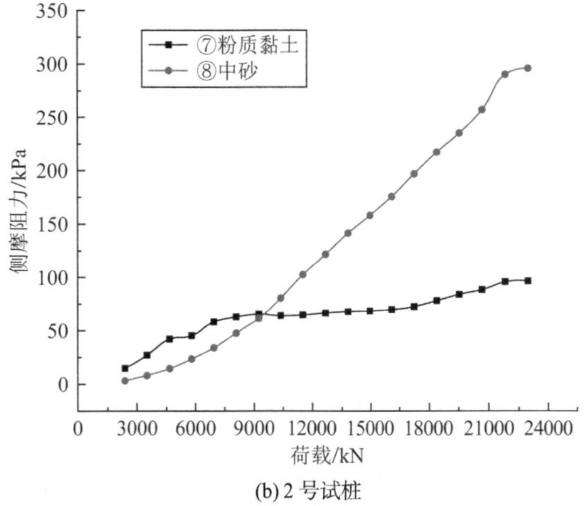

(b) 2 号试桩

图 14　各土层侧摩阻力（平均值）与桩顶荷载的关系图

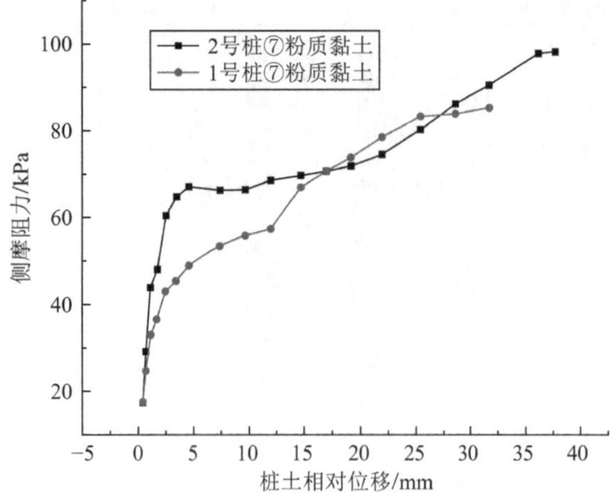

图 15 ⑦粉质黏土层侧摩阻力（土层中点）与桩土相对位移关系图

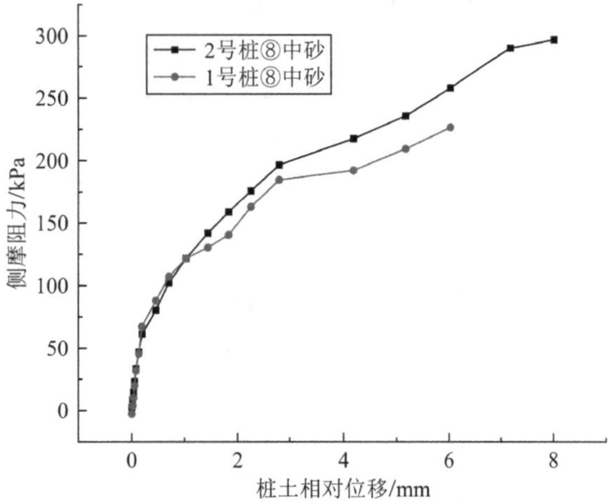

图 16 ⑧中砂层侧摩阻力（土层中点）与桩土相对位移关系图

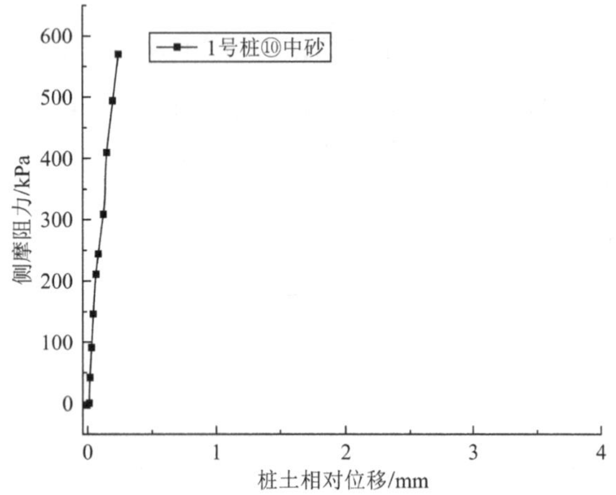

图 17 ⑩中砂层侧摩阻力（土层中点）与桩土相对位移关系图

由图 14～图 17 可知，在整个抗压静载试验过程中，各土层桩侧摩阻力均有发挥，随加载等级增加，侧摩阻力逐渐增大，⑦粉质黏土层的桩侧阻力在桩顶荷载达到 9000kN 以上、桩土相对位移为 20mm 左右时增大已放缓，基本达到极限值 60～90kPa；⑧中砂层的桩侧阻力在试验最大荷载 20000kN 以上时仍处于增大过程中，未达到极限值，桩土相对位移仅为 6～8mm；⑩中砂层的侧阻力在试验荷载下更是远未发挥。

由图 18 可知，桩端阻力随加载等级增加逐渐增大，占加载荷载总量的比例逐渐增大，但最大仅为 3.57%～5.18%，故绝大部分桩顶荷载由桩侧摩阻力承受，基桩为摩擦桩。

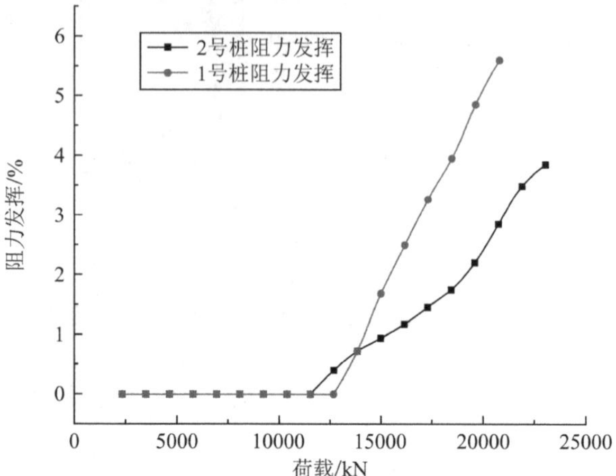

图 18 桩端阻力发挥与桩顶荷载的关系

3.3 单桩承载力取值，地勘土层参数与实测对比

根据测试结果（表 2），试桩桩身的沉降绝大部分为桩身压缩变形，桩端沉降很小，参考《建筑基桩检测技术规范》JGJ 106—2014 第 4.4.2 条第 4 款，可取三根试桩沉降量约为 50mm 时对应的荷载为试桩竖向承载力极限值，且三根试桩极限承载力的极差不超过平均值的 30%，故可取平均值为单桩竖向受压承载力极限值。

试桩承载力特征值计算　　表 2

试桩	加载荷载/kN	沉降/mm	地面以下21m 实测侧阻力/kN	单桩竖向承载力特征值/kN	单桩竖向承载力特征值的平均值/kN
1	19550	49.78	4225	7663	8487
2	20700	48.13	2616	9042	
3	21850	47.87	4339	8756	

考虑到本项目是劲性复合桩工艺在当地超 200m 高层建筑的首次应用，另外现场水泥土搅拌桩的抽芯检测抗压强度结果有一定的离散性，建议单桩承载力特征值适当降低使用，并加强水泥土搅拌桩施工工艺控制，保证成桩均匀性。

表 3 为地勘土层参数与实测值的对比，对比可知，管桩与水泥土内外芯界面侧阻力实测值基本都高于地勘报告提供的管桩与桩周原状土极限侧阻力，在⑦粉质黏土层低于管桩与水泥土内外芯界面侧阻力预设理论值，在⑧中砂和⑩中砂层均高于预设理论值。这说明搅拌形成的外芯水泥土对管桩周围原状土起到了明显的加强作用，在中砂层中的加强效果明显优于黏土层。由于试桩加载到最大试验荷载时未见破坏，说明管桩与水泥土之间仍具备一定的变形协调能力。

地勘土层参数与实测对比　　表 3

土层名称	理论参数		管桩与水泥土内外芯界面侧阻力实测值（取桩顶沉降约 50mm 对应的荷载计算）/kPa	
	地勘报告提供的管桩与桩周原状土极限侧阻力标准值 q_{sik}/kPa	管桩与水泥土内外芯界面极限侧阻力标准值（根据《劲性复合桩技术规程》，取预设水泥土强度 1.5MPa 的 0.065 倍）q_{sik}/kPa	1 号试桩	2 号试桩
⑦粉质黏土	77	195	64.82	90.64
⑧中砂	74	195	197.33	258.81
⑩中砂	84	195	458.7	—

4 桩基础变刚度调平设计

本项目试桩静载试验除上述三根 59m 长桩（有效桩长 38m）外，另外还测试了三根 44m 的短桩（有效桩长 23m）。根据试桩结果和上述分析，取长桩承载力特征值 7500kN，短桩承载力特征值 5000kN。由于超高层塔楼沉降一般呈核心筒大、外框柱小的锅形，故考虑在核心筒采用长桩，外框柱下采用短桩的长短桩方案进行桩基变刚度调平设计，并与全长桩方案进行对比。

筏板下⑦粉质黏土为超固结土，修正后地基承载力特征值约为 300kPa。桩筏基础设计参数：筏板厚度 3.8m（核心筒部分厚度 4.2m），筏板下地基土基床系数取 17000kN/m³，长桩竖向刚度取 750000kN/m，短桩竖向刚度取 500000kN/m，桩距 4d（d = 600mm），暂不考虑水浮力的有利作用。全长桩方案与长短桩方案设计对比见图 19～图 21 和表 4。

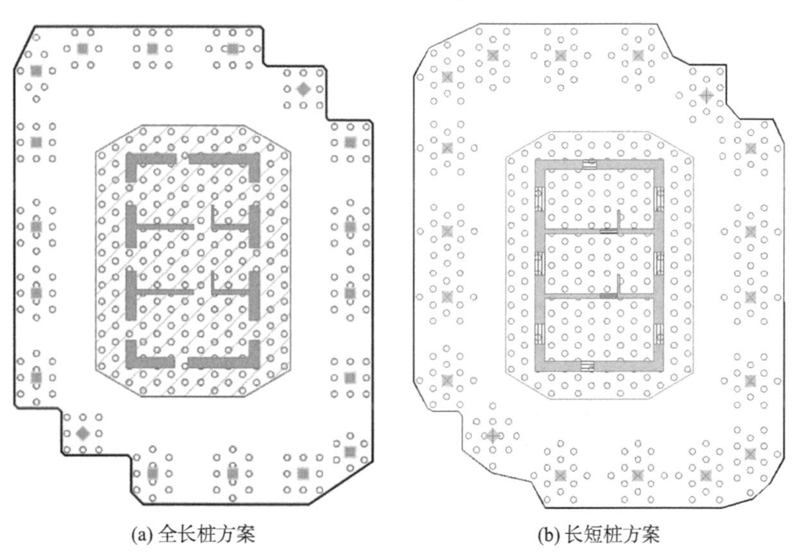
(a) 全长桩方案　　(b) 长短桩方案

图 19　基础平面布置图对比示意图

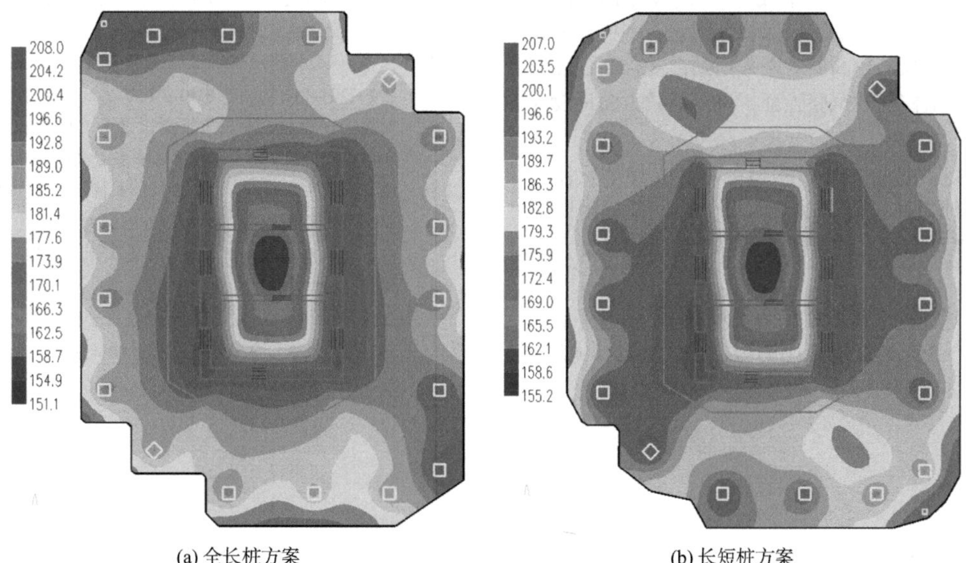

(a) 全长桩方案　　(b) 长短桩方案

图 20　地基土反力云图对比示意图

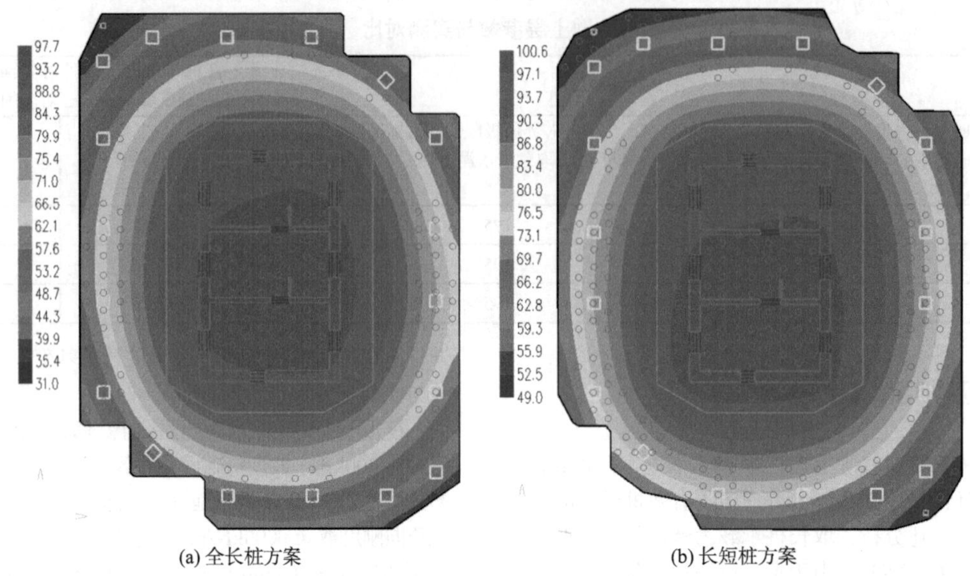

(a) 全长桩方案　　　　(b) 长短桩方案

图 21　沉降云图对比示意图

沉降计算对比　　　　表 4

参数类型		全长桩方案	长短桩方案	规范限值
最大沉降量/mm		98	100	200
整体倾斜	北面	0.0019	0.00164	0.002
	南面	0.0019	0.00164	
	西面	0.0018	0.0011	
	东面	0.0017	0.0011	

根据上述计算结果，筏板下地基土约分担了建筑竖向总荷载的 18%～19%，长短桩方案的整体倾斜明显小于全长桩方案，故桩基变刚度调平设计是合理的。本项目工程桩在地面施工，可通过定制超长送桩器将管桩植入 20m 以上的深度，这已经在试桩过程中得到了验证。

5　结论

（1）针对超高层建筑单桩承载力要求较高、超长灌注桩在深厚砂层中的成桩质量难以保证等问题，本项目创新性地提出在 268m 高的超高层塔楼采用劲性复合高强度管桩方案，并通过试桩静载试验验证了单桩承载力满足设计要求。

（2）通过对试桩桩身埋设密集分布式光纤传感器测算得到的桩身轴力和桩周土层侧阻力分析，基桩为摩擦桩，水泥土搅拌对原状土的加强效果在中砂层明显好于黏土层。

（3）劲性复合桩不需要现场浇筑混凝土，成桩质量保证率高，特别在施工时间有限制的市中心区域更有优势。通过配置高强度的内芯预制桩匹配土层侧阻力和端阻力，劲性复合桩单位承载力的成本和工期均优于灌注桩，在国家推广建筑产业化、预制化的趋势下，具有较高的应用价值。

参考文献：

[1] 住房和城乡建设部. 建筑抗震设计标准: GB/T 50011—2010[S]. 北京: 中国建筑工业出版社, 2016.

[2] 住房和城乡建设部. 高层建筑混凝土结构技术规程: JGJ 3—2010[S]. 北京: 中国建筑工业出版社, 2010.

[3] 住房和城乡建设部. 钢结构设计标准: GB 50017—2017[S]. 北京: 中国建筑工业出版社, 2017.

[4] 住房和城乡建设部. 高层民用建筑钢结构技术规程: JGJ 99—2015[S]. 北京: 中国建筑工业出版社, 2015.

[5] 住房和城乡建设部. 建筑地基基础设计规范: GB 50007—2011[S]. 北京: 中国建筑工业出版社, 2011.

[6] 住房和城乡建设部. 建筑桩基技术规范: JGJ 94—2008[S]. 北京: 中国建筑工业出版社, 2008.

[7] 住房和城乡建设部. 劲性复合桩技术规程: JGJ/T 327—2014[S]. 北京: 中国建筑工业出版社, 2014.

[8] 住房和城乡建设部. 水泥土复合管桩基础技术规程: JGJ/T 330—2014[S]. 北京: 中国建筑工业出版社, 2014.

[9] 住房和城乡建设部. 高层建筑岩土工程勘察标准: JGJ/T 72—2017[S]. 北京: 中国建筑工业出版社, 2017.

[10] 住房和城乡建设部. 建筑基桩检测技术规范: JGJ 106—2014[S]. 北京: 中国建筑工业出版社, 2014.

[11] 广东省住房城乡和建设厅. 锤击式预应力混凝土管桩工程技术规程: DBJ/T 15-22—2021[S]. 北京: 中国城市出版社, 2021.

[12] 住房和城乡建设部. 预应力混凝土管桩技术标准: JGJ/T 406—2017[S]. 北京: 中国建筑工业出版社, 2017.

基础环式风机基础的疲劳特性和加固方法研究

张　强[1,2]，阴　可[2]，甘　雨[1]
（1. 中铁工程装备集团有限公司，郑州 450016；2. 重庆大学土木工程学院，重庆 400044）

摘　要：本文针对风机基础的疲劳损伤及其加固方法开展研究，通过研究风荷载计算方法和风机基础动力效应，建立了风机基础的疲劳损伤分析系统。采用数值模拟方法计算获得了基础关键应力分布特征，获得了基础环式风机基础的疲劳损伤特性。研究结果表明，基础的应力响应水平和疲劳损伤累积速度受风速和风向的影响显著，据此针对性提出了基础环外增加环梁，同时内部浇筑混凝土台柱的加固措施，为既有风机基础的病害处理和扩容改造提供依据和参考。

关键词：风机基础；基础环；疲劳特性；加固方法

0　引言

风电是我国能源结构中的重要组成部分，基础环式风机基础由于结构简单、施工方便而得到广泛应用。但是，在实际工程中随着风机运行时间的增长和单机容量的持续增大，大量处于设计寿命期内的风机出现了疲劳破坏现象，包括基础表面开裂、溢浆，甚至倒塌。

国内外学者对裂缝成因、扩展规律、基础疲劳特性进行了研究。Alonso 等[1]认为循环荷载作用下支座旁混凝土中产生的动态拉应力是混凝土裂缝和疲劳产生的原因。Amponsah 等[2]基于双 K 断裂模型研究了基础中裂纹扩展的稳定性，并进行了拉拔模型试验，基于研究成果提出了一种以基础环竖向位移来评估风机基础安全性的方法。Bai 等[3]通过长期健康状态检测捕捉裂缝的发生和变化，其团队[4]结合数值模拟和环境运行数据发现混凝土变形的分布格局与平均风速和计算荷载的峰谷值大致相关。Klein 等[5]采用雨流计数法研究了地基-基础相互作用对疲劳荷载设计的影响。吕伟荣等[6]通过对国内多台问题风机基础的现场勘查和检测提出了基础环式风机基础疲劳损伤形成和演变的三个阶段。赵俭斌等[7]利用概率密度演化方法推导了基础的疲劳损伤概率密度函数。易晓波[8]通过数值模拟进行参数化分析证明增加下法兰宽度、埋深，提高混凝土强度等级能一定程度上降低风机基础疲劳损伤。

针对受损基础的加固方法，张家志等[9]提出并设计了一种局部栓钉加固方案。陈俊岭等[10]在不损伤原基础结构的前提下，提出采用栓钉和环向预应力钢绞线的组合加固方法。Chen 等[11]通过数值方法验证了环向预应力的加固效果，结果表明该方法能有效降低 T 形锚板上方混凝土的疲劳应力幅值。汪宏伟等[12]通过有限元方法讨论了环梁加固的可行性。李进平等[13]推荐采用弹性模量在 1～6GPa 的灌浆料进行注浆加固。张振利等[14]通过数值模拟研究了基础环-锚栓内、外复合连接方案对风机在地震作用下动力响应的影响，结果表明能够有效提高风机的稳定性和安全性，建议优先采用外复合连接方案。

综上所述，目前对于基础疲劳损伤的研究以检测和监测为主，不能对基础的疲劳损伤进行定量计算和预判。目前针对环梁加固法的研究不深入，缺少加固具体措施和加固效果的分析介绍。本文对基础疲劳损伤的定量分析方法以及环梁加固法的研究可为同类研究提供借鉴参考。

1　疲劳损伤分析理论

1.1　风荷载模拟方法

通过计算机程序模拟生成风速时程曲线用以替代实测风速数据是一种可靠且常用的方法[15-17]。研究资料表明，自然风的速度可认为是由平均风$\overline{v}$和脉动风v两部分组成，其表达式如下：

$$V(z,t)=\overline{v}(z,t)+v(z,t) \tag{1}$$

在垂直空间内，平均风速剖面与地面粗糙程度有关，按照我国《建筑结构荷载规范》GB 50009—2012[18]平均风剖面可选用指数律表达式：

$$\overline{v}(z)=\overline{v}(z_{\mathrm{r}})\left(\frac{z}{z_{\mathrm{r}}}\right)^{\alpha} \tag{2}$$

脉动风的描述可表示为自功率谱，反映了脉动风在频域范围内的能量分布特性，常用的脉动风速谱有 Davenport 谱和 Kaimal 谱。我国现行《建筑结构荷载规范》50009—2012 采用的就是该风谱，其表达式为：

$$\begin{cases} S(f)=4K\overline{v}_{10}^{2}\dfrac{x^{2}}{f(1+x^{2})^{4/3}} \\ x=\dfrac{1200f}{\overline{v}_{10}} \end{cases} \tag{3}$$

脉动风速随时间和空间变化，具有明显的随机性和紊乱性。可采用谐波叠加法进行模拟。同一时刻，空间结构中各点的风速不可能完全相同，因此在模拟脉动风时必须考虑空间中各点之间的相互影响。将脉动风看作均值为零的高斯平稳随机过程，则空间中各点的脉动风速$v_j(t)(j=1,2,3,\cdots,n)$的功率谱密度函数矩阵可表示为：

$$[S(f)]=\begin{bmatrix} S_{11}(f) & S_{12}(f) & \cdots & S_{1n}(f) \\ S_{21}(f) & S_{22}(f) & \cdots & S_{23}(f) \\ \vdots & \vdots & \ddots & \vdots \\ S_{n1}(f) & S_{n2}(f) & \cdots & S_{nn}(f) \end{bmatrix} \tag{4}$$

式中：对角线元素——空间中该点的自功率谱密度函数；

非对角线元素——空间内对应两点的互功率谱密度函数。

可由下式计算：

$$S_{ij}(f)=\sqrt{S_{ii}(f)S_{jj}(f)}\mathrm{Chol}_{ij}(f) \tag{5}$$

式中：$\mathrm{Chol}_{ij}(f)$——空间i，j点之间的相干函数，Davenport 推荐的考虑空间三个方向的相干函数表达式[19]：

$$\mathrm{Chol}_{ij}(f)=\exp\left(\frac{-2\omega\left[C_x^2(x_i-x_j)^2+C_y^2(y_i-y_j)^2+C_z^2(z_i-z_j)\right]^{1/2}}{2\pi[\bar{v}(z_i)+\bar{v}(z_j)]}\right) \tag{6}$$

式中：C_x，C_y，C_z——x，y，z方向的无量纲衰减系数。

对于高耸结构，由于结构在垂直方向的尺寸跨度远大于两个水平方向的跨度，因此工程中可忽略顺风向和横风向的相关性，只考虑垂直方向的空间相关性，取$C_z=10$。

脉动风的功率谱密度矩阵通过 Cholesky 方法分解为：

$$[S(f)]=[H(f)][H^*(f)]^{\mathrm{T}} \tag{7}$$

$$[H(f)]=\begin{bmatrix} H_{11}(f) & H_{12}(f) & \cdots & H_{1n}(f) \\ H_{21}(f) & H_{22}(f) & \cdots & H_{23}(f) \\ \vdots & \vdots & \ddots & \vdots \\ H_{n1}(f) & H_{n2}(f) & \cdots & H_{nn}(f) \end{bmatrix} \tag{8}$$

当模拟频域分割份数N趋于无穷大时，空间各点的脉动风速可模拟为[20]：

$$\begin{cases} v_j(t)=\sqrt{2\Delta f}\sum\limits_{m=1}^{n}\sum\limits_{l=1}^{N}|H_{jm}(f_l)| \\ \qquad \cos[2\pi f_l t+\theta_{jm}(f_l)+\psi_{ml}] \\ \Delta f=(f_{\mathrm{u}}-f_{\mathrm{k}})/N \\ f_l=f_{\mathrm{k}}+(l-0.5)\Delta f \\ \theta_{jm}(f_l)=\arctan\left\{\dfrac{\mathrm{Im}[H_{jm}(f)]}{\mathrm{Re}[H_{jm}(f)]}\right\} \end{cases} \tag{9}$$

式中：f_{u}，f_{k}——截取频率的上限和下限；

θ_{jm}——两点间的相位角；

ψ_{ml}——0 和2π之间的随机数。

按照上述方法和步骤，通过 MATLAB 编写程序，模拟空间各点的平均风速和脉动风速，然后进行叠加，即可获得所需风速场。

风机结构所受风荷载可计算为叶轮等效风荷载和塔筒荷载两部分，叶轮等效风荷载的计算采用推力系数法，其计算公式为[21]：

$$F=\frac{1}{2}C_{\mathrm{F}}\rho AV^2 \tag{10}$$

式中：F——叶轮推力；

C_{F}——叶轮推力系数；

ρ——空气密度，取 1.225kg/m^3；

A——叶轮扫风面积；

V——风速。

塔筒风荷载可由风压、结构体型系数、迎风面积进行计算。作用于塔筒的风荷载计算公式：

$$\begin{cases} w_{\mathrm{p}}=0.5\rho v^2 \\ F=\mu_{\mathrm{s}}Aw_{\mathrm{p}} \end{cases} \tag{11}$$

式中：w_{p}——作用于塔筒的风压（N/m^2）；

F——作用于塔筒的荷载；

μ_{s}——风荷载体型系数，根据《高耸结构设计标准》GB 50135—2019 进行确定；

A——塔筒在迎风面的投影面积。

1.2 疲劳损伤计算方法

一般认为当材料疲劳损伤值达到 1 时发生疲劳破坏，疲劳损伤理论中最具有代表性的是 Palmgren-Miner 理论，认为材料在各个荷载循环下的疲劳损伤累积是相互独立的过程，疲劳损伤值可以进行线性叠加。假设材料在不同应力幅$\sigma_1,\sigma_2,\sigma_3,\cdots,\sigma_m$下可承受的最大循环次数分别为$N_1,N_2,N_3,\cdots,N_m$，则材料在应力幅$\sigma_1,\sigma_2,\sigma_3,\cdots,\sigma_m$下分别循环$n_1,n_2,n_3,\cdots,n_m$次所造成的总疲劳损伤值可计算为：

$$D=\sum_{i=1}^{m}D_i=\sum_{i=1}^{m}\frac{n_i}{N_i} \tag{12}$$

计算疲劳损伤时需借助S-N曲线，它反映了材料疲劳强度和对应强度下疲劳寿命之间的关系。工程上应用较多的是 Aas-Jakobsen 提出的考虑应力比的混凝土S-N曲线[22]：

$$\begin{cases} S=\dfrac{\sigma_{\max}}{f_0}=1-\beta(1-R)\lg N \\ R=\sigma_{\min}/\sigma_{\max} \end{cases} \tag{13}$$

式中：$\sigma_{\max}$，$\sigma_{\min}$——循环应力的最大和最小值；

f_0——参考静力强度；

β——材料参数，$\beta=0.064\sim0.080$。

风机基础所受的疲劳荷载是一个随机过程，这是由风速的随机变化所决定的，在借助S-N曲线和损伤累积准则进行计算之前需要对疲劳载荷谱进行处理，统计出各个载荷水平下的循环次数，雨流计数法[23]是疲劳研究中应用最为广泛的计数方法。

1.3 疲劳损伤分析流程

依据上述理论建立风荷载作用下风机基础疲劳损伤计算分析流程：

（1）编写风场模拟程序进行风速模拟，根据风速和风荷载的关系计算出风机各加载点的风荷载时程。

（2）建立有限元模型，计算获得基础易发生疲劳损伤位置的应力时程曲线。

（3）对应力时程曲线进行雨流计数处理，统计各应力水平下的循环次数、循环幅值、均值，获得疲劳载荷谱。

（4）通过S-N曲线计算各应力水平下的最大循环次数，然后根据 P-M 线性损伤累积准则计算累积疲劳损伤值，进行疲劳损伤分析。

2 数值模型的建立

2.1 风机概况

以某 2MW 机型为例，轮毂高度 80m，切入风速

3m/s，额定风速 9.6m/s。基础为重力式扩展基础，埋深 3.4m，底面直径 18.4m，顶面直径 5m。基础环直径 4.3m，壁厚 44mm，高度 2.55m，埋入混凝土的深度为 1.935m，下法兰宽度为 380mm，厚度为 80mm。基础尺寸及配筋如图 1 所示，叶轮推力系数如图 2 所示。塔筒由 4 节拼接而成，按照等效原则将叶轮所受风荷载以集中荷载的形式施加于轮毂参考点，将每节塔筒所受的风荷载以集中荷载的形式施加于迎风面的形心处，如图 3 所示。

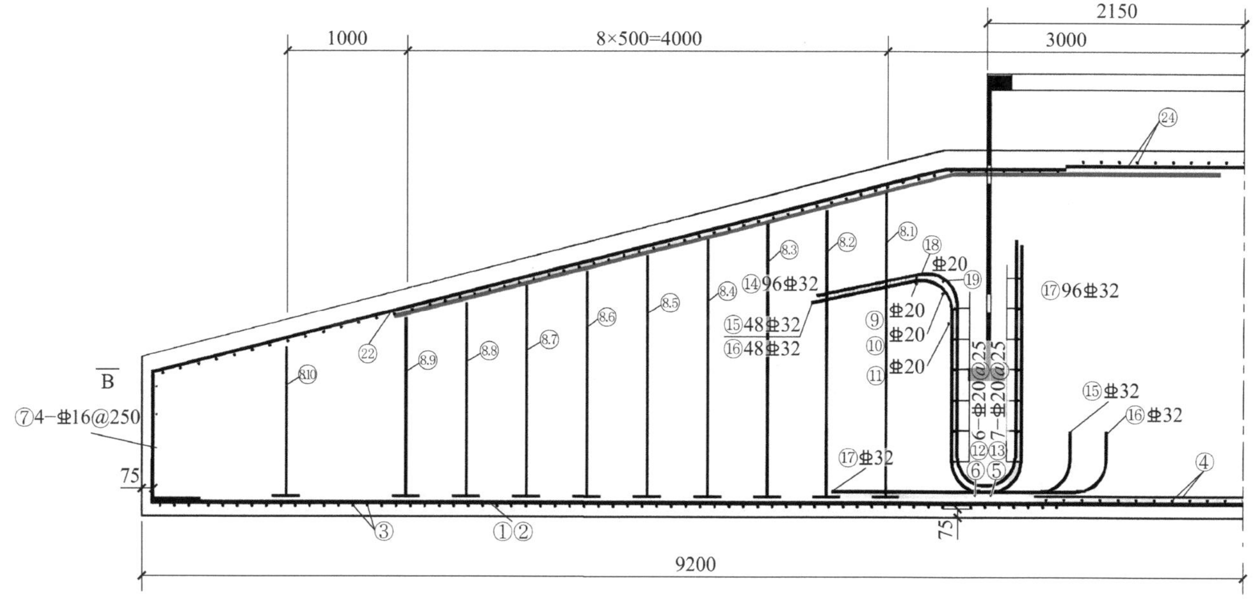

图 1　基础配筋图

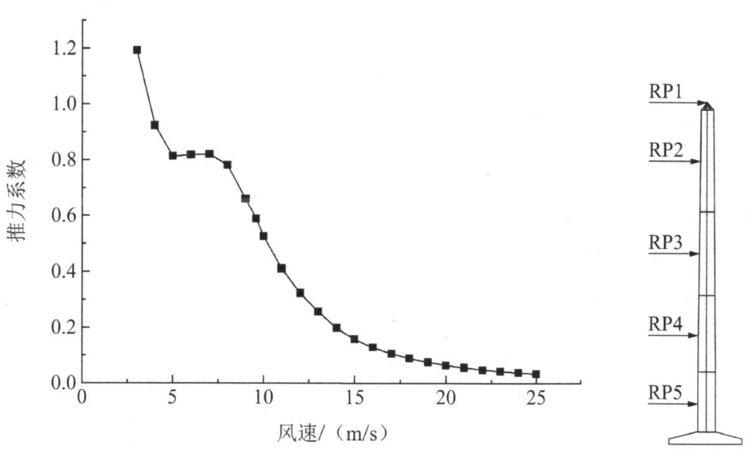

图 2　不同风速下叶轮推力系数　　　　图 3　加载示意图

2.2　风场模拟验证

为了验证模拟所得风场的正确性，将模拟所得各参考点的脉动风的自功率谱和所使用的目标 Davenport 谱进行对照。限于篇幅，本文给出轮毂高度平均风速 9.6m/s 时参考点 1、3、5 的对比结果，如图 4 所示，结果显示二者拟合良好，证明了通过该方法模拟所得风场的正确性。

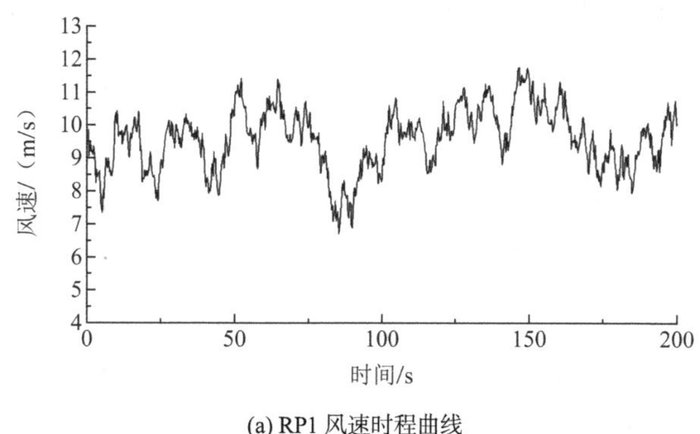

(a) RP1 风速时程曲线

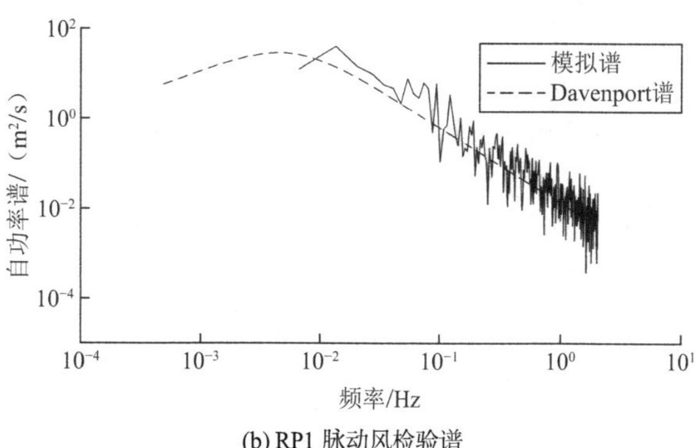

(b) RP1 脉动风检验谱

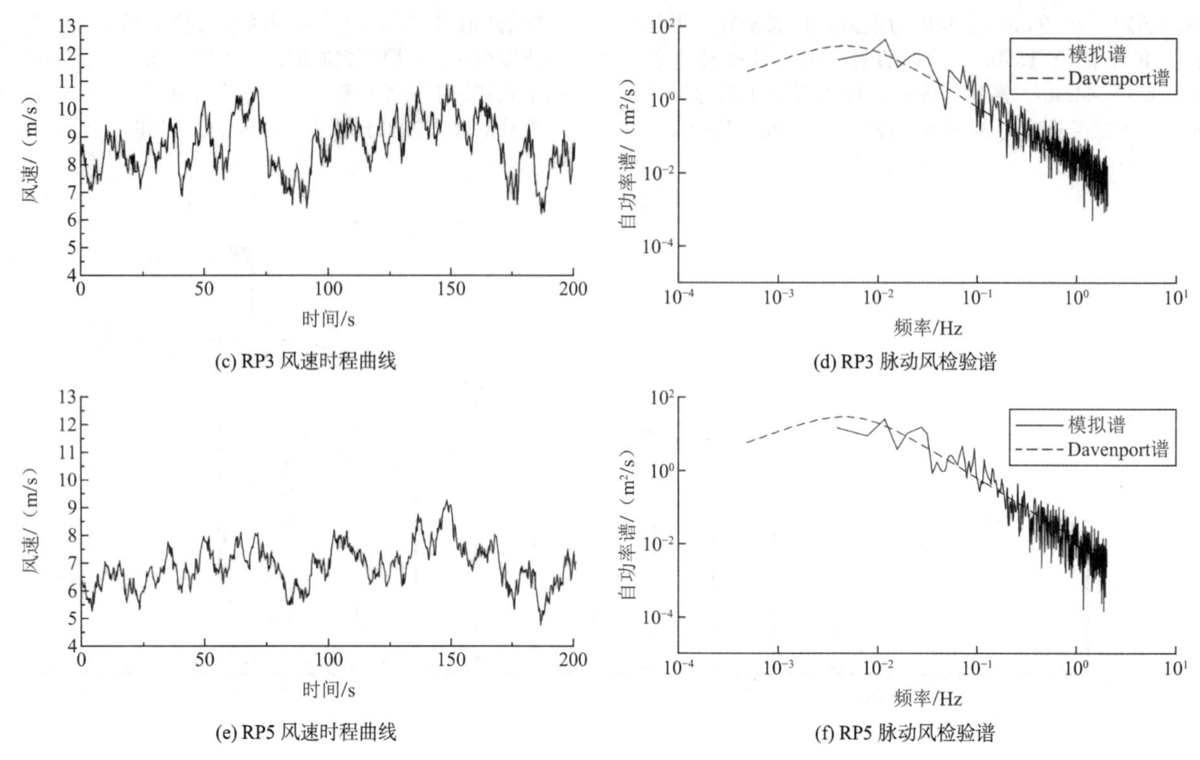

(c) RP3 风速时程曲线

(d) RP3 脉动风检验谱

(e) RP5 风速时程曲线

(f) RP5 脉动风检验谱

图 4 轮毂平均风速 9.6m/s 下各参考点风速

2.3 数值模型

根据风机实际尺寸采用 ABAQUS 建立地基-基础-塔筒整体有限元模型，对风机结构进行适当简化，将叶轮、机舱和轮毂简化为一集中质量点与塔筒顶面进行耦合连接[24]，地基模型选为圆柱形，地基半径和深度均选为基础半径的 3 倍，基础上覆土层以等效面荷载的形式施加到基础上表面。地基、混凝土、基础环和塔筒均采用 C3D8R 单元，钢筋采用 T3D2 单元。有限元模型和网格划分如图 5 所示。地基参数如表 1 所示，混凝土采用 CDP 本构模型，钢筋为 HRB400 级，采用无屈服点双直线模型。

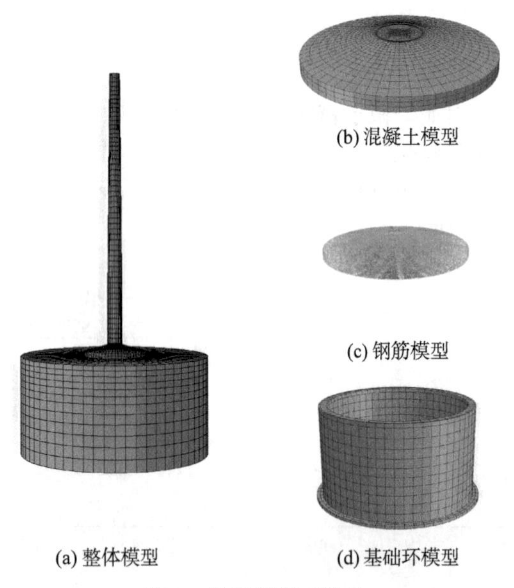

(a) 整体模型

(b) 混凝土模型

(c) 钢筋模型

(d) 基础环模型

图 5 风机有限元模型

地基物理力学参数 表 1

地基种类	密度/（kg/m³）	变形模量/GPa	泊松比	黏聚力/kPa	内摩擦角/°
强风化片麻岩	2400	6.5	0.28	200	37

2.4 计算工况

为了模拟出风机在不同风速下的工作状态，设置模拟工况如表 2 所示。

模拟工况 表 2

工况名称	轮毂平均风速/（m/s）	工况名称	轮毂平均风速/（m/s）
GK1	4	GK5	12
GK2	6	GK6	14
GK3	8	GK7	18
GK4	9.6	GK8	22

3 基础疲劳特性研究

3.1 动力响应分析

根据计算结果，轮毂平均风速 9.6m/s 时，混凝土主应力云图如图 6 所示。基础混凝土在第 50s 时应力达到最大，风机上部结构荷载传递至基础后，主要依靠基础环的锚固作用抵抗倾覆力矩。在弯矩作用下，迎风侧法兰上抬、背风侧法兰下压，因此，在迎风侧下法兰上方、背风侧下法兰下方、背风侧基础表面混凝土产生压应力集中，最大压应力出现在迎风侧下法兰上方的外侧折角处。将迎风侧法兰上方和背风侧法兰下方的混凝土压应力集中区域分别标记为热点 1 和热点 2。

最大拉应力出现在背风侧下法兰棱角旁边，分析其原因是背风侧法兰棱角的“刺入”使棱角处的混凝土产生局部拉应力集中现象。迎风侧基础环的上拔作用是引发法兰两侧拉应力集中的主要原因，结合基础配筋图，基础环内侧配筋比外侧少，因此内侧混凝土拉应力高于外侧。在迎风侧下法兰的上拔作用下，基础环内外两侧的混凝土与基础环之间有出现裂缝的趋势，此时，穿孔钢筋开始发挥作用，将两侧混凝土“拉住”，限制裂缝的张开，因此在钢筋的拉力作用和回填土的压力作用下，迎风侧上表面的混凝土产生拉应力集中。

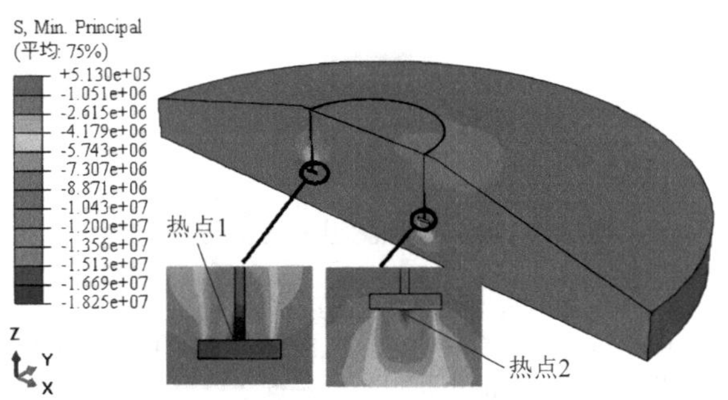

(a) 最小主应力云图

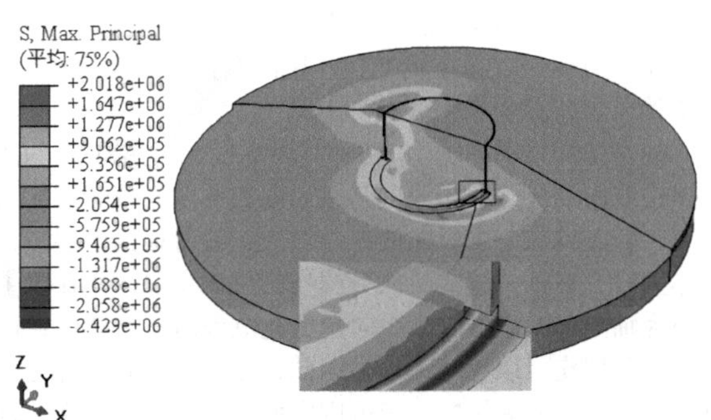

(b) 最大主应力云图

图 6　混凝土主应力云图（9.6m/s）

如图 7 所示，混凝土热点 1 和热点 2 的应力变化趋势基本一致，当平均风速低于 9.6m/s 时，混凝土的平均压应力随风速增大而增大；平均风速高于 9.6m/s 时，混凝土的平均压应力随风速增大而减小，这是由于风速高于额定风速时，风机启动变桨控制策略，使叶轮在获取足够的升力以满足发电功率需求的前提下，降低叶轮的推力，因此，基础混凝土的应力水平也随之减小。

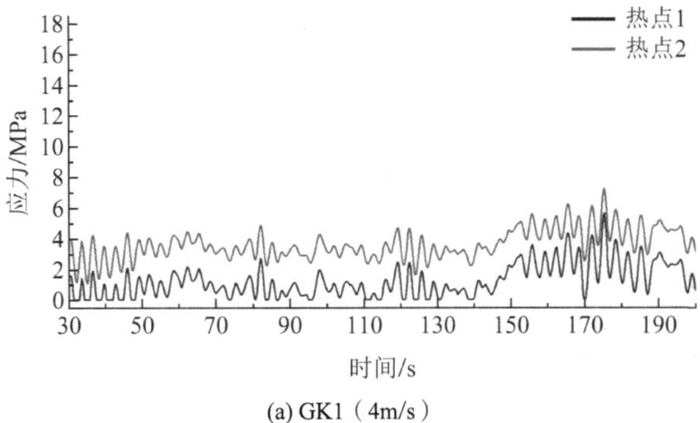

(a) GK1（4m/s）

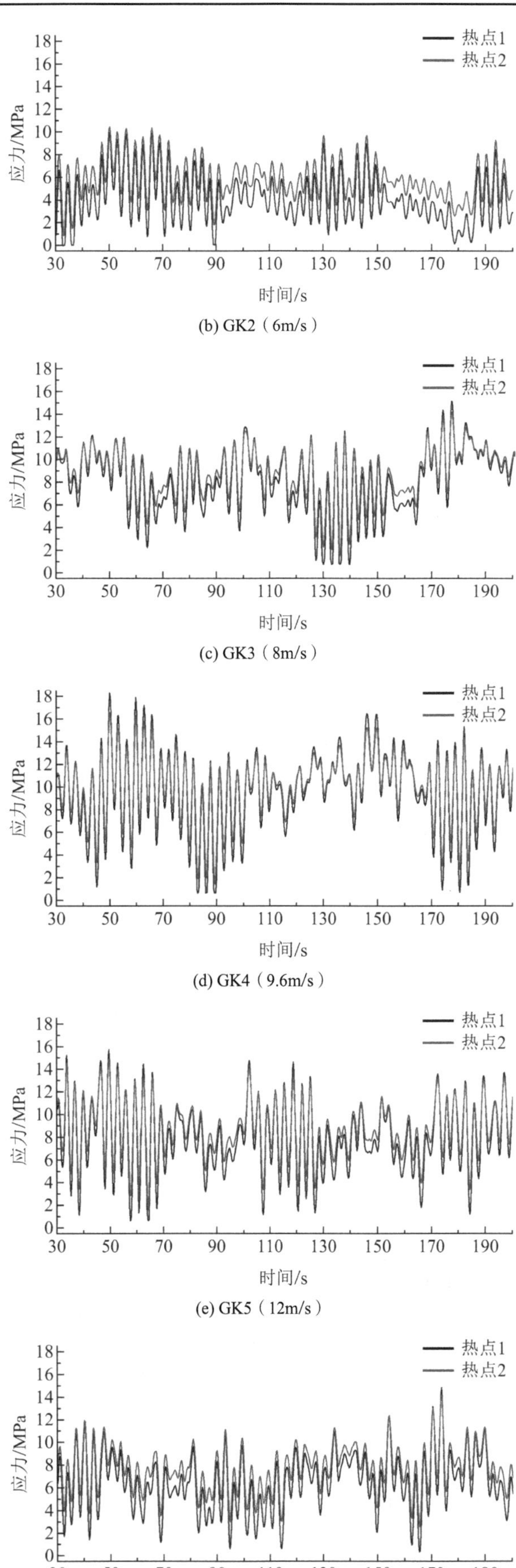

(b) GK2（6m/s）

(c) GK3（8m/s）

(d) GK4（9.6m/s）

(e) GK5（12m/s）

(f) GK6（14m/s）

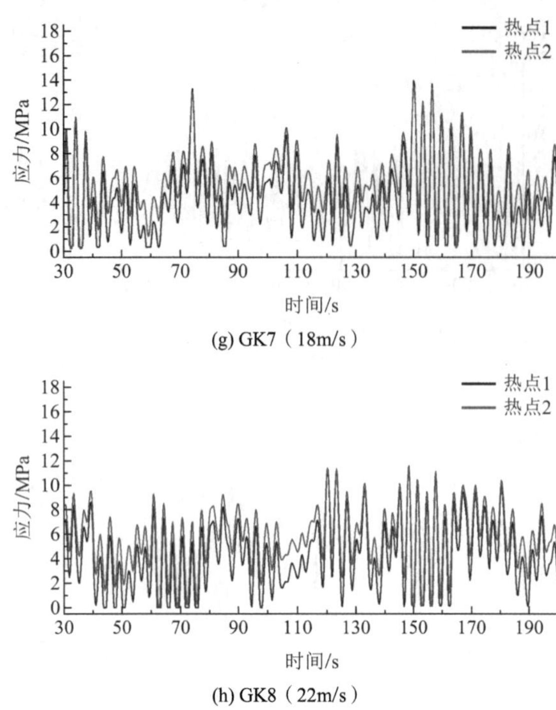

(g) GK7（18m/s）

(h) GK8（22m/s）

图 7　混凝土热点压应力时程曲线

3.2　疲劳损伤分析

为了便于描述，对平面内的方位做如图 8 所示的规定，约定正北方向为 0°，方位角顺时针旋转增大，假设风机主风向为 270°。

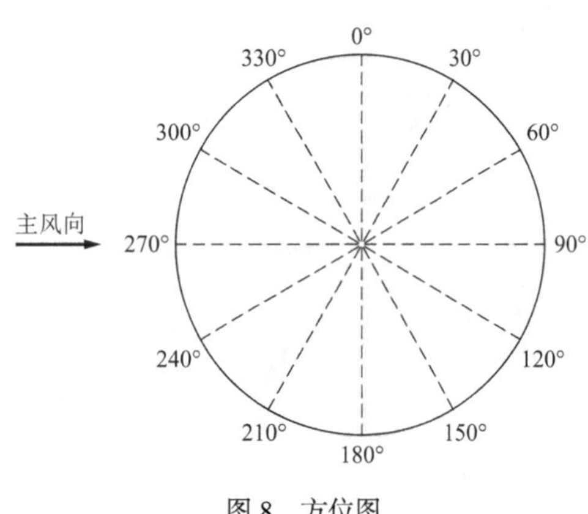

图 8　方位图

（1）风速对混凝土疲劳损伤的影响

提取不同风速下混凝土热点的应力时程数据，将应力水平平均划分为 20 段，每段长 0.05。经雨流计数程序统计 170s 时长内，混凝土热点 1、2 在不同风速下，疲劳荷载的循环次数，然后通过*S-N*曲线和 P-M 损伤累积准则计算疲劳损伤值。不同风速下混凝土的疲劳损伤值如图 9 所示。

风速的变化对于混凝土的疲劳损伤影响很大，主风向上混凝土的疲劳损伤主要由额定风速工况贡献，当风速小于 6m/s 或大于 14m/s 时，基础混凝土的疲劳损伤很小，可忽略不计。造成这种现象的主要原因是混凝土的疲劳损伤受循环荷载的最大应力水平影响很大，风速越接近额定风速，基础承受的力越大，混凝土的应力水平也越高，因此，疲劳损伤累积速度也越快。

此外，相同平均风速下，热点 1 的疲劳损伤值远大于热点 2，平均风速为 9.6m/s 时，热点 1 的疲劳损伤值是热点 2 的 16.5 倍。

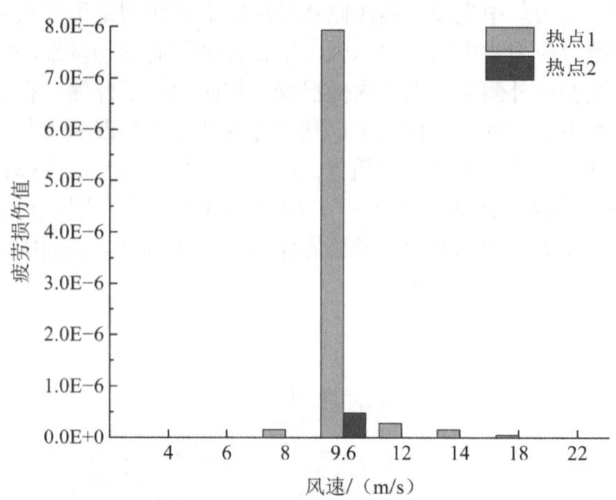

图 9　风速变化对混凝土疲劳损伤的影响

（2）风向对混凝土疲劳损伤的影响

由于风向的不断变化，主风向最容易发生疲劳破坏。根据前文结论，混凝土热点 1 比热点 2 更容易发生疲劳破坏，按照前文约定的平面内方位角的划分，假设该风机主风向为 270°，研究在不同平均风速下，风向的变化对混凝土热点 1 疲劳损伤的影响。由于基础的对称性，只探讨风向在 180°～360°范围内变化，风向变化间隔为 30°，共计 7 种风向，8 种风速，56 个工况。

损伤计算结果如图 10 所示，风向变化对热点 1 的疲劳损伤值影响显著，当风向与主风向相同时，疲劳损伤值最大，随着风向与主风向的夹角增大，疲劳损伤值骤减，总体上看，对该位置造成疲劳损伤的风向主要分布在以主风向为轴的 60°范围内，风向超出此范围后，对该位置造成的疲劳损伤可以忽略不计。因此，在进行基础设计时，可考虑在主风向为轴的一定范围内使用高强度混凝土，以提高基础的疲劳寿命，兼顾建造成本和运行安全性。

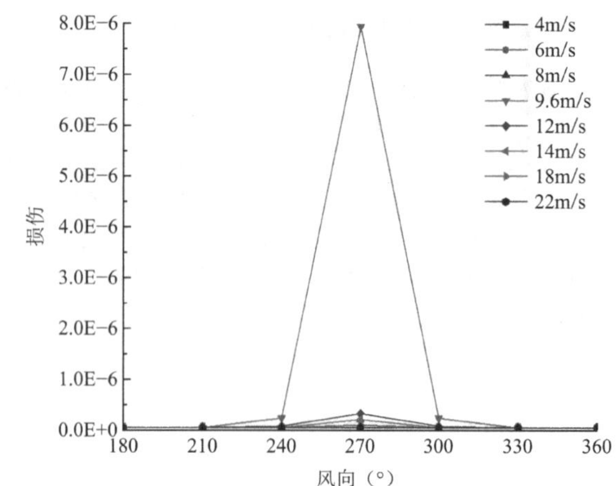

图 10　风向对混凝土热点 1 的疲劳损伤的影响

4　加固方法研究

4.1　加固方案

针对受损风机基础的加固处理方法基本可以分为两

类，一类是通过注浆法填补基础环和混凝土之间的空隙，恢复基础混凝土对基础环的约束强度；另一类方法是通过改变基础构造，优化基础的荷载传递路径，改善基础局部应力集中现象。本章将进行第二类加固方法——环梁加固法的研究，在极限荷载工况下研究环梁高度对加固效应的影响。本文风机在极限工况下基础环顶面的剪力为657.6kN，竖向力为3263.4kN、弯矩为52114.8kN·m。

加固示意图如图11所示，基础环外部设置环梁，内部浇筑混凝土台柱。加固方案如表3所示。

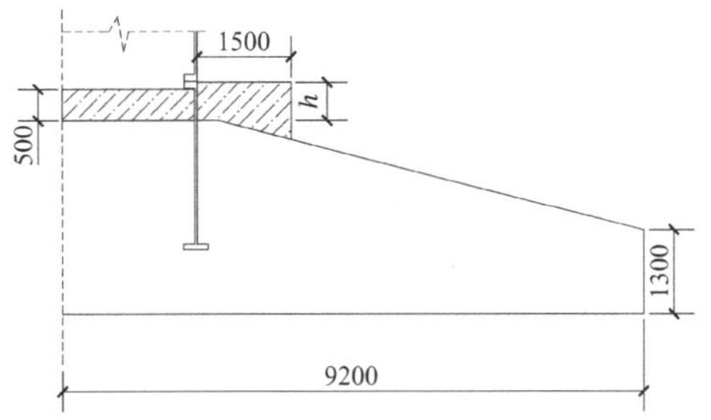

图11 环梁和混凝土台柱示意图

加固方案 **表3**

方案名称	环梁高度/mm	台柱高度/mm
RS-0（不加固对照组）	0（无环梁）	—
RS-1	600	—
RS-2	800	—
RS-3	1000	—
RS-4	600	500
RS-5	800	500
RS-6	1000	500

4.2 加固效果分析

（1）混凝土的最大压应力

如图12所示，整体上看，在基础环内侧增加500mm高的台柱对降低下法兰上方混凝土的应力集中具有更加明显的效果，增加台柱时，不同环梁高度下，下法兰上方混凝土的最大压应力分别为27.93MPa、27.52MPa、27.16MPa。对比无台柱方案，分别下降了5.53%、5.09%、4.93%。对比无加固措施的30.61MPa，分别下降了8.76%、10.09%、11.27%。

对降低下法兰下方混凝土的应力集中效果不显著。有台柱时，不同环梁高度下的最大压应力分别为21.74MPa、21.07MPa、20.83MPa。对比无台柱方案，分别下降了1.56%、1.41%、1.68%。

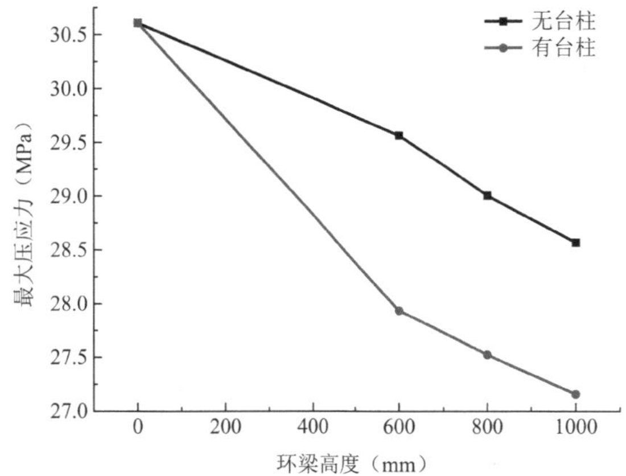

(a) 下法兰上方混凝土最大压应力随环梁高度的变化

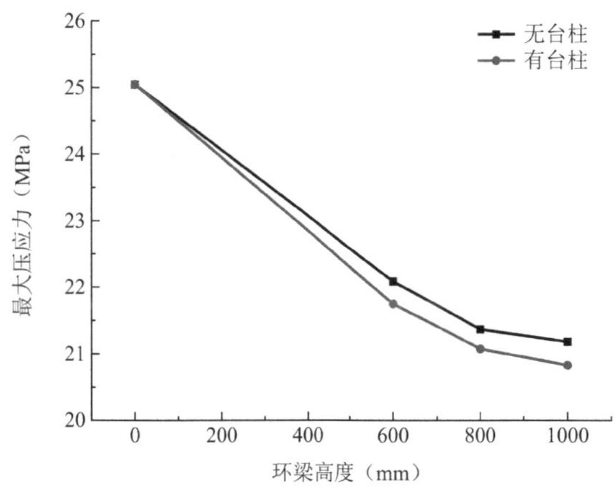

(b) 下法兰下方混凝土最大压应力随环梁高度的变化

图12 混凝土的最大压应力变化

（2）混凝土的拉应力分布特征

各加固方案下原基础混凝土的最大主应力云图如图13所示，根据云图可以看出，增加环梁后，虽然基础内的最大拉应力没有明显降低效果，但是基础内部和迎风侧顶面的拉应力水平明显降低，特别是迎风侧顶面的拉应力集中区域大大缩小。各加固方案下，迎风侧顶面混凝土的最大拉应力对比无加固方案的1.87MPa，分别减小了33.69%、40.64%、43.32%。

基础环内部增加台柱后，基础内部和迎风侧顶面的高拉应力区域有所缩小。证明在环梁加固法的基础上再增加台柱对进一步缓解顶部拉应力集中有一定效果。但是，原基础混凝土的最大拉应力有增大现象，最大拉应力出现在迎风侧基础环内侧顶部位置，局部最大拉应力已超过2.4MPa。

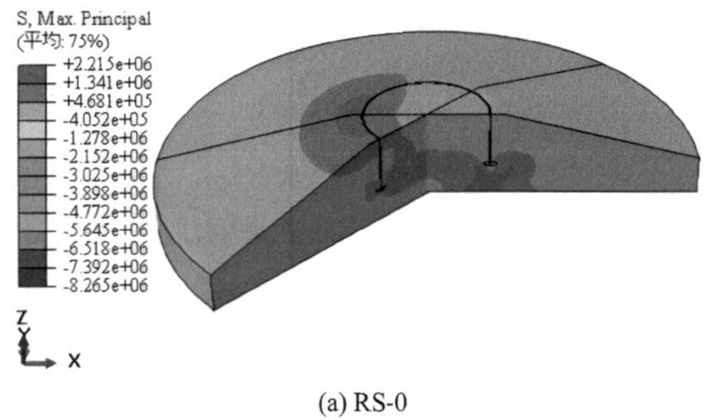

(a) RS-0

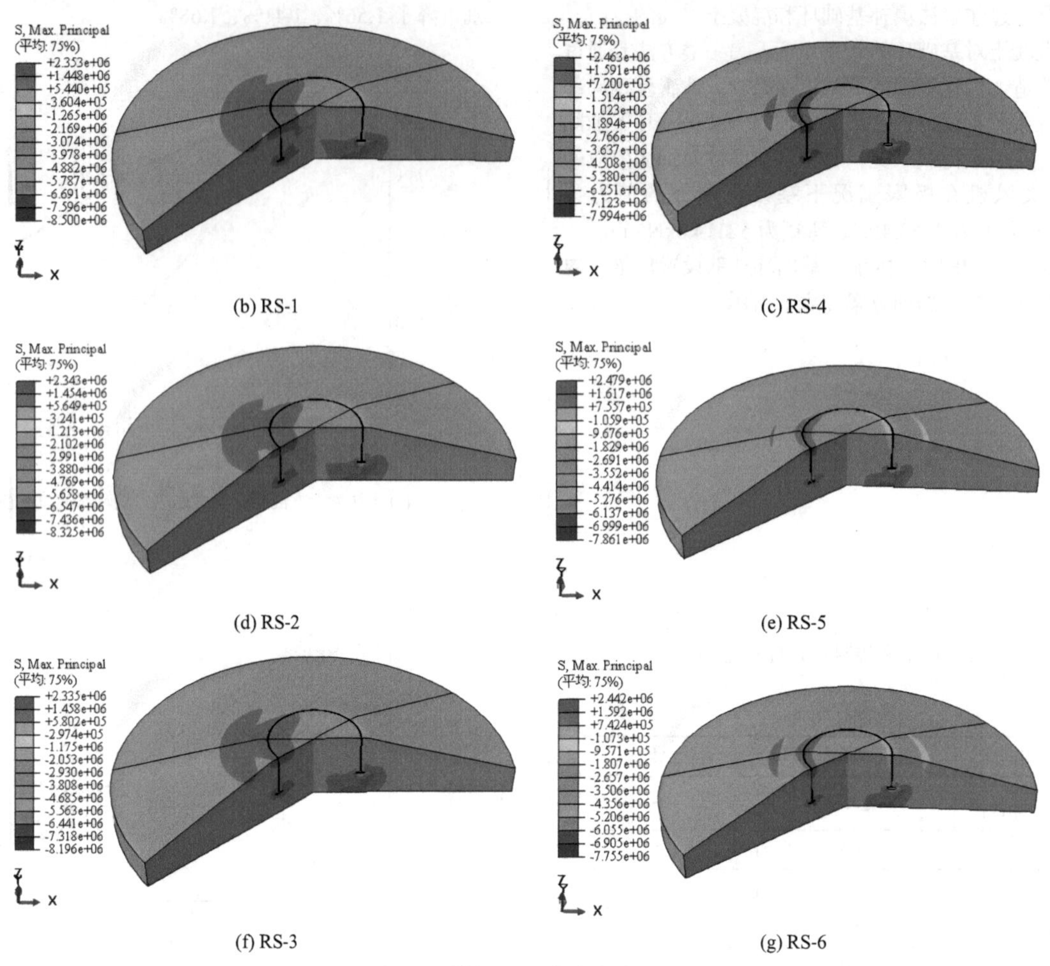

图 13 混凝土的最大主应力云图

（3）基础环的接触压力

如图 14 所示，约定 0 刻度为原基础顶面，距离原基础顶面的距离向下为正，向上为负。增加环梁后，原基础顶面以下基础环侧壁的接触压力明显减小，原基础顶面以上（即与新增环梁接触的部分）的接触压力较大，但随着环梁高度的增大，最大接触压力快速降低，当环梁高度为1000mm 时，最大接触压力降低为 4.71MPa。因此，环梁的高度不宜过低，否则环梁顶部与基础环的接触压力过大，容易发生碎边现象。

再增加内部台柱可以进一步降低 0 刻度以下基础环侧壁的接触压力，同时对于环梁顶部的最大接触压力也有一定降低效果。

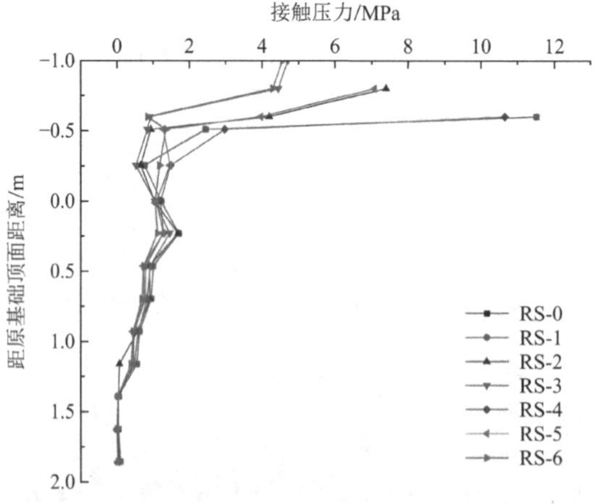

图 14 基础环侧壁接触压力

5 总结

本文使用 MATLAB 编写了风的模拟程序和雨流计数程序，建立了风机基础的疲劳损伤分析流程。采用 ABAQUS 建立了地基-基础-塔筒有限元模型，研究了基础的疲劳特性和加固方法。主要结论如下：

（1）由于风机的变桨控制策略，基础混凝土的应力响应水平在额定风速前，随风速增大而增大，额定风速后随风速增大而减小。

（2）风速越接近额定风速，混凝土的疲劳损伤累积速度越快，当风速小于 6m/s 或大于 14m/s 时，混凝土的疲劳损伤程度很小，可忽略不计。

（3）风向对混凝土的疲劳损伤影响显著，风向与主风向的夹角越小，主风向上混凝土的疲劳损伤累积速度越快。

（4）环梁可有效分担一部分弯矩荷载，缓解下法兰附近混凝土的应力集中；有效缩小原基础混凝土承受高拉应力的区域；有效减小原基础顶面以下基础环侧壁的接触压力。增加基础环内部混凝土台柱后可进一步提高整体加固效果。

参考文献：

[1] ALONSO T R, GONZALEZ DUENAS E. Cracks analysis in onshore wind turbine foundations[C]// IABSE Symposium: Engineering for Progress, Nature and People, Madrid, Spain, 2014: 1086-1092.

[2] AMPONSAH E, WU Z, FENG Q, et al. Analysis of crack propagation in onshore wind turbine foundations using the double-K fracture model[C]// Structures, Elsevier, 2022, 41: 925-942.

[3] BAI X, HE M, MA R, et al. Structural condition monitoring of wind turbine foundations[J]. Proceedings of the Institution of Civil Engineers-Energy, 2017, 170(3): 116-134.

[4] HE M, BAI X, MA R, et al. Structural monitoring of an onshore wind turbine foundation using strain sensors[J]. Structure and Infrastructure Engineering, 2019, 15(3): 314-333.

[5] KLEIN M, BUTENWEG C, KLINKEL S. The influence of soil-structure-interaction on the fatigue analysis in the foundation design of onshore wind turbines[J]. Procedia Engineering, 2017, 199: 3218-3223.

[6] 吕伟荣，何潇锟，卢倍嵘，等. 插环式风机基础疲劳损伤机理研究[J]. 建筑结构学报, 2018, 39(9): 140-148.

[7] 赵俭斌，王凯威，王一达，等. 基于概率密度演化的风机基础疲劳可靠度计算[J]. 湖南大学学报（自然科学版）, 2020, 47(9): 120-127.

[8] 易晓波. 三维风场下风机基础疲劳性能研究[J]. 水电与新能源, 2024, 38(9): 1-5.

[9] 张家志，胡益民，吕伟荣，等. 风机基础局部加固设计与计算[J]. 湖南科技大学学报（自然科学版）, 2020, 35(4): 38-41.

[10] 陈俊岭，李奇泽，冯又全. 栓钉在风电机组基础环式基础加固中的应用研究[J]. 太阳能学报, 2021, 42(12): 212-219.

[11] CHEN J, XU Y, LI J. Numerical investigation of the strengthening method by circumferential prestressing to improve the fatigue life of embedded-ring concrete foundation for onshore wind turbine tower[J]. Energies, 2020, 13(3): 533.

[12] 汪宏伟. 采用环梁加固风机基础的有限元分析[J]. 可再生能源, 2016, 34(4): 558-562.

[13] 李进平，王振扬，陈加兴，等. 陆上风机基础缺陷分析与灌浆加固研究[J]. 华中科技大学学报（自然科学版）, 2021, 49(11): 107-112.

[14] 张振利，马会超，贯克勤，等. 既有风机基础改造方法及其地震响应研究[J]. 低温建筑技术, 2024, 46(11): 95-99.

[15] 刘锡良，周颖. 风荷载的几种模拟方法[J]. 工业建筑, 2005(5): 81-84.

[16] 王富生，张洵安，岳珠峰. M. Shinozuka 方法在风荷载模拟中的应用[J]. 强度与环境, 2007(5): 29-35.

[17] 陈小波，陈健云，李静. 海上风力发电塔脉动风速时程数值模拟[J]. 中国电机工程学报, 2008(32): 111-116.

[18] 住房和城乡建设部. 建筑结构荷载规范: GB 50009—2012[S]. 北京: 中国建筑工业出版社, 2012.

[19] 何艳丽. 空间结构风工程[M]. 上海: 上海交通大学出版社, 2012.

[20] 马骏，周岱，李磊，等. 风时程模拟的高效高精度混合法[J]. 工程力学, 2009, 26(2): 53-59+77.

[21] 蒋友宝，刘志，贺广零，等. 考虑脉动风场的 3MW 风机钢塔筒基础底板脱开失效概率[J]. 工程力学, 2021, 38(5): 199-208.

[22] AAS-JAKOBSEN K. Fatigue of concrete beams and columns[R]. University of Trondheim, 1970.

[23] 董乐义，罗俊，程礼. 雨流计数法及其在程序中的具体实现[J]. 航空计测技术, 2004(3): 38-40.

[24] SADOWSKI A J, CAMARA A, MALAGA-CHUQUITAYPE C, et al. Seismic analysis of a tall metal wind turbine support tower with realistic geometric imperfections[J]. Earthquake Engineering and Structural Dynamics, 2017, 46(2): 201-219.

黏性土塑性指数对后注浆桩侧阻力的影响研究

杨笑男，孙怀军，李连营

（天津市勘察设计院集团有限公司，天津 300191）

摘　要：本文通过对天津地区多个工程中后注浆钻孔灌注桩桩身埋设电阻式钢筋应变计所取得的试验数据，分析桩侧注浆效果，反算桩的极限阻力标准值、桩侧阻力变化参数，在与现行《建筑桩基技术规范》JGJ 94—2008 进行了比较和分析的基础上，重点研究考虑黏性土塑性指数对后注浆效果的影响；通过对大量工程实测数据进行总结分析，找出塑性指数与后注浆增强系数之间的变化关系；通过图像统计法细化黏性土后注浆系数的选取，对桩基设计计算的准确性提高有很大帮助，具有一定的工程实际应用价值。

关键词：后注浆灌注桩；塑性指数；侧阻增强系数；电阻式钢筋应变计

0　引言

后注浆技术可通过浆液加固钻孔灌注桩桩侧的泥皮及土体，并固化桩端沉渣，提高桩端阻力和桩侧摩阻力，进而提高后注浆桩的承载力，减小后注浆桩的沉降[4]。后注浆技术可减少桩长，降低混凝土和钢筋的用量，具有显著的经济效益和社会效益[5]。在后注浆过程中，浆液会沿桩土界面迁移，通过加固桩基周围的土层来提高桩的承载力[6]。现行《建筑桩基技术规范》JGJ 94—2008[1]（简称“桩基规范”）针对黏性土的后注浆增强系数规定较宽泛，加之黏性土种类特性较多，导致计算误差较大[7]，本文通过对天津地区多个工程后注浆钻孔灌注桩桩身埋设电阻式钢筋应变计所取得的试验数据进行分析，得出桩周注浆范围内土的塑性指数与后注浆增强系数之间关系，对实际工程具有较大指导意义。

1　加固机理

后注浆的浆液与桩周被扰动和软化的土体及相邻周围土体形成一种特殊的水泥-土结构[2]，使得桩周土体抗剪强度和抗压强度得到提高，同时桩端面积及桩端土体强度亦得到提高，桩的承载力因此得到提高。注浆加固后桩身的机理电镜影像图[3]见图 1。

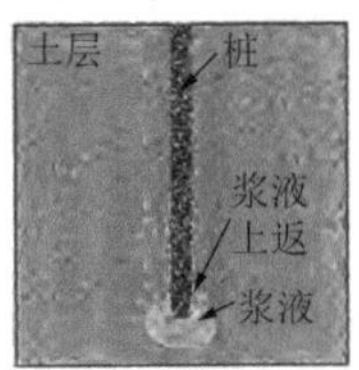

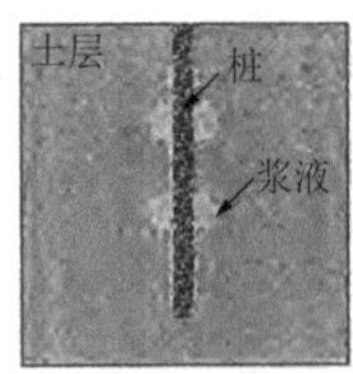

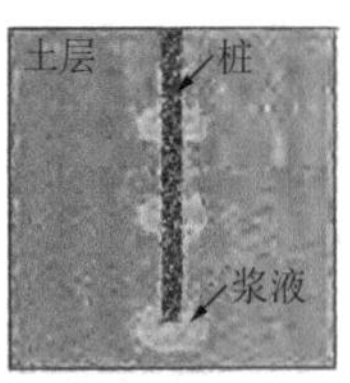

图 1　注浆加固机理电镜影像图

依据桩基规范，后注浆单桩极限承载力标准值估算式如下：

$$\begin{aligned} Q_{\mathrm{uk}} &= Q_{\mathrm{sk}} + Q_{\mathrm{gsk}} + Q_{\mathrm{gpk}} \\ &= u\sum q_{\mathrm{s}jk} l_j + u\sum \beta_{\mathrm{s}i} q_{\mathrm{s}ik} l_{gi} + \beta_{\mathrm{p}} q_{\mathrm{pk}} A_{\mathrm{p}} \end{aligned} \tag{1}$$

式中：u——桩身周长；

l_j——后注浆非竖向增强段第j层土厚度；

l_{gi}——后注浆竖向增强段第i层土厚度；

$q_{\mathrm{s}jk}$——非竖向增强段第j层土极限侧阻力标准值；

$q_{\mathrm{s}ik}$——竖向增强段第i层土极限侧阻力标准值；

q_{pk}——极限端阻力标准值；

β_{si}——侧阻力增强系数；

β_{p}——端阻力增强系数。

承载力的提高主要依赖于注浆段侧摩阻力和端阻力的提高。注浆后，桩-土界面土体强度增大[3]，同时，使得桩侧土体、桩端土体的内摩擦角、黏聚力等得到不同程度的提高。

当桩顶承受竖向荷载，桩土间发生剪切位移时，剪切面往往在桩土界面及桩周附近的土体中[7]，因此，桩侧阻力近似用库仑公式表达为下式：

$$q_{\mathrm{sik}} = c + \sigma \tan\varphi \tag{2}$$

由上式可见，后注浆承载力q_{sik}的提高与土体的黏聚力c及内摩擦角φ紧密相关，而黏性土体的黏聚力c及内摩擦角φ与土体塑性指数I_{P}紧密相关，所以不同的塑性指数I_{P}对后注浆增强系数的取值有很大影响[8-9]。

浆液与土层充分接触，与水发生水解和水化反应，减小了被加固土中的含水量，增加了土颗粒间的粘结，而黏性土塑性指数主要表征土体对水的吸附能力大小[11-12]。故可进一步推论，塑性指数对注浆效果具有较大的影响。

2　测试方法

桩身内力测试是指沿桩身分段截面处埋设电阻式钢筋应变计，测试得出试桩的轴力的试验数据，确定桩周土层的侧阻力值[10,13]。本文通过对后注浆钻孔灌注桩桩身电阻式钢筋应变计实测所取得的各土层极限侧阻力标准值反算桩的极限端阻力标准值、桩侧桩端分担比等相关参数，进而分析桩侧注浆效果，并与按桩基规范提供的参数进行对比，供后注浆钻孔灌注桩设计参考。

3　工程实例

实例 1：该项目位于天津和平区，主要拟建物包括写字楼 1 栋（66 层，高 300m）、酒店公寓楼 1 栋（48 层，高 180m），整体 4 层地下室（埋深 21.50m），设计拟采用ϕ600 钻孔灌注桩后注浆施工工艺。针对该工程进行现场实测数据采集，经统计，本场地内注浆参数及被注浆黏土层参数分别见表 1、表 2。

实例 1 注浆参数 **表 1**

水灰比	注浆量/t	注浆压力/MPa	注浆模式	上返高度/m
0.4	2.8	3.2	桩端	12

实例 1 注浆范围内黏土层参数 **表 2**

土性	γ/（kN/m³）	含水量ω/%	孔隙比e	$a_{1\text{-}2}$/（1/MPa）	$E_{s_{1\text{-}2}}$/MPa	I_P	I_L
粉质黏土	19.1	30.6	0.85	0.34	5.8	12.5	0.96
粉质黏土	20.5	22.3	0.62	0.29	5.8	12.3	0.45
粉质黏土	19.7	26.9	0.76	0.22	8.0	15.1	0.56
黏土	19.6	28.1	0.79	0.25	7.4	17.3	0.42
粉质黏土	19.4	22.4	0.63	0.19	8.8	12.6	0.37
粉质黏土	19.9	25.3	0.71	0.23	7.8	14.0	0.43
粉质黏土	19.5	22.7	0.63	0.22	7.6	13.1	0.48

由表 1、表 2 可见，注浆黏性土层塑性指数I_P分布区间为 12.3～17.3。针对以上土层采用电阻式钢筋应变计进行内力测试，沿桩身分段截面处埋设电阻式钢筋应变计，利用应变数据采集仪，采集钢筋应变计在试桩承受轴向受力情况下的试验数据确定桩周土层的极限侧阻力值，具体见表 3。

实例 1 各层土极限侧阻力标准值q_{sik}对比 **表 3**

土性	注浆前q_{sik}/kPa			注浆后q_{sik}/kPa			平均增强系数
	试桩 1	试桩 2	试桩 3	试桩 1	试桩 2	试桩 3	
粉质黏土	40.61	41.36	42.21	57.82	55.67	57.70	1.43
粉质黏土	52.30	52.98	50.36	58.33	62.21	60.51	1.18
粉质黏土	60.31	59.68	63.02	94.70	89.78	93.01	1.55
黏土	71.02	70.69	73.28	98.51	96.77	93.64	1.37
粉质黏土	72.45	72.00	73.21	112.60	114.35	119.6	1.58
粉质黏土	69.86	70.56	72.15	118.51	112.86	116.67	1.61
粉质黏土	70.89	74.02	72.48	103.84	108.69	103.75	1.46

由表 3 数据分析可见，最大增强系数出现在塑性指数为 14～15 处，峰值增强系数在 1.6 左右。利用图像分析法，根据坐标点离散型分布特点绘制曲线，所得曲线近似抛物线分布。绘制塑性指数与侧阻力增强系数之间关系曲线，见图 2。

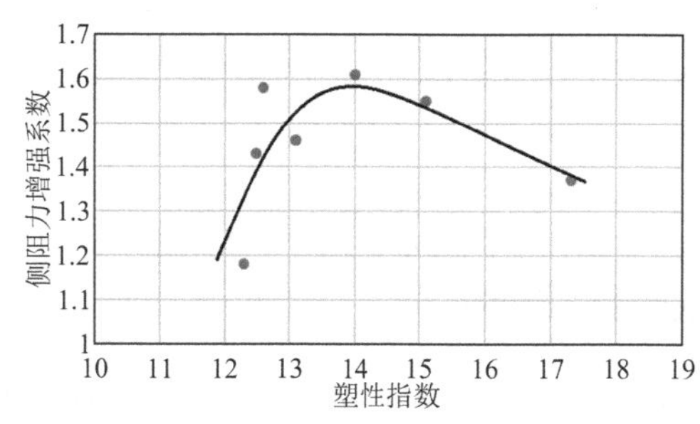

图 2　实例 1 数据分布曲线图

实例 2：该工程位于天津西青区，主要拟建物为住宅楼（27 层，高 80m），地下 1 层（埋深 6.0m），设计拟采用ϕ600 钻孔灌注桩后注浆施工工艺。针对该工程进行现场实测数据采集，经统计，本场地内注浆参数及被注浆黏土层参数见表 4、表 5。

实例 2 注浆参数 **表 4**

水灰比	注浆量/t	注浆压力/MPa	注浆模式	上返高度/m
0.5	1.6	3.1	桩端	11

实例 2 注浆黏土层参数 **表 5**

土性	γ/（kN/m³）	含水量ω/%	孔隙比e	$a_{1\text{-}2}$/（1/MPa）	$E_{s_{1\text{-}2}}$/MPa	I_P	I_L
淤泥质黏土	18.2	51.4	1.50	0.89	2.2	23.3	1.05
粉质黏土	19.5	31.3	0.89	0.36	5.4	12.8	0.85
粉质黏土	19.1	38.1	1.06	0.66	3.6	15.3	1.30
黏土	19.6	31.7	0.92	0.54	4.9	18.1	0.57
粉质黏土	19.9	28.7	0.81	0.29	7.0	12.4	0.67

续表

土性	γ/（kN/m³）	含水量ω/%	孔隙比e	$a_{1\text{-}2}$/（1/MPa）	$E_{s_{1\text{-}2}}$/MPa	I_P	I_L
粉质黏土	20.1	26.5	0.75	0.34	6.4	14.8	0.51
粉质黏土	20.3	22.4	0.65	0.24	7.3	11.1	0.56

由表 4、表 5 可见，注浆黏性土层塑性指数I_P分布区间为 11.1～23.3，针对以上土层采用电阻式钢筋应变计进行内力测试，沿桩身分段截面处埋设电阻式钢筋应变计，利用应变数据采集仪，采集钢筋应变计在试桩承受轴向受力情况下的试验数据确定桩周土层的极限侧阻力值，具体见表 6。

实例 2 各层土极限侧阻力标准值q_{sik}对比 **表 6**

土性	注浆前q_{sik}/kPa			注浆后q_{sik}/kPa			平均增强系数
	试桩 1	试桩 2	试桩 3	试桩 1	试桩 2	试桩 3	
淤泥质黏土	23.49	20.89	21.76	25.66	23.01	23.51	1.09
粉质黏土	63.35	62.55	61.97	89.89	88.52	89.10	1.42
粉质黏土	68.69	67.19	66.11	111.23	109.65	107.23	1.62
黏土	68.66	69.50	70.51	82.35	83.31	84.51	1.20
粉质黏土	75.52	75.62	77.98	92.68	93.45	96.32	1.23
粉质黏土	60.41	60.71	60.32	99.65	100.23	98.16	1.65
粉质黏土	96.71	94.86	95.97	111.20	108.62	110.69	1.15

由表 6 数据分析可见，最大增强系数出现在塑性指数为 14～16 处，峰值增强系数在 1.6～1.7 之间。利用图像分析法，根据坐标点离散型分布特点绘制曲线，所得曲线近似抛物线分布。绘制塑性指数与侧阻力增强系数之间关系曲线，见图 3。

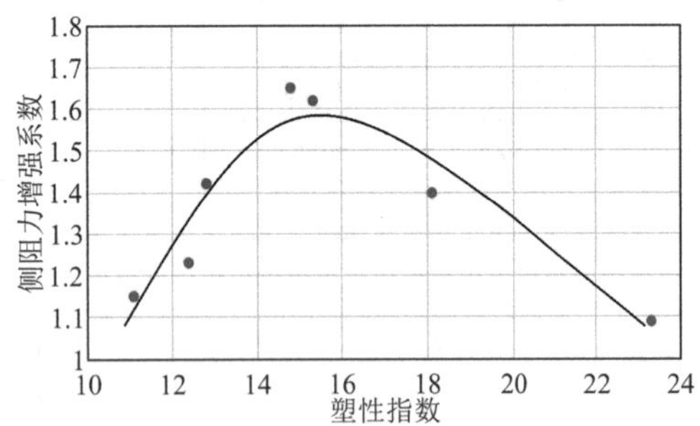

图 3 实例 2 数据分布曲线图

4 成果数据分析

将上述两组试验数据进行叠加离散点图像分析，统计结果近似如图 4 所示。针对图 4 进行数据分析，剔除异常值后，增强系数随黏性土塑性指数的增大呈现先增大后减小的变化规律，在某一塑性区间存在峰值。当黏性土塑性指数位于 14～16 区间时，增强系数最大为 1.6 左右；当塑性指数位于峰值左侧时，增强系数随塑性指数的减小而减小；当塑性指数位于峰值右侧时，增强系数随塑性指数的增大而减小。此外，通过对拟合曲线的进一步分析，峰值左侧曲线斜率较大，即增大系数随塑性指数的变化而明显降低；峰值右侧曲线斜率较小，即增大系数随塑性指数的变化而变化较小。

将上述塑性区间依据增强系数划分为三个区间：

（1）强增区间：塑性指数（I_P）位于 13～15 区间。

（2）中增区间：塑性指数（I_P）位于 12～13 及 15～17 区间。

（3）弱增区间：塑性指数（I_P）位于小于 12 及大于 17 区间。

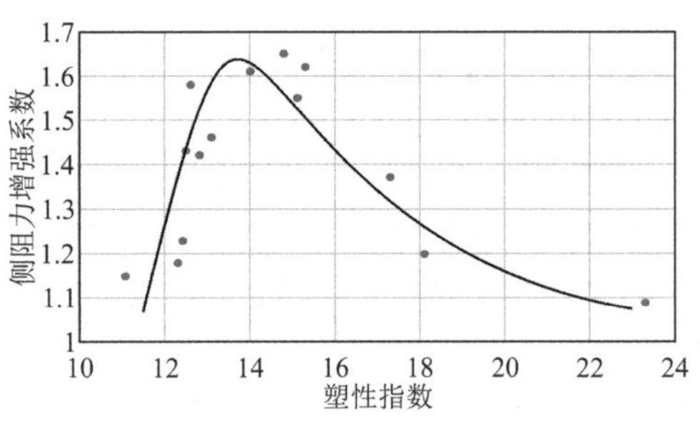

图 4 数据分布曲线图

对照规范中对增强系数β_{si}的规定取值范围（1.4～1.6），依据上述分析对其进行细化解，对增强系数进行修正，所列公式具体如下：

$$\beta_i = \beta_{si} \times \alpha \tag{3}$$

式中：β_{si}——规范规定侧阻力增强系数（β_{si}为 1.4～1.8）；

α——调整系数（当I_P位于强增区间，α可取 1.1；当I_P位于中增区间，α可取 1.0；当I_P位于弱增区间，α可取 0.9）。

经试验分析，上述经修正后的增强系数β_{si}，更符合实际工程经验。具有更好的工程实际应用价值，对设计及施工参数取用具有指导意义。

5 结论

（1）黏性土塑性指数与后注浆增强系数之间存在紧密关系，由于黏性土塑性指数变化范围较大，单一采用规范规定的增强系数必然会导致计算误差较大，精确度较低。

（2）被注浆黏性土层侧阻力增强系数与其塑性指数

之间的关系曲线近似抛物线分布。增强系数随黏性土塑性指数的增加呈现先增加后减小的变化规律。当黏性土塑性指数位于14～16区间时，增强系数最大为1.6左右；当塑性指数位于峰值左侧时，增强系数随塑性指数的减小而减小；当塑性指数位于峰值右侧时，增强系数随塑性指数的增大而减小。此外，通过对拟合曲线进一步分析，峰值左侧曲线斜率较大；峰值右侧曲线斜率较小。

（3）对照规范中对增强系数β_{si}的规定取值范围（1.4～1.8），依据上述分析对其进行细化解，对增强系数进行修正，α为调整系数。当I_P位于强增区间α可取1.1，当I_P位于中增区间α可取1.0，当I_P位于弱增区间α可取0.9。

（4）经修正后的增强系数β_i，更符合实际工程经验。具有一定的工程实际应用价值，对设计及施工参数取用具有指导意义。

参考文献：

[1] 住房和城乡建设部. 建筑桩基技术规范: JGJ 94—2008[S]. 北京: 中国建筑工业出版社, 2008.

[2] 张继红, 顾国荣, 陈晖. 砂质粉土中浅部侧向注浆浆液流向的开挖观察与研究[J]. 岩土工程学报, 2002, 24(1): 105-107.

[3] 马译南. 钻孔灌注桩后压力注浆在某大厦工程中的应用[J]. 浙江水力科技, 2001, (5): 73-74.

[4] 刘江斌, 祝建国. X 射线荧光光谱法测定黏土中的主次组分[J]. 分析测试技术与仪器, 2011, 17(2): 106-109.

[5] 黄生根, 吴明磊. 桩基压浆后承载力及浆液运移机制研究[J]. 施工技术, 2020(17): 4-8.

[6] 李连营, 林波, 邵建. 桩底注浆钻孔灌注桩的承载力研究[J]. 岩土工程技术, 2005(1): 24-27.

[7] 黄生根, 曹辉. 软土地基中应用后压浆技术的机理研究[J]. 岩土工程技术, 2002(1): 36-39.

[8] 刘金砺, 高文生. 后压浆群桩基础的承载变形特性[M]// 高层建筑桩基工程技术. 北京: 中国建筑工业出版社, 1998: 25-26.

[9] 刘焕存, 孙凤玲, 刘涛. 水下钻孔灌注桩 后压浆承载特性试验研究[J]. 岩土工程技术, 2020(4): 243-249.

[10] 陈爱新. 北京第三系黏土岩的工程特性研究[J]. 工程勘察, 2009, 37(1) : 28-30.

[11] 张忠苗, 张乾清. 后注浆抗压桩受力性状的试验研究[J]. 岩石力学与工程学报, 2009, 28(3): 475-482.

[12] 王卫东, 吴江斌, 王向军, 等. 桩侧后注浆抗拔桩技术的研究与应用[J]. 岩土工程学报, 2011, 32 (S2): 437-445.

[13] 周红波. 桩端后注浆钻孔桩承载性能与注浆关系的数值模拟[J]. 工业建筑, 2005, 35(9): 60-63.

浅谈预制桩不合理构造导致的“高碳”逆行问题

姜正平

（广东省水泥制品工业协会，广州 510420；广东宏基管桩集团公司，中山 528427；苏州科技大学土木工程学院，苏州 215699）

摘　要：本文从预制桩构造设计角度阐述了预制桩材料消耗、混凝土保护层厚度与耐久性以及实心方桩的“高碳”逆行问题，为我国预制桩行业绿色低碳化发展提供参考。

关键词：预制桩；构造；保护层；耐久性；低碳

0　前言

“十四五”是我国实现碳达峰的关键时期。《中国建筑能耗研究报》显示，2020 年全国建筑全过程碳排放总量为 50.8 亿 t，占全国碳排放的比重为 50.9%；仅建材生产阶段碳排放高达 28.2 亿 t，占全国碳排放总量的比重为 28.2%：建材行业具有巨大的碳减排潜力和市场发展潜力。近三十年来，混凝土预制桩已经发展成为我国工程建设中重要的建筑材料，年产量最高达 4.86 亿 m，全球市场占比高达 70%。预制桩在生产过程中不仅要消耗大量的水泥、钢筋等高碳足迹材料，同时在生产过程需要采用高电耗的离心成型工艺和高汽耗的蒸汽养护工艺，因此促进预制桩行业向低碳、绿色方向桩型，对建材行业实现“双碳”目标具有重大意义。

近年来，国内研究人员围绕水泥减量化和生产低能耗化开展了不少预制桩低碳化技术研究，也取得了一定成果：通过采用配合比优化技术、高性能减水剂可使水泥用量降低至 280kg/m^3[1]。冯乃谦等[2]研究表明，硅灰、粉煤灰微珠、矿粉等高性能掺合料最高可取代 40%的水泥用量，高性能矿物掺合料技术也成为降低水泥用量的主要途径。马嵘等[3]系统地研究了离心混凝土余浆利用技术，也可降低一定的水泥用量。国内不少企业在生产能耗方面也开展了不少研究，开发了免蒸压技术、余汽余热循环利用技术、光伏发电技术以及智能化变频技术等生产技术，进一步降低了预制桩生产过程中的能耗[4]。而预制桩作为目前应用最广泛、混凝土强度等级最高的预制构件产品，其本身构造的合理与否与碳消耗直接相关。建筑构件实现“低碳”的根本在于用最低的资源消耗，实现土木工程构件（构筑物）的要求功能（同样的物理、力学性能）。然而预制桩构造导致的“高碳”问题一直未引起行业内重视，因此本文分别从预制桩构造引起的材料消耗、保护层厚度以及耐久性等几个方面进行分析，提出预制桩绿色碳化发展方向。

1　管桩的“高碳”逆行问题

（1）材料消耗问题

预制桩的“低碳”旨在在使用寿命内以最少的混凝土材料达到最高的使用性能，需要从结构设计环节开始采取措施实现同样的材料产生更高物理力学性能。对比中国标准（《先张法预应力混凝土管桩》GB/T 13476—2023）[5]和日本标准（《预应力混凝土制品》JIS A 5373—2004）[6]中规定的管桩截面构造和抗弯性能参数可发现，相同外径规格的管桩其抗弯性能是基本一致的，但消耗的混凝土材料区别较大，按国内管桩构造参数生产的管桩需多消耗 19%～33%的混凝土材料，才能实现日本标准规定的管桩的力学性能。

以直径 400mm 和 500mm 的管桩为例进行对比，对比结果见表 1 和表 2。从表 1 和表 2 的对比结果可知：直径 400mm 的中、日管桩抗弯、抗剪能力基本一样，但我国管桩多消耗约 33.1%混凝土用量；也就是说为获取同样的力学性能，我国管桩的碳排放量要比日本管桩高 33.1%；直径 500mm、壁厚 100mm 的我国管桩性能与日本管桩基本一致，但混凝土材料用量增加 19.1%；直径 500mm、壁厚 125mm 管桩混凝土材料用量增加 39.5%，但抗弯性能仅提高 7.8%。由此可见，国内管桩构造中材料的性能并未充分发挥其性能，存在一定浪费。日本是一个国土狭长的海洋岛国，其建筑材料资源匮乏，对混凝土的耐久性非常重视，对水泥制品的研究水平和生产技术在世界上处于领先的地位，其低碳、集约型利用资源的产品标准值得中国借鉴，预制桩从构造设计出发的“低碳”化高质量转变迫在眉睫。

中日ϕ400 管桩的材料消耗（截面积）和力学性能对比表　　**表 1**

桩型	壁厚/mm	截面积		截面惯性矩		截面静矩 S_o/（×10^{6}mm^3）	I/S_o	$(I/S_o)_中/(I/S_o)_日$	抗裂弯矩/（kN·m）		极限弯矩/（kN·m）	
		A/mm^2	$A_中/A_日$	I/（×10^{8}mm^4）	$I_中/I_日$				A 型	B 型	A 型	B 型
中国	95	90982	1.33	11.606	1.166	4.562	254.4	0.944	54	74	81	132
日本	65	68374	1	9.953	1	3.693	269.5	1	54	73.6	81.4	132.4

中日ϕ500 管桩的材料消耗（截面积）和力学性能对比表 表 2

桩型	壁厚/mm	截面积		截面惯性矩		截面静矩	I/S_o	$(I/S_o)_中/(I/S_o)_日$	抗裂弯矩/（kN·m）		极限弯矩/（kN·m）	
		A/mm^2	$A_中/A_日$	I/（×10^{8}mm^4）	$I_中/I_日$	S_o/（×10^{6}mm^3）			A 型	B 型	A 型	B 型
中国	125	147188	1.395	28.75	1.192	9.114	315.4	0.934	111	160	167	285
	100	125600	1.191	26.69	1.107	8.167	326.8	0.968	103	147	155	265
日本	80	105504	1	24.11	1	7.141	337.6	1	103	147.2	155	264.9

（2）保护层厚度与耐久性问题

《混凝土结构设计标准》GB/T 50010—2010[7]中对混凝土保护层最小厚度的规定主要是为了使混凝土结构构件满足耐久性和对受力钢筋有效锚固的要求。对于现浇混凝土而言，保护层越厚，构件的受力钢筋粘结锚固性能、耐久性和防火性能越好。但是，过大的保护层厚度会使构件受力后产生的裂缝宽度过大，就会影响其使用性能，而且由于设计中是不考虑混凝土的抗拉作用的，过大的保护层厚度还必然会造成经济上的浪费。而预制桩作为预制的预应力混凝土构件，其混凝土保护层厚度是否需要按照《混凝土结构设计标准》GB/T 50010—2010 的要求进行设计，一直存有争议，国家标准《先张法预应力混凝土管桩》GB/T 13476—2023 对混凝土保护层厚度也进行过多次修订，表 3 为不同版本的《先张法预应力混凝土管桩》对混凝土保护层的具体规定，2009 年版标准规定混凝土保护层厚度不小于 40mm，远高于 1999 年版和 1992 年版的规定，而最新的 2023 年版也仅调整到“不应小于 35mm”。因此，为了进一步验证预制桩保护层厚度规定是否合理，笔者分别制作了ϕ300mm，保护层厚度为 20mm、30mm、40mm 管桩和ϕ400mm，保护层厚度分别为 25mm、40mm 的管桩，每根管桩分别切割加工成长径比 2：1 和 3：1 的试验桩，并进行轴心抗压强度，图 1 为同壁厚条件下ϕ300mm 和ϕ400mm 不同保护层厚度、不同长径比的管桩时间的轴心抗压强度测试结果。图 2 分别为管桩试件进行轴心抗压强度测试过程中和测试完毕后试件状态。

国家标准《先张法预应力混凝土管桩》对混凝土保护层的规定 表 3

序号	版本	具体规定
1	GB 13476—1992	管桩钢筋的混凝土保护层厚度不应小于 25mm
2	GB 13476—1999	管桩钢筋的混凝土保护层厚度不应小于 25mm
3	GB 13476—2009	外径 300mm 管桩预应力钢筋的混凝土保护层厚度不得小于 25mm，其余规格管桩预应力钢筋的混凝土保护层厚度不得小于 40mm
4	GB/T 13476—2023	管桩钢筋的混凝土保护层厚度不应小于 35mm

从图 1 测试结果可以看出在长径比 2：1 和 3：1 下，管桩的轴向抗压强度均随着保护层厚度的增大而减小；从图 2 可以看出，在加载过程中，混凝土的剥落从钢筋约束范围以外开始，而混凝土基本完好。因此在同壁厚条件下，钢筋保护层厚度越厚，箍筋以内受约束的有效承载面积越小，管桩的轴向承载能力越低。对于采用锤击或静压法施工的预制桩而言，保护层越厚反而越容易开裂，提高桩身混凝土保护层厚度的措施对预制桩耐久性的意义不大。图 3 为直径 600mm 的管桩经不同次数的锤击后，钻芯取样后用吸水动力学法测得的混凝土吸水率，混凝土吸水率可宏观地量化表混凝土内部可渗透孔隙情况。从图 3 的结果可以看出锤击对混凝土结构的损伤可以用混凝土吸水率表征，锤击次数愈多，结构损伤愈大，孔隙率（48h 吸水率）也愈大，其结构的耐久性也越差。

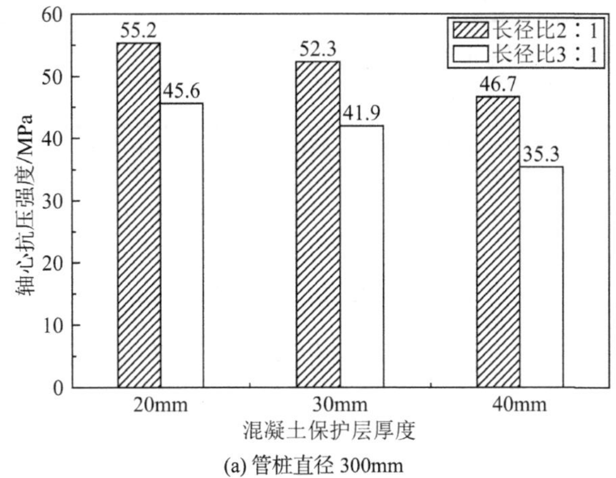

(a) 管桩直径 300mm

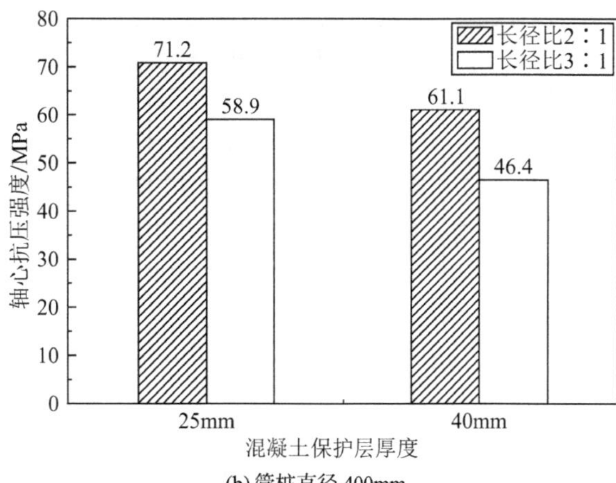

(b) 管桩直径 400mm

图 1 ϕ300mm 和ϕ400mm 不同壁厚、不同长径比的管桩轴心抗压强度

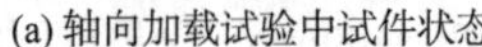

(a) 轴向加载试验中试件状态

(b) 轴向加载试验后试件状态

图 2 轴心抗压强度测试过程

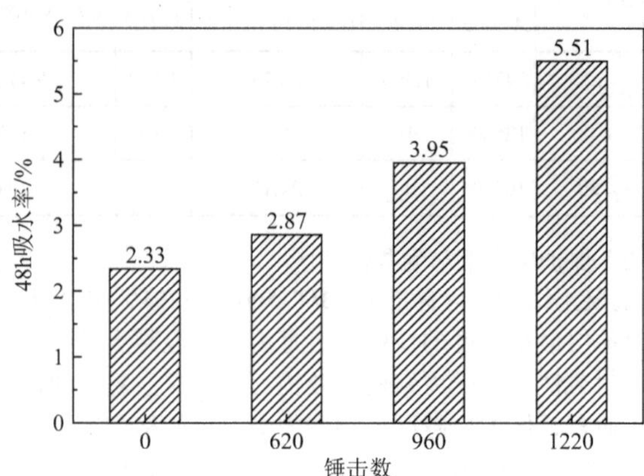

图 3 ϕ600 管桩经不同锤击次数后 48h 吸水率

表 4 和表 5 分别为相同截面和配筋条件下保护层厚度为 40mm 和 25mm 管桩的抗弯性能（以直径 400mm 和直径 500mm 管桩为例）。对比表 4 和表 5 的开裂弯矩和极限弯矩值可知，桩身混凝土保护层厚度降至 25mm 时，其抗弯性能可提高 18%～23%。这在一定程度上也表明，《先张法预应力混凝土管桩》GB/T 13476—2023 与 1992 年、1999 年版相比，技术反而退步。表 6 为日本土木学会的混凝土标准示方书[7]中对混凝土保护层厚度的规定，该标准规定工业化生产并符合相关 JIS 标准的混凝土预制制品，与土直接接触的离心成型的混凝土制品其保护层最小值满足 15mm 即可；日本道路协会出版的道路桥示方书[8]中第 10 章条文明确指出：PHC 桩的钢筋外侧保护层最小厚度按 15mm 考虑，满足此规定时可以认为耐久性能够满足要求。

相同截面和配筋情况下 40mm 混凝土保护层厚度的管桩抗弯性能 **表 4**

桩径/mm	型号	壁厚/mm	配筋	40mm 保护层管桩			
				开裂荷载/kN	开裂弯矩/（kN·m）	破坏荷载/kN	极限弯矩/（kN·m）
400	A	95	7ϕ9.0	38.2	53.6	61.4	82.6
	AB		10ϕ9.0	47.5	65.2	79.2	104.9
500	A	125	12ϕ9.0	83.9	114.2	130.2	172.1
	AB		12ϕ10.7	104.5	139.9	178.6	232.6
	B		12ϕ12.6	124.5	165.0	227.5	293.7
500	A	100	11ϕ9.0	78.2	106.0	120.8	159.3
	AB		11ϕ10.7	96.0	128.2	166.2	216.0
	B		11ϕ12.6	114.5	151.4	211.1	272.1

相同截面和配筋情况下 25mm 混凝土保护层厚度的管桩抗弯性能 **表 5**

桩径/mm	型号	壁厚/mm	配筋	25mm 保护层管桩			
				开裂荷载/kN	开裂弯矩/（kN·m）	破坏荷载/kN	极限弯矩/（kN·m）
400	A	95	7ϕ9.0	47.5	65.3	73.7	98.0
	AB		10ϕ9.0	57.2	77.4	98.1	128.5
500	A	125	12ϕ9.0	104.4	139.8	157.1	205.7
	AB		12ϕ10.7	130.9	172.9	217.7	281.5
	B		12ϕ12.6	124.1	203.3	276.6	355.1
500	A	100	11ϕ9.0	98.2	131.0	148.3	193.6
	AB		11ϕ10.7	120.4	158.8	203.2	262.3
	B		11ϕ12.6	142.6	186.5	258.4	331.2

工厂混凝土制品保护层最小值[7] 表 6

分类		大气中、与水或土直接接触，需要考虑耐久性	与大气隔绝，埋设在其他混凝土之中，不需要考虑耐久性
区分	成型方法		
可更换	振动成型	20mm	10mm
	离心成型	15mm	10mm
不可更换	振动成型	12mm	8mm
	离心成型	9mm	8mm

众所周知，混凝土构件成型后如果不再承受打压（冲击）等施工过程的外力，钢筋的混凝土保护层未受创伤的情况下，保护层越厚，其抵抗腐蚀介质的能力越强；混凝土越密实（强度等级越高），保护层越厚，其抵抗腐蚀介质的能力越强。由于日本普遍采用引孔植桩法，所以其混凝土保护层未受创伤，而且其混凝土密实（强度等级高），所以规定预制桩保护层厚度不小于 15mm 即可满足这个海洋岛国一般工程的混凝土中的钢筋防腐要求。而在国内的“锤击法”或“静压法”，每根桩都要承受数百次（甚至数千次）锤击或数百吨的静压力的作用，才能植桩到位。在“锤击”或“静压”过程中，无钢筋约束的混凝土保护层将产生大量的微裂缝，这些微裂缝虽然没有导致保护层剥落，但却会成为腐蚀介质的通道，保护层的“保护钢筋”作用丧失，而且柱状钢筋混凝土结构的保护层愈厚，在轴向载荷作用下保护层开裂的程度愈大。因此，对于接桩的端头钢板裸露在环境中的锤击式（含静压锤）施工的管桩，《先张法预应力混凝土管桩》GB/T 13476—2023 将保护层厚度提高到 40mm，不仅没有增强防锈蚀作用，且浪费资源。由此也可看出我国预制桩对混凝土保护层的规定和施工方法与日本还存在一定差距，因保护层增厚带来的原材料用量增大也与建材行业“低碳”发展道路背道而驰。

2 实心方桩的“高碳”逆行问题

实心方桩是 20 世纪 60 年代的预制桩产品，一直以来在市场中占比份额微乎其微，然而这两年实心方桩以“新技术”再次被推进在市场。同边长/直径条件下，实心方桩的性能低于管桩。表 7 为 YZH-500-B 方桩和 PHC 600（110）B 管桩的材料消耗和抗弯性能对比结果。从表 7 中可看出《预应力混凝土实心方桩》JC/T 2723—2022 中的方桩大幅度提高了资源消耗，以多耗 48%的混凝土用量、14%左右的钢材才能实现《先张法预应力混凝土管桩》GB/T 13476—2009 管桩相同的抗弯性能。在“双碳”目标背景下，大幅鼓励高碳型的实心方桩的推广应用已然将混凝土材料专家的辛苦减碳效果冲抵殆尽。

YZH-500-B 方桩和 PHC 600（110）B 管桩的材料消耗和抗弯性能对比 表 7

项目	截面积	主筋配筋	开裂弯矩	极限弯矩
YZH-500-B	250000mm^2	16ϕ12.6	210kN · m	450kN · m
PHC 600（110）B	169246mm^2	14ϕ12.6	245kN · m	441kN · m
方桩/管桩的比值	1.48	1.14	0.857	1.02
对比结果	方桩混凝土用量提高 48%	方桩钢筋用量提高 14%	方桩开裂弯矩降低 14.3%	方桩极限弯矩仅提高 2%

3 小结

在“双碳”目标背景下，建材产业进入了一个全新的发展阶段，预制桩作为与建材产业密切相关的产品也面临着全新挑战，高质量的“绿色”“低碳”发展必将成为预制桩行业的主旋律。预制桩行业中的“低碳”措施，不仅仅是从材料技术、生产制造技术、施工技术角度出发，更要从结构设计角度作出革命性突破，才能真正实现预制桩的“低碳、高效”，促进减排目标的实现。

参考文献：

[1] 蒋元海，魏从九. 关于我国管桩行业现状及发展的建议[J]. 混凝土与水泥制品, 2007(4): 30-32.

[2] 冯乃谦，陈乐雄，叶浩文，等. 高性能与超高性能混凝土管桩的研发与应用[J]. 混凝土与水泥制品, 2010(5): 25-28.

[3] 马嵘，蒋元海. 管桩混凝土余浆循环利用的均化研究[J]. 混凝土, 2006(11): 71-73.

[4] 蒋元海，樊华，许顺良，等. 关于我国预制混凝土桩行业绿色低碳化发展途径的几点思考[J]. 混凝土与水泥制品, 2023(3): 38-42.

[5] 国家市场监督管理总局. 先张法预应力混凝土管桩: GB/T 13476—2023[S]. 北京: 中国标准出版社, 2023.

[6] Japanese Standards Association. Prestressed concrete products: JIS A 5373—2004 ENG[S]. Tokyo: Japanese Standards Association, 2004.

[7] 住房和城乡建设部. 混凝土结构设计标准: GB/T 50010—2010[S]. 北京: 中国建筑工业出版社, 2016.

[8] 日本土木学会. 2017 年制定コンクリート標準示方書[S]. 2017.

[9] 公益社团法人日本道路協会. 道路橋示方書 同解説 Ⅳ下部構造編[S], 2017.

[10] 工业和信息化部. 预应力混凝土实心方桩: JC/T 2723—2022[S]. 北京: 中国建材工业出版社, 2022.

搅拌植桩在铁路建设中的应用研究

夏庆鹏[1,2]，毛由田[2]，王淑新[2]，刘　明[3]

［1. 建华建材（阳江）有限公司，阳江 529500，2. 建华建材（中国）有限公司，镇江 212000；3. 中铁北京工程局集团北京有限公司，北京 100070］

摘　要：搅拌植桩工法，是预先采用搅拌或旋喷工艺形成水泥土桩，而后将预制桩（超高强、厚壁等）打入、压入或振入其中，使植入的混凝土预制桩与水泥土搅拌桩形成协同受力的一种工法，该工法能够充分发挥两者的优势。本文结合广湛高铁湛江北站项目开展试验研究，拟建项目单桩承载力较大，常规的基桩设计多采用灌注桩。该项目结合地质特点，打破常规设计，采用搅拌植桩工法，提供了一种安全、可控、省时、环保、综合造价更低的施工工艺。同时进行了理论估算和现场静载试验对比分析，满足设计要求。本文的试验成果有助于进一步揭示搅拌植桩的竖向抗压承载机理，可为其工程设计与工艺优化提供借鉴依据。

关键词：搅拌植桩；竖向承载力估算；静载试验；*Q-s*曲线；碳排放

0　引言

我国存在众多软土、深厚砂土地区，尤其是沿海区域，在其上建设铁路、高速公路、超高层建筑等工程时常需要先进行地基处理。近年来，随着国家经济的迅猛发展，超大、超高建筑物的大量建设，对荷载、沉降要求提高，桩基工程逐渐向大直径、超长桩基发展。在桩基工程技术、性能要求不断提高的同时，安全环保、经济效益和社会效益的要求也日益提高，除研究新型桩，减小桩长和桩径外，对施工环境、施工工艺的要求也越来越高，特别是在城市工程项目建设中，传统的钻孔灌注桩[1]、后注浆等工艺在施工中会产生大量泥浆污染及渣土排放等问题；而预制桩可通过工厂定制提高混凝土强度等级、增强桩的耐久性及延性等，使预制桩的适用性得到加强。但传统施工工艺（锤击工法、静压工法、引孔）[2-3]具有挤土、振动大、穿透性差等缺点，尤其是面临需要穿透深厚砂土层、碎石层等复杂地质条件时，桩身承载力难以得到充分发挥。为此，是否可以用于上述工艺的特点取长补短，是一个值得思考的问题。

搅拌植桩技术是近年来我国桩基工程领域应用发展的一项新工艺，通过搅拌或旋喷工艺形成水泥土桩，再同心植入预应力混凝土管桩形成复合基桩[4-5]。随着施工机械的不断升级、改进、变革，市场上的搅拌设备，目前最深可搅拌 70m，最大直径达 1.5m，设备采用全电控控制，实现智能化、信息化，链接物联平台，可完成施工、装备数据同步传输，施工状态实时监控等。

1　工程地质情况

本文依托的试验项目为广湛铁路湛江北站主楼，该工程位于广东省湛江市中心城区。根据地质调查、钻孔揭露，拟建区属滨海沉积地貌，地形起伏不大，地面高程 30～45m，连续 10～15m 深厚中砂层，40～42m 有铁质夹层厚度约 100～200mm，场地有强腐蚀。地质剖面图见图 1，岩土物理力学参数见表 1。

岩土物理力学参数经验值　　　　表 1

项目	岩土类别	标准值			
		桩的极限侧阻力标准值q_{sa}/kPa		桩的极限端阻力标准值q_{pa}/kPa	
		混凝土预制桩	泥浆护壁钻孔桩	混凝土预制桩	泥浆护壁钻孔桩
<1-8>	杂填土	25	22		
<5-1>	淤泥	16	14		
<5-2>	软土	25	23		
<5-4>	粉质黏土	90	88		
<5-6-1>	细砂（稍密）	30	28		
<5-6-2>	细砂（中密）	32	30		
<5-6-3>	细砂（密实）	33	30		
<5-7-1>	中砂	33	30		
<5-7-2>	中砂（中密）	53	49		
<5-7-3>	中砂（密实）	61	59	4000	900
<5-8-1>	粗砂（稍密）	83	81	5700	1500
<5-8-2>	粗砂（中密）	80	74	6100	1600
<5-8-3>	粗砂（密实）	102	95	6700	1700
<8-3>	粉质黏土	90	87	4000	1000
<8-4>	黏土	90	87	4000	1000

续表

项目	岩土类别	标准值			
		桩的极限侧阻力标准值q_{sa}/kPa		桩的极限端阻力标准值q_{pa}/kPa	
		混凝土预制桩	泥浆护壁钻孔桩	混凝土预制桩	泥浆护壁钻孔桩
<8-6-1>	中砂（稍密）	40	40	2000	650
<8-6-2>	中砂（中密）	53	49	4000	850
<8-6-3>	中砂（密实）	61	59	4700	920
<8-7-1>	粗砂（稍密）	60	60	4000	800
<8-7-2>	粗砂（中密）	80	74	6100	1600
<8-7-3>	粗砂（密实）	102	95	6700	1700

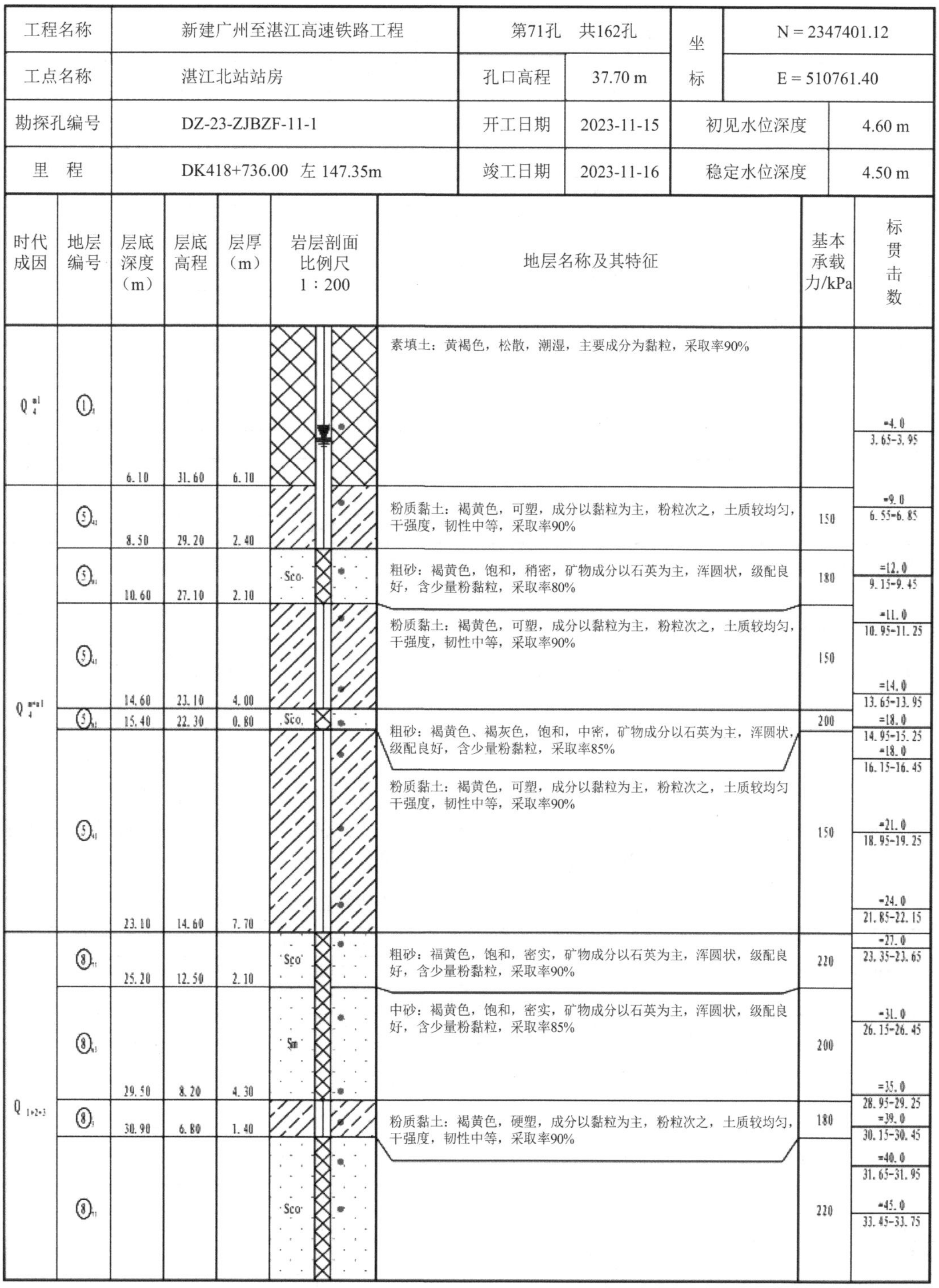

工程名称	新建广州至湛江高速铁路工程	第71孔　共162孔		坐标	N = 2347401.12
工点名称	湛江北站站房	孔口高程	37.70 m		E = 510761.40
勘探孔编号	DZ-23-ZJBZF-11-1	开工日期	2023-11-15	初见水位深度	4.60 m
里　程	DK418+736.00　左 147.35m	竣工日期	2023-11-16	稳定水位深度	4.50 m

时代成因	地层编号	层底深度（m）	层底高程	层厚（m）	岩层剖面比例尺 1：200	地层名称及其特征	基本承载力/kPa	标贯击数
Q_4^{ml}	①	6.10	31.60	6.10		素填土：黄褐色，松散，潮湿，主要成分为黏粒，采取率90%		=4.0 3.65-3.95
Q_4^{m+al}	⑤	8.50	29.20	2.40		粉质黏土：褐黄色，可塑，成分以黏粒为主，粉粒次之，土质较均匀，干强度，韧性中等，采取率90%	150	=9.0 6.55-6.85
	⑤	10.60	27.10	2.10	Sco	粗砂：褐黄色，饱和，稍密，矿物成分以石英为主，浑圆状，级配良好，含少量粉黏粒，采取率80%	180	=12.0 9.15-9.45
	⑤	14.60	23.10	4.00		粉质黏土：褐黄色，可塑，成分以黏粒为主，粉粒次之，土质较均匀，干强度，韧性中等，采取率90%	150	=11.0 10.95-11.25 =14.0 13.65-13.95
	⑤	15.40	22.30	0.80	Sco	粗砂：褐黄色、褐灰色，饱和，中密，矿物成分以石英为主，浑圆状，级配良好，含少量粉黏粒，采取率85%	200	=18.0 14.95-15.25
	⑤	23.10	14.60	7.70		粉质黏土：褐黄色，可塑，成分以黏粒为主，粉粒次之，土质较均匀干强度，韧性中等，采取率90%	150	=18.0 16.15-16.45 =21.0 18.95-19.25 =24.0 21.85-22.15
Q_{1+2+3}	⑧	25.20	12.50	2.10	Sco	粗砂：福黄色，饱和，密实，矿物成分以石英为主，浑圆状，级配良好，含少量粉黏粒，采取率90%	220	=27.0 23.35-23.65
	⑧	29.50	8.20	4.30	Sm	中砂：褐黄色，饱和，密实，矿物成分以石英为主，浑圆状，级配良好，含少量粉黏粒，采取率85%	200	=31.0 26.15-26.45 =35.0 28.95-29.25
	⑧	30.90	6.80	1.40		粉质黏土：褐黄色，硬塑，成分以黏粒为主，粉粒次之，土质较均匀，干强度，韧性中等，采取率90%	180	=39.0 30.15-30.45
	⑧				Sco		220	=40.0 31.65-31.95 =45.0 33.45-33.75

图 1　典型地质剖面图

2 竖向承载力估算方法依据比选

2.1 估算单桩竖向承载力方法一

依据《劲性复合桩技术规程》JGJ/T 327—2014，可按下式估算单桩竖向承载力，其中部分参数的取值见表 2：

$$R_a = u\sum \xi_{si} q_{sia} l_i + \alpha \xi_p q_{pa} A_p \tag{1}$$

根据《劲性复合桩技术规程》估算得出表 3。

劲性复合桩复合段外芯侧阻力调整系数 ξ_{si} 端阻力调整系数 ξ_p 取值　　表 2

调整系数	土的类别				
	淤泥	黏性土	粉土	粉砂	细砂
ξ_{si}	1.30～1.60	1.50～1.80	1.50～1.90	1.70～2.10	1.80～2.30
ξ_p	—	2.00～2.20	2.00～2.40	2.30～2.70	2.50～2.90

根据《劲性复合桩技术规程》的估算结果　　表 3

地勘孔位	管桩直径/m	搅拌桩直径/m	搅拌桩周长/m
DZ-ZJB-36	0.70	1.00	3.14
水泥桩-极限端阻力标准值			
桩端土层	极限端阻力标准值q_{pk}/kPa	桩端面积/m²	$q_{pk}A_p$/kN
8-3 粉质黏土	180.00	0.79	283
水泥土桩-极限侧阻力标准值			
桩侧土层	极限侧阻力标准值q_{sia}/kPa	土层厚度/m	$u_p q_{sia} l$/kN
5-4 粉质黏土	84.00	2.50	659.73
5-7-2 中砂	16.32	2.30	117.90
5-4 粉质黏土	84.00	2.50	659.73
8-6-2 中砂	49.00	20.80	3201.91
8-3 粉质黏土	84.00	2.50	659.73
8-6-2 中砂	49.00	2.20	338.66
8-3 粉质黏土	84.00	5.20	1372.25
土层	84.00	4.00	1055.58
共计		42.00	8065.50
总桩长/m	42.00	单桩承载力特征值R_a/kN	6191

注：ξ_{si}取 1.5，ξ_p取 2.0。

2.2 估算单桩竖向承载力方法二

依据《搅拌植桩技术标准》QJHJC 00 3002—2022，可按下式估算单桩竖向承载力：

$$Q_{uk} = u\sum q_{sik} l_i + q_{pk} A_p \tag{2}$$

式中：Q_{uk}——单桩竖向极限承载力标准值（kN）；

u——水泥土外芯桩桩身周长（m）；

q_{sik}——水泥土外芯桩第i层土极限侧摩阻力标准值（kPa），宜按现场试验或地区经验取值，无试验资料和地区经验时，可按钻孔灌注桩的高值取值；

q_{pk}——桩端极限端阻力标准值（kPa），宜按现场试验或地区经验取值，无试验资料和地区经验时，可按混凝土预制桩取值；

A_p——由内芯桩外径计算得到的面积（m²）。

按上式估算 42m 桩长搅拌植桩竖向极限承载力约为 12239kN，详见表 4。

根据《搅拌植桩技术标准》的估算结果　　表 4

地勘孔位	管桩直径/m	搅拌桩直径/m	搅拌桩周长/m
DZ-ZJB-36	0.70	1.00	3.14
水泥桩-极限端阻力标准值			
桩端土层	极限端阻力标准值q_{pk}/kPa	桩端面积/m²	$q_{pk}A_p$/kN
8-3 粉质黏土	6000.00	0.79	4712.39
水泥土桩-极限侧阻力标准值			
桩侧土层	极限侧阻力标准值q_{sia}/kPa	土层厚度/m	$u_p q_{sia} l$/kN
5-4 粉质黏土	68.00	2.50	534.07
5-7-2 中砂	16.32	2.30	117.90
5-4 粉质黏土	72.00	2.50	565.49
8-6-2 中砂	49.00	20.80	3201.91
8-3 粉质黏土	72.00	2.50	565.49
8-6-2 中砂	50.00	2.20	345.58
8-3 粉质黏土	76.00	5.20	1241.56

续表

水泥土桩-极限侧阻力标准值			
桩侧土层	极限侧阻力标准值q_{sia}/kPa	土层厚度/m	$u_p q_{sia} l$/kN
预估土层	76.00	4.00	955.04
共计		42.00	7527.03
总桩长/m	42.00	单桩承载力特征值R_a/kN	6110
UHC700AB180 桩身承载力特征值 6800/kN			

2.3 选取管桩

设计要求桩身承载力特征值不低于 6000kN，管桩选型参数见表 5。

管桩选型参数　　表 5

型号	PHC700	PHC800	PHC1000	UHC800	UHC700
强度	C80	C80	C80	C105	C105
壁厚/mm	130	130	130	130	180
承载力特征值/kN	4333	5093	6614	6111	6800

经过比选 PHC1000AB130、UHC800AB130、UHC700AB180 满足设计要求。造价分析，通常承台构造要求桩径越小，承台面积越小，钢筋混凝土用量也减少。即优先选用 UHC700AB180 管桩[6]。

3 搅拌植桩碳排放分析

根据《建筑碳排放计算标准》GB/T 51366—2019，估算 1.0m 直径的灌注桩在制作、施工全过程的碳排放量。按混凝土为 C35 商品混凝土、主筋配筋为 26ϕ22mm、箍筋为 100mm@200mm 的条件估算，估算结果见表 6。

1.0m 灌注桩生产全过程碳排放量估算表　　表 6

序号	项目	材料与能源用量			碳排放因子/（kg/单位）	碳排放量/kg	灌注桩碳排放量
		制作	施工	合计			
	人工						570.49kg/m
1	人工（工日）	47.34	105.83	153.8	0.7	107.22	
	材料						
2	混凝土/m³	40.36	—	40.4	270	10895.9	
3	钢材/kg	3967.22	17.80	3985	2.0	7970.04	
	能源						
5	柴油/kg	—	34.95	34.95	2.73	95.41	
6	电力/（kW·h）	1879.83	3437.5	5317	0.92	4891.90	
合计						23960.5	

如表 6 所示，每延米 1.0m 灌注桩的碳排放量约为 570.49kg，一根 42m 桩长的灌注桩碳排放量约为 23960.5kg。

对于外芯为 1.0m 直径的水泥（M1000），内芯为 0.7m 直径的预应力混凝土管桩（C700），全桩长为 42m，估算其生产、施工全过程发生的碳排放，如表 7 所示。

M1000 + C700 搅拌植桩生产全过程碳排放量估算表　　表 7

序号	项目	材料与能源用量				CO_2 排放因子/（kg/单位）	碳排放量/kg	管桩碳排放量
		制作	运输	施工	合计			
	材料							408.94kg/m
1	混凝土/m³	13.21	—	—	13.21	470.00	6209.16	
2	钢材/kg	784.90	—	12.85	797.75	2.00	1595.50	
4	水泥/kg	—	—	6594.0	6594.0	0.74	4846.59	
	人工							
5	人工/工日	2.03	0.50	9.45	11.98	0.70	8.39	
	能源							
6	柴油/kg	—	43.19	84.34	127.54	2.73	348.18	
7	电力/（kW·h）	207.87	—	2794.2	3002.0	0.92	2761.87	
10	煤/kg	528.53	—	—	528.53	2.66	1405.88	
合计							17175.57	

如表 7 所示，每延米 M1000 + C700 搅拌植桩所产生的碳排放量约为 408.94kg，一根 42m 桩长的搅拌植桩碳排放量约为 17175.57kg。二者的碳排放量对比结果为：桩长 42m 的 M1000 + C700 搅拌植桩的碳排放量(17175.57kg)，比桩长 42m 的 1.0m 直径灌注桩碳排放量（23960.50kg）减少了约 6784.93kg，减少量约为灌注桩排放量的 28.3%。按本工程约有 2000 根桩进行估算，本项目桩基工程可减少 13560t 的碳减排。

4 试桩

复合桩采用直径 1000mm 的水泥搅拌桩作外芯桩，采用直径 700mm 的超高强度混凝土管桩为内芯桩，管桩型号为 UHC-700AB180（C105），分上中下三节桩，采用焊接方式进行管桩的接桩。外芯桩（水泥土桩）和内芯桩（管桩）设计长度相等，有效桩长 42m。试桩参数见表 8。

复合桩的外芯水泥搅拌桩以及水泥搅拌桩素桩的水灰比为 0.65～1.2，水泥掺量为 15%～20%[7]。

试桩参数表　　**表 8**

序号	桩号	管桩规格	桩外径	桩长/m	单桩竖向承载力特征值/kN	水灰比	水泥掺量	单桩竖向抗压极限承载力/kN	桩端最大沉降量
1	搅拌桩 1	水泥搅拌桩	1000	42	—	0.85	15%	—	—
2	搅拌桩 2	水泥搅拌桩	1000	42	—	1.2	18%	—	—
3	搅拌桩 3	水泥搅拌桩	1000	42	—	1.2	20%	—	—
4	试桩 A1	UHC700AB180	700	42	6000	1	19%	≥ 12000	32.21
5	试桩 A2	UHC700AB180	700	42	6000	1.2	19%	≥ 12000	21.53
6	试桩 A3	UHC700AB180	700	42	6000	0.85	15%	≥ 12000	31.90

5　试验结果

基桩竖向抗压承载力结果分析：

对本项目的 6 根复合桩进行竖向承载力静载试验，其中以复合桩试桩 A1 为例，单桩竖向极限承载结果见表 9；*Q-s*曲线见图 2、图 3。

加载至 12000kN 时，*Q-s*曲线平缓，无明显陡降段。

单桩竖向抗压静载试验汇总表　　**表 9**

序号	桩号	最大试验荷载/kN	桩顶/桩端最大沉降量/mm	最大回弹量/mm	回弹率	单桩竖向抗压极限承载力/kN
1	试桩 A1	12000	52.61/31.90	27.77	52.8%	≥ 12000

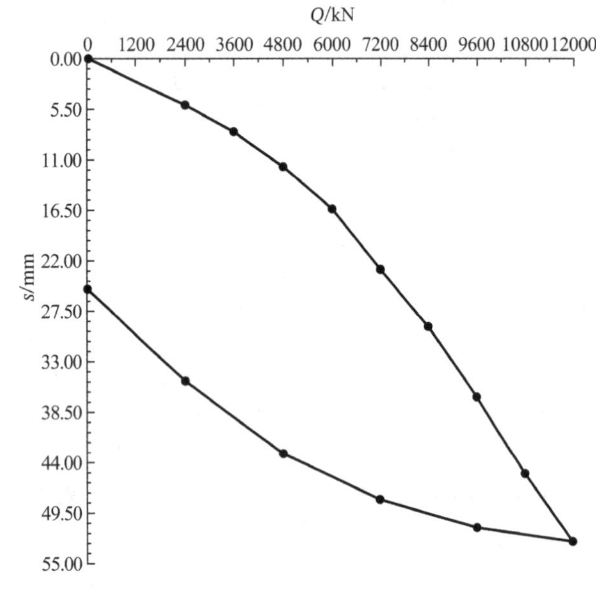

图 2　试桩 A1 桩桩顶变形*Q-s*曲线

图 3　试桩 A1 桩桩端变形*Q-s*曲线

竖向抗压静载试验表明，A1 单桩竖向抗压承载力均达到设计要求，最大沉降量为 31.9mm，卸载后变形回弹量为 52.8%；说明基桩在加载至极限荷载时，大部分处于弹性变形阶段，变形较小，有较大的裕量。本次试桩试验初步验证了采用 1000mm 直径的水泥搅拌桩内插 700mm 的超高强管桩的工艺的施工可行性，可有效解决深厚砂层地质条件下的桩基础成桩问题；本工程试桩极限承载力可达 12000kN，静载试验结果基本符合理论公式的估算，满足设计要求。

6　总结

（1）不同的规范提出的搅拌植桩竖向承载力估算方法差异很大，《劲性复合桩技术规程》JGJ/T 327—2014 需设计者对本项目土性熟知，才能准确地确定出外芯侧阻力调整系数ξ_{si}、端阻力调整系数ξ_p的取值，对结构设计师有一定难度。《搅拌植桩技术标准》QJHJC 00 3002—2022 提出的估算方法与《建筑桩基技术规范》JGJ 94—2008 提出的估算方法类似，易于设计者理解掌握。

（2）管桩为工厂预制，可根据项目实际需求进行定制化生产加工。

（3）在深厚砂土地区施工搅拌桩植桩，掺灰量和水灰比是关键参数。经试验，现场掺灰量大于 20%时会导致增加沉桩难度，降低施工效率。加大水灰比可有效提高水泥土稠度，有利于沉桩；但水灰比过大会导致水泥土离析，使浅部水泥土强度明显降低。试验后采用水灰比 0.85、掺灰量 18%。

（4）从承载力检测结果来看，搅拌植桩单桩抗压极限承载力可达 12000kN，承载力的理论估算值通过静载试验得到验证，到达设计预期，满足设计要求。

（5）搅拌植桩与灌注桩相比，可在施工中减少泥浆处理、渣土外运等；碳排放量对比计算结果表明，本工程的搅拌植桩可比同直径的灌注桩碳排放量有大幅度的减少，在绿色环保施工方面有较大的进步。

搅拌植桩采用水泥土搅拌桩及静压管桩两种工艺相结合，且共同组成受力体，承担上部结构荷载。本项目为搅拌植桩、厚壁桩在铁路系统中的首次推广应用，解决了深厚中、粗砂层（8～20m），铁质夹层，老黏土等复杂地质难沉桩的问题。通过专业定制 UHC-700AB180（C105），增强混凝土强度至 C105、增加管桩壁厚至 180mm 等手段提高管桩竖向抗压承载力，也满足了大荷载高铁基础对单桩高承载力的需求，还可节省承台面积，无渣土外运，减少碳排放，工期、经济优势显著。该施工工艺、桩型具有良好的经济和社会效益，尤其是搅拌植桩在铁路领域中的应用具有推广和借鉴意义。

参考文献：

[1] 蒋建平，汪明武，高广运. 桩端岩土差异对超长桩影响的对比研究[J]. 岩石力学与工程学报, 2004, 23(18): 3190-3195

[2] 邵晶晶. 锤击法和静压法对预制桩承载特性的影响分析[J]. 山西建筑, 2013, 16(2): 69-70.

[3] 赵洪君，施建斌. 锤击桩与静压桩沉桩对预制桩承载力的影响[J]. 西部探矿工程, 2003, 2(2): 51-52.

[4] 薛文志，黄文杰. 劲性复合桩在水利工程软土地基处理中的应用[J]. 东北水利水电, 2020(9): 13-15.

[5] 杨庆庆，王桂智，刘冠霆，等. 劲性复合桩在水利工程中的应用研究[J]. 水利技术监督, 2020(6): 285-289.

[6] 预应力混凝土厚壁式空心方桩: DBJ/T 05—354—2020[S]. 2020.

[7] 李瑶. 水泥搅拌桩在江门地区软基处理中的应用研究[J]. 中国水运, 2020(20): 153-155.

风化岩层旋挖植桩研究

夏庆鹏[1,2]，郭谷良[3]，王淑新[2]
[1. 建华建材（阳江）有限公司，阳江 529500，2. 建华建材（中国）有限公司 镇江 212000；3. 建华建材（湖南）有限公司 长沙 410000]

摘 要：本文探讨旋挖植桩工法在建筑施工中的应用及其关键技术。旋挖植桩工法作为一种传统与现代工艺相结合的先进的桩基施工技术，结合了钻孔灌注桩的容错性、地质复杂性和应用广泛性等优点，和预制桩的工厂化、可定制化、质量可控化等优点，适用于多种土层条件（尤其是岩层起伏较大的土层）和抗震设防烈度地区。本文通过对旋挖植桩工法的理论分析和工程试验，阐述了其在提高桩基竖向抗压承载力方面的显著效果；探讨了植桩工法在实际工程中的应用案例，展示了其在复杂地质条件下的优越性能和可靠性，通过对旋挖植桩工法的技术要点和施工流程的深入剖析可知，该工法尤其对摩擦端承桩、端承桩桩基础工程具有良好的实用性和经济性。本文可为建筑施工领域的工程实践提供理论指导和实际借鉴意义。

关键词：旋挖植桩工法；灌注桩；超高强厚壁管桩；桩基承载力；施工技术；静载试验；*Q-s*曲线

0 引言

在国内，灌注桩技术已有五十多年的发展历史，也广泛应用于市政、桥梁、铁路、机场和高层建筑等领域，尤其在一些复杂地质环境中有着出色表现。近年来，各省市在灌注桩施工工艺与设计方面投入大量人才和资金，取得了显著成果，部分已被纳入国家标准体系。钻孔灌注桩技术同样发展迅速，施工机械不断升级，钻孔直径和深度不断增加，且自动记录和自动控制技术被广泛应用，使灌注桩施工的技术水平不断提高。根据成孔工艺的不同，灌注桩可以分为多种类型，本文只针对旋挖植桩工法进行研究。

然而，旋挖灌注桩[1-3]在施工中会遇到包括断桩、缩颈、孔底沉渣过厚以及钢筋笼上浮、钢筋笼下不去等问题。这些问题可能导致桩身质量不达标，影响整体工程的稳定性和安全性。新型的施工工艺包括随钻跟管桩工法、搅拌植桩工法、旋挖植桩工法[4-5]等，可有效解决上述问题。旋挖植桩技术，是近年来我国桩基工程领域研究和应用发展的一项新技术，通过旋挖钻机预先成孔，在孔内灌入水泥砂浆（细石混凝土），再通过锤击或静压植入预制桩[6-7]。与常规灌注桩相比，端沉渣少，消除了常见的塌孔、缩颈等桩身质量通病；由于单桩竖向承载力高，桩体质量稳定，工程造价相对降低，具有较好的经济性和质量保证。结合地质特点，在安全的基础上采用该工法，可最大程度发挥桩身材料强度，更加经济。

1 工程地质情况

1.1 建筑物特征

本试验项目位于长沙市天心区暮云组团，韶山南路与万家丽路交叉的东南角。各拟建建筑物情况见表 1。

各拟建建筑物特征　　表 1

建筑物名称	设计地坪标高/m	层数	高度/m	结构类型	安全等级	地下室
B11 号、B12 号、B14 号住宅	81.80	27F	78.40	剪力墙	二	一层
B13 号住宅	82.10	27F	78.40	剪力墙	二	一层
B15 号、B16 号、B17 号住宅	82.40	27F	78.40	剪力墙	二	一层
B18～B21 号住宅	83.20	27F	78.40	剪力墙	二	一层

1.2 地质条件

根据场地内所取岩石试样进行的室内试验结果，场地内岩石的天然抗压强度指标统计见表 2，地质剖面图见图 1。

岩石室内天然抗压强度统计表　　表 2

统计地层	统计个数	范围值/MPa	算术平均值/MPa	标准差	变异系数	修正参数	标准值/MPa
强风化泥质粉砂岩⑥	19	0.535～1.96	1.36	0.426	0.289	0.874	1.20
中风化泥质粉砂岩⑦	19	3.05～8.33	5.48	1.442	0.263	0.894	4.90

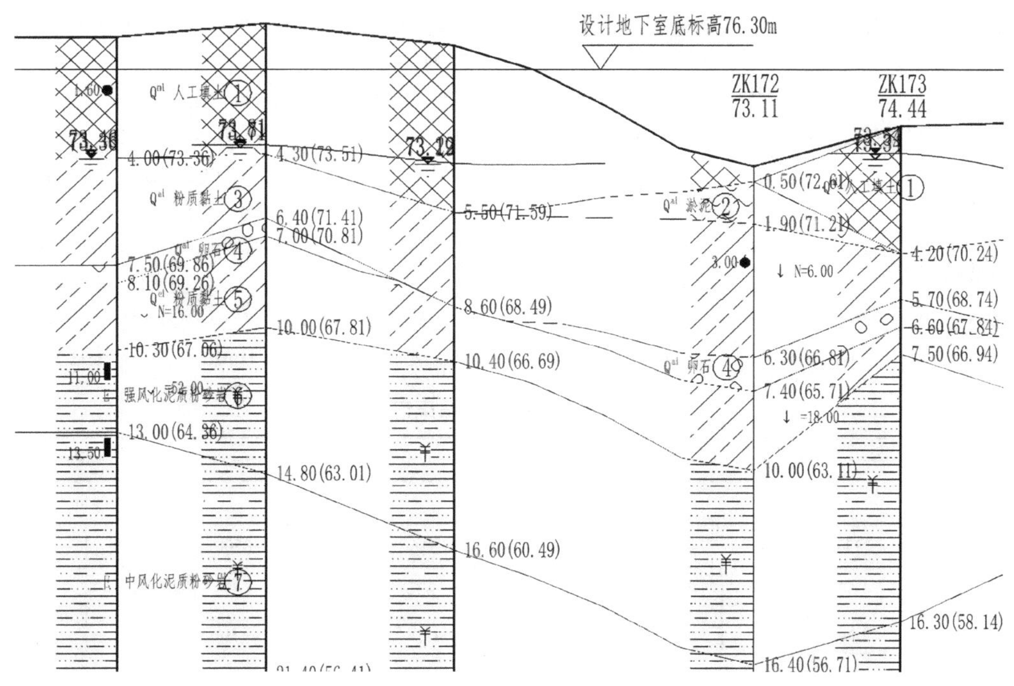

图 1　典型地质剖面图

2　设计竖向承载力方法

2.1　提高芯桩承载力

由地质勘察情况可知，风化泥质粉砂岩⑦承载力较高、岩层连续，作为桩端持力层。

根据辽宁省地方标准《预应力混凝土厚壁式空心方桩》DBJ/T 05-354—2020 轴心受压的管桩，桩身受压承载力应符合下列规定：不考虑管桩压屈影响时，桩身轴心受压承载力应符合下列规定：

$$R \leqslant \varphi_c f_c A \tag{1}$$

式中：R——轴压力设计值（kN）；

f_c——混凝土抗压强度设计值（kPa）；

φ_c——考虑沉桩工艺影响及混凝土残留预压应力影响而取的综合折减系数，一般取 0.7；

A——管桩混凝土环形截面面积（m^2）。

对管桩进行定制：①管桩桩身强度等级由 C80 调整 C105；②管桩壁厚由 130mm 调整 180mm；③植桩工法沉桩工艺可取 0.85。选型列表见表 3，优先选用 UHC 600AB180 厚壁桩型[8]。

管桩型号选型列表　　　表 3

型号	PHC 700	PHC 800	PHC 1000	UHC 800	UHC 600
强度等级	C80	C80	C80	C105	C105
壁厚/mm	130	130	130	130	180
承载力特征值/kN	4333	5093	6614	6111	6770

2.2　单桩竖向承载力

依据团体标准《旋挖植桩技术标准》Q/JHJC 00 3001—2020，可按下列公式估算单桩竖向承载力：

$$Q_{uk} = u\sum q_{sik} l_i + q_{pk} A_p \tag{2}$$

式中：Q_{uk}——单桩竖向极限承载力标准值（kN）；

u——外芯桩身周长（m）；

l_i——第i层土厚度（m）；

q_{sik}——外芯桩第i层土极限侧摩阻力标准值（kPa），宜根据现场试验或地区经验取值，无试验资料和地区经验时，可按钻孔灌注桩的高值取值；

q_{pk}——桩端极限端阻力标准值（kPa）；宜根据现场试验或地区经验取值，无试验资料和地区经验时，可按混凝土预制桩取值；

A_p——内芯桩全截面面积（m^2）。

按上述理论公式，旋挖成孔 800mm，植入管桩 600mm，按 16m 桩长估算竖向极限承载力约为 6523kN。

3　施工工艺控制

旋挖植桩[9]成孔灌注施工技术与旋挖灌注桩施工工艺相同，主要包括平整场地、埋设护筒、旋挖机就位、成孔、清孔检查、浇筑细石混凝土或砂浆等步骤；增加植入管桩工艺，宜采用锤击或静压设备沉桩。施工要求：①填充料应根据设计要求选择，当采用预灌注细石混凝土时，应根据施工设备和施工组织，添加缓凝剂，防止植入管桩时混凝土初凝，以满足植入桩时间需要，混凝土坍落度宜控制在 180～220mm；②当采用水泥砂浆或水泥土作为填充料时应根据设计要求通过配合比试验确定；③应根据先期试桩工艺，对不同直径、深度的桩孔分别计算出填充料的灌入量，以超灌量 600～1000mm 为宜；④填充料应采用导管灌注，导管应伸至孔底，灌注填充料时应缓慢提管；⑤填充料浇筑结束后，宜在混凝土初凝后至终凝前拆除护筒，并将浇筑设备机具清洗干净，整齐堆放；⑥管桩的垂直度偏差不得大于 0.5%；⑦接桩时，要保证桩身垂直度，两节及以上桩长时应设置桩卡（防止下节桩掉下）；⑧当采用锤击设备沉桩时，收锤标准为最后 1.0m 的锤击数分别不宜超过 200 击，最后贯入度控制在（50～70）mm/10 击，贯入度不宜过小，因为管桩在施打过程中，土体未对桩身产生约束，防止桩身受损、爆桩等。

4 试桩分析

4.1 试桩静载试验分析

试桩静载试验采用堆载-反力架装置，水泥预制块堆载，静载自动记录仪自动记录每级压力。加载和卸载方式均按相关规范进行。桩顶沉降利用桩顶千分表及位移传感器测量得到。

试桩采用旋挖机干成孔 800mm 孔，引孔至中风化泥质粉砂岩，引孔深度分别为 SZ1 为 16m、SZ3 为 17m、SZ4 为 11m，填充材料为 C20 混凝土，UHC600-180AB 桩桩长分别为 16m、17m、11m。

SZ1 号桩施加最大荷载 14000kN，该桩在加载至 14000kN 时，总沉降量为 32.23mm，详细情况见表 4、图 2。

SZ5 号桩施加最大荷载 14000kN，该桩在加载至 14000kN 时，总沉降量为 34.71mm，详细情况见表 5、图 3。

SZ1 号桩单桩试验结果汇总 **表 4**

工程名称：LFXC								试桩编号：SZ1			
检测日期：2023-07-26		桩长：16.00m						桩径：600mm			
荷载/kN	2333	3500	4666	5833	7000	8166	9333	10500	11666	12833	14000
本级沉降/mm	4.52	2.04	2.26	2.50	3.03	2.62	2.73	3.37	2.76	2.93	3.47
累计沉降/mm	4.52	6.56	8.82	11.32	14.35	16.97	19.70	23.07	25.83	28.76	32.23

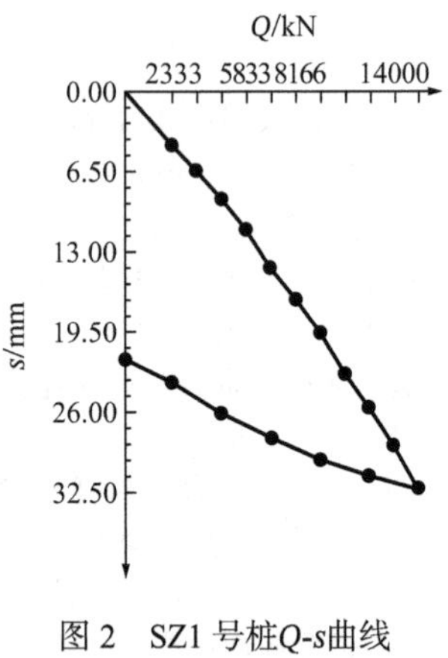

图 2 SZ1 号桩Q-s曲线

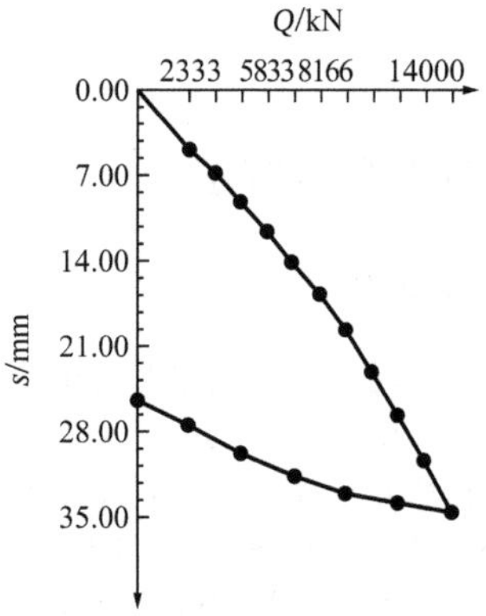

图 3 SZ5 号桩Q-s曲线

SZ5 号桩单桩试验结果汇总 **表 5**

工程名称：LFXC							试桩编号：SZ5				
检测日期：2023-07-14				桩长：11.00m			桩径：600mm				
荷载/kN	2333	3500	4666	5833	7000	8166	9333	10500	11666	12833	14000
本级沉降/mm	4.99	1.87	2.32	2.61	2.49	2.56	2.97	3.41	3.62	3.78	4.09
累计沉降/mm	4.99	6.86	9.18	11.79	14.28	16.84	19.81	23.22	26.84	30.62	34.71

4.2 基桩竖向抗压承载力分析

对 4 根旋挖植桩进行分析，包括不同持力层、估算值、实际值进行试验，见表 6。

单桩竖向抗压静载试验汇总表 **表 6**

试桩编号	旋挖植桩	桩长/m	估算竖向承载力极限值/kN	试桩承载力极限值结果/kN	沉降量/mm	备注
SZ1	旋挖 800mm 植入 UHC600AB180	16	6523	14000	32.23	持力层为中风化泥质粉砂岩
SZ2	旋挖 800mm 植入 UHC600AB180	20.5	7964	11666	36.35	对比桩，桩长 16m，持力层为强风化泥质粉砂岩
SZ3	旋挖 800mm 植入 UHC600AB180	17	7362	14000	23.35	持力层为中风化泥质粉砂岩
SZ4	旋挖 800mm 植入 UHC600AB180	11	5783	14000	34.71	持力层为中风化泥质粉砂岩

竖向抗压静载试验表明，持力层为中风化泥质粉砂岩，单桩竖向抗压承载力极限值均达到 14000kN，最大沉降量为34.71mm，卸载后有28.6%变形回弹量。本次试桩试验初步验证了采用 800mm 直径的旋挖成孔，植入600mm 的超高强厚壁管桩的工艺的施工可行性，突破了强风化、中风化岩层的地质条件下的预制桩基础成桩及灌注桩沉桩质量控制等难题。参考试桩结果，设计采用中风化泥质粉砂岩作为持力层，单桩竖向抗压承载力极限值取 11000kN。

4.3 基桩竖向抗压承载力分析

由于现场未进一步做旋挖灌注桩试桩，根据当地经验及估算分析，旋挖灌注桩单桩竖向抗压承载力见表 7（混凝土强度等级为 C35）。

旋挖灌注桩承载力列表　　表 7

型号	1100mm 旋挖灌注桩	1300mm 旋挖灌注桩
强度等级	C35	C35
桩长/m	16	16
承载力特征值/kN	5400	7000

本项目要求单桩竖向承载力特征值 ≥ 5400kN 设计，即需要采用 1100mm 旋挖灌注桩才能满足设计需求。

5 碳排放分析

根据《建筑碳排放计算标准》GB/T 51366—2019，估算 1.1m 直径的灌注桩在制作、施工全过程的碳排放量。按混凝土为 C35 商品混凝土、主筋配筋为 16ϕ20mm、箍筋为 100mm@200mm 的条件估算，估算结果见表 8。

1.1m 灌注桩生产全过程碳排放量估算表　　表 8

序号	项目	材料与能源用量			碳排放因子/（kg/单位）	碳排放量/kg	灌注桩碳排放量
		制作	施工	合计			
1	人工						513.37kg/m
1.1	人工/工日	21.18	10.56	31.74	0.7	22.22	
2	材料						
2.1	混凝土/m^3	18.51	—	18.51	270	4997.7	
2.2	钢材/kg	930.36	7.78	938.14	2.0	1876.28	
3	能源						
3.1	柴油/kg	—	153.28	153.28	2.73	418.45	
3.2	电力/（kW · h）	440.84	536.64	977.48	0.92	899.28	
合计						8213.93	

注：部分尾数不闭合是由于数值修改。

如表 8 所示，每延米 1.1m 灌注桩的碳排放量约为 513.37kg，16m 桩长的一根灌注桩碳排放量约为 8213.93kg。

对于外芯为 0.8m 直径旋挖灌注桩（M800），内芯为 0.6m 直径的预应力混凝土管桩（C600），全桩长为 16m，估算其生产、施工全过程产生的碳排放，见表 9。

M800 + C600 搅拌植桩生产全过程碳排放量估算表　　表 9

序号	项目	材料与能源用量				CO_2 排放因子/（kg/单位）	碳排放量/kg	管桩碳排放量
		制作	运输	施工	合计			
1	材料							351.75kg/m
1.1	混凝土/m^3	12.2	—	—	12.2	270	3294	
1.2	钢材/kg	289.24	—	—	289.24	2	578.5	
2	人工							
2.1	人工/工日	7.77	4	14.6	26.36	0.7	18.5	
3	能源							
3.1	柴油/kg	—	282.0	23.0	305.06	2.73	832.8	
3.2	电力/（kW · h）	66.08	—	536.6	602.72	0.92	554.5	
3.3	煤/kg	131.5	—	—	131.45	2.66	349.7	
合计							5628	

如表 9 所示，每延米 M800 + C600 旋挖植桩所产生的碳排放量约为 351.75kg，16m 桩长的旋挖植桩碳排放量约为 5628kg。二者的碳排放量对比结果为：桩长 16m 的 M800 + C600 搅拌植桩的碳排放量（5628kg），比桩长 16m 的 1.1m 直径旋挖灌注桩碳排放量（8213.93kg）减少了 2585.93kg，减少量约为旋挖灌注桩排放量的 31%。按本工程约有 1000 根桩进行估算，本项目桩基工程可减少约 2586t 的碳减排。

6 结论

旋挖植桩[9]作为一种传统与先进工艺相结合的桩基础施工方式，在桩基行业中是一种大胆的尝试与突破。与旋挖灌注桩相比，该工法桩基础造价降低15%，承台造价降低30%，预制桩与旋挖灌注结合的独特建造和施工方式，可大大提升施工效率，缩短工期约 1/3，减小能源消耗；与采用旋挖灌注桩相比，可降低碳排放31%。定制的超高强混凝土厚壁管桩，可大幅度提高单桩承载力，一定条件下可减少桩数和减小承台面积，降低桩基础的工程造价，使预制桩在桩基工程中更具优势。

旋挖植桩已在高层建筑、桥梁、地铁等大型工程中得到了广泛应用。与旋挖灌注桩相比，旋挖植桩具有成桩质量好、不塌孔缩颈、施工速度快、对环境影响小等优点。本文研究了旋挖植桩的施工技术、质量控制及优化策略，对于提升基础工程施工效率、保障工程质量及推动行业可持续发展具有重要意义。

参考文献：

［1］ 樊荣霞，詹少全，陈翀．钻孔灌注桩桩端沉渣的冲洗和注浆处理效果试验研究[J]．土工基础，2024, 38(1): 125-128．
［2］ 曾韬．旋挖成孔灌注桩施工技术及在建筑工程中运用研究[J]．城市建设理论研究（电子版），2023(25): 126-128.
［3］ 李祥，陈明玉．现代工业化背景下钻孔灌注桩施工技术在公路桥梁建设中的应用研究[J]．建设机械技术与管理，2023, 36(5): 125-127.
［4］ 孙广利，赵炳瑄．植入式复合桩应用前景探讨[J]．四川建材，2021, 47(1): 79-81.
［5］ 周星中．旋挖成孔后植 PHC 竹节桩复合基础施工技术[J]．科技施工技术，2021, 39(3): 243-245.
［6］ 赵洪君，施建斌．锤击桩与静压桩沉桩对预制桩承载力的影响[J]．西部探矿工程，2003, 2(2): 51-52.
［7］ 邵晶晶．锤击法和静压法对预制桩承载特性的影响分析[J]．山西建筑，2013, 16(2): 69-70.
［8］ 预应力混凝土厚壁式空心方桩 DBJ/TT 05-354—2020[S]. 2020.
［9］ 熊志斌．旋挖植入桩在工程中的应用[C]// 中国建筑学会地基基础学术大会论文集（2022），北京：中国建筑工业出版社，2023: 210-212.

基坑长期泡水对基底桩基承载力的影响分析

范乾松[1,2]，李晓诚[3]，张小平[1,2]，刘　军[4]，李金龙[1,2]

（1. 中国冶金地质总局三局，太原 030000；2. 山西冶金岩土工程勘察有限公司，太原 030000，3. 河南东龙科创服务有限公司，郑州 450018；4. 中国建筑第八工程局有限公司，大连 116000）

摘　要：基坑长期泡水对桩基承载力的影响研究当前开展较少。一方面，很少有业主对不同时间段的桩基进行二次复检；另一方面，需要基坑长期停工等不利因素叠加的特定环境。本文以河南某工程为例，针对二次测桩的异常结果进行分析，研究积水长期浸泡对桩基承载力的影响，为工程技术人员提供参考。

关键词：降水；暴雨；测桩；桩基承载力；泡水

0　引言

随着房地产市场的低迷，郑州市出现了很多烂尾楼盘。为响应国家宏观政策，省市政府提出了很多救市举措，推出保交楼政策。政策推行中，不可避免地存在新旧工程交接问题，需要旧业主对已施工工程进行二次检测，并且新参与单位不得选取原有参与单位。于是出现了前后检测结果不一致等问题。本文抛开人为因素的影响，从技术角度分析相关工程技术问题，为相关技术人员提供参考。

1　工程案例

某房地产开发项目于 2016 年启动，位于郑州市金水区，建筑高度 30～39 层，框架-核心筒结构，地下室 3 层，基坑深度 8.0～19.35m。

2018 年，因资金链断裂，项目停工。停工前，桩基工程已全部完工，部分建筑已建至地上 3～7 层。停工期间经历了"7·20"暴雨的洗礼，基坑被淹，部分基坑边发生坍塌。后续进行了基坑加固和抽排水作业。而后降水工程基本持续进行，但部分基底数年长期浸泡在积水中。

2　工程地质情况

拟建场地勘察深度范围内地层共分为 18 层，自上而下分述如下：

① 杂填土（Q_4^{ml}）：杂色，粉土为主，夹杂少量碎石、碎砖、水泥块等建筑垃圾，松散，稍湿。仅在场地局部分布。

② 粉土（Q_4^{al+pl}）：褐黄色，土质较均匀，见少量锈黄色斑块，摇振反应迅速，干强度低，韧性低，无光泽，稍湿，稍密—中密，局部稍有黏性。

③ 粉质黏土（Q_4^{al+pl}）：褐黄色—灰黄色，见少量锈黄色斑块，局部粉粒含量较高，无摇振反应，干强度中等，韧性中等，稍有光泽，可塑。

④ 粉土（Q_4^{al+pl}）：褐黄色，局部地段黏粒含量高，见少量锈黄色斑块，摇振反应迅速，干强度低，韧性低，无光泽，稍湿，稍密—中密。

⑤ 粉质黏土（Q_4^{al+pl}）：灰褐色，局部粉粒含量高，无摇振反应，干强度中等，韧性中等，稍有光泽，软塑—可塑。

⑥ 粉土（Q_4^{al+pl}）：灰褐色—灰色，见少量铁锰质氧化物斑点，局部黏粒含量高，略有腥臭味，摇振反应中等，干强度低，韧性低，无光泽，稍湿，中密—密实。

⑦ 粉质黏土（Q_4^{al+pl}）：深灰色—黑灰色，含少量腐殖质，有腥臭味，局部粉粒含量高，偶见蜗牛壳碎片和零星钙质结核，无摇振反应，干强度中等，韧性中等，稍有光泽，软塑—可塑。

⑧ 粉土（Q_4^{al+pl}）：灰褐色—深灰色，局部地段黏粒含量高，局部有较强的砂感，见少量铁锰质氧化物斑点，摇振反应中等，干强度低，韧性低，无光泽，稍湿—湿，中密。

⑨ 粉质黏土（Q_4^{al+pl}）：深灰色—黑灰色，有腥臭味，局部粉粒含量高，偶见蜗牛壳碎片和零星钙质结核，无摇振反应，干强度中等，韧性中等，稍有光泽，软塑—可塑。

⑩ 粉砂（Q_4^{al+pl}）：灰褐色—灰黄色，主要成分为长石、石英，含少量暗色矿物及云母片，分选性差，层顶局部相变为含砂粉土，饱和，中密—密实。

⑪ 细砂（Q_4^{al+pl}）：灰褐色—灰黄色，主要成分为长石、石英，含少量暗色矿物及云母片，分选性一般，局部地段层底夹含粉土或粉质黏土薄层，饱和，密实。

⑫ 粉质黏土（Q_3^{al}）：褐黄色，见少量铁锰质氧化物斑点和灰绿色条纹，含姜石，含量一般 3%～5%，粒径 0.5～3cm，无摇振反应，干强度中等，韧性中等，稍有光泽，可塑—硬塑。

⑬ 粉质黏土（Q_3^{al}）：褐黄色，见少量铁锰质氧化物斑点和灰绿色条纹，含姜石，含量一般为 3%～10%，局部地段含量较高，约 15%～30%，粒径 1.0～5.0cm，无摇振反应，干强度中等，韧性中等，稍有光泽，可塑—硬塑，该层底部多有钙质胶结现象，胶结程度中等，胶结厚度 20～60cm 不等。

⑭ 粉土（Q_3^{al}）：黄褐色，见少量铁锰质氧化物斑点和灰绿色斑纹，含少量姜石，含量约 3%～10%，粒径 1～4cm，摇振反应中等，干强度低，韧性低，无光泽，饱和，密实，层底局部有砂质胶结现象，胶结状态较密实，岩芯呈短柱状—中柱状。

地下水情况：

场地内地下水为第四系潜水和微承压水，第四系潜水含水层主要为⑨层及以上的粉土和粉质黏土，微承压水含水层为⑩粉砂、⑪细砂。勘察期间地下水水位埋深在 8.7～10.9m 之间，水位绝对标高在 79.80～80.50m 之间。

3　工况

2017 年该项目停工，停工前基坑局部开挖到底，部分工程桩进行了测桩作业，测桩结果满足设计和规范要求，由于当时基坑未完全开挖，复工前部分桩基还未进行桩基检测。2024 年 10 月工程开始复工。

4　二次测桩结果分析

工程复工后，业主另外委托检测单位（非原测桩单位）进行了桩基检测，部分检测结果如下：

安置区 69D 号（原桩号 688 号）桩加载至第 5 级 1680kN（共 10 级 2800kN）出现异常情况，沉降量 101.54mm，已达到终止条件（按照规范，桩顶沉降量大于前一级荷载作用下沉降量的 5 倍，且桩顶总沉降量超过 40mm）。

安置区 64D 号（原桩号 518 号）桩加载至第 8 级 2520kN（共 10 级 2800kN）出现异常情况，沉降量 44.42mm，已达到终止条件（按照规范，桩顶沉降量大于前一级荷载作用下沉降量的 5 倍，且桩顶总沉降量超过 40mm）。

安置区 74D 号（原桩号 764 号）桩加载至第 7 级 2240kN（共 10 级 2800kN）出现异常情况，沉降量 88.75mm，已达到终止条件（按照规范，桩顶沉降量大于前一级荷载作用下沉降量的 5 倍，且桩顶总沉降量超过 40mm）。

安置区 32D 号（原桩号 521 号）桩加载至第 8 级 2520kN（共 10 级 2800kN）出现异常情况，沉降量 37.20mm，（按照规范，沉降量大于 40mm 或者超过上一级沉降量 5倍）。

5　原因分析

针对以上情况，经收集资料，综合分析可能原因如下：

（1）桩号新旧图纸编号不统一

由于后期测桩对图纸桩号进行了重新编号，无法准确确定测桩桩号为原图纸哪个桩位。如 D39 号桩的竣工图显示不是由同一家单位施工。

（2）建筑物重新设计基底标高有变化

根据现场了解，部分建筑物基础设计有变化，如部分建筑拆除改造、进行了补桩，部分基础由承台改为筏板，桩顶标高会有变化，有效桩长也会有调整。

（3）新旧勘察报告数据有出入

新旧报告桩长范围内土层有差异，见表 1。

前后两次勘察报告勘察数据对比表　　表 1

层号	层名（旧报告）	层名（新报告）	旧侧阻力标准值/kPa	新侧阻力标准值/kPa	旧端阻力标准值/kPa	新端阻力标准值/kPa	层底标高（旧）/m	层底标高（新）/m
⑩	粉砂	细砂	64	72			71.6	72.08
⑪	细砂	细砂	70	58	1100	1400	56.7	58.48
⑫	粉质黏土	粉质黏土	60	42	800	1400	48.3	42.48

（4）根据经验公式计算有差异

以地下车库桩基为例，主要参数为桩径 600mm，桩长 20m，桩顶标高 73.25m，原图纸设计桩基承载力特征值 1400kN。

根据旧报告以规范经验公式计算，单桩承载力特征值为 1389kN（以 G87 钻孔为例）。

根据新报告以规范经验公式计算，单桩承载力特征值为 1615kN（以 G11 钻孔为例）。

（5）长期泡水

根据相关研究，地下水上下起伏对桩基承载力有一定影响。

（6）降水井长期降水引起的桩基承载力变化

本桩基施工完成后已近 7 年，其间基坑降水一直在进行。降水井降水会造成土层空洞，进一步影响桩基承载力。

（7）桩基耐久性的问题

建筑有一定的使用寿命，由于混凝土等材料的老化，也会造成相应参数的折减。

（8）重复施工的扰动

郑州“7·20”暴雨发生后，工程采取了基坑加固、反复抽排水等措施，基坑抢险过程中会临时坑内取土，造成部分桩间土破坏。在其他工地还发生过取土过程中桩基倾斜现象。

6　室内模型试验研究

采用配比石英砂与天然河沙作为模型地基土材料，考虑土层中不同水位高度及快速升降水对桩基承载力及土体变形和桩顶沉降的相关影响，设计了 20 组室内模型试验，测量各组试验的桩身轴力、填土沉降、桩顶沉降等数据，并对试验结果进行了对比分析，研究了不同水位及升降水过程中桩基的端阻力和侧阻力问题以及对沉降的影响。试验结果如下：

（1）当土层中水位较低时，桩顶荷载由端阻力和桩侧阻力共同承担，随着水位的升高，桩顶荷载越来越多地由端阻力承担，桩身整体所受到的桩侧阻力随着水位的升高呈降低趋势。特别是桩嵌岩段处，嵌岩段桩侧阻力对分担桩顶荷载具有重要作用，水位变化对嵌岩段处的侧阻力衰减的影响较桩身其他位置更大，当土层中水位较高时，桩顶荷载主要由端阻力承担，嵌岩段及桩身整体的侧阻力对分担桩顶荷载的作用相比于低水位时较低。

（2）随着升降水过程的进行，桩顶荷载越来越多地由端阻力承担；桩侧阻力对桩顶荷载的分担作用总体上呈降低趋势，其中嵌岩段的桩侧阻力对桩顶荷载的分担较桩身其他位置处减少更大；同时升降水过程对地基土材料为石英砂的桩周土表沉降与两桩的桩顶沉降无明显影响。

（3）当桩顶荷载较大时，随着不同试验组的试验水位的升高，河沙类地基土材料组端阻力对桩顶荷载分担的增加量要大于配比石英砂类材料组；对桩身整体侧阻力，随着不同组试验水位的升高，当桩顶荷载较大时，河沙类地基土材料组的桩身整体侧阻力对桩顶荷载分担的减少量要大于配比石英砂类材料组，特别在嵌岩段处的对比更为显著。

（4）随着升降水过程的进行，桩顶荷载越来越多地由端阻力承担的情况下，河沙类材料组端阻力对桩顶荷载分担的增加量比配比石英砂类材料组要大；桩身整体的侧阻力，河沙类地基土材料组比配比石英砂类材料组对桩顶荷载分担的减少量也要更大；同时，桩周各点的沉降，河沙类材料组的桩周土表沉降也比配比石英砂类材料组要更大；但对于桩顶的沉降，不同地基土材料下快速升降水时的桩顶沉降均无明显差异。

7 其他相关研究成果分析

（1）地下水位的下降会形成桩基的负摩阻力，如洪水淹没回填土区域会造成桩基承载力下降。但本工程桩周土在降水前原土层就在地下水之下，并且土层为原状土，不存在这种情况。

（2）桥梁工程中会考虑桩顶土的一般冲刷线和历史冲刷线的问题。本工程是静止水位，不是河流，应该也不存在这种情况。

8 结论

由于桩基测桩时，基坑往往是在降水阶段；后期主体施工完成，基坑水位回升；桩基前后都处于有水状态下，即便有差别也就是桩顶以下 0.5～5m 左右的水位差。

水位下降对桩基承载力影响有限。

我们知道边坡稳定性计算要考虑正常状态下、暴雨状态下、地震状态下三种状况分别计算，而桩基计算不能按此逻辑分为地下水状态下、无地下水状态下分别计算。如果地下水的起伏对桩基承载力影响很大，就会颠覆传统的桩基承载力计算理论，这是不可能的。如果发生相关桩基问题，一定是发生了本文中提到的其他特殊原因造成的。

参考文献：

［1］ 韦俊杰. 降水对桩基承载力及沉降影响的室内模型试验研究[D]. 成都: 西南交通大学, 2022.

［2］ 蔡海良. 某库区蓄水条件下桥梁基础安全稳定复核研究[J]. 公路与汽运, 2014, (1): 178-181.

［3］ 赵仁, 李甫君. 负摩擦力对桩基承载力的影响[J]. 煤矿设计, 1985, (8): 24-28+46.

桩-土界面强度折减对模拟自平衡试验结果的影响

翟　钱 [1,2*]，**叶宇轩** [1]，**戴国亮** [1,2]，**龚维明** [1]

（1. 东南大学土木工程学院，江苏　南京　211189；2. 东南大学高级海洋研究所，江苏　南通　226010）

摘　要：对于工作空间有限的工程，通常采用自平衡试验来代替传统试验来验证桩的承载力。向下施加的力主要用于验证下段桩的桩端承载力，向上施加的力主要用于验证上段的侧摩阻力。需要注意的是，荷载向上施加于桩底时，沿桩轴方向受力分布与荷载向下施加于桩顶时不同。可以观察到，模拟结果对于下段桩能很好地匹配实测数据，而对于上段桩则有点难匹配实测数据。因此，在上段桩的数值分析中，一般采用折减系数来模拟桩-土界面抗剪强度变化。本文采用不同折减系数模拟上段桩荷载-位移特性，并与自平衡试验的实测数据进行对比。在分析结果的基础上，本文为数值分析中为上段桩推荐了一种折减系数。随后，采用共 13 组自平衡试验（不同桩长和土条件）现场测量数据，对具有推荐折减系数的模拟结果进行验证。

关键词：自平衡试验；桩-土界面；折减系数；数值模拟；验证

0　引言

自平衡试验，通常也称为双向荷载试验，通常用于验证深基础在很大荷载下的承载能力，例如大型桥梁的桩基础。Toyokazu Fujioka 等人于 1969 年首次提出自平衡试验方法。之后，Jorj O. Osterberg 将这种方法应用到实际工程中，并向世界推广。Michał Baca 等人通过实验室测试验证了该测试方法的准确性[1]。Michał Baca 等人进一步通过分析现场测量数据，通过改变模型参数验证了数值方法的可行性[2]。Sujatha Manoj 等人的研究和 Akash Sharma 以及 Karim Khalaf 的研究也表明，数值分析有助于工程中桩设计的优化[5,6]。Matteo Ferrucci 等人指出，数值方法是评估桩端承载力和桩身侧摩阻力的一种方法，因此，数值分析的结果可用于优化桩基设计[7]。

王晓伟等人发现，在自平衡试验中桩上段的荷载位移特性与桩顶受到拉拔力作用时桩身的荷载位移特性不同[9]。邓友生和龚维民也指出，桩身侧摩阻力也依赖于桩周土体的应力状态[10]。Ruben D. Tovar-Valencia 等人在自平衡试验中指出，上段桩周围的土壤处于减压和少围合状态，与下段桩周围的土有很大不同[11]。

值得注意的是，数值模拟结果的准确性受到边界条件和输入参数的显著影响。自平衡试验中，桩-土界面抗剪强度折减因子（R_{inter}）对荷载-位移特性有显著影响，选择合理的R_{inter}值对于评价桩的承载性能具有重要意义。本文采用不同的R_{inter}值来模拟安装在单层土中的桩的荷载-位移特性。通过数值计算结果与试验数据的比较，推荐了合理的R_{inter}值。本文采用了 13 组不同桩长、不同土条件下的桩基础自平衡试验实测数据，并与采用R_{inter}推荐值的数值结果进行了比较。结果表明，数值结果与现场实测数据吻合较好，表明推荐R_{inter}适用于不同桩长、不同土类型的实际工程。

1　数值模拟中的桩-土界面特性

J. G. Potyondy 对钢铁、木、混凝土、土等不同材料的界面进行了一系列剪切试验，观察到界面的抗剪强度随材料的不同而不同。O. N. Isaev 和 R. F. Sharafutdinov 指出，界面的抗剪强度在很大程度上取决于接触面的粗糙度[10]。

PLAXIS 3D 商用软件对桩-土界面抗剪强度和抗剪模量的定义分别如式(1)和式(2)所示。

$$\tau_i = R_{\text{inter}}c' + (\sigma - u_{\text{w}})(R_{\text{inter}}\tan\varphi') \tag{1}$$

$$G_i = R_{\text{inter}}^2 G \tag{2}$$

式中：τ_i——破坏时桩-土界面的剪应力；

c'——土的有效黏聚力；

φ'——有效内摩擦角；

G——土的剪切模量；

G_i——桩-土界面的剪切模量；

R_{inter}——折减系数，一般小于或等于 1。

在数值模拟过程中，土体受力变形遵循莫尔-库仑屈服准则。σ-τ平面内的莫尔-库仑屈服方程和考虑强度折减的屈服方程如式(3)和式(4)所示。

$$f(\sigma') = \sigma_1' - \sigma_3' + (\sigma_1' + \sigma_3')\sin\varphi' - 2c'\cos\varphi' \tag{3}$$

$$f(\sigma') = \sigma_1' - \sigma_3' + (\sigma_1' + \sigma_3')\sin[\arctan(R_{\text{inter}}\tan\varphi')] - 2R_{\text{inter}}c'\cos[\arctan(R_{\text{inter}}\tan\varphi')] \tag{4}$$

式中：σ_1'，σ_3'——主有效主应力和次有效主应力。

2　R_{inter} 值的确定

要确定R_{inter}的值，模型最好有一个土层，且土的所有参数都能很好地定义。因此，利用包彦冉的文章中模型桩试验数据，求出R_{inter}的合理值[12]。试验土指标特性如表 1 所示。

模型试验用土指标特性　　**表 1**

土类型	单位重度γ/（kN/m³）	泊松比ν	压缩模量E_s/MPa	有效黏聚力c'/kPa	有效内摩擦角φ'/（°）
粉土	18	0.3	7420	8	29

基金项目：国家自然科学基金（52078128，52178317）、企业发展基金（协同创新项目）：BZ2023016（江苏）和 CIP-2207-CN1064（新加坡）以及东南大学高级海洋研究所研究基金（重点项目 KP202404）

模型桩为两端密封的铝合金管。上段桩长为 1.05m，桩径为 50mm，管壁厚为 8mm。下段桩采用长度为 0.05m 的管材，如图 1 所示。为了模拟混凝土桩与土的界面，在模型桩的外表面粘砂。

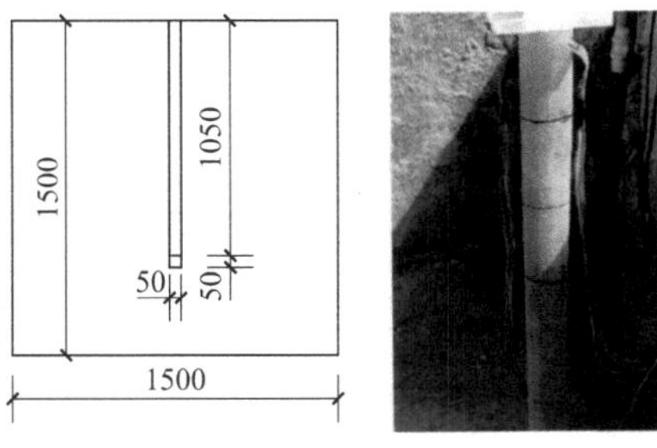

图 1　试验模型桩示意图[12]

在自平衡试验中，桩的上下两段连接到加载箱上。试验过程中，逐级施加荷载，增量为 100N，最大荷载为 1300N，当荷载施加到 1300N 时，观察到桩的较大沉降，认为已达到破坏状态。自平衡试验的荷载-位移结果如图 2 所示。

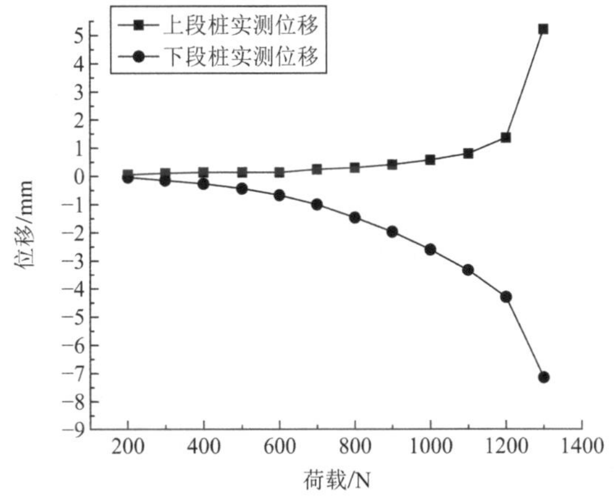

图 2　模型桩荷载-位移曲线

Szilárd Kanizsár 表明自平衡试验的数值结果对桩-土界面力学特性敏感[13]。根据 J. G. Potyondy 的工作，桩-土界面的力学特性与土的力学特性不同[14]。但是，可以通过对桩周土体的力学特性应用折减因子R_{inter}来估计桩-土界面的力学特性。在 0.9～1.0 范围内，R_{inter}的数值模拟结果与下段试验数据的结果吻合较好。然而，模拟上段桩的荷载-位移是相当具有挑战性的，并且在某些情况下程序可能不收敛。由于R_{inter}值的选取没有指导原则，因此在数值模拟中采用了 0.5～1.0 的值。采用不同R_{inter}值的数值模拟结果与上段试验数据对比如图 3 所示。

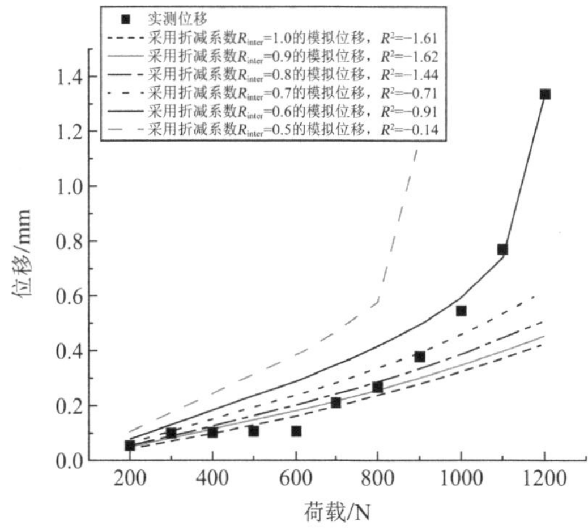

图 3　不同R_{inter}值的数值模拟结果与上段试验数据对比

图 3 表明，当R_{inter}值大于 0.7 时，荷载-位移曲线呈线性形状，与实测数据的变化趋势有很大不同。当R_{inter}值小于 0.6 时，载荷-位移曲线表现为非线性行为，当$R_{inter} = 0.6$时，结果的决定系数（R^2）最大，为 0.91。自平衡试验中，上段桩桩-土界面（粉质土条件下）R_{inter}的最优值为 0.6。但是，这一结论还需要用不同类型土的桩基础荷载试验数据进一步验证。

3　模拟结果与现场实测数据的对比

为验证数值模拟结果的可靠性，采用$R_{inter} = 0.6$，从已发表的文献中选取不同桩长、不同粉质和黏土条件下的桩，共 13 个现场测试数据。不同文献自平衡试验的桩土条件信息如表 2 所示。还收集了砂质土中桩的现场试验数据。但是，观察到砂质土的R_{inter}值比较分散，本文没有给出。

自平衡试验桩土条件信息　　表 2

编号	桩长 L/m	荷载箱深度D/m	土类型	单位重度γ/（kN/m³）	压缩模量E_s/MPa	有效黏聚力c'/kPa	有效内摩擦角φ'/（°）	参考文献编号
1	76	51	黏土	18.66	8.48	20.86	19.4	[15]
			粉质黏土	19.05	7.84	29.52	16.8	
			粉质黏土	19.09	9.72	21.86	21.6	
2	31.5	16.8	黏壤土	20.00	16.00	35.00	33.0	[16]
3	35.6	24.6	粉质黏土 A	17.22	4.40	18.00	10.0	[17]
			粉质黏土 B	18.77	5.40	22.00	18.0	
4	66.5	50	粉质黏土 1	18.30	5.73	15.00	12.9	[17]
			粉质黏土 2	18.00	3.49	22.00	11.9	
5	49.5	36.6	粉质黏土 1	18.45	5.57	29.00	13.8	[17]
			粉质黏土 2	18.65	5.36	4.20	11.0	
6	32	23	粉质黏土	17.80	2.99	19.00	5.8	[17]
			黏土	21.00	16.19	60.62	20.3	

续表

编号	桩长 L/m	荷载箱深度D/m	土类型	单位重度γ/（kN/m³）	压缩模量E_s/MPa	有效黏聚力c'/kPa	有效内摩擦角φ'/（°）	参考文献编号
7	83	68	粉土	19.50	300	150	25.0	[18]
			黏土	20.00	350	200	30.0	
8	17	15	粉质黏土	19.30	6.90	36.00	10.6	[19]
9	21.5	19.5	粉质黏土	19.30	6.90	36.00	10.6	[19]
10	20.5	18.5	粉质黏土	19.00	6.00	20.00	10.0	[19]
11	17	15.5	可塑红黏土	15.10	8.49	36.24	7.7	[20]
12	16.1	14.6	可塑红黏土	15.10	8.49	36.24	7.7	[20]
13	16	14.5	可塑红黏土	15.10	8.49	36.24	7.7	[20]

对这 13 组自平衡试验建立了数值模型，并采用唯一值$R_{\text{inter}}=0.6$。这 13 组桩的数值模拟结果和现场试验数据如图 4 所示。

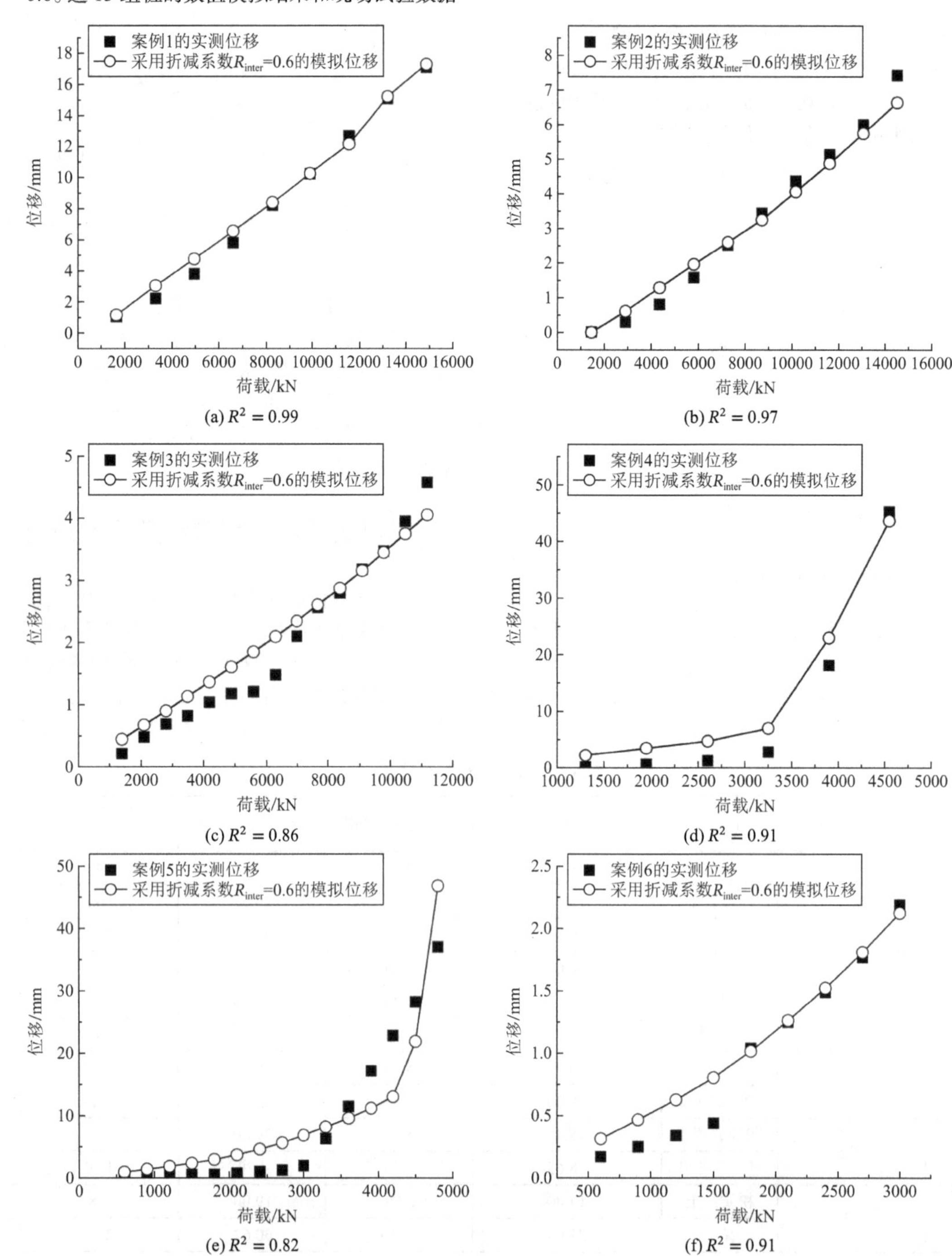

(a) $R^2=0.99$　(b) $R^2=0.97$

(c) $R^2=0.86$　(d) $R^2=0.91$

(e) $R^2=0.82$　(f) $R^2=0.91$

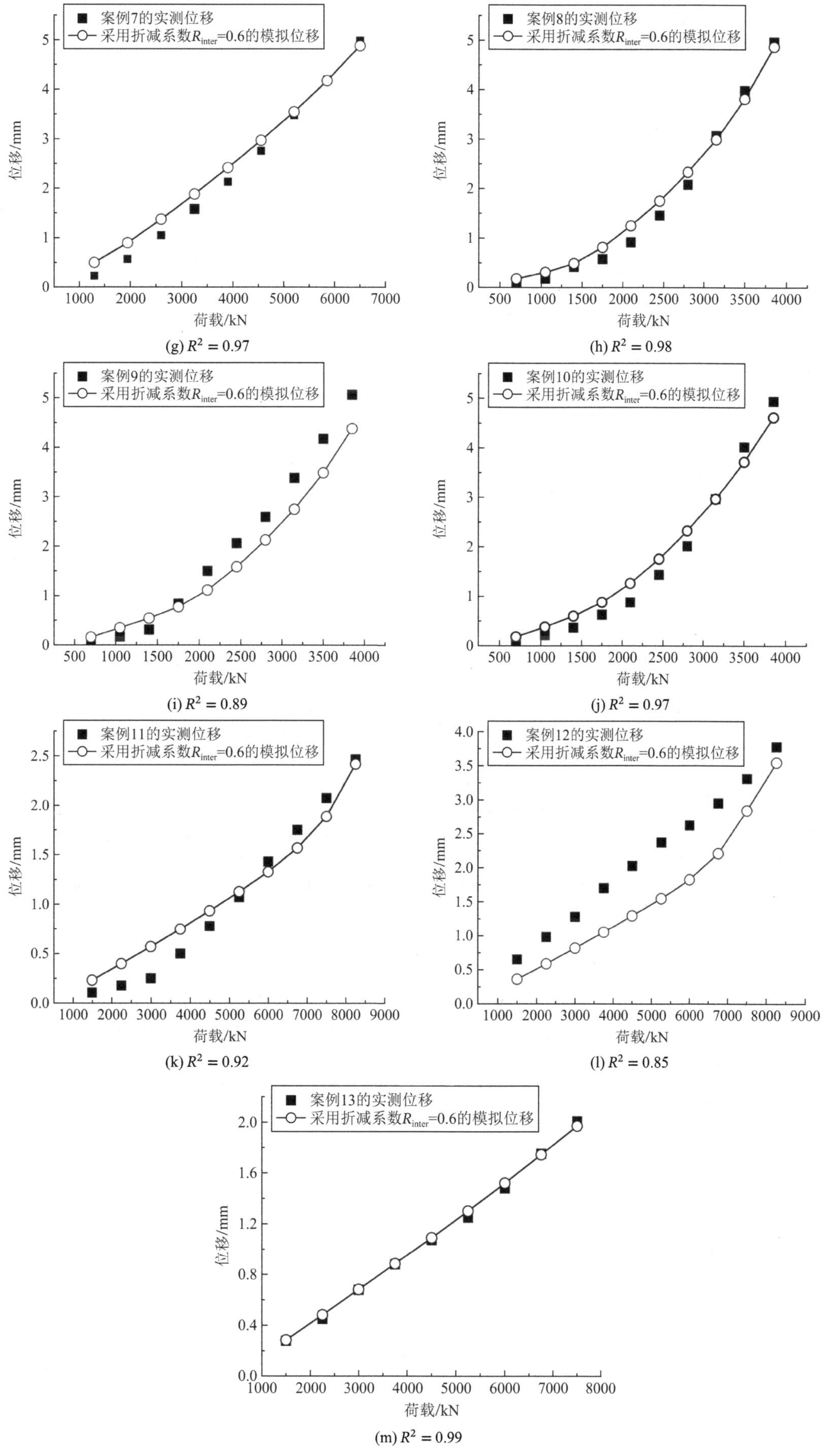

图 4　13 组自平衡试验的数值模拟结果与现场试验数据对比

不同情况下，模拟结果和现场试验数据的决定系数（R^2）如图 4 所示，大多数数值模拟结果的R^2值大于 0.90，只有 3 个桩基础模拟结果的R^2值分别为 0.82、0.85 和 0.89。由此可见，对于粉土和黏性土中桩的自平衡试验，大多数情况下选择$R_{\text{inter}} = 0.6$是合理的。值得注意的是，砂土中桩的模拟结果与现场实测数据相比存在较大的分散，本文不作介绍。

4 结论与建议

采用不同的桩-土界面抗剪强度系数R_{inter}值，对室内试验条件下的自平衡试验进行了数值模拟。可以看出，自平衡试验中上段桩荷载-位移曲线受R_{inter}值的影响较大。根据分析结果，R_{inter}的建议值为 0.6。随后，用 13 组不同桩长、不同土层中桩的现场试验数据验证了$R_{\text{inter}} = 0.6$的模拟结果。模拟结果与现场实测数据的对比表明，在工程实践中，$R_{\text{inter}} = 0.6$可以适用于大多数情况。需要注意的是，本文的结论仅适用于粉土和黏性土。砂土中桩的R_{inter}值还有待进一步研究。

参考文献：

[1] BACA M, BRZĄKAŁA W, RYBAK J. Bi-Directional static load tests of pile models[J]. Applied Sciences, 2020, 10(16): 5492.

[2] BACA M, IVANNIKOV A L, RYBAK J. Numerical modelling of various aspects of pile static load test[J]. Energies, 2021, 14(24): 8598.

[3] 舒浩亮. 基桩自平衡转换系数及影响因素研究[D]. 南昌：南昌大学, 2023.

[4] FELLENIUS B H, ALTAEE A, KULESZA R, et al. O-Cell testing and FE analysis of 28-m-deep barrette in Manila, Philippines[J]. Journal of Geotechnical and Geoenvironmental Engineering, 1999, 125(7): 566-575.

[5] SUJATHA Manoj, CHOUDHURY D, ALZAYLAIE M. Value engineering using load-cell test data of barrette foundations-La Maison, Dubai[J]. Proceedings of the Institution of Civil Engineers-Geotechnical Engineering, 2022, 175(3): 340-352.

[6] SHARMA A, KHALAF K. Value engineering of bored pile foundations in sandy soil in the middle east using O-cell test results[J]. Innovative Infrastructure Solutions, 2023, 8(8): 220.

[7] FERRUCCI M, ZELLERS D, HANNA S, et al. Performance of an osterberg cell(O-Cell)load test on a high-capacity production drilled shaft at the Kosciuszko bridge[C]//Geo-Congress 2019. Philadelphia, Pennsylvania: American Society of Civil Engineers, 2019: 199-212.

[8] 徐丽娜. 大直径桩基承载特性的仿真试验研究[D]. 长春：吉林大学, 2014.

[9] 王晓伟, 李祥新, 许宇星, 等. 自平衡法抗拔与传统法抗拔试验的对比分析[J]. 广州建筑, 2024, 52(7): 109-115.

[10] ISAEV O N, SHARAFUTDINOV R F. Soil shear strength at the structure interface[J]. Soil Mechanics and Foundation Engineering, 2020, 57(2): 139-146.

[11] TOVAR-VALENCIA R D, GALVIS-CASTRO A C, Prezzi M, et al. Short-term setup of jacked piles in a calibration chamber[J]. Journal of Geotechnical and Geoenvironmental Engineering, 2018, 144(12): 04018092.

[12] 包彦冉. 顶压、底托加载形式下单桩模型试验及数值模拟研究[D]. 杭州：浙江理工大学, 2021.

[13] KANIZSÁR S. Back analysis of osterberg-cell pile load test by means of three-dimensional geotechnical modeling[J]. Stavební obzor-Civil Engineering Journal, 2021, 30(3).

[14] POTYONDY J G. Skin Friction between Various Soils and Construction Materials[J]. Géotechnique, 1961, 11(4): 339-353.

[15] 徐文希. 粉、黏性土地区桩基自平衡转换系数的研究[D]. 南京：东南大学, 2018.

[16] ZHUSUPBEKOV A, LUKPANOV R, OMAROV R. Experience in applying pile static testing methods at the Expo 2017 Construction Site[J]. Soil Mechanics and Foundation Engineering, 2016, 53(4): 251-256.

[17] 董武忠. 洞庭湖区大直径超长钻孔灌注桩竖向承载性状试验研究[D]. 长沙：湖南大学, 2006.

[18] 徐勇. 桩基自平衡试桩法的理论分析及工程应用研究[D]. 长沙：中南大学, 2012.

[19] 张明礼. 钻孔灌注嵌岩桩竖向承载机理试验研究与应用[D]. 兰州：兰州交通大学, 2014.

[20] 肖丽娜, 黄质宏, 屈文涛, 等. 自平衡试桩法在中风化白云岩桩基承载性能中的应用[J]. 人民珠江, 2019, 40(12): 51-55.

[21] 住房和城乡建设部. 建筑桩基技术规范: JGJ 94—2008[S]. 北京：中国建筑工业出版社, 2008.

[22] AASHTO LRFD Bridge Design Specifications(9th Edition)[S]. 2020.

[23] Geotechnical and foundation design considerations (FIRST EDITION; ADD 1: October 2014) [S]. Washington, DC: API Publishing Services, 2014.

[24] Eruocode7: Geotechnical design-Part 1: General Rules[S]. Europen Committee for Standardization, 2004.

[25] Canadian foundation engineering manual[M]. 5th ed. The Canadian Geotechnical Society, 2023.

风力发电塔基础混凝土施工中钢模板系统有限元分析

马　超[1]，吴健宏[2]，王亚洲[1]

（1. 商丘师范学院建筑工程学院，商丘 476000；2. 中国水利水电第十一工程局有限公司，郑州 450001）

摘　要：以某风力发电塔基础混凝土施工中的钢模板设计为实例，为准确分析钢模板结构体系的受力特性，采用有限元数值仿真软件 ANSYS 建立仿真模型、施加荷载和边界约束条件，模拟分析该钢模板在混凝土侧压力作用下的受力和变形。根据实际施工过程和施工中的工作面及边界条件，调整优化模型形式，确保分析计算得到准确的模拟结果，有效指导钢模板结构的设计和施工。模拟结果表明，钢模板结构体系的构件强度、整体刚度均符合要求，论证了模板方案的可行性。

关键词：风电基础；钢模板；有限元分析；模型优化

0　引言

随着低碳能源的开发应用，风力发电塔的建设量日益增加。风力发电塔体量大、高度高，受到的风荷载大，为了保障风力发电塔的稳定，其底部混凝土基础体量也相当大。风力发电塔混凝土基础在施工时一般使用大型钢模板进行支撑。钢模板以其高强度、可重复使用的特性，能够显著降低施工成本，同时加快工程进度。钢模板对新浇筑混凝土起到支撑和固定作用，防止新浇筑混凝土的流动和变形。同时，新浇筑的混凝土在凝固之前呈流塑状态，会对钢模板产生侧压力。因此，钢模板的强度和变形成为施工的核心之一。施工对钢模板要求有：自重轻、强度可靠、刚度大、变形小，能保证混凝土浇筑施工质量[1]。钢模板的承载能力和刚度关系到基础混凝土浇筑施工时的安全和施工质量。施工前须对模板的主要受力构件进行强度受力验算。然而，根据施工不同形状的构件而搭建的钢模板在施工过程中的受力往往比较复杂，难以实现手工精确计算，因此大多采用有限元软件进行建模仿真计算。本文结合风电塔基础工程实例使用 ANSYS 软件进行建模分析，得到钢模板模拟分析结果；用以指导工程施工，取得了良好的效果。

1　工程概况

该风力发电塔基础采用 C40F50P6 混凝土，体型为巨大的杯口形基础：基础下半部为直径 21m、底板外缘高度 1m 的圆柱体，基础上半部为顶面直径 12.2m、高 1.8m 的圆柱体，中部过渡部分为底面直径 21m、顶面直径 12.2m、高 1.4m 的圆台。基础合计高 4.2m，基础埋深 3.85m。杯口内为下部直径 8968mm、上部直径 6868mm 的圆柱形空腔。其平面图和剖面图如图 1 和图 2 所示。

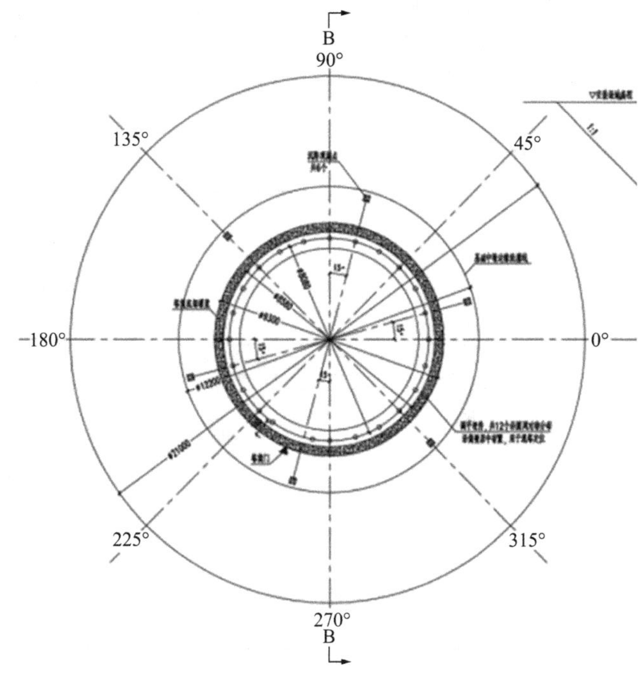

图 1　风机基础平面示意图

项目来源：商丘师范学院教育教学改革项目（2024XJGLX0038）“基于 BIM 的工程量清单计量与计价课程教学改革”。

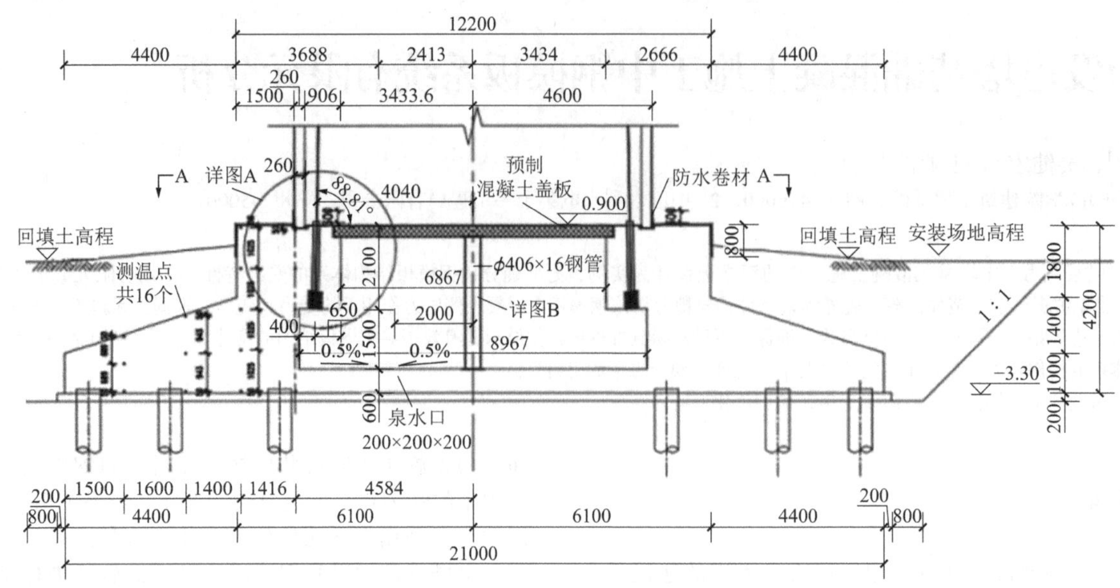

图 2 风机基础 A-A 剖面图

2 基础钢模板结构参数

为完成该基础混凝土浇筑施工，整体方案选型采用弧形钢模板，钢模板随基础环形拼装布置。所施工基础的体量大，又考虑到钢模板的运输和安装的需要，对钢模板进行拆分制作，在现场拼装成整体模板。为满足制作运输和吊装的需要，弧形钢模板主要型号规格及主要参数如下：外模部分下部 N2 进行 13 等分，横向分节 2.95m/节；外模部分下部 N1 进行 22 等分，横向分节 3m/节。内模 N1、N2 螺栓连接分 12 等分，N1、N2 每圈竖向设计脱模口一处，为 N1-1、N2-1，方便脱模，不易模板损坏；内模 N3 分 24 等分，一圈竖向设计脱模口一处，为 N3-1，内模 N4 一圈竖向设计脱模口一处，由 N4-1、N4-2 组成。由于底部拆模时不便于机械操作，故内模底部 N3、N4 系列 24 等分制作，便于人工搬运。底部高度 1.3m 模板上部做脱模斜度，1.5m 内模高度处模板按 90°制作，如按 89°制作容易卡灰；内模 N3 处设置锚固板定位螺丝孔，便于现场施工。由于外模板和内模板距离较远，无法采用对拉螺栓杆进行固定，因此采用对拉钢筋（ϕ20mm 圆钢、$L = 0.8$m）将钢模板固定到基础内的受力钢筋上，模板外面采用普通钢管加固。加固时，用普通钢管以 0.5m 间距、两根一组竖向背在钢模后面，再在其外侧以 0.5m 间距、两根一组的钢管横向背在后面，最后用对拉钢筋穿过钢模，一头焊于基础受力钢筋上，另一头用螺母和 U 形扣固定钢管。基础钢模板材料规格如表 1 所示，钢模板拼装方案如图 3 所示。

基础钢模板材料规格　　表 1

杆件名称	型号	材质
面板	4mm 厚钢板	Q235
法兰	80mm × 10mm 厚钢板	Q235
模板肋	80mm × 10mm 钢板，最大中心间距 0.5m	Q235
背枋	ϕ48mm × 3mm 钢管，垂直高度最大中心距为 0.5m	Q235

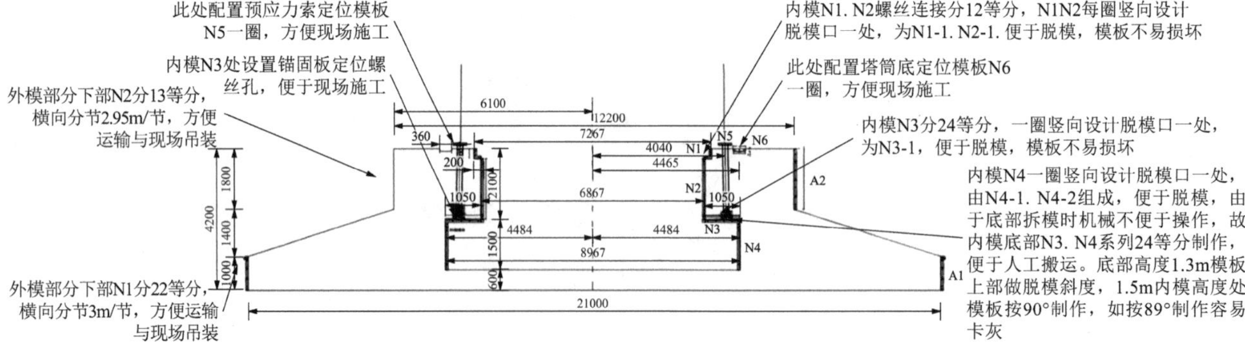

图 3 风机基础钢模板装配图

3 钢模板受力计算

为保证钢模板在混凝土浇筑过程中的强度和变形满足要求，需要对钢模板设计方案进行受力分析和变形验算。钢模板施工时的荷载主要包括模板自重、新浇混凝土对模板的侧压力、倾倒混凝土时产生的荷载、振捣混凝土所产生的荷载以及风荷载。其中，倾倒混凝土时产生的荷载按规范取值为 4kN/m^2，振捣混凝土所产生的荷载取值为 2kN/m^2。新浇混凝土在凝固硬化前对模板产生的侧压力随混凝土浇筑高度的增加而增加，当浇筑高度达到某一临界值时，侧压力不再增加，此时的侧压力即为新浇筑混凝土的最大侧压力，侧压力达到最大值的浇筑高度称为混凝土的有效压头[2]。新浇混凝土对模板侧向压力分布见图4。《路桥施工计算手册》规定，当混凝土浇筑速度为2m/h时，新浇混凝土对模板的侧向压力按式(1)计算。本工程混凝土浇筑时，混凝土的浇筑参数如表2所示。把所浇筑混凝土的已知条件参数代入式(1)，得到混凝土的有效压头为1.834m，最大侧压力为63.3kN/m²。综合考虑本工程施工时钢模板所受的全部荷载，其组合荷载组合过程如表3所示。

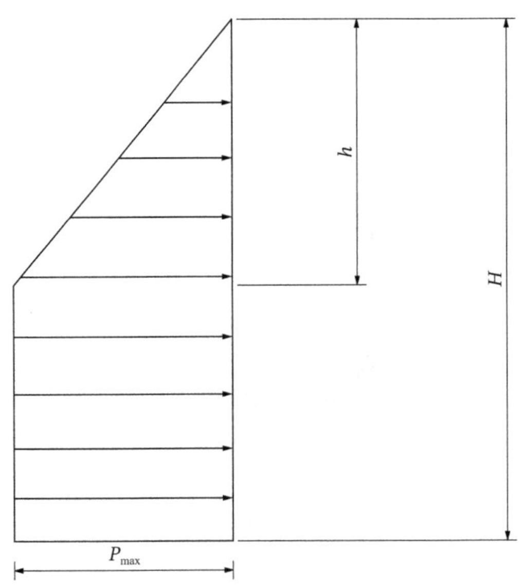

图4　新浇混凝土对模板侧压力分布图

$$P = \gamma K_1 K_2 h \tag{1}$$

当$V/T \leqslant 0.035$时，$h = 0.22 + 24.9V/T$

当$V/T > 0.035$时，$h = 1.53 + 3.8V/T$

混凝土浇筑参数　　表2

混凝土重度	混凝土浇筑速度	混凝土浇筑温度	外加剂影响系数	坍落度影响系数	最大浇筑高度
25kN/m³	2m/h	25℃	1.2	1.15	4.2m

最大侧压力荷载组合表（单位：kN/m²）　表3

模板荷载	最大混凝土侧压力	倾倒混凝土时产生的荷载	振捣混凝土所产生的荷载	最大荷载组合
P_{max}	63.3	4	2	69.3

4　基础钢模板结构整体建模

在ANSYS软件R18版本中，根据钢模板方案的形状尺寸建立所需钢模板的三维模型。钢材弹性模量为210000MPa，泊松比为0.3，屈服强度为235MPa。建模时模板面板、法兰和竖向连接板及其纵横肋板均采用shell181单元模拟，模板单元与肋板单元采用共用节点的连接方式，采用beam188单元模拟纵横向钢管背枋。根据基础尺寸计算基础中部圆台形斜坡面坡度为17.64°，搅拌混凝土时适当减小混凝土坍落度值，浇筑时利用混凝土自身的流动性浇筑形成该锥形斜面。因此，在基础中部圆台外斜面处未布置安装钢模板，这样外侧钢模板由上下分离的两部分构成。模板底部与定位底座刚接，在荷载作用下模板底端产生的水平方向与竖直方向位移均可忽略不计。因此在模板底部边界施加固定约束进行模拟。施加约束时同时在外侧下部模板底部和外侧上部模板底部施加固定约束。内侧模板只在底部施加固定约束。建立的钢模板结构整体模型如图5所示。对整体模型以智能网格划分方法将单元划分成长度约为80mm的有限单元，合计182164个单元、184781个节点。根据初步施工方案一次浇筑从0到4200mm高度的全部混凝土，新浇混凝土对模板的侧压力采用压力荷载进行模拟，侧压力荷载布置于内外板单元的相应位置上。模板高度为0～2366mm段，压力荷载均匀分布；2366～4200mm段，压力荷载沿竖向线性变化。对有限元模型施加荷载和约束条件后，其仿真模型如图6所示。

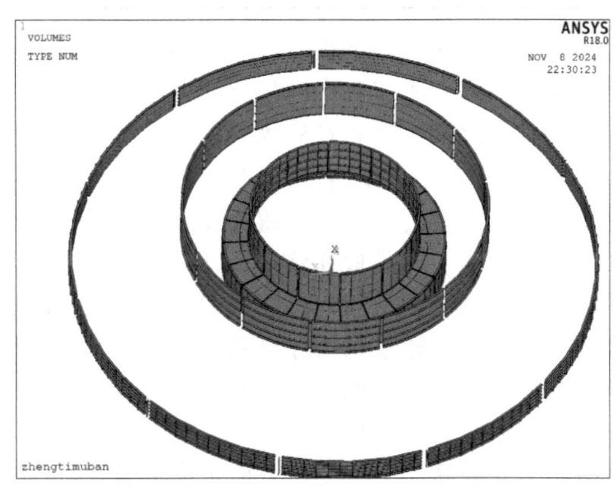

图5　钢模板整体布置图

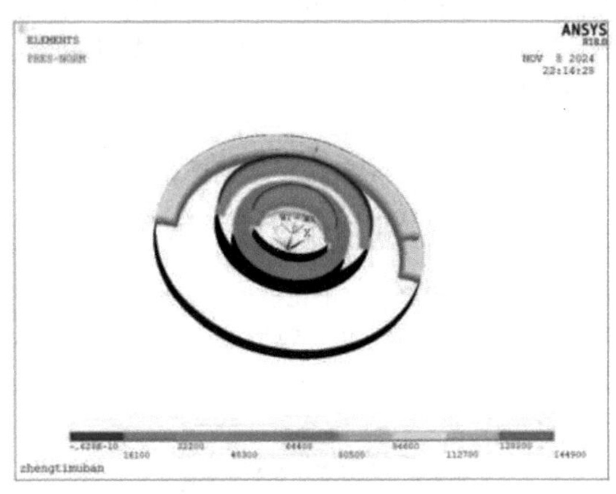

图6　整体钢模板上的侧向荷载分布示意图

使用建立的有限元模型进行初步求解计算时，ANSYS软件总是警告某些节点位移过大超出软件的许可范围。经过研究，报错原因是模型中的约束不够，导致求解结果不收敛，无法解出钢模板在荷载作用下的应力和应变。根据初步模拟计算时出现的问题并考虑详细的施工流程，将基础混凝土浇筑步骤从一次性由底部浇筑到顶部的全部混凝土，修改为先浇筑基础圆台顶面以下混凝土，等这部分混凝土凝结到一定程度以后再浇筑基础上部杯口圆柱体部分的混凝土。这样分两步浇筑可以避免同时一次浇筑混凝土时混凝土深度过大而造成从锥面溢出问题。同时为钢模板的安装固定提供更多的工作面。根据修改后的施工组织设计，基础混凝土的浇筑分两步进行：基础底座部分和基础杯口部分。先浇筑基础底座部分的混凝土，浇筑深度为 2400mm；之后完成上部钢吊模安装，再浇筑杯口部分的混凝土，浇筑深度为 1800mm。经过对施工方案和流程的调整，钢模板的有限元分析模型也相应进行调整。考虑基础混凝土浇筑过程调整模板模型并对其进行优化，有限元模型建模时不再采用整体模型进行模拟分析计算，而是将整体模型拆分成三个部分分别进行建模加载计算。这三个部分分别是底部外模板、上部外模板和内模板，如图 7、图 9、图 11 所示。钢模板结构通常由模板和主受力骨架组成，其中的拉杆对纵横肋与模板的协调受力起着关键性连接作用[3]。在原来设计的钢模板结构参数的基础上，考虑实际施工现场边界条件，增加钢模板的支撑点和额外约束，对钢模板整体结构体系进行优化，从而得出符合现场施工质量要求、经济性良好、结构安全可靠的最优钢模板结构体系。本工程中内外模板之间距离较远，无法在内外模板之间穿对拉螺栓固定两侧模板，然而可以通过对拉钢筋穿过模板连接固定到内部基础主体受力钢筋上，从而实现对模板的有效支撑和固定。在支承固定搭建钢模板时，内模板和外模板分别搭建和固定在各自的底座上。由于钢模板的内模板和外模板没有通过对拉螺栓相连，而是通过钢拉杆与基础内的受力钢筋相连固定，因此内外模板之间相互不影响，没有力的作用与反作用。因此将整体模板分成三个独立的模型进行模拟仿真分析是符合实际情况的。考虑到模板通过拉杆与基础受力钢筋相连，因此，在建模时也将基础部分受力钢筋和钢拉杆建立到分析模型中，由于拉杆焊接在基础受力筋骨架上，拉杆采用梁单元模拟，对拉螺杆两端与模板、主背枋以及基础受力钢筋骨架之间采用共节点方式。根据计算结果，混凝土有效压头高度为 1834mm，第一步浇筑的混凝土对底部模板内产生的荷载分布为沿竖向梯形分布荷载，取荷载最大值为 $0.0693\mathrm{N/mm^2}$；第二步浇筑混凝土对上部支撑模板产生竖向三角形分布荷载。分别对三部分有限元模型划分网格、施加荷载和约束条件后，其对应仿真模型如图 8、图 10、图 12 所示。

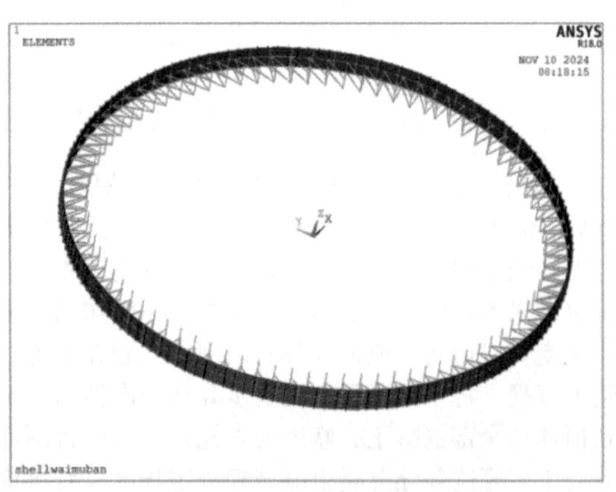

图 7 底部外模板有限元模型

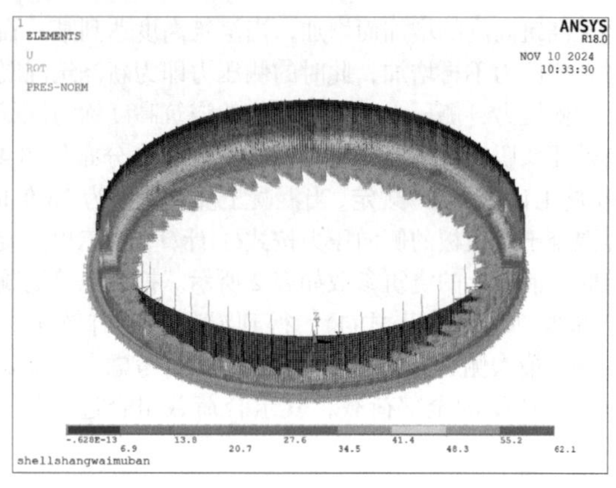

图 8 底部外模板施加荷载及边界约束

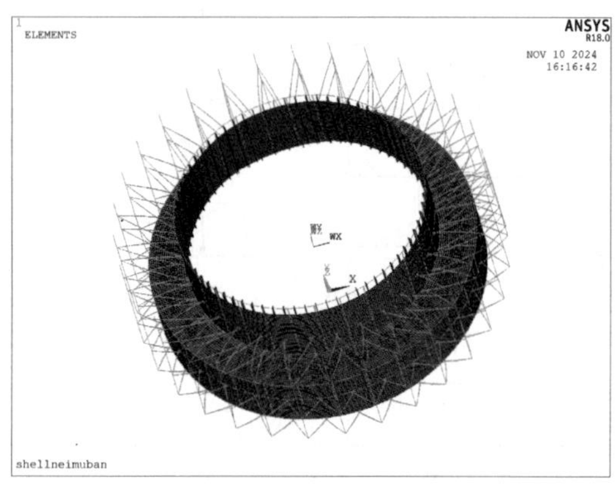

图 9 内模板有限元模型

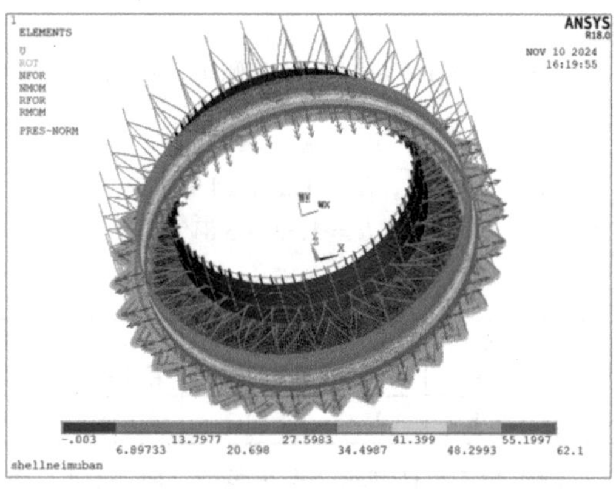

图 10 内模板施加荷载及边界约束

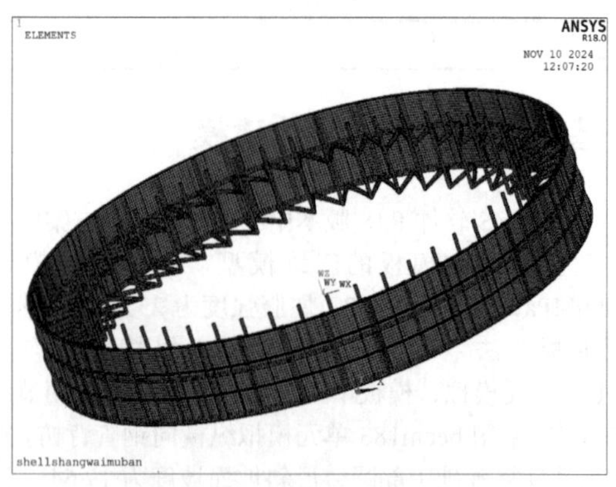

图 11 上部外模板有限元模型

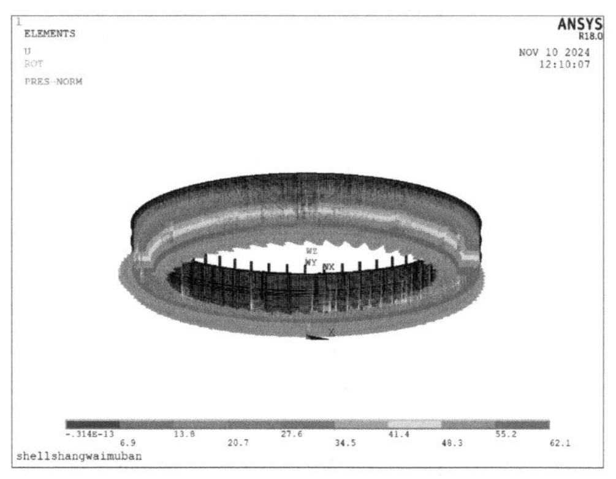

图 12　上部外模板施加荷载及边界约束

5　钢模板有限元分析结果

在 ANSYS 有限元软件中分别对三部分钢模板进行建模网格划分以及施加荷载、约束，按静力分析方法进行求解计算。求解结果通过后处理模块进行查看和导出。底部外模板变形矢量图如图 13 所示，由位移变形矢量图可得出，底部外模板最大变形量为 4.96mm。底部外模板应力云图如图 14 所示，由应力云图可得出，底部外模板的最大应力为 2.65MPa。内模板变形分布矢量图如图 15 所示，由变形矢量图得出，基础内钢模板的最大变形量为 6.76mm。内模板应力云图如图 16 所示，由应力云图可得出，内钢模板结构的最大应力为 2.15MPa。上部外模板变形矢量图如图 17 所示，由变形矢量图可得出，基础上部外模板的最大变形量为 9.60mm。上部外模板的应力云图如图 18 所示，由上部外钢模板的应力云图可得出，上部外钢模板结构的最大应力为 2.34MPa。按照施工方案中设计的钢模板体系进行计算复核，钢模板变形和应力均较小，不会产生过大变形或强度破坏。钢模板体系本身的刚度以及钢骨架、钢拉杆的强度均满足相关规范的要求。

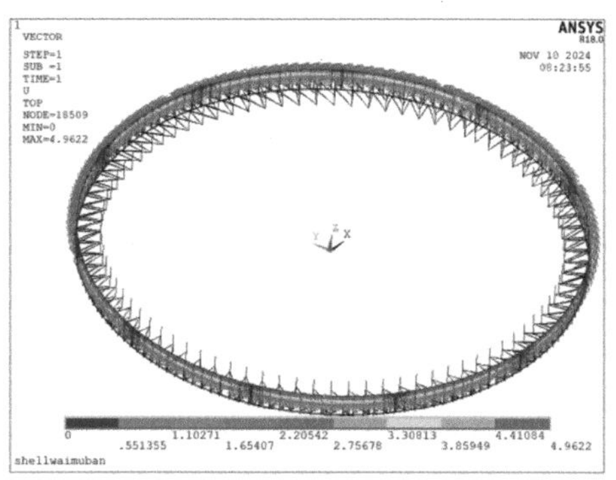

图 13　底部外模板位移矢量图

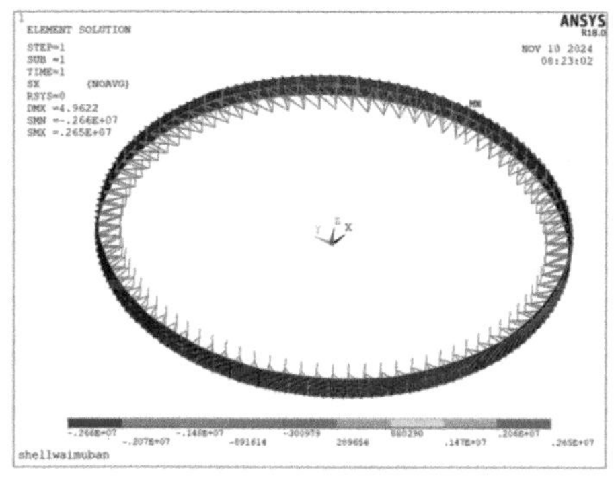

图 14　底部外模板应力云图

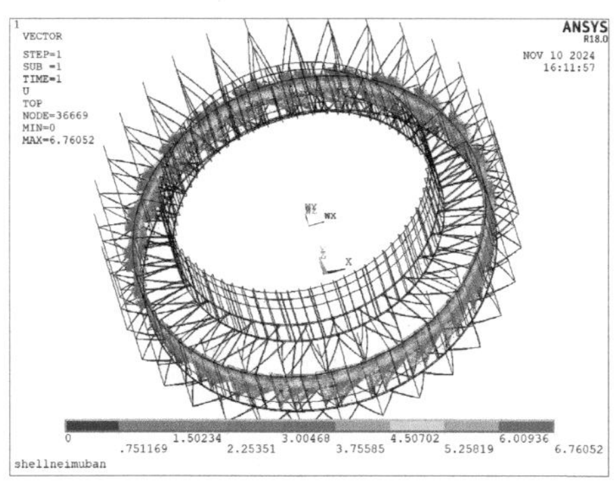

图 15　内模板位移矢量图

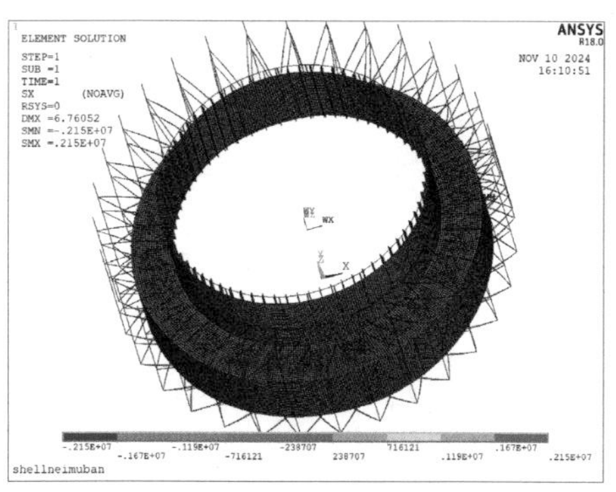

图 16　内模板应力云图

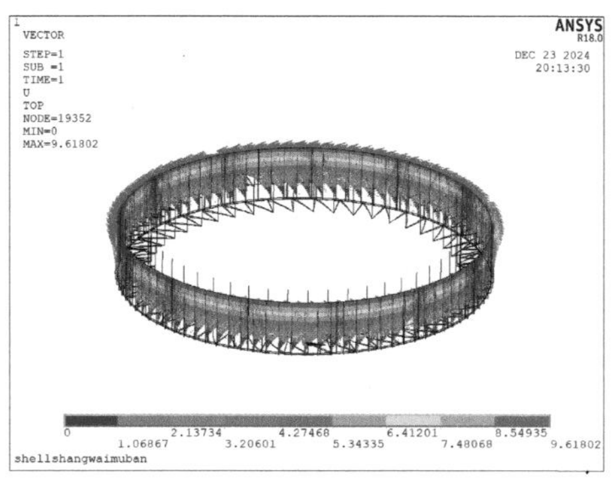

图 17　上部外模板位移云图

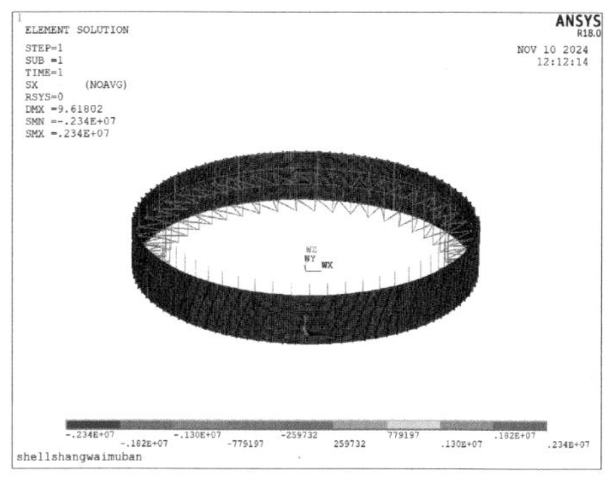

图 18　上部外模板应力云图

6 分析结论与展望

本文结合风力发电塔基础实际施工案例项目，根据混凝土施工步骤和施工现场环境设计了符合施工要求的钢模板结构，并计算出混凝土对钢模板的侧压力。结合有限元数值仿真软件对混凝土基础钢模板体系进行建模分析，验算了钢模板在新浇筑混凝土产生的侧压力作用下的强度及挠度变形。最终计算结果满足混凝土施工相关规范要求，可以保证施工安全和质量要求。展望未来，随着新基建的持续发展和科技不断创新，钢模板的应用范围将更加广泛，其搭建方案和支撑形式也会愈加新颖复杂[4]。钢模板在新型结构施工中加快施工速度并保障施工质量和安全等方面的问题将愈发突出[5]。

参考文献：

[1] 姜会浩，马文浩，冯闯，等. 基于Midas Civil建模桥墩钢模板优化设计[J]. 建筑技术, 2020, 51(10): 1236-1237.

[2] 马毅. 基于有限单元法的墩柱钢模板仿真分析[J]. 低碳建筑技术, 2021, 43(4): 100-102.

[3] 杨艳，陈裕波. 基于有限元分析的柱式桥墩钢模板仿真设计[J]. 山东交通学院学报, 2013, 21(3): 47-50.

[4] 曹梦雲，肖永久，李丹，等. 基于有限元分析的桥墩钢模的结构优化分析[J]. 城市道桥与防洪, 2023, (4): 115-118.

[5] 雒翠. ANSYS 在平面钢闸门三维有限元分析中的应用[J]. 中国水运(下半月), 2008, (10): 104-105.

河南地区水泥土插管桩工艺的应用

许丁亮[1,2]，张小平[1,2]，王晓鹏[3]，胡晓士[3]，甄东华[1,2]

（1. 中国冶金地质总局三局，太原 030000；2. 山西冶金岩土工程勘察有限公司，太原 030000；3. 河南正弘置业有限公司，郑州 450000）

摘　要：随着建筑市场的遇冷，各个开发公司都在积极节约开发成本。相对于传统的灌注桩工艺，水泥土插管桩工艺具有一定的性价比，前期在南方较软土层中得到应用，近些年也逐渐推广到北方地区；但是由于施工单位的技术水平参差不齐，失败的案例也不少。本文以某工程为例，通过多种桩型试桩对比试验，提出水泥土插管桩工艺的控制要点，为类似工程施工提供参考。

关键词：水泥搅拌桩；高压旋喷桩；管桩；劲性复合桩；水泥土插管桩

0　引言

早些年，河南省的一些专家学者已经尝试着将水泥土插管桩工艺引进河南，但是当时并没有引起太多人的关注。近几年，该工艺在部分工程中开始逐渐推广。本文以某工程为例，对此工艺进行综合分析。

1　工程案例

工程位于郑州市郑东新区，为商业项目，建筑高度 3～4 层，框架结构，基坑开挖深度 13.68m。工程地质条件如下：

①层素填土（Q_4^{ml}）：褐黄色，松散—中密，以粉土、粉砂为主，局部含充填砖渣、混凝土块等建筑垃圾。本层在场地内局部存在。

②层粉土（Q_4^{al}）：黄褐色，稍湿，中密—密实，偶见蜗壳，干强度低，摇振反应中等，无光泽反应，韧性低，黏粒含量较高，砂感较强，局部夹粉质黏土、粉砂薄层。本层在场地内普遍存在。

③层粉土夹粉砂（Q_4^{al}）：褐黄色—灰黄色，稍湿，中密—密实，有黄色锈斑，干强度低，韧性低，无光泽反应，摇振反应迅速，砂感较强；粉砂，中密—密实，主要成分为石英、长石，级配一般。该层局部夹粉质黏土。本层在场地内普遍存在。

④层粉土（Q_4^{al}）：褐黄色—灰黄色，稍湿-湿，中密—密实，该层局部夹薄层粉质黏土，无光泽反应，韧性低，干强度低，摇振反应迅速。本层在场地内普遍存在。

⑤层粉土（Q_4^{al}）：灰褐色—灰色，稍湿—湿，中密—密实，干强度低，韧性低，无光泽反应，含砂量较高，局部为粉砂，局部夹粉质黏土薄层。本层在场地内普遍存在。

⑥层粉质黏土（Q_4^{al}）：灰色—灰黑色，软塑—可塑，含锈黄斑，少量钙核，稍有光泽，干强度中等，韧性中等，无摇振反应，偶见蜗壳碎片，局部夹淤泥质粉质黏土、粉土。本层在场地内普遍存在。

⑦层粉土（Q_4^{al}）：黄褐色—灰黄色，稍湿，密实，含砂量较高，无光泽，韧性低，干强度低，摇振反应迅速，局部为粉砂。本层在场地内普遍存在。

⑧层粉土（Q_4^{al}）：灰色—褐灰色，稍湿—湿，密实，无光泽，韧性低，干强度低，摇振反应迅速，黏粒含量较高，局部夹粉质黏土薄层。本层在场地内普遍存在。

⑨层细砂（Q_4^{al}）：灰褐色—灰色，饱和，密实，主要矿物成分为长石、石英、云母等，颗粒级配一般，局部夹粉质黏土、粉土薄层。本层在场地内普遍存在。

⑩层细砂（Q_4^{al}）：灰褐色—灰黄色，饱和，密实，主要矿物成分为长石、石英、云母等，局部夹粉土薄层。本层在场地内普遍存在。

⑪层粉质黏土（Q_3^{al}）：褐黄色—灰黄色，硬塑—坚硬，含铁锰质氧化物，少量钙核，稍有光泽，干强度中等，韧性中等，无摇振反应，有较多姜石，局部富集，局部夹粉土、细砂薄层。本层在场地内普遍存在。

⑫层细砂（Q_3^{al}）：褐黄色—灰黄色，饱和，密实，主要矿物成分为长石、石英、云母等，局部夹粉土薄层。本层在场地内普遍存在，部分勘探点未揭穿此层。

⑬层粉质黏土（Q_3^{al}）：褐黄色—红褐色，硬塑—坚硬，干强度高，韧性高，切面有光泽，含铁锰质氧化物和钙质结核，局部夹粉土、细砂薄层。本次勘察仅有部分勘探点揭露此层，未揭穿此层。

2　试桩方案的选择

为充分验证水泥土插管桩工艺的性价比，进行了多种桩型的破坏性试验：

（1）灌注桩工艺

桩型 1：后注浆钻孔灌注桩，桩长 20m，桩径 0.6m，桩侧和桩端后注浆。单桩竖向承载力特征值 2100kN。混凝土强度等级为 C45。

（2）传统灌注桩工艺

桩型 2：钻孔灌注桩，桩长 30m，桩径 0.6m，未注浆。抗拔承载力特征值 1000kN。混凝土强度等级 C35。

（3）水泥土插管桩工艺

桩型 3：水泥土插管桩，桩芯采用 PHC500(120)-C 型管桩，桩周采用ϕ800mm 水泥土桩，桩长 15m。

另外，本工程基底为第 6 层粉质黏土，局部夹淤泥质粉质黏土，桩基施工作业面在基底开挖 10m 左右深度施工，正好处理这一土层。虽然场地内进行了管井降水措施，但是施工作业面依然很湿软，并伴有积水渗出。因此施工中采取了铺设钢板、换填、土成岩等技术措施。

3 理论计算

主要参数表（桩长范围内），见表 1。

桩身范围主要参数表　　表 1

层号	土层名称	厚度/m	侧阻/kPa	端阻/kPa	调整系数	备注
5	粉土	3.6	24		1.5	
6	粉质黏土	3.7	19		1.5	
7	粉土	0.9	27		1.5	
8	粉土	0	23		1.5	
9	细砂	4.6	30	220	1.8	
10	细砂	5.73	38	260	1.8	

水泥土桩插管桩理论验算结果：

① 按《水泥土复合管桩基础技术规程》JGJ/T 330—2014 计算：

抗压计算值：1671kN < 2000kN；

抗拔计算值：792kN < 1000kN。

② 按《劲性复合桩技术规程》JGJ/T 327—2014 计算：

抗压计算值：

（1）桩内芯抗压 675kN。

（2）桩外芯抗压 2617kN。

相关规范中将水泥土桩插管桩为柔刚复合桩，即将水泥土桩定性为柔性桩；而《建筑地基处理技术规范》JGJ 79—2012 中，桩只有散体桩和刚性桩两种分类，没有柔性桩说法；建议两者取小值 = 675kN < 2000kN。本工程水泥桩采用高压旋喷工艺，结合后期试桩结果，实际桩基竖向承载力特征值更接近于桩外芯抗压值，本结果仅适用于本工程地层情况。

后期检测结果表明，试验结果要大于上述理论计算值。

4 施工要点

（1）接桩问题。本工程水泥土插管桩作为抗拔桩，两桩连接采用螺纹式接头。

（2）管桩在水泥土插桩过程中的偏心问题。为此针对性地设计了桩芯扶正器。

（3）管桩压不到深度的问题。通过调整水泥桩水灰比，改进设备复搅次数等方法得到很好解决。

（4）施工时间问题。为缩短工艺衔接时间，水泥桩搅拌过程中，管桩预先拼接完成等措施。

5 实测数据

（1）后注浆钻孔灌注桩，抗压承载力极限值 5670kN，单桩竖向承载力特征值取 2835kN。

（2）钻孔灌注桩抗拔承载力极限值 2933kN，单桩竖向承载力特征值取 1466kN。

（3）水泥土插管桩抗拔承载力极限值 2600kN，抗压承载力极限值 6680kN，抗拔承载力特征值 1300kN，抗压承载力特征值 3200kN。

从试验结果可以看到，水泥土插管桩工艺测桩结果效果很好，通过计算，同等直径同等桩长的两种桩，水泥土插管桩工艺要比灌注桩竖向承载力特征值大得多，甚至比后注浆灌注桩工艺相关参数高不少；另外，由于采用高强度钢棒，水泥土插管桩工艺配筋方面也有所减少。经分析，水泥土桩与土之间的桩侧摩阻力相比传统工艺会提高很多。

试桩过程中对一根未压到位的水泥土插管桩进行了破坏性试验，有效桩长 7m，由于端头进行了截桩处理，故采用管桩内芯下小钢笼的处理措施，最终试验结果为水泥土与土层之间桩侧拔出破坏，并且抗拔承载力特征值也很高，进一步验证了管桩与水泥土之间的握裹力是很大的。

6 试验数据的选用

试桩工程结束时，项目专门召开了技术专题会，并邀请相关专家参会咨询。问题焦点在于，水泥土插管桩工艺能取得这么好的试验效果，那么后期工程桩的参数到底取多少比较合适？一方面，如果取值较高，可以节省很多造价，但也会对后期大面积工程施工提出更高要求；另一方面，如果选值过低，也会造成不必要的浪费，失去了试桩的实际意义。桩参数的选择不仅要考虑承载力的问题，还要考虑沉降的问题。考虑到测桩曲线有几个突变，还要顾及后期主体结构与桩基的协调作用，防止后期筏板沉降差较大，造成筏板裂缝漏水，以及上部结构的应力破坏。经综合考虑，选取沉降值为 14mm 时，承载力特征值约 1100kN 为最终设计参数。

7 结论

在没有试验前，水泥土插管桩工艺的破坏形式是在管桩与水泥土之间进行破坏，还是在水泥土与土之间进行破坏，一直是一个问题。通过本工程得出结论，管桩与水泥土的粘结强度要大于水泥土与土的粘结强度。让我不由得想起锚索计算时，由于钢绞线与水泥土之间的锚固力很大，因此仅仅计算水泥土与土之间的锚固力和钢绞线自身强度就可以了。

另外考虑到性价比，本工程管桩没有采用桩身强度及配筋更好的管桩桩型，造成桩身承载力设计值偏低。而管桩端头板与钢棒之间的连接又是桩身受力的薄弱点，因此本试桩工程主要破坏形式为端头板处套筒破坏。

关于水泥掺入量的问题，施工前也考察了多个工程，咨询了相关技术专家，各家意见不统一，考虑到郑东新区地层中存在深厚砂层，水泥用量选用了适中的掺量。

不过，任何事物都有两面性，虽然水泥土插管桩工艺相对传统灌注桩工艺造价上可以节省造价，但是费用降低肯定是在某些特定方面有所折减，例如桩长的减小肯定会影响沉降计算等；另外，本工程上部建筑高度较低，并未进行桩基的水平承载力特征值试验，希望有关人士可以对这一问题更进一步深度研究。

参考文献：

［1］住房和城乡建设部．劲性复合桩技术规程：JGJ/T 327—2014[S]．北京：中国建筑工业出版社，2014.

［2］住房和城乡建设部.水泥土复合管桩基础技术规程：JGJ/T 330—2014[S]．北京：中国建筑工业出版社，2014.

富承压水地质嵌岩型长螺旋钻孔灌注桩应用

邢关猛
（中建八局第一建设有限公司，济南 250000）

摘　要：针对基岩中存在的不稳定承压水，采用加压式嵌岩型长螺旋钻孔工艺，提钻的同时灌注混凝土以平衡水压，解决了承压水涌水导致灌注桩成桩困难的问题。同时采取提高超灌高度、控制长螺旋提钻速度、混凝土适量添加絮凝剂、后注浆技术补强等措施，确保了桩基施工质量。

关键词：嵌岩型长螺旋；钻孔灌注桩；承压水；质量控制

0　前言

在承压水丰富的强风化基岩施工钻孔灌注桩时，成孔后桩孔中会有地下水持续涌出；水下灌注混凝土后，地下水从桩侧或桩芯涌出，影响成桩质量。采用长螺旋钻孔工艺，提钻的同时灌注混凝土以平衡水压，同时采取提高超灌高度、控制长螺旋提钻速度、混凝土适量添加絮凝剂、后注浆技术补强等措施，确保了桩基施工质量。

1　工程概况

本工程为优质食品产业园技术创新中心项目，位于青岛市城阳区。建设内容包括两栋99.9m宿舍楼和一栋99.5m科研楼及配套设施。

拟建建筑物上部结构均为钢筋混凝土框架结构，基础形式均采用桩基础。主楼采用摩擦端承桩，单桩抗压承载力特征值为3900kN；地库采用摩擦桩，单桩抗拔承载力特征值为770kN。两种桩桩长均为10.8m，桩径均为600，入持力层均不小于1.2m。

2　实施背景

本工程桩基工程拟采用旋挖成孔灌注桩，旋挖成孔后，桩孔内不同程度地出现地下水涌出现象。经过查阅相关资料、组织专家论证、开展现场试验，综合研判得出结论，桩孔内水上涌主要为带承压性质的基岩裂隙水，主要赋存于强风化层，对旋挖成孔灌注桩成桩质量造成一定影响。项目采取变更为嵌岩型长螺旋钻孔灌注工艺，同时对传统工艺进行改进的措施，确保成桩质量。

3　施工工艺及方法

3.1　设备组装

（1）进行桩机底盘、钻杆及其他配件的组装。

（2）安装加压系统（包括加压卷扬机及滑轮组等）及冷却系统（包括输水管、蓄水箱等）。

（3）连接混凝土输送泵与水平输送钢管，垂直输送系统采用高压橡胶管，将水平输送管与钻头弯管接头连接[1]。

3.2　钻机对位

测量定位后，先将钻头处的二个混凝土出口活门用橡皮筋拴好，合上钻头护筒，使钻头对准桩位，调整支腿油缸，查看塔身两磁力线锤，保证机身的垂直度小于1%，使线锤与塔身平行，且让机底盘处于水平位置。再查看钻头与桩位是否垂直，若垂直即可下落钻具，直到钻具不再下落为止方可开钻，反之，将继续调整钻机支腿塔身等。

3.3　钻进成孔

将钻机对位后就开始直接钻孔，不用外加泥浆。钻进时应根据不同的地层，控制好进钻速度并随时检查调整桩机的平稳状态和塔身的垂直度。在钻机钻杆的四周分别吊上线坠，在进钻过程中随时观察，防止机身倾斜而导致的桩孔倾斜；同时观察钻机上电机的变化情况（电流表最高不超过200A），根据不同的地质情况来调整电流的大小，以免发生卡钻。

3.4　嵌岩施工

当钻至中风化基岩时，钻进显著放慢，此时启动加压系统和冷却系统。

启动加压卷扬机及拉紧钢丝绳，通过滑轮组的作用，将加压卷扬机的牵引力扩大数倍施加给动力头，使动力头经钻杆加压至钻头尖和钻头耙，旋削击碎岩石，并随着螺旋叶片将岩石推送至地面孔外。嵌岩钻进速率控制在10cm/min以内。

同时启动冷却系统的高压泵，使冷却水经过胶皮管和钻杆内的输水钢管传送至钻头耙处的喷嘴喷出，冷却水往低处流，以冷却钻头耙及钻头尖。

3.5　泵送混凝土，提钻

当钻具钻到设计标高后，空钻5～10min，使孔底虚土能够充分反到孔口，然后将钻头提离孔底10～15cm开始泵送混凝土；观察钻杆气眼，钻具内混凝土储有2/3时即可提钻，且泵送混凝土不停；直到混凝土反出孔口时，方可停止泵送混凝土。混凝土顶面要高出设计桩顶标高0.8～1m。

3.6　清洗钻杆

通过钻杆顶部弯管的注水阀门，向钻杆内注入高压清水，清洗钻杆内孔。

3.7 钻机移位，清理孔口

钻具提离孔口后，转移桩机，让出下笼位置，查看孔口是否存在残土、泥巴，若有先将孔口清理干净。

3.8 起吊钢筋笼及振动送笼器

用钻机上的卷扬机将钢筋笼垂直吊起后，对准桩位中心，开始下放钢筋笼。要求钢筋笼下部收口收成圆锥形状，并在钢筋笼顶端焊上定位环：若钢筋笼长度超过 12m，在下钢筋笼时还应在钢筋笼内加上传导杆件，传导杆的长度一般都要大于设计钢筋笼长度的约 1.5m，在其上部安装一个圆盘同振动送笼器圆盘同样大小。将钢筋笼吊起到自由高度，振动送笼器，在比钢筋笼低 2m 左右后停止。

3.9 边下边振钢筋笼至设计孔深

钢筋笼下部采用人工扶正，上部采用绳索牵引，保证钢筋笼下落的垂直度。钢筋笼在自重作用下无法再下落后，将振动送笼器慢慢放到传导杆的圆盘上面，待其平直后开始向下振捣。振捣过程中要保证钢筋笼的垂直度，直到设计标高。

3.10 提升并继续振动送笼器

待钢筋笼下到设计标高后，将振捣器和传导杆一起提升，提升的过程中要继续振捣，防止提升传导杆时桩基混凝土出现空洞现象，保证混凝土的密实度。最后将桩机移到下一个待钻桩位，此桩钻进成孔结束。

3.11 桩端后注浆

（1）清水开塞。在桩基混凝土浇筑完 2～3d，将注浆管用橡胶管与压浆机相连，用清水开塞，开塞压力为 0.6～1.0MPa，压水量一般控制在 0.6m 左右。水能不断注入，同时压力也能稳住，说明已开塞成功。

（2）浆液制备。按设计要求，水灰比宜取 0.5～0.6，浆液用搅拌桶制备，并加入适量减水剂。水泥浆要充分搅拌，从搅拌机倒出的水泥浆必须经过过滤。注浆过程中，须保证水泥浆的连续性，水泥浆供应不得中途停顿。

（3）注浆。开动注浆机，打开连通阀，开始注浆。压浆应低档慢压，先稀后浓。低档慢压既能有效防止压力突然增大无法压浆的情况，也能防止浆液顺着桩身上窜或从其他的地方冒出，使桩端或桩周土体被水泥浆液逐步填充，随着压浆量的增加，压力自然形成逐渐增加的状况，注浆流量不宜超过 75L/min[2]。

（4）终止注浆。满足下列条件之一时可以终止注浆：①注浆总量和注浆压力达到设计要求；②注浆量达到设计量的 75%，且注浆压力超过设计压力值；③注浆量达到设计量的 75%，且桩顶或地面出现明显上抬。

4 成桩质量控制措施

（1）控制灌注桩施工顺序，严格控制相邻桩施工间隔时间，按照规范要求进行跳打。

（2）在混凝土中掺入絮凝剂，掺量约为胶凝材料 2%～2.5%，絮凝剂可复配早强剂等外加剂。

（3）应空钻清底，再泵送混凝土，禁止将钻杆上提后再送料：施工中应避开饱和砂土、粉土和淤泥质土：成桩过程中保证排气阀正常工作：应连续灌注至混凝土高出桩顶标高。

（4）混凝土坍落度控制在 180mm ± 20mm，坍落度过大无法平衡承压水水压，坍落度过小易造成泵管堵管。

（5）严格控制提钻速度，不可过快或过慢，提钻速度应控制在 1.2～1.5m/min。

5 通病及事故处理

5.1 堵管

堵管会直接影响桩基的施工效率，增加工人劳动强度，还会造成材料浪费。特别是故障排除不畅时，已浇筑的混凝土失水或结硬，增加了再次堵管的概率，给施工带来很多困难。产生堵管的原因有以下几点：①坍落度太大的混合料，易产生泌水、离析，泵压作用下，骨料与砂浆分离，摩擦力加剧，导致堵管；坍落度太小，混合料在输送管路内流动性差，也容易造成堵管。②施工操作不当。钻孔进入土层预定标高后，开始泵送混合料，管内空气从排气阀排出，待钻杆内管及输送软、硬管内混合料连续时提钻。若提钻时间较晚，在泵送压力下钻头处的水泥浆液被挤出，容易造成管路堵塞。③设备缺陷。弯头曲率半径不合理也能造成堵管。弯头与钻杆不能垂直连接，否则也会造成堵管。混合料输送管要定期清洗，否则管路内有混合料的结硬块，也会造成管路的堵塞。

5.2 窜孔

若在施工相邻的桩时，发现刚施工的邻桩的桩顶突然下落，当桩泵入混合料时，邻桩的桩顶开始回升，此种现象称为窜孔。对于窜孔对成桩质量的影响，施工中采取的预控措施有：①采取隔桩、隔排跳打方法；②设计人员根据工程实际情况，采用桩距较大的设计方案，避免打桩的剪切扰动；③减少在窜孔区域的打桩推进排数，降低对已打桩扰动能量的积累；④合理提高钻头进钻速度。

5.3 桩头空芯

钻机钻孔时，管内充满空气，泵送混合料时，排气阀将空气排出，若排气阀堵塞不能，正常将管内空气排出，就会导致桩体存气，形成空芯。为避免桩头空芯，施工中应经常检查排气阀的工作状态，发现堵塞及时清洗。

5.4 桩端不饱满

这主要是因为施工中为了方便阀门的打开，先提钻后泵料所致。这种情况可能造成钻头上的土掉入桩孔或地下水浸入桩孔，影响桩端承载力。为杜绝这种情况，施工中前、后台工人应密切配合，保证提钻和泵料的一致性。

5.5 桩孔偏斜

桩孔偏斜主要是由地面不平，导向设施出现偏差，钻架不正或钻杆弯曲，钻杆刚度不够所致；另外，钻进时土层硬度发生突然变化或遇到障碍物也会导致桩孔偏斜。施工前应对安装好的钻机设备做全面检查，做到水平、稳固，对钻杆、接头要逐个检查，保证钻杆顺直，有足够的刚度。在钻进时，土层由软变硬时要少加压、慢给进。

6 试验检测

对施工完成达到试验条件的462根桩进行了检测。

采用静载法进行桩基承载力检测2根，承载力均满足设计要求。

采用低应变法桩身完整性检测139根，其中6根为Ⅱ类桩，其余均为Ⅰ类桩。

参考文献：

［1］ 胡小兵，华昆. 加压式嵌岩型长螺旋钻孔压灌桩应用技术[J]. 施工技术[J]. 2015, 44(9): 105-108.

［2］ 王石高. 长螺旋钻孔压灌桩后注浆桩基承载力探讨[J]. 建筑工程技术与设计, 2017, 28: 815-817.

钻孔灌注桩群桩基础补救方法案例探讨

王民豪[1,2]，宋明远[3]，蔡英恒[3]，张小平[1,2]，魏军政[1,2]

（1. 中国冶金地质总局三局，太原 030000；2. 山西冶金岩土工程勘察有限公司，太原 030000；3. 中国建筑第八工程局有限公司，上海 200112）

摘　要：针对灌注桩检测竖向承载力不足的情况，分析了几种增强桩基竖向承载力加强方法，重点讨论了桩基竖向承载力增强的计算分析以及实际工程应用措施等。

关键词：岩土工程；桩基；承载力；高压旋喷桩；加强；复合劲性桩

0　引言

新疆某发电厂项目桩基工程在施工过程中，由于工程设计人员疏忽，将桩基竖向承载力特征值错误理解为桩基竖向承载力极限标准值，并且在前期试桩时没有很好地进行检测，造成后期工程桩试桩检测结果为大范围桩基竖向承载力不合格。针对这种情况，经多次探讨，将补救过程进行了归纳总结。

1　工程概况

本工程桩顶标高−6.000m，±0 标高为 1241.000m，桩长 20.0m。采用普通泥浆护壁钻孔灌注桩，桩径 0.6m，桩长 20.5～23m，设计单桩承载力特征值 2500kN（约 250t），单桩水平承载力 240kN（设计失误）；设计桩基数量为 712 根，目前已施工完成 694 根，剩余 18 根。

第 1 批检测工程桩 7 根，竖向承载力特征值分别为 120t、100t、80t、80t、75t、60t、60t。

第 2 批随机抽检 3 根进行静载试验，竖向承载力特征值分别为 80t、70t、70t。

2　工程地质及水文条件及参数取值

2.1　工程地质及水文条件

根据勘察报告，工程场地地层主要为第四系松散堆积物；根据野外勘察和室内试验分析结果，拟建场地地基土主要由耕土、粉土和细砂构成，自然地面以下地层结构自上而下可分为 3 层。现分层描述如下：

（1）耕土（Q^{ml}）：含大量植物根系，呈松散状态；层底埋深为自然地面以下 0.50～1.10m，层厚 0.50～1.10m；层底高程为 1240.38～1241.15m；层厚分布不均匀。

（2）粉土（Q^{al}）：红褐色，见白色云母碎屑，呈稍密—中密，稍湿—湿状态，局部砂感明显；摇振反应迅速，土面粗糙无光泽反应；干强度低，易于用手指捏碎；韧性低，土条不能再揉成土团；层底埋深为自然地面以下 18.30～18.40m，层厚 17.4～17.80m；层底高程为 1223.02～1223.24m。

（3）细砂（Q^{al}）：青灰色，呈稍密—中密，湿—饱和状态，主要由石英、长石、云母等组成；颗粒呈棱角状；此层未钻穿。

2.2　地下水情况

在勘察深度范围内揭露出地下水，勘察期间实测地下水埋深为自然地面以下 8.10～8.50m，按相对高程稳定水位高程为 1233.02～1233.50m。地下水类型为潜水，地下水主要由渠系水、周围绿化灌溉入渗水补给，其次为克孜河和大气降水补给。因地下水受地表水季节性补给的影响，通常每年的春灌、河流丰水期及冬灌期间地下水位较高，其余期间为低水位期。勘察期间属高水位期。地下水年内变化范围在 1.00m 左右。地下水的排泄途径主要为蒸发和蒸腾。因本场地地下水埋深大于拟建工程基础埋深，故不考虑地下水对本工程的影响。

2.3　主要参数取值

主要参数如表 1 所示。

试桩报告中主要特点为数据离散性较大；竖向承载力普遍不能达到设计要求。

主要参数　　表 1

序号	土层名称	土层厚度/m	密实度	液性指数I_L	孔隙比e	桩侧摩阻力（极限值）/kPa			端摩阻力/kPa	备注
						桩基	劲性复合桩	水泥土复合桩		
1	耕土	0.5				25	30	35		
2	粉土	17.8			0.90	46	44	64		17.3
3	细砂	17.2	稍密中密			48	50	70	1000	1.7

3　原因分析

通过对比分析，查出实际竖向承载力与理论设计值差别很大的原因，并提出解决方案。

对灌注桩竖向承载力进行了复核验算，计算结果如下：$d=0.6\text{m}$，$u=1.885$，$A_p=0.283$，$Q_{uk}=Q_{sk}+Q_{pk}=1936.899\text{kN}$，$R_a=968.5\text{kN}$。

可以看出验算值远小于图纸设计桩基竖向承载力特征值，约为原设计的 1/3，可见原设计取值错误。

4　处理方案

根据后期提供的补勘资料和工程桩检测报告提供的数据（现工程桩实测竖向承载力约为竖向承载力设计值的 1/3），提出以下 3 种方案。

4.1　纯补桩方案

保持现有桩型不变，需要补桩数量约 1300 根，原承台截面积需要扩大，建构筑物基础工程量增大至约 3 倍（原基础钢筋混凝土工程量约 4000m³）。

该方案需要将已开挖的垃圾池覆土后进行补桩处理。

4.2　补桩 +（高旋）注浆方案

保持现有桩型不变，同时采用后注浆灌注桩进行补桩，补桩与原有工程桩中心线对称布置，共同承受荷载，该方案需补桩约 800 根，同时建筑物原基础工程量增大至约 2倍。

该方案需要将已开挖的垃圾池覆土后进行补桩处理。

4.3　补桩 + 高旋（注浆）+ 褥垫层复合地基

保持现有桩型不变，先补桩约 500 根，后采用高压喷射注浆进行地基加固处理，再利用刚性复合地基的概念进行设计，原建筑物的基础工程量增大至约 2 倍。基底需铺设 300mm 厚级配碎石褥垫层，新增级配碎石约 600m³。

高压喷射注浆方式，注浆需要在约 25m 深度内进行，该方式可有效改善桩侧及桩底土的性质，同时也可固化桩头沉渣（若有），提升桩底竖向承载力，每根桩注浆量约 10m³（其中水泥用量约 5.5t）。

5　处理方案的理论计算复核

5.1　按后注浆钻孔灌注桩考虑

采用后注浆灌注桩时，桩径 0.7m，桩长 20m，水泥注浆量为桩侧柱 0.9t、桩端注 1.2t，设计单桩竖向承载力特征值 2500kN。处理后的承载力计算结果如下：

$d = 0.7\text{m}$，$u = 2.198$，$A_\text{p} = 0.385$，$Q_\text{uk} = Q_\text{sk} + Q_\text{pk} = u\sum q_{\text{s}ik}l_i + u\beta_{\text{s}i}q_{\text{s}i}l_{gj} + \beta_\text{p}q_{jk}A_\text{p} = 7683.24\text{kN}$。$R_\text{a} = 0.5 \times Q_\text{uk} = 3841.62\text{kN} > 2500\text{kN}$，满足设计要求。

5.2　按水泥土复合桩考虑

采用高压旋喷桩桩侧补救，2～3 根，桩径 0.6m，桩长 22m，水泥注浆量桩侧柱 0.9t，桩端注 1.2t，设计单桩竖向承载力特征值 2500kN。按《水泥土复合管桩基础技术规程》JGJ/T 330—2014 设计。处理后的承载力计算结果如下：

不规则桩形等效周长$U = 4.968\text{m}$，等效截面积$A_\text{L} = 1.17\text{m}^2$，$Q_\text{uk} = U\sum q_{\text{s}ik}L_i + q_\text{pk}A_\text{L} = 6119.12\text{kN}$，$R_\text{a} = 0.5Q_\text{uk} = 3059\text{kN} > 2500\text{kN}$，满足设计要求。

5.3　按劲性复合桩考虑

具体参数同计算方法 2，采用《劲性复合桩技术规程》JGJ/T 327—2014 中公式设计，桩径 0.7m，桩长 20m，水泥注浆量为桩侧柱 0.9t、桩端注 1.2t，设计单桩承载力特征值 2500kN。

（1）等效桩 1（原桩长 20m + 2m）

$A_\text{p} = 0.769$，$u = 3.11$，$R_\text{a1} = u^\text{c}q_\text{sa}^\text{c}l_\text{c} + q_\text{pa}^\text{c}A_\text{p} = 5086.8\text{kN}$，$R_\text{a2} = 2532\text{kN}$，$R_\text{a1}$与$R_\text{a2}$比较取小值，$R_\text{a} = 2532\text{kN}$。

（2）等效桩 2（原桩长 20m + 5m）

$A_\text{p} = 1.154$，$u = 3.81$，$R_\text{a1} = u^\text{c}q_\text{sa}^\text{c}l_\text{c} + q_\text{ps}^\text{c}A_\text{p} = 5086.8\text{kN}$，$R_\text{a2} = 3377.75\text{kN}$，$R_\text{a1}$与$R_\text{a2}$比较取小值，$R_\text{a} = 3377.75\text{kN}$。

（3）桩身强度计算

$N = \phi_\text{c}f_\text{c}A_\text{ps} + 0.9f_\text{y}'A_\text{s}' = 5694\text{kN}$

$N_\text{k} = 2850\text{kN}$，$N_\text{k} < R_\text{a}$，取$N_\text{k} = 2850\text{kN}$。

由上面计算结果可知，按劲性复合桩考虑，计算的桩基竖向承载力计算结果较大，不过还需要后期现场试桩进行验证。

6　施工设备及施工参数的确定

6.1　施工设备参数

由于可施工 30m 左右的高压旋喷钻机较少见，后来在厂家直接定做，从内地发往新疆。

设计主要参数为如下：成桩深度 32m，成桩直径 ≤ 1000mm，弧齿承受扭矩 ≤ 65kN · m，大盘转速 11～124r/min，进提钻速度 270～2700mm/min，整机尺寸 2700mm × 8000mm，整机重 21000kg。

6.2　施工参数计算

提升速度的确定以 22m 长桩、单根高旋为例。提升速度按 12cm/min、浆量 80L/min 试算，共 3h3min，14.64m³，水灰比 1.0，水泥相对密度取 3.1，$m_{水泥}/3.1 = 1\text{t} \geqslant$ 每方水泥浆水泥用量 0.75t，单根桩水泥用量 10.98t，水泥用量 500kg/m，建议提升速度为 5～25cm/min。

7　桩基加强阶段的试桩注意事项

由于工程桩施工出现问题，更加体现出桩基加强处理阶段试桩的重要性。严格按照《建筑基桩检测技术规范》JGJ 106—2014 要求进行，不能流于形式，必要时多试验几种桩型，以利于后期方案抉择。

8　结语

出于工程之外的要求，该垃圾电厂工程改迁地址，后期加固施工没有进一步开展；但是在处理此事故的过程中取得了不少经验。

此次工程事件较严重，造成的经济损失比较大，设计人员一定要秉着严谨的工程态度进行设计工程，不能有一丝的懈怠，否则会造成严重后果，对于一些概念性指标要弄清弄懂，不能含糊两可；出现问题后要积极解决、集思广益，及时推动工程项目进展；工程施工中部分工序也要严格按照相关规范执行，不能走形式。愿祖国的建设事业蒸蒸日上。

参考文献：

[1] 住房和城乡建设部. 建筑桩基技术规范: JGJ 94—2008[S]. 北京: 中国建筑工业出版社, 2008.
[2] 住房和城乡建设部. 建筑地基处理技术规范: JGJ 79—2012[S]. 北京: 中国建筑工业出版社, 2013.
[3] 住房和城乡建设部. 劲性复合桩技术规程: JGJ/T 327—2014[S]. 北京: 中国建筑工业出版社, 2014.
[4] 住房和城乡建设部. 水泥土复合管桩基础技术规程: JGJ/T 330—2014[S]. 北京: 中国建筑工业出版社, 2014.

沿江高速防洪排涝影响区域内堆土作用桩基水平变形分析案例

薛连彬[1]，曹小林[1]，龚维明[2]
（1. 兰州理工大学 土木工程学院，兰州 730050；2. 东南大学 土木工程学院，南京 211189）

摘 要：为了确保某沿江高速防洪排涝影响区域内桥梁桩基的承载力和稳定性满足要求，根据勘察、施工、设计单位等提供的 C 匝墩柱范围内地质情况、桥墩范围内的堆土情况，建立有限元模型进行数值分析。利用大型通用有限元模拟软件对该部位桥梁桩基附近堆载进行数值建模，分析对 C 匝 1～5 号桥墩水平方向存在的影响。由计算结果可以看出，不平衡堆载对 C 匝道桥梁桩基础有显著影响。

关键词：堆土；桩基础；水平变形；有限元模拟

0 引言

随着我国沿海发达地区的交通大发展，对交通速度提升越来越迫切，高架桥梁是解决软土地区城市立交、快速路、轻轨等对沉降，要求高的有效方法。然而近年来大规模建设的过程中，软土地区往往因为堆载施工对结构造成了严重的后果。2009 年上海某商品房小区在建 13 层住宅楼一侧的堆载 10m，并在另一侧开挖 4m 基坑导致上部结构向开挖侧倾覆，PHC 管桩全部破坏[1]。某高速铁路桥梁桥墩因单侧大量土方堆载导致桥墩偏移超过 100mm，无法架设预制 T 形箱梁[2]。对于堆载影响的土体位移场对承台桩基的影响，学者们普遍将这种问题归为“被动桩”的课题[3]，并采用了土压力法、位移法等方法进行理论分析。土压力法是估算桩的土压力分布[4]，但此法不能分析桩的变形状态；位移法根据弹性地基反力法求得桩的全长位移内力分布[5]，不过该法对于承台和桩土相互影响并未考虑在内，只是将桩所处的位移数据输入。

本文将根据软土地区实际工程案例，结合现场实测，采用弹塑性有限元数值分析方法，对邻近桩基在堆载作用下的影响进行分析研究[6-14]。

1 工程概况

本工程位于深圳至中山跨江通道某区域项目起于深圳市宝安机场南，与广深沿江高速相接，设机场枢纽互通立交，东接机荷高速，终于中山市翠亨新区马鞍岛，与规划的中开高速及东部外环高速相接。总体为东隧西桥，设计时速 100km、双向八车道。跨海段长 22.39km，陆地段长 1.64km。主线桥梁总长 16.985km，隧道长 6.87km，海中设置东、西两处人工岛。

由中铁某局负责施工的 C 匝道 1 号桥位于西海岸堤沿海滩涂区，此处位于流塑状淤泥区，地质情况复杂，见图 1，加之深圳已多处发生过类似地质桥梁位移变化情况，为保证已施工 C 匝道 1 号桥主体结构安全，中铁某局于 2018 年 12 月 16 日开始对已完成的 1 号墩至 8 号墩进行位移监测，监测频率为 1 次/月；2018 年 12 月至 2019 年 3 月期间共进行了 4 次位移监测，数据结果变化不大；但 2019 年 4 月 16 日中铁某局架桥机移至此处进行预制梁架设时，发生梁体支座错栓情况，而支座垫石相对盖梁位置无误，立即对预制梁进行检查，梁底支座中心位置无误；同时组织对此处的桥墩再次进行位移观测，发现 2 号、3 号、4 号、5 号墩柱有较大位移。根据现场照片（图 2～图 4）可以发现，出现较大变位的 2 号、3 号、4 号、5 号墩柱旁边均匀堆土。由于桥墩侧向的堆土，对桥墩产生不平衡力使桥墩产生水平向的位移。

图 1 清淤范围图

图 2 C 匝 3 号桥墩周围环境示意图

图 3 C 匝 4 号桥墩周围环境示意图

图 4 C 匝 5 号桥墩周围环境示意图

2 理论背景

2.1 土体应力应变特征

（1）弹性理论模型

在堆土加载的初始阶段，当土体所受应力较小时，可近似采用弹性理论来描述其应力应变关系。根据 Hooke 定律，在各向同性弹性体中，应力与应变之间存在线性关系。例如，在堆土引起的竖向压力作用下，土体在水平方向也会产生相应的应变，其表达式为$\varepsilon_x = 1/E\left[\sigma_x - \nu\left(\sigma_y + \sigma_z\right)\right]$（其中$\varepsilon_x$为水平方向应变；$E$为弹性模量；$\varepsilon_x$、$\varepsilon_y$、$\varepsilon_z$分别为不同方向的应力；$\nu$为泊松比）。这种弹性变形在堆土初期对于理解土体的微小变形行为具有重要意义。

（2）弹塑性理论模型

当堆土高度增加，土体所受应力逐渐增大并超过其屈服极限时，弹性理论不再适用，弹塑性理论则能更准确地描述土体变形。如 Drucker-Prager 模型，其屈服函数为$F = \alpha I_1 + \sqrt{J_2} - k$（其中$I_1$为应力第一不变量；$J_2$为应力偏张量第二不变量；$\alpha$和$k$为与材料相关的参数），该模型考虑了中间主应力的影响，能较好地模拟堆土在复杂应力状态下进入塑性变形阶段的特性，可用于分析堆土在较大荷载作用下产生的不可逆水平变形。

2.2 土体固结理论模型

堆土作用于地基土上，会引起地基土的固结。Terzaghi 提出的一维固结理论是分析这一过程的基础。该理论基于土体渗流和压缩的基本原理，认为在堆土荷载作用下，地基土中的孔隙水逐渐排出，孔隙体积减小，土体发生固结变形。其固结方程$C_v(\partial^2 u)/(\partial z^2) = \partial u/\partial t$（其中$C_v$为固结系数；$u$为孔隙水压力；$z$为深度；$t$为时间）描述了孔隙水压力随时间和深度的消散规律。在二维和三维情况下，固结理论得到进一步扩展，考虑了水平方向的渗流和应力变化，对于分析堆土区域复杂的地基固结变形，尤其是水平方向的变形，提供了理论依据。例如在沿江高速防洪排涝区域，地下水位较高且受堆土影响，固结过程中水平方向的排水和变形对整体稳定性有着不可忽视的作用。

2.3 土体强度理论模型

摩尔-库仑强度理论是分析土体稳定性和变形的重要依据。该理论认为土体抗剪强度的表达式为：$\tau_f = c + \sigma \tan\varphi$（其中$c$为黏聚力；$\sigma$为法向应力；$\varphi$为内摩擦角）。在堆土工程中，随着堆土高度和坡度的变化，土体内部的应力状态发生改变。当某一平面上的剪应力达到抗剪强度时，土体将发生剪切破坏，进而引发水平方向的滑动变形。例如在堆土坡脚处，由于应力集中，容易满足摩尔-库仑破坏条件，导致水平方向的土体位移。此外，其他强度理论如 Bishop 有效应力法等在考虑孔隙水压力对土体强度影响方面进一步完善了分析体系，对于准确评估堆土在不同水位条件下的稳定性和水平变形具有重要意义。

2.4 渗流理论

（1）达西定律

达西定律$v = ki$（其中v为渗流速度；k为渗透系数；i为水力梯度）是描述土体渗流的基本定律。在沿江高速防洪排涝影响区域的堆土中，地下水的渗流遵循达西定律。渗流过程中，由于水力梯度的存在，土体受到渗透力的作用。在水平方向上，渗透力分量会导致土体颗粒发生位移，从而引起堆土的水平变形。例如在靠近江水一侧的堆土，由于水位差产生较大的水力梯度，水平方向的渗透力可能使堆土向江侧产生位移。同时，渗流还会影响土体的孔隙水压力分布，进而改变土体的有效应力状态，间接影响堆土的水平变形特性。

（2）非饱和渗流理论

在堆土的非饱和带，水分运动遵循非饱和渗流理论。非饱和土的渗透系数是含水量的函数，随着含水量的变化而变化。在降雨或地下水位波动时，堆土非饱和带的水分含量发生改变，导致渗透系数变化，进而影响渗流场和土体的应力状态。例如在降雨入渗初期，堆土表层非饱和带含水量增加，渗透系数增大，渗流速度加快，可能对堆土上部的水平稳定性产生影响，引发局部的水平变形。

（3）有限元模拟

本实例工程有限元模拟计算模型选取 H-S 模型，H-S 模型不仅包含 H-S 模型的参数，还包含小应变参数，同时考虑剪切硬化和压缩硬化，具有更好的适用性。参数取值按《上海市基坑工程技术标准》DG/TJ 08—61—2018。网格采用有限元自带自适应获得，可根据结构的实际情况获得相适应的单元数，单元为 10 节点单元。为了消除边界效应的影响，建模过程中外延 50m，网格划分如图 5 所示。

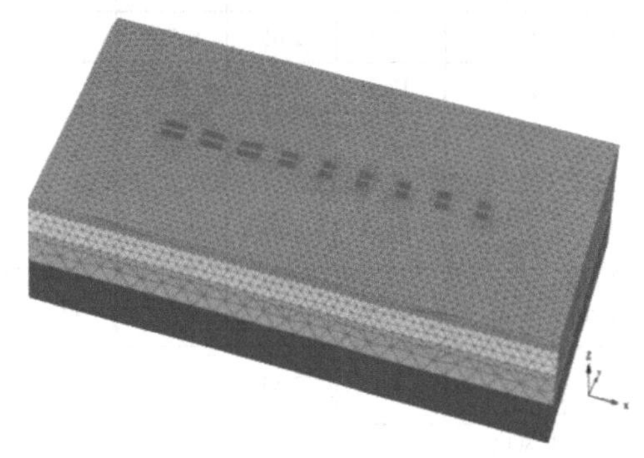

图 5　网格示意图

对比地勘提供的资料，综合考虑各因素发现 ZKX326 钻孔对桩基础的承载性能最不利，在桩侧堆土的情况下，利用 ZKX326 钻孔的土层信息进行分析，设置工况如表 1 所示。

主要分析研究 C 匝道的 1～5 号墩柱，利用大型通用有限元模拟软件对该部位桥梁桩基附近堆载进行数值建模。模型水平尺寸考虑边界效应的影响，模型的前后左右约束相应的侧向位移，底部约束竖向位移，流固耦合计算时四周及底部采用不透水边界，地表面为自由透水面。桩基采用 embedded beam 桩单元，承台墩柱等采用实体单元。分析工况如图 6 所示。

工况说明　　表 1

序号	工况	模型中计算阶段
1	施工桩基和承台	Initial phase [InitialPhase] Phase_施工桩和承台 [Phase_1] Phase_堆载0.5m [Phase_2] Phase_堆载1.0m [Phase_3] Phase_堆载1.5m [Phase_4] Phase_堆载2.0m [Phase_5]
2	南侧 0.5m 堆载	
3	南侧 1.0m 堆载	
4	南侧 1.5m 堆载	
5	南侧 2.0m 堆载	

(a) 施工桩基和承台　(b) 南侧 0.5m 堆载

(c) 南侧 1.0m 堆载　(d) 南侧 1.5m 堆载

(e) 南侧 2.0m 堆载

图 6　不同施工阶段模型图

在建模过程中，桩的材料参数、桩长和桩径按设计参数选取，土层的材料参数按表 2 确定。

各主要土层物理力学指标　　表 2

土层编号	岩土名称	含水率w	天然密度ρ	孔隙比e	塑性指数I_P	液性系数I_L	压缩系数	压缩模量	直剪快剪		固结快剪		基床系数
									黏聚力	内摩擦角	黏聚力	内摩擦角	
		%	g/cm^3	—	—	—	MPa^{-1}	MPa	kPa	°	kPa	°	MPa/m
②$_1$	淤泥	90.1	1.49	2.511	24	2.55	2.337	1.53	3.1	2.0	5.7	7.0	1
②$_2$	淤泥	81.7	1.52	2.279	23	2.33	2.424	1.41	2.8	1.8	11.1	11.4	3
②$_3$	淤泥质粉质黏土	64.2	1.61	1.815	19.7	1.89	1.581	1.93	5.6	3.3	9.4	15.3	6
③$_1$	黏土	28	1.97	0.783	18.8	0.20	0.301	6.29	32.2	8.7	37.4	12.0	25
③$_2$	粉质黏土	27.8	1.92	0.811	15.1	0.45	0.38	4.77	23.5	9.7	30.3	14.1	25
③$_3$	淤泥质粉质黏土	44	1.76	1.23	16.3	1.31	0.751	3.01	10.8	4.2	15.6	9.7	5
③$_6$	中砂	16.8	2.05	0.521			0.145	11.29	7.1	23.7			25
③$_7$	粗砂	13.9	2.02	0.5			0.083	18.07	8.4	25.9			30
④$_1$	残积粉质黏土	28.1	1.87	0.868	12.0	0.72	0.192	9.6	15.1	25.1			35
⑥$_{11}$	全风化花岗岩	25.1	1.89	0.797	11.5	0.62	0.097	18	18.5	27.4			30
⑥$_{12\text{-}1}$	砂土状强风化花岗岩	23.0	1.93	0.723	11.2	0.41	0.064	26	27.5	28.6			60
⑥$_{12\text{-}2}$	碎块状强风化花岗岩		2.55						3000	30			200
⑥$_{13}$	中风化花岗岩		2.62						15000	41			500

3　结果分析

通过选取 C 匝道 2 号-左桥墩进行分析，如图 7 所示。

(a) 桩基顺桥向水平位移　(b) 桩基横桥向水平位移

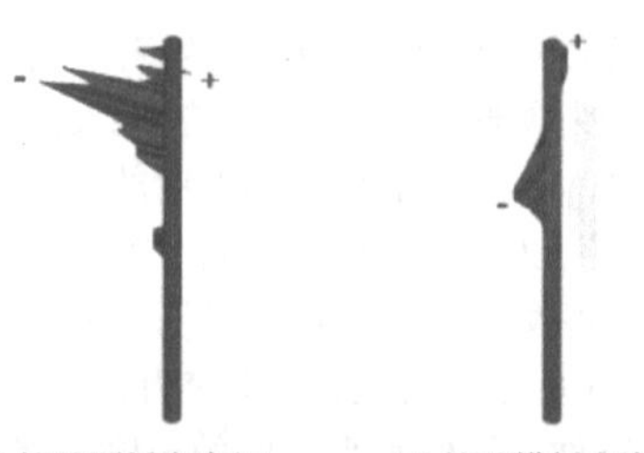

(c) 桩基顺桥向弯矩　(d) 桩基横桥向弯矩

图 7　清淤后 C 匝道 1 号桩基础水平变形图

从图 7（a）～图 7（d）可以看出，C 匝道 2 号-左桥墩桩基顺桥向最大水平位移为 2.169mm，横桥向最大水平位移为 44.5mm；C 匝道 2 号-左墩桩基顺桥方向弯矩为 330.2kN · m，桩基加载时 C 匝道 2 号-左墩桩基顺桥方向为 1831kN · m。可见桩侧堆土对邻近桩基有较大影响。

3.1 C 匝道桥梁桩基础水平位移

每个阶段所有桥梁在不平衡堆载下 C 匝道桥梁桩基础水平位移影响如图 8 所示。

由计算结果可以看出，不平衡堆载对 C 匝道桥梁桩基础有显著影响。南侧 0.5m 堆载时，桥梁桩基础水平位移为 5.81mm；南侧 1.0m 堆载时，桥梁桩基础水平位移为 14.03mm；南侧 1.5m 堆载时，桥梁桩基础水平位移为 25.80mm；南侧 2.0m 堆载时，桥梁桩基础水平位移为 47.40mm。C 匝道桥梁桩基础水平位移计算结果如表 3 所示。

C 匝道桥梁桩基础水平位移计算结果　　表 3

计算工况	最大水平位移（mm）
施工桩基和承台	0
南侧 0.5m 堆载	5.81
南侧 1.0m 堆载	14.03
南侧 1.5m 堆载	25.80
南侧 2.0m 堆载	47.40

(a) 南侧 0.5m 桩基础水平位移　(b) 南侧 1.0m 桩基础水平位移

(c) 南侧 1.5m 桩基础水平位移　(d) 南侧 2.0m 桩基础水平位移

图 8　C 匝道桥梁桩基础水平变形图

3.2 C 匝道桥梁桩基础附加弯矩

不平衡填土引起 C 匝道桥梁桩基础产生水平位移，从而使桩基础产生附加弯矩。桥梁桩基础附加弯矩情况如图 9 所示。

由计算结果可以看出，整个填土会引起 C 匝道桥梁桩基础产生附加弯矩，最大附加弯矩产生位置类似于桩基础水平位移，均发生在桩基上部。不同施工阶段的邻近桥桩最大弯矩如表 4 所示。

C 匝道桥梁桩基础附加弯矩计算结果　　表 4

计算工况	附加弯矩/（kN · m）
施工桩基和承台	0
南侧 0.5m 堆载	560.4
南侧 1.0m 堆载	1426
南侧 1.5m 堆载	2673
南侧 2.0m 堆载	4611

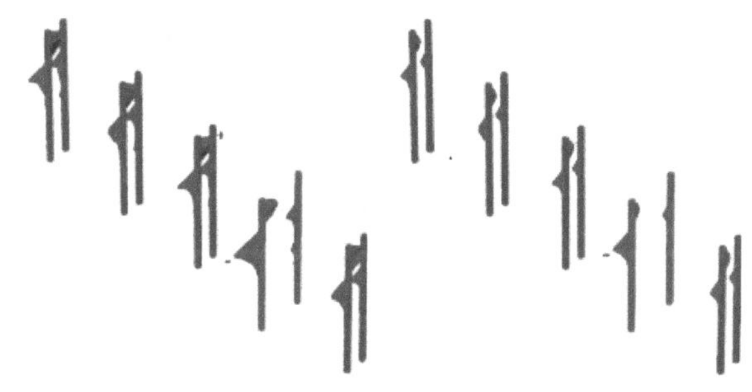

(a) 南侧 0.5m 桩基础附加弯矩　(b) 南侧 1.0m 桩基础附加弯矩

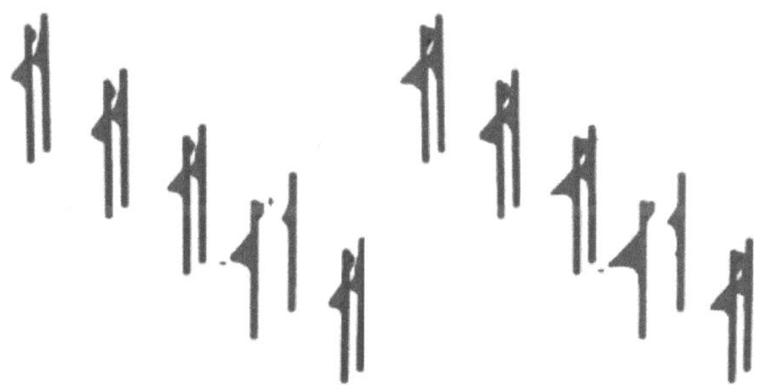

(c) 南侧 1.5m 桩基础附加弯矩　(d) 南侧 2.0m 桩基础附加弯矩

图 9　C 匝道桥梁桩基础附加弯矩

由计算结果可以看出，不平衡堆载对既有桥梁桩基础有显著影响。南侧 0.5m 堆载时，桥梁桩基础附加弯矩为 560.4kN · m，南侧 1.0m 堆载时，桥梁桩基础附加弯矩为 1426kN · m；南侧 1.5m 堆载时，桥梁桩基础附加弯矩为 2673kN · m，南侧 2.0m 堆载时，桥梁桩基础附加弯矩为 4611kN · m。

从上述的计算结果中可以看出，不平衡堆载对既有桥梁有显著影响。为满足桩基础的安全性要求，应避免不平衡堆载。

4 结论

本工程岛内填土、堆土及清淤对已建 C 匝道、机场外排洪道桥墩、卡口段桥墩等桥墩存在影响，考虑到泥面为软土，工程地质条件较差，建议邻近桥桩安全控制水平位移为 6mm；

通过有限元模拟在 C 匝道的 1～5 号桥墩侧向堆土发现，不平衡堆土对既有桥梁有显著影响。为满足桩基础的安全性要求，应避免在桩的侧向堆土。

参考文献：

[1] 尹骥，徐枫. 某在建住宅楼倾倒的三维数值分析[J]. 地下空间与工程学报，2010, 2(6): 208-212.

[2] 董亮，牛斌，谷牧，等. 大面积单侧堆载对高速铁路桥梁墩台影响的数值分析[J]. 铁道工程, 2015(1): 208-212. 39-42.

[3] DE BEER E E. Effects of horizontal loads on piles due to surcharge or seismic effects[C]//Proceedings of the 9th International Conference on Soil Mechan and Foundation Engineering. Tokyo, 1977, vol. 3: 547-558.

[4] BEGEMANN H K S, DE LEEUW E H. Horizontal earth pressures on foundation piles as a result of nearby soil fills[C]//Proceeding of the 5th European Conference on Soil Mechanics and Foundation Engineering. Madrid, 1972, Vol.1: 3-9.

[5] 张陈蓉，黄茂松. 基坑开挖引起的邻近建筑物桩基变形受力响应[J]. 岩土工程学报, 2012, 34(S2): 565–570.

[6] 竺明星，龚维明，何小元. 成层地基土中水平受荷桩桩身响应的矩阵传递解[J]. 岩土工程学报, 2015, 37(S2): 46-50.

[7] 魏汝龙. 大面积填土对邻近桩基的影响[J]. 岩土工程学报. 1982, 4(2): 132-137.

[8] 刘国彬，刘金元，徐全庆. 基坑开挖引起的土体力学特性变化的试验研究[J]. 岩石力学与工程学报, 2000(1): 112-116.

[9] 滕丽. 基于土体力学特性的盾构隧道施工风险监控系统研究[D]. 上海: 上海大学, 2012.

[10] 刘宏亮，章丽莎，彭惠平，等. 土体渗蚀对基坑工程的影响研究[J]. 科技通报, 2023(11): 48-56.

[11] 萧和，冯健雪，马秀如，等. 桩-土相互作用研究进展[J]. 土工基础, 2024(3): 453-458.

[12] 付宏渊，马吉倩，史振宁，等. 非饱和土抗剪强度理论的关键问题与研究进展[J]. 中国公路学报, 2018(2): 1-14.

[13] 赵永富，田恩龙，张国栋. 达西定律与渗流控制[J]. 黑龙江水利科技, 2008(4): 65.

[14] 黄润秋，戚国庆. 非饱和渗流基质吸力对边坡稳定性的影响[J]. 工程地质学报, 2002(4): 343-348.

沿江高速防洪排涝影响区域内清淤对匝道桥墩桩基影响分析案例

张少杰[1]，曹小林[1]，龚维明[2]
（1. 兰州理工大学 土木工程学院，兰州 730050；2. 东南大学 土木工程学院，南京 211189）

摘　要： 为了确保某沿江高速防洪排涝影响区域内桥梁桩基的承载力和稳定性满足要求，根据勘察、清淤、设计单位等提供的 C 匝 1～5 号墩柱范围内地质情况、桥墩范围内的清淤情况，通过调研，建立有限元模型进行数值分析，分析清淤对 C 匝 1～5 号桥墩存在的影响；通过对河道清淤开挖进行模拟分析，由计算结果可以看出，整个河道清淤距离对 C 匝道桥梁桩基础较远，对其影响较小。清淤至珠江基面标高-4m 后，桥梁桩基础最大水平位移为 0.97mm。满足设定的桩基础最大水平位移标准。

关键词： 桩基；有限元分析；清淤；位移；弯矩

0　引言

在软土地区进行清淤作业时，其对桩基水平位移的影响是工程实践中需要重点考虑的问题。清淤作业通过移除松软土层，改变原有的土体力学性质和应力分布，从而对桩基稳定性产生影响。本文将基于现有研究，分析清淤对桩水平位移的影响。清淤作业首先移除了软土地基中软弱的上层土体，这直接改变了土体的应力状态和变形特性。软土地基通常具有高压缩性、低强度和较大变形的特性；清淤后新填充的土体或经过处理的土体，其力学性质有所提高，承载力增强。这种改变对桩基的水平位移产生直接影响。清淤后，软土地基中的水分加速排出，土体固结速度加快，导致土体体积减小，密度增加。这一过程中，桩基不仅承受由于土体固结引起的附加应力，还可能因为土体密度的增加而导致桩侧摩阻力增大，从而影响桩的水平位移。清淤深度对桩基水平位移的影响显著。一般来说，清淤深度越大，对桩基的影响范围越广，桩的水平位移也越大。这是因为深层清淤改变了更广泛土体的应力状态和变形特性，从而对桩基产生更复杂的影响。鉴于清淤对桩基水平位移的影响，设计和施工阶段须对桩基进行相应的调整。例如，可通过增加桩的数量、调整桩的布局或采用更大的桩径来提高桩基的稳定性。此外，清淤后应及时进行桩基施工，避免因间隔时间过长导致的土体二次固结对桩基稳定性的影响。

1　工程概况

由中铁大桥局集团有限公司负责施工的 C 匝道 1 号桥位于西海岸堤沿海滩涂区。该桥位于流塑状淤泥区，地质情况复杂，加之深圳已多处发生过类似地质桥梁位移变化情况，为保证已施工 C 匝道 1 号桥主体结构安全，大桥局于 2018 年 12 月 16 日开始对已完成的 1～8 号墩进行位移监测，监测频率为 1 次/月；2018 年 12 月至 2019 年 3 月期间共进行了 4 次位移监测，数据结果变化不大；但 2019 年 4 月 16 日大桥局架桥机移至此处进行预制梁架设时，发生梁体支座错栓情况，而支座垫石相对盖梁位置无误；立即对预制梁进行检查，梁底支座中心位置无误，并组织对此处的桥墩再次进行位移观测，发现 2 号、3 号、4 号、5 号墩柱有较大位移。

2　理论背景

2.1　土体变形理论

清淤改变土体的应力路径，引起土体的压缩变形。对于软土地基，其压缩性较大，在清淤卸载作用下，可能会出现较大的沉降。而桩基周围的土体变形又会通过土体与桩基之间的相互作用传递给桩基，导致桩基产生附加变形，如侧向位移、沉降等。

2.2　剪切变形理论

土体在受到剪切力作用时会发生剪切变形。清淤过程中，土体的卸载会引起周围土体的应力重分布，产生剪切力。匝道桥墩桩基周围的土体在剪切力作用下可能会发生剪切变形，从而影响桩基的侧向稳定性。特别是对于一些饱和软土，其抗剪强度较低，在剪切力作用下更容易发生剪切破坏，进而影响桩基的安全性。

2.3　三维固结理论

实际工程中，土体的固结往往是三维的。在清淤过程中，土体的应力变化和孔隙水压力消散是三维空间的，因此需要考虑三维固结理论来更准确地分析土体的变形和桩基的受力。三维固结理论可以考虑土体在不同方向上的压缩特性和固结速度，能够更好地反映清淤对匝道桥墩桩基的影响。

2.4　桩-土相互作用理论

桩基与周围土体之间存在着复杂的相互作用。清淤改变了土体的应力状态和变形特性，进而影响桩-土之间的相互作用力。例如，当土体发生压缩变形时，会对桩基产生侧向压力，使桩基产生侧向位移和弯矩；而桩基的变形又会反过来影响土体的应力分布和变形。通过建立桩-土相互作用模型，可以分析清淤过程中桩基的受力和变形情况，为评估桩基的安全性提供依据。

2.5　土-结构耦合理论

在考虑清淤对匝道桥墩桩基的影响时，还需要考虑土体与整个桥梁结构的耦合作用。桥梁结构的荷载通过桥墩传递给桩基，而桩基的变形又会影响桥墩和上部结构的受力和变形。因此，需要采用土-结构耦合理论，将土体、桩基和桥梁结构作为一个整体进行分析，以更全面地评估清淤对匝道桥墩桩基及整个桥梁结构的影响。

2.6 达西定律

在清淤过程中，地下水的流动对土体的稳定性有重要影响。达西定律描述了饱和土体中水的渗透速度与水力梯度之间的关系。清淤改变了土体的边界条件和水力梯度，从而影响地下水的渗透速度和方向。如果地下水的渗透速度过大，可能会引起土体的渗透变形，如流砂、管涌等，进而影响匝道桥墩桩基的稳定性。

3 有限元模拟

考虑到清淤与堆土可能会引起清淤一定范围的桥梁墩柱产生竖向沉降和水平变位，产生过大的竖向沉降和水平变位影响后期的正常使用。根据本工程特点，本专题拟采用 Plaxis 3D 软件进行数值仿真模拟分析，探讨桩基侧向堆土、桩基周围堆土、清淤等过程，研究不同施工工况对邻近沿江高速桥梁的影响。

3.1 摩尔-库仑模型及参数分析

摩尔-库仑模型为理想弹塑性模型，弹性阶段，有效弹性模量E和泊松比υ与压缩模量E_{oed}之间满足如下关系：

$$E_{\mathrm{oed}}=\frac{(1+\upsilon)E}{(1-2\upsilon)(1+\upsilon)}$$

弹性阶段，压缩模量E_{oed}、E均为常量，对于土体，泊松比υ约为 0.3，即压缩模量与有效弹性模量满足关系式：

$$E_{\mathrm{oed}}=1.35E$$

塑性阶段，土体有效弹性模量为零，变形无限增大。该模型含五个输入参数，土体有效弹性模量E和泊松比υ，表示土体塑性的内摩擦角φ和黏聚力c，以及剪胀角ψ。模型中有效弹性模量及强度参数均对应于有效应力指标。土体并非简单的理想弹塑性材料，它不具有恒定的弹性模量，土体加载中，一般使用E_{50}，即 50%强度处割线模量表示有效弹性模量，如图 1 所示；如果考虑隧道等开挖卸载问题，一般需要用E_{ur}，如图 2 所示。

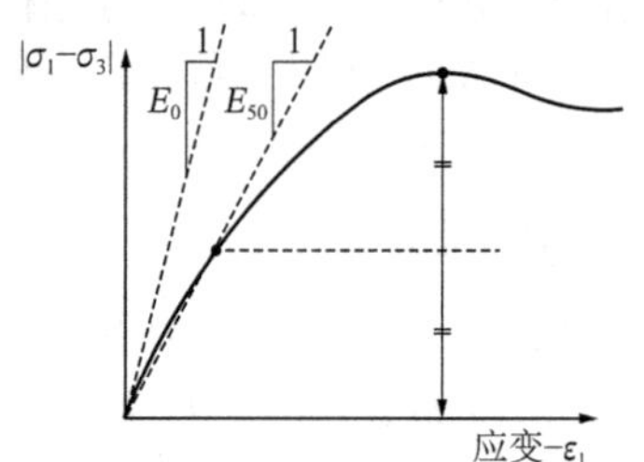

图 1 有效弹性模量

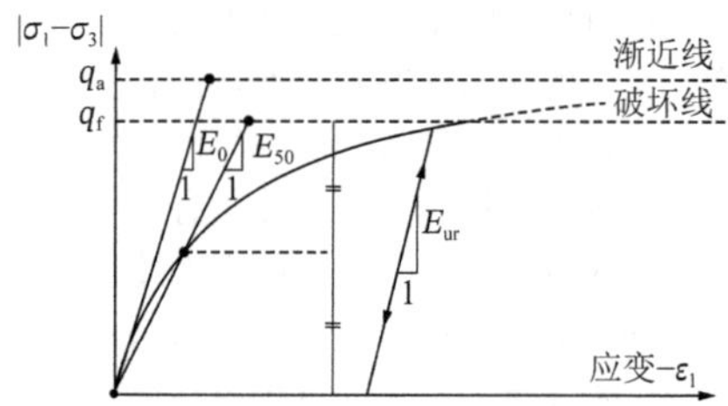

图 2 三轴排水试验主加载应力-应变双曲线关系

利用 Plaxis 3D 中的土工试验室功能，结合已有土工试验数据，探求有效模量E_{50}与常规压缩试验中压缩模量$E_{1\text{-}2}$间相互关系。

摩尔-库仑模型中，弹性阶段，土体有效弹性模量E_{50}与压缩模量$E_{1\text{-}2}$均为常量。该模型是对岩土行为的一种“一阶”近似，它无法考虑有效模量E_{50}及压缩模量$E_{1\text{-}2}$等模量与应力水平及应力路径的关系。有效弹性模量在分析中一般为常量，常规勘察报告一般给出压缩模量$E_{1\text{-}2}$，即标准固结压缩试验中，固结应力由 100kPa 到 200kPa 变化对应的应力与应变的比值给出；实际地基中，不同深度土体的预固结应力（先期固结应力）不同，深度越大，预固结应力也就越大；高应力状态的压缩模量与$E_{1\text{-}2}$存在较大差异，因此不同深度土体的有效弹性模量取值不能简单通过上式推算得到。陈勇华对土体压缩模量、变形模量及弹性模量做过讨论，建议数值计算中，根据经验有效弹性模量与压缩模量满足下式：

$$E_{50}=(2.0\sim5.0)E_{1\text{-}2}$$

3.2 土体硬化模型及参数分析

硬化模型的屈服面在主应力空间中不是固定的，而是由于塑性应变的发生而扩张。

硬化主要有两种类型，分别是剪切硬化和压缩硬化。剪切硬化用于模拟主偏量加载带来的不可逆应变。压缩硬化用于模拟固结仪加载和各向同性加载中主压缩带来的不可逆塑性应变。在主偏量加载下，土体的刚度下降，同时产生了不可逆的塑性应变。排水三轴试验的情况下，轴向应变与偏差应力之间的关系可以很好地由双曲线来逼近。硬化模型中参数可以考虑刚度与应力相关，对于剪切硬化，其刚度满足下式：

$$E_{50}=E_{50}^{\mathrm{ref}}\left(\frac{c\cos\varphi-\sigma_3'\sin\varphi}{c\cos\varphi+p^{\mathrm{ref}}\sin\varphi}\right)^m$$

式中：E_{50}^{ref}——参考围压p^{ref}的 50%强度处割线模量；

p^{ref}——参考围压值，一般取 100kPa；

c、φ——三轴试验条件下黏聚力和内摩擦角；

m——应力相关系数，近似条件下，砂土和粉土m取 0.5，软黏土m取 1，本文计算中，软黏土$m=1$，砂土$m=0.5$，其他黏土，$m=0.8$。

对于压缩硬化，软土模型中所用修正压缩指数λ^*与固结仪加载模量之间存在如下关系：

$$E_{\mathrm{oed}}^{\mathrm{ref}}=\frac{p^{\mathrm{ref}}}{\lambda^*}\qquad\lambda^*=\frac{\lambda}{(1+e_0)}$$

式中：λ——压缩指数；

e_0——初始孔隙比；

$E_{\mathrm{oed}}^{\mathrm{ref}}$——固结仪加载模量中竖向应力：$-\sigma_1=\frac{-\sigma_3}{K_0^{\mathrm{nc}}}=p^{\mathrm{ref}}$时的切线刚度，如图 3 所示，其刚度满足下式：

$$E_{\mathrm{oed}}=E_{\mathrm{oed}}^{\mathrm{ref}}\left(\frac{c\cos\varphi-\frac{\sigma_3}{K_0^{\mathrm{nc}}}\sin\varphi}{c\cos\varphi+p^{\mathrm{ref}}\sin\varphi}\right)^m$$

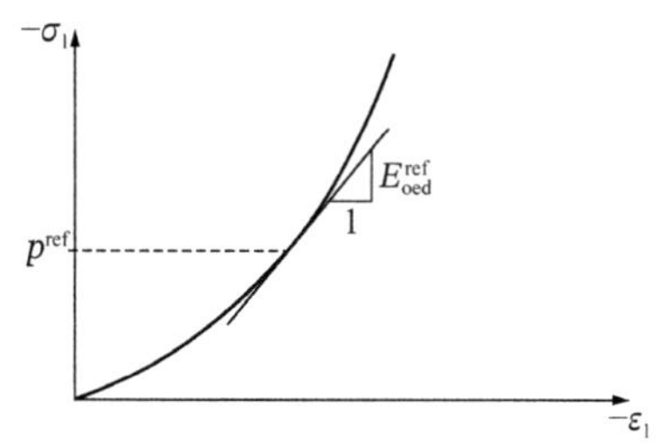

图 3 侧限试验应力-应变曲线

式中：K_0^{nc}——正常固结下的K_0值，默认值为 $1-\sin\varphi$。

卸载再加载模量也与修正膨胀指标κ^*相关，其近似关系满足下式：

$$E_{ur}^{ref}=\frac{2p^{ref}}{\kappa^*}\qquad \kappa^*=\frac{\kappa}{(1+e_0)}$$

利用 Plaxis 3D 中的土工试验室功能，结合已有土工试验数据，探求E_{oed}^{ref}、E_{50}^{ref}与常规压缩试验中压缩模量$E_{1\text{-}2}$之间的关系。Plaxis 3D 中土工试验室的界面如图 4 所示。

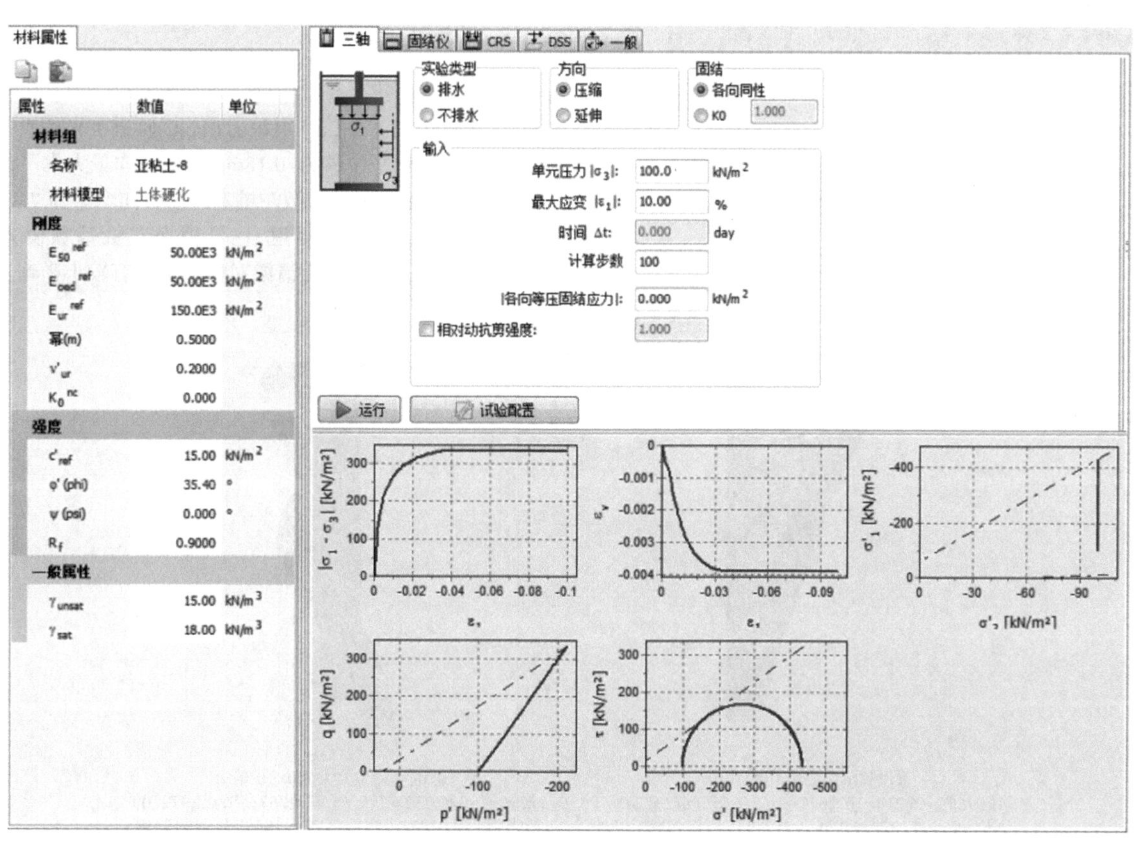

图 4 Plaxis 3D 中土工试验室界面图

本文以某土层为例，初步假定该层土物理力学特性如表 1 所示，分析和讨论硬化模型中其他参数$E_{1\text{-}2}/E_{oed}^{ref}$影响规律。

某土层硬化模型参数表　　表 1

名称	黏聚力/kPa	内摩擦角/(°)	H-S 模型参数			
			E_{50}^{ref}/MPa	E_{oed}^{ref}/MPa	E_{ur}^{ref}/MPa	K_0^{nc}
黏土	15	35.4	50	50	150	0.421

3.3 有限元计算模型及参数取值

本次专题主要针对深中机场外排洪道清淤、C 匝道的 1～5 号周围清淤及其堆土以及卡口段清淤等几种工况对邻近沿江高速桥梁桩基础的影响进行研究。计算模型选取 H-S 模型，参数取值按《上海市基坑工程技术标准》DG/TJ 08—61—2018。H-S-Small 模型参数包含了 11 个 H-S 模型参数和 2 个小应变参数。H-S 模型参数有：有效黏聚力c'、有效内摩擦角φ'、剪胀角ψ、三轴固结排水剪切试验的参考割线模量E_{50}^{ref}、固结试验的参考切线模量E_{oed}^{ref}、与模量应力水平相关的幂指数m、三轴固结排水卸载再加载试验的参考卸载再加载模量E_{ur}^{ref}、泊松比υ_{ur}、参考应力p^{ref}、破坏比R_f、正常固结条件下的静止侧压力系数K_0；小应变参数有：小应变刚度试验的参考初始剪切模量G_0^{ref}和当割线剪切模量G_{secant}衰减为 0.7 倍的初始剪切模量G_0时对应的剪应变$\gamma_{0.7}$。模型参数中，$K_0=1-\sin\varphi'$由计算得出。对于砂土和粉土，与模量应力水平相关的幂指数m一般可取为 0.5；对于黏性土，m的取值范围为（0.5～1），黏性土的m值可取为 0.8。泊松比υ_{ur}可取 0.2；参考应力p^{ref}一般取 100kPa；对于砂土，剪胀角ψ可取为($\varphi'-30°$)；内摩擦角小于 30°的石英砂，剪胀角可视为 0；对于黏性土，剪胀角ψ一般取为 0。c'、φ'、E_{50}^{ref}、E_{oed}^{ref}、E_{ur}^{ref}和R_f的确定方法可以通过试验得出的结果。

网格采用 Plaxis 3D 自带自适应获得（图 5），可根据结构的实际情况获得相适应的单元数，单元为 10 节点单元。为了消除边界效应的影响，建模过程中外延 50m（图 6）。

Project	
Filename	QY11-17-1.p3d
Directory	F:\jiangkaiyu\深圳模拟\
Title	QY
General	
Model	PLAXIS 3D
Elements	10-Noded
Acceleration	
Gravity	1.0 G (-Z direction)
Earth gravity	9.810 m/s²
Mesh	
Nr of soil elements	122921
Nr of nodes	177569
Average element size	6.866 m
Maximum element size	33.32 m
Minimum element size	0.03904 m

图 5　网格特性

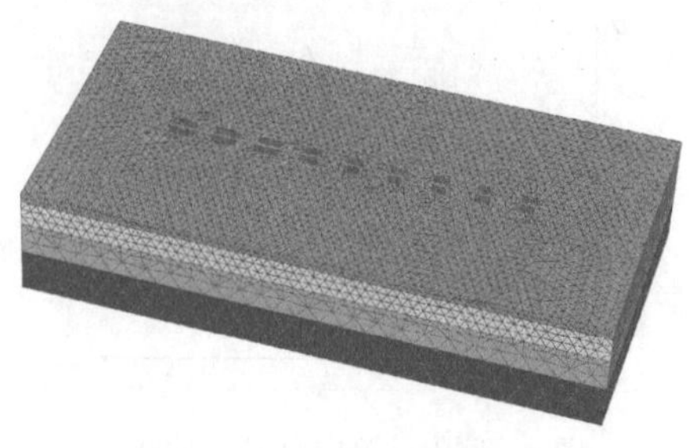

图 6　网格示意图

3.4　计算结果分析

（1）C 匝道 1 号-左桥墩

从图 7（a）～（d）可以看出，C 匝道 1 号桥墩左桩基顺桥向最大水平位移为 0.18mm，横桥向最大水平位移为 0.20mm；C 匝道 1 号桥墩左桩基顺桥方向弯矩为 7.432kN · m；桩基加载时 C 匝道 1 号桥墩左桩基顺桥方向为 16.55kN · m。可见河道清淤对邻近桩基有较小影响。

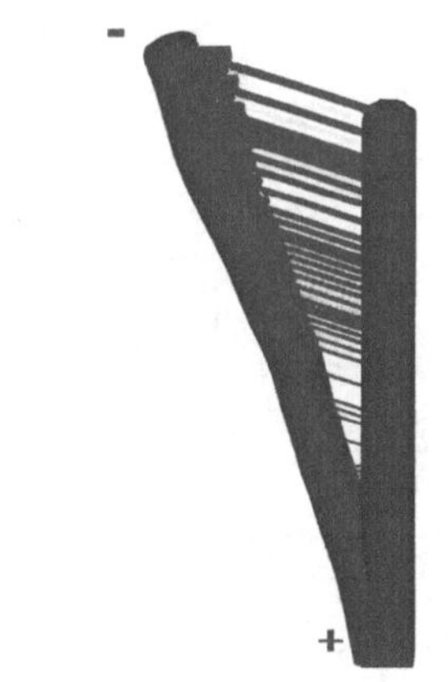

总位移u_x（放大100×10³倍）
最大值=−6.214×10⁻⁶m（单元286在节点297248）
最小值=−0.1874×10⁻³m（单元262在节点297198）

(a) 桩基顺桥向水平位移

总位移u_y（放大500×10³倍）
最大值=0.02032×10⁻³m（单元267在节点297210）
最小值=−0.01471×10⁻³m（单元286在节点297248）

(b) 桩基横桥向水平位移

弯矩M_3（放大5.00倍）
最大值=7.392kN · m（单元275在节点297225）
最小值=−7.432kN · m（单元265在节点297206）

(c) 桩基顺桥向弯矩

弯矩M_2（放大0.500倍）
最大值=16.55kN · m（单元267在节点297210）
最小值=−10.65kN · m（单元274在节点297224）

(d) 桩基横桥向弯矩

图 7　清淤后 C 匝道 1 号桩基础水平变形图

（2）C 匝道 1 号-右桥墩

从图 8（a）～（d）可以看出，C 匝道 1 号桥墩右桩基顺桥向最大水平位移为 0.197mm，横桥向最大水平位移为 0.0180mm；C 匝道 1 号桥墩右桩基顺桥方向弯矩为 13.17kN · m；桩基加载时 C 匝道 1 号桥墩右桩基顺桥方向为 15.83kN · m。可见河道清淤对邻近桩基有较小影响。

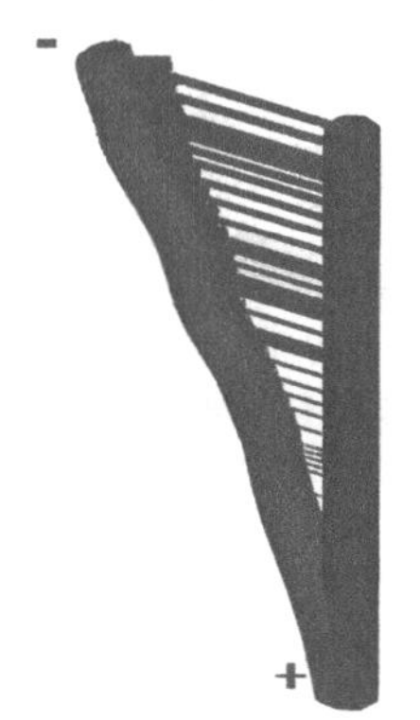

总位移u_x（放大100×10³倍）
最大值=−5.393×10⁻⁶m（单元261在节点297197）
最小值=−0.1970×10⁻³m（单元236在节点297145）

(a) 桩基顺桥向水平位移

总位移u_y（放大1.00×10⁶倍）
最大值=0.01840×10⁻³m（单元261在节点297197）
最小值=−3.157×10⁻⁶m（单元253在节点297181）

(b) 桩基横桥向水平位移

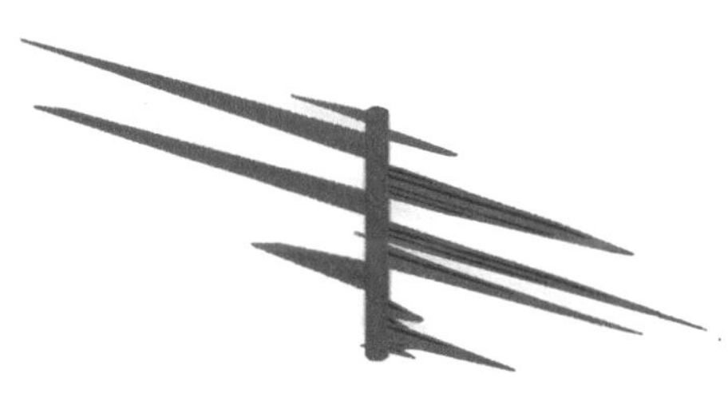

弯矩M_3（放大5.00倍）
最大值=12.10kN · m（单元248在节点297171）
最小值=−13.17kN · m（单元238在节点297151）

(c) 桩基顺桥向弯矩

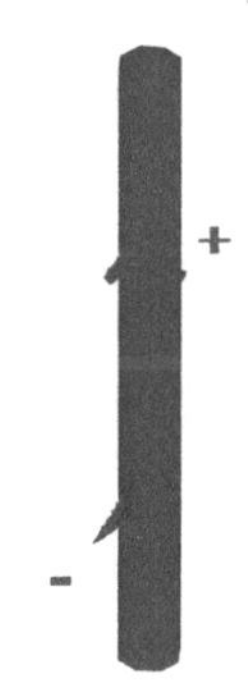

弯矩M_2（放大0.500倍）
最大值=10.14kN · m（单元247在节点297168）
最小值=−15.83kN · m（单元253在节点297181）

(d) 桩基横桥向弯矩

图 8　清淤后 C 匝道 1 号桩基础水平变形图

4　结论

根据深中通道工程特性，针对东莞长安至深圳南山高速公路深中通道深圳侧接线和国际会展中心互通立交工程防洪排涝范围内的桩基，以及堆土对既有桥梁影响等情况进行重点分析，得出以下结论：

（1）本工程岛内填土、堆土及清淤对已建 C 匝道、机场外排洪道桥墩、卡口段桥墩等立即桥墩的影响，考虑到泥面为软土，工程地质条件较差，建议邻近桥桩安全控制水平位移为 6mm；

（2）通过有限元分析清淤对 C 匝道的 1～5 号桥墩发生变位的影响发现，整个河道清淤距离对既有桥梁桩基础较远，对其影响较小。清淤 4m 后，桥梁桩基础最大水平位移为 0.97mm。满足设定的桩基础最大水平位移标准。

参考文献：

[1] 孙更生，郑大同. 软土地基与地下工程[M]. 北京：中国建筑工业出版社，1984.

[2] 龚晓南. 桩基工程手册[M]. 2 版 北京：中国建筑工业出版社，2016.

[3] 高大钊. 桩基础的设计方法与施工技术[M]. 北京：机械工业出版社，2002.

[4] ZEEVAERT L. Reduce of point bearing capacity of piles because of negative friction[C]//Proceedings of the 1st Pan American Conference on Soil Mechanics and Foundation Engineering. Mexico, 1959(3): 1145-1152.

[5] ENDO M A, MINOU A, KAWASAKI I, et al. Negative skin friction acting on steel pipe pile in Eclay[C]//Proceedings of the 7th International Conference on Soil Mechanics and Foundation Engineering. Mexico City, 1969, vol. 2: 85-92.

[6] POULOS H G, MATTES N S. The analysis of down in end bearing piles[C]//Proceedings of the 6th Pan American Conference on Soil Mechanics and Foundation Engineering. Mexico, 1967(2). 203-209.

[7] TRAN T X, NGUYEN T M. Negative Skin Friction on Concrete Piles in Soft Subsoil on The Basis of The Shifting Rate of Piles and The Settlement Rate of Surrounding Soils[J]. Slovak Journal of Construction Engineering, 2003, 11(4): 13-20.

[8] POULOS H G. A Practical Design Approach for Piles with Negative Friction[J]. Geotechnical Engineering, 2010, 161: 19-27.

[9] SHIBATA T, SEKIGUCHI H, YUKITOMO H. Model test and analysis of negative friction acting on piles[J]. Japanese Society of Soil Mechanics and Foundation Engineering, 1982, 1(22): 29-37.

[10] MEHMET U E, DEVRIM S. Negative skin friction from surface settlement measurement in model group tests[J]. Canadian Geotechnical Journal, 1995, 32(6): 1075-1077.

[11] LEUNG C F, LIAO B K, CHOW Y K, et al. Behavior of Pile Subject to Negative Skin Friction and Axial Load[J]. Soils and Foundations, 2004, 44(6): 17-26.

[12] 赵锡宏. 桩基负摩擦力计算[J]. 同济大学科技情报, 1975.

[13] 赵锡宏, 张启辉, 张保良. 承受负摩擦力的桩基沉降计算的迭代法[J]. 岩土力学, 1999, 20(2): 17-21.

[14] 夏力农, 雷鸣, 聂重均. 桩顶荷载对负摩阻力性状影响的现场试验[J]. 岩土力学, 2009, 30(3): 664-668.

[15] 夏力农, 柳红霞, 欧名贤. 垂直受荷桩负摩阻力时间效应的试验研究[J]. 岩石力学与工程学报, 2009, 28(6): 1177-1182.

[16] 肖俊华, 周国然, 袁聚云, 等. 高桩码头桩基负摩擦力现场试验研究-上海洋山深水港工程现场试验[J]. 岩土力学, 2008, 29(4): 1097-1102.

[17] 孙均杰. 黄土场地震陷与桩基负摩阻力现场试验研究[D]. 兰州: 兰州大学, 2011.

[18] 孔纲强, 杨庆, 郑鹏一, 等. 考虑时间效应的斜桩基负摩阻力室内模型试验研究[J]. 岩土工程学报, 2009, 31(4): 617-621.

[19] 缪云, 砂土群桩负摩阻力试验研究[D]. 南京: 东南大学, 2012.

[20] 黄挺, 龚维明, 戴国亮, 等. 桩基负摩阻力时间效应试验研究[J]. 岩土力学. 2013, 34(10): 2841-2846.

[21] 竺明星, 龚维明, 何小元. 成层地基土中水平受荷桩桩身响应的矩阵传递解[J]. 岩土工程学报, 2015, 37(S2): 46-50.

[22] 邓会元, 戴国亮, 龚维明, 等. 不同平衡堆载条件下桩基承载特性的原位试验研究[J]. 岩土力学, 2015(11): 3063-3070.

DJP 技术在轨道交通建设中关键节点及复杂地层中的应用

刘树新，唐恒森
（北京蓝海建设股份有限公司）

摘　要：随着我国城市轨道交通工程建设的快速发展，复杂地质条件给工程设计和施工带来巨大挑战。传统桩基础施工工艺和端头井土体加固方法存在质量低、造价高、工期长等问题。为此，研发了潜孔冲击高压旋喷技术（DJP 工法），该技术将旋喷工艺和潜孔锤工艺有机结合，具备旋喷和潜孔冲击成孔功能，能在复杂地层一次性快速成孔、旋喷成桩，并可植入预制桩形成复合桩基础。本文阐述了 DJP 工法的技术原理、设备工艺及参数，通过深厚富水砂层盾构井端头止水加固、岩溶地区复合桩基础、抛填石地层复合地基等工程应用案例，表明 DJP 技术可有效解决复杂地层成孔和成桩难题，在质量、工期、造价和环保等方面优于常规方法，在城市轨道交通工程中具有较高指导价值，值得推广。
关键词：轨道交通工程；复杂地层；潜孔冲击；高压旋喷；DJP 工法

0　引言

随着我国基础设施建设规模的持续扩大，城市轨道交通工程建设飞速发展，遇到的各种复杂地质条件也愈来愈多，如抛填石层或岩溶地区桩基础施工、深厚富水砂层地区盾构井端头加固等，给轨道交通工程的设计和施工带来巨大挑战。

在岩溶地区以及上部厚度较大的大颗粒抛填石加下部深厚淤泥的复杂地层地区，是钻（冲）孔灌注桩常用的桩基础施工方法。但在此类地区，传统成桩施工工艺施工难度大、质量低、造价高、工期长、环境污染较大，有时甚至在技术上无法实现。

在深厚富水砂层地层地区，其自稳能力较差、渗透系数较高，在盾构洞门凿除时易发生涌水涌砂现象，导致土体失稳坍塌。常用的端头井土体加固方法主要有旋喷法、深层搅拌法、注浆法、人工冻结法等，此类工艺在实际工程中的应用较为普遍，但也广泛存在质量低、造价高、技术后遗症多等问题。

针对上述工程难点，研发了潜孔冲击高压旋喷技术（以下简称“DJP 工法”）将旋喷工艺和潜孔锤工艺进行有机结合，同时具备旋喷功能和潜孔冲击成孔功能，可在抛填石、岩溶等复杂地层中一次性快速成孔、旋喷成桩，具有工艺流程简单、成孔速度快、旋喷质量好的特征，并可在此基础上植入预制桩，形成复合桩基础。工程实践表明，DJP 工法可大大提高效率和工程质量，降低工期和造价，能够解决传统工法所存在的诸多问题，对推动轨道交通工程技术的创新与发展具有重要意义。

1　技术原理

DJP 工法将潜孔锤的施工工艺、旋喷桩施工工艺、植桩工艺等有机地组合在一起。虽然涉及的工艺多，但在成桩过程中，每个阶段的工艺有侧重。在成孔阶段，重点发挥潜孔锤的冲击引孔功能，潜孔锤在高压空气驱动下开始产生冲击效能，可在大颗粒的复杂地层中成孔；在成孔的同时，喷射高压水流切割软化四周土体，且气动潜孔锤做完功后排放的气体会产生“微气爆”效果，进一步软化土体，见图 1 中第一阶段。成孔至设计标高后，向上提钻杆，同时启动旋喷工艺，注入高压水泥浆，可使在成孔阶段形成的软化土体与水泥浆混合，形成旋喷桩；并可根据需要，通过空压机吹入少量的低压气体，起到翻搅水泥浆与软化土体的作用，使旋喷桩的水泥土体混合更均匀、质量更好。此阶段主要是发挥旋喷桩工艺，见图 1 第二阶段。对于复合预制管桩项目，可采用常规的静压法或锤击法将预制桩同心同轴植入旋喷桩内，形成 DJP 复合桩，见图 1 第三阶段。

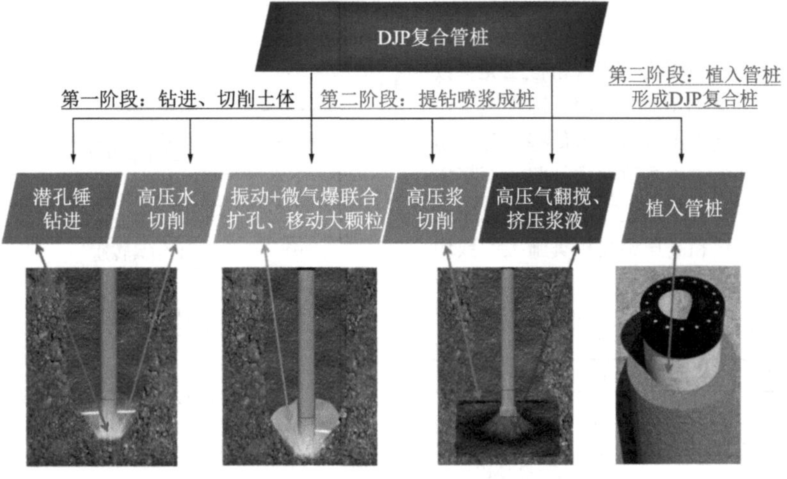

图 1　DJP 工法设备示意图

2 设备工艺及参数

DJP 工法涉及潜孔锤、旋喷桩施工工艺，对于复合预制管桩项目，还涉及植桩工艺，其施工流程见图 2。DJP 工法设备包括 DJP 钻机、后台设备、锤击或静压桩机等，见图 3。

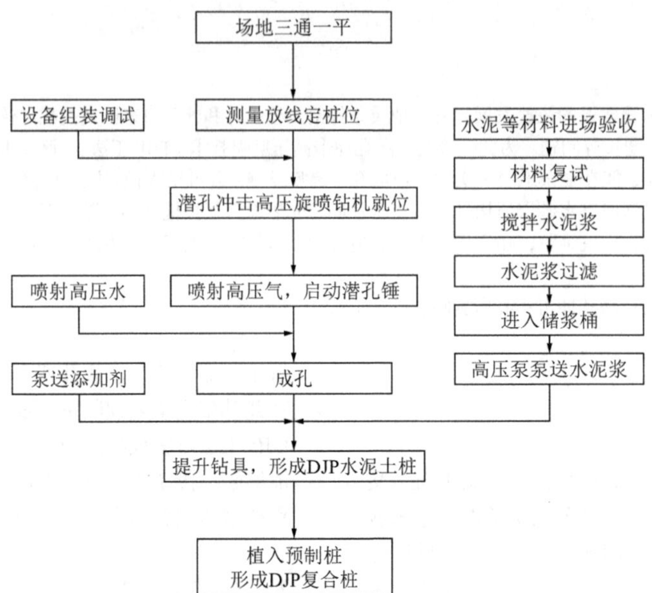

图 2 DJP 工法施工工艺流程

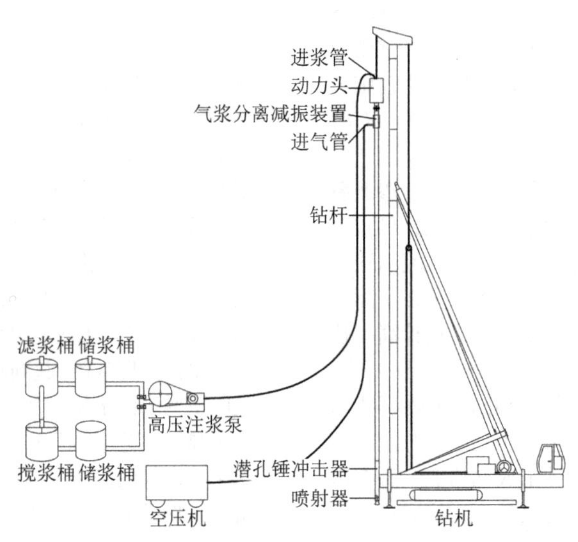

图 3 DJP 工法设备示意图

施工参数分为：潜孔锤、高压旋喷桩及植桩三类参数（表 1）。对于卵石、抛填石、岩石等地层，潜孔锤类施工参数要求高些，而高压旋喷桩类施工参数要求低些；对于粉土、黏性土等地层，潜孔锤类施工参数要求低些，而高压旋喷桩类施工参数要求高些；对于砂土、淤泥、淤泥质土等地层，对潜孔锤类施工参数和高压旋喷桩类施工参数均要求不高。

DJP 工法基本施工参数　　　表 1

项目	参数
水灰比	0.65～1.4
喷射器喷水压力	≤ 5MPa
空压机压力	1.7～2.5MPa
冲击器（12、14、18、24 英寸）风量	62～95m³/min

续表

项目	参数
喷射器喷浆压力	25～60MPa
注浆泵流量	120～300L/min
DJP 钻具提升速度	30～100cm/min
DJP 钻具转速	18～35r/min

3 工程应用案例

3.1 案例一：深厚富水砂层盾构井端头止水加固工程应用

3.1.1 工程概况

东六环（京哈高速—潞苑北大街）入地改造工程位于

北京市通州区，线路全长 16km，其中隧道段长约 9.2km，盾构隧道含始发井、接收井和中间井各一个。场地地层主要为细砂、中砂层，夹粉土、粉质黏土。地下水位埋深约为 9.0m，地下水类型为潜水，典型地层剖面图见图 4。

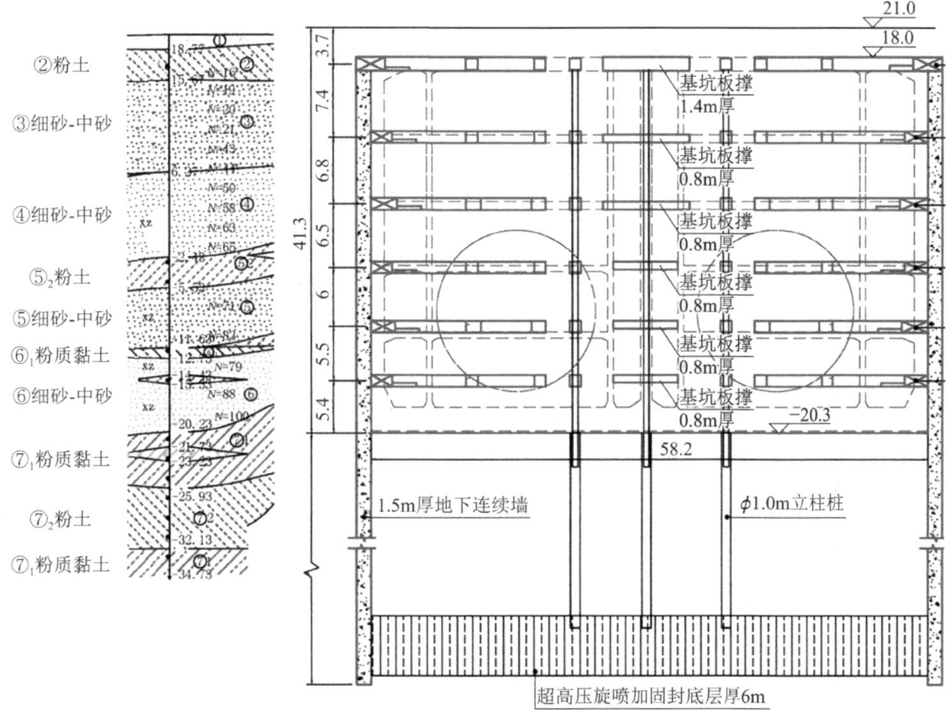

图 4　案例一典型地层剖面图

3.1.2　设计方案及施工参数

本项目盾构隧道接收井深约 27.4m，加固深度约为 31.0m；中间井深约 28.0m，加固深度约为 43.0m。原设计方案采用三重管高压旋喷桩，桩径 800mm@600mm。试桩表明，施工效果较差，取芯不连续，且未达到预定施工深度。优化方案采用 DJP 旋喷桩，桩径 1200mm@1000mm，呈梅花形布置，最大施工深度 43.0m，DJP 水泥土桩的施工参数如表 2 所示。

案例一施工参数表　　表 2

项目	参数	项目	参数
水灰比	0.8	水泥土抗压强度	≥ 1.2MPa
水泥浆液相对密度	1.59	注浆压力	≥ 40MPa
喷水压力	≤ 5MPa	提升速度	≤ 0.30m/min
水泥强度等级	P · O 42.5	转速	21r/min
水泥掺量	≥ 30%	喷嘴直径	3.0mm

3.1.3　检测及成桩效果

经取芯试验检测，芯样完整连续，水泥土混合均匀，效果良好。根据抗渗、抗压及桩身完整性检验报告，DJP 水泥桩无侧限抗压强度、相对渗透系数均满足设计要求，如图 5 所示。

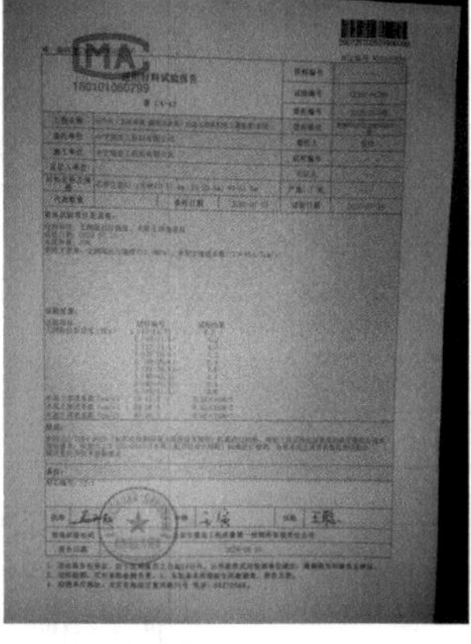

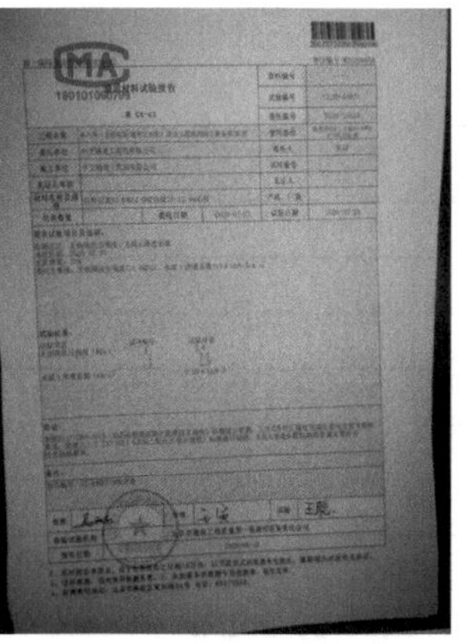

图 5　案例一钻孔取芯情况及无侧限抗压强度、相对渗透系数试验报告

本工程采用一次性成孔成桩技术，首例突破 43m 深度大直径高压旋喷施工的成功案例，与同类技术施工的北侧井对比优势明显，工程总造价节省约 30%，工期缩短约 30%。

3.2　案例二：岩溶地区复合桩基础工程应用

3.2.1　工程概况

广东某岩溶地层项目拟建 12 栋 30 层剪力墙结构住宅塔楼，用地面积约 4.5 万 m^2，拟设二层地下室。本工程为框架结构，采用桩基础形式。本项目场区为岩溶强发育区，钻孔见溶洞率约为 48.5%，溶洞多呈串珠状，蜂窝状，大部分呈全充填状态，部分溶洞为空洞，下伏基岩为石灰岩，在溶洞地层进行地基基础施工较为困难。典型地层剖面图见图 6。

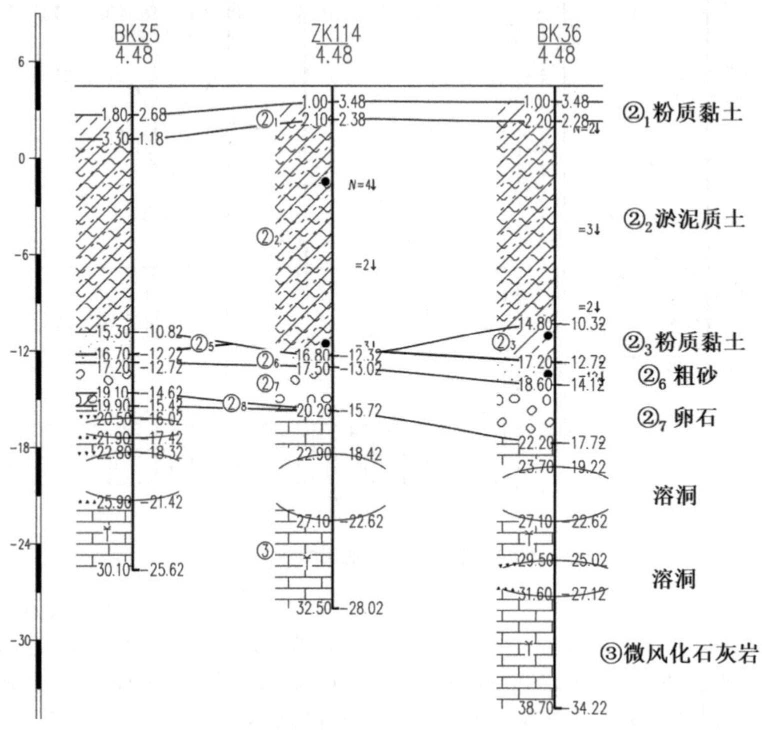

图 6　案例二典型地层剖面图

3.2.2　设计方案及施工参数

本项目设计采用 DJP 工法植桩工艺，设计单桩承载力为 4900kN，桩基沉降变形允许值为 50mm。DJP 水泥土外桩直径 700mm；芯桩为 UHC 600-Ⅱ-130-C105 超高强度混凝土管桩，桩径为 600mm；桩端持力层为③层微风化石灰岩，桩端进入持力层不小于 1.2m（2d，d为管桩外径），桩长约 23.0～41.0m。本工程施工采用 DJP 工法引孔，引孔至设计桩端标高后喷浆 1min，再边上提钻杆边旋喷浆液，喷至桩顶标高后再植入管桩，DJP 水泥土桩的施工参数如表 3 所示。

案例二施工参数表　　表 3

项目	参数	项目	参数
水灰比	0.7	水泥土抗压强度	≥ 1.2MPa
水泥浆液相对密度	1.65	注浆压力	≥ 10MPa
喷水压力	≤ 5MPa	提升速度	0.4m/min
水泥强度等级	P · O 42.5	转速	21r/min
水泥掺量	≥ 20%		

3.2.3　单桩竖向抗压承载力检测

对 73 号桩进行单桩竖向抗压承载力检测，Q-s曲线见图 7。Q-s曲线几乎为线性关系，未出现明显的破坏荷载；单桩竖向抗压极限承载力为 9800kN，对应的沉降小于 40mm，回弹量为 23.8mm，占总沉降的 60%，表明基桩效果好，满足设计要求。

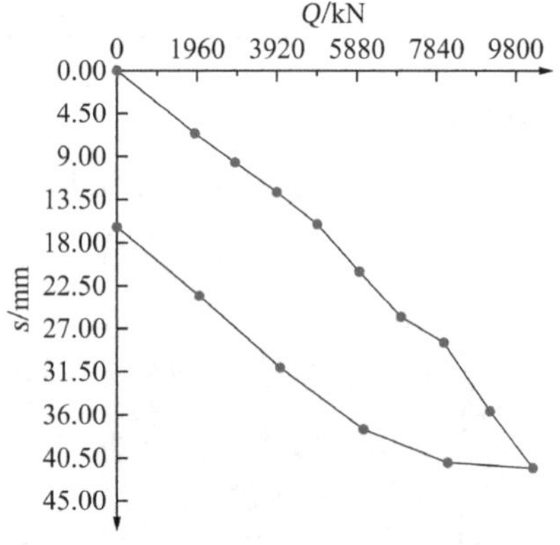

图 7　案例二单桩竖向抗压静载试验Q-s曲线

本项目采用 DJP 复合桩方案，有效解决了在岩溶地区施工管桩的难题，相比周边项目采用的冲孔灌注桩工艺，节约造价 8%～13%。单桩施工所需时间更短，可节约工期 20%～30%。水泥土桩一次性成孔成桩，植入管桩流水施工，施工工序简单、效率更高。同时本工艺废弃泥浆量相比传统冲灌桩废弃泥浆量较小，节能环保。

3.3 案例三：抛填石地层复合地基工程应用

（1）工程概况

妈湾跨海通道工程为深圳市重点工程，位于深圳市西部，途经前海妈湾及宝安大铲湾，路线全长 8.05km。为国内最大直径海底隧道，也是深圳第一条海底隧道。项目由深圳交通公用设施建设中心组织建设，共计约 5km 明开隧道段地基处理均采用 DJP 工法，项目产值逾亿元。场地表层分布有厚度不均的人工抛石填土层，下伏深厚淤泥层，深层有砂土、风化岩分布，地层强度不均，地基加固条件复杂，典型地质剖面见图 8。

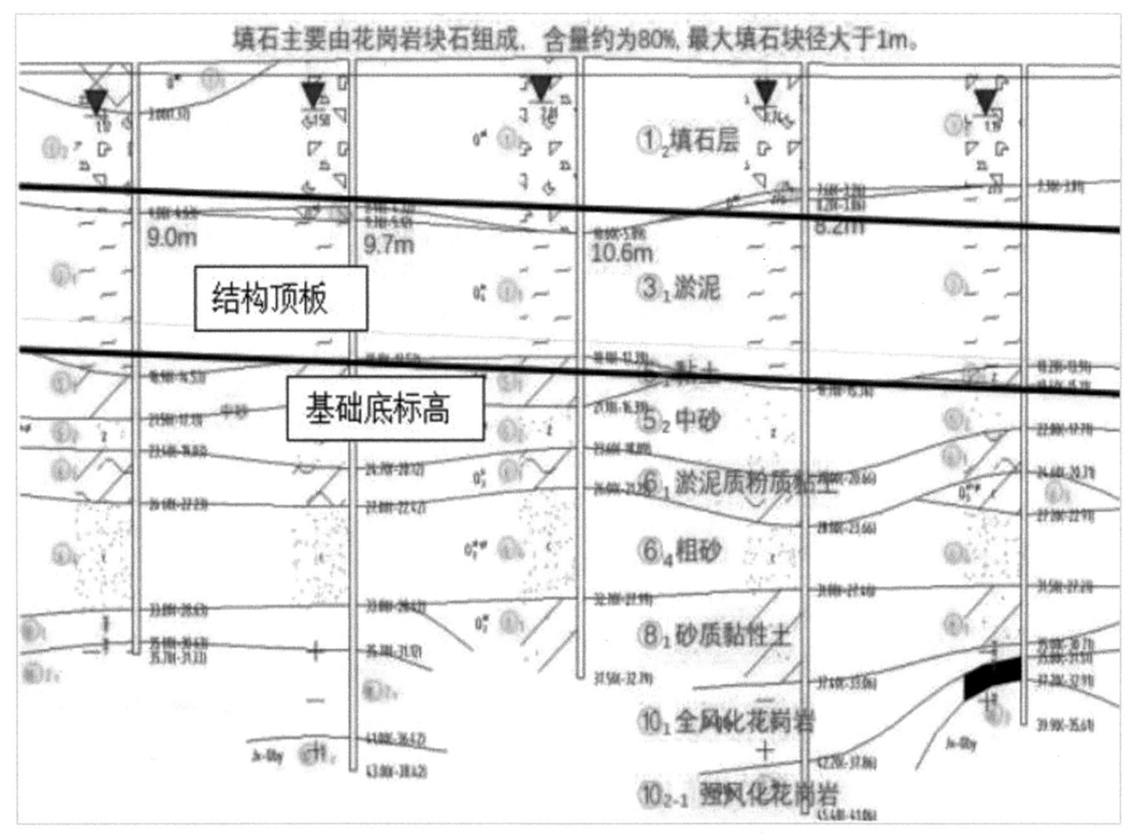

图 8 案例三典型地质剖面图

（2）设计方案及施工参数

本工程设计复合地基承载力为 200～280kPa，沉降变形允许值为 20mm，差异沉降<10mm。原设计方案采用 PHC400AB95 型预应力混凝土管桩方案，桩间距 1.5～2.0m，桩长 8.0～25.0m。经试桩，其难以穿越上部抛石层。优化设计方案采用 DJP 复合管桩进行地基处理，水泥土桩径为 700mm，管桩型号为 PHC 400 AB 95，桩径为 400mm，桩间距 2.0～3.0m。管桩桩端持力层为⑥$_4$粗砂层、⑧$_1$砂质黏性土层或⑩$_1$全风化基岩层，桩长 6.0～22.0m。本工程基坑为内支撑支护形式，DJP 复合桩需在地面施工，采用超长送桩工艺，成为国内首例实现 27m 深超长送桩成功案例。采用具有速凝及抗冲蚀作用的 RC-2 型添加剂，防止浆液在大孔隙地层流失。DJP 水泥土桩的施工参数见表 4 所示。

案例三施工参数表　　表 4

项目	参数	项目	参数
水灰比	0.7	水泥土抗压强度	≥ 1.2MPa
水泥浆液相对密度	1.65	注浆压力	≥ 20MPa
喷水压力	≤ 5MPa	提升速度	≤ 0.30m/min
水泥强度等级	P·O 42.5	转速	21r/min
水泥掺量	≥ 20%	喷嘴直径	3.2mm

（3）单桩及复合地基检测及成桩效果

单桩和复合地基静载试验曲线如图 9 所示，单桩竖向抗压极限承载力为 2400kN，对应的最大沉降量约为 7.66mm。复合地基静载荷试验最大加载值为 300kPa，对应的最大沉降量为 12.45mm。以上数据表明，单桩和复合地基施工效果良好，满足设计要求。

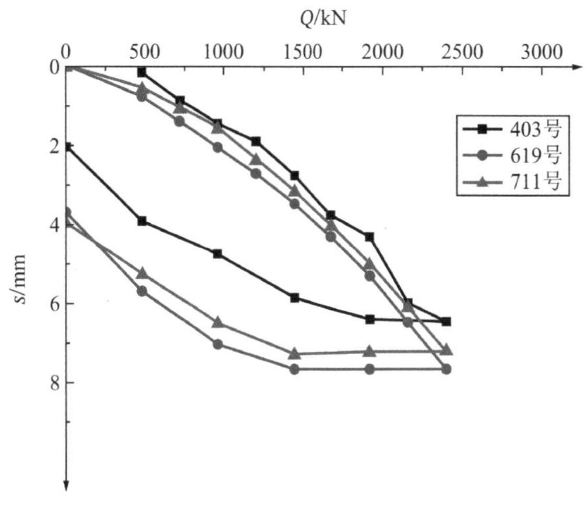

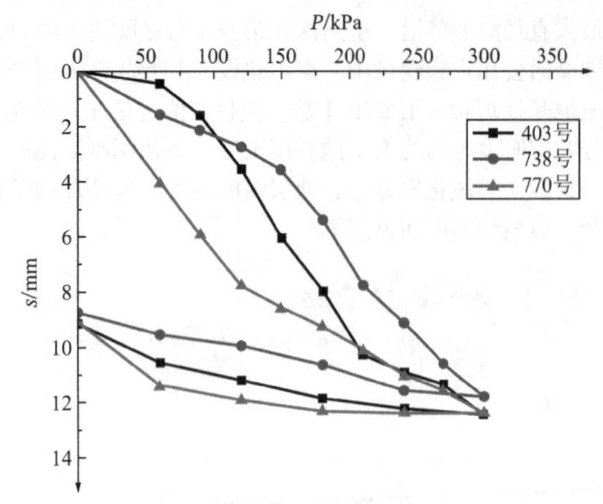

图 9 案例三单桩及复合地基竖向抗压静载荷试验Q-s曲线

本项目采用 DJP 复合桩的地基处理方案，有效解决了在抛石填海地区成孔成桩的难题，并结合 DJP 超长送桩技术，解决了本项目槽底施工的难题。采用 DJP 复合桩方案较原冲孔灌注桩方案节省工期约 20%～25%、节约造价约 15%～20%，有效保证了项目的施工质量并节约工程造价和建设工期，同时废弃泥浆量较小，节能环保。

4 结语

工程实践证明，DJP 技术可在岩溶地区、卵石层、抛填石层、密实砂层、粉土层、黏性土层及其组合形成的复杂地层条件下有效实现成孔、旋喷一体成桩，并可在水泥土外桩内同芯植入预制桩，形成 DJP 复合桩，有效解决了在复杂地层中成孔和成桩的难题，且在质量、工期、造价和环境保护等方面明显优于常规的施工方法。在城市轨道交通工程应用中具有较高的指导价值，值得推广应用。

第三部分

地基处理与复合地基

厚垫层-砂桩复合地基现场试验研究

王正振[1,2,3]**，龚维明**[1,2]**，戴国亮**[1,2]**，戴康乐**[3]

（1. 东南大学混凝土及预应力混凝土结构教育部重点实验室，南京 210096；2. 东南大学 土木工程学院，南京 210096；3. 兰州理工大学 土木工程学院，兰州 730050）

摘　要：以瓯江北口大桥南锚碇巨型沉井场地地基处理为背景，研究厚垫层-砂桩复合地基的适用性及其承载力的影响因素；针对不同的垫层材料、垫层厚度和砂桩间距共进行了 9 组静载试验。为得到砂桩施工对周围已完成砂桩的影响程度，还进行了砂、桩施工相互影响试验。试验结果表明：厚垫层-砂桩加固软土地基效果非常好，是大型沉井地基处理较为理想的方式；垫层含水率、垫层材料和垫层厚度对其承载力的影响程度均大于砂桩间距；砂桩施工过程对周围已完成砂桩的影响和对周围土体的影响有很大差别，利用传统沉桩挤土理论分析砂桩施工对周围已完成砂桩的影响将产生较大偏差；砂桩施工对周围已完成砂桩会产生较大影响，最大影响范围主要集中在地表以下 1/3 桩长范围内，影响程度与土层的种类和性质有密切关系，土性越好，影响程度越小；可利用增大砂桩间距和已有砂桩的阻隔效应减小影响程度。

关键词：巨型沉井；复合地基；静载试验；影响因素；水平位移

0　引言

随着我国桥梁建设的大力发展，巨型沉井凭借其出众的承载力和稳定性在桥梁索塔基础和锚碇基础中得到了广泛的应用[1-3]。但巨型沉井自重大、对地基承载力要求高，而桥梁工程两岸多为土质不良地段，需要在沉井正式施工之前对其地基进行处理，以保证沉井施工的顺利进行。

地基加固材料采用散体桩，随着沉井下沉，被水冲弱挖掉，在桩顶铺设垫层保证桩体与桩间土共同承担上部荷载，有效改善复合地基中浅层的受力状态[4-5]。故我国修建的一系列巨型沉井，如江阴长江大桥北锚碇沉井，泰州长江大桥南、北锚碇沉井等，均采用厚垫层＋砂桩的处理方法[6]。瓯江北口大桥南锚碇沉井场地地基处理仍沿用该方法。

众多学者对砂桩复合进行了深入的研究。张定[7]通过分析碎石桩复合地基桩土竖向及径向应力-应变关系，建立了桩土应力比表达式及沉降计算方法。肖文静[8]较为系统地总结了砂桩复合地基理论及其发展现状，利用有限元软件分析了砂桩复合地基承载力的影响因素，并对其沉降计算方法进行了探讨。徐东升等[9]进行了强夯砂桩置换试验，研究了强夯置换过程中周围土体的沉降、超孔隙水压力及水平位移变化情况，得到了诸多有益结论。朱小军等[10]分别进行了砂桩复合地基、钢管桩复合地基等室内试验，监测了加载过程中的桩体沉降及桩土应力比，试验数据表明砂桩复合地基应力集中现象不明显，比钢管桩复合地基承载力更高。郑刚等[11]利用有限差分法分析了刚性基础下散体桩变形模式及机理，进行了考虑桩、土为无重介质的散体桩复合地基极限承载力系数研究，利用极限分析法推导了浅基础破坏模式下复合地基的极限承载力系数解答。

上述研究成果多集中于砂桩复合地基，对厚垫层-砂桩复合地基研究较少，而对砂桩施工过程对周围已完成砂桩的影响研究则更为少见。本文以瓯江北口大桥南锚碇沉井场地砂桩＋厚垫层复合地基为研究对象，结合现场静载试验和砂桩施工相互影响试验，对该种复合地基承载力影响因素及砂桩施工相互影响进行分析研究。

1　工程概况

1.1　工程背景

温州瓯江北口大桥位于温州市瓯江出海口，主桥全长 2.09km，为“三塔四跨双层钢桁梁”悬索桥。桥梁南锚碇为重力式锚碇，采用巨型沉井基础。沉井矩形布置，顺桥方向长 70m，横桥方向宽 63m，平面上共分为 30 个小井孔，内部填充水或混凝土；沉井整体高度 66m，底部 8m 为钢壳沉井，其余 58m 为钢筋混凝土沉井。沉井半结构图如图 1 所示。

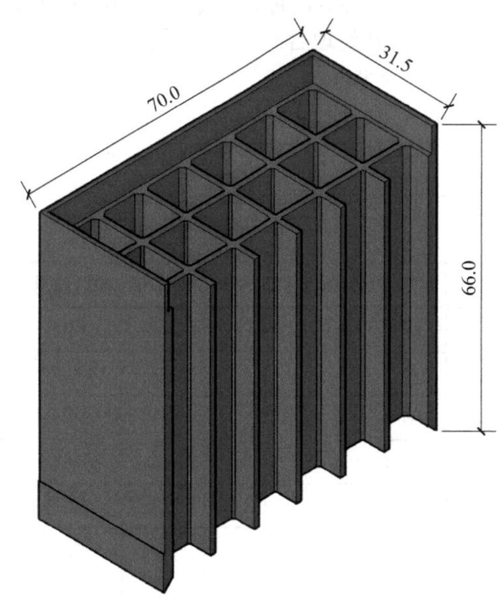

图 1　沉井半结构图（单位：m）

1.2　地质条件

大桥南锚碇沉井深度范围内共有 8 层土，各土层参数如表 1 所示。

各土层性能参数汇总表 表 1

土层名称	层底标高/（m）	层厚/m	黏聚力/kPa	内摩擦角/（°）	重度/（kN/m³）	承载力特征值/kPa
地表	4.39	—	—	—	—	—
淤泥质黏土	−10.31	14.7	9.6	5.7	17.4	55
淤泥	−24.81	14.7	12.4	3.9	16.6	50
淤泥质黏土	−35.01	10.2	13.8	6.3	16.9	60
黏土	−41.11	6.1	19.0	4.5	17.7	100
粉质黏土	−55.91	14.8	10.5	18.7	18.4	120
粉砂	−58.81	2.9	13.5	21.4	19.9	140
卵石	—	—	0	40.0	22.0	400

2 地基承载力试验

2.1 试验概况

由表 1 可知，南锚碇沉井所在场地上部有厚度较大的以淤泥和黏土为主的饱和软土，表层淤泥质黏土地基极限承载力为 110kPa，远小于沉井施工所需的 620kPa。采用砂石厚垫层置换原位土以满足承载力要求，并在下卧层主要承载范围内设置砂桩以提高下卧层承载力。初步确定的砂桩单桩竖向承载力特征值为 231kPa，由《建筑地基处理技术规范》JGJ 79—2012[14]复合地基承载力特征值计算公式：

$$f_{\mathrm{spk}}=[1+m(n-1)]f_{\mathrm{sk}} \tag{1}$$

式中：f_{spk}——复合地基承载力特征值，此处取设计要求的 144.11kPa；

m——砂桩置换率；

f_{sk}——处理后桩间土承载力特征值，由于缺乏地基处理后的桩间土试验参数，在此仍取 55kPa；

n——复合地基桩土应力比，即f_{sk}与f_{pk}的比值，其中f_{pk}为砂桩承载力特征值。

通过上式即可计算出砂桩置换率为 0.51。采用直径 0.6m 的砂桩加固，利用《公路桥涵地基与基础设计规范》JTG 3363—2019[12]中砂桩间距计算公式确定砂桩间距：

$$l_{\mathrm{s}}=1.08\sqrt{\frac{A_{\mathrm{P}}}{m}} \tag{2}$$

式中：l_{s}——砂桩间距；

A_{P}——砂桩截面面积。。

可以得到砂桩间距为 0.8m

从不同的桩间距、不同的垫层材料和不同的垫层厚度三个角度出发，共进行了 9 组复合地基静载试验；为验证砂桩单桩承载力是否达到设计要求，施工场地内还进行了 2 组砂桩单桩静载试验。其中单桩静载试验采用直径 60cm、厚度 3cm 的圆形承压板，复合地基静载试验采用边长 80cm、厚度 3cm 的方形承压板。静载试验的相关参数见表 2。

试验过程中采用砂袋堆载，用工字钢作反力架（图 2），用液压千斤顶加载，将四只百分表读数平均值作为位移量（图 3）。试验采用慢速维持荷载法，加载分为 8 级，卸载分为 4 级进行，并在全部荷载卸除完成 3h 后读最终回弹量[12,14]。从 2016 年 8 月 26 日进场，经 3d 的准备时间，自 2016 年 8 月 29 日开始进行第一个试验点的静载试验，到 2016 年 9 月 14 日全部试验点试验完毕，共经历 20d，其中降雨影响 3d。

试验分组表 表 2

	组号	直径/m	桩间距/m	桩长/m	桩身材料	垫层材料	设计要求极限承载力	最大加载值	备注
单桩	DZ1	0.6	—	31.0	中粗砂	—	462kPa	510kPa（144kN）	—
	DZ2	0.6	—	31.0	中粗砂	—	462kPa	510kPa（144kN）	—
复合地基	FH1	0.6	0.7	31.0	中粗砂	50%粉砂 + 50%中粗砂	682kPa	700kPa（448kN）	垫层 0.81m
	FH2	0.6	0.8	31.0	中粗砂	50%粉砂 + 50%中粗砂	682kPa	700kPa（448kN）	垫层 0.81m
	FH3	0.6	0.8	31.0	中粗砂	50%中粗砂 + 50%石屑	682kPa	700kPa（448kN）	垫层 0.81m
	FH4	0.6	0.9	31.0	中粗砂	50%粉砂 + 50%中粗砂	682kPa	700kPa（448kN）	垫层 0.81m
	FH5	0.6	0.7	31.0	中粗砂	50%中粗砂 + 50%石屑	682kPa	700kPa（448kN）	垫层 0.81m
	FH6	0.6	0.9	31.0	中粗砂	50%中粗砂 + 50%石屑	682kPa	700kPa（448kN）	垫层 0.81m
	FH7	0.6	0.8	31.0	中粗砂	50%粉砂 + 50%中粗砂	682kPa	700kPa（448kN）	垫层 1.6m
	FH8	0.6	0.9	31.0	中粗砂	50%粉砂 + 50%石屑	682kPa	700kPa（448kN）	垫层 1.6m
	FH9	0.6	0.7	31.0	中粗砂	中粗砂、粉砂和石屑	682kPa	700kPa（448kN）	垫层 1.6m

图 2　砂袋堆载、反力架

图 3　加载装置、百分表

2.2　试验结果及分析

2.2.1　单桩试验

为防止单桩静载试验对砂桩顶部造成破坏，在桩外打入直径 0.8m，长度 1m 的钢护筒，如图 4 所示。

图 4　砂桩单桩钢护筒

图 5　单桩 2 试验仪器泡水

在加载试验中，单桩 1（DZ1）加载试验顺利进行，单桩 2［DZ2(1)］加载至第 5 级荷载（90kN）时，突降大雨（图 5），地下水上升，试验被迫终止，待第二天地下水位下降之后重新进行单桩 2［DZ2(2)］的加载，结果如图 6 所示。

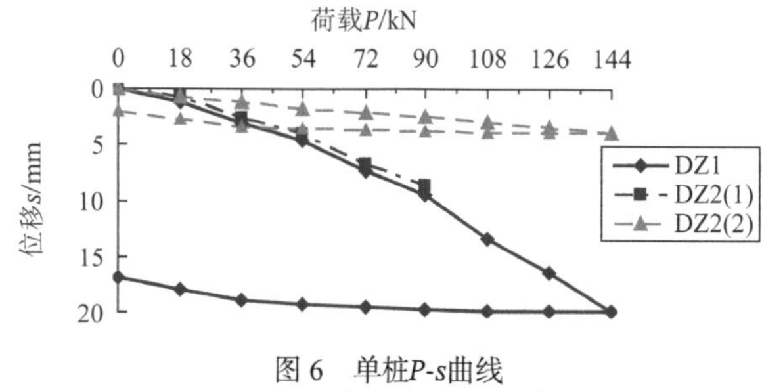

图 6　单桩P-s曲线

由于砂桩施工前整个场地地表利用排水性能良好的粉砂和石屑混合物进行了置换，且置换层以下则是保水性良好的淤泥质黏土，故认为第一次和第二次加载时场地土层的含水率不变，忽略含水率不同对砂桩单桩承载力的影响。从 DZ1 和 DZ2（1）的P-s曲线可以看出，两根单桩第一次加载过程中竖向位移差别不大，反映了场地地层分布的均匀性。对比 DZ1 和 DZ2（2）的P-s曲线，即可分析施工前预压对砂桩单桩承载力的提升效果。从图 5 可以看出，对于未预压的单桩 1，当荷载加至 144kN 时，最大沉降量达到 19.93mm；卸载之后回弹了 2.98mm，最终沉降量仍有 16.95mm。而经过预压之后的单桩 2，加载到最大值时，最大沉降量仅为 3.90mm，仅为未预压沉降量的 19.56%，下降了 80.44%；卸载之后回弹 1.85mm，最终沉降量为 2.05mm，仅为未预压最终沉降量的 12.09%，降低了 87.91%。可见施工前预压对沉降量降低效果明显。预压前后单桩静载试验结果见表 3。

预压前后单桩静载试验结果　　**表 3**

单桩静载试验	最大沉降量/mm	最大沉降量降低率	最终沉降量/mm	最终沉降量降低率
预压前（DZ1）	19.93	—	16.95	—
预压后［DZ2(2)］	3.90	80.47%	2.05	87.91%

2.2.2　复合地基试验

进行的 9 组复合地基试验，除 FH2 情况特殊之外，其他 8 组的P-s曲线均为缓变型。

从受力特征角度出发，将最大加载值视为厚垫层-砂桩复合地基极限承载力，此时，厚垫层-砂桩复合地基承载力特征值为 350kPa（取极限承载力的一半），已是原场地软土承载力的 636.4%。

从相对变形角度出发，取$s/b = 0.01$（b为荷载板边长）对应的加载值为试验点复合地基承载力特征值。垫层厚度

0.81m 的 6 个试验点中，FH4 的承载力特征值最小，达到了 414.1kPa，为原场地承载力的 752.8%；而垫层厚度为 1.6m 的 3 个试验点中，FH7 的承载力特征值最小，为 679.7kPa，是原场地承载力的 1235.8%。可见采用厚垫层-砂桩加固软土地基具有非常好的效果[15]。

如图 7 所示，选择 FH1、FH2 和 FH4 三组数据对比分析层土体含水率对复合地基承载力的影响。

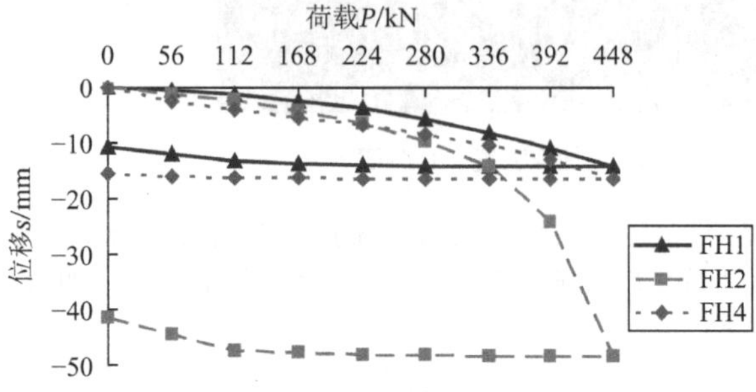

图 7　复合地基（FH1、FH2 和 FH4）*P-s*曲线

结合表 2 中不难看出，桩间距对复合地基的*P-s*曲线影响显著，桩间距 0.7m、0.8m、0.9m 的复合地基最大沉降量分别为−14.36mm、−48.48mm、−16.47mm；卸载回弹量分别为 3.66mm、6.90mm、0.89mm。按照常理，FH2 的沉降量应介于 FH1 和 FH4 之间，但实际情况与预设相反，其原因主要在于 FH2 在试验过程中突降暴雨导致地下水位上升，地下水虽未漫过地表，但从测点旁边低洼处可以看出，地下水位已接近地表，导致换填材料含水率达到饱和状态；而平时换填材料为排水良好的砂和石屑的混合物，且 8 月该地区气温高，空气干燥，换填材料的含水率相对较低。含水率的增加是导致 FH2 产生较大沉降的主要原因。故在实际施工中应尽量降低复合地基的含水率，从而保证足够的承载力。

对比图 8 中 FH1 和 FH4 可以看出，桩间距由 0.7m 变为 0.9m，沉降量由−14.36mm 变为−16.47mm，沉降量随着桩间距的增大而减小，但是减小效果不明显；桩间距增大了 28.6%，沉降量仅减小了 14.7%。

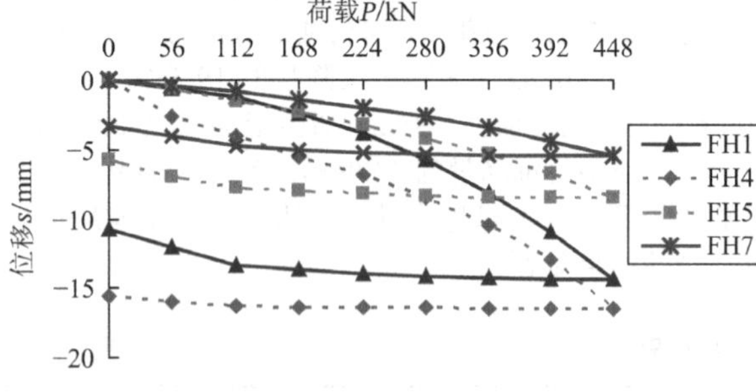

图 8　复合地基（FH1、FH4、FH5 和 FH7）*P-s*曲线

从 FH1 和 FH5 的*P-S*曲线可以发现，不同的换填材料也会对复合地基沉降量产生影响：FH1 表面采用 50%粉砂和 50%中粗砂进行换填，而 FH5 表面采用强度更高的 50%中粗砂和 50%石屑换填，FH5 的最大沉降量比 FH1 的最大沉降量降低 41.3%，降低效果显著。

FH2 点试验情况特殊，故只能将 FH7 和 FH1 进行对比来说明垫层厚度对复合地基承载力的影响。虽然 FH1 的桩间距为 0.7m，FH7 的桩间距为 0.8m，但由于 FH7 垫层厚度较大，其沉降量还是明显小于 FH1。FH1 的最终沉降量为 14.36mm，而 FH7 的沉降量仅为 5.40mm，降低了 62.4%。垫层厚度对砂桩 + 厚垫层复合地基承载力影响明显大于砂桩间距对其承载力的影响。

3　砂桩施工相互影响试验

3.1　仪器布设

为分析砂桩施工过程对邻近已完成砂桩的影响程度，在已施工完毕的 8 号砂桩中心位置埋设 1 号测斜管，并在邻近土体中埋设 2 号测斜管，砂桩及测斜管布置图如图 9 所示。

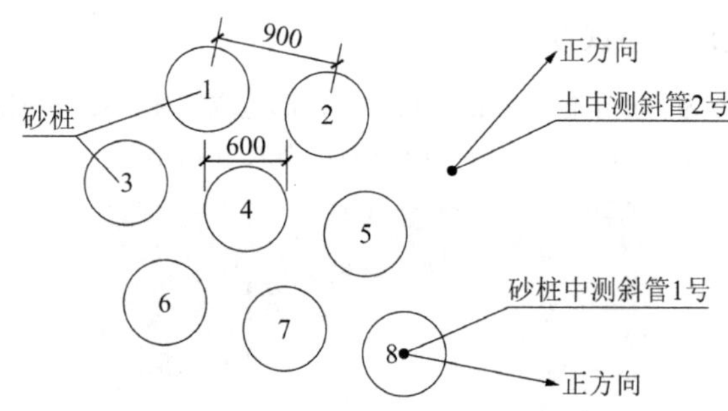

图 9　砂桩及测斜管布置图（单位：mm）

3.2　测试过程及结果分析

砂桩施工、测斜管安装及监测时间如表 4 和表 5 所示。

砂桩施工、测斜管安装时间　　表 4

时间	工况
2016 年 8 月 21 日	8 号砂桩施工
2016 年 8 月 22 日下午	1 号测斜管安装
2016 年 8 月 24 日	2 号测斜管安装
2016 年 8 月 25 日下午	5 号、2 号砂桩施工
2016 年 8 月 26 日早上	1 号、4 号、7 号砂桩施工
2016 年 8 月 26 日下午	3 号、6 号砂桩施工

测斜管监测时间　　表 5

时间	采集次数
2016 年 8 月 25 日上午	第一次
5 号砂桩桩管下沉到位，灌砂之前	第二次
5 号砂桩灌砂之后	第三次
2 号砂桩完成之后	第四次
1 号、4 号砂桩完成之后	第五次
7 号砂桩完成之后	第六次
3 号、6 号砂桩完成之后	第七次

1 号测斜管和 2 号中测斜管采集数据如图 10 和图 11 所示。2 号测斜管第四、五、七次采集的数据有误，故在图 10 中未展示出来。为消除施工机具移动等干扰因素对测试结果的影响，地表以下 2m 范围内的结果不计入分析数据中。

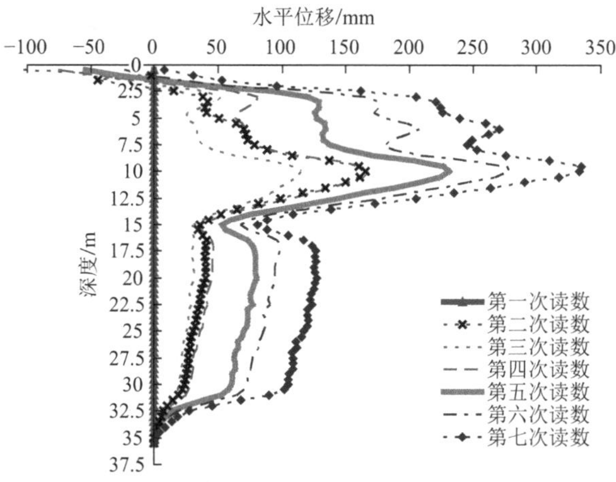

图 10 砂桩测斜管（1 号）位移曲线

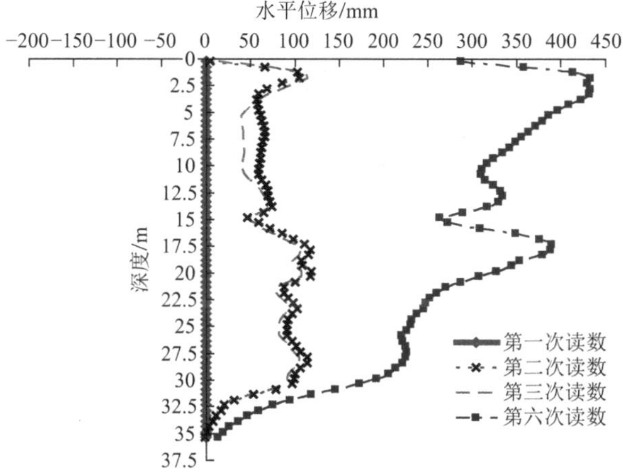

图 11 土中测斜管（2 号）位移曲线

对比图 10 和图 11 即可发现，砂桩施工过程对周围已完成砂桩的影响和对周围土的影响明显不同，二者的深层水平位移变化曲线差别较大，这主要是由土和砂桩材料性质的差异造成的，故利用传统沉桩挤土理论[16-17]分析砂桩施工对周围已完成砂桩的影响将产生较大偏差。

从图 10 可以看出，砂桩施工对周围已施工完成砂桩影响较大。以地表以下 10m 处（水平位移最大处）为例：当 1-7 号砂桩全部施工完成后，−10m 处的水平位移达到最大值 335.5mm，超过了桩径的一半（300mm）。

2 号、5 号和 8 号砂桩处于同一条直线上，但施工 5 号砂桩造成 8 号砂桩−10m 处产生 114.4mm 的水平位移，而距离增大一倍后的 2 号砂桩施工造成 8 号砂桩-10m 处产生的水平位移仅为 53.6mm，仅为 5 号砂桩影响程度的 46.8%。可见增大拟施工砂桩与已施工砂桩的距离和利用已施工砂桩的阻隔效应可有效减小砂桩施工对周围已完成砂桩的影响，因此，建议砂桩加固软土地基时合理布置砂桩间距，并采用跳打的施工方式。

整个砂桩施工过程中对周围砂桩影响最大的过程为桩管下沉过程，而在灌砂拔管过程中，水平位移会发生明显的回弹现象。在 5 号砂桩的施工过程中，分别采集了桩管下沉到位和拔管灌砂之后测斜管的水平位移，仍以水平位移最大的−10m 处为例，桩管下沉到位后水平位移为 165.6mm，而灌砂拔管之后水平位移减小到 114.4mm，回弹幅度达到 30.92%。发生回弹现象的主要原因在于拔管之后，沉管过程中产生的超孔隙水压力迅速消散；砂桩与土体直接接触后，土体中的水可通过砂桩排出；桩管拔出后的空间也有利于土体应力的消散。

从测斜管的 7 次读数中可以发现，砂桩施工对周围已完成砂桩的影响具有明显的深度效应：6 次读数（初始值除外）在深度−13～0m 范围内均较大，最大水平位移均发生在−10m 处，约为 1/3 桩长，深度−13m 至桩端水平位移变化不明显，桩端以下水平位移迅速减小到 0mm。这是因为砂桩施工过程对周围土体产生挤压，地表以下 1/3 桩长范围内，土体水平位移由于地表的隆起现象逐渐增大，而深层土体由于上部土体重力作用，只能径向移动。

砂桩施工对周围已完成砂桩的影响与周围土体性质有较大关系。测斜管深度范围内土体以淤泥和淤泥质粉质黏土为主，土质条件较差，但在−15m 位置附近存在淤泥质黏土夹粉砂层。从图 10 中可以看出，在−15m 附近，砂桩桩体的水平位移有明显减小的现象：−15m 处的水平位移在所有砂桩完成之后为 81.1mm，而−17m 处的水平位移则达到 127mm，减小幅度达 36%。由此可知，在土质条件较好的土层中，砂桩施工对邻近已完成砂桩的影响将大大降低。

4 结论

通过上述试验及相关分析可得以下结论：

（1）针对大型沉井施工，随着沉井的下沉，加固软土的材料需被水冲弱挖掉，这就要求加固体本身强度不可太高，厚垫层-砂桩复合地基满足该要求。通过上述静载试验结果可以看出，厚垫层-砂桩加固软土地基效果非常好，是大型沉井地基加固较为理想的方式。

（2）可通过预压的方式提高砂桩单桩极限承载力，提高效果显著。而土体含水率是影响厚垫层-砂桩复合地基承载力的重要因素之一。在施工过程中应采取措施降低土体的含水率来保证复合地基承载力达到预期要求。

（3）垫层材料及垫层厚度比下卧层砂桩间距对厚垫层-砂桩复合地基承载力影响大。厚垫层-砂桩复合地基设计中宜考虑采用良好的垫层材料和较大的垫层厚度来提高其承载力。

（4）砂桩施工过程对周围已完成砂桩的影响和对周围土的影响有很大差异，利用传统沉桩挤土理论分析砂桩施工对周围已完成砂桩的影响将产生较大偏差。

（5）砂桩施工过程对周围已完成砂桩会产生较大影响。增大砂桩间距和利用已有砂桩的阻隔效应可大大削弱该影响程度。影响范围主要集中在地表以下 1/3 桩长范围内，且与土层种类和性质有较大关系。

（6）桩管下沉是整个施工过程中对周围砂桩影响最大的环节；下沉到位拔管灌砂过程中影响程度会有一定的回弹，大约能恢复 30%。

参考文献：

[1] 朱建民，龚维明，穆保岗，等. 南京长江四桥北锚碇沉井下沉安全监控研究[J]. 建筑结构学报, 2010, 31(8): 16-21.

[2] KELLY R B, HOULSBY G T, BYRNE B W. A comparison of field and laboratory tests of caisson foundations in sand and clay[J]. Géotechnique, 2006, 56(9): 617-626.

[3] 邓友生，黄恒恒，杨敏，等. 大型桥梁圆形沉井锚碇下沉过程中力学特性监测分析[J]. 建筑结构学报, 2015, 36(10): 153-157

[4] 王兵，杨为民，李占强，等. 褥垫层对复合地基承载特性影响的试验研究[J]. 岩土力学, 2008, 29(2): 403-407.

[5] 韩云山，自晓红，梁仁旺. 垫层对 CFG 桩复合地基承载力评价的影响研究[J]. 岩石力学与工程学报, 2004, 23(20): 3498-3503.

[6] 朱建民. 超大型沉井设计施工关键问题研究[D]. 南京：东南大学, 2012.

[7] 张定. 碎石桩复合地基的作用机理分析及沉降计算[J]. 岩土力学, 1999, 20(2): 81-86.

[8] 肖文静. 挤密砂桩复合地基受力性能及计算理论研究[D]. 重庆：重庆大学, 2008.

[9] 徐东升，汪稔，孟庆山，等. 海相淤泥软上地基强夯置换砂桩试验分析[J]. 岩上力学, 2009, 30(12); 3831-3836.

[10] 朱小军，龚维明，赵学亮. 砂桩群桩复合地基模型试验研究[J]. 岩土工程学报, 2013, 35(S2): 680-683.

[11] 郑刚，周海祚，刁钰，等. 饱和黏性土中散体桩复合地基极限承载力系数研究[J]. 岩土工程学报, 2015, 37(3): 385-399.

[12] 住房和城乡建设部. 建筑地基基础设计规范：GB 50007—2011[S]. 北京：中国建筑工业出版社, 2012.

[13] 交通运输部. 公路桥涵地基与基础设计规范：JTG 3363—2019[S]. 北京：人民交通出版社, 2019.

[14] 住房和城乡建设部. 建筑地基处理技术规范：JGJ 79—2012[S]. 北京：中国建筑工业出版社, 2012.

[15] ZHANG L, ZHAO M H, SHI C J, et al. Settlement calculation of composite foundation reinforced with stone columns[J]. International Journal of Geomechanics, 2013, 13(3): 248-256.

[16] 刘裕华，陈征宙，彭志军，等. 应用圆孔柱扩张理论对预制管桩的挤土效应分析[J]. 岩土力学, 2007, 28(10): 2167-2172.

[17] 李镜培，李雨浓，张述涛. 成层地基中静压单桩挤土效应试验[J]. 同济大学学报（自然科学版）, 2011, 39(6): 824-829.

多层互剪搅拌桩技术及其滨海软基工程应用研究

文　磊[1,2]，刘　钟[1,2,3]，薛子洲[3,4]，葛春巍[1,2]，杨宁晔[1,2]，兰　伟[1,2]，方士正[3,4]

（1. 浙江坤德创新岩土工程有限公司，宁波 315100；2. 坤德智慧岩土技术研究院，宁波 315100；3. 中冶建筑研究总院有限公司，北京 100088；4. 中国京冶工程技术有限公司，北京 100088）

摘　要：基于施工高效、造价低、环境影响小等技术优点，深层搅拌桩广泛应用于建筑、交通、市政、水利等工程领域。受限于国内施工装备与传统工法，搅拌桩施工存在搅拌不均匀和桩身强度不连续等致命缺陷。本文提出了多层互剪搅拌桩（CS-DSM 桩）新工艺工法，阐述了其核心钻机与钻具装备、智能测控系统、质量控制与保证体系等。依托在滨海软基处理工程的首次应用案例，分析了施工测控数据及其影响；开展了桩身全长取芯及芯样无侧限抗压强度试验，研究了该工法的搅拌成桩均匀性、桩身强度分布规律及其离散性；依据单桩静载试验实测了 CS-DSM 桩的荷载-位移曲线，探讨了其承载及变形特性。分析结果表明，成功应用于滨海软基处理工程的多层互剪搅拌桩，采用“两搅一喷”工艺较传统“四搅两喷”工艺可大幅度缩短工期。应用多层互剪搅拌钻具可确保单位桩长搅拌次数$T > 600$ 次/m，能够形成搅拌均匀性良好的桩体；在降低水泥用量为 11%的条件下，桩身芯样 7d 强度平均值达到 2.21MPa；单桩极限承载力实测值较现行国家标准《复合地基技术规范》GB/T 50783 估算的上限值提高了 24.2%。这项新技术应用成果为我国多层互剪搅拌桩技术推广和理论研究提供了基础数据。

关键词：深层搅拌桩；多层互剪搅拌桩；CS-DSM 工法；工程应用；静载试验

0　引言

深层搅拌法（Deep Soil Mixing Method，简称 DSM 工法）是国内外软土地基处理的主要方法之一，其利用深层搅拌钻机装备将固化材料与土体强制搅拌并混合均匀，使固化土体产生物理、化学反应，形成具有完整性、水稳定性和一定强度的增强体[1-3]。基于施工快捷高效、工程造价低廉、环境影响较小等优点，70 多年来 DSM 工法已广泛应用于建筑、交通和水利等工程领域[4-6]。

DSM 工法形成的搅拌桩能否满足工程设计要求，除取决于地基土类型与性质、地下水、固化剂类型及掺入比外，更取决于施工钻机、钻具和施工工法。在黏土层中，传统 DSM 技术存在搅拌均匀性差，易出现糊钻抱钻及冒浆现象，常导致搅拌均匀性差和桩身不连续等严重问题[7-8]。针对上述技术缺陷，刘松玉等学者[9-14]成功开发了双向水泥土搅拌桩钻机及双向搅拌桩工法（Double Deep Mixing Method，简称 DDM 工法）；其钻机装备采用同轴双层钻杆，由动力系统带动安装在内外钻杆上的两组搅拌叶片，通过叶片正反向旋转搅拌形成水泥土搅拌桩。相比于传统 DSM 桩，该装备与工法可减少冒浆量，提高桩身搅拌均匀性和成桩质量，但尚缺乏大直径、大深度成桩的工程实践。针对国内现有技术条件，浙江省地方标准《公路软土地基路堤设计规范》DB33/T 904—2021[15]规定搅拌桩处理深度一般不宜大于 10m。施工装备的缺陷严重影响了我国搅拌桩技术的应用与发展。

国际上，双向剪切搅拌技术已问世 20 年，并投入工程应用。日本开发的 DCS 工法[16-17]与德国开发的 SCM-DH 工法[18]及钻机装备处于领先水平。这类搅拌桩施工装备可实现对浆土混合体的多层互剪搅拌，有效提高了桩身表观均匀性和桩身强度。此外，应用钻机配备的数字化监测系统能够有效保证搅拌桩施工质量[18-19]。然而，上述施工装备价格高昂，尚未进入国内。

随着我国土木建筑业高质量发展需求的不断增长，如何突破大深度、大直径及在黏性土、硬土夹层中施工搅拌桩的技术瓶颈，一直是岩土工程技术与装备研发的热点和难点。我国岩土工程公司于 2022 年成功开发多层互剪搅拌桩工法（Contra-rotational Shear Deep Soil Mixing Method，简称 CS-DSM 工法），从钻机钻具结构、数字化测控系统、施工工艺及质量控制等方面实现了全面升级换代[20-23]。通过室内模型试验探究了控制 CS-DSM 桩质量的关键工艺因素及与传统 DSM 桩的技术效果差异[24-26]。目前，我国的岩土工程公司与工程装备制造企业合作生产的 110kW 电动型 SXJ-110-D1/D2 及 250kW 液压型 SXJ-250-Y 钻机装备已在多个省市投入工程应用[27]。应用结果显示：相比传统搅拌桩，CS-DSM 桩拥有明显的技术、成本和环保优势[24-27]，特别是在桩身完整性及连续性、单桩承载力和单方水泥土承载力，以及工期与造价方面具有较强的市场竞争力。

由于 CS-DSM 桩新技术投入工程应用时间较短，尚缺乏工程数据积累，对不同地质条件下的适用性有待工程实践检验。本文结合 CS-DSM 桩在国内首个滨海软基处理工程中的应用，介绍该项技术的核心装备、新工法、智能测控系统及质量控制方法。工程首次采用了 CS-DSM 工法及 SXJ-110-D2 钻机，深入研究了 CS-DSM 桩钻机装备及“两搅一喷”工艺在滨海软土地基中的适用性。采用现场取芯法检测分析 CS-DSM 桩的表观均匀性及桩身完整性；通过无侧限抗压强度试验（Unconfined Compressive Strength Test，简称 UCS 试验）现场实测桩身芯样的强度值，并探讨桩身水泥土强度分布特征及其离散性；开展竖向抗压静载荷试验获取 CS-DSM 桩荷载-位移曲线，分析其极限承载力及变形特点，提出 CS-DSM 桩极限承载力估算方法。

基金项目：中国京冶工程技术有限公司资助课题（JAE2023KJ01）“智能多层互剪搅拌桩成套技术研发及工程应用”

1 CS-DSM 工法及技术体系

CS-DSM 工法涉及四大部分核心内容：①核心多层互剪搅拌钻机及钻具，②智能测控系统，③快捷施工工艺及流程，④质量控制与保证体系。CS-DSM 工法体系框图详见图 1。

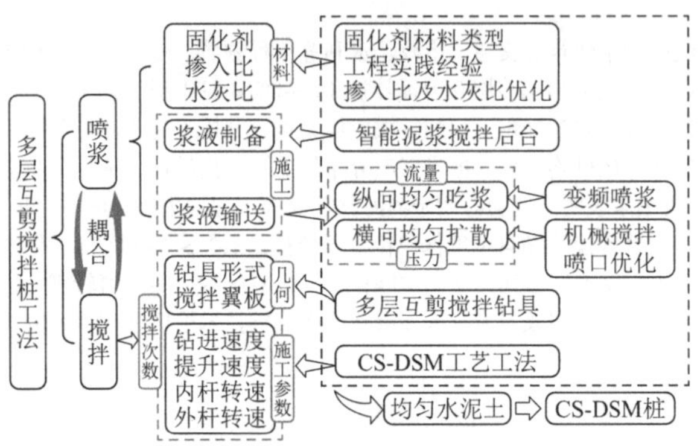

图 1 CS-DSM 工法体系框图

1.1 核心钻机钻具与供浆设备

CS-DSM 搅拌桩施工装备采用了大扭矩钻机及高效多层互剪搅拌钻具，自动控制水灰比的智能供浆后台及调控喷浆量的变频输浆设备。图 2 为 CS-DSM 搅拌桩钻机及多层互剪搅拌钻具。其中，SXJ-110-D2 动力头采用双 55kW 电机，内外钻杆最大输出扭矩分别为 35.0kN · m 与 52.5kN · m，最大转速分别为 36.4 与 52.0r/min，施工桩径 0.6～1.2m，最大桩长 40m。SXJ-250-Y 液压钻机采用总功率为 250kW 液压站，内外钻杆最大输出扭矩分别为 162kN · m 与 225kN · m，最大转速分别为 23.5 与 17.5r/min，可施工桩径 1.0～2.0m，最大桩长 50m。上述搅拌钻机可用于解决大深度、大直径及复杂地层中搅拌桩施工难题。

多层互剪搅拌钻具是施工 CS-DSM 桩的关键机具，其内外搅拌翼板正反方向相对旋转可对原位土体与固化浆液形成立体空间的多路径、多层次剪切搅拌，提高搅拌均匀性效果。同时，采用钻具结构优化设计[22]，可实现浆液在桩身横截面上的洒布均匀性。基于上述钻具及较高的单位桩长搅拌次数，可确保全桩长的桩体搅拌均匀性与固化土强度。

图 3 为智能供浆后台的监测控制与人工交互界面，通过该交互界面可以预设置施工参数，以实现自动上料、智能制备浆液；供浆后台利用变频柱塞泵以及反馈控制技术和比例积分微分控制算法（Proportional-Integral-Derivative Control Method，简称 PID 控制算法），可控制驱动电机的转速进而调控注浆泵的水泥浆液常量或变量喷射。

图 2 CS-DSM 搅拌桩钻机及多层互剪搅拌钻具

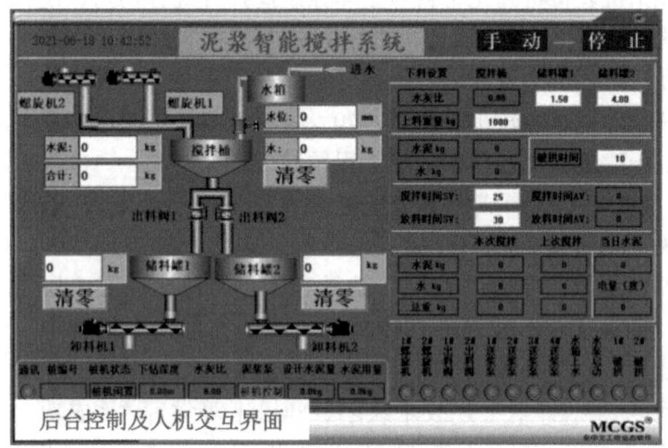

图 3 CS-DSM 测控系统的后台人工交互界面

1.2 智能测控装置与控制系统

CS-DSM 搅拌桩钻机配备了感知元件，包括深度计、流量计、压力计等，通过工控机、信息采集器实时采集各种施工关键信息数据，再利用数据模型和 PLC 控制程序等软硬件装置进行数据分析、数据传输与反馈控制，以保证搅拌桩施工质量的可控可靠性[23]。

图 4 为信息感知与控制系统逻辑框图，智能测控系统包括设计信息模块、施工信息感知模块、智能水泥喷注量控制算法模块、自动称重上料搅拌制浆系统、注浆泵变频反馈控制系统。应用上述系统可按预设水灰比实现后台自动化制备水泥浆。在多层互剪搅拌钻具钻掘搅拌和提升搅拌过程中，应用基于 PID 控制算法与变频调节的技术，实现钻具喷浆量按设计水泥掺入比及下钻速度自适应调节，达到调控水泥浆液沿纵向均匀喷浆或变量喷浆，即按设计掺入量实现全桩长的固化材料喷撒。

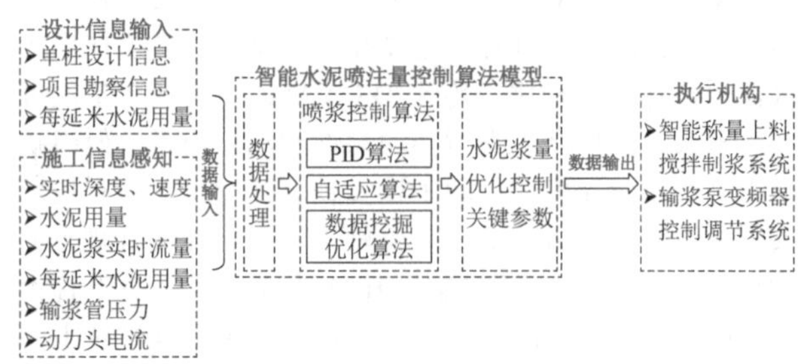

图 4 信息感知与控制系统逻辑框图

位于钻机驾驶舱的智能测控系统安装有人机交互触摸屏，可输入施工指令及预设施工参数，如桩径、桩长、内外钻杆转速、下钻与提钻速度、水灰比、掺入比等，输入信息自动存盘并在触摸屏上实时显示。驾驶员利用可视化屏幕与实时施工参数能够快捷操控钻机［图 5（a）］及供浆后台［图 5（b）］。同时，应用系统网关可将施工信息上传云平台，供参建方共同监管施工质量，并将每根搅拌桩的施工信息自动存盘。

1.3 施工工艺及主要流程

CS-DSM 桩施工采用快捷的“两搅一喷，下钻喷浆”工艺，结合多层互剪搅拌钻具，可确保满足设计的最小单位桩长搅拌次数T值要求。对比传统 DSM 工法和 DDM 工法，CS-DSM 工法在确保提高搅拌桩施工质量和节约固化材料的前提下，可大幅度缩短施工工期并降低工程成本[27]。

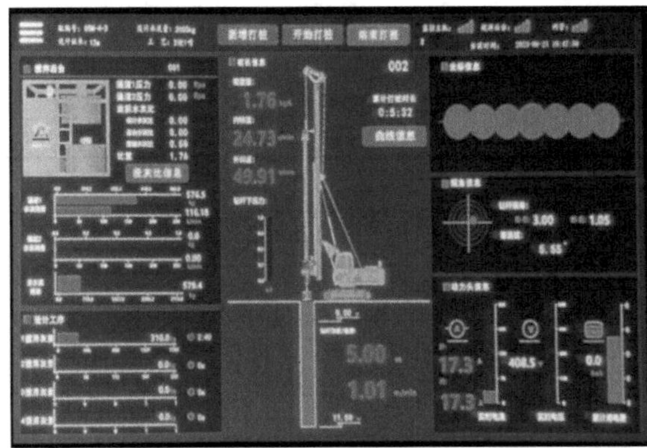

(a) 钻机前台人机交互界面

(b) 后台变频喷浆参数设置及显示界面

图 5 CS-DSM 工法人机交互及可视化界面

图 6 展示了 CS-DSM 搅拌桩施工工艺与主要施工流程：①钻机调整就位，钻具与桩位对中，利用触摸屏预设钻机与后台施工指令和施工参数；②启动钻机与后台设备实施钻具钻掘搅拌；③钻具施工至设计深度，原位搅拌 30s；④动力头驱动钻具反向旋转，并实施钻具提升搅拌；⑤钻具搅拌提升至设计桩顶标高以上 0.2m，并继续将钻具旋转提升至地表，完成搅拌桩施工。

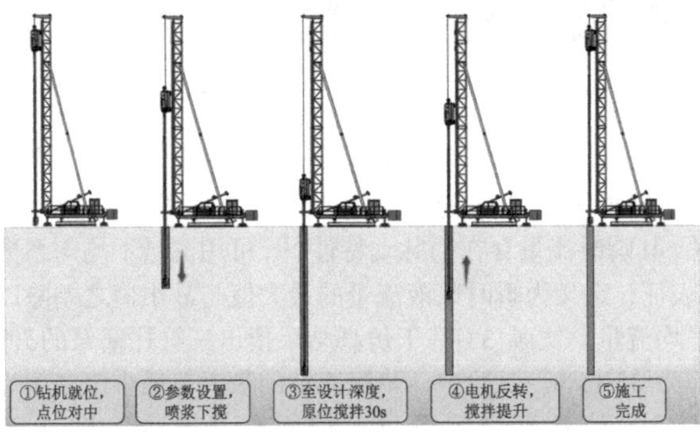

图 6 CS-DSM 桩施工工艺主要流程

1.4 质量控制与质量保证

CS-DSM 桩施工质量控制及保证的主要措施是通过预设施工参数来调节单位桩长搅拌次数T值，以实现搅拌桩高质量成桩效果。搅拌次数T值是一个综合反映搅拌效果的评价指标，其与内外钻杆的搅拌翼板个数、钻具转速及升降速度有关。为了确保搅拌桩搅拌均匀、桩身连续，降低成桩质量的离散性，对于传统 DSM 桩工法，欧洲标准 DIN EN 14579[28]基于日本的工程经验建议T值应大于 350 次/m，Bruce 等[29]建议T值应大于 360 次/m，二者相近。笔者团队通过室内模型试验提出用于 CS-DSM 桩的T值计算公式[24,26]：

$$T = M_1\left(\frac{N_1}{v_1}+\frac{N_2}{v_2}\right)+M_2\left(\frac{N_3}{v_1}+\frac{N_4}{v_2}\right) \tag{1}$$

式中：M_1——内钻杆搅拌翼板个数；

M_2——外钻杆搅拌翼板个数；

v_1——钻具下沉速度（m/min）；

v_2——钻具提升速度（m/min）；

N_1——下沉阶段内钻杆转速（r/min）；

N_2——提升阶段内钻杆转速（r/min）；

N_3——下沉阶段外钻杆转速（r/min）；

N_4——提升阶段外钻杆转速（r/min）。

模型试验研究结果揭示[26]：在模型试验条件下，若水泥掺入比不变，CS-DSM 桩身强度与单位桩长搅拌次数T值（386～1414 次/m）存在正相关性。因此，在实际工程中可通过调节施工参数确保施工T值大于技术标准要求的T值，进而保证 CS-DSM 桩的施工质量。

2 CS-DSM 桩软基处理工程应用

2.1 工程概况

我国首个用于建筑工程的 CS-DSM 搅拌桩软基处理工程项目位于温州市洞头区，所处的工业厂房地块位于海边。场地为新近吹填且尚未完成自重固结的滩涂，淤泥层厚度达 50m，含水率 55%～65%，属于滨海相沉积地貌单元。欠固结淤泥结构松散、极软、强度极低、压缩性高、易沉陷，钻机无法在地表行走。经排水板覆水联合真空预压 25m 深度处理后，预压期间沉降为 1.93m，固结度达到 89%，含水率降低约 20%，地基承载力可达到 80kPa。真空预压后对场地回填以粉质黏土、黏土为主的碎石土，碾压后回填土的压实度大于 95%。表 1 提供了场地复勘的土层性能数据。

本项目地坪桩原设计方案采用桩径 500mm DSM 桩。根据上部荷载要求，设计桩长采用 11.5m 并进入浅部粉砂夹层持力层；固化剂为 P · O 42.5 级水泥，掺入比为 19%，另掺入不少于水泥掺入比 8%的粉煤灰；布桩采用正三角形，桩间距 1.05m，面积置换率为 0.206。7d、28d 及 90d 的室内同配比水泥土试块的无侧限抗压强度设计值分别为 0.8MPa、1.33MPa 和 2.10MPa；复合地基承载力特征值不小于 150kPa，按 90d 龄期计算单桩承载力特征值不小于 137kN。

场地土层及主要物理力学参数　　表 1

土层名	H	w	e	E_s	c	φ
	m	%	—	MPa	kPa	°
素填土	2.1	—	—	—	（5.0）	（15.0）
冲填土	3.4	49.7	1.87	1.87	10.7	6.0
淤泥质黏土	4.3	49.0	2.15	2.15	13.1	8.2
粉砂夹淤泥	2.2	—	—	—	（5.0）	（18.0）
淤泥	15.4	56.8	1.76	1.76	11.6	7.5

注：H为土层厚度；w为含水率；e为孔隙比；E_s为压缩模量；c和φ为固结快剪试验获得的土体黏聚力和内摩擦角；括号内为地勘提供的经验值。

2.2 试桩方案及质量检测

2.2.1 试桩方案及施工参数

在满足原设计承载力条件下，用 CS-DSM 工法替代 DSM 工法，并依据国家标准《复合地基技术规范》GB/T 50783—2012[30]设计了长度 11.5m、直径 700mm 的 CS-DSM 桩。新设计方案采用正三角形布桩，桩间距 1.5m，面积置换率为 0.198。水泥掺入比优化为 17%，并掺入不少于水泥掺入比 8%的粉煤灰，实际固化材料用量减少了约 11%。优化后的 CS-DSM 单桩承载力特征值为 262kN，复合地基承载力特征值为 155kPa。

试桩方案见表 2，包括中心距为 5m 的 4 根参数相同的 CS-DSM 搅拌桩，试桩检测分为 2 组，每组包括 2 根平行试验桩。施工采用“两搅一喷，下钻喷浆”工艺，具体施工参数为钻掘搅拌速度 1.0m/min，搅拌提升速度 1.2m/min，内外钻杆转速分别为 50r/min 和 25r/min，施工中每延米搅拌次数T值达到 1145 次/m。成桩后，第一组试桩进行 7d 取芯及现场 UCS 检测，第二组试桩进行 28d 单桩静载试验，静载试验后实施现场取芯及 UCS 检测。

试桩方案　　表 2

桩号	D/mm	L/m	α/%	w/c	检测方法
CS-DSM-1	700	11.5	17	0.55	7d 取芯与 UCS 检测
CS-DSM-2	700	11.5	17	0.55	
CS-DSM-3	700	11.5	17	0.55	28d 单桩静载试验及取芯与 UCS 检测
CS-DSM-4	700	11.5	17	0.55	

2.2.2 质量检测与评定

CS-DSM-1/2 成桩后自然养护 7d，再采用钻芯法取芯并进行芯样现场 UCS 检测。CS-DSM-3/4 施工后，自然养护 28d 后开展单桩静载试验，其后进行钻孔取芯及芯样现场 UCS 检测。搅拌桩钻孔取芯、桩身芯样 UCS 检测及静载荷试验参照行业标准《建筑地基检测技术规范》JGJ 340—2015[31]执行，钻孔取芯平面位置取距桩轴心沿径向外放 100～150mm 处。CS-DSM 搅拌桩现场静载试验如图 7 所示。

图 7　CS-DSM 桩静载试验现场照片

2.3 施工测控数据分析

图 8 为 CS-DSM-1 桩施工过程中，典型的钻具深度、升降速度、浆液流量及内外钻杆电流的实时变化曲线。由图 8 可见，施工过程整体顺畅，下沉及提升速度与预设施工速度基本一致。施工中，注浆泵流量较稳定，保证了浆液输送的连续性以及不同桩段的实际水泥掺入量接近设计值。另外，在本工程土层及施工参数条件下，内外钻杆的驱动电机电流差相对较小且稳定，但在钻具进入粉砂夹淤泥层后急剧升高。

浆液流量曲线的小幅波动与柱塞泵的工作特性相关，其瞬时流量存在的脉动特性[32]，可用流量不均匀系数δ表征，定义为瞬时浆液流量的最大值与最小值之差除以平均流量。文献[33]基于仿真结果指出三缸柱塞泵的δ值约为 35.15%。试验中，浆液流量的最大与最小值之比为 1.163，流量不均匀系数可控制在 10%内。图 9 为 CS-DSM-1/2 桩各 0.5m 桩段的实际水泥掺入量沿桩身的分布直方图，可见各桩段水泥掺入量可以控制在 10%以内，统计分析表明单桩水泥总用量误差不超过 5%。

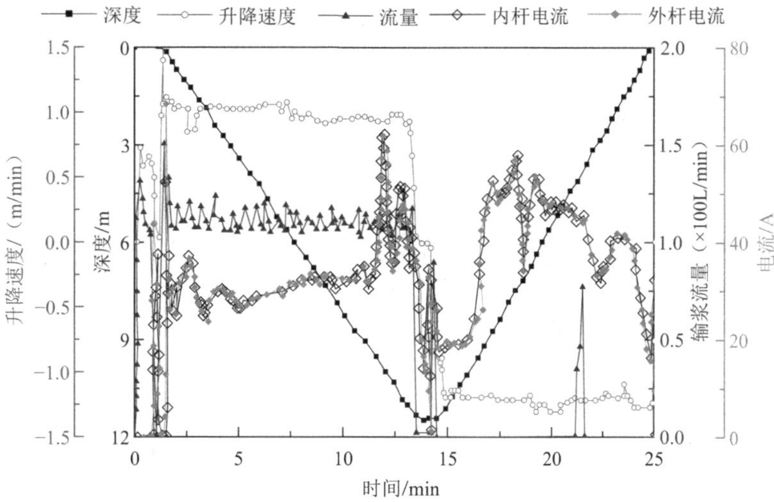

图 8　CS-DSM-1 施工过程实时数据

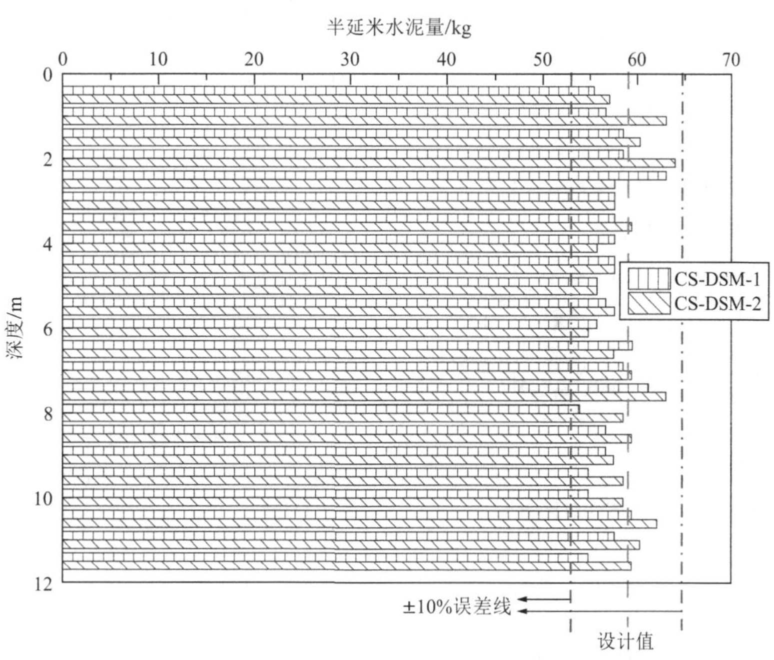

图 9　各 0.5m 桩段的实际水泥掺入量直方图

2.4　成桩效果评价与分析

2.4.1　钻孔取芯与取芯率

图 10 为 CS-DSM-1/2 桩的 7d 钻孔取芯实物照片，芯样大多呈长柱状，部分呈短柱状及少量碎散样，桩身芯样完整性与连续性较好。由于桩端进入了粉砂夹淤泥层且龄期为 7d，取芯施工易破坏水泥土初凝胶结物，导致芯样产生少量碎散。图 11 为 CS-DSM-3/4 桩的 28d 静载试验后的钻孔取芯实物照片，芯样大部分为长柱状，碎散样较少，桩身芯样完整连续，成桩效果良好。相比于 7d 龄期，28d 龄期的芯样在桩端部分呈现出芯样质地较硬、完整性好、无碎散的良好效果。这表明随着龄期增长，水泥土固化反应更为充分，强度会持续增大。

搅拌桩取芯率P_q的确定方法[34]，可使用直尺量取长度不小于 70mm 的现场芯样，并按下式计算：

$$P_q = \frac{\sum l_i}{l} \times 100\% \tag{2}$$

式中：l_i——回次进尺中长度大于或等于 70mm 的芯样段长度（m）；

l——本回次进尺（m）。

现行团体标准《变截面双向搅拌桩技术规程》T/CECS 822[34]建议以 5m 为界限，将桩体分为上部桩（0～5m）和下部桩（＞5m），并分别给出了基于取芯率的桩身质量分项评分值；当上部桩身取芯率低于 10%、下部桩身取芯率低于 20%时，判定桩身施工质量不合格。图 12 为 4 根 CS-DSM 桩取芯率沿深度方向的分布直方图，分析统计后可知：评分 75 分以上的桩段占比达 97.91%，评分 100 分以上的桩段占比达 89.58%，且取芯率均高于 30%。综上分析，本工程 CS-DSM 工法成桩的桩身搅拌均匀性良好，质量可控可靠，CS-DSM 桩的总体施工质量优良。

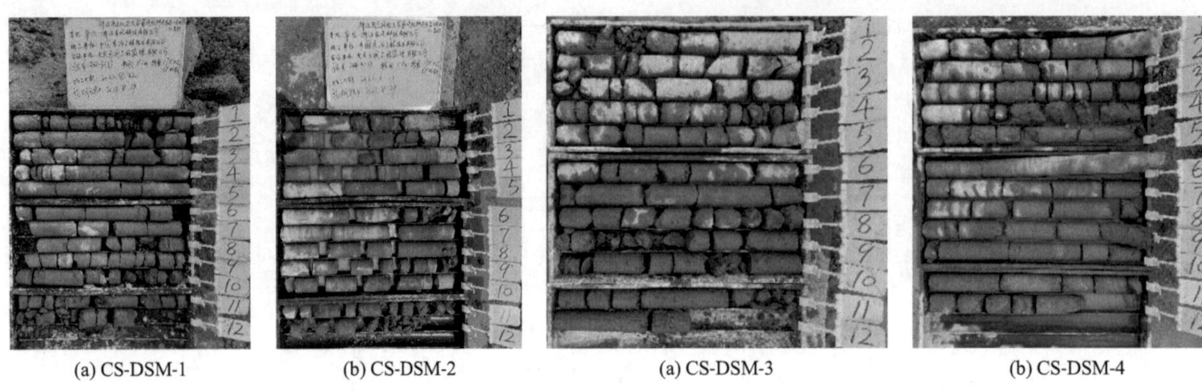

(a) CS-DSM-1　(b) CS-DSM-2

图 10　7d 龄期取芯芯样实物照片

(a) CS-DSM-3　(b) CS-DSM-4

图 11　28d 龄期取芯芯样实物照片（静载试验后）

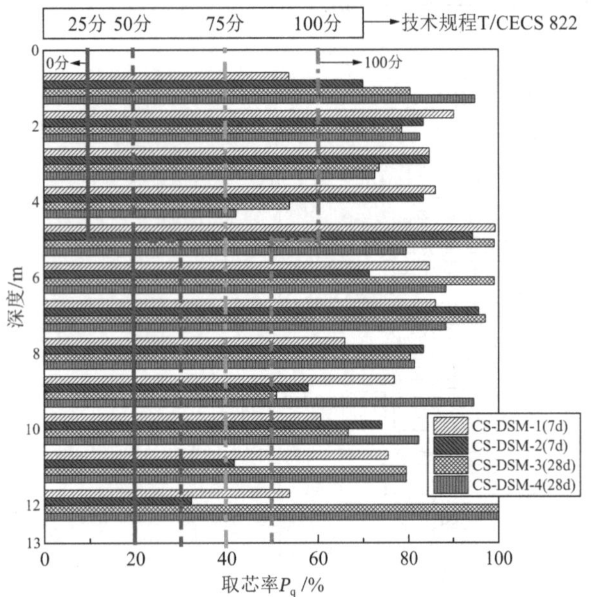

图 12　4 根 CS-DSM 桩取芯率统计对比图

2.4.2　芯样强度与分布规律

现场 UCS 检测先选取长径比大于 1 的芯样进行切割磨平，制作高径比 1∶1、直径 90mm 的试件，再进行现场 UCS 检测。图 13（a）为 CS-DSM-1/2 桩沿桩深的 7d 强度分布图，由图可知，位于表层素填土（含碎石和砂砾）中的芯样实测强度大于 2.5MPa，整体偏高；位于下部冲填土和淤泥质黏土层的芯样实测强度在 1～3MPa 区间，且相对集中。通过对比发现 2 根桩的强度分布存在较大差异，CS-DSM-1 桩的强度范围为 1～2MPa，CS-DSM-2 桩则在 2～3MPa 内。国家标准《复合地基技术规范》GB/T 50783—2012[30]指出，当土的含水率在 50%～85%之间时，含水率每降低 10%，固化土强度可提高 30%，文献[2]也阐述了相近结论。这可能是造成 2 根搅拌桩桩身强度偏差的原因，即地基土真空预压中的排水板分布会导致土体的非均匀性，即靠近排水板的地基土排水固结程度要高于远离的地基土。

图 13（b）为 CS-DSM-3/4 桩沿桩深的 28d 强度分布图（静载试验后），从图中可以发现，其表层素填土层芯样强度大于 3.0MPa；下部冲填土和淤泥质黏土层芯样强度主要分布在 1.5～4.0MPa 范围内，且中下部桩段呈现强度逐渐升高的趋势。浅表土层性质较好，因此芯样强度较高；而中下部桩段在固化时所受竖向应力（自重应力）与水平土压力均沿深度逐渐增大，在精准喷浆和充分搅拌的前提下，地应力的存在有利于水泥土的固化，所以深度越大，桩段的芯样实测强度值越高。

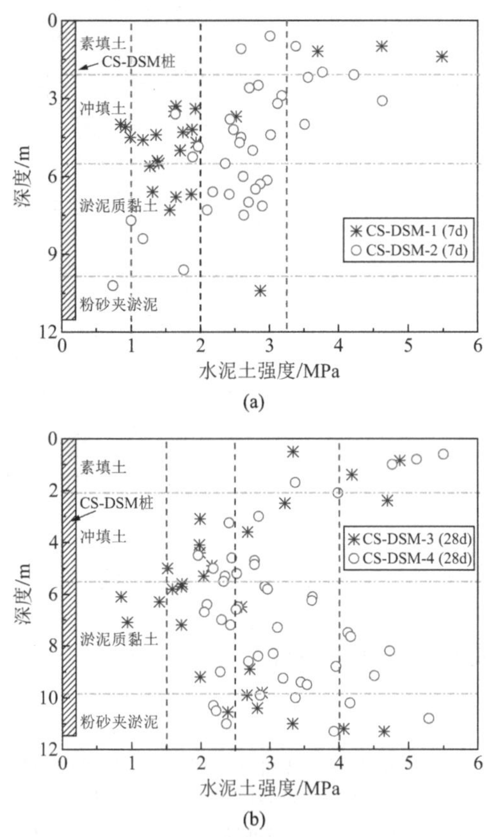

(a)

(b)

图 13　CS-DSM 桩身强度随深度的变化

将 CS-DSM-1/2 桩的 7d 芯样强度与 CS-DSM-3/4 桩的 28d 芯样强度数据分别进行整理，去掉强度偏高的异常值，并将统计结果绘成直方图，见图 14。由图 14（a）可见，在相同设计与施工参数条件下，2 根搅拌桩的 7d 平均实测强度为 2.21MPa，标准差为 0.79，在 95%置信度下桩身最小实测强度为 0.66MPa；而图 14（b）的 2 根搅拌桩的 28d 平均实测强度为 2.83MPa，标准差为 0.94，在 95%置信度下桩身最小强度约为 0.99MPa。上述统计分析结果表明，2 组试验桩的实测强度平均值和最小强度值均满足相关规范[15,34-35]对于水泥土 28d 龄期强度的要求。从 7d 桩身强度实测结果已符合上述规范要求的角度出发，可推断 CS-DSM 桩工程应用具有节省工期的优势。

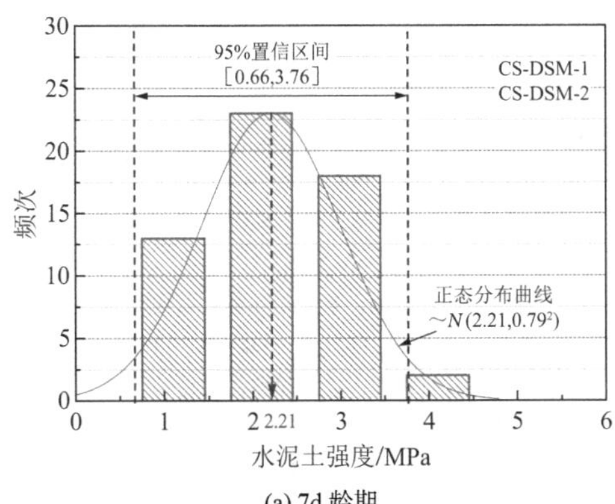

(a) 7d 龄期

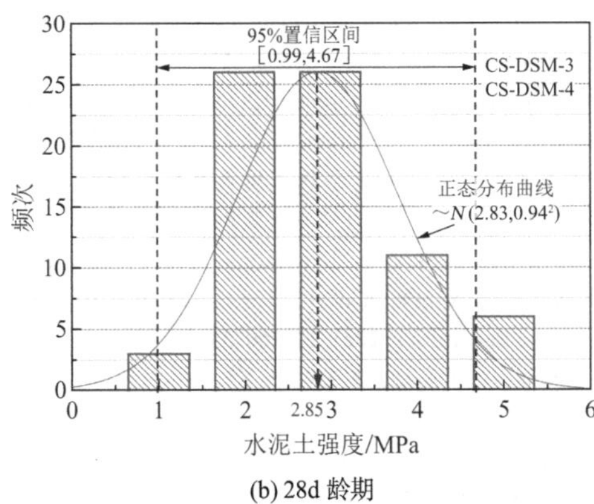

(b) 28d 龄期

图 14　CS-DSM 桩芯样强度统计直方图

2.4.3　单桩静载荷试验结果与分析

搅拌桩的承载力特征值可取桩身材料破坏和桩周土破坏时的较小值[30]，按下式计算：

$$Q_{\mathrm{uk}} = \min\begin{cases}\eta f_{\mathrm{cu}} A_{\mathrm{p}} \\ u\sum l_i q_{si} + \alpha q_{\mathrm{p}} A_{\mathrm{p}}\end{cases} \tag{3}$$

式中：f_{cu}——取与桩身配比相同的室内试块在标准养护条件下 90d 龄期的立方体抗压强度平均值（kPa），取为 2.10MPa；

η——折减系数，取大值 0.33；

A_{p}——搅拌桩横截面积；

q_{si}——搅拌桩桩侧第i层土的侧摩阻力特征值（kPa），按国家标准《复合地基技术规范》GB/T 50783—2012[30]建议值取上限；

q_{p}——桩端土未经修正的承载力特征值，按地勘资料取 100kPa；

α——桩端天然地基土承载力折减系数，取上限 0.6。安全系数取 2.0，搅拌桩的计算单桩极限承载力为 524kN（桩周土破坏）。

API 规范[36]将土体的不排水强度c_{u}乘以折减系数α（$\alpha \leqslant 1$）作为桩的极限侧摩阻力，该系数综合考虑了地基不排水强度和计算深度有效上覆应力的影响。郑刚等[37]指出水泥土-土接触面类似刚性桩性质，桩土接触面相对滑移量可能会很小，甚至不会产生。所以当桩身强度较高时，搅拌桩可充分发挥地基土的承载力，α接近 1.0。对于桩端阻力，可根据极限平衡理论按下式计算：

$$q_{\mathrm{pu}} = N_{\mathrm{c}} c_{\mathrm{u}} \tag{4}$$

式中：N_{c}——承载力系数，取 9.0；

c_{u}——可根据室内固结快剪或三轴固结不排水剪试验的强度指标按原位有效固结应力进行换算[38-40]，即按式(5)计算：

$$c_{\mathrm{u}} = c\frac{\cos\varphi}{1-\sin\varphi} + \frac{(1+K_0)\gamma' z}{2}\frac{\sin\varphi}{1-\sin\varphi} \tag{5}$$

式中：c，φ——基于三轴固结不排水剪试验得到的土体黏聚力和内摩擦角，为总应力指标；

z——计算点深度；

γ'——土体的有效重度；

K_0——静止土压力系数，当无有效应力指标时按$1-\sin\varphi$近似计算。

联合式(3)～式(5)则可获得按土体不排水强度估算的单桩极限承载力 710kN。

图 15 呈现了 CS-DSM-3/4 桩的静载试验结果，荷载-位移曲线呈缓变形；随着桩顶逐步加载，桩身荷载向下递减传递，曲线无明显拐点，显示出塑性变形特征。此外，利用桩土相互作用和受力变形特性，可判定承载力由桩周土体控制，这说明 CS-DSM 桩能够充分调动并利用岩土体的承载能力。根据前述基于国家标准《复合地基技术规范》GB/T 50783—2012 计算的搅拌桩设计工作荷载 262kN，依据试桩曲线可分别确定 CS-DSM-3/4 桩在工作荷载（262kN）和极限荷载（524kN）下的平均沉降分别为 3.0mm 和 12.3mm，这反映出 CS-DSM 桩在软基处理沉降控制方面具有较为卓越的性能。

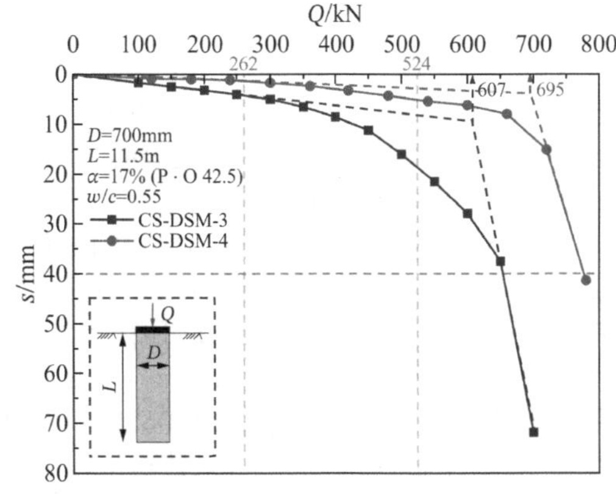

图 15　CS-DSM 桩荷载-位移试验曲线

对于缓变形曲线，可采用双切线法确定单桩极限承载力，则 CS-DSM-3 桩和 CS-DSM-4 桩的单桩极限承载力分别为 607kN 和 695kN，平均值为 651kN。若参考行业标准《建筑地基检测技术规范》JGJ 340—2015[31]，取 40mm 沉降作为极限承载力取值标准，则 2 根试桩的单桩极限承载力分别为 653kN 和 778kN，平均值为 715.5kN。CS-DSM 单桩极限承载力经验法估算值与现场实测结果见表3；其中，API规范估算值与基于行业标准《建筑地基检测技术规范》JGJ 340—2015的判别标准的现场实测值较为一致。

CS-DSM单桩极限承载力汇总表　　表3

经验法估算值		现场实测值	
国家标准 GB/T 50783[30]	API规范[36]	行业标准 JGJ 340[31]	双切线法
524.0	710.0	715.5	651.0

若采用双切线法的平均值作为参考值进行分析，则单桩极限承载力实测值高于国家标准《复合地基技术规范》GB/T 50783—2012[30]经验公式估算值的24.2%。这说明采用国家规范的计算方法估算CS-DSM搅拌桩承载力的安全系数较高，偏于保守。另一方面，由钻芯法芯样强度检测结果可知，CS-DSM工法在优化水泥掺入量后仍具有良好的桩身完整性和较高的富余桩身强度，这表明CS-DSM搅拌桩仍存在固化材料优化空间。

综上，CS-DSM搅拌桩新技术在提高承载能力、施工质量可靠性以及节省固化材料、缩短施工工期、节约施工成本方面具有优势。这项新技术的推广应用将为我国实现"双碳"目标与可持续发展作出贡献。

3 结论

（1）CS-DSM工法拥有显著的技术、成本和环保优势。核心多层互剪搅拌钻具可实现立体空间的多路径、多层次剪切搅拌。基于测控系统和施工工艺的单位桩长搅拌次数保证值及横截面浆液均匀洒布优势，能确保桩体搅拌均匀性和桩身强度大幅度提高，相对传统工法具有较大的固化材料优化空间；"两搅一喷"的施工工艺可缩短工期，降低成本。

（2）CS-DSM工法在温州滨海软土中的适用性好，施工可形成高质量的搅拌桩。根据团体标准《变截面双向搅拌桩技术规程》T/CECS 822—2021的桩身取芯率质量评分标准，CS-DSM桩评分75分及以上桩段占比达97.91%，评分达100分桩段占比为89.58%，这表明施工形成的CS-DSM桩的完整性、均匀性优良。

（3）在节约固化剂11%的基础上，CS-DSM桩桩身7d平均强度达2.21MPa，超过原设计90d龄期强度要求的2.1MPa，这为后续工程工期缩短提供了可能；单桩极限承载力实测值高于国家标准《复合地基技术规范》GB/T 50783—2012估算上限值的24.2%。CS-DSM桩新技术与工法的推广应用可促进地基处理领域的技术进步。

参考文献：

[1] PORBAHA A. State of the art in deep mixing technology: part I. Basic concepts and overview[J]. Proceedings of the Institution of Civil Engineers-Ground Improvement, 1998, 2(2): 81-92.

[2] 龚晓南. 地基处理手册[M]. 3版. 北京：中国建筑工业出版社，2008.

[3] 刘汉龙，赵明华. 地基处理研究进展[J]. 土木工程学报，2016, 49(1): 96-115.

[4] 住房和城乡建设部. 建筑地基处理技术规范：JGJ 79—2012[S]. 北京：中国建筑工业出版社，2013.

[5] 交通运输部. 公路软土地基路堤设计与施工技术细则：JTG/T D31—02—2013[S]. 北京：人民交通出版社，2013.

[6] 国家能源局. 深层搅拌法地基处理技术规范：DL/T 5425—2018[S]. 北京：中国电力出版社，2018.

[7] 郑俊杰，袁内镇，张曦映. 深层搅拌桩设计与施工[J]. 岩土工程技术，1999(2): 39-40+47.

[8] 何开胜. 水泥土搅拌桩的施工质量问题和解决方法[J]. 岩土力学，2002(6): 778-781.

[9] 刘松玉，宫能和，冯锦林，等. 双向水泥土搅拌桩机：ZL200410065861. 4[P]. 2006-09-13.

[10] 刘松玉，宫能和，冯锦林，等. 双向搅拌桩的成桩操作方法：ZL200410065862. 9[P]. 2006-09-13.

[11] 刘松玉，席培胜，储海岩，等. 双向水泥土搅拌桩加固软土地基试验研究[J]. 岩土力学，2007(3): 560-564.

[12] 刘松玉，易耀林，朱志铎. 双向搅拌桩加固高速公路软土地基现场对比试验研究[J]. 岩石力学与工程学报，2008(11): 2272-2280.

[13] 刘松玉，朱志铎，席培胜，等. 钉形搅拌桩与常规搅拌桩加固软土地基的对比研究[J]. 岩土工程学报，2009, 31(7): 1059-1068.

[14] LIU S Y, DU Y J, YI Y L, et al. Field Investigations on Performance of T-Shaped Deep Mixed Soil Cement Column-Supported Embankments over Soft Ground[J]. Journal of Geotechnical and Geoenvironmental Engineering, 2012, 138(6): 718-727.

[15] 浙江省交通运输厅. 公路软土地基路堤设计规范：DB33/T 904—2021[S]. 杭州：浙江省市场监督管理局，2021.

[16] NAKAO K, INAZUMI S, TAKAUE T, et al. Visual evaluation of relative deep mixing method type of ground-improvement method[J]. Results in Engineering, 2021, 10: 100233.

[17] 真哉稲積，俊彰高植，重明田中，等. コンピュータおよび撹拌・混合模型実験による相対撹拌式深層混合処理工法の可視的性能評価[J]. 材料，2021, 70(9): 706-711.

[18] GERRESSEN F W, MCGALL R. Single Column Mixing—Double Rotary Head(SCM-DRH)—First Experiences with a New Soil Mixing Tool[C]//Grouting 2017. American Society of Civil Engineers, 2017: 405-414.

[19] INAZUMI S, ADACHI Y, KIZUKI T, et al. Development of construction information visualization system and estimation of N value by current value measurement on ground-improvement work[J]. Construction Robotics, 2019, 3(1): 103-116.

[20] 刘钟，陈天雄，杨宁晔，等. 一种具有双向旋搅机构的智能钻机装备及施工方法：CN202210127239. X[P]. 2024-01-05.

[21] 刘钟，李国民，王占丑，等. 一种搅拌桩机用同心三管三通道钻杆结构和组合注浆钻具：CN202220278659. 3[P]. 2022-09-06.

[22] 陈天雄，刘钟，杨宁晔，等. 一种用于大直径湿喷搅拌桩施工钻具的喷浆掘削结构：CN202221110637. 2[P]. 2022-09-02.

[23] 林明峰，刘钟，张云霖，等. 一种智能制浆供浆的控制装置及其使用方法：CN202210505720. 8A [P]. 2024-03-08.

[24] 葛春巍，刘钟，余桃喜，等. 多层互剪搅拌桩工法的工艺因素模型试验研究[J]. 岩土力学，2024, 45(1): 68-76.

[25] 刘钟，葛春巍，张云霖，等. 搅拌桩施工质量控制的关键工艺因素模型试验研究[C]//中国建筑学会地基基础学术大会论文集(2022). 北京：中国建筑工业出版社，2023: 124-130.

[26] 葛春巍，刘钟，兰伟，等. 单向与多层互剪搅拌桩性能模型试验对比研究[J]. 岩土工程学报，2024, 46(11): 2420-2428.

[27] 刘钟，文磊，薛子洲，等. 多层互剪搅拌桩新技术及现场足尺试验研究[C]//2023海峡两岸岩土工程/地工技术交流研讨会论文集. 北京：中国建筑工业出版社，2023: 71-81.

[28] European Committee for Standardization. Execution of special geotechnical works-Deep mixing: DIN EN 14679-2005[S]. Brussels,

Belgium: European Standard, 2005.

[29] BRUCE M E C, BERG R R, FILZ G M, et al. Federal Highway Administration Design Manual: Deep Mixing for Embankment and Foundation Support: FHWA-HRT-13-046[R]. (2013-10-01).

[30] 住房和城乡建设部. 复合地基技术规范: GB/T 50783—2012[S]. 北京: 中国计划出版社, 2012.

[31] 住房和城乡建设部. 建筑地基检测技术规范: JGJ 340—2015[S]. 北京: 中国建筑工业出版社, 2015.

[32] 张继忠, 隋博, 张铁柱, 等. 三缸集成动力型水泵瞬时流量特性分析[J]. 现代制造工程, 2011(6): 9-12.

[33] 赵建平. 三缸单作用柱塞泵动力端结构参数对液力特性的影响研究[J]. 制造业自动化, 2014, 36(17): 107-110.

[34] 中国工程建设标准化协会. 变截面双向搅拌桩技术规程: T/CECS 822—2021[S]. 北京: 中国计划出版社, 2021.

[35] 广东省交通运输厅. 公路路堤软基处理技术标准: DB44/T 2418—2023[S]. 广州: 广东省市场监督局, 2023.

[36] American Petroleum Institute(API). Recommended Practice for Planning, Designing, and Constructing Fixed Offshore Platforms-Working Stress Design: RP 2A-WSD-2000[S]. 21st edition. American Petroleum Institute, 2010.

[37] 郑刚, 姜忻良, 顾晓鲁. 水泥搅拌桩荷载传递机理研究[J]. 土木工程学报, 2002(5): 82-86.

[38] 李广信. 有效自重压力下预固结的三轴不排水试验[J]. 工程勘察, 2010, 38(12): 1-4.

[39] 沈珠江. 基于有效固结应力理论的粘土土压力公式[J]. 岩土工程学报, 2000(3): 353-356.

[40] 宋二祥, 付浩, 林世杰, 等. 饱和黏性土不排水分析中总应力强度指标的选用[J]. 土木工程学报, 2021, 54(9): 88-95.

山西地区压实黄土压缩及湿陷特性研究

童　飞[1]，陈宏伟[2]，韩三平[2]，赵莹莹[1]，杨雅萍[3]，王永波[4]

（1. 青岛理工大学，青岛 266000；2. 中铁十七局集团有限公司，太原 030000；3. 内蒙古城市规划市政设计研究院有限公司，呼和浩特 010000；4. 台州市交通勘察设计院有限公司，台州 318000）

摘　要：黄土高填方是岩土工程中的热点问题，其路基的稳定性也是山西地区的重点关注问题，本文针对路基的沉降及稳定性问题，对压实黄土的压缩变形及其湿陷特性进行研究。通过室内侧限压缩及湿陷试验研究压实黄土的压缩变形及湿陷变形特性，分析山西地区压实黄土在不同条件下的应力-应变曲线，讨论其压缩和湿陷特性及变化规律，通过e-lg p曲线以及 Butterfied 双对数坐标法求得不同含水率的结构屈服应力。结果表明，随着含水率的增大，压实黄土的结构屈服应力随着含水率的增大而减小，并且使用幂函数拟合效果很好。湿陷试验研究结果表明：在不同含水率条件下，试样的湿陷系数在竖向压力 400kPa 时最大，在含水率小于 17.3%，竖向压力 400～800kPa 时湿陷系数均大于 0.015；在含水率为 17.3%及以上时，在任何竖向压力下湿陷系数均小于 0.015。

关键词：压实黄土；湿陷系数；压缩特性；含水率；侧限压缩试验；结构屈服应力

0　引言

随着工程技术的发展，黄土地区的公路和其他建筑项目数量正在逐步上升。人们普遍认为，经过充分压实的黄土不会出现湿陷现象；但由于水分含量和施工环境有时难以维持在最理想的状态，因此压实度相对较低是不可避免的；并且在压实过程中，由于各种汽车经过和人类活动以及含水率还可能因吸湿作用而升高等等因素，可能造成压实完成后土体的不稳定[1-3]。这时黄土仍可能发生湿陷变形[4]，地基土的不均匀沉降会严重影响工程的安全性和持久性。因此，为了准确预测地基的整体沉降，需要进一步研究压实黄土的压缩变形和湿陷变形规律[5-6]。学者们对于黄土的压缩特性和湿陷特性展开了众多研究，分析了不同因素对压缩指标和湿陷系数的影响。陈开圣等[7-8]利用双线法对原状黄土和重塑黄土的湿陷特性进行了深入研究，研究结果揭示，在相对较低的压力环境中，重塑黄土的湿陷特性明显优于原始黄土；但在较高的压力环境中，两者之间的湿陷特性差异并不明显。黄土的湿陷特性在很大的范围内是由其压实度、含水率和龄期所决定的。李旭东、黄雪峰等[9-10]对延安地区的压实马兰黄土进行了高压固结变形特性和应用分析，分析结果显示，在侧限条件下，压实黄土的应力-应变关系可以通过 Gunary 模型进行拟合。王博等[11]对延安新区的 Q_2 和 Q_3 压实黄土进行了高压固结试验，并发现湿度和压实度的变化都会直接影响压实黄土的压缩性质。谢星等[12]通过对比西安 Q_2 和 Q_3 黄土在单轴压缩试验和常规三轴试验中的表现，发现在相同的试验条件下，Q_2 黄土的强度显著高于 Q_3 黄土；陈存礼等[13]对在特定含水率和干密度条件下具有不同结构特性的压实黄土样本进行了侧向压缩试验，从而揭示了结构变化是对于压实黄土压缩特性的影响机理。对已有研究成果总结分析发现，对于各个地区的黄土研究局限于中压力条件下的压缩及湿陷特性，针对高压力下的变形问题研究相对较少。因此，压实填土的变形情况以及是否满足湿陷的标准、原有的湿陷性评估方法是否能适用于高填方工程，以及在竖向压力逐渐增加时的湿陷规律和湿陷评估方法[14]，都是当前亟须研究的关键问题。

1　试验方案

1.1　试验用土

此次试验取土位置在山西省绛县尧文化旅游公路，先用铁锹在浅层黄土剖面取样位置处，选取新鲜土样进行取样后装入保鲜袋，经过运输车送至试验场地进行相关试验，根据《公路土工试验规程》JTG 3430—2020 对各土样分别进行基本物理特性测定，并通过击实试验得出最优含水率和最大干密度。试验黄土的物理特性见表 1。

试验黄土的物理特性　　　表 1

颜色	天然含水率/%	最优含水率/%	最大干密度/（g/cm³）	塑限/%	液限/%
深黄色	4.8	17.3	1.72	20.3	30.2

1.2　试样制备

对采集自山西省绛县尧文化旅游公路的土样进行烘干、碾碎、过 2mm 筛，分别配置不同含水率 95%压实度（14.3%、15.3%、16.3%、17.3%、18.3%、19.3%）的重塑试样共 24 个，采用点滴加水法配置对应的含水率，当试样的含水率达到预定标准后，进行侧向压缩和湿陷试验。所使用的仪器是青岛海洋勘察院的 WG 三联固结仪，其设置的竖向压力分别为 50kPa、100kPa、200kPa、400kPa、800kPa、1200kPa、1400kPa、1600kPa；试样的高度为 20mm，内径为 61.8mm。

基金项目：山西省科技成果转化引导专项基金（202304021301071）；中央引导地方科技发展资金项目（2022ZY0052）；山东省自然科学基金面上项目（ZR2023ME195）；浙江省交通运输厅科技计划项目（2023020-2）；山东省企业技术创新项目计划（202350101531）；山东省企业技术创新项目计划（202350101529）。

2 试验结果分析

2.1 压力对不同含水率试样压缩应变的影响

在某级压力作用下，当试样达到固结稳定状态后，其单位沉降量根据式(1)来计算：

$$s_i = \frac{\sum \Delta h_i}{h_0} 10^3 \tag{1}$$

式中：s_i——一定压力下单位沉降量。

压缩应变用ε_s表示，按式(2)计算：

$$\varepsilon_s = \frac{\sum \Delta h_i}{h_0} 100\% \tag{2}$$

试样的变形程度可以通过其压缩应变的大小来衡量，压缩应变越高，说明土样对变形的抵抗力也越出色。分别对不同含水率的试样进行侧向压缩和湿陷试验，具体的压缩应变统计数据见表 2，而压缩应变与竖向压力的关系曲线见图 1。

2.2 应力-应变曲线

从图 1 可以看出，随着荷载逐渐增大，土体的应变也持续上升；到了后期，试样的孔隙逐渐缩小，使得土体变得更为紧密，后期应变逐渐趋于平缓；由于土体的内部结构被进一步破坏，土体被压实后其抵抗变形的能力也变得更强。对于具有不同含水率的试样，当竖向压力保持不变时，随着水分含量的上升，其应变也逐步增大。这是因为土体中的水分增多会导致颗粒之间的引力降低，从而减弱颗粒的胶结能力。黄土内部结构遭到破坏时，其应变和压缩变形会随着竖向荷载的逐渐增加而相应地增大，这意味着当含水率上升时，压实黄土的压缩变形也会相应地增加。

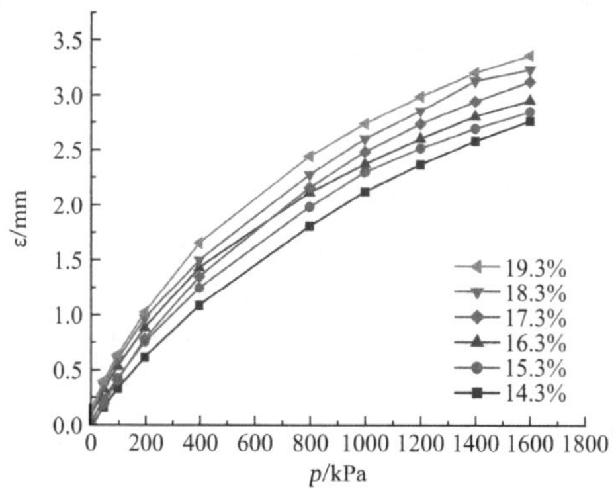

图 1 不同含水率下竖向压力-压缩应变曲线

不同含水率下试样压缩应变统计表　　表 2

含水率/%	竖向压力/kPa							
	50	100	200	400	800	1200	1400	1600
14.3	0.187	0.354	0.64	1.112	1.835	2.394	2.607	2.791
15.3	0.233	0.422	0.753	1.244	1.984	2.514	2.694	2.849
16.3	0.26	0.471	0.821	1.371	2.053	2.542	2.745	2.894
17.3	0.299	0.54	0.915	1.444	2.222	2.801	3.077	3.181
18.3	0.271	0.488	0.86	1.428	2.24	2.817	3.025	3.204
19.3	0.292	0.528	0.915	1.547	2.335	2.881	3.098	3.254

2.3 含水率对压缩模量和压缩系数的影响

试样压缩系数按式(3)计算：

$$a = \frac{e_i - e_{i+1}}{p_{i+1} - p_i} \tag{3}$$

式中：a——压缩系数；

p_i——某一级的竖向压力。

试样压缩模量按式(4)计算：

$$E_s = \frac{1 + e_i}{a} \tag{4}$$

式中：E_s——压缩模量；

e_i——天然孔隙比，

a——土的压缩系数。

当试样的压缩系数增大时，其压缩特性更好。当竖向压力保持不变时，土体的压缩性会随着压缩模量的增大而减小。试验结果如图 2 和图 3 所示。

由图 2 与图 3 可知，当含水率在 17.3%及以上时，压缩性能变化幅度相比 14.3%～16.3%较小，在含水率较低的情况下，由于土体拥有更高的刚性和更强的抵抗压缩变形的能力，导致压缩系数的增加和压缩模量的下降。当土体的含水率上升时，会对土体造成一定程度的软化效果。在这样的条件下，土体对于压缩变形的抵抗力将会减弱，导致压缩系数减小而压缩模量增大。

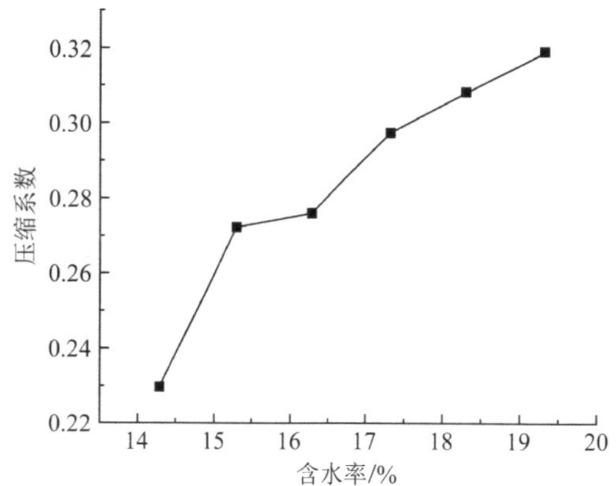

图 2 不同含水率试样压缩系数变化曲线

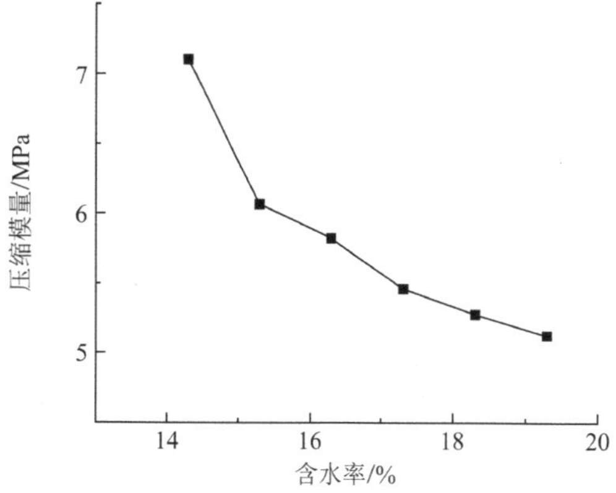

图 3 不同含水率试样压缩模量变化曲线

2.4 e-lg p曲线

根据相关规范内容，试样的初始孔隙比按式(5)计算：

$$e_0 = \frac{(1+w_0)G_s\rho_w}{\rho_0} - 1 \tag{5}$$

试样的孔隙比按式(6)计算：

$$e_i = e_0 - \frac{1+e_0}{h_0}\sum\Delta h_i \tag{6}$$

式中：h_0——初始高度；

$\sum\Delta h_i$——土体在一定压力下土体稳定后的总变形量。

以 95%的压实度重塑黄土样本为研究对象，图 4 展示了在不同含水率条件下，重塑黄土的孔隙比e与其竖向压力p之间的变化关系。从图 4 可知，在荷载条件保持恒定的情况下，土体的孔隙比会随着其含水率的上升而逐渐减少。当土体受到竖向荷载的作用时，其对变形的抵抗能力主要是由颗粒间的摩擦和凝聚力决定的。然而，当含水率逐渐增加时，这些力量会逐步减弱，导致土体对压缩变形的抵抗能力也随之下降。在初始加载阶段，曲线表现得相对稳定，这是因为竖向压力相对较低，使得土体具备了一定程度的抵抗压缩变形的能力；随着竖向压力的增大，曲线迅速下降并发生屈服，由于黄土的结构性，其存在结构屈服应力p_{sy}并体现为e-lg p曲线从平缓段过渡到迅速下降段时拐点处对应竖向压力。参照 Butterfied 双对数坐标法[15]（图 5）可得到不同含水率所对应的结构屈服应力p_{sy}。

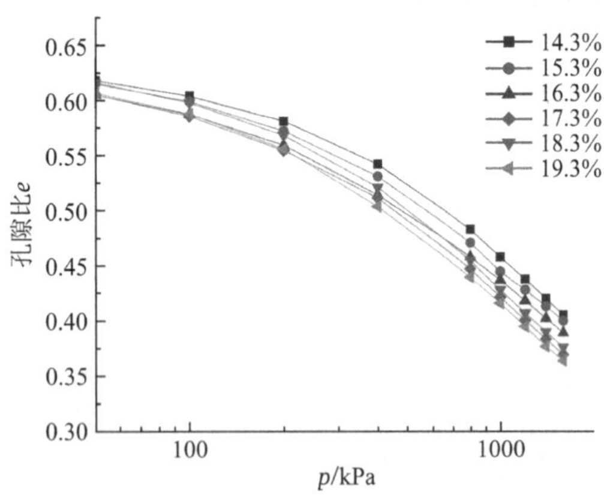

图 4 不同含水率条件下压实黄土e-lg p曲线

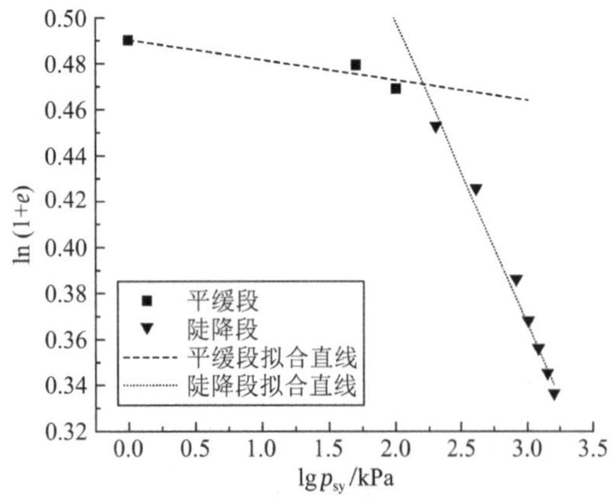

图 5 17.3%含水率 Butterfied 双对数坐标法结构屈服应力

图 6 为压实黄土结构屈服应力与含水率的关系曲线。由图 6 可知，含水率的升高会减弱黄土的内结构性，压实黄土结构屈服应力与初始含水率之间存在幂函数关系。含水率从 14.3%上升至 19.3%时，结构的屈服应力从 174.6kPa 下降到了 154.17kPa，减小了 13.4%。由此可以看出，含水率增加将使得结构屈服应力减小，进而引起土体压缩性提高，变形量也随之增加。

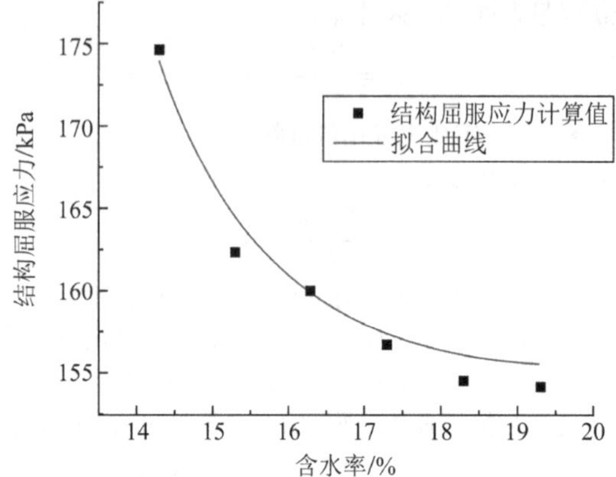

图 6 压实黄土结构屈服应力与含水率关系曲线

3 湿陷性结果讨论

3.1 重塑黄土湿陷系数与压力关系

图 7 为压实黄土压力与湿陷系数关系曲线。由图 7 可知，湿陷系数随压力等级升高的条件下，基本上都是增后减：当初始含水率较小（14.3%）时，土样在低压力条件（＜50kPa）下并未达到湿陷；随着竖向压力的增大，初始含水率为 14.3%试样的湿陷系数在竖向压力小于 400kPa 时迅速增大，并在压力等级为 400kPa 时达到最大；这是由于土体压力在前期主要受压缩变形作用，在压力等级升高的情况下，才开始产生湿陷变形。土样的湿陷系数在压力等级大于 400kPa 时随压力等级的增大而降低；这是由于在压力等级达到 400kPa 之前，土体结构受压缩而发生显著的湿陷变形，可供压缩的空间在压力等级超过 400kPa 后减小所致。随压力等级的升高，湿陷变形程度减小[16]。对于含水率分别为 14.3%、15.3%和 16.3%的压实土样，当试样的湿陷系数达到 0.015 时，其湿陷系数随竖向压力的变化曲线可以被划分为两个阶段：一个阶段是快速增长的，另一个阶段则是逐步减少的。当试样的含水率达到或超出 17.3%时，湿陷系数与垂直压力之间的关系曲线可以被细分为三个不同的阶段。第一阶段表现得相对平稳，当垂直压力低于 100kPa 时，该曲线的波动相对稳定，同时湿陷系数也不超过 0.015。在第二个阶段，即快速增长的时期，样本的湿陷系数呈现出快速的增长趋势。含水率 17.3%的压实样本在竖向压力上的范围是 200～400kPa，而含水率分别为 18.3%和 19.3%的试样在 100～200kPa 之间。这表明，含水率越高，该阶段的曲线长度就越短。在第三阶段，即缓慢或平稳下降的阶段中，压实土样的湿陷系数与其竖向压力之间的变化关系并不显著，整体曲线表现出相对平稳的趋势。当竖向压力超过 400kPa 时，湿陷系数的增长速度开始减缓，这一趋势随着竖向压力的增加而逐渐减缓。具体来说，当土壤样本的

含水率为 14.3%、15.3%和 16.3%时，在 400kPa 的压力级别下，其湿陷系数超过 0.015，这被定义为轻度湿陷性黄土。然而，当含水率达到 17.3%或更高时，土样在所有的压力条件下都不表现出湿陷性，因此被视为非湿陷性黄土。

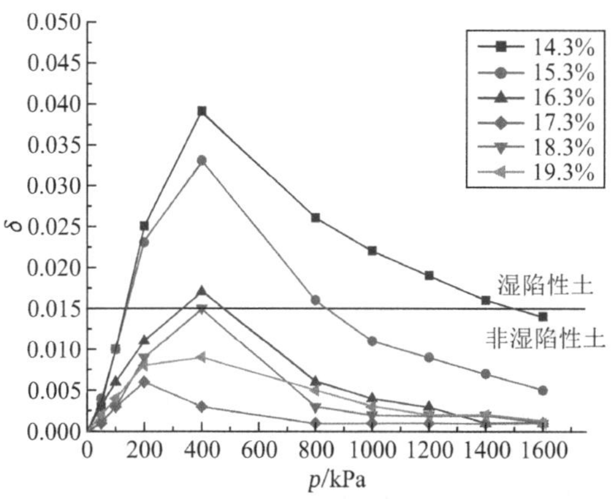

图 7　不同含水率试样湿陷系数与压力关系曲线

3.2　黄土湿陷系数与初始含水率关系

图 8 为不同竖向压力土样湿陷系数与含水率关系曲线。从图 8 可知，当竖向压力保持不变时，随着含水率的上升，试样的湿陷系数呈下降趋势，这是由于含水率较低时土样内部结构并未受到影响，抵抗变形能力较强；土样的结构强度随着含水率的升高而不断减小，在含水率 14.3%时其湿陷系数最大；在含水率在 17.3%之前，在竖向压力为 400～800kPa 时，湿陷系数均大于 0.015，为湿陷性黄土；在竖向压力到 17.3%及以上时，在任何竖向压力下黄土均为非湿陷性土。这是由于在含水率增加的同时其压缩变形增大，故湿陷变形会减小。

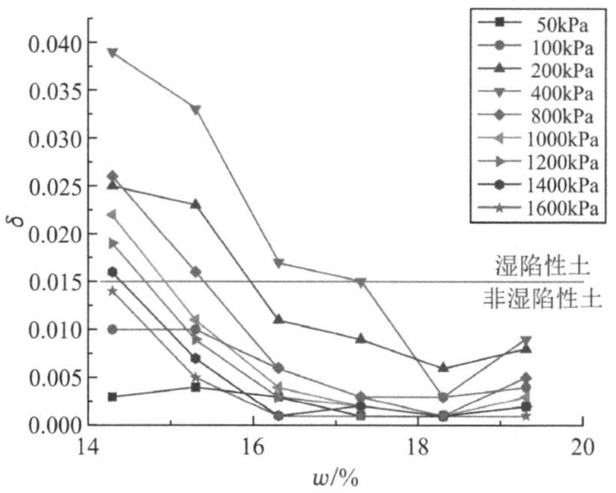

图 8　不同竖向压力土样湿陷系数与含水率关系曲线

4　结论

本文通过对取自山西省绛县尧文化旅游公路的黄土进行一系列的侧限压缩和湿陷试验，分析了含水率和竖向压力对应变、压缩模量、压缩系数、结构屈服应力和湿陷系数的影响，并得出以下结论：

（1）在侧限条件下，随竖向压力的逐渐增大，压实黄土土体的应变也相应上升，使得土体内部变得更加紧密，其对抗变形的能力也变得更强。

（2）随着含水率的增加，压实黄土土样的压缩系数逐渐增加，土的压缩性逐渐增强，压缩模量随着含水率的升高而减小，即在应力相同的条件下，含水率越高，应变越大。

（3）随着含水率的增大，压实黄土的结构屈服应力逐渐减小，含水率从 14.3%增加到 19.3%，结构屈服应力下降了 13.4%。

（4）在不同含水率条件下，试样的湿陷系数在竖向压力 400kPa 时最大；400kPa 前随着竖向压力增大而增大，400kPa 后随着竖向压力增大而减小；在含水率达到 17.3%之前，400～800kPa 时湿陷系数均大于 0.015；在竖向压力到 17.3%及以上时，在任何竖向压力下湿陷系数均小于 0.015。

参考文献：

[1] LIU K, YE W, JING H. Multiscale evaluation of the structural characteristics of intact loess subjected to wet/dry cycles[J]. Natural Hazards, 2024, 120(2): 1215-1240.

[2] 刘知，安明晓，杨文府，等. 晋西黄土崩塌类型及其变形-破坏机制[J]. 西安科技大学学报, 2023, 43(6): 1176-1185.

[3] 孔洋，阮怀宁，黄雪峰. 黄土丘陵沟壑区压实回填土地基沉降计算方法[J]. 岩土工程学报, 2018, 40(S1): 218-223.

[4] 陈开圣，沙爱民. 压实黄土湿陷变形影响因素分析[J]. 中外公路, 2009, 29(3): 24-28.

[5] 杨勇，范文，徐张建，等. 大厚度夯填黄土场地工后变形特性研究[J]. 土木工程学报, 2023, 56(6): 117-125.

[6] 杨三强，段士超，刘娜，等. 黄土质高填方路基沉降变形与预测[J]. 河北大学学报（自然科学版）, 2020, 40(5): 454-460.

[7] 陈开圣，沙爱民. 压实黄土变形特性[J]. 岩土力学, 2010, 31(4): 1023-1029.

[8] 陈开圣，沙爱民. 黄土压实影响因素分析[J]. 公路交通科技, 2009, 26(7): 54-58.

[9] 李旭东，黄雪峰. 延安新区压实 Q_2 黄土增湿变形特性研究[J]. 河北工程大学学报(自然科学版), 2017, 34(1): 48-52.

[10] 黄雪峰，孔洋，李旭东，等. 压实黄土变形特性研究与应用[J]. 岩土力学, 2014, 35(S2): 37-44.

[11] 王博，黄雪峰，邱明明，等. 延安新区黄土压缩特性试验研究[J]. 水资源与水工程学报, 2022, 33(2): 186-193.

[12] 谢星，赵法锁，王艳婷，等. 结构性 Q_2, Q_3 黄土的力学特性对比研究[J]. 西安科技大学学报, 2006, (04): 451-445+468.

[13] 陈存礼，蒋雪，杨炯，等. 结构性对压实黄土侧限压缩特性的影响[J]. 岩石力学与工程学报, 2014, 33(9): 1939-1944.

[14]《延安新区黄土丘陵沟壑区域工程造地实践》编委会. 延安新区黄土丘陵沟壑区域工程造地实践[J]. 岩土力学, 2019, 40(S1): 366.

[15] 马闫. 黄土结构性多尺度研究[D]. 西安：西北大学, 2017.

[16] XU Y, GUO P, WANG Y, et al. Modelling the triaxial compression behavior of loess using the disturbed state concept[J]. Advances in Civil Engineering, 2021, 2021(1): 6638715.

强膨胀土地区工程地基基础设计

王　辰，张庆亮，贾　洁
（中国航空规划设计研究总院有限公司，北京 100120）

摘　要：本文针对某强膨胀土地区工程，结合项目特点介绍了膨胀土地基的变形特征判别、变形计算，以及地基基础的方案选型，并对其中存在的一些问题进行了探讨，为类似膨胀土地基基础的工程设计提供参考。

关键词：膨胀土；地基基础；变形计算；方案选型

0　引言

膨胀土是一种主要由亲水矿物（蒙脱石和伊利石）组成的黏性土，同时具有吸水膨胀和失水收缩的变形特性。膨胀土在我国分布广泛，遍及西南、华中、华东、华北、西北以及东北。据不完全统计，约 1000 万 m^2 的工业与民用建筑物因膨胀土灾害受损[1]。

本文针对某强膨胀土地区工程，结合项目特点介绍了膨胀土地基的变形特征判别、变形计算，以及地基基础的方案选型，并对其中存在的一些问题进行了探讨，为类似膨胀土地基基础的工程设计提供参考。

1　工程概况

本工程位于云南省红河州蒙自市，建设内容包含单体建筑物 100 余栋，结构形式主要为单多层混凝土框架、单多层钢框架、单层混凝土排架、单层门式刚架、多层砌体以及单层混凝土柱-网架等。

本工程建设场地分为填方区和挖方区，填方区填土厚度最大约 12m，挖方区地表大部分为全、强风化泥灰岩层。典型地层剖面如图 1 所示。

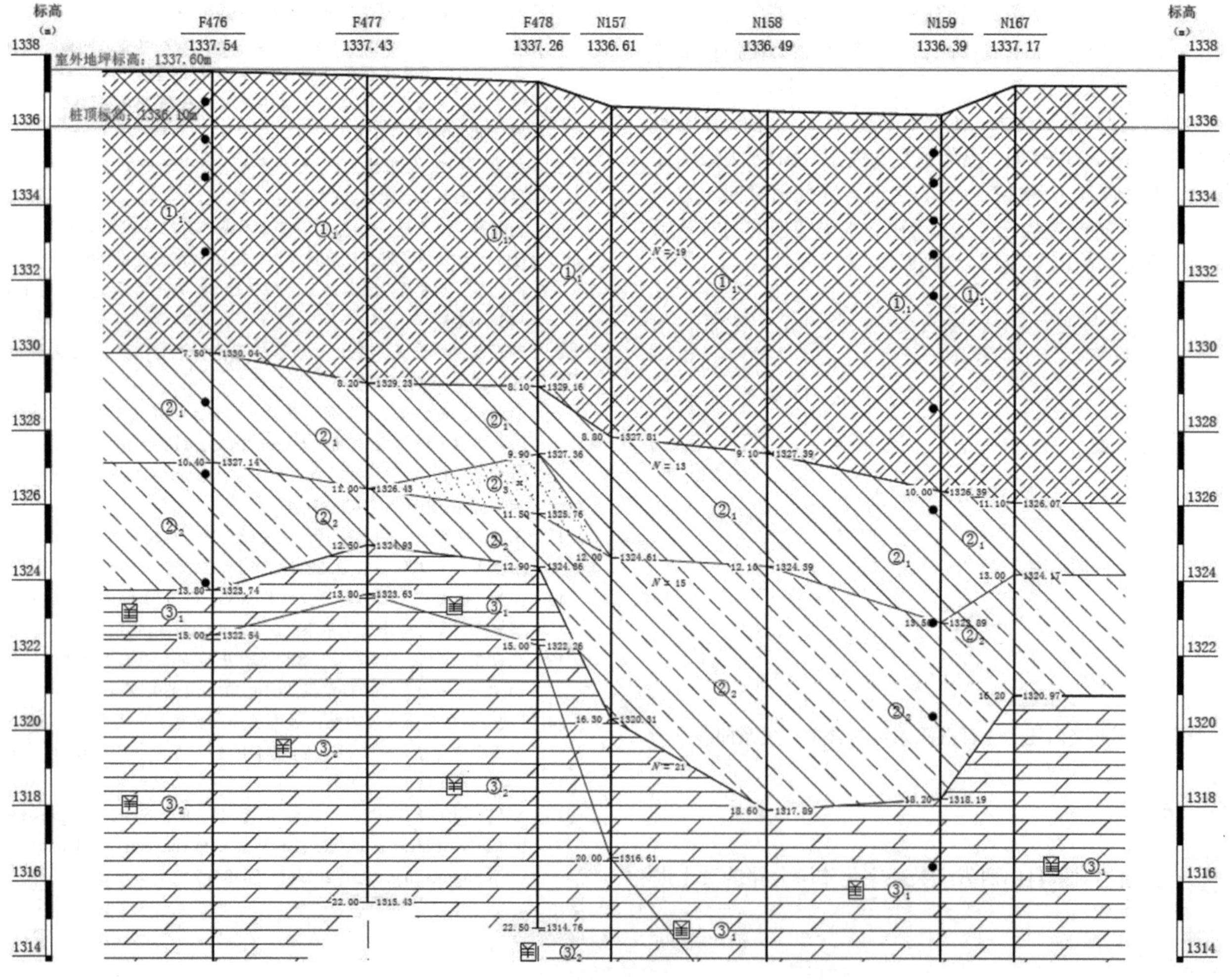

(a) 填方区典型地层剖面

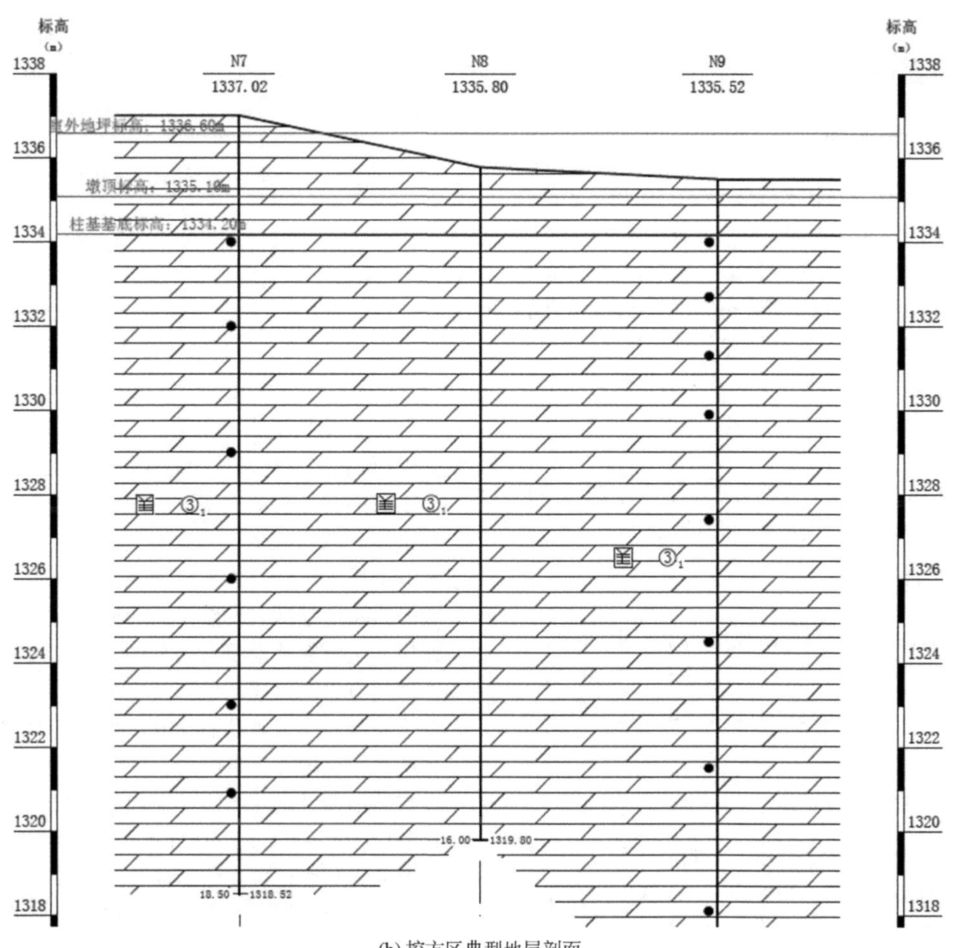

(b) 挖方区典型地层剖面

图 1　结构布置示意图

在勘察深度范围内，揭露的地基土从上至下依次为①$_1$压实填土、①$_2$素填土、①$_3$耕植土、②$_1$黏土、②$_2$粉质黏土、②$_3$粉细砂、③$_1$全风化泥灰岩、③$_{1-1}$全风化砂岩、③$_2$强风化泥灰岩、③$_{2-1}$强风化砂岩。其中①～③层均具有一定的膨胀性，且大部分具有中—强膨胀潜势。场地内的膨胀岩土黏粒矿物成分以硅铝酸盐为主，主要为蒙脱石、伊利石，高岭石次之。各主要土层的地基承载力特征值如表 1 所示，桩基设计参数如表 2 所示。

地基承载力特征值f_{ak}一览表（单位：kPa）　　表 1

土层名称	承载力特征值	土层名称	承载力特征值
②$_1$黏土	140	③$_1$全风化泥灰岩	170
②$_2$粉质黏土	140	③$_{1-1}$全风化砂岩	180
②$_3$粉细砂	160	③$_2$强风化泥灰岩	210

桩基设计参数一览表（单位：kPa）　　表 2

土层名称	干作业钻孔灌注桩		人工挖孔灌注		预制桩	
	q_{sk}	q_{pk}	q_{sk}	q_{pk}	q_{sk}	q_{pk}
①填土	—	—	—	—	—	—
②$_1$黏土	55	—	55	—	65	—
②$_2$粉质黏土	55	—	55	—	65	—
③$_1$全风化泥灰岩	65	1100	65	1200	85	3200
③$_{1-1}$全风化砂岩	65	1100	65	1200	85	3200
③$_2$强风化泥灰岩	70	1500	70	1700	110	4000
③$_{2-1}$强风化砂岩	70	1500	70	1700	110	4000

2 膨胀土的变形计算

2.1 土层变形特征的判别

根据《膨胀土地区建筑技术规范》GB 50112—2013，膨胀土地基的变形量，可按下列变形特征分别计算[2]：①场地天然地表下 1m 处土体的含水率等于或接近最小值或地面有覆盖且无蒸发可能，以及建筑物在使用期间，经常有水浸湿的地基，可按膨胀变形量计算；②场地天然地表下 1m 处土体的含水率大于 1.2 倍塑限含水率或直接受高温作用的地基，可按收缩变形量计算；③其他情况下可按胀缩变形量计算。

本工程地表 1m 处土层的天然含水率平均为 27%，土层塑限含水率为 20%，因此呈收缩变形特征。

2.2 大气影响深度

根据《云南省膨胀土地区建筑技术规程》DBJ 53/T—83—2017 第 3.6.1 条[3]，蒙自地区的湿度系数为 0.60，大气影响深度d_a为 5.0m，大气影响急剧层深度d_s为大气影响深度的 0.45 倍，即 2.4m。

2.3 土层含水率变化值的计算

地基土含水率变化如图 2 所示。一般情况下，土层含水率随深度呈线性减小趋势。当地表下 4m 深度内存在不透水基岩时，可假定含水率变化值为常数[2]。

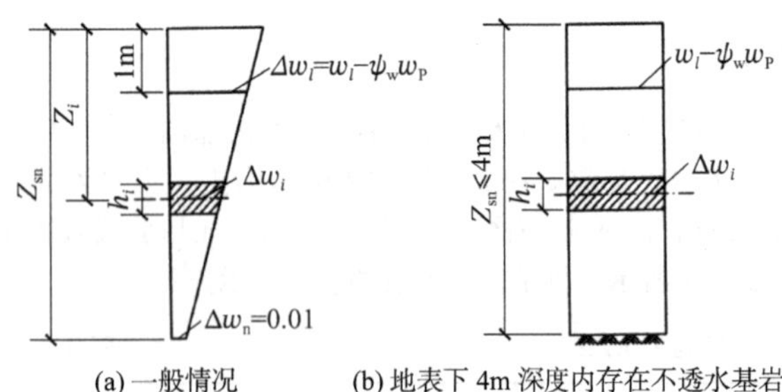

图 2 地基土含水率变化示意图

收缩变形计算深度内各土层的含水率变化值应按下式计算：

$$\Delta\omega_i = \Delta\omega_l - (\Delta\omega_1 - 0.01)\frac{Z_i - 1}{Z_{sn} - 1} \tag{1}$$

$$\Delta\omega_l = \omega_l - \varphi_w\omega_P \tag{2}$$

式中：$\Delta\omega_i$——地基土收缩过程中，第i层土可能发生的含水率变化平均值（以小数表示）；

$\Delta\omega_l$——地表下 1m 处土的含水率变化值；

ω_l和ω_P——地表下 1m 处土的天然含水率和塑限；含水率均以小数表示。

φ_w——土的湿度系数。

2.4 变形量的计算和允许值

地基土的收缩变形量应按下式计算：

$$S_s = \varphi_s\sum_i^n \lambda_{si}\Delta\omega_i h_i \tag{3}$$

式中：S_s——地基土的收缩变形量（mm）；

φ_s——计算收缩变形量的经验系数，宜根据当地经验确定，无可依据经验时，三层及三层以下建筑物可采用 0.8；

λ_{si}——基础底面下第i层土的收缩系数，由室内试验确定；

n——基础底面至计算深度内所划分的土层数，收缩变形计算深度Z_{sn}，应根据大气影响深度确定，当有热源影响时，可按热源影响深度确定；在计算深度内有稳定地下水位时，可计算至水位以上 3m。

表 3 给出了膨胀土地基上建筑物地基变形允许值，其中L代表相邻柱基的中心距离。需要注意的是，膨胀土失水收缩和外荷载作用下的固结压密是同向的变形，均是土体孔隙比减少、密度增大的结果。但两者的变形机理有本质的区别：失水收缩主要是土的黏粒周围薄膜水或晶格水大量散失的结果，而固结沉降变形是在外荷载作用下土颗粒移动重新排列的结果；且失水收缩产生的土体内应力要比固结沉降产生的内应力大得多。膨胀土多为坚硬和半坚硬状态，其压缩模量大。在一般低层房屋所能产生的压力范围内，土的密度改变较小。所以，土在收缩前所处的压力大小对收缩量的影响较小。在收缩过程中，土一旦收缩，便处于超压密状态，压力改变对土密度的影响更可以忽略不计[4]。因此，收缩变形量不必与土层受外力的压缩沉降变形量相叠加，小于表 3 中的变形允许值即可。

膨胀土地基上建筑物地基变形允许值 表 3

结构类型	相对变形		变形量/mm
	种类	数值	
砌体结构	局部倾斜	0.001	15
框架结构无填充墙时	变形差	0.001L	30
框架结构有填充墙时	变形差	0.0005L	20
当基础不均匀升降时不产生附加应力的结构	变形差	0.003L	40

3 地基基础的设计要点

3.1 桩基的设计要求

填方区由于填土较厚，且压实质量无法保证，不可作为基础持力层。因此位于填方区内的单体采用桩基础，穿透填土层并以③$_1$层全风化泥灰岩或③$_2$层强风化泥灰岩为作为桩端持力层，桩型选用干作业成孔灌注桩。

需注意的是，与湿陷性黄土和软弱填土不同，膨胀土桩基在失水收缩时因裂缝出现，土体与桩体脱开，故不考虑桩周土体收缩时产生的负摩阻力，同样也不考虑桩侧在大气急剧层内的侧阻力（图 3）。相关试验表明，假定全部荷重由大气影响急剧层以下的桩长来承受是偏于安全的[2]。

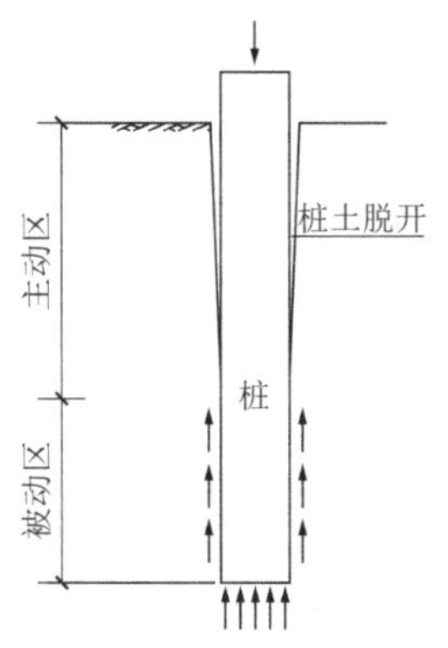

图 3　土体失水收缩时桩受力示意图

3.2　独立基础的设计要求

挖方区各单体正负 0 标高上土层基本已达到③$_1$ 层全风化泥灰岩或③$_2$ 层强风化泥灰岩，天然地基承载力特征值较高（分别为 170kPa 和 210kPa），仅从地基承载力的角度可考虑作为浅基础的持力层。

现场施工照片如图 4 所示。基底按构造铺设 300mm 厚级配砂石垫层，压实系数 0.97，用以调节地基变形。换填垫层上设置 500mm 厚 2∶8 水泥土隔水层，防止水流入砂石中积聚。隔水层以上采用现场原状土夹石块回填。

基坑开挖

级配砂石铺设

垫层封闭

水泥土隔水层回填

图 4　独立基础现场施工照片

4　本工程地基基础的方案选型

4.1　不同基础形式的造价对比

虽然挖方区内出露的风化泥灰岩土层地基承载力较高，但其胀缩等级较高，整体判别为Ⅲ级，根据相关标准宜采用桩基础。考虑到本工程建造成本的制约原因，需要进行天然地基和桩基方案的选型论证。

以挖方区中某典型单体建筑为例，结构形式为单层钢筋混凝土柱排架，柱底轴力标准值约为 1000kN。

方案 1 采用柱下独立基础，基底持力层为③$_1$ 层全风化泥灰岩，基础尺寸按地基承载力确定，厚度取为 600m。基础埋深 2.6m，基底按构造设置 300mm 厚碎石垫层，基底下土体收缩变形量计算为 19.8mm < 20mm，满足规范地基变形限值要求。

方案 2 采用人工挖孔灌注桩或旋挖成孔灌注桩，一柱一桩，桩径 1m，桩长 6m，桩顶标高位于室外地面以下 1.1m，桩顶设置单桩承台（桩帽）。桩端持力层为③$_2$ 层强风化泥灰岩。

方案 1、2 的造价计算结果如表 4、表 5、表 6 所示。

方案 1 人工挖孔灌注桩造价　　表 4

项目名称	项目特征	计量单位	工程量	综合单价/元	合价/元	定额人工费/元	其他/元
人工挖孔灌注桩	桩长 6m；桩径 1m；护壁厚度 150mm；C30	m^3	5.26	1241	6529	1455	631
钢筋	HRB400	t	0.41	7816	3165	370	518

续表

项目名称	项目特征	计量单位	工程量	综合单价/元	合价/元	定额人工费/元	其他/元
承台	C30；复合模板	m^3	1.79	711	1280	196	52
基础短柱	C30；复合模板	m^3	0.2	1274	255	60	16

注：部分尾数不闭合是由于数值修约。

方案 1 旋挖成孔灌注桩造价 **表 5**

项目名称	项目特征	计量单位	工程量	综合单价/元	合价/元	定额人工费/元	其他/元
旋挖成孔灌注桩	桩长 6m；桩径 1m；护壁厚度 150mm；C30	m^3	5.26	1056	5553	828	1305
钢筋	HRB400	t	0.23	9164	2108	271	462
承台	C30；复合模板	m^3	1.79	711	1280	196	52
基础短柱	C30；复合模板	m^3	0.2	1274	255	60	16

方案 2 独立基础 + 碎石垫层造价 **表 6**

项目名称	项目特征	计量单位	工程量	综合单价/元	合价/元	定额人工费/元	其他/元
挖基坑土方	桩长 6m；桩径 1m；护壁厚度 150mm；C30	m^3	15	18	268	57	148
钢筋	HRB400	t	0.33	6322	2074	277	71
独立基础	C30；复合模板	m^3	1.79	668	1195	167	45
基础短柱	C30；复合模板	m^3	0.86	1227	1055	247	65
素混凝土垫层	C15	m^3	0.48	594	285	37	8
碎石垫层	压实系数 0.97	m^3	10.58	56	593	71	84
回填方	无	m^3	6	58	347	180	36

人工挖孔桩综合造价约 14527 元，旋挖桩约 12386 元，独立基础约 7309 元。对比后可以发现，独立基础加碎石垫层方案比桩基方案更具有经济优势。因此，除较重要的几个单体建筑外，其余可考虑采用独立基础方案。

5 其他问题的探讨

勘察报告提供的土层收缩系数统计如图 5、图 6 所示，其存在以下特点：①变化无规律，尤其是深度上变化无规律；②数据差异大，最小 0.1，最大 0.55；③单体对应的孔点土样数据较少，一栋单体仅提供 1～2 个孔点参数。

在本工程的地基方案论证会中，部分专家建议各单体收缩系数按单体内孔点数据的最大者取值（表 7）。但是，对于一些极端情况似乎不妥，以下列举两个单体的实际算例。

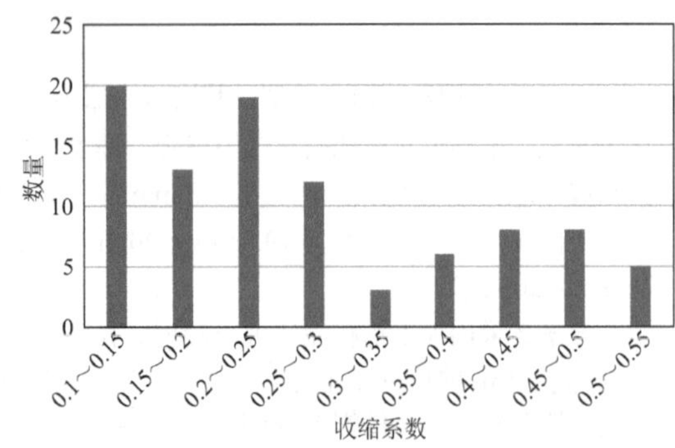

图 5 ③$_1$ 层全风化泥灰岩收缩系数统计直方图

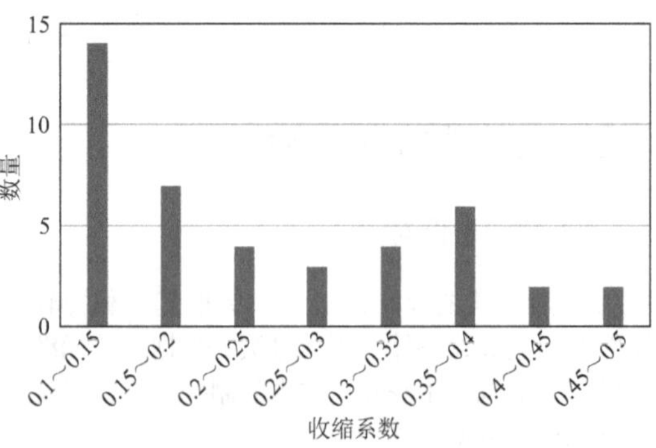

图 6 ③$_2$ 层全强化泥灰岩收缩系数统计直方图

算例的土层收缩变形计算参数 **表 7**

编号	地表 1m 处天然含水率/%	地表 1m 处土的塑限含水率/%	收缩系数
②$_1$ 黏土	27	③$_1$ 全风化泥灰岩	170
②$_2$ 粉质黏土	23.1	③$_{1-1}$ 全风化砂岩	180
②$_3$ 粉细砂	160	③$_2$ 强风化泥灰岩	210

单体 1 的λ_s取为 0.14，基础计算埋深为−1.6m。单体 2 的λ_s取为 0.55，基础计算埋深为−3.2m。显然单体 1 基础计算埋深过小，可能偏于不安全。而单体 2 基础计算埋深太大，可能偏于不经济。λ_s如按场地内的土层分类后取均值 0.27，单体 1、2 基础埋深计算均为−2.6m。

6 结论

本文针对云南强膨胀土地区某工程，结合实例介绍了膨胀土地基的变形特征判别、变形计算，以及地基基础的方案选型，并对其中存在的一些问题进行了探讨。

本文主要结论如下：

（1）膨胀土地基基础设计时，应先根据土体的天然含水率判别变形特征，不能盲目认为均为膨胀变形。

（2）膨胀土场地中，当以收缩变形为主时，应考虑桩端土体与桩侧脱开的可能，单桩承载力计算时不计入大气影响急剧层内的侧阻力。

（3）膨胀土场地中，当胀缩等级较高且考虑采用天然地基时，应严格计算土体变形量，并控制在允许值内，以此确定基础埋深。当基础埋深较大时建议与桩基方案进行经济性比较。

（4）当场地内各单体土层收缩系数变异性较大，且取样数量较少时。建议根据工程特点，考虑场地整体取值或分区域取值。

参考文献：

［1］章为民，王年香. 公路膨胀土地基与基础[M]. 北京：中国建筑工业出版社, 2015.

［2］住房和城乡建设部. 膨胀土地区建筑技术规范：GB 50112—2013[S]. 北京：中国建筑工业出版社, 2013.

［3］云南省住房和城乡建设厅. 云南省膨胀土地区建筑技术规程：DBJ 53/T—83—2017[S]. 2017.

［4］唐朝生. 干湿循环过程中膨胀土的胀缩变形特征[J]. 岩土工程学报, 2011, 33(9): 1376-1384.

［5］住房和城乡建设部. 建筑地基基础设计规范：GB 50007—2011[S]. 北京:中国建筑工业出版社, 2012.

步进式注浆工法在深厚填土地基建筑物抬升中的应用

崔学栋
（北京恒祥宏业基础加固技术有限公司，北京 100097）

摘　要：随着抬升纠偏工程实践的大量开展，注浆技术在抬升建筑物的应用趋于成熟。由于缺乏理论指导，注浆抬升往往采取粗放式施工，既造成浆液浪费，也无法保证抬升效果。针对此种情况，借鉴地基处理中散体桩复合地基原理，提出步进式注浆工法。该工法通过注浆形成了由三部分共同作用的抬升结构，在抬升建筑物的同时，也提高了深层地基承载力，降低二次沉降发生的可能性。以西南某工程为例，验证了该工法应用在深厚填土建筑物抬升中的环保性和长期有效性。

关键词：步进式注浆工法；深厚填土；不均匀沉降；建筑物抬升

0　引言

随着我国经济的高速发展，大量建设工程如雨后春笋般纷纷落地。在施工过程中，现有平坦地形地貌能大大降低工程中的土方工程量。但现实情况往往是现有地形地貌高低起伏，为达到施工目的，必然存在大量填方、挖方工程，填方厚度达几米甚至几十米的情况都会出现。坐落在这种深厚填土基础上的建筑物虽按照要求必须进行地基处理，但是受现有勘察设计的局限性及施工过程中的各种操作疏忽等因素的影响，在建成后仍然可能出现各种影响使用的不均匀沉降。对这类建筑物抬升纠偏的需求在近年来明显增长。

注浆技术经过多年的工程实践，已经在建筑物抬升纠偏等方面取得了较为广泛的应用[1]。由于注浆工程在理论研究上的欠缺，现实情况下注浆效果的好坏更多地与施工单位的经验密切相关。此外，许多注浆工程往往只停留在"头痛医头，脚痛医脚"的阶段，"哪里沉降注哪里""抬升到位就撤场"，并没有针对基础发生不均匀沉降的原因进行根源性整治。这就很容易导致建筑物发生二次沉降，二次沉降后再次注浆抬升的不良循环。

本文根据在深厚填土多次注浆抬升建筑物的施工经验，优化完善后提出步进式注浆工法。此方法从根源上解决了由于深厚填土不均匀性和高压缩性造成的建筑物不均匀沉降问题。

1　工法介绍

步进式注浆工法分为 3 个步骤：加固补强垫层→地基抬升加固平台→柱下桩基支撑。

1.1　加固补强垫层

为了保证强度和排水畅通，设计时通常在深厚填土的建筑物筏板下铺设砂石垫层。该工法首先对筏板以下的砂石垫层进行渗透注浆，此时浆液渗入砂石间的孔隙，固结砂石，从而形成了新的结构体，增加砂石垫层的强度和密实度。同时，垫层通过浆液胶结作用与垫层上部筏板紧密胶结，形成加厚的筏板基础。加厚的筏板基础也能保证后续抬升力的均匀分布，避免出现局部抬升速度过快，在抬升过程中产生新的裂缝。

1.2　地基抬升加固平台

当对垫层加固补强施工完毕后，对垫层以下一定深度的地基进行压密注浆。在压密注浆过程中，刚开始注浆时，浆柱的直径和体积较小，压力主要是水平方向的，此时浆柱挤压周围土体；随着注浆量的加大，浆柱体积增加，将产生较大的向上压力，此时浆柱抬升倾斜建筑物[2]。由于填土属于非饱和土，故压密注浆挤密效果较明显，同时填土多为人工填土，不均匀性较高，压密注浆的浆液总是挤向不均匀地基中的薄弱土区，从而使土体的变形性质均一化。

通过压密注浆，地基承载力增加，土体的强度和防渗性能得到改善。

1.3　柱下桩基支撑

当垫层加固补强和地基抬升加固平台施工完毕后，由于土中已注入大量浆液，由原先的天然重度变为复合重度，大大增加了土体的自重应力。注浆前后的重度关系如式(1)所示。

$$\gamma_{复合} = a \times \gamma_{浆液} + (1-a) \times \gamma_{填土} \tag{1}$$

式中：$\gamma_{复合}$——注浆后复合地层重度；

$\gamma_{浆液}$——浆液重度，$\gamma_{浆液} = (1000 \times W + 3100)/(1 + W)$，$W$为水灰比；

$\gamma_{填土}$——填土重度；

a——注入率。

为了控制复合土层变形，在抬升加固平台下施作不规则圆柱体的复合桩基。复合桩基由浆液注入填土层的浆液柱凝固形成。如果填土地基内有桩基，则复合桩基即在原有桩基周围注浆形成，复合桩基的形状类似上小下大的扩底桩形状。该复合桩基的桩底面积和桩身直径较大，不但扩大了桩底支撑面积，又增加了桩周的摩阻力，同时也会减少建筑物的沉降。在进行设计时，将注入地基中的浆液作为新增加的附加应力考虑，不规则桩基的承载力至少能承担这部分荷载。计算复合桩基沉降时，可以参考复合地基沉降计算模型。

通过层层加固的方式，加固补强垫层、地基抬升加固平台和不规则复合桩基形成支撑体系，达到建筑地基提高承载力，稳固地基的目的，使地基达到沉降稳定状态。步进式注浆工法如图 1 所示。

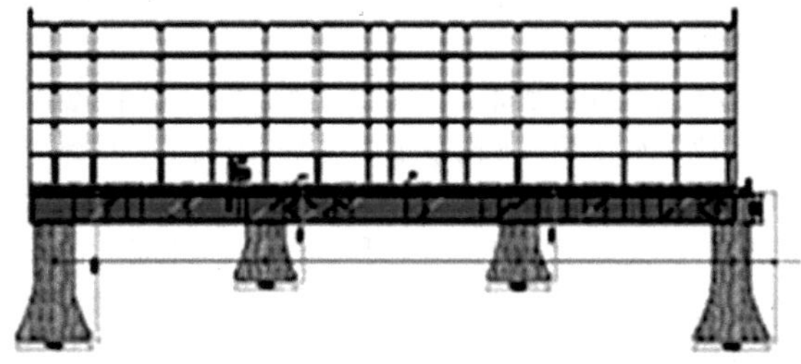

图 1　步进式注浆工法示意图

2　工法原理及适用性分析

在步进式注浆工法中，地基加固平台和不规则复合桩基借鉴了地基处理中散体桩复合地基的原理。具体的原理如下：注浆形成的复合地基包括注浆加固区和注浆加固区间土两部分，因此，可以建立如图 2 所示的简化模型，将注浆加固区视作桩体，而注浆加固区间土则视作桩间或桩周土体。

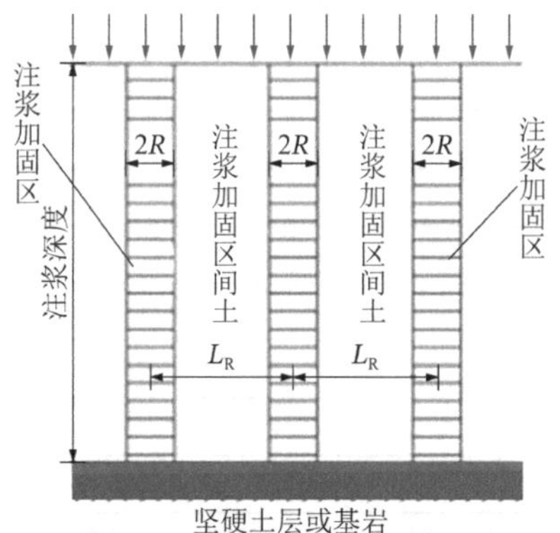

图 2　注浆加固地基简化模型

简化成上述模型主要是基于以下原因：

（1）注浆加固地基注浆加固区由于注浆作用，具有一定的粘结性，其破坏形式以侧向挤出破坏为主。注浆加固区可进行压缩，其破坏形式与散体桩相同，因此步进式注浆工法相关计算可借鉴散体桩的计算方法。

（2）由于注浆加固土层为填土，注浆加固区需要周边土体的围箍作用才能维持注浆加固区形状，这与散体桩的性状一致。

（3）在上部荷载作用下，注浆加固区依靠周边填土提供的被动土压力维持注浆加固区的平衡，这与散体桩的承载性状一致[3]。

上述模型与真正的散体桩有所不同，散体桩桩身没有粘结强度，而注浆加固区有一定的粘结强度；注浆加固区横截面积也大于散体桩。但是忽略这些不同点，注浆加固地基模型对地基承载力以及控制变形是偏于安全的。

现有注浆抬升技术，在高压注浆抬升过程中，有可能对建筑物基础形成冲击性破坏，导致基础底部局部起鼓，甚至开裂。针对此问题，步进式注浆工法区别于直接在建筑物基础底部注浆抬升的粗暴式注浆：首先，通过对砂石垫层的加固补强，提高了垫层和筏板的强度和整体性；其次，才是对地基的加固抬升。2 次注浆使得抬升力较为均匀地传递到建筑物基础，较为柔和地抬升建筑物。若抬升效果不理想，仍可依靠后复合桩基压密注浆来弥补抬升效果。

现有注浆抬升时注浆孔开孔多、孔径大，对建筑物基础破坏较大，步进式注浆工法在施工时一孔多用。施工时，采用后退式注浆工法，在一个注浆孔的深部完成复合桩基，浅部完成垫层加固补强和地基加固抬升，实现一孔高效化，减少对建筑物基础的破坏。

现以西南某地区的典型工程为例进行阐述。

3　工程实例

3.1　工程概况

西南某地区商贸城（4F/2F）地块长约 330m，宽约 310m，基础为筏板基础，地基处理采用强夯法。该地区原始地形为沟槽地带，原有一南西—北东—东流向的溪沟，后作为山谷型弃土场，十余年间已进行多次大规模回填，现状地势总体呈南西高、北东低的高低平台与斜坡交错状地形。

填埋场内形成多处人工填土斜坡，经勘察可知，填土未经分层碾实，多抛填形成，坡表无明显滑动拉伸的痕迹。场内地表标高 232.50～264.74m，相对高差约 30m，土堆顶表平缓，呈上缓下陡趋势，其间无高陡的大型人工填土边坡，坡脚多有水渗出。现弃土场内未见滑坡，库容稳定，全场内无原生基岩出露。

根据勘察报告，工程场地主要有第四系全新统素填土和粉质黏土、侏罗系下统珍珠冲组的砂岩、砂质泥岩组成。

素填土为人工回填，主要由粉质黏土、砂岩泥岩块碎石组成，碎块石含量约占 25%，粒径大小 5～35cm，堆填时间 1～15 年不等；局部为杂填土，主要为建筑垃圾及少量生活垃圾，稍湿，上部松散、中部稍密、下部稍密—中密；钻探揭示厚度 4.5～65.8m，主要分布于整个场地。

粉质黏土残留于岩面之上，厚度小，棕黄色。

砂质泥岩主要为泥质结构，厚层状构造，矿物成分主要为黏土矿物，主要为泥质胶结，局部砂质含量较高；分布广泛，揭露最大铅直厚度 36.27m，为场地主要岩性。

砂岩为细—中粒结构，中厚层状构造，为钙质胶结，主要矿物成分为石英和长石；分布较广泛，揭露最大铅直厚度 13.05m，为场地内次要岩性。

施工监测显示，自 2016 年 1 月—2017 年 4 月，场地发生了不同程度的不均匀沉降，沉降量 26～183mm。根据《建筑地基基础设计规范》GB 50007—2011 的规定，场区为高压缩性土，框架结构的工业与民用建筑相邻柱基的沉降差的允许值为 0.003L，因此，根据《既有建筑地基基础加固技术规范》JGJ 123—2012 的规定，须对该单元楼进行地基基础纠偏及加固。

3.2　沉降原因分析

根据工程勘察资料、沉降观测数据等资料分析和现场踏勘，造成本建筑产生不均匀沉降的原因为以下 5 个方面。

（1）工程地基主要是由人工填土组成的，地基土受压后差异沉降严重，地基均匀性很差。因回填土层厚度大，且存在较大碎石，虽经过强夯处理，仍存在软弱下卧层和土层虚浮现象，软弱下卧层强度不够是导致基础沉降的原因之一。

（2）堆积荷载加载速率过快，地基土层属高压缩性土体，由土层的结构原理可知，高压缩土体固结完成需要较长的时间，一般需要几年甚至几十年才能完成，使沉降趋于稳定。由于该楼房堆积荷载在较短的时间内快速增大，相对于较长固结时间而言，堆积荷载可近似看作是瞬间加载，荷载较大，地基土承载力较小，从而加速了土体的不均匀沉降。

（3）根据勘察报告，场地原为冲沟，后为弃土场。原先地下水在重力的作用下，向场地内低洼地汇集，达到一定的水位高度后外排。在场地回填后，周围高地的水仍会渗流进回填土的地基内部，达到一定的程度后，地下水便可以在填土地基内自由地流动。水的流动会带走土中细小颗粒，这个过程会造成土中孔隙率增大，从而引起地基下沉[4]。

（4）场地内回填土压缩性高，局部浸水湿陷特征比较明显，因此在地下水作用下，局部回填土发生湿陷，造成地基下沉。

（5）由于勘察外业工作是在4月完成的，勘察钻探孔深度内地下水贫乏。而雨季集中在5～10月，同时地下水类型主要为松散堆积填土中的孔隙水。鉴于商贸城建设周期较长，建设周期必定跨越雨季。设计人员和施工人员对防水措施重视不够，导致部分雨水渗入填土，必然会降低填土承载力。

3.3 抬升方案设计与施工

本项目采用步进式注浆工法进行抬升，垫层加固补强注浆范围厚0.6m，地基加固平台处理厚度4.4m，从而形成厚5.0m的整体加固平台。柱下桩基设计在主要承重柱下，出于经济性考虑，不规则桩基分为长桩和短桩。具体设计参数如表1所示。

注浆施工工艺采用WSS注浆技术，浆液选为A、C无收缩双液浆，将松软的土层固结形成新的结构体，A、C无收缩浆液凝结硬化后不收缩。形成的结构体强度高、抗渗性强，能达到地基承载力要求[5]。浆液配比如表2所示。

具体设计参数　　表1

分类	项目	参数
钻孔	孔径	42mm/75mm
	孔距	地基加固平台孔距暂定3.0m×3.0m梅花形布孔
	孔斜	⩽1%
	孔距偏差	±100mm
	孔深	15m/25m
注浆	浆液配比	参见表2
	注浆压力	垫层加固补强注浆压力0.15～0.30MPa，地基加固平台注浆压力0.30～0.85MPa，深孔桩（桩深25m）底注浆压力0.5～3.5MPa（在成桩过程中，由桩底分层向上注浆时，注浆终压逐渐减小）；浅孔桩（桩深15m）底注浆压力0.5～3.0MPa（在成桩过程中，由桩底分层向上注浆时，注浆终压逐渐减小）
	浆液凝结速度	10～90s
	浆液扩散半径	地基加固平台扩散半径1.5～2.0m；深孔桩（桩深25m）底浆液扩散半径约6m，形成直径约12m的桩墩；浅孔桩（桩深15m）底浆液扩散半径约5m，形成直径约10m的桩墩；桩身浆液扩散半径2.5～3.0m
	浆液入浆率	垫层加固补强和地基加固入浆率20%～30%，柱下桩基入浆率25%～40%

每立方米浆液配比　　表2

名称	内容	相对密度	质量/kg	备注
A液	固化剂	1.35	330～120	根据现场实际情况调整
	稀释剂	1	350～450	
C液	水泥	3.15	340	按施工时的气温调整水泥掺量
	稀释剂	1	350	—
	外加剂	根据实际情况添加外加剂，用量为水泥掺量的5%～10%，现场调配		

3.4 注浆抬升效果

注浆效果检查评定标准和方法根据注浆目的而定[6]。在注浆施工过程中，频繁观测结构的变形监测点，对发现沉降速率大的区域进行反复注浆加固，以达到理想的注浆效果。

整个注浆抬升工程于2017年7月完成。根据第三方监测机构监测报告，2017年7月14日—2019年5月28日，商贸城主体结构变形数据无明显变化，相对稳定。

3.5 小结

由于深厚填土地基的不均匀性和高压缩性，地基处理不到位，该商贸城发生不均匀沉降。如果只是单纯注浆抬升建筑物，由于填土未固结到位，注浆体随着下层填土固结，随同上层建筑物再次沉降的情况极易发生。

步进式注浆工法借鉴散体桩复合地基概念，由地基加固平台对浅层填土进行挤密压实，在抬升建筑物的同时，提高填土的承载力；不规则复合桩基处理深度较深，控制复合土层的变形，弥补地基加固平台的抬升效果。抬升施工过程中配合 WSS 工法，更加精确地控制注浆范围，可保证加固抬升平台和复合桩基的有效半径，避免造成浆液浪费和污染[7-8]。

根据商贸城主体结构变形监测数据，注浆抬升后 2 年内主体楼相对稳定，说明该工法在深厚填土中的建筑物抬升效果是长期持续稳定。

4 结语

步进式注浆工法体现了先浅后深、先抬后稳的加固原则。通过实践证明，工法抬升三阶段思路是合理可行的。浅层加固孔注浆砂石垫层，保证建筑物抬升效果的均匀；深层加固孔注浆地基，抬升建筑物，提高持力层承载力；不规则复合桩基注浆，保证承担上层荷载，减少沉降。

步进式注浆工法原理清晰，施工过程工期较短，对已有建筑物影响较小，抬升效果长期稳定。该工法目前只在深厚填土地基中使用，在其他地基抬升建筑物项目中使用较少，其适用性仍有待研究。

参考文献：

[1] 逄铁铮. 全程注浆在隧道穿越既有建筑物中的试验研究[J]. 岩土学, 2008, 33(12): 39-42.
[2] 王杰. 岩土注浆理论与工程实例[M]. 北京: 科学出版社, 2001.
[3] 高文信. 注浆加固地基承载力计算及工程应用研究[D]. 昆明: 昆明理工大学, 2008.
[4] 刘金波, 孙威, 刘丰敏, 等. 地下水对地基基础工程的危害及事故预防[J]. 施工技术, 2017, 46(2): 122-126.
[5] 詹浩伟, 杨党校. WSS 工法注浆技术及其应用[J]. 科技创业, 2009(2): 152-153.
[6] 张民庆, 张文强, 孙国庆. 注浆效果检查评定技术与应用实例[J]. 岩石力学与工程学报, 2006, 25(2): 3909-3918.
[7] 许建瑞. 双液多次劈裂注浆施工工艺技术的应用研究[J]. 施工技术, 2018, 47(S1): 155-157.
[8] 孙锋, 张顶立, 王臣, 等. 劈裂注浆抬升既有管道效果分析及工程应用[J]. 岩土力学, 2010, 31(3): 932-938.

深层夯扩桩 SPG 复合地基可控刚度高承载力关键技术

蒙 军，蒙泽宇，许立明，杨世林，张益波，桂 宇
（贵阳云海岩土工程有限公司，贵阳 550000）

摘 要：深层夯扩混凝土挤密桩复合地基能够获得可控刚度、高承载力、高压缩模量。本文介绍了深层夯扩混凝土挤密桩的新施工工法，通过此工法可获得刚度可控、高承载力、高压缩模量的复合地基，使在深厚杂填土地基上经济、环保地建设高大建（构）筑物成为可能。
关键词：可控刚度；深层夯扩；高承载力；高压缩模量；复合地基

0 前言

深层夯扩桩复合地基通过施工工法来控制地基的竖向支承刚度，使每根桩的竖向支承刚度相接近，从而使变刚度调平设计得以实施。此技术是为数不多的可使变刚度调平设计得以实施的方法之一。

随着城市化建设步伐的深入，建设用地日渐紧张，急需在新近回填场地上建筑房屋。采用常规方法需将上层深厚回填层挖除。将产生大量土方二次外运。并且由于回填层土质松散，易坍塌，常产生安全和质量事故。当前的复合地基处理技术处理后的地基承载力及压缩模量尚低，不适宜在不均匀地基上建设高大建（构）筑物（$f_{spk} \leqslant 300kPa$）。如何获得高承载力、高压缩模量的复合地基，并且较好地解决不均匀地基上受荷后产生的不均匀沉降问题，从而经济、环保地建设高大建（构）筑物，已成为业内难题。

1 基本原理

本公司通过多年实践，总结，成功地在普通刚性桩复合地基基础上研发出高承载力（$f_{spk} = 300 \sim 500kPa$）、高压缩模量（$E_{sp} = 20 \sim 40MPa$）复合地基深层夯扩桩复合地基（SPG 桩），并成功研发制造了具有自主知识产权的深层夯扩桩机，解决了深层夯扩桩复合地基的关键技术。深层夯扩桩是一种采用全钢套管挤压成孔夯击成型扩大头的混凝土灌注桩，施工工艺流程见图 1。

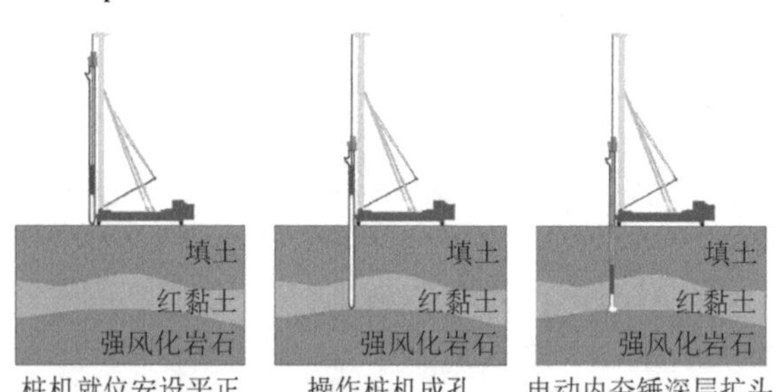

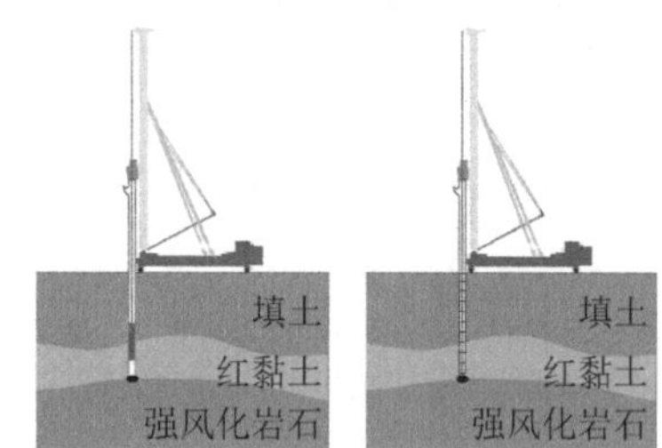

图 1 施工工艺流程图

本公司通过多年实践和不断总结，作为主编单位联合贵州大学、贵州省建筑设计研究院等单位编制了《可控刚度、高承载力复合地基技术标准（深层夯扩桩 SPG 复合地基）》T/GCES 0003—2023，已由中国标准出版社正式出版。

其中，大深度潜孔锤旋转气动装置和自旋式气动潜孔锤已获国家发明专利授权（ZL 202110069716.7、ZL 202110069723.7）。

关键技术（自走式多动能夯扩桩机）为云海公司研制（ZL 2023 2 1179873.4）。该装置采用全钢套管震动夯击成孔，沉管达到设计深度后，管端活门打开，用电动内夯自由锤（夯击能 1000kN · m），夯击桩端持力层，当桩端为土层时，使桩端一定范围内的土体得到有效挤密，承载力和压缩模量有大幅度的提高，然后在管内灌入一定高度的混凝土，用内夯自由锤（夯击能 1000kN · m），不断夯击混凝土，使管内混凝土挤出管外，形成圆柱形扩大载体，然后拔出内夯自由锤，灌注桩身混凝土，边灌注边拔管，最终形成带有圆柱形扩大头，且混凝土密实的桩（图 2）。

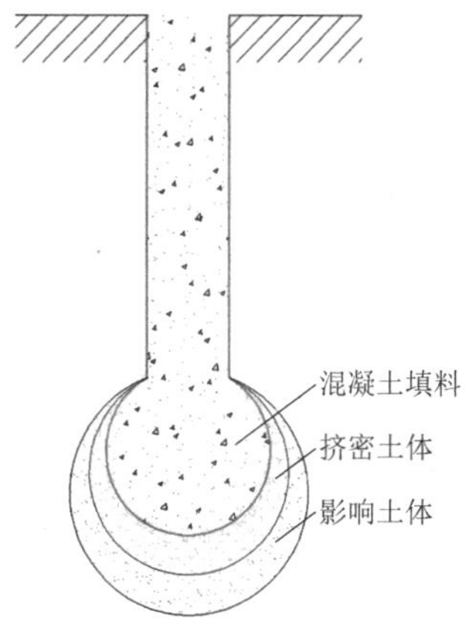

图2　土层夯扩桩身大样图

在西南地区，特别在贵州、广西、云南和湖南部分地区，地质结构的显著特征是上软下硬，典型分层如图3所示。

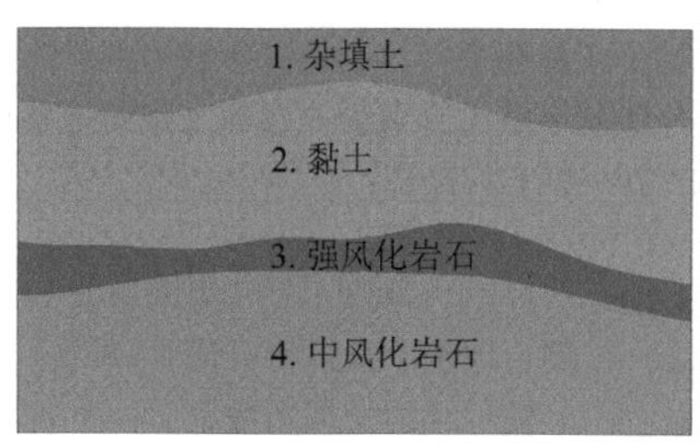

图3　典型地质分层

中风化岩石的承载力较高（其特征值：1000～7000kPa），因此选用中风化岩石作为建（构）筑物的持力层是比较经济、可靠的首选。利用自由落锤对中风化岩石面进行夯击，可形成300～500mm深的浅坑，从而保证桩端在岩石面的稳定性。同时对桩端干硬性混凝土进行夯扩，增大桩端受力面积，提高桩端承载力和稳定性（图4、图5）。

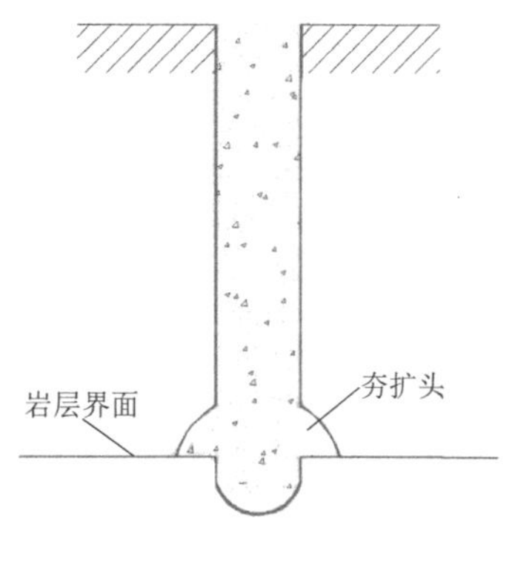

图4　岩层水平夯扩桩身大样图

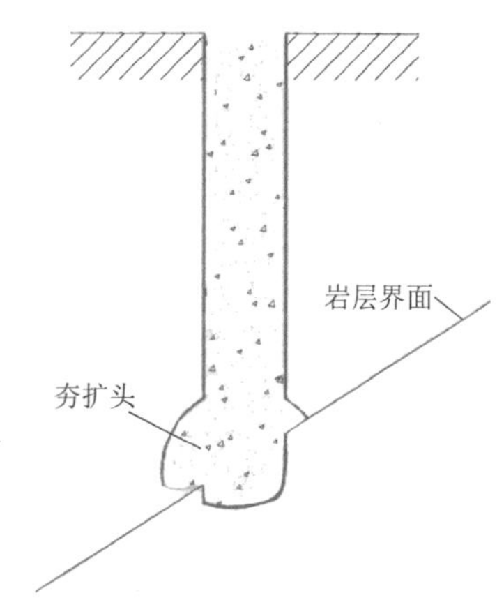

图5　岩层倾斜夯扩桩身大样图

从受力原理分析，深层夯扩桩混凝土桩身相当于传力杆，夯扩头相当于扩展基础，上部荷载主要通过桩身传递到夯扩头，再通过挤密土体、影响土体逐级扩散，最终传递到夯扩头下的持力层。深层夯扩桩承载力主要来源于夯扩头和桩身侧阻力，成桩的终止条件按最后三锤的贯入度确定。同一场地用同一设备所施工的刚性桩用相同的贯入度控制终孔，从施工工艺上保证了其竖向支承刚度相接近，从而较好地解决了不均匀地基上受荷后产生的不均匀沉降问题。

变刚度调平设计基本原理：

利用深层夯扩刚性桩体每根桩竖向支承刚度相等且多桩组合的竖向支承刚度为各单桩之和的特性，按照内力大小分配原则，根据每根柱底内力的大小，匹配不同的桩数，对柱底局部范围进行地基处理，使多桩组合的竖向支承刚度与柱底轴向力相匹配，从而使构筑物在受荷后各柱沉降量相近，满足规范对各柱底沉降差的要求。此方法为本公司创新提出的变刚度调平设计方法之一。

$$\frac{N_2}{N_1}=\frac{n_2}{n_1}=\frac{K_2}{K_1}=\frac{\sum_{i=1}^{n_2}K_\mathrm{p}}{\sum_{i=1}^{n_1}K_\mathrm{p}} \tag{1}$$

$$n_i=\frac{N_i}{F_i} \tag{2}$$

$$s_i=\frac{N_i}{\sum_{i=1}^{n}K_\mathrm{p}} \tag{3}$$

式中：N_i——每柱底轴向力（kN）；

n_i——每柱底桩数；

K——竖向支承刚度（kN/m）；

K_p——单桩的竖向支承刚度（kN/m），由静载试验确定；

F_i——复合地基单桩等效载荷面积承载力特征值（kN）；

s_i——柱底复合地基压缩变形量（m）。

深层夯扩桩复合地基将深层夯扩桩设计成复合地基的增强体，深层夯扩桩施工采用挤土工艺成孔，在一定程度上挤密了桩间土，故在欠固结回填土中进行深层夯扩桩复合地基处理时，可考虑深层夯扩桩施工对欠固结回填土的挤密固结作用。若桩距设计布置合适，可在施工过程中完成回填层的自重固结，解除回填层后期对桩的负摩阻力。深层夯扩桩复合地基与常规的增强体为有胶结强度的刚性桩复合地基一样，都是通过褥垫层发挥桩与桩间土的承载力，实现桩土共同受力。因此深层夯扩桩复合地基设计时承载力计算公式参照常规复合地基承载力的计算模型进行估算。复合地基承载力计算公式参照《建筑地基处理技术规范》JGJ 79—2012[1]计算：

$$f_{\mathrm{spk}} = \lambda m \frac{R_{\mathrm{a}}}{A_{\mathrm{p}}} + \beta(1-m) f_{\mathrm{sk}} \tag{4}$$

式中：f_{spk}——复合地基承载力特征值（kPa）；

λ——单桩承载力发挥系数；

m——面积置换率；

R_{a}——单桩竖向承载力特征值（kN）；

A_{p}——桩的截面积（m^2）；

β——桩间土承载力发挥系数；

f_{sk}——处理后桩间土承载力特征值（kPa）。

在西南地区，特别在贵州、广西、云南和湖南部分地区，不同场地地质条件差异较大，单桩竖向承载力特征值宜通过静载试验确定。

深层夯扩桩技术特点：

（1）利用扩大头作用，增加桩端受力面积，提高桩端承载力和桩的稳定性。同一场地用相同大小的夯击力施工的刚性桩用相同的贯入度控制，从施工工艺上保证了其竖向支撑刚度相接近，解决不均匀地基受荷后产生的不均匀沉降问题。

（2）可利用自由落锤，首先对桩端土层进行深层强夯，使得桩端形成结构致密、承载力和变形模量得到大幅提高的扩大墩基；然后对整个桩身的成桩过程进行低锤密击，从而有效地保证了桩身混凝土质量。使普通混凝土桩的质量通病（如缩颈，断桩，蜂窝）得到基本消除。

（3）通过深层夯扩桩关键技术的研发获得了高承载力、高压缩模量的复合地基。据单桩静载试验结果统计，和常规桩比较其单桩承载力提高 2～3 倍，复合地基承载力特征值达到 300～500kPa。

优点：单桩承载力高，桩身密实，地基地质范围适用广泛，无取土，环保效应好，重力内夯系统和全套管桩机完美结合，无另占场地，施工流水节拍快，效率高。

2 工程案例

2.1 案例一（深厚回填碎石土地基处理成功案例）

清镇市铁鸡巷安置 3 号楼，结构形式为框架结构，地下 1 层，地上 +3 层，场地属新回填场地，填土厚度 4～17m，未压实；填土材料黏土夹碎石，碎石含量约占 40%。场地地层情况见图 6、图 7。

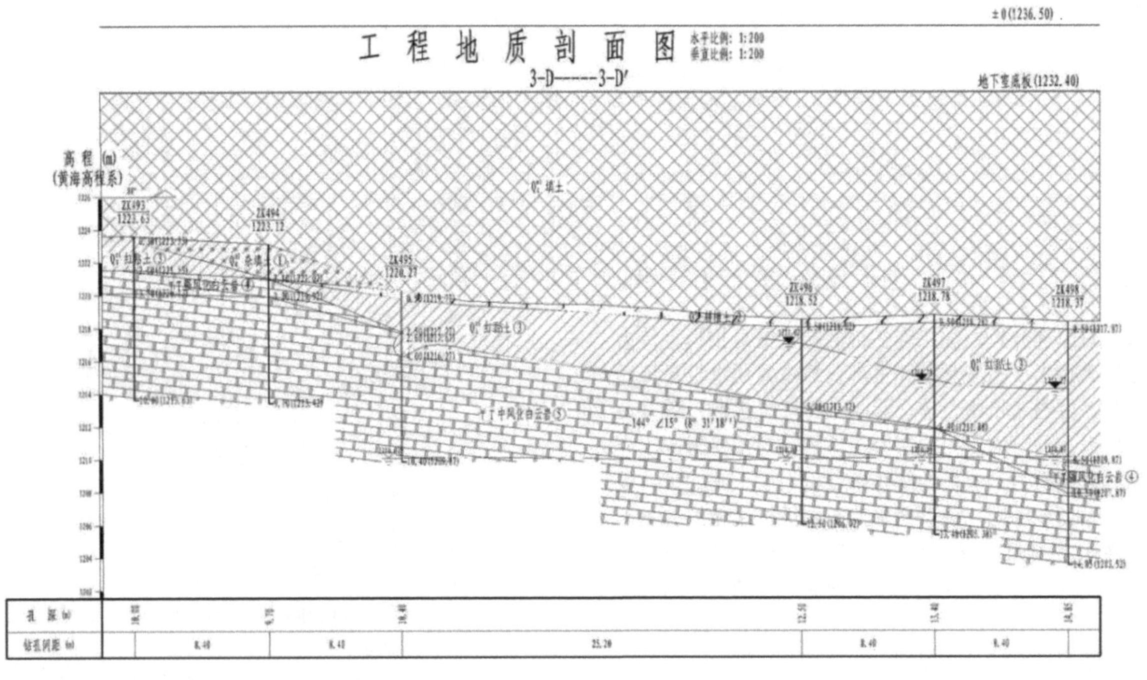

图 6 工程地质剖面图

图 7 施工场地图

场地地基土主要特点是新回填欠固结，而且回填深度较深，其他施工方案不宜实施。根据上部结构荷载不大的情况，从施工安全度，质量保证水平等情况分析，结合我公司多项相同地质情况场地的成功加强处理经验，决定选用深层夯扩桩复合地基方案，以消除场地的欠固结性，提高地基承载力、减少变形。同时该方案在成桩过程中采用振动挤土沉管工艺，无土方外运，从而具有较好的经济性、环保，及施工周期短等明显优势。

贵州工大土木工程试验检测股份有限公司对该项目复合地基进行了静载试验。复合地基静载试验表明：该项目复合地基承载力特征值为 297kPa，单桩承载力特征值为

650kN，变形模量为 73MPa，满足设计要求。已竣工工程如图 8 所示。

图 8 已竣工工程

2.2 案例二（深厚强风化过渡层的成功处理案例）

贵阳市东山新里程 11 号楼，结构形式为框架-剪力墙结构。拟建区域上覆为新近回填杂填土层、黏土层（图 9），杂填土层厚度 0.7～16.2m，黏土层厚度 1.4～19.5m，下卧地层属于二叠系上统龙潭组（P_{2c}）薄—中厚层泥灰岩，场地地层见图 9。在旋挖钻机成孔、人工挖孔桩基方案均不可行时，最终设计采用深层夯扩桩复合地基进行地基加强处理。

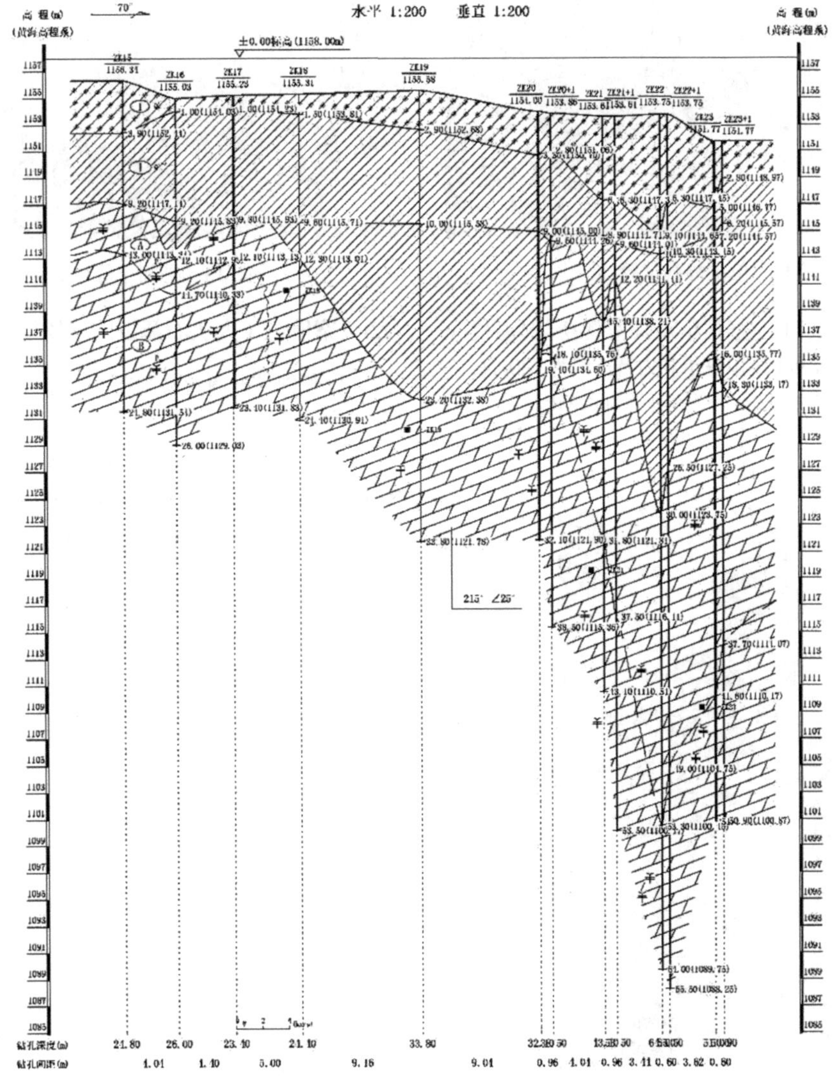

图 9 工程地质剖面图

贵州工大土木工程试验检测股份有限公司对该项目复合地基进行了静载试验（图 10～图 13）。

图 10 静载试验堆载

图 11 复合地基静载试验

图 12 单桩静载试验

图 13 桩间土静载试验

复合地基静载试验表明：该居住小区 11 号楼复合地基桩间土承载力特征值为 131.9kPa；单桩承载力特征值为 720kN；复合地基承载力特征值为 353kPa，变形模量为 92MPa。以上数据符合《建筑地基处理技术规范》JGJ 79—2012，相互之间匹配，满足设计要求。11 号楼竣工工程见图 14。

图 14 11 号楼竣工工程

2.3 案例三（大块石新近回填场地的成功处理案例）

贵阳创易电商贸易制造产业园项目 1～4 号楼，结构形式为框架结构，2 层，拟建区域上覆为新近回填黏土夹碎石层，填土厚度 7.0～15.0m，场地地层见图 15。设计采用深层夯扩桩复合地基进行地基加强处理。

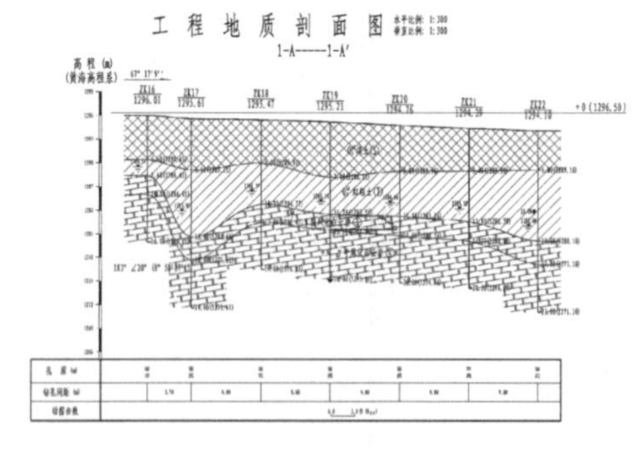

图 15 工程地质剖面图

贵州联建土木工程质量检测监控中心有限公司对该项目复合地基进行了静载试验（图 16）。复合地基静载试验表明：在同一场地、相近工程地质条件下，创易电商贸易制造产业园 1～4 号楼单桩承载力特征值为 715kN；复合地基承载力特征值为 330kPa，变形模量为 84.3MPa，满足设计要求，已竣工工程见图 17。

图 16　复合地基静载试验

图 17　已竣工工程

2.4　案例四（同一主体结构基础置于不同性质地质单元上的成功处理案例）

织金丰伟·龙湾国际 3 号地块 1 号、3 号楼，框架-剪力墙结构，地下 1 层、地上＋24 层，场地地基岩土主要特点为上覆土层主要为卵石层，下伏基岩为灰岩，岩溶强发育，且埋深较深：15～60m，平均埋深 32m，部分超过 60m 未见基岩，且地下水位埋深较浅，场地地层见图 18。在其他基础方案均不可行时，最终设计采用深层夯扩桩复合地基进行地基加强处理。

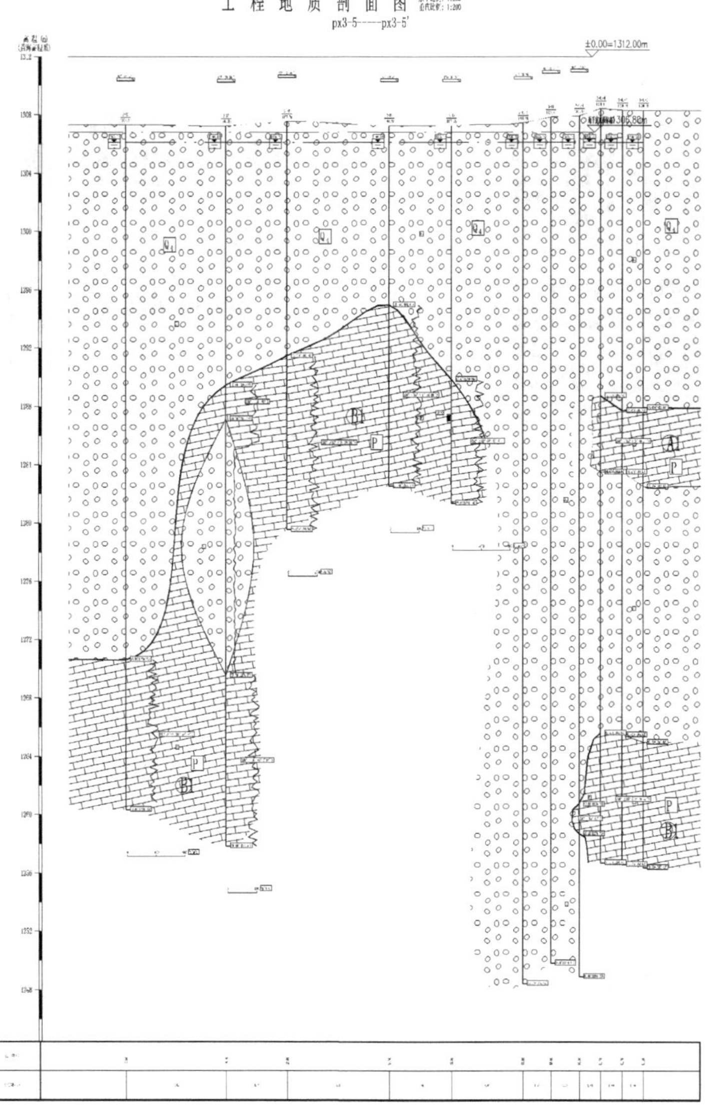

图 18　工程地质剖面图

贵州联建土木工程质量检测监控中心有限公司对该项目复合地基进行了静载试验（图 19）。复合地基静载试验表明：在同一场地、相近工程地质条件下，织金丰伟·龙湾国际 3 号地块单桩承载力特征值为 960kN；复合地基承载力特征值为 400kPa，变形模量为 41.6MPa，满足设计要求。已竣工工程见图 20。

图 19 复合地基静载荷试验

图 20 已竣工工程

3 结束语

深层夯扩桩复合地基刚度可控，单桩承载力高，桩身密实，地基地质范围适用广泛，无取土，环保效应好，重力内夯系统与全套管桩机（图 21）完美结合，不另占场地，质量可控，施工流水节拍快，经济效益好，与常规工法相比，可节约工程造价 40%左右。深层夯扩桩复合地基在喀斯特地区的应用经工程实践检验取得了较好的经济效益和社会效益，在日益注重环保、节约的今天，该项技术值得广泛应用和推广。

图 21 深层夯扩桩机

参考文献：

［1］住房和城乡建设部. 建筑地基处理技术规范：JGJ 79—2012[S]. 北京：中国建筑工业出版社，2013.

第四部分

工程检测技术

地震 P 波作用下管桩在饱和冻土中的动力响应

曹小林，曾乐平
（兰州理工大学 土木工程学院，兰州 730050）

摘　要：为探究饱和冻土地基中 P 波作用下管桩的动力响应，先基于一维波动理论得出 P 波引起的饱和冻土土层自由场竖向振动解析解，利用瑞利-洛夫杆理论来描述管桩的垂直运动，进而通过引入势函数和分离变量法推导出桩顶的运动响应因子和运动放大因子的表达式，经与已有结果对比验证后再进行参数分析，获得桩长比、土体模量比、孔隙率、土体饱和度、土体阻尼比对管桩动力响应的影响规律。

关键词：地震 P 波；竖向位移；管桩；势函数

0　引言

地震波在土体中的传播会引起土体的变形，从而对埋置体产生扰动。此外，土体运动引起的空间变位移场对桩产生动力相互作用，这被称为桩-土系统的运动学相互作用[1-2]。许多震后调查表明，桩头和桩体都有不同程度的破坏，从而揭示了桩基础的脆弱性。一般来说，地震波作用下导致桩基的断裂很可能会影响上部建筑的安全性和稳定性[3-4]。因此研究地震波作用下桩-土体系的运动响应具有重要意义。

多年来，由于普遍认为地震剪切荷载比垂直荷载具有更大的破坏性，许多学者对 S 波传播下桩-土体系的动力相互作用进行了一系列的研究，主要针对端承桩、摩擦桩或者管桩的水平动力响应[5-7]，其研究成果为桩基水平抗震提供了许多的理论参考。但现有调查表明，在距离震中 20km 范围内，P 波产生的垂直地震效应是显著的[8]以及竖向地震可能会对地基产生更大的损伤[9]。因此，多年来部分研究学者开始关注竖向地震波作用下桩-土体系下的动力响应。

在早期的桩基础竖向抗震设计中，将桩在竖向地震作用下的竖向动力响应简单地等同于桩周土体自由场的动力响应，后来，人们认识到波场散射的存在使得桩体不一定跟随无土场的运动。在此基础上，研究人员采用不同的方法对竖向地震作用下埋于地层中的桩的运动响应进行了一系列的研究。Shahmohamadi 等人[10]将天然土视为横向各向同性半空间，研究了其垂直运动响应；Liu 等人[11]和 Ke[12]基于改进的 Vlasov 模型和 Hamilton 原理对单层和多层土体中单桩的竖向振动进行了研究，Zheng 等人[13]提出了一种评估运动学稳定性的解析解，通过对所得解的推广，研究了单开口管桩在垂直入射纵波作用下的响应。

虽然上述工作分析了地震纵波作用下桩的竖向运动响应。从不同的角度来看，现有的工作大多将桩周土视为单相黏弹性介质、考虑土骨架滞回阻尼的饱和孔黏弹性介质或者多孔介质的非饱和土。饱和冻土的性质很少被提及，现有大部分相关工作都集中在端承桩上，对管桩的研究较少。鉴于上述原因，本文建立了一种新颖的数学模型来研究地震 P 波作用下管桩在饱和冻土的运动响应分析。在此基础上，从理论上推导了桩-土体系的闭级数形式解。最后，研究了桩-土体系物理参数对管桩竖向运动响应的影响。

1　计算模型

地震 P 波作用下管桩-饱和冻土的相互作用数学模型如图 1 所示，本文研究了一种嵌入在弹性、均质、各向同性饱和冻土中的圆形管桩。管桩-饱和冻土系统的振动是由入射在刚性基础上的稳态谐波纵波的垂直传播引起的，其大小为$u_0e^{i\omega t}$（u_0，ω和t分别为位移幅值，圆频率和时间）。管桩的桩长、外半径、内半径、截面积、密度、泊松比、杨氏模量分别用H、r_1、r_2、A_p、ρ_p、υ_p、E_p表示。本研究采用的假设如下：

（1）将土体视为均质、各向同性、黏弹性的三相多孔介质。外部和内部土是具有相同物理参数的相同类型的土。

（2）将桩混凝土视为线弹性材料，忽略其阻尼。

（3）土的顶部考虑自由边界，土和管桩的底部都是固定边界。

（4）桩-土体系的振动为小变形，土-桩界面的位移和力为在振动过程中，分别是协调的和连续的。

（5）在初始状态下，桩土体系是平稳的。将地震纵波简化为入射在刚性基础上的稳态谐波运动。

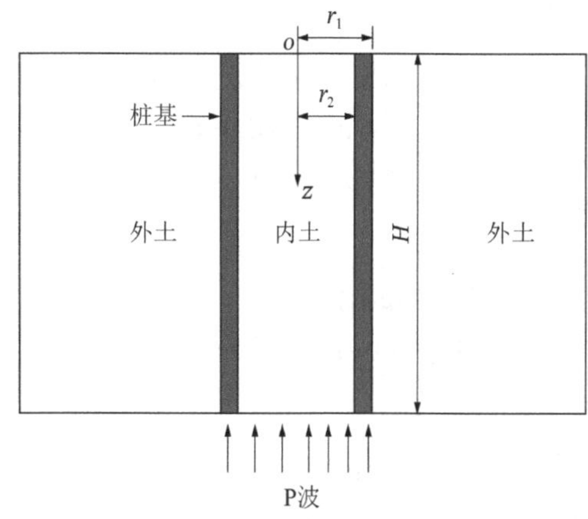

图 1　管桩-饱和冻土相互作用数学模型

1.1　饱和冻土的控制方程

Leclaire 提出了描述冻结饱和多孔介质的 LCA 模型。冻结饱和土的运动方程可表示为：

$$R\nabla\nabla\vec{u}-\mu\nabla\times\nabla\times\vec{u}=\rho\frac{\partial^2\vec{u}}{\partial t^2}+A\frac{\partial\vec{u}}{\partial t} \tag{1}$$

式中：$\vec{u}=\{\vec{u}^{\rm s},\vec{u}^{\rm f},\vec{u}^{\rm i}\}^T$——位移矢量；

s，f，i——土骨架、孔隙流体和冰；

∇——矢量微分算子。

1.2 管桩的基本微分方程

$$E_{\rm p}A_{\rm p}\frac{\partial^2 u_{\rm p}}{\partial z^2}-f_1-f_2+\rho_{\rm p}A_{\rm p}\omega^2 u_{\rm p}=0 \tag{2}$$

1.3 边界条件

地表应力为零：

$$\begin{cases}\sigma_z^{\rm s}(r,z)\big|_{z=0}=0\\ \sigma_z^{\rm f}(r,z)\big|_{z=0}=0\\ \sigma_z^{\rm i}(r,z)\big|_{z=0}=0\end{cases} \tag{3}$$

土层下是刚性基底：

$$\begin{cases}u_z^{\rm s}(r,z)\big|_{z=H}=0\\ u_z^{\rm f}(r,z)\big|_{z=H}=0\\ u_z^{\rm i}(r,z)\big|_{z=H}=0\end{cases} \tag{4}$$

桩侧水平位移和距桩无限远为零：

$$\begin{cases}u_r^{\rm s}(r,z)\big|_{r=a}=u_r^{\rm s}(r,z)\big|_{r=\infty}=0\\ u_r^{\rm f}(r,z)\big|_{r=a}=u_r^{\rm f}(r,z)\big|_{r=\infty}=0\\ u_r^{\rm i}(r,z)\big|_{r=a}=u_r^{\rm i}(r,z)\big|_{r=\infty}=0\end{cases} \tag{5}$$

2 理论计算

通过对式(1)进行拉普拉斯转换，可得到下列方程：

$$\begin{cases}R\nabla^2\varphi=\rho s^2a^2\varphi+Asa^2\varphi\\ \mu\nabla^2\psi=\rho s^2a^2\psi+Asa^2\psi\end{cases} \tag{6}$$

式中：φ和$\vec{\psi}$——位移的标量和矢量；

$s=\mathrm{i}\omega$

i——虚数。

通过对式(6)进行展开，并进行行列式计算，可得出下列式子：

$$\nabla^6+d_1\nabla^4+d_2\nabla^2+d_3=0 \tag{7}$$

$$\nabla^4-d_4\nabla^2+d_5=0 \tag{8}$$

考虑边界条件［式(4)和式(5)］，对式(7)和式(8)可以得出以下通解

$$\varphi_{r_1}^{(k)}=\begin{bmatrix}A_1K_0(\beta_1r_1)+A_2K_0(\beta_2r_1)+\\ A_3K_0(\beta_3r_1)\end{bmatrix}\sin(gz) \tag{9}$$

$$\psi_{r_1}^{(k)}=[A_4K_0(\beta_4r_1)+A_5K_0(\beta_5r_1)]\cos(gz) \tag{10}$$

$$\varphi_{r_2}^{(k)}=\begin{bmatrix}B_1I_0(\beta_1r_2)+B_2I_0(\beta_2r_2)+\\ B_3I_0(\beta_3r_2)\end{bmatrix}\sin(gz) \tag{11}$$

$$\psi_{r_2}^{(k)}=[B_4I_0(\beta_4r_2)+B_5I_0(\beta_5r_2)]\cos(gz) \tag{12}$$

考虑到桩体在纵向 P 波作用下的对称性，饱和冻土的位移可以用分量的形式$\vec{u}^{\rm a}=(u_r^{\rm a},0,u_z^{\rm a})$表示：

$$\begin{cases}u_r^{\rm a}=\dfrac{\partial\varphi^{\rm a}}{\partial r}+\dfrac{\partial^2\vec{\psi}^{\rm a}}{\partial z\partial r}\\ u_z^{\rm a}=\dfrac{\partial\varphi^{\rm a}}{\partial z}-\dfrac{1}{r}\dfrac{\partial}{\partial r}\left(r\dfrac{\partial\vec{\psi}^{\rm a}}{\partial r}\right)\end{cases} \tag{13}$$

将式(9)～式(12)代入式(13)中，可得饱和冻土的径向位移和竖向位移：

$$u_z^{\rm s}=\sum_{n=1}^{\infty}\begin{bmatrix}N_1gK_0(\beta_1r_1)+\\ N_2gK_0(\beta_2r_1)+\\ N_3gK_0(\beta_3r_1)-\\ \frac{1}{r}\beta_4N_4K_1(\beta_4r_1)-\\ \frac{1}{r}\beta_5K_1(\beta_5r_1)-\\ \beta_4^2N_4K_1(\beta_4r_1)+\\ \beta_5^2K_1(\beta_5r_1)\end{bmatrix}A_{5,n}\cos(g_nz) \tag{14}$$

$$u_r^{\rm s}=\sum_{n=1}^{\infty}\begin{bmatrix}\beta_1N_{1,n}K_1(\beta_1r_1)+\\ \beta_2N_{2,n}K_1(\beta_2r_1)+\\ \beta_3N_{3,n}K_1(\beta_3r_1)-\\ \beta_4gN_{4,n}K_1(\beta_4r_1)-\\ \beta_5gK_1(\beta_5r_1)\end{bmatrix}A_{5,n}\sin(g_nz) \tag{15}$$

$$u_z^{\rm i}=\sum_{n=1}^{\infty}\begin{bmatrix}N_1gI_0(\beta_1r_2)+\\ N_2gI_0(\beta_2r_2)+\\ N_3gI_0(\beta_3r_2)-\\ \frac{1}{r}\beta_4N_4I_1(\beta_4r_2)-\\ \frac{1}{r}\beta_5I_1(\beta_5r_2)-\\ \beta_4^2N_4I_1(\beta_4r_2)+\\ \beta_5^2I_1(\beta_5r_2)\end{bmatrix}B_{5,n}\cos(g_nz) \tag{16}$$

$$u_r^{\rm i}=\sum_{n=1}^{\infty}\begin{bmatrix}\beta_1N_{1,n}I_1(\beta_1r_2)+\\ \beta_2N_{2,n}I_1(\beta_2r_2)+\\ \beta_3N_{3,n}I_1(\beta_3r_2)-\\ \beta_4gN_{4,n}I_1(\beta_4r_2)-\\ \beta_5gI_1(\beta_5r_2)\end{bmatrix}B_{5,n}\sin(gz) \tag{17}$$

式中：$g_n=\frac{(2n-1)\pi}{2H}$。

假设$A_{1n}=N_{1n}A_{5n}$，$A_{2n}=N_{2n}A_{5n}$，$A_{3n}=N_{3n}A_{5n}$，$A_{4n}=N_{4n}A_{5n}$，其中N_{1n}，N_{2n}，N_{3n}和N_{4n}，通过边界条件［式(9)和式(10)］得出。

纵向 P 波在自由场传播过程中沿竖向传播，其波动方程为：

$$(\lambda_{\rm s}^*+2G_{\rm s}^*)\frac{\partial^2u_z^{\rm f}(z)}{\partial z^2}+\rho_{\rm s}\frac{\partial^2u_z^{\rm f}(z)}{\partial t^2}=0 \tag{18}$$

可通过求解下式确定：

$$(\lambda_{\rm s}^*+2G_{\rm s}^*)\frac{\partial^2u_z^{\rm f}(z)}{\partial z^2}+\rho_{\rm s}\omega^2u_z^{\rm f}(z)=0 \tag{19}$$

其中$u_z^{\rm f}(z)$为自由场位移。土体的表面自由，地面的位移为u_0，通过上式可得自由场位移为：

$$u_z^{\rm f}(z)=\frac{\cos k_{\rm s}z}{\cos k_{\rm s}H}u_0 \tag{20}$$

式中：$k_{\rm s}=\sqrt{\frac{\rho_{\rm s}\omega^2}{(\lambda_{\rm s}^*+2G_{\rm s}^*)}}$。

在 P 作用下，饱和冻土的振动为 P 在自由场位移的传播和冻土自身振动的耦合，总位移可表示为：

$$u_z=u_z^{\rm s}+u_z^{\rm f} \tag{21}$$

2.1 管桩的竖向位移方程

通过对式(2)进行求解可得：

$$u_p = a_p\sin(\kappa z) + b_p\cos(\kappa z) - \frac{2[f_1(z)+f_2(z)]}{E_b(g_n^2-\lambda^2)} \tag{22}$$

桩-土边界条件：

$$u_p|_{z=H} = u_0 \tag{23}$$

$$\left.\frac{\partial u_p}{\partial z}\right|_{z=0} = 0 \tag{24}$$

$$w_p|_{z=H} = u_z^1|_{z=H} = u_z^2|_{z=H} \tag{25}$$

将式(23)和式(24)代入式(22)中求得：

$$u_p = \sum_{n=1}^{\infty}\frac{2\big(f_1(H)+f_2(H)\big)}{\big(E_b(g_n^2-\lambda^2)\big)\cos(\kappa z)} - \sum_{n=1}^{\infty}\frac{2\big(f_1(z)+f_2(z)\big)}{E_b(g_n^2-\lambda^2)} + \frac{u_0}{\cos(\kappa H)}\cos(\kappa z) \tag{26}$$

式中：$B_5 = \frac{u_z^{s1}}{u_z^{s2}}A_5$。

$$A_{5,n} = \frac{\dfrac{u_0\cos(\kappa z)}{\cos(\kappa H)} - u^f}{\left[\begin{array}{l} D_n\cos(gz) - \\ \dfrac{D_n\cos(g_n h)+\chi Q_n\cos(g_n h)}{E_b(g_n^2-\lambda^2)}\cos(\kappa z) + \\ \dfrac{D_n\cos(g_n z)+\chi Q_n\cos(g_n z)}{E_b(g_n^2-\lambda^2)} \end{array}\right]}$$

为了评价竖向P波下饱和冻土与管桩耦合作用的地震响应，这里引入桩顶竖向位移相互作用因子I_v

$$I_v = \frac{w_z(0)}{u^f(0)} \tag{27}$$

3 验证与分析

在本节中，给出了数值结果来验证所提出的解决方案在提供管桩运动响应因子，除非另有说明，一般考虑饱和冻土中摩擦桩的以下参数：$H = 30\text{m}$，$r_1 = 1$，$r_2 = 0.8$，$\rho_s = 2500\text{kg/m}^3$，$\rho_b = 2700\text{kg/m}^3$，$E_s = 4\text{MPa}$，$E_b = 400\text{MPa}$，$\beta_s = 0.05$，$\upsilon_s = 0.4$，$\upsilon_b = 0.2$。

在分析中，将无量纲频率归一化为第一共振土频率，如下所示：

$$\overline{\omega} = \frac{\omega}{\omega_1} = \frac{2H\omega}{\pi\sqrt{\dfrac{(\lambda_s+2G_s)}{\rho_s}}} \tag{28}$$

为了验证本文计算模型的合理性，将对目前的求解结果与现有方法的结果进行两次比较。将本方法得到的运动响应因子Anoyatis等人[13]和郑长杰[3]等人结果进行比较。图2给出了本文解与其他理论解的对比曲线。对于运动响应因子I_v，3种数学模型所得曲线趋势一致。

桩-土模量比对桩体运动响应因子的影响如图3所示，随着桩-土模量比的增大，过渡频率减小。随着桩-土模量比的增大，运动响应因子的振荡幅度减小，且随之运动响应因子也在逐步增大。

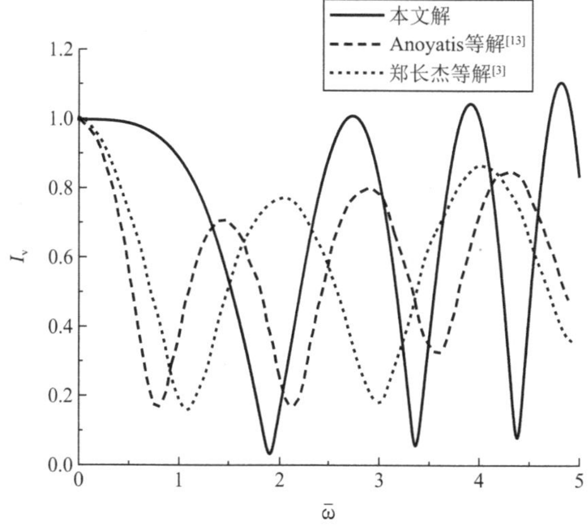

图2 本文解与其他理论解对比

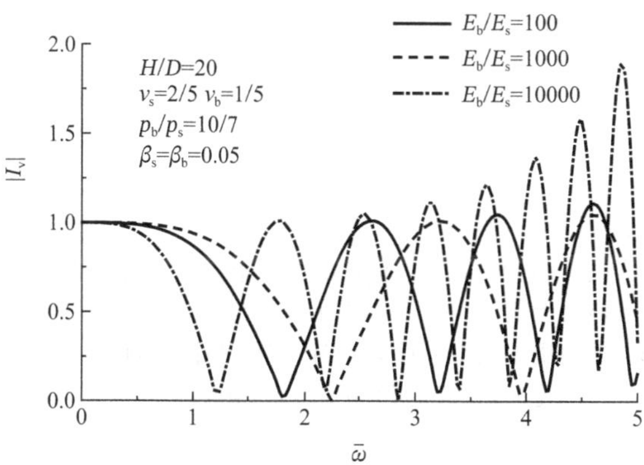

图3 桩-土模量比对桩的运动响应因子的影响

图4为桩长细比对摩擦桩运动响应的影响。由图4正如预期的那样，随着无量纲化频率的增加，逐渐达到过渡频率，运动响应因子从最大值减小到最小值。随着桩长细比的增大，过渡频率增大。随着桩长细比的减小，运动响应因子的波动增大。桩长细比越小，运动响应因子振动越加密集。

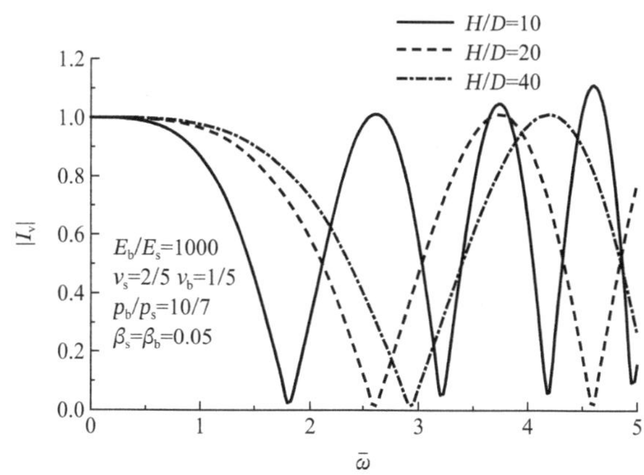

图4 桩长细比对桩的运动响应因子的影响

土阻尼对桩体运动响应的影响如图5所示，土阻尼比越小，运动响应因子越小。这是因为土体阻尼抑制土体运动，而对桩身运动的影响较小。由于运动响应因子为摩擦桩的竖向运动与饱和冻土竖向的运动之比，土体阻尼比越大，运动响应因子也越大。

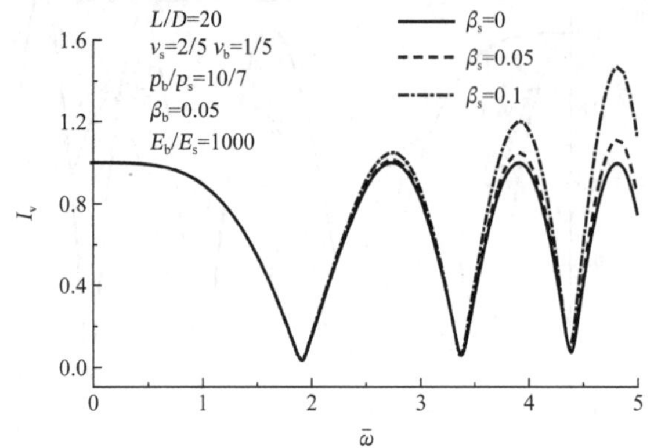

图 5　土的阻尼比对桩的运动响应因子的影响

4　结论

（1）本文采用参数化方法研究了 P 波作用下饱和冻土-管桩体系中各重要因素对桩运动响应的影响，分析了桩长细比（H/D）、桩土模量比（E_b/E_s）、土阻尼（β_s）对运动响应因子的影响。

（2）桩-土模量比、桩长细比和土体阻尼对桩的运动响应有显著影响，其中随着桩-土模量比的增大，运动响应因子的振荡幅度减小，且运动响应因子也随之逐步增大；随着桩长细比的增大，过渡频率增大。随着桩长细比的减小，运动响应因子的波动增大。

参考文献：

［1］王雄. 考虑桩-土相互作用的深厚软土桩侧极限抗力分析[J]. 工程建设, 2024, 56(11): 46-53.

［2］刘敬羽, 景立平, 齐文浩. 桩-土-结构动力相互作用影响因素分析[J]. 地震工程与工程振动, 2024, 44(5): 210-221.

［3］郑长杰, 林浩, 曹光伟, 等. 水平动荷载作用下海洋大直径管桩动力响应解析解[J]. 岩土工程学报, 2022, 44(5): 810-819.

［4］ZHENG C J, KOURETZIS G, LUAN L B, et al. Kinematic response of pipe piles subjected to vertically propagating seismic P-waves[J]. Acta Geotechnica, 2021, 16(3): 895-909.

［5］秦世伟, 莫泷, 史蕙质. 轴力作用下液化土中端承桩的水平振动特性[J]. 岩土力学, 2013, 34(4): 987-995.

［6］DAI D H, EL NAGGAR M H, ZHANG N, et al. Rigorous solution for kinematic response of floating piles to vertically propagating S-waves[J]. Computers and Geotechnics, 2021, 137: 104270.

［7］余云燕, 冯一帆, 王立安, 等. 考虑桩-土-水耦合作用的饱和土中管桩水平振动频域解析解[J/OL] .振动工程学报, 1-12. [2024-12-07]. http://kns.cnki.net/kcms/detail/32.1349.TB.20240506.1640.002.html.

［8］杨敏, 朱碧堂, 陈福全. 堆载引起某厂房坍塌事故的初步分析[J]. 岩土工程学报, 2002(4): 446-450.

［9］陆明生. 桩基表面负摩擦力的试验研究及经验公式[J]. 水运工程, 1997(5): 54-58.

［10］SHAHMOHAMADI M. KHOJASTEH A. RAHIMIAN M, et al. Seismic response of an embedded pile in a transversely isotropic half-space under incident P-wave excitations[J]. Soil Dynamics and Earthquake Engineering, 2011, 31(3): 361-371.

［11］LIU Q J, DENG F J, HE Y B. Kinematic response of single piles to vertically incident P waves[J]. Earthquake Engineering and Structural Dynamics, 2014, 43: 871-887.

［12］KE W H, ZHANG C, DENG P. Kinematic response of single piles to vertical P waves in multilayered soil[J]. Journal of Earthquake and Tsunami, 2015, 9: 1550004.

［13］ANOYATIS G, DI LAORA R, MANDOLINI A, et al. Kinematic response of single piles for different boundary conditions: analytical solutions and normalization schemes[J]. Soil Dynamics and Earthquake Engineering, 2013, 44: 183-195.

高应变法在检测中存在的问题探讨及建议

张　旭，杨　乐，李幸福
（徐州市宏达土木工程试验室有限责任公司，徐州 221000）

摘　要：高应变法是唯一可以同时检测单桩竖向抗压承载力和桩身完整性的方法，和低应变相比具有冲击能量高、桩身应变大、传播距离深的优点，在验证预制桩焊接或机械连接、嵌岩桩沉渣、水平缝隙等缺陷时，能较合理准确地判断缺陷程度大小是否影响现桩身结构承载力的正常发挥。文中介绍了高应变法基本原理、关键注意事项，结合工程实例，并进行数据研究及问题分析，为实际工程检测中更准确地检测抗压承载力及桩身完整性提供参考。

关键词：高应变法；桩身完整性；曲线拟合

0　引言

随着我国经济快速发展，地铁、高层建筑等深基坑地下空间的利用成为城市建设的必然要求，桩基础具有适用范围广、承载力较高、抗震性能好、沉降量小等优点，已被广泛应用。按桩型及施工方法主要分为预制桩和钻孔灌注桩，但在施工过程中容易出现脱节、上浮、缩颈、夹泥、离析、空洞、蜂窝麻面、松散、断桩、沉渣厚等施工质量问题。

单桩竖向抗压承载力和桩身完整性检测尤为重要，高应变法检测是唯一可以同时检测桩身承载力和完整性的检测方法，虽然在完整性检测不如低应变快捷、廉价，在承载力检测不如静载荷准确，但高应变检测具有冲击能量高、检测有效深度大、能定量分析桩身完整性、承载力检测比静载试验简便的优点，特别在预制桩焊接及机械连接接头处理不良、水平整合型缝隙、灌注桩桩底沉渣等，高应变法能够检测出是否影响桩身结构承载力的正常发挥，合理判断缺陷的程度。加强施工过程管理及施工后的检测工作是尤其必要的，根据检测结果分析施工质量产生的原因，总结经验并在后续的施工过程中加以管理和控制，有效保证工程施工质量。

1　高应变法基本原理

高应变检测是用重锤在桩顶施加冲击力，使桩产生足够的动位移及贯入度，通过桩身安装的应变传感器（或锤上安装加速度传感器）测得桩身应变，根据桩身弹性模量、横截面积换算为冲击力；并通过安装在桩身的加速度传感器测得积分后的速度，与桩身阻抗的乘积为岩土阻力产生上行波后的力值。适配器将测量信号传递给动测仪，数据导入计算机经过波形分析程序处理后导出 CASE 文件，通过实测曲线拟合法判定单桩竖向抗压承载力。根据传感器安装点实测的力-速度（F-Z_V）时程曲线，力-速度时程曲线的分离程度为所受的岩土阻力值，即为高应变法承载力检测值。

2　高应变现场检测关键注意事项

2.1　锤击设备、锤垫的选择

锤的重量大小、锤垫决定桩侧中下部及桩端承载力的发挥，只有让桩侧岩土阻力及端阻力充分发挥得到的有效曲线，才能得到桩的极限承载力。高应变检测用锤应为铸铁或铸钢制作，材质均匀、锤底平整、形状对称，高径（宽）比不得小于 1[1]，锤越高，在桩顶作用时间越长，锤击能量越大，承载力才会充分发挥。但采用自由落锤在锤上安装加速度传感器的方式实测锤击力时，重锤的高径（宽）比应为 1.0～1.5，为了避免波传播效应造成的锤内部运动状态的不均匀。桩径越大、桩越长，桩本身的惯性质量越大，应力波的衰减越大，桩锤匹配能力下降，桩径的增加也会增大岩土的弹性极限，激发岩土阻力所需的桩土相对位移越大，要求锤重越大。

锤垫的厚薄及软硬程度决定锤击脉冲的宽度，主要作用使锤击力分布均匀，调整锤击过程的作用时间，缓冲锤体的冲击力，减少锤击时偏心，将锤击能量有效地传递给桩身，并避免桩头应力集中引起破碎。若锤垫过软，会降低锤击能量的传递，锤激发岩土阻力的能力下降，使桩贯入困难，若锤垫过硬，锤击力峰值过高，达不到调整、缓冲桩顶均匀受力，保护桩头的目的。锤垫可采用中细砂、木板、胶合板、草垫、塑料垫、工业毛毡等材料，锤垫厚度可根据第一锤的信号曲线加以调整，锤垫尺寸略大于桩顶截面尺寸。

2.2　贯入度的测量

测量桩的锤击贯入度可采用精密水准仪测定，受环境振动小，观测准确度相对较高。架设基准梁受重锤冲击时桩周土产生振动，使贯入度测量准确度下降；采用加速度信号两次积分得到最终位移作为贯入度，但由于信号采集时间短，采集结束时桩的运动尚未停止，一般情况下，只有位移曲线尾部为水平线，不再随时间变化时，测得贯入度才是可信的；加速度计的质量优劣影响积分（速度）曲线的趋势，零漂大和低频响应差（时间常数小）时极为明显[3]。

贯入度大小与桩尖刺入或桩端压密塑性变形量相对应，是反映桩侧、桩端土阻力是否充分发挥的重要信息。贯入度不能片面地理解为 2～6mm，贯入度过小甚至为零，高应变分析的承载力检测值明显低于实际极限值，贯入度较大时，高应变所分析的力学模型不太实用，一般情况下承载力检测值明显低于静载试验的检测结果。

2.3 信号采集质量的判断与调整

高应变试验成功的关键是信号质量、信号中的信息是否能真实反映桩在该岩土层中受力及运动情况，最大动位移、贯入度小可能预示着岩土阻力发挥不充分。根据信号曲线中的单击贯入度、锤击拉压应力大小及缺陷程度发展状况，决定是否进行下一锤的测试，桩身有明显缺陷且随着锤击次数的增加而加剧，应停止检测。

现场测试理想波形曲线特征有：①力和速度时程曲线，上升峰值前重合，峰值及峰值后协调，两曲线间随着岩土阻力的增大而拉开差距，即为上行波的反应，差值为相应深度的土阻力；②力和速度曲线的时程波形最终归零，锤上测力时会出现负向的加速度导致最终未归零；③锤击没有偏心，两侧力信号幅值不能超过一倍，接收的力信号不能出现受拉；④波形基本平滑，无明显高频信号干扰，摩擦桩桩底反射明确；⑤有足够的采样长度，曲线拟合段长度不少于 $5L/C$，并在 $2L/C$时刻后延续不少于 20ms；⑥贯入度适中，宜为 2～6mm[1]。

实测力和速度曲线第一峰起始段不成比例时，不得对实测信号进行调整。当采用应变传感器测力时，桩身平均波速根据桩底反射信号改变后，Z_V曲线按比例线性改变，F曲线按平方的比例关系改变；当采用锤上加速度传感器测力时，桩身平均波速根据桩底反射信号改变后则不需要对实测力值调整，但应扣除响应传感器安装点以上的桩头惯性力的影响。

3 工程实例

3.1 工程概况

某商业楼，桩型为预制实心方桩 YRS-50A，设计桩长 24m，桩身混凝土设计强度 C60，设计桩顶标高下 10m 内以中等液化砂质粉土为主，下部为粉质黏土，持力层部分为含砂黏土。设计要求桩配为上节 11m + 下节 13m，考虑上部液化砂质粉土原因，上节 11m 桩为全长箍筋加密加粗，设计单桩竖向抗压承载力特征值 1800kN，要求低应变要求全数检测后，再进行抗压承载力检测。

3.2 检测数据分析

低应变检测完成后，发现近一半桩在非接桩位置处（约 9m）有同向反射，且在施工记录提供的接桩处未发现接桩正常反射，怀疑是地层影响，但有些桩出现明显的同向反射，根据勘察报告进行分析可能性不大，考虑钻芯法对预应力桩身伤害较大，于是采用高应变及静载试验进行验证检测。

134 号、144 号桩低应变检测时域信号曲线见图 1，以 134 号桩分析，在约 8.93m 处存在明显缺陷，无桩底反射波，桩身完整性初步判定为Ⅲ类。受场地限制，先采用 2t 重锤进行桩身完整性检测，检测的上下行波曲线及F-Z_V曲线见图 2，采用精密水准仪进行桩的贯入度测试，贯入度结果为零，在传感器安装点下约 8m 处桩身存在明显缺陷，根据F-Z_V曲线看出还存在二次反射，上行波中出现明显的拉力波，桩身完整性系数β值为 0.63，高应变检测结果为Ⅲ类，与低应变检测结果一致。

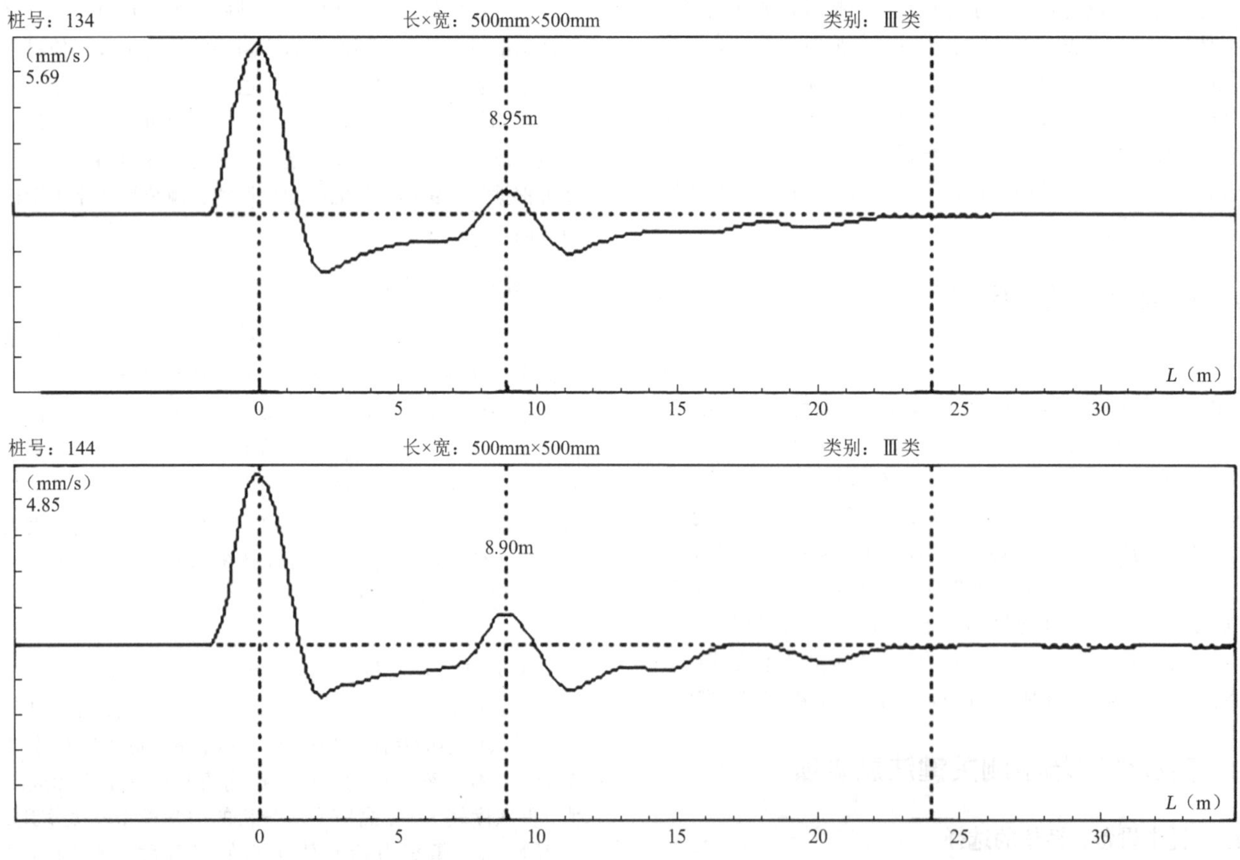

图 1 134 号、144 号桩低应变时域信号曲线

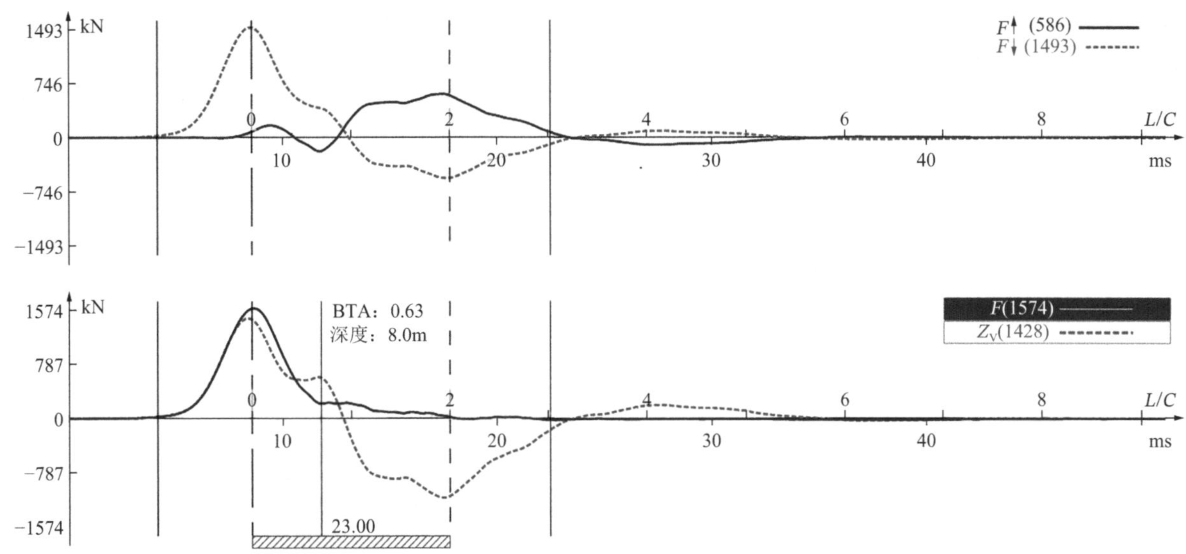

图 2　134 号桩 2t 锤上下行波曲线、力速度曲线

考虑该桩为预制桩，接桩处采用焊接方式，存在对接不实就焊接的情况，且施工未按照图集要求在接桩处采用环氧树脂填充，接桩见图 3，也会影响低应变检测桩身完整性的判定结果。于是采用 6t 重锤进行单桩承载力及桩身完整性的测试，高应变检测的下行波曲线及F-Z_V曲线见图 4，采用精密水准仪进行桩的贯入度测试，贯入度结果为 5mm，在传感器安装点下约 8m 处桩身存在轻微缺陷，上行波中约 8m 处出现轻微的拉力波，桩身完整性系数β值为 0.86，高应变检测桩身完整性结果为Ⅱ类，有桩底反射波。对该桩拟合分析后，拟合结果见图 5，承载力检测值为 3982.7kN，满足设计要求。考虑到高应变的检测误差较大，后对 134 号、144 号桩进行的单桩竖向抗压静载试验，134 号静载试验曲线见图 6，满足承载力 3600kN 的要求。

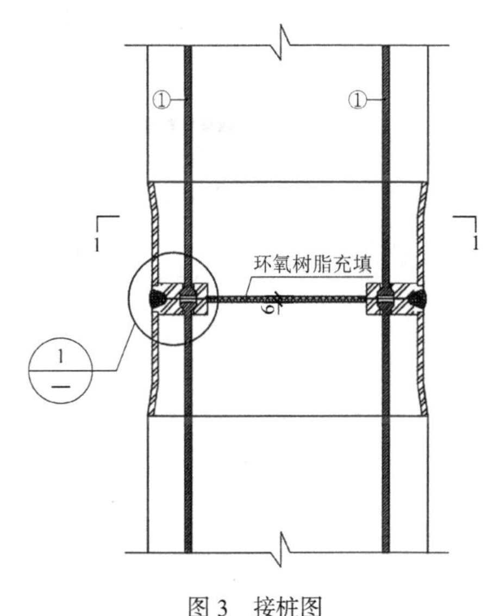

图 3　接桩图

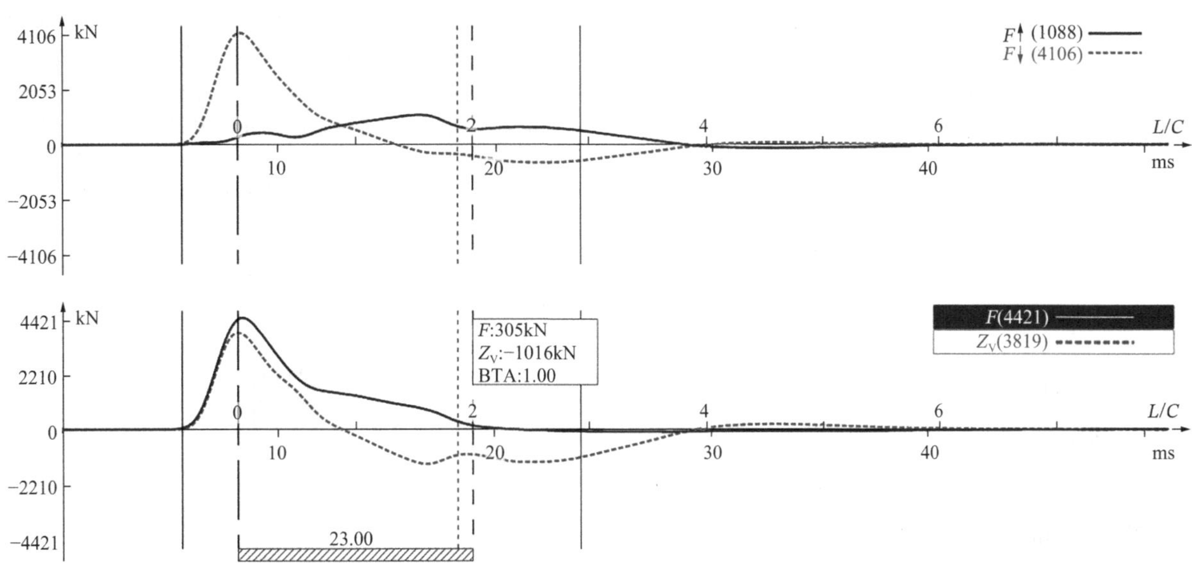

图 4　134 号桩 6t 锤上下行波曲线、力速度曲线

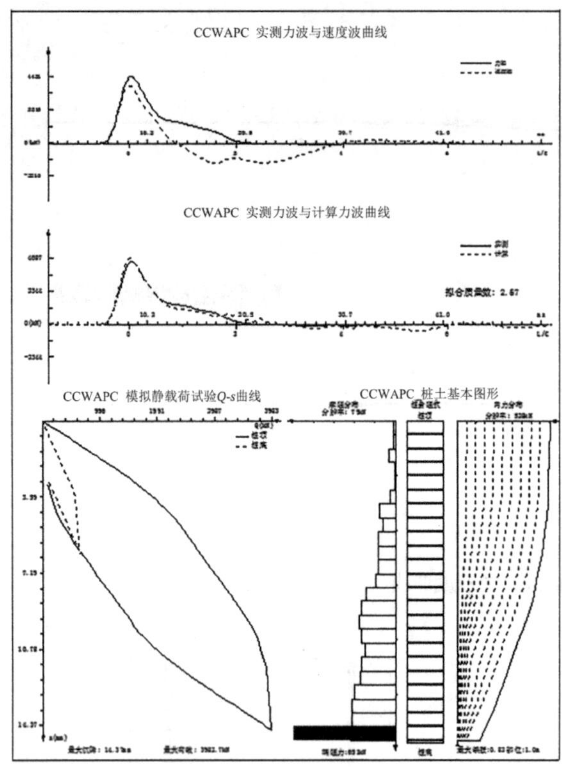

图 5　134 号桩 6t 锤拟合结果

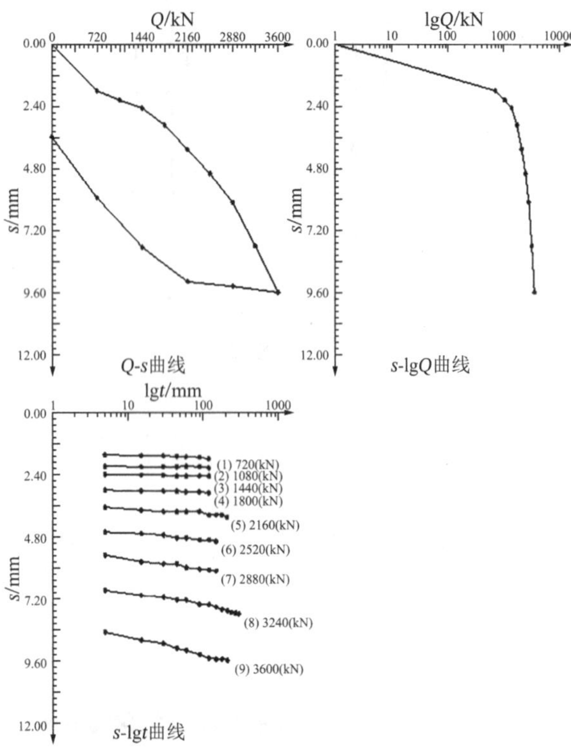

图 6　134 号桩抗压静载曲线

3.3　结果处理

施工记录桩配为上节 11m + 下节 13m，约 9m 缺陷产生的原因仍然未知，后经五方责任主体及检测单位研讨，结合勘察单位意见及检测结果，排除地质情况影响，后建设单位同意开挖验证。开挖前施工单位承认 11m、13m 桩生产不及时，且 11m 要通长箍筋加密加粗，施工单位擅自做主按 9m + 15m 配桩施工，且未按照图集要求接桩处采用环氧树脂填充，高应变验证结果桩长符合要求，后又选取 6 根桩采用磁测井法检测钢筋笼长度确定桩长均为 24m，符合设计要求。但上节 9m 桩未箍筋加密加粗，不满足设计考虑液化土层要求，后勘察单位采用标准贯入试验对上部粉土进行液化判别，受挤土效应的影响，判定结果为不液化，经专家论证通过后，五方责任主体同意验收。

4　研究分析

4.1　信号脉冲宽度问题

针对以上实例检测对比结果，低应变与 2t 锤高应变检测桩身完整性结果为Ⅲ类，而 6t 锤高应变检测桩身完整性结果为Ⅱ类，不影响桩身结构承载力的正常发挥。锤重大时，锤击本身及防止桩头破坏使用的桩垫较厚，力信号及速度信号脉冲宽度大，相当于对缺陷进行了平滑滤波，不能实际反映缺陷的真实情况。对于轻微缺陷的识别低，为此在桩身完整性检测方面，提倡轻锤重击，尽可能减小信号脉冲宽度,这一点与承载力检测要求重锤低击完全相反。

基桩桩身完整性测试频率范围一般为（10～0.75C/X）Hz，其中C为波速，X为最浅可识别缺陷位置，如取波速为 4000m/s，检测 1m 缺陷位置，测试频率上限需要 3000Hz，但是高应变检测，力脉冲宽度一般高达 5～20ms，最高频率只有 1000Hz,用于浅部缺陷的检测,带宽存在明显问题。建议采用高应变检测桩身完整性时，根据桩径、桩长、桩周土阻力的因素判断，锤重在 2t 及以下，桩底识别能力比大锤要准确。

4.2　贯入度测量建议

贯入度测量是承载力检测分析中反映桩周及桩端岩土阻力发挥的重要信息，在桩身完整性检测时根据上行波出现拉力波、F-Z_V曲线中质点运动增大，判定桩身完整性。拟合分析时，贯入度拟合计算结果要和测量结果比对，可作为判断拟合参数是否合理，特别是弹性位移的设置合理情况进行辅助验证。根据规范中贯入度的测量方法，采用精密水准仪，距离检测桩较远，测得的贯入度较为准确，高应变检测时第一锤结束后，在桩顶测量贯入度，需要把锤吊起、桩垫取下，在锤下方桩顶处测量贯入度，检测人员的安全性和测量结果准确性难以把握，可在桩身下合适部位对称安装支座作为基准点，安装示意图见图 7，支座保证牢固可靠，测量贯入度可取多个测点的平均值，也可对比桩贯入时桩身倾斜情况。

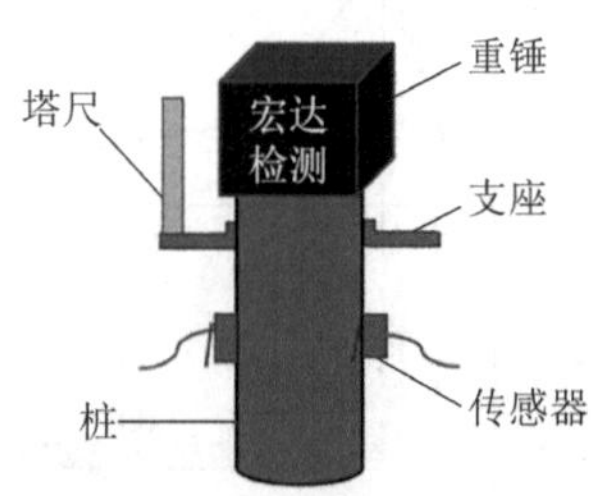

图 7　贯入度测量点安装

4.3 上浮桩、嵌岩桩检测问题

岩土对桩的支撑能力的发挥程度与桩-土之间的相对位移是密切相关的，高应变试验中，桩土之间的相对位移与静载试验相比仍存在明显差距[2]。因挤土效应产生的预制桩施工中上浮，上浮量多少不一，使桩底与持力层之间出现间隙，高应变检测中，一般最大动位移不大于25mm，与静载试验相比，无法准确估算桩底间隙对抗压承载力的影响。

嵌岩桩的抗压承载力由桩侧阻力和桩端阻力组成，按设计要求的沉渣厚度一般不超过5cm，但是在施工过程中，根据钻芯的结果沉渣一般不小于5cm，特别是旋挖钻机未捞取沉渣、泥浆相对密度不满足要求、混凝土导管未放置桩底0.5m内，导致沉渣远远超过设计要求。高应变检测时，选取的锤重相比设计承载力较大时，嵌岩段容易被打动，桩身与岩石脱离且无法恢复，嵌岩桩抗压静载承载力检测不合格时，尽可能采用钻芯法确定桩底嵌固情况，确定是否可以采用高应变法扩大检测。如果嵌岩桩侧阻力较小，桩端嵌固较好，高应变检测时，也会出现桩端荷载总应力为入射波和反射波的叠加，导致桩底混凝土或桩端岩石的破坏。

5 结语

高应变法在检测抗压承载力、桩身完整性及打桩监控方面具有独特的优势，但也受桩土模型与现实不符、负摩阻力、岩土蠕变、液化土层等因素的影响，检测的桩身承载力与实际相差较大，检测前后结合施工及地质情况确定高应变法的适用性并综合分析判定。随着检测方法及仪器设备的不断发展，检测人员水平的提高，认真总结积累经验，高应变法在工程检测中会得到广泛的应用。

参考文献：

[1] 住房和城乡建设部. 建筑基桩检测技术规范: JGJ 106—2014[S]. 北京: 中国建筑工业出版社, 2014.

[2] 陈凡, 徐天平, 陈久照, 等. 基桩质量检测技术[M]. 北京: 中国建筑工业出版社, 2009.

[3] 杨永波. 地基基础工程检测技术[M]. 北京: 中国建筑工业出版社, 2023.

低应变法在检测桩身完整性中应用及模拟试验分析

张　旭，杨　乐，李幸福

（徐州市宏达土木工程试验室有限责任公司，徐州，221000）

摘　要：低应变法检测，具有轻便、省时等优点，已广泛用于基桩完整性检测中。文中介绍了低应变检测原理及注意事项，结合实例分析，并进行模拟桩试验，为实际工程检测中更准确地检测桩身完整性提供参考。

关键词：低应变；接桩；桩身完整性；模拟试验；分析

0　引言

桩基础承载力高、抗震性能好、沉降量小、稳定性好，已广泛用于高层建筑、桥梁、重型厂房等工程中，按施工方式分为预制桩和钻孔灌注桩，但在施工过程中容易出现脱节上浮、缩颈、夹泥、离析、断桩等施工质量问题。桩身完整性及承载力检测尤为重要，低应变法检测桩身完整性为半直接法，具有轻便、操作简单、速度快、价格便宜等优点，在超长桩、多个缺陷、定量分析、缺陷性质检测中存在局限性，应结合地质岩土层分布、施工记录等资料，采用其他检测方法综合分析确定。

1　低应变检测原理概述

应力波反射法检测桩基施工质量是以一维连续杆件的振动为理论基础，当桩顶受到一瞬态激励后，应力波沿桩身往下传播，遇到桩身某一波阻抗界面时，其部分能量就反射回到桩顶，利用桩顶设定的传感器接收桩顶的速度响应信号，借助信号分析技术判别桩身完整性和桩身缺陷位置及缺陷程度[3]。

当桩身缺陷严重时，在波阻抗减小位置产生多次反射，反射波与入射波同向；当桩身扩径严重时，在波阻抗增大位置产生多次反射，奇次反射波与入射波反向，偶次反射波与入射波同向；波阻抗变化越大，则反射波越明显；由此可判断缺陷的严重程度或扩径程度[3]。

2　低应变检测过程中注意事项

低应变检测前应搜集地质勘察报告、设计文件、施工记录及异常情况等资料，确定检测依据、检测数量、检测桩号，制定检测方案。

2.1　受检桩应满足的条件

混凝土强度不应低于设计强度的 70%，且不应低于 15MPa，打入或静压式预制桩应在相邻桩均施工完成后再进行检测；凿掉桩顶浮浆或松散、破损部分，露出坚硬的混凝土表面，桩顶面应平整、密实，并与桩轴线基本垂直。桩头的材质、强度应与桩身相同，桩头的截面尺寸不宜与桩身有明显差异，敲击点与传感器安装点打磨平整，桩顶表面应平整干净且无积水、无破碎，妨碍正常测试的桩顶外露主筋应割掉，应断开桩头与承台或垫层的连接，对于预应力管桩，当法兰盘与桩身混凝土之间结合紧密时，可不进行处理，否则，应采用电锯将桩头锯平[2]。

2.2　传感器安装及激振要求

低应变检测对于实心桩来说传感器安装点宜在距桩中心 2/3 半径处，激振点应在桩中心；对于空心桩激振点与传感器安装位置与桩中心连线形成的夹角宜为 90°，传感器安装位置宜为桩壁厚的 1/2 处[1]。现场最好采用耐高低温、粘结强度好的黄油作为耦合剂，保证填满接触面空隙的前提下宜尽量减薄，测试效果较好，严禁手扶或手按传感器进行测试，否则造成浅层缺陷的信号被淹埋或复杂化，从而引发误判。

低应变检测的激振方向垂直于桩面，激振点平整，激振干脆，形成单扰动，激振点应远离钢筋笼的主筋，激振应根据桩型、桩长、桩周土约束条件，检测前根据施工情况携带至少两种规格的激振设备，通过现场敲击试验，锤重及落锤速度的大小决定了能量的大小。敲击时能量应适中，能量小，则应力波会很快衰减，从而看不见桩下部缺陷和桩底的反射。通过选择锤重量及锤头材料，可改变冲击力脉冲宽度及频率成分，以满足应力波衰减快慢、缺陷分辨率和尺寸效应的要求，必要时可以使用多种激振设备敲击后的曲线综合分析。

2.3　低应变信号筛选及基桩质量判断

不同检测点及多次实测时域信号一致性较差，应分析原因，增加检测点数量，检查判断实测信号反映的桩身完整性情况，据此决定是否需要进一步增加检测点数量或变换激振点和检测点位置。信号不应失真和产生零漂，信号基本靠近基线，每个检测点记录的有效信号数不宜少于 3 个，通过叠加平均可提高信噪比。检测现场尽可能采集到桩底反射信号，核实桩底反射时间，波速是否正常，如发现缺陷反射波，应大致分析出缺陷的位置，为其他桩的测试分析做一定的准备[3]。

3　低应变检测实例分析

某住宅地下车库，采用预应力实心方桩，桩型为 YRS-40B，为设计提供依据的试验桩，设计桩长及抗拔极限承载力见表 1。抗拔承载力检测前，对三根试桩进行了低应变检测，其时域信号曲线见图 1，试桩 1、试桩 2 有桩底反射波，均无缺陷反射波。

试桩 1、2、3 分别加载至 360kN、800kN、600kN 时，桩顶上拔量大于前一级上拔荷载作用下上拔量的 5 倍，且上拔量超过 100mm[1]，故终止加载。抗拔试验检测完成后，对三根试桩进行低应变检测，其时域信号曲线见图 2，试桩 1、3 在 7m、12m 出现周期性反射波，无桩底反射波，试桩 2 在 7m 有轻微缺陷反射波，有桩底反射波。

抗拔桩设计信息　　表 1

桩号	桩长/m	接桩情况	抗拔极限承载力/kN
试桩 1	17	上 7m，下 10m	600
试桩 2	21	上 7m，下 14m	800
试桩 3	26	上 12m，下 14m	1200

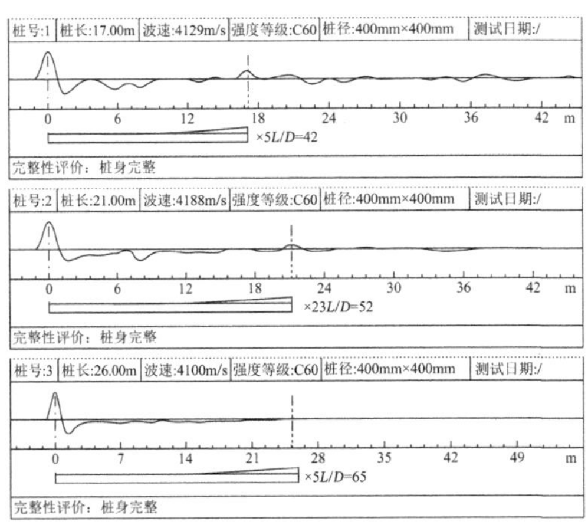

图 1　抗拔检测前时域信号曲线

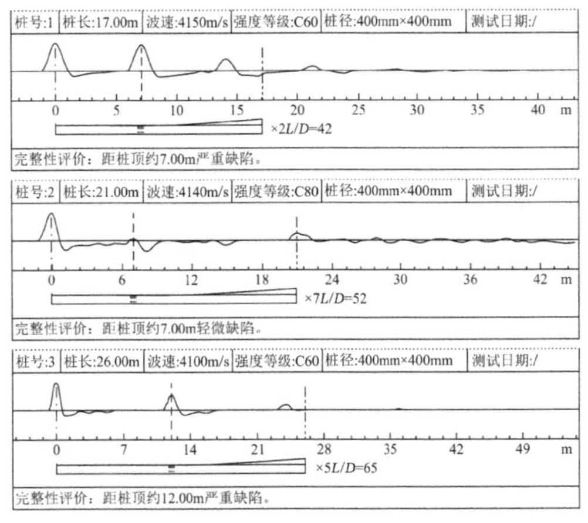

图 2　抗拔检测后时域信号曲线

试桩 2 在抗拔试验检测前后，桩身完整性变化不大，承载力检测值为极限荷载。试桩 1、3 在抗拔试验检测前桩身完整性较好，抗拔试验检测时出现荷载急剧下降，上拔量陡增至超过 100mm，结合低应变时域信号曲线在接桩处出现周期性反射波，判定破坏原因为接桩处断开，根据监理单位提供的法兰盘焊接图片，焊接质量较好。建设单位组织五方主体、检测单位、桩生产单位进行原因分析，发现桩在生产过程中法兰盘焊接面为提前定制，桩生产单位未对桩基施工单位进行交底，导致在施工过程中桩连接面错误，抗拔试验出现桩脱开现象。

4　低应变检测模拟桩试验分析

针对上述案例，关于接桩质量问题，采用模拟桩（尼龙棒）进行接桩试验，模拟桩见图 3，直径为 100mm，长度为 1.0m 和 0.5m 对接。

图 3　模拟桩

图 4 为在模拟桩 A 面安装传感器和激振的时域信号曲线，第一个曲线接头对接，无任何处理，接头缺陷波形呈多次反射，无桩底反射；第二个曲线接头施加较大荷载，接头缺陷波形有二次反射，有桩底反射波；第三个曲线接头采用黄油耦合，接头缺陷波形有不太明显的二次反射，有桩底反射波，且反射波较大。

图 5 为在模拟桩 B 面安装传感器和激振的时域信号曲线，第一个曲线接头对接，无任何处理，接头缺陷反射波较大，有二次反射，无桩底反射；第二个曲线接头施加较大荷载，接头缺陷反射波较上图有所减小，无二次反射波，有桩底反射波；第三个曲线接头采用黄油耦合，接头缺陷反射波较小，无二次反射波，有桩底反射波。

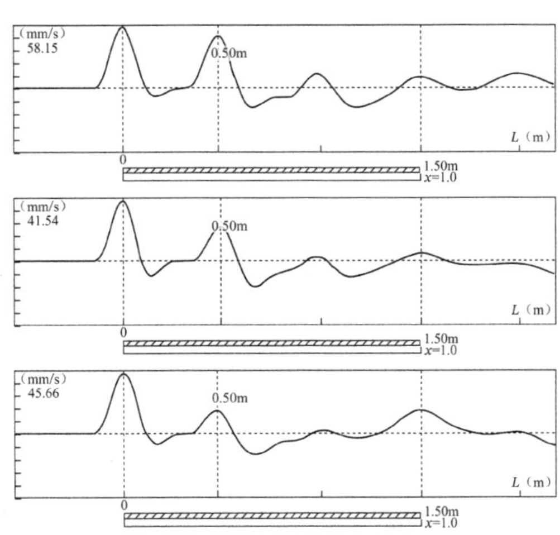

图 4　A 面时域信号曲线

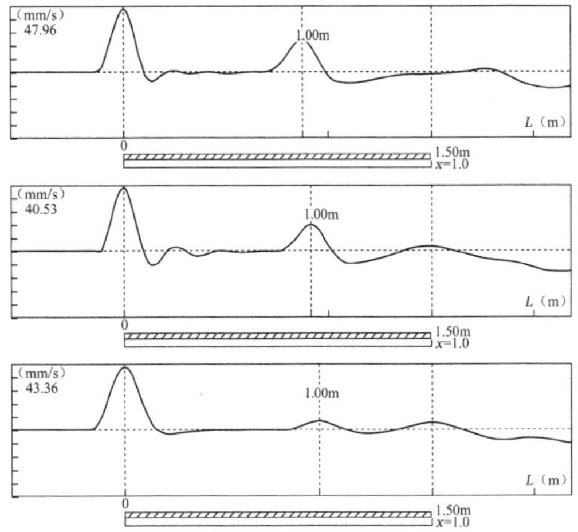

图 5　B 面时域信号曲线

通过以上模拟试验分析，接桩处无任何处理或脱开，出现周期性反射波，接头位置在深部时，二次反射不太明显，无桩底反射波；接桩处施加一定荷载，出现严重缺陷反射波或周期性反射波，有桩底反射波；接桩处采用黄油耦合，接桩处反射较小，桩底反射较为清晰。实际工程施工中，多节预制桩接桩出现焊接质量差、接头处不平整或有杂质、上浮脱节、错位等质量问题，低应变在检测中存在不同程度的缺陷，以上模拟试验为低应变检测过程中提供一定的数据曲线参考。

5 结语

桩身完整性的影响因素是众多的，桩身缺陷形成也有多种多样，其同一种缺陷类型由于其程度及缺陷深度的不同使得所测得的曲线也有差异，以上实例分析及模拟桩试验的缺陷类型，实际工程检测要复杂得多，在对所测得的曲线进行分析时，应结合地质条件、各地层的土工参数和力学特征指标、施工情况、贯入度、混凝土配比、坍落度、充盈系数、锤击数等综合考虑缺陷的性质及程度，尽量减少误判，提高检测精度。

参考文献：

[1] 住房和城乡建设部. 建筑基桩检测技术规范: JGJ 106—2014[S]. 北京: 中国建筑工业出版社, 2014.
[2] 陈凡, 徐天平, 陈久照, 等. 基桩质量检测技术[M]. 北京: 中国建筑工业出版社, 2009.
[3] 杨永波. 地基基础工程检测技术[M]. 北京: 中国建筑工业出版社, 2023.

基桩检测低应变波动理论与实际工程的应用

李幸福，杨　乐，张　旭
（徐州市宏达土木工程试验室有限责任公司，徐州 221000）

摘　要： 低应变动测法主要用于检测基桩的完整性，通过不同的激振方式，可分为反射波法、机械阻抗法、水电效应法和共振法等，目前应用和研究较为广泛的是反射波法。本文主要对低应变反射波法波动理论进行较为系统的梳理，并结合笔者的实际工作对工程遇到的低应变曲线进行研究和对比分析。

关键词： 低应变反射波法；波动理论；基桩完整性

0　前言

近几十年来，我国工程建设迎来了高速发展，桩基础作为一种经济可靠的基础形式，已广泛地运用于高层、超高层建筑，公路、铁路桥梁，港口、海上采矿平台等基础建设中。而桩基础存在着隐蔽性强、施工缺陷难以发现和处理工程事故难度大等因素，尤其是灌注桩断裂、缩颈、离析、夹泥、沉渣等工程质量问题频发[1]。

在桩基施工尤其是灌注桩施工过程中，现场无法直观地对桩身的完整性进行判定，通过低应变反射波法，判断相对能量，根据实测曲线反映桩身范围内阻抗的变化情况，以此来指导进行高质量的桩基施工，以及评判施工完成后桩身的完整性，为桩基的稳定性施工提供基础条件[2-3]。低应变反射波法能够简便、快速地反映出桩身的缺陷情况，从而得到了广泛的应用。

1　基桩的波动方程推导

现行《建筑基桩检测技术规范》JGJ 106 规定，瞬态激励脉冲有效高频分量的波长与杆的横向尺寸之比不宜小于 10；现行《建筑地基检测技术规范》JGJ 340 规定，受检增强体的长径比、瞬态激励脉冲有效高频分量的波长与增强体的横向尺寸之比均宜大于5[4]；此规定均基于受检桩或增强体为一维线弹性杆件，即假设桩为一维线弹性杆件，在桩顶进行竖向激振产生弹性波，波沿桩身向下传播，当桩身存在明显差异的界面或桩身截面变化部位时，波阻抗将产生变化，产生反射波，通过安装在桩顶的传感器接收反射信号，对接收的反射信号进行放大、滤波和数据处理，可以识别来自桩身不同部位的发射信号。

1.1　波动理论基本假定

（1）基桩可视为连续均匀的一维线弹性杆件，杆件内各质点弹性振动，满足胡克定律。

（2）各向同性材料或者分段各向同性材料。虽然混凝土自身的材料特性引起的轴向拉伸和压缩特性的不同和不均匀性，但在微米范围内近似将其看成是满足该假设。

（3）桩变形时横截面依然看作平面，截面上的应力方向保持轴向且均匀分布。

（4）桩横截面尺寸远小于应力波的波长且击振力相对较小，因此忽略横向位移对纵向运动的干扰[5]。

1.2　波动方程的解

假定平面上的各质点振动状态是相同的，如图 1，从杆件中取一微元长度为$\mathrm{d}x$，设混凝土弹性模量为E，桩身密度ρ，桩身横截面面积A，因此微元的质量为$\rho A\,\mathrm{d}x$，设u为该单位长度位移，可得到如下关系：

$$\varepsilon=\frac{\partial u}{\partial x} \tag{1}$$

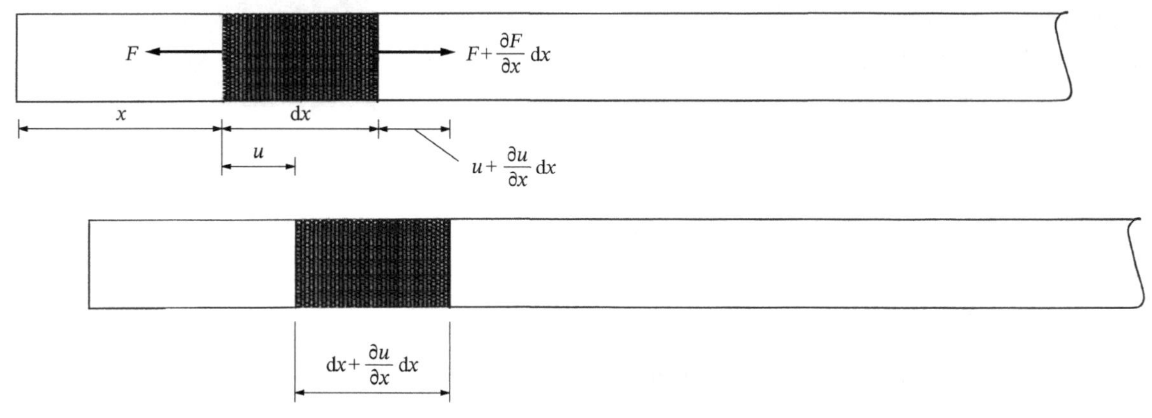

图 1　一维杆件图

由$\sigma = E\varepsilon$得到：

$$\frac{\partial\sigma}{\partial x} = E\frac{\partial^2 u}{\partial x^2} \tag{2}$$

由牛顿第二定律可得：

$$\rho A\Delta x\frac{\partial^2 u}{\partial t^2} = A\sigma(x+\Delta x) - A\sigma(x) \tag{3}$$

式中：$\frac{\partial^2 u}{\partial t^2}$、$\sigma(x+\Delta x)$、$\sigma(x)$——该微元的加速度和作用在该微元两端的正应力。将上式两边同时消去$A\Delta x$后可得：

$$\rho\frac{\partial^2 u}{\partial t^2} = \frac{\sigma(x+\Delta x) - \Delta(x)}{\Delta x} \tag{4}$$

由微分定义和公式(2)可知：

$$\rho\frac{\partial^2 u}{\partial t^2} = \frac{\partial\sigma}{\partial x} = E\frac{\partial^2 u}{\partial x^2} \tag{5}$$

即：

$$\frac{\partial^2 u}{\partial t^2} - \frac{E}{\rho}\frac{\partial^2 u}{\partial x^2} = 0 \tag{6}$$

桩身纵波波速c：

$$c = \sqrt{\frac{E}{\rho}} \tag{7}$$

联立式(6)和式(7)：

$$\frac{\partial^2 u}{\partial t^2} - c^2\frac{\partial^2 u}{\partial x^2} = 0 \tag{8}$$

此公式即为弹性应力波沿杆件纵向传播的波动方程。

区分质点速度速度v和桩身波速c，将$\frac{\partial v}{\partial t} = \frac{\partial^2 u}{\partial t^2}$和式(2)代入波动方程(8)中变形为一般形式：

$$\frac{\partial v}{\partial t} - \frac{1}{\rho}\frac{\partial\sigma}{\partial x} = 0 \tag{9}$$

根据微分方程求解得波动方程的通解为：

$$u(x,t) = f(x-ct) + g(x+ct) \tag{10}$$

式中：函数$f(x-ct)$——以c为波速沿着x轴正向传播的下行波；

$g(x+ct)$——以波速为c沿着x轴传播的上行波[6]。

1.3 上、下行波的概念

对于下行波数$f(x-ct)$，质点运动速度

$$v_{\mathrm{d}} = \frac{\partial f(x-ct)}{\partial t} = f'(x-ct)\cdot(-c) = -cf'$$

下行波引起的桩身应变为$\varepsilon_{\mathrm{d}} = \frac{-\partial f(x-ct)}{\partial x} = -f'$

同理上行波应力-应变公式为：

$$v_{\mathrm{u}} = \frac{\partial g(x+ct)}{\partial t} = g'(x+ct) = cg'$$

$$\varepsilon_{\mathrm{u}} = \frac{\partial g(x+ct)}{\partial x} = g'$$

综上可得：$v = \pm c\varepsilon$，结合弹性杆的波阻抗$Z = \frac{AE}{c} = \rho cA$，得到：

$$\sigma = \pm\rho\cdot c\cdot v$$

$$F = \pm\rho\cdot c\cdot A\cdot v = Zv \tag{11}$$

公式中符号以压缩变形和压应力为正，拉伸变形和拉应力为负；下标d表示“下行”，下标u表示“上行”，见图2。

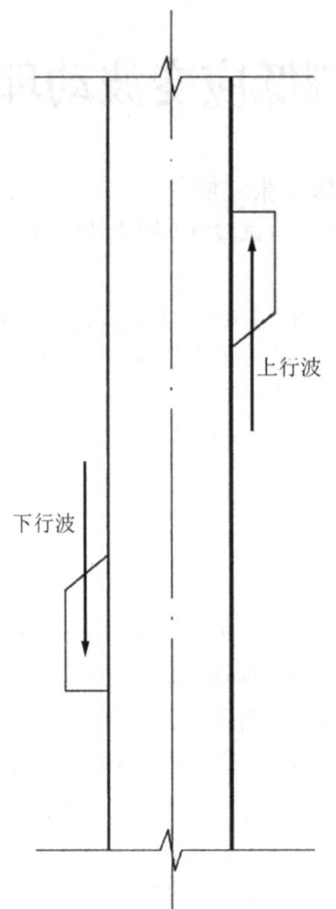

图2 上、下行波在桩中的传播

1.4 不同阻抗截面上应力波的反射和透射

在一维弹性杆件中，应力波传播时，将在阻抗变化界面处产生反射波和透射波，图3为两种阻抗材料形成的杆件。

根据牛顿第三定律和连续介质位移定理得：

$$F_{\mathrm{i}} + F_{\mathrm{r}} = F_{\mathrm{t}}$$

$$V_{\mathrm{i}} + V_{\mathrm{r}} = V_{\mathrm{t}} \tag{12}$$

式中：F_{i}、F_{r}、F_{t}——入射力波，反射力波和透射力波；

V_{i}、V_{r}、V_{t}——入射速度波、反射速度波和透射速度波。

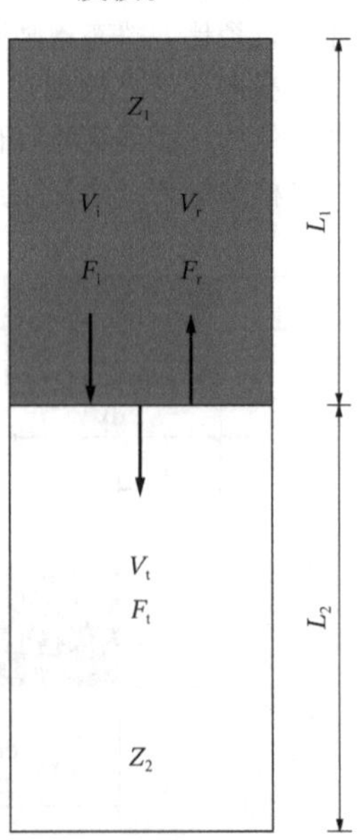

图3 两种阻抗材料杆件中应力波传播

由式(11)和式(12)得：

$$V_r = \frac{Z_1 - Z_2}{Z_1 + Z_2} \cdot V_i$$

$$V_t = \frac{2Z_1}{Z_1 + Z_2} \cdot V_i \tag{13}$$

令$\beta = \frac{Z_2}{Z_1}$为完整性系数，$\xi_\gamma = \frac{\beta - 1}{\beta + 1}$为反射系数，$\xi_t = \frac{2\beta}{\beta + 1}$为透射系数。

根据以上公式推导，得到下列结论：

$$F_\gamma = \xi_\gamma \cdot F_i$$

$$V_r = -\xi_\gamma V_i$$

$$F_t = \xi_t \cdot F_i$$

$$V_i = \frac{1}{\beta} \cdot \xi_t \cdot V_i$$

$$\xi_t = 1 + \xi_\gamma$$

通过改变相关系数的大小，对上述结论进行简单阐述：

（1）当$\beta = 1$，此时$\xi_\gamma = 0$，$\xi_t = 1$，$F_i = F_t$，说明桩身无阻抗变化，入射波没有受到其他因素的阻碍，沿桩身一直向下传播。

（2）当$\beta > 1$，即$\frac{Z_2}{Z_1} > 1$，此时$\xi_\gamma \geqslant 0$，说明弹性应力波传播介质的阻抗由大变小，桩体顶端测定的反射波振幅和入射波振幅方向相同。

（3）当$\beta < 1$，即$\frac{Z_2}{Z_1} < 1$，此时$\xi_\gamma \leqslant 0$，说明弹性应力波传播介质的阻抗由小变大，桩体顶端测定的反射波振幅和入射波振幅反向相反[7]。

1.5 截面阻抗变化时的应力波传播特征

根据应力波传播的特性，结合上述应力波在不同阻抗界面处的反射和透射的特征，现简要阐述应力波在不同缺陷桩体中的传播规律。

（1）桩身缩颈

桩身材料相同则$\rho_1 = \rho_2$，$v_1 = v_2$，当$A_1 > A_2$时$\xi_\gamma > 0$，反射波与入射波同相位。收到波形曲线应有桩顶入射波振幅、同相位缩颈位置处的反射波振幅以及同相位桩底反射波振幅。

（2）桩身扩颈

桩身材料相同则$\rho_1 = \rho_2$，$v_1 = v_2$，当$A_1 < A_2$时$\xi_\gamma < 0$，反射波振幅与入射波振幅反相位。与桩身存在缩径缺陷的波形曲线相比，桩身存在扩径缺陷的曲线有桩顶入射振幅和桩底同相位反射波振幅，并且在缺陷处会出现和入射波振幅方向相反的反射波振幅。

（3）桩身离析

离析主要由于桩体混凝土强度发生了变化，轻微离析缺陷处，并不会出现明显的反射波振幅，但会降低桩体中的波速；严重离析缺陷位置，有$\xi_\gamma > 0$，出现与入射波一样相位的反射波振幅。

（4）桩身断裂

桩身材料有差异则$\rho_1 > \rho_2$，$v_1 > v_2$，当$A_1 = A_2$时$\xi_\gamma > 0$，反射波与入射波同相位。桩体断裂缺陷处会出现与入射波振幅同相位的反射波振幅，桩体底部无明显反射波，并且会随之出现多次的反射波振幅[8-9]。

2 低应变反射波法在实际工程检测中的应用

2.1 案例一曲线分析

徐州翠屏山某地块工程项目 7 号楼钻孔灌注桩，抗压桩桩身强度 C40，桩径 600mm，采用低应变法检测；经过对比发现各桩基的低应变实测曲线一致性较好，见图 4，曲线显示在桩身约 2.6m 处有很强的反向反射波，排除灌注过程中漏浆导致“大肚子”情况，并对比勘察报告中地层变化，发现此标高处土层以下为岩层，阻抗在此处突然变大，与低应变实测曲线反映的情况相符。

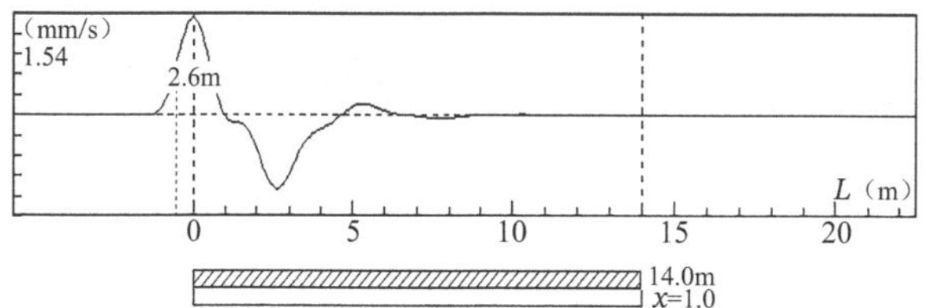

图 4 正常曲线图

但是另一根 31 号桩在检测过程中，桩顶下约 1.9m 处出现较为明显的同向反射，而且曲线上反映出清晰的二次反射，见图 5，此位置位于桩身浅部且存在桩身缩径的可能性；为了验证桩头位置的具体情况，经过与业主沟通，进行浅部开挖验证，然而开挖后并未发现浅部桩头位置有缩径情况，甚至桩身有部分扩颈现象，见图 6；开挖后重新进行了低应变检测，发现曲线仍在 1.9m 处存在同向反射。

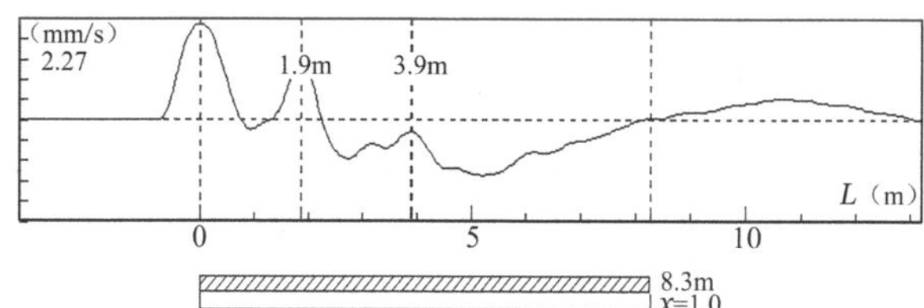

图 5 31 号桩身低应变曲线

图 6 桩头开挖情况

就在工期较为紧张且各方均较为焦躁的情况下，经多轮沟通再进行一次桩头取芯验证，本次取芯长度 4m，见图 7，发现桩顶下约 1.8m 处存在明显的混凝土破损、浇筑不密实情况，与低应变曲线反映的缺陷位置基本吻合；后期对破损桩身凿除并进行接桩处理，再一次检测后发现实测曲线恢复正常情况。

由上分析可知，通过低应变反射波法检测，可以对桩身施工过程中可能导致的混凝土桩身破损、混凝土振捣不密实、离析等情况进行较为准确的判别，从而提高桩身承载的安全性。

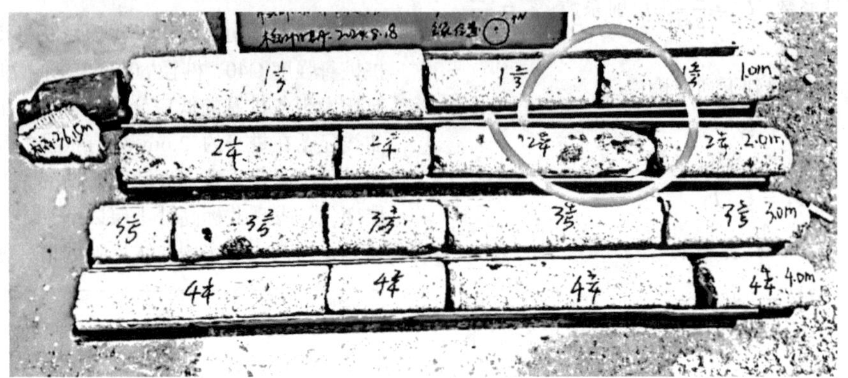

图 7 桩头取芯情况

2.2 案例二曲线分析

徐州某项目办公楼低应变检测，干作业成孔灌注桩，桩端嵌岩，桩径 900mm，从楼栋北侧依次向南进行低应变检测，北侧各桩低应变实测曲线见图 8，曲线一致性较好，即均在桩头下约 4.2m 处出现较为明显的反向反射，通过勘察报告中土层变化初判此位置为桩身入岩位置；当检测至南侧时，发现桩身曲线与北侧相比变化较大，见图 9，在桩头下约 2.8m 处就出现很明显的反向发射。

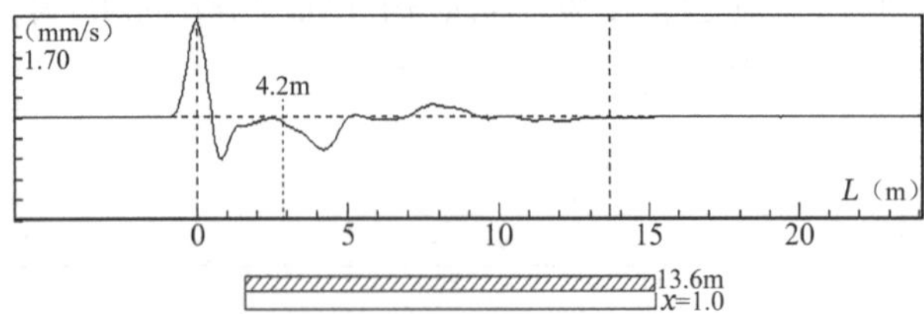

图 8 北侧区域桩身曲线

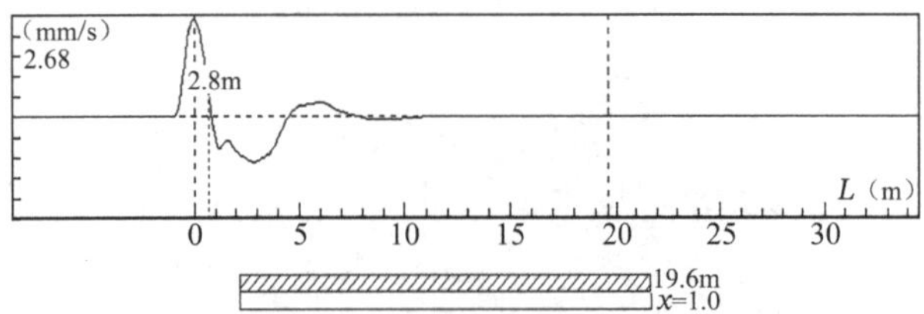

图 9 南侧区域桩身曲线

经过对比打桩记录以及整个地块的地层情况，发现此地块岩层起伏变化较大，即从北至南整个岩层面高程呈现逐渐增大的现象，导致北侧桩身入岩较深，反向反射曲线较靠后，而南侧桩身入岩较浅，在桩头附近就出现很明显的反向反射曲线。

由上分析可知，桩身穿过软弱土层、坚硬土层以及岩石层等各种复杂变化的地层时，不同土层的阻抗变化对应力波传播有很大的影响。

3 结语

本文通过对低应变波动理论的推导和解析，反映各种阻抗变化对应的反射波形，以指导现场检测曲线的分析；同时根据实际工程现场桩身可能存在的问题，结合低应变的实测曲线，通过开挖验证和地层变化情况进行曲线分析和桩身完整性的评判。鉴于复杂的地质条件、成桩工艺、工程检测环境和人员检测操作等方面的因素，仍然存在一些低应变曲线无法准确地判别缺陷类型和缺陷位置，还需更深层次的研究以及多种检测手段的互相佐证。

参考文献：

[1] 张恒启．低应变测桩常见缺陷分析[J]．安徽地质，2014(4): 294-295+320.

[2] 马超．基于低应变反射波法的钻孔灌注桩桩身完整性检测[J]．建筑监督检测与造价，2023, 16(3): 51-55.

[3] 黄健锋．基于低应变反射波法的建筑工程桩基检测技术[J]．广东土木与建筑，2023, 30(2): 108-111.

[4] 住房和城乡建设部．建筑基桩检测技术规范：JGJ 106—2014[S]．北京：中国建筑工业出版社，2014.

[5] 方涛．低应变反射波法桩底反射信号问题的探讨[D]．成都：西南交通大学，2013.

[6] 邱月．低应变反射波检测方法简介[J]．交通世界（建养、机械），2010(1): 128-130.

[7] 陈小三．低应变反射波法检测桩基完整性的模拟分析[D]．西安：西安建筑科技大学，2011.

[8] 王登杰，马国梁，王海勇，等．反射波法低应变桩基检测探讨[J]．山东大学学报（工学版），2002(2): 192-196.

[9] 蔡钊．桩基检测中低应变反射波法的实践应用[J]．科学技术创新，2017(15): 213.

声波透射法在基桩检测中的应用及研究分析

张　旭，杨　乐，李幸福

（徐州市宏达土木工程试验室有限责任公司，徐州 221000）

摘　要：声波透射法是检测混凝土灌注桩桩身完整性常用方法，由于声测管倾斜、收发换能器不在同一深度或未保持固定高差、斜测时换能器高差较小等问题造成检测数据异常，影响检测结果的判定。文中介绍了声波透射法基本原理、声测管埋设与处理，结合工程实例，并进行数据模拟分析，为实际工程检测中更准确地检测桩身完整性提供参考。

关键词：声波透射法；声测管；交叉斜测；换能器高差；缺陷分布；模拟分析

0　引言

随着我国经济快速发展，地铁、高层建筑等深基坑地下空间的利用成为城市建设的必然要求，大直径钻孔灌注桩广泛应用于各种岩土层桩基础、围护结构，但桩基础属于地下隐蔽工程，由于人为、地质情况和工艺因素的影响，施工过程中经常出现不可预见的问题，造成夹泥、缩颈、空洞、蜂窝、松散、断层等质量问题，因此加强施工过程管理及施工后的检测工作是尤其必要的，根据声波透射法检测结果分析施工质量产生的原因，总结经验并在后续的施工过程中加以管理和控制，有效保证工程施工质量。

1　声波透射法基本原理

超声脉冲波在混凝土中传播速度的快慢，与混凝土的密实度有直接关系，声速高则混凝土密实，相反则混凝土不密实。当有空洞或裂缝存在时，便破坏了混凝土的整体性，超声脉冲波只能绕过空洞或裂缝传播到接收换能器，因此传播的距离增大，测得的声时必然增加，声速降低。另外，由于空气的声阻抗率远小于混凝土的声阻抗率，脉冲波在混凝土中传播时，遇到蜂窝、空洞或裂缝等缺陷，便在缺陷界面发生反射和散射，声能被衰减，其中频率较高的成分衰减更快，因此接收信号的波幅明显降低，频率明显减小或频率谱中高频成分明显减少。再者经过缺陷反射或绕过缺陷传播的脉冲波信号与直达波信号之间存在声程和相位差，叠加后互相干扰，致使接收信号的波形发生畸变。根据现场采集检测数据进行处理、分析和判断，确定混凝土缺陷的位置、范围、程度，对桩身完整性进行检测的方法[1]，从而评定桩身完整性等级。通过对平测普查的数据分析，找出异常声测线的范围，采用加密平测核实可疑声测线的异常情况，并确定异常部位的纵向分布，再用交叉斜测法或扇形扫测法确定缺陷的位置和空间分布。

2　声测管的埋设及处理

声测管的埋设质量直接影响检测结果的可靠性和检测试验的成败。声测管之间应保持平行，否则对测试结果造成很大影响，检测人员往往把因测距的变化导致声学参数的异常误认为是混凝土质量差别所致，而声学参数对测距的变化很敏感，对检测数据的分析和结果判定带来严重影响[2]。虽然可对斜管管距进行修正，但声测管严重弯曲时，无法对其进行合理修正，导致检测方法失效。

声测管的材料宜用钢管或钢制波纹管，不应采用塑料管，塑料管声阻抗率较低，浇筑混凝土时，水泥的水化热不易发散，混凝土胶结后塑料管因温度下降产生径向和纵向收缩，可能使之与混凝土局部脱开造成空气或水的剥离缝，在声路径上增加了更多反射强烈的界面，容易造成误判[2]。声测管宜采用螺纹和套筒连接，焊接或绑扎在钢筋笼内侧的主筋上。现场施工时一般采用绑扎的方式，绑扎间隔较大时在连接处容易出现弯曲变形，影响检测数据。建议绑扎间隔不大于 2m，在连接处附近上下各绑扎一道，以保证声测管的平行度。

声测管内径宜大于换能器外径 10mm，声测管内径大，换能器移动顺畅，但管材消耗大，换能器居中情况差；声测管应下端封闭、上端加盖、管内无异物，管口高出混凝土顶面 100mm 以上[1]；有足够的水密性，在较高的静水压力下不漏浆。检测前用略大于换能器尺寸钢筋绑上有深度标识的测试绳检查声测管畅通情况，避免换能器卡在声测管接头焊接、扁管、弯管等处，对于局部漏浆、焊接问题造成的堵塞可用钢筋或其他方法疏通；声测管中应注满清水，若管底有泥浆或管内水浑浊，会影响检测深度和数据分析，宜用比声测管内径略小的硬质 PVC 管放入声测管底部，通过高压水泵的压力把泥浆和污水冲出，直至有清水溢出。

3　工程实例分析

某地铁站主体结构，采用咬合排桩挡土和止水作用，桩径 1000mm，钢筋混凝土桩强度等级 C35，设计桩长 25m，抗渗等级 P8，每根桩预埋 3 根声测管，检测时混凝土龄期为 22 天，检测桩顶标高为冠梁底标高，检测依据《建筑基桩检测技术规范》JGJ 106—2014，采用北京智博联公司生产的 ZBL-U5600 多通道超声测桩仪检测桩身完整性。

其中 116 号桩在检测时发现 A-B、A-C 剖面在 3.80～13.30m 处声测管出现倾斜，声速数据有规律地先升高再降低，波幅正常，图 1 为深度-声速、波幅、PSD 曲线，图 2 为波列图，可对管距进行合理修正，然后对该桩进行数据分析。经分析，声速临界值 A-B 剖面为 3987m/s、A-C 剖面为 3966m/s、B-C 剖面为 4478m/s，整桩声速临界值为

4144m/s，但A-B、A-C剖面13.3m以下检测数据部分声速略低于整桩声速临界值，按规范要求声学参数存在轻微异常，判定为异常数据。其实并非如此，A-B、A-C剖面出现斜管情况，由于声测管倾斜导致换能器在13.3m以下位置存在换能器不在同一水平面上，有一定的高差，致使换能器间传播距离增加，声时变大，但还是按桩顶面声测管间距计算，声速减小，出现低于整桩声速临界值的情况。

A-B剖面在17.5～18.1m处波速和波幅严重异常、波形严重畸变，其声测管间距为600mm，采用换能器高差为300mm进行交叉斜测。在桩顶处观测到换能器高差与斜管下换能器高差不一致，交叉斜测时判定的缺陷空间分布误差较大，规范要求两个换能器中点连线的水平夹角不应大于30°，夹角较小，很难测得缺陷的实际空间分布。

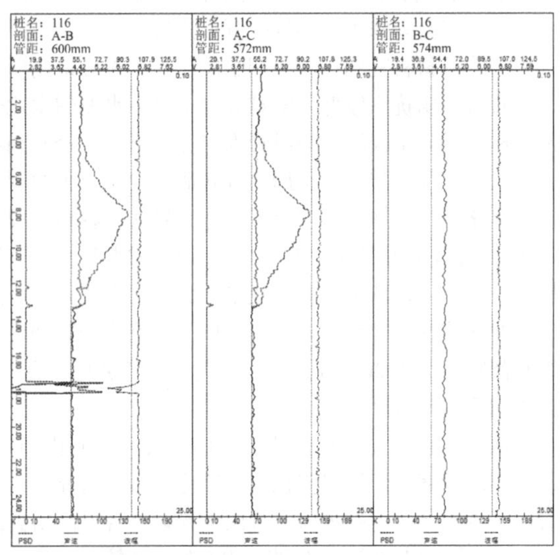

图1 深度-声速、波幅、PSD曲线

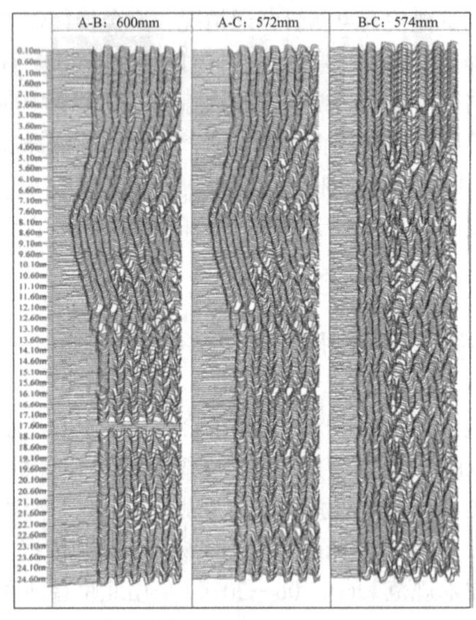

图2 波列图

4 声波透射法检测中的影响因素

4.1 声测管内径影响

声测管内径宜大于换能器外径10mm，相差较大时，声耦合误差明显增加，图3为换能器在声测管内的不同位置，声测管外壁间净距离600mm，声测管外径60mm，声测管外径56mm，换能器直径25mm，声测管材料波速5940m/s，水的声速1480m/s，换能器居中时声测管及耦合水层声时修正值t'为21.62μs，换能器近时t'为0.67μs，换能器远时t'为42.56μs，换能器近与换能器远时测得的声速差值为881.4m/s，在检测数据分析时对整桩临界值的判定影响较大。

在检测中换能器要安装导向及扶正器装置，提升速度不宜大于0.5m/s，否则会导致换能器在声测管中剧烈摆动，甚至与声测管管壁发生碰撞，造成接收波波形异常；若不安装扶正器装置，导致换能器之间距离较近，对检测声时造成较大误差。

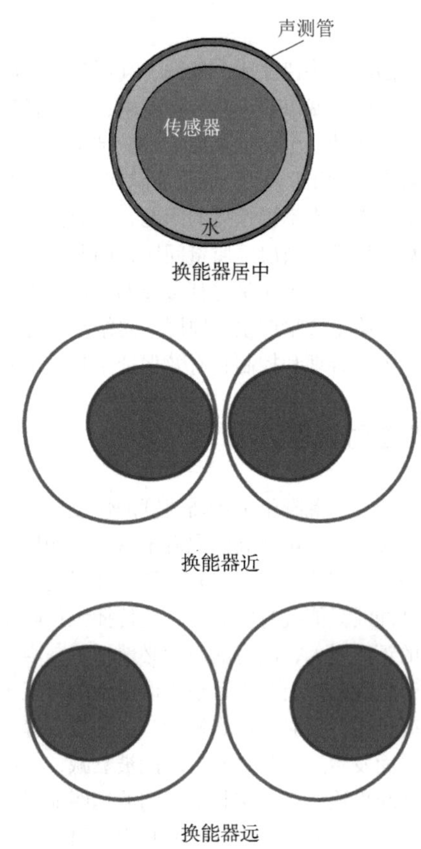

图3 换能器在声测管内的不同位置

4.2 平测时换能器不平行及声测管间距对波速的影响

声波透射法平测时，由于声测管倾斜、换能器导线弯曲、提升中不同步等因素造成换能器不平行，对检测数据分析的声速产生较大误差，特别是桩径较小时，声测管间距小导致波速误差较大，验证规范要求对于桩径小于0.6m的桩不宜采用声波透射法进行桩身完整性检测[1]；声测管间距小，声测管及耦合水层声时修正值误差使声时测试的相对误差较大。

如表1所示，不同桩径、声测管间距在平测时换能器由于多种原因引起不平行，换能器存在100mm、200mm高差，假定声波在混凝土中传播的声速为4400m/s，不考虑声测管间距、仪器系统延时、声测管及耦合水层声时等测量误差，声测管间距小、换能器不平行度较大时，波速测试误差大。

平测时不同声测管间距、换能器有高差对波速影响统计表　　表 1

桩径/mm	声测管间距/mm	换能器高差/mm	修正后管距/mm	实测声时/μs	实测波速/μs	波速误差	备注
600	350	100	364.0	82.7	4230.7	3.85%	—
	350	200	403.1	91.6	3820.3	13.18%	—
800	500	100	509.9	115.9	4314.6	1.94%	—
	500	200	538.5	122.4	4085.3	7.15%	—
1000	660	100	667.5	151.7	4350.3	1.13%	—
	660	200	689.6	156.7	4210.9	4.30%	—
1800	1000	100	1005.0	228.4	4378.2	0.50%	—
	1000	200	1019.8	231.8	4314.6	1.94%	—
	1400	100	1403.6	319.0	4388.8	0.25%	对角
	1400	200	1414.2	321.4	4355.8	1.01%	对角

4.3　斜测时对缺陷位置的影响

《建筑基桩检测技术规范》JGJ 106—2014 要求，斜测时声波发射和接收换能器应始终保持固定高差，且两个换能器中点连线的水平夹角不应大于 30°[1]。根据以上工程实例分析，满足规范要求斜测角度，很难准确测得缺陷空间分布范围，以下为斜测时桩中缺陷、声测管附近缺陷、换能器高度误差的影响。

（1）桩中缺陷

声测管外壁间净距离为 600mm，图 4（a）阴影区域为缺陷的实际位置；图 4（b）斜测高差为 300mm，水平夹角为 27°，满足规范检测要求，但实际测得的缺陷范围为全断面，与实际缺陷空间分布相差较大；图 4（c）斜测高差为 1000mm，水平夹角为 59°，缺陷范围明显缩小；图 4（d）斜测高差为 1500mm，水平夹角为 83°，检测缺陷范围与实际接近。

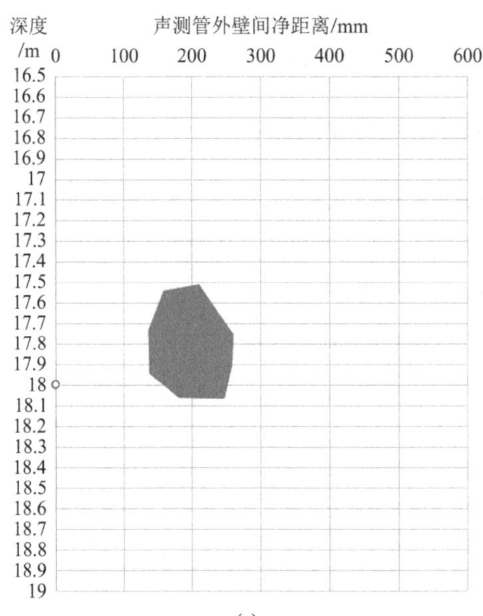

(a)

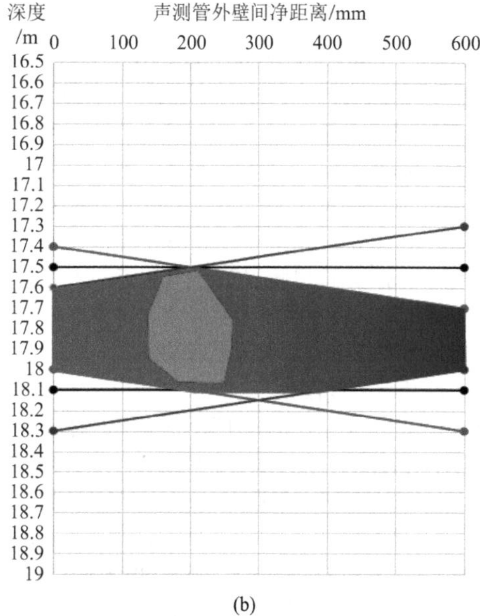

(b)

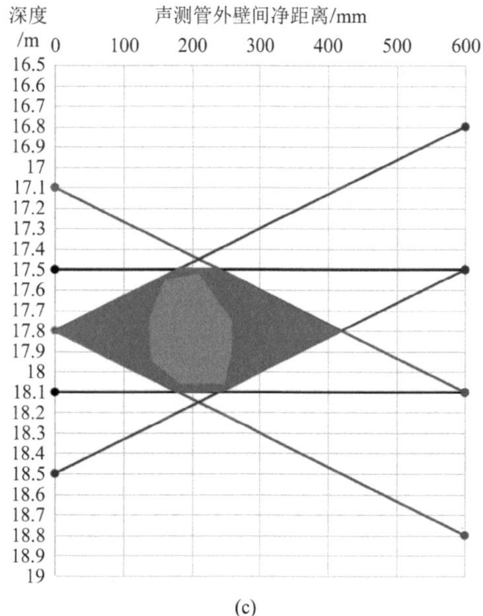

(c)

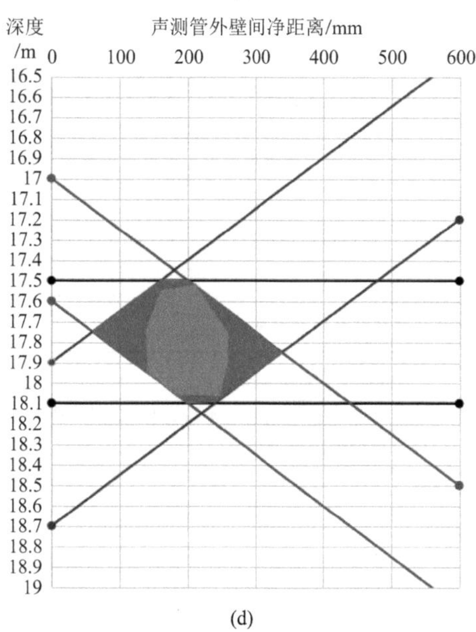

(d)

图 4　桩中实际缺陷及斜测不同换能器高差测得的缺陷分布图

（2）声测管附近缺陷

声测管外壁间净距离为 600mm，图 5（a）阴影区域为缺陷的实际位置；图 5（b）斜测高差为 300mm，水平夹角为 27°，满足规范检测要求，但实际测得的缺陷范围接近全断面，与实际缺陷空间分布相差较大；图 5（c）斜测高差为 1000mm，水平夹角为 59°，缺陷范围明显缩小；图 5（d）斜测高差为 1500mm，水平夹角为 83°，检测缺陷范围与实际范围接近，基本可以判断在声测管附近附着泥团，如果在所有声测管附近存在声学参数异常，桩中心为正常混凝土，可能是缩颈或该声测管附近有缺陷。

（3）换能器高度误差

现场检测时，对于声测管外壁间净距离小于 500mm 的桩，保证两个换能器中点连线的水平夹角不大于 30°时，声波发射和接收换能器高差一般取 200mm，如果换能器由于声测管倾斜、换能器导线弯曲、提升中不同步等因素造成换能器实际高差误差 100～200mm 时[2]，斜测判定缺陷空间分布时，误差较大；若声波发射和接收换能器高差较大时，误差较小，只是缺陷位置存在深度范围内移动，缺陷空间分布变化不大。

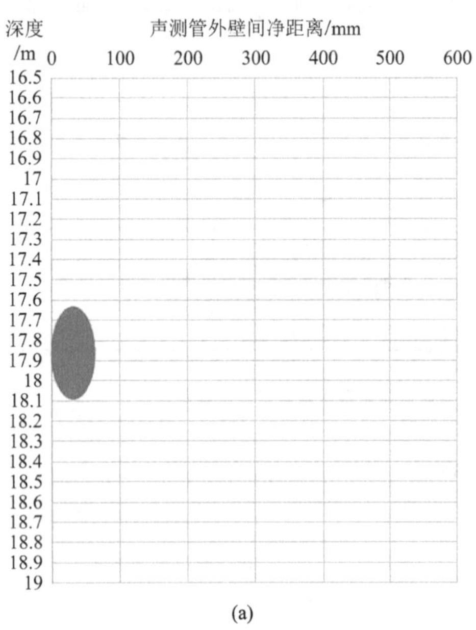

(a)

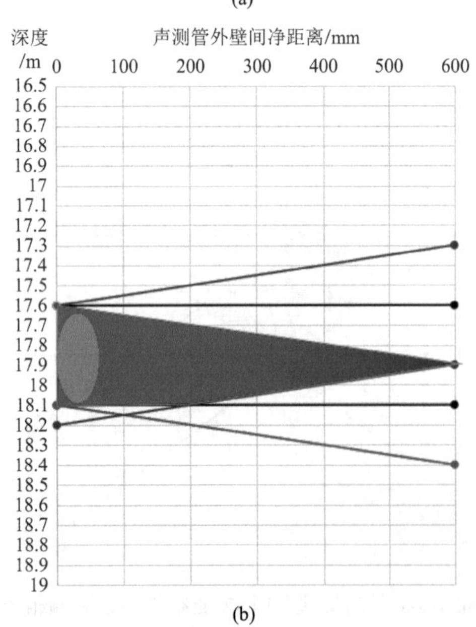

(b)

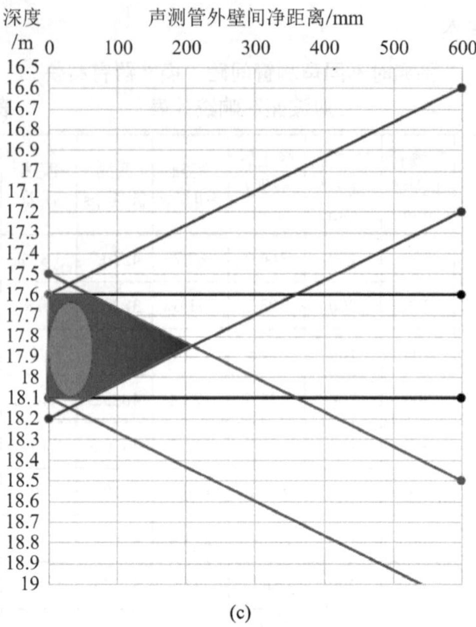

(c)

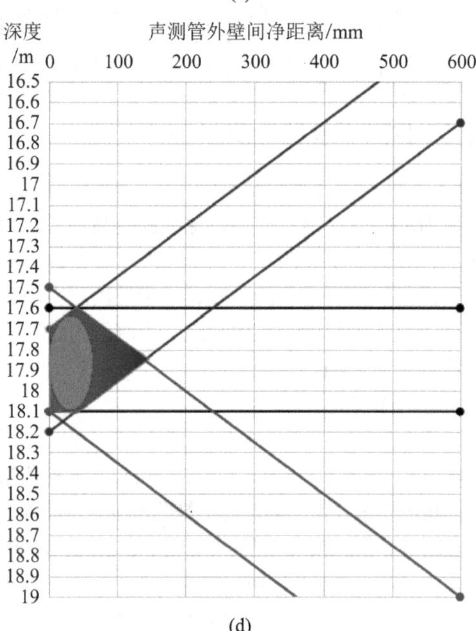

(d)

图 5　管附近实际缺陷及斜测不同换能器高差测得的缺陷分布图

5　仪器设备的改进

在现场检测过程中，由于声测管倾斜、换能器导线弯曲、提升中不同步、换能器未居中等多种原因导致检测数据异常，影响检测结果的分析判定。

5.1　合理配置换能器扶正器

钻孔灌注桩施工时，有时还未与检测单位签订基桩检测合同，施工单位对声测管埋设要求及直径未进行交底，待声波透射检测时，出现换能器外径与声测管内径相差过大，声耦合误差明显增加，检测单位一般会忽略更换合适的换能器扶正器装置；换能器外径与声测管内径相差较小，影响换能器在管中的移动，甚至声测管内径不能放置换能器。

检测单位在声波透射法检测时，应根据不同声测管内径配置合理的换能器扶正器，防止换能器在声测管内摆动，甚至与声测管管壁发生碰撞，影响测试声参数的稳定性。

5.2 校核换能器深度

声波透射法检测时，根据换能器导线的刻度确定换能器深度，规范要求在提升过程中，应校核换能器的深度和高差，但由于换能器弯曲、水浮力、声测管倾斜，提升过程中不同步等原因，导致换能器未在预定的深度，检测数据及结果的判定受到影响。

（1）北斗定位系统对地下定位的精度还不够准确，是否可在声波仪主机上安装北斗定位接收装置，通过换能器导线接收到换能器的准确位置；

（2）在换能器上安装高精度水压计，根据水压力测得换能器深度。使用北斗定位、高精度水压或其他更好的方法，让换能器深度实时显示在主机屏幕上，更好地观察换能器深度的变化，但对精度要求很高，待仪器厂商进行研究分析。

5.3 增加斜测角度

圆柱状径向换能器沿径向振动无指向性，在铅垂面上存在明显的指向性，接收信号的幅度随换能器夹角的增大迅速减小，平测时接收波幅最大，换能器夹角为60°时，接收波幅已经很小[4]。根据以上模拟分析，在规范要求的换能器中点连线的水平夹角不应大于30°[1]，很难测得缺陷的实际分布范围，增加换能器夹角能较准确测得缺陷分布。

6 结语

声波透射法是检测钻孔灌注桩桩身完整性一种可靠的方法，一般不受场地限制，测试全面、细致、精度较高，在缺陷的判断上较其他检测方法更全面[3]，检测范围可覆盖声测管内的混凝土横截面，采用交叉斜测并可判定桩身缺陷的位置和空间分布范围，排除因声测管耦合不良等非桩身缺陷因素导致的异常声测线[1]。在检测过程中，结合施工及地质情况能及时准确地发现质量问题引起的安全隐患，必要时采用钻芯法、开挖验证或其他有效检测方法验证桩身质量，提高检测精度。随着检测方法及仪器设备的不断发展，检测人员水平的提高，声波透射法检测桩身完整性得到了广泛的应用。

参考文献：

[1] 住房和城乡建设部. 建筑基桩检测技术规范: JGJ 106—2014[S]. 北京: 中国建筑工业出版社, 2014.

[2] 陈凡, 徐天平, 陈久照, 等. 基桩质量检测技术[M]. 北京: 中国建筑工业出版社, 2009.

[3] 杨永波. 地基基础工程检测技术[M]. 北京: 中国建筑工业出版社, 2023.

[4] 刘舒冰. 超声波在混凝土桩基础无损检测中的应用[J]. 四川水泥, 2018(2): 303.

预应力锚索质量无损检测技术的研究与工程应用

张启军[1,2,3]，王永洪[2]，白晓宇[2]，林西伟[1,3]，刘　欢[1,3]，冯　强[1]

（1. 青岛慧睿科技有限公司　青岛　266000；2. 青岛理工大学土木工程学院　青岛　266000；3. 青岛业高建设工程有限公司　青岛　266000）

摘　要：以预应力长锚索作为主要支护构件的深基坑、高边坡工程，锚索抗拔力检测是锚杆质量的必要检测项目，但不是充要检测项目，深基坑、高边坡的长锚索必须超过滑裂面锚入稳定地层一定长度，而锚索短位于滑裂面以内并不意味着抗拔力检测会不合格，岩石地层锚索即使很短也能顺利拉拔验收，但受节理裂隙控制的基坑、边坡会面临严重的安全隐患。锚杆锚索微型桩质量无损检测仪 HRMNT1 的研发，解决了长锚索深度及密实度难以检测的问题，并在工程应用中得到了验证，该项无损检测技术是岩土工程行业重大的进步。

关键词：锚索；无损检测；灌浆密实度；微型桩

0　前言

目前锚杆（索）质量主要采取监理旁站及抗拔力检测，监理旁站主观因素太多不可控，抗拔力检测是保证锚杆质量的必要条件，但并不是充要条件。特别对于基坑、边坡工程来说，锚杆（索）锚固段必须超过滑裂面锚入稳定地层，而锚杆（索）短位于滑裂面以内并不意味着抗拔力检测会不合格。试验表明，岩石地层锚杆（索）锚固 2～3m 即可保证拉拔验收不成问题，但受节理裂隙控制的基坑、边坡会面临严重的安全隐患。因此，锚杆（索）的长度和灌浆质量是否能符合设计要求更为关键。岩土工程施工队伍素质参差不齐，锚杆（索）工程为隐蔽工程，为了经济利益，偷工减料现象较为普遍，有很多直接造成了塌滑事故。

锚杆无损检测技术于 20 世纪 90 年代进入我国，自 21 世纪初开始得到推广与应用，国内研究与应用的主要方法有应力波法、超声波法、声波透射法、电磁法、雷达技术等[1]。中南大学刘磊磊等研究认为，基于 ICEEMDAN 的超声导波法可以作为锚杆内部缺陷检测的有效手段[2]；中国矿业大学王宇赛等研究提出了基于螺母和托盘非线性振动特性的实时轴力无损检测方法[3]；中国电建集团吴克凡等通过现场实践表明，采用通截取法、辅助钢筋法和辅助套环法对长外露锚杆进行现场处理，均能基本解决长外露锚杆无损检测难题[4]；河北省水利水电勘测设计研究院任长安通过实践表明，通过小波分析对实测信号进行处理，能够基本消除噪声干扰，使反射信号特征点更易识别[5]。

目前国内锚杆长度和密实度无损检测一般只能做短锚杆（长度小于 10m）。同时，微型桩无损检测尚未有开展的案例。

青岛慧睿科技有限公司研发的锚杆锚索微型桩质量无损检测仪 HRMNT1，系采用进口高精度传感器加速度传感，精心设计，精密加工，配以功能齐全、截面简洁的软件平台。经过技术人员对数十个项目、几千束锚索的反复试验与改进，终于获得成功。

1　检测原理与优势

HRMNT1 锚杆锚索微型桩质量无损检测仪系通过敲击锚杆/锚索/微型桩端部，采用进口传感器，高精度采集锚杆/锚索/微型桩底部微弱的反射信号，软件自动提取和分析反射信号。通过波形分析，找出反射点及反应时间，用事先测定的波速计算出杆体实际长度；通过对波形分析，判断出灌浆填充密实的比例判断密实度，即通过信号首播的能量幅值传播的杆底的衰减比值来判断，注浆越好，衰减越快。设备外观见图 1。

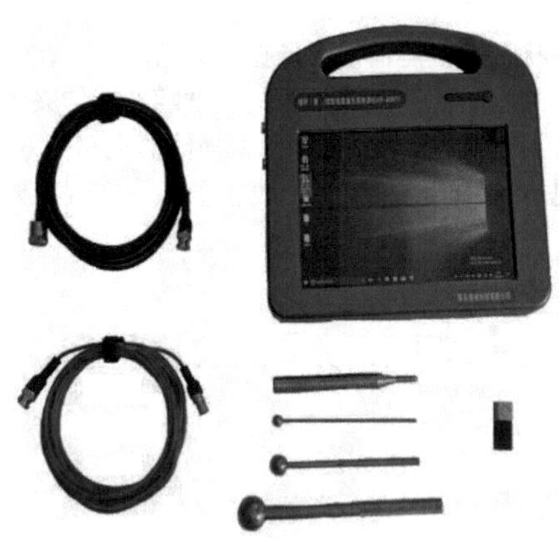

图 1　设备外观图

与其他厂家的检测仪器相比，HRMNT1 无损检测仪的优势：

（1）采样频率高，最大采集频率可达 2MHz，测试精确度更高，能测出更微小的信号变化。

（2）采样间隔时间短，最小采样间隔为 0.5μs，使得采样精度更高。

（3）A/D 数据采集卡采样精度为 24 位，使得数据更为精准。

（4）系统噪声极小，仅为 20μV，大大减少了系统噪声对采集波形的影响。

（5）抗干扰能力强，系统可以自动滤掉一些杂波，保留锚索固有波形。

（6）信号传输采用直流载波 + 集成式前端增益，可调波幅，可调相、调频，使技术人员进行波形分析时更容易判断。

以上这些硬软件优势，使得该仪器能够检测的锚杆土钉微型桩范围 0.2～20m、预应力锚索 0.2～70m，能够较为精确地检测出灌浆密实度。

2 检测操作流程

2.1 仪器连接

（1）取出仪器主机及工具箱；

（2）将需要用到的元器件摆放出来，并对相应元器件进行组装连接；

（3）将传感器与信号线缆进行连接（该步骤可将传感器与主机直接连接，若需要对传感器线缆进行延长，可将传感器与信号线缆进行连接，连接时将红色标识对准，然后进行连接）；

（4）依次将通道需用传感器进行连接；

（5）将传感器与磁铁进行连接；

（6）将组装好的传感器通过信号线缆与主机进行连接；（默认连接到“1”通道），元器件组装完成后，打开仪器主机。

2.2 数据采集

（1）数据采集前的准备工作：将组装好的传感器贴在锚杆（索）顶端；

（2）打开软件；

（3）打开“新建工程”按钮并选择工程路径，将欲测试数据保存在主机自己新建的文件夹目录里；并将测试对应立柱编号录入“工程名称”选项中；最后单击“确定”按钮；

（4）单击 “开始采集”按钮；每单击一次“开始采集”按钮，然后在锚杆（索）顶端激振一次；激振后单击 “保存波形”按钮进行数据保存；每根锚杆（索）依次采集 3～5 个数据；

（5）数据采集完毕，可继续进行下一根锚杆（索）数据采集；依次重复以上步骤即可。

2.3 数据分析

（1）双击名按钮，打开分析软件；

（2）单击“打开工程” 按钮，通过在里面找到对应的测试数据，然后双击数据，则会出现波形图；

（3）单击“进入分析” 按钮进行数据分析；

（4）单击“分析设置” 按钮，红色方框内内容根据实际情况进行参数修改（波速根据现场标定波速进行设置）；设置完成后单击确认；

（5）上一步操作完成后，将得到分析出的长度和密实度结果；

（6）将解析结果记录下来。

3 工程应用

3.1 工程概况

检测项目为青岛市某地下管廊盾构井支护项目，检测临时支护结构中的锚索长度及含灌浆密实度，检测其施工质量，由于现场已开挖到底，检测比较困难，经与委托单位沟通，本次抽检数量：始发井 10 根，接收井 10 根。

3.2 检测依据

（1）《锚杆锚固质量无损检测技术规程》JGJ/T 182—2009

（2）《水利水电工程物探规程》SL 326—2005

3.3 检测布点与检测图（图 2～图 5）

图 2 始发井布点图

图 3 接收井布点图

图 4 始发井检测图

图 5 接收井检测图

3.4 质量评判

（1）评判依据

根据反射波时间、波幅、频率、相位、能量的变化特征，结合各种岩石锚杆（索）施工工艺的特点，把岩石锚杆（索）的质量分为四个等级，具体分级评判标准见表 1。

锚索质量分级评判标准表 **表 1**

质量等级		评判标准	波形特征
Ⅰ	优	灌浆密实度 ≥ 90%，长度符合	波形规律性强，入射信号很强而杆中固有信号小或没有，杆底信号很微弱或没有，反射波相对能量值小于 30
Ⅱ	良	90% > 灌浆密实度 ≥ 80%，长度符合	波形较有规律，杆中固有信号小且局部有小的相位变化，杆底反射信号小，反射波相对能量值小于等于 50
Ⅲ	合格	80% > 灌浆密实度 ≥ 75%，长度符合	波形规律性一般，杆中固有信号较强，且局部有较大的相位变化，杆底反射信号较强，反射波相对能量值小于等于 50
Ⅳ	不合格	灌浆密实度 < 75%，或岩石锚杆（索）长度比设计值短 5% 以上（长度 10m 以内）、10%以上（长度超过 10m）	波形规律性差，杆中固有信号较强，且杆底反射信号强，并伴随有较强的其他反射信号，反射波相对能量值大于 50

（2）典型波形分析图

以接收井 2 号检测锚索的波形为例，原始信号波形分析见图 6，增益信号波形图见图 7。

经分析比对，该锚索检测长度为 23.09m，灌浆密实度为 95%。

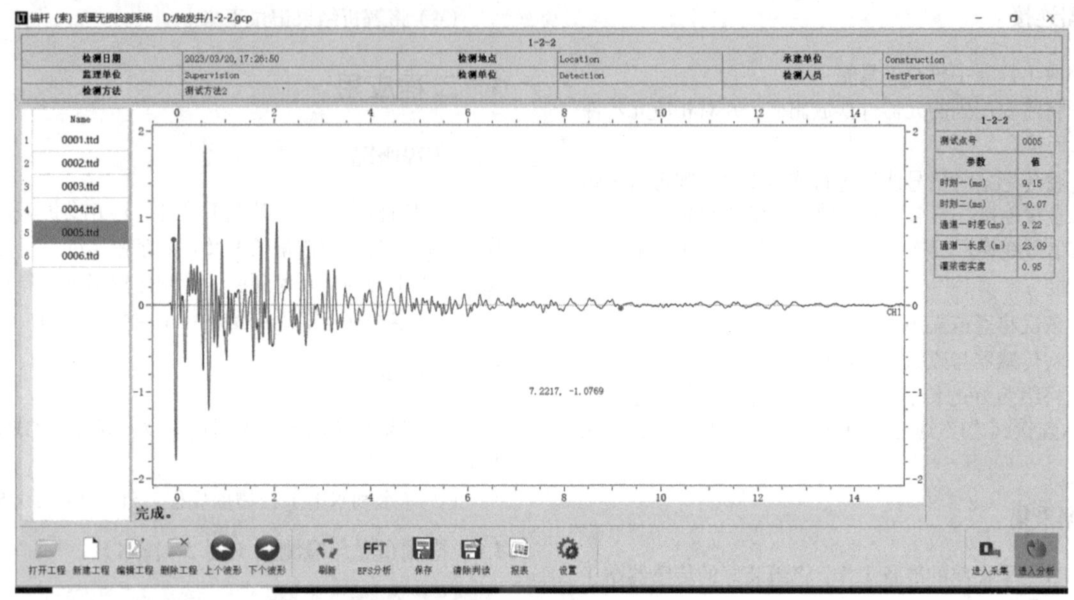

图 6　原始信号波形图

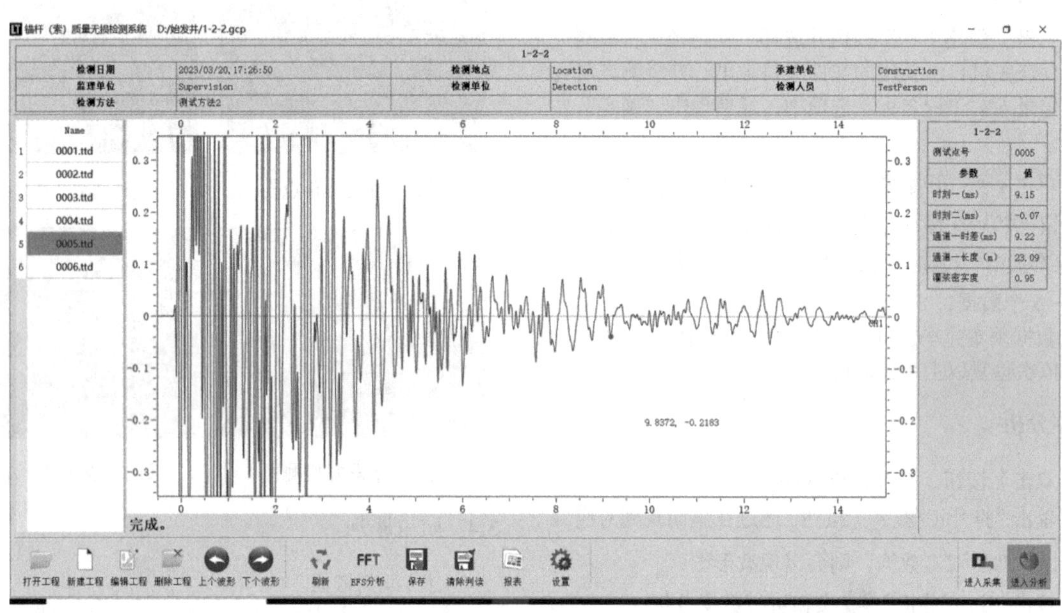

图 7　增益信号波形图

（3）评判结果

通过对所检锚索收集数据的分析与判断，得出评判结果，见表 2、表 3。

检测结论：本项目始发井抽检 10 根锚索，接收井抽检 10 根锚索，共抽检 20 根锚索，无损检测抽检表明，所抽检的锚索长度均合格，灌浆密实度有 1 根不合格。经与实际长度比对，检测误差在 5%以内。

始发井锚索检测结果汇总表　　　　**表 2**

编号	锚杆型号	设计长度/m	检测长度/m	检测长度偏差	长度评价	灌浆密实度 a/%	密实度评价	总体评价
1	3ϕ15.2	23	22.7	−1.3%	合格	86	B	良
2	3ϕ15.2	23	23.09	0.2%	合格	95	A	优
3	3ϕ15.2	23	22.42	−2.5%	合格	97	A	优
4	3ϕ15.2	21	20.03	−4.6%	合格	74	D	不合格

续表

编号	锚杆型号	设计长度/m	检测长度/m	检测长度偏差	长度评价	灌浆密实度a/%	密实度评价	总体评价
5	3ϕ15.2	21	21.12	0.6%	合格	77	C	合格
6	3ϕ15.2	21	20.57	−2.0%	合格	79	C	合格
7	3ϕ15.2	21	21.14	0.7%	合格	99	A	优
8	3ϕ15.2	21	19.98	−4.9%	合格	82	B	良
9	3ϕ15.2	19	18.41	−3.1%	合格	98	A	优
10	3ϕ15.2	19	18.06	−4.9%	合格	82	B	良

接收井锚杆（索）检测结果汇总表 **表 3**

编号	锚杆型号	设计长度/m	检测长度/m	检测长度偏差	长度评价	灌浆密实度a/%	密实度评价	总体评价
1	3ϕ15.2	21	20.2	−3.8%	合格	84	B	良
2	3ϕ15.2	21	19.8	−5.7%	合格	89	B	良
3	3ϕ15.2	21	19.8	−5.7%	合格	83	B	良
4	3ϕ15.2	21	19.2	−8.6%	合格	81	B	良
5	3ϕ15.2	21	20.7	−1.4%	合格	96	A	优
6	3ϕ15.2	23	22.1	−3.9%	合格	87	B	良
7	3ϕ15.2	23	21.5	−6.5%	合格	98	A	优
8	3ϕ15.2	21	19.7	−6.2%	合格	88	B	良
9	3ϕ15.2	21	20.3	−3.3%	合格	90	A	优
10	3ϕ15.2	21	19.3	−8.1%	合格	97	A	优

4 小结

经几千束锚索的试验，十几个项目的实践与改进，无损检测仪 HRMNT1 对预应力锚索和微型桩的长度和密实度检测误差在 5%以内，符合相关标准要求。该技术解决了长锚索深度及密实度难以检测的问题，该技术是岩土工程行业重大的进步。

参考文献：

[1] 余信江，邹双朝，邓扬，等. 锚杆锚固质量声波检测技术的应用与探索[J]. 工程地球物理学报, 2022, 19(5): 649-656.

[2] 刘磊磊，朱骏，张绍和，等. 基于 ICEEMDAN 的锚杆锚固缺陷超声导波无损检测[J/OL]. 地球科学，1-17[2025-02-19]. http://kns.cnki.net/kcms/detail/42.1874.P.20220413.1625.002.html.

[3] 王宇赛，张凯，肖方园，等. 基于锚杆构件振动响应特征的锚杆轴力无损检测方法[J]. 振动与冲击，2023，42(13): 119-126+146.

[4] 吴克凡，祁增云，张大洲，等. 长外露锚杆无损检测技术应用研究[J]. 西北水电, 2024(1): 50-54.

[5] 任长安. 小波分析在锚杆无损检测中的应用[J]. 水科学与工程技术, 2024(1): 78-80.

第五部分

岩土工程材料

基于多元机器学习的高炉矿渣改性混凝土抗压强度预测模型

陈邦辉，徐　俊，凌健荣
（江苏科技大学土木工程与建筑学院，镇江 212100）

摘　要：抗压强度作为混凝土材料关键性能指标，对结构设计和材料选择具有决定性影响。本研究开发了基于机器学习回归算法的预测模型，用以准确预测改性高炉矿渣混凝土的抗压强度。本文考虑了 8 种影响因素，运用随机森林、支持向量回归和 XGBoost 算法对 919 组数据进行训练和测试，发现 XGBoost 模型在预测精度和泛化能力上表现最佳，随机森林次之，而支持向量回归表现较差。研究结果表明，XGBoost 和随机森林更适合预测高炉矿渣改性混凝土的抗压强度，为未来模型优化提供了方向。
关键词：高炉矿渣改性；混凝土抗压强度；多元机器学习

0　引言

抗压强度是决定混凝土材料性能的关键指标，它直接影响结构的承载能力和安全性，在确保建筑安全中起到至关重要的作用[1-3]。研究高炉矿渣改性混凝土的抗压强度具有重要意义，不仅能有效利用高炉矿渣等工业副产品，减小环境污染和资源浪费，还能提高混凝土的耐久性和经济性，适应多种工程需求。同时，优化配比有助于提升混凝土性能，推动建筑行业的科技创新，最终实现可持续发展和经济效益的提升[4-5]。高炉矿渣改性混凝土的抗压强度受到多种因素的共同影响，目前已有文献记载的影响因素主要包含以下 8 种：水泥用量[6]、高炉矿渣用量[7-8]、粉煤灰用量[7,9]、水用量[6]、高效减水剂用量[10]、粗骨料用量[7-8]、细骨料用量[7-8]、试件龄期[9-10]。

在土木工程领域，机器学习技术已被广泛应用于多个方面，如结构损伤识别、建筑材料配比的优化等[11-12]。本研究采用了随机森林回归、支持向量回归和 XGBoost 回归三种机器学习算法，对 919 组试验样品数据进行训练和测试，最终建立基于多元机器学习的高炉矿渣改性混凝土抗压强度预测模型。

1　计算方法及模型概述

1.1　模型准备

本文所使用的数据集来源于前人研究成果所得的大量高炉矿渣改性混凝土抗压强度试验数据，总共涉及 919 组试验样品数据，8 个特征变量（水泥用量、高炉矿渣用量、粉煤灰用量、水用量、高效减水剂用量、粗骨料用量、细骨料用量和试件龄期），1 个目标变量（抗压强度）；处理完成后的数据集各变量的统计特征指标数值如表 1 所示。

各变量的统计特征指标数值汇总表　　**表 1**

	数量	均值	标准差	最小值	25%	50%	75%	最大值
水泥含量	919	273.31	101.78	102	190.3	252.5	337.9	540
高炉矿渣含量	919	72.10	86.49	0	0	19	143	342.1
粉煤灰含量	919	59.41	64.49	0	0	0	118.8	200.1
水含量	919	181.11	18.65	127.3	166.6	185	192	228
高效减水剂含量	919	6.08	5.28	0	0	6.7	10	22.1
粗骨料含量	919	976.60	77.49	801	932	971.8	1040	1145
细骨料含量	919	775.31	75.20	594	736.8	780	821.2	945
试块龄期/d	919	32.31	28.46	1	7	28	28	120
混凝土抗压强度	919	34.43	16.35	2.33	22.44	33.19	44.29	82.6

本文应用 Pearson 相关性分析评估不同变量之间的统计关联程度，通过气泡热力图分析了混凝土材料各成分对抗压强度及其他性能指标的影响关系，相关性分析气泡热力图如图 1 所示。

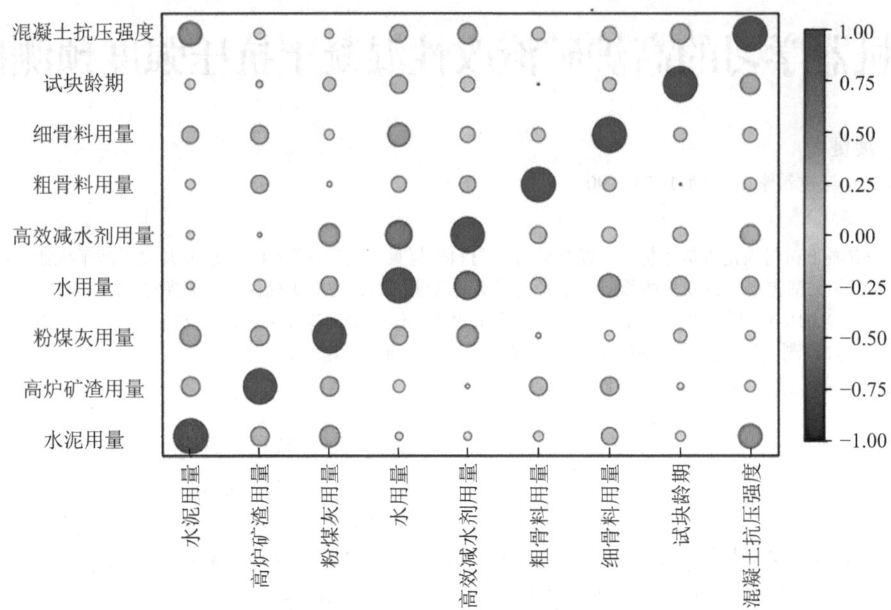

图 1 相关性分析气泡热力图

1.2 机器学习回归算法

1.2.1 随机森林回归

随机森林回归是一种集成学习方法，它通过构建多个决策树并将它们的预测结果运用背包算法进行处理来提高预测的准确性和稳定性。随机森林回归代表性公式如式(1)所示。

$$\hat{y}=\frac{1}{N}\sum_{i=1}^{N}T_i(x) \tag{1}$$

式中：$\hat{y}$——随机森林的预测值；

N——决策树的数量；

$T_i(x)$——第i棵决策树对输入x的预测结果。

1.2.2 支持向量回归

在本研究中，支持向量回归（SVR）被用来预测改性高炉矿渣混凝土的抗压强度。支持向量回归代表性公式如式(2)所示。

$$f(x)=\sum_{i=1}^{n}(\alpha_i,\alpha_i^*)K(x_i,x)+b \tag{2}$$

式中：$f(x)$——SVR 的预测函数；

x——输入数据；

x_i——支持向量；

(α_i,α_i^*)——拉格朗日乘子；

$K(x_i,x)$——核函数；

b——偏置项。

1.2.3 XGboost 回归

在本研究中，XGboost 被用于建立改性高炉矿渣混凝土抗压强度的预测模型。XGboost 回归代表性公式如式(3)所示。

$$\hat{y_i}=\sum_{k=1}^{K}f_k(x_i) \tag{3}$$

式中：$\hat{y_i}$——第i个样本的预测值；

K——树的数量；

f_k——第k棵树；

x_i——输入样本。

2 三种模型预测性能的对比与分析

在本研究中，我们分别利用随机森林、支持向量机和 XGBoost 回归算法构建了改性高炉矿渣混凝土抗压强度的预测模型，通过对三种模型的训练集、测试集和总数据集的回归结果以及残差分布进行分析，揭示了不同算法在预测效果和泛化能力上的显著差异，3 个模型的回归拟合图及残差图如图 2～图 4 所示，数值结果汇总如表 2 所示。

三种模型回归数值结果汇总表　　表 2

模型名称	训练集			测试集			平均 MSE	总R^2
	R^2	MSE	RMSE	R^2	MSE	RMSE		
随机森林回归	0.9838	0.0006	0.0254	0.9093	0.0042	0.0648	0.0191	0.967
支持向量机回归	0.8553	0.0058	0.0758	0.8271	0.0081	0.0895	0.0157	0.847
XGboost 回归	0.9953	0.0002	0.0137	0.9342	0.0031	0.0552	0.0159	0.975

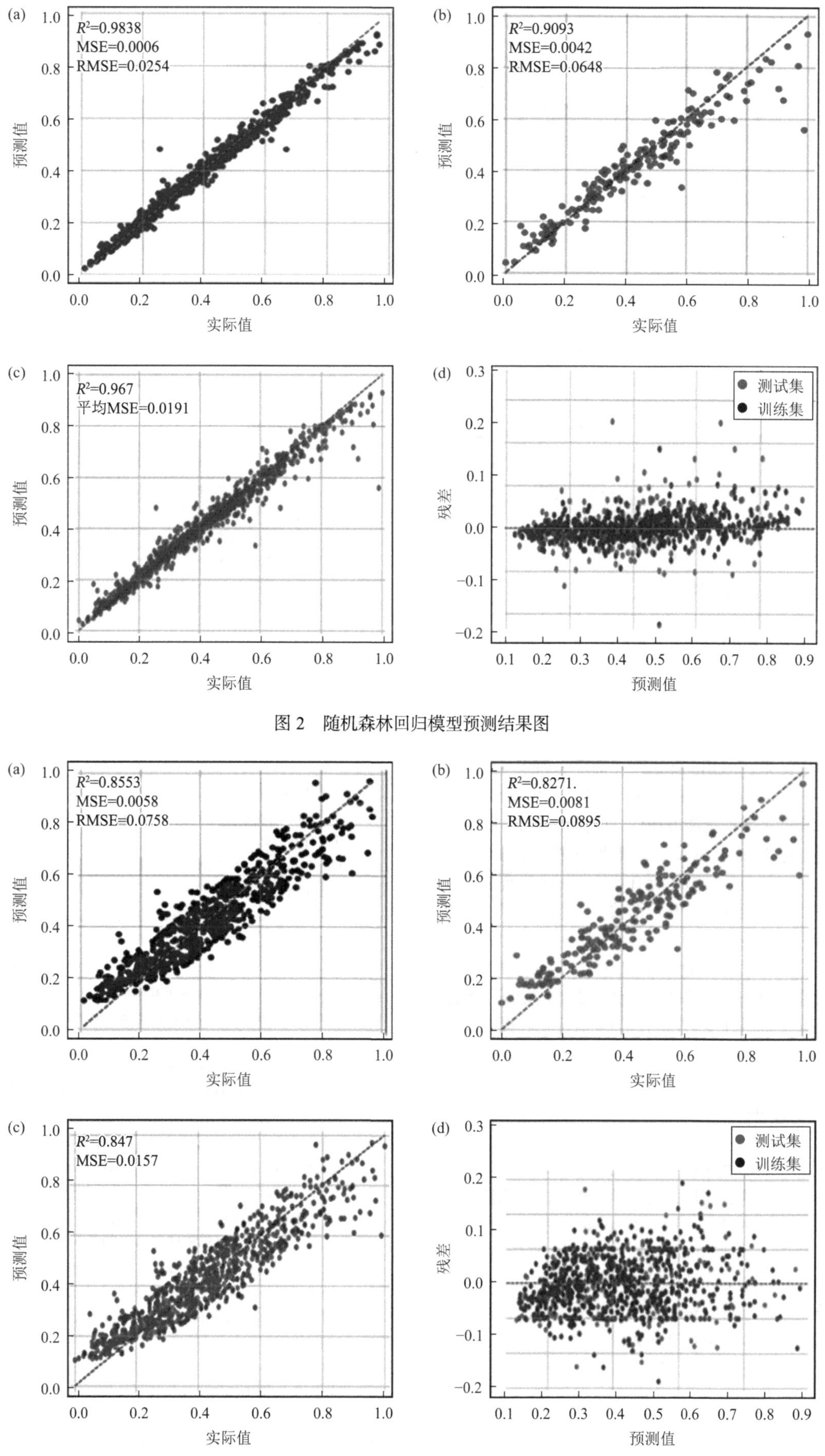

图 2　随机森林回归模型预测结果图

图 3　支持向量机回归模型预测结果图

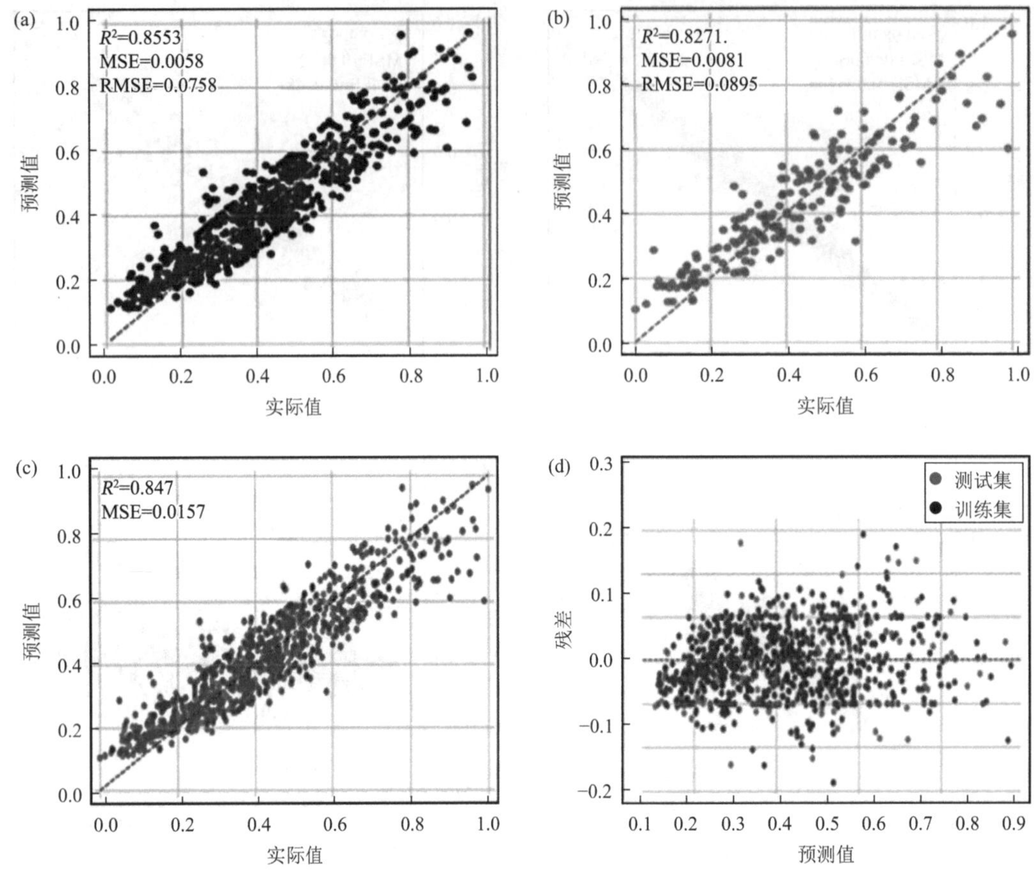

图 4 XGboost 回归模型预测结果图

根据以上结果，XGBoost 模型在训练集和测试集上均表现出色，具有最高的R^2值和较低的 MSE 与 RMSE，显示出强大的非线性关系捕捉能力和良好的泛化能力。随机森林模型虽然略逊于 XGBoost，但仍然保持了较高的准确性和泛化能力。支持向量模型在所有评估指标上表现最差，尤其在处理复杂非线性关系和未知数据时存在局限性。残差分布分析进一步证实了 XGBoost 和随机森林的稳定性和预测可靠性，而支持向量则显示出较大的预测误差和偏差。综上所述，XGBoost 和随机森林算法更适合用于改性高炉矿渣混凝土抗压强度的预测，为今后优化和提升预测模型提供了重要参考。

3 总结与展望

XGBoost 回归模型在训练集和测试集上的拟合效果最好，能够捕捉复杂的非线性关系，具有极高的预测精度。其在不同数据集上的性能表明 XGBoost 算法在改性高炉矿渣混凝土抗压强度预测中是最优选择。在未来的研究中，可以进一步优化 XGBoost 和随机森林模型的超参数，探索在更大数据集或多维特征输入情况下的适用性，为改性高炉矿渣混凝土性能预测提供更强大的工具。

参考文献：

[1] JIANG D, MENG W N, KHAYAT K H, et al. New development of ultra high performance concrete (UHPC)[J]. Composites Part B: Engineering, 2021, 224: 109220.

[2] MUGAHED A, HUANG S S, ONAIZI A M, et al. Recent trends in ultra high performance concrete (UHPC): Current status, challenges, and future prospects[J]. Construction and Building Materials, 2022, 352: 129029.

[3] CHUNG C H, EL TAWIL S, CHAO S H. A review of developments and challenges for UHPC in structural engineering: Behavior, analysis, and design[J]. Journal of Structural Engineering, 2021, 147(9): 03121001.

[4] SHAFIEIFAR M, FARZAD M, AZIZINAMINI A. Experimental and numerical study on mechanical properties of Ultra High Performance Concrete (UHPC)[J]. Construction and Building Materials, 2017, 156: 402-411.

[5] LI J Q, WU Z M, SHI C J, et al. Durability of ultra high performance concrete-A review[J]. Construction and Building Materials, 2020, 255: 119296.

[6] ARORA A, ALMUJADDIDI A, KIANMOFRAD F, et al. Material design of economical ultra high performance concrete (UHPC) and evaluation of their properties[J]. Cement and Concrete Composites, 2019, 104: 103346.

[7] KHAN M I, ABBAS Y M, FARES G, et al. Strength prediction and optimization for ultrahigh performance concrete with low carbon cementitious materials-XG boost model and experimental validation[J]. Construction and Building Materials, 2023, 387: 131606.

[8] SOLIMAN N A, TAGNIT H A. Using glass sand as an alternative for quartz sand in UHPC[J]. Construction and Building Materials, 2017, 145: 243-252.

[9] RANDL N, STEINER T, OFNER S, et al. Development of UHPC mixtures from an ecological point of view[J]. Construction and

Building Materials, 2014, 67: 373-378.

[10] WANG D H, SHI C J, WU Z M, et al. A review on ultra high performance concrete: Part Ⅱ. Hydration, microstructure and properties[J]. Construction and Building Materials, 2015, 96: 368-377.

[11] JAMALI A, MARANI A, RAILTON J, et al. Novel multi scale experimental approach and deep learning model to optimize capillary pressure evolution in early age concrete[J]. Cement and Concrete Research, 2024, 180: 107490.

[12] CHANG X, XIONG W, TANG P B, et al. Automated flatness assessment for large quantities of full scale precast beams using laser scanning[J]. Computer Aided Civil and Infrastructure Engineering, 2024, 39(12): 1868-1885.

HR 软土固化剂与 P·O 42.5 水泥对海相淤泥质土的固化对比试验与工程应用

张启军[1,2,4]，季维果[3]，刘　欢[1,2]，冯　强[1,2]，翟夕广[1,2]，白晓宇[4*]

（1. 青岛业高建设工程有限公司，青岛 266042；2. 青岛慧睿科技有限公司，青岛 266042；3. 中铁十局集团有限公司，济南 250100；4. 青岛理工大学土木工程学院，青岛 266520）

摘　要： 通过室内试验和原位试验，对照性地评价软土在 HR 软土固化剂与水泥作用下的固化效果，观察土体在固化剂作用后力学性能的变化情况。试验结果表明：相较于水泥固化土，HR 软土固化土在力学性能方面表现出显著优势。在相同固化时间内，HR 软土固化土抗压强度均强于水泥固化土；从环境保护和经济效益的层面出发，使用 HR 软土固化剂代替传统水泥进行软土固化，可大大减少水泥用量；该举措不仅可降低二氧化碳排放，而且能大幅降低工程造价。此项研究对于软土地基处理工程、以软土为基材的预拌固化土具有重要的指导意义。

关键词： 软土固化剂；抗压强度；固化土；碳排放；经济效益

0　引言

由于自然及人为因素的影响，世界各地形成了大量的软土地层。软土地层的存在给建筑、交通等日常生活带来了严重危害，如路面塌方、地基不均匀沉降等。对软土地层的改良和固化，已经成为岩土工程领域重要的研究方向[1]。工程中常采用搅拌桩、旋喷桩、原位搅拌等方法对软土地基进行地基处理。

水泥由于固化快且价格低廉等优点，常作为设计及施工中地基改良的主要固化剂。对于粉土、砂性土等地基土，利用水泥制备的固化土工程效果好。但将水泥应用于软土地基制得的固化土早期强度低，固化时间长，甚至无法固化，抗压强度为零。设计人员为提高水泥固化软土的强度，大幅度增加水泥设计用量，但实际工程固化效果仍不理想。同时，对于场地普遍狭小、回填深度大，无法使用大型碾压及夯击设备的工程，如深基坑、基槽、管沟，回填质量和工期难以控制[2]。因此，亟须一种新型固化剂解决软土地基土中水泥固化效果差、成本高以及狭小作业面回填难的问题[3-4]。

试验研究发现，水泥固化软土强度低的主要原因是软土中有机质含量高。有机质成分包括富里酸、胡敏酸，在水泥浆液的体系中，富里酸呈水溶液形式存在，当水泥和富里酸反应后，二者形成的吸附层延缓了水泥的水化过程。其次，由于富里酸的分解作用，水泥水化生成的水化氯酸钙、水化硫铝酸钙、水化铁铝酸钙晶体等水化产物解体。因此，有机质使土体具有较大的水溶性、塑性，以及高膨胀性与低渗透性，不利于水泥固化软土强度的提高[5]。本文研制的 HR-SS-W-S1 型软土固化剂（以下简称 HR 软土固化剂）由主剂和辅剂两部分组成，以矿粉、水泥、石膏、石灰等为主剂，纳米硅藻土粉、二丙烯三胺、无水硫酸钠、萘磺酸盐聚合物、硫酸亚铁、三乙醇胺、氢氧化钠等为辅剂。采用 HR 软土固化剂进行软土固化，不仅可以避免水泥固化效果差的问题，而且可以显著提高软土的抗压强度，改善土体的微观结构。在软土地基处理中，采用 HR 软土固化剂可以极大减少水泥用量，降低二氧化碳排放，对于实现可持续发展的具有重要的推动效果。

本文通过室内流态固化土抗压强度试验、原位搅拌桩取芯强度试验与原位旋喷桩取芯强度试验，充分研究 HR 软土固化土的力学性能；通过定量比较水泥与 HR 软土固化剂在同等掺量的情况下对固化土抗压强度的影响，以验证 HR 软土固化剂固化效果，为软土固化处理工程提供重要的理论和实践指导。

1　工程试验

试验场地是位于上合胶州示范区的软土场区。该场区主要为第四系全新统海相沼泽化层，土层为淤泥质粉质黏土，土体主要物理力学参数如表 1 所示。

进行室内流态固化土抗压强度试验、原位搅拌桩取芯强度试验与原位旋喷桩取芯强度试验，采用分阶段、分层次的研究方法，充分考察 HR 软土固化剂在固化软土中的固化效果。原位搅拌桩和原位旋喷桩试验见图 1。室内配置流态固化土试验配合比见表 2，原位搅拌桩取芯强度试验与原位旋喷桩取芯强度试验配合比见表 3。

土体物理力学参数　　表 1

指标	平均值	标准差	变异系数	统计个数
含水率/%	35.100	2.853	0.081	63
密度/（g/cm³）	1.820	0.023	0.012	63
孔隙比	1.092	0.061	0.060	63
液限/%	32.100	2.375	0.074	63
塑限/%	15.900	1.272	0.080	63
压缩模量/MPa	3.160	0.600	0.185	63
黏聚力/kPa	9.30	1.445	0.155	15
内摩擦角/（°）	2.80	0.726	0.261	15

室内配制流态固化土试验 **表 2**

配合比（单位：kg）				试验结果							
水泥	HR 软土固化剂	土	水	坍落度/mm	稠度/mm	扩展度/mm	3d 强度/MPa	7d 强度/MPa	14d 强度/MPa	28d 强度/MPa	90d 强度/MPa
1.5		10	4.5	260	11.6	600	0	0	0	0	0.3
	1.5	10	4.5	260	11.6	600	0.4	0.8	1.3	2.4	2.9

(a) 水泥搅拌桩和固化剂搅拌桩取芯对比

(b) 水泥旋喷桩和固化剂旋喷桩取芯对比

图 1 原位搅拌桩和原位旋喷桩试验

搅拌桩及旋喷桩配比试验 **表 3**

搅拌桩（重量比）					旋喷桩（重量比）				
水泥	HR 软土固化剂	淤泥质土	水	固化剂掺量/%	水泥	HR 软土固化剂	淤泥质土	水	固化剂掺量/%
1.00		10.00	0.60	8.6	1.50		10.00	1.50	11.5
1.80		10.00	1.08	14.0	2.50		10.00	2.50	16.7
	1.00	10.00	0.60	8.6		1.50	10.00	1.50	11.5
	1.80	10.00	1.08	14.0		2.50	10.00	2.50	16.7

观察表 2 可知，当配合比相同时，HR 软土固化土与水泥固化土在液态时的坍落度、稠度和拓展度相同，说明两种固化土的流动性无明显区别。观察固化土抗压强度变化规律发现，延长养护期龄可显著提高固化土抗压强度。在养护期龄相同时，HR 软土固化土抗压强度均高于水泥固化土。说明采用 HR 软土固化剂可有效提高土体抗压强度。针对水泥固化土，发生了早期无法固化的现象，土体长时间不凝固，抗压强度基本为零，说明水泥不适用于该软土的固化处理。

原位搅拌桩和原位旋喷桩试验取芯抗压强度随时间变化情况如图 2 所示。

由图 2 可知，当配合比一定时，随着养护期龄的增加，固化土抗压强度持续增大；7d—28d 间，固化土抗压强度增加速率最大；而后随着养护期龄的延长，抗压强度增加速率逐渐降低。相同养护期龄下，增加固化剂掺量可有效提高固化土抗压强度。从图 2 还可以发现，HR 软土固化剂掺量远小于水泥掺量（约 8%～10%）时，两种固化土抗压强度在相同养护期龄下相差不大；当 HR 软土固化剂掺量与水泥掺量一致时，HR 软土固化土抗压强度远大于水泥固化土，约为水泥固化土的 3 倍。这表明 HR 软土固化剂有较好的固化效果，在固化剂配比等外部条件相同的情况下，HR 软土固化土的抗压强度明显优于水泥固化土，经 HR 软土固化剂处理的地基土拥有良好的工程性质。实际工程应用中，在同等固化土设计强度的情况下，利用 HR 软土固化剂处理软土，可以极大节省水泥用量，降低工程成本。

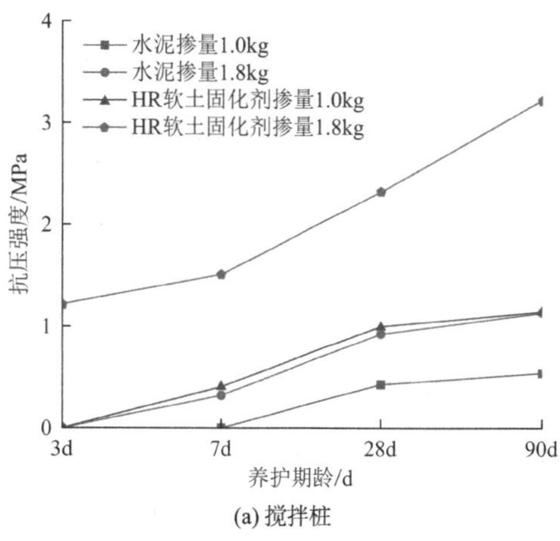

(a) 搅拌桩

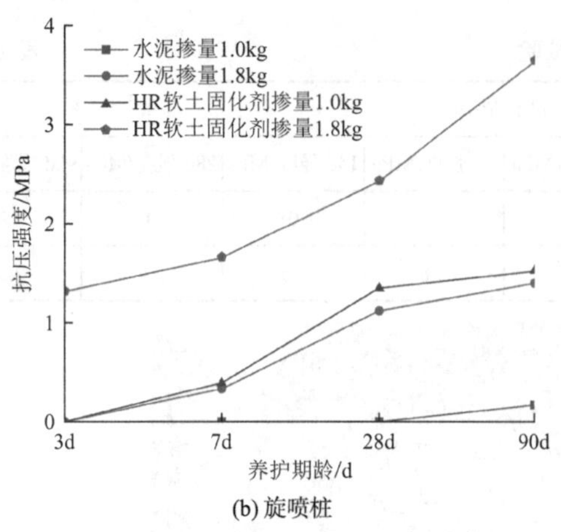

(b) 旋喷桩

图 2 固化土抗压强度变化折线图

2 HR 软土固化剂的性能评价

2.1 HR 软土固化剂成分与作用

HR 软土固化剂的主剂包含矿粉、水泥、石膏、石灰等成分。其中矿粉作为孔隙的填充剂，能填充软土的微观孔隙，硬化后形成固化土的支撑骨架，为后续的固化作用奠定基础。水泥中的半水合硅酸钙（C_2S）使土中孔隙极小化，提高固化土的稳定性。石膏和石灰主要发挥调节功能：石膏生成膏体所形成的晶体析出，进一步减少孔隙，增强土体的结构稳定性；石灰可以改善固化土的流动性，形成良好的固化土初始结构。

HR 软土固化剂的辅剂包括纳米硅藻土粉、二丙烯三胺、无水硫酸钠、萘磺酸盐聚合物、硫酸亚铁、三乙醇胺、氢氧化钠等成分。纳米硅藻土具备微孔板构造、比表面积大、孔隙率高、吸附能力强，是优良的填充材料。二丙烯三胺主要使合成生物吸附分离。无水硫酸钠能够结合土中的无机和有机成分，生成不溶性硫酸盐，从而达到强化土体、抑制杂质的作用。萘磺酸盐聚合物主要吸附在微观颗粒的表面，降低颗粒间的摩擦力，从而增强土体的整体利用率。硫酸亚铁含有硫酸根离子，与土体中的碱性物质发生中和反应，抑制碱性环境导致的土体膨胀，保证固化过程的顺利进行。三乙醇胺和氢氧化钠通过调节土体的酸碱平衡，保证土体在一定温度环境下能够稳定固化。

2.2 HR 软土固化剂的固化效果

相较于原有土体，掺加 HR 软土固化剂的土在微观结构、力学性能等方面呈现出优异性能。HR 固化剂的使用，使软土在固化过程中形成一种新的细滑密实的结晶体。结晶体内部的孔洞接近球状，连通性明显减弱，大大降低了土体的未固化指数，提高了土体自身的结构强度。

对于软土固化工程，可以通过室内试验和原位试验检测 HR 软土固化剂的固化效果。室内试验操作简单，易于观察和记录试验过程，方便进行数据比较；原位试验则接近实际工程的应用场景，试验结果的实用性和参考性更强。

2.3 HR 软土固化土社会效益

在现代社会，人们对环境保护的重视程度日益增强，碳排放成为评价一个产品环保性能的重要指标。在水泥的生产过程中，大量的二氧化碳排放到空气中[6-7]，生产单位重量 HR 软土固化剂的碳排放为水泥的 50%。为响应国家碳达标与碳中和的号召，HR 软土固化剂的研发和应用势在必行。实际工程中，采用 HR 软土固化剂进行软土固化时，少量 HR 软土固化剂替代大量水泥，即可使得固化土强度满足要求。

以上合胶州示范区某场地软土为基料进行配比试验。当固化土设计强度为 1.0MPa（养护期龄 90d）时，HR 软土固化剂和水泥所需掺量的比较如表 4 所示。由表 4 可知，HR 软土固化剂所需的掺量仅有水泥的 60%。这表明，在相同设计强度的条件下，HR 软土固化剂比使用量比水泥减少 40%，极大地降低了固化剂用量。说明 HR 软土固化剂在降低碳排放方面体现出显著的环保性。

同强度固化剂掺量（养护期龄 90d） 表 4

固化剂类型	需要掺量/（kg/m^3）
P·O 42.5 水泥	250
HR 软土固化剂	150

2.4 HR 软土固化剂的经济效益评价

对于软土来讲，使用 HR 软土固化剂与水泥进行固化，土体在达到同样的设计强度时，所需的 HR 软土固化剂质量只有水泥的 60%。在软土固化项目中，采用 HR 软土固化剂投入的成本相比采用水泥将下降约 20%。

3 结论

为研究 HR 软土固化剂对软土固化作用，本文基于室内流态固化土抗压强度试验、原位搅拌桩取芯强度试验与原位旋喷桩取芯强度试验，对不同配合比下的 HR 软土固化土与水泥固化土进行对比分析，得出以下结论：

（1）通过室内试验发现，相同配合比的 HR 软土固化土与水泥固化土流动性相同，但固化效果不同。HR 软土固化土表现出高抗压强度，水泥固化土早期强度低，发生无法固化的现象。

（2）养护期龄与固化剂掺量是影响固化土抗压强度重要因素。养护期龄的延长与固化剂掺量的增加，均导致固化土抗压强度上升。

（3）HR 软土固化剂在降低碳排放和节省水泥用量上展现出环保和经济优势。土体在达到同样的设计强度时，所需的 HR 软土固化剂质量只有水泥的 60%，综合节约成本约 20%，碳排放减少 70%。

（4）软土固化剂的研究需要进一步提升深度与效果。一方面，对 HR 软土固化剂的配比进行更为精细化的优化，提升土体强度和稳定性；另一方面，HR 软土固化剂在工程实践中的应用仍然存在更大的潜力。

参考文献：

[1] 王菲，徐汪祺. 固化/稳定化和软土加固污染土的强度和浸出特性研究[J]. 岩土工程学报, 2020, 42(10): 1955-1961.

[2] 何桂朋. 预拌流态固化土肥槽回填施工技术[J]. 建筑技术, 2023, 54(16): 2031-2033.
[3] 董邑宁, 张青娥, 徐日庆, 等. 固化剂对软土强度影响的试验研究[J]. 岩土力学, 2008, 29(2): 475-478.
[4] 徐亮, 唐彤芝, 白兰兰, 等. 就地固化技术处理浅层软土的应用及机理研究[J]. 水利水运工程学报, 2021, 2(2): 109-116.
[5] 吴晓刚. 淤泥类水泥土搅拌桩抗压强度的若干影响因素分析[J]. 西部探矿工程, 2006(2): 28-30.
[6] 沈镭, 赵建安, 王礼茂, 等. 中国水泥生产过程碳排放因子测算与评估[J]. 科学通报, 2016, 61(26): 2926-2938.
[7] 苏悦, 闫楠, 白晓宇, 等. 预拌流态固化土的工程特性研究进展及应用[J]. 材料导报, 2024, 38(9): 1-12.

多元组分胶凝材料配制混凝土技术在超厚大体积混凝土施工中的研究

周　杰，刘志强，柳培寅，白琴琴，唐　荣
（西安高科新达混凝土有限责任公司，西安 710000）

摘　要：现阶段，随着混凝土技术的发展，各类掺合料的单一或者复合应用种类繁多，现行国家标准《普通混凝土配合比设计规程》JGJ 55—2011 已经不能够完全指导混凝土的生产配制，并应用于实际工程项目。本文主要研究，通过对水泥、粉煤灰和矿渣粉化学成分的测算，找出其在混凝土中的最佳比例，同时引入一种化学激发剂激发矿物掺合料活性，制备的混凝土工作性能、耐久性能、经济指标优于普通混凝土，从而总结出的一种新型混凝土制备技术——多元组分胶凝材料配制混凝土技术。由于该技术水泥用量大幅度减小，降低了水泥水化热量，减小了混凝土自收缩，在超厚超大大体积混凝土筏板施工中应用前景广阔。

关键词：多元组分；胶凝材料；超厚大体积混凝土；耐久性；强度

0　引言

近年来，随着建筑行业的蓬勃发展，越来越多的混凝土生产配制技术被应用于实际工程。各类新型掺合料的单一或者复合使用，使得混凝土具有优异的工作性。特别是在平均厚度超过 2m 的大体积混凝土施工中，由于混凝土中水泥水化热不容易散失，大体积混凝土结构内部蓄热，使得混凝土绝热温升高，中心温度和表面温度差值增大，容易产生由温度引起的裂缝，同时伴随着混凝土自身收缩，容易造成结构开裂。因此，如何对温度和收缩进行有效控制，是大体积混凝土施工中最突出的问题。本文主要通过对多元组分胶凝材料的化学成分的测算，找出单方混凝土中胶凝材料的最佳平衡比例，同时引入一种化学激发剂激发矿物掺合料活性，实现了混凝土强度、耐久性、经济性的最大化。将该技术应用于大体积混凝土施工中，能够降低水泥用量，使多种掺合料的复合使用率大幅提高，对于降低混凝土水化热、推迟水化热峰值、减小混凝土自收缩有着关键积极作用。

1　原材料

1.1　水泥

采用尧柏实丰 P·O 42.5 水泥，其全部指标符合国家标准《通用硅酸盐水泥》GB 175—2023 的要求，见表 1。

水泥物理性能指标　　表 1

密度/（g/cm³）	比表面积/（m²/kg）	标稠/%	凝结时间/min		R_3/MPa	R_{28}/MPa
			初凝	终凝		
3.1	350	27	180	240	30.2	50.1

1.2　掺合料

采用陕西正元粉煤灰综合利用有限公司的磨细Ⅰ级粉煤灰，外观灰白色，质量稳定，其全部指标符合国家标准《用于水泥和混凝土中的粉煤灰》GB/T 1596—2017 中Ⅰ级粉煤灰的要求，见表 2。

粉煤灰物理性能指标　　表 2

细度/%	需水量比/%	烧失量/%	28d 活性指数/%
15	94	3	78

采用山西成昆建 S95 矿粉，质量稳定，其物理性能指标见表 3。

矿粉物理性能指标　　表 3

比表面积/（m²/kg）	流动度比/%	烧失量/%	28d 活性指数/%
458	99	1.2	102

1.3　粗骨料

粗骨料选用 5～25mm 连续级配碎石，产地为西安市鄠邑区，其全部指标符合国家标准《建设用卵石、碎石》GB/T 14685—2022 要求，技术指标见表 4。

粗骨料技术指标　　表 4

石子品种	粒径/mm	含泥量/%	泥块含量/%	压碎指标/%	针片状含量/%	堆积密度/（kg/m³）	表观密度/（kg/m³）
碎石	5～25	0.5	0	10	2	1600	2700

1.4　细骨料

细骨料选用中砂，外观浅黄色，其全部指标符合国家标准《建设用砂》GB/T 14684—2022 要求，见表 5。

细骨料技术指标　　表 5

砂子品种	细度模数	含泥量/%	泥块含量/%	堆积密度/（g/cm³）	表观密度/（g/cm³）
中砂	2.6	2.9	0	1560	2780

1.5　减水剂和水

选用陕西渤海化工聚羧酸减水剂，减水率为 26%，其质量可靠，经过多次试验验证，该种外加剂与尧柏实丰水泥、陕西正元粉煤灰、成昆建矿粉适应性较好，能很好地保证混凝土的顺利浇筑，其全部指标符合国家标准《混凝土外加剂应用技术规范》GB 50119—2013 要求。

生产用水选用自来水，符合《混凝土用水标准》JGJ 63—2006 要求。

2 配合比设计方案

（1）本次多元组分胶凝材料为常规材料和固体废弃物，包括水泥、超细粉煤灰、矿粉。

（2）多元组分胶凝材料配制混凝土技术旨在提高矿物掺合料用量，在混凝土中添加一种化学激发剂，掺量为胶凝材料的 0.5%，用于激发矿物掺合料活性，从而提高矿物掺合料活性。

（3）多元组分胶凝材料化学成分测试平衡实验采用正交法进行。

（4）混凝土工作性要求：和易性良好、不离析、不泌水，坍落度：200mm ± 20mm，扩展度：500mm ± 50mm。

（5）试块成型 6 组，测试混凝土 3d、7d、14d、28d、60d、90d 抗压强度。

（6）本次大体积混凝土采用 60d 强度评定。

（7）方案需对大体积混凝土温升进行对比测算。

3 中试试验

3.1 C35P8 试验配合比

第一步，基准试验配合比见表 6。

基准试验配合比（单位：kg/m^3） 表 6

编号	水泥	粉煤灰	矿渣粉	中砂	碎石	自来水	外加剂	密度
S3501	260	60	70	808	1072	150	7	2397

第二步，采用正交法，设计多元组分胶凝材料化学成分测试平衡实验，见表 7。以水泥、超细粉煤灰、矿粉占总胶凝材料总量的比例为 3 个因素。正交试验，按 5 水平、3 因素设计，去除因子 1 + 因子 2 + 因子 3 ≠ 100%的试验。用水量恒定为 $150kg/m^3$，其他材料用量不变，激发剂用量 2.0kg，外加剂用量自主调节至混凝土工作性在要求范围。

正交试验因子 表 7

水平	水泥（因子 A）	超细粉煤灰（因子 B）	矿渣粉（因子 C）
1	60%	40%	40%
2	55%	35%	35%
3	50%	30%	30%
4	45%	25%	25%
5	40%	20%	20%

3.2 试验结果

通过 5 水平、3 因素正交试验，根据试验结果得出，A5B3C3 试验结果最佳，见表 8。

试验配合比拌合物性能及抗压强度结果 表 8

编号	强度等级	实测密度/（kg/m^3）	坍落度/mm	扩展度/mm	经时损失/mm	T_{sf}/s	7d 强度/MPa	28d 强度/MPa	60d 强度/MPa
S3501	C35	2400	220	510	0	4.0	38.5	44.7	
A5B3C3	C35	2395	220	530	0	3.6	29.7	42.0	50.6

3.3 混凝土水化热计算结果

通过对基准试验配合比和 A5B3C3 试验配合比的水化热计算，得出混凝土绝热温升对比结果，见表 9。

混凝土绝热温升计算结果 表 9

编号	强度等级	3d 绝热温升/℃	28d 绝热温升/℃
S3501	C35	56.5	56.7
A5B3C3	C35	46.5	48.2

4 结果分析

4.1 固定水泥因子（40%），掺合料掺量变化与混凝土强度关系

如图 1 所示，固定水泥因子为 40%，超细粉掺量和矿粉掺量变化，混凝土强度显著变化。水泥掺量不变，超细粉掺量降低，矿粉掺量升高，混凝土强度呈先增高后降低趋势。当水泥掺量为 40%、超细粉掺量 30%、矿粉掺量 30%时，混凝土强度最高。因此，混凝土中超细粉和矿粉取代量相当时，掺合料中活性元素趋于最大化。

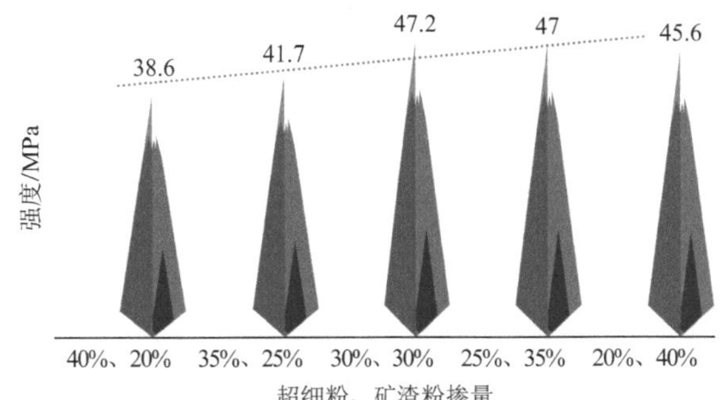

图 1 固定水泥因子（40%），掺合料掺量变化与混凝土强度关系

4.2 固定掺合料同比例取代水泥，水泥掺量变化与混凝土强度关系

如图 2 所示，固定掺合料同比例取代水泥，水泥掺量变化，混凝土强度显著变化。当水泥掺量最高 60%时，混凝土强度由于水泥用量高而高。当水泥掺量为 40%，超细粉掺量 30%，矿粉掺量 30%时，混凝土强度最高。这时，胶凝材料中各化学组分达到最大平衡点，经过充分的反应，使得混凝土在最低的水泥用量下，反而混凝土强度高，且经济效益显著。

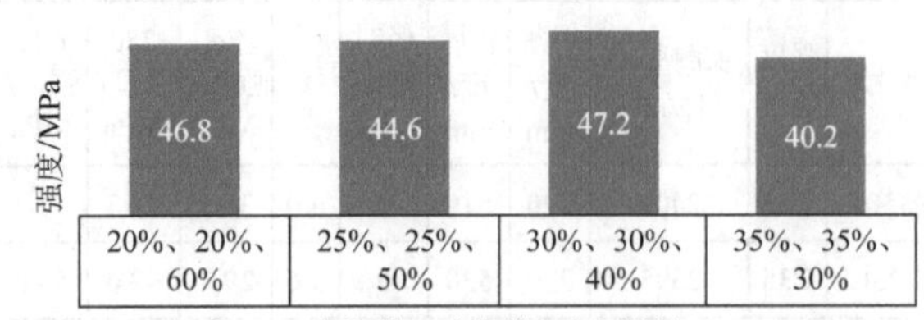

图 2　固定掺合料同比例取代水泥，水泥掺量变化与混凝土强度关系

4.3　混凝土热工计算分析

通过表 9 混凝土绝热温升数据对比可以看出，将该技术应用于大体积混凝土施工中，一方面能够大幅度降低水泥用量，提高多种掺合料的复合使用率；另一方面，混凝土绝热温升降低 10°C，3d 混凝土温升降低尤其明显，对于降低混凝土水化热、推迟水化热峰值有着关键积极作用。

5　结论

（1）通过正交法对多元胶凝材料进行化学成分的平衡计算，得出最佳的各胶凝材料比例，可知在化学激发剂作用下，提升矿物掺合料活性，求得混凝土最高强度的方法是可行的。

（2）该方法通过试验验证，配制的混凝土工作性良好，耐久性、经济性显著提高。

（3）使用该方法配制混凝土，混凝土养护应及时按标准进行养护，养护龄期可适当延长 3d。

（4）该方法制备大体积混凝土，能有效降低混凝土绝热温升，延缓水化反应，推迟混凝土最大温峰的出现，对大体积混凝土施工中预防混凝土裂缝的产生具有积极意义。

参考文献：

［1］李惠强，杜婷，吴贤国．建筑垃圾资源化循环再生骨料混凝土研究[J]．华中科技大学学报，2001，(6): 83-84.

［2］许岳周，石建光．再生骨料及再生骨料混凝土的性能分析与评价[J]．混凝土，2006，(7): 41-46.

［3］杨宁，王崇革，赵美霞．再生骨料强化技术研究[J]．新型建筑材料，2011，38(3): 45-47.

［4］应敬伟，肖建庄．再生骨料取代率对再生混凝土耐久性的影响[J]．建筑科学与工程学报，2012，29(1): 56-62.

［5］杨利香，钱耀丽，汤立杰．再生骨料混凝土[P]．中国：CN 101671147 A，2009.

水泥流变增强材料在注浆工程中的试验与应用

范玺君 [1]，**刘胜梅** [2]，**王永洪** [3]，**林西伟** [4]，**冯　强** [4]，**张启军** [3,4]

（1. 青岛城发建设投资有限公司，青岛 266000；2. 青岛市勘察测绘研究院，青岛 266000；3. 青岛理工大学，青岛 266520；4. 青岛慧睿科技有限公司，青岛 266042）

摘　要： 很多注浆项目需要尽快提升早期强度快速锚固，以加快工序衔接和尽快交工，降低成本。纯水泥浆液为保证现场的可注性，水灰比较大，强度较低，为提高早期强度通常都选择掺加外加剂。为研究不同增强剂的性能，选择氯化钙、硫酸钠、三乙醇胺、合成甲酸钙、HR 水泥流变增强剂 5 种增强剂，通过室内试验对浆液流动度、各龄期抗压强度、浆液收缩率进行试验，试验表明：①掺加合成甲酸钙的浆液 60min 内的流动度增幅较大，缓凝效果明显；掺加其他 4 种外加剂对流动度的影响不大，与空白水泥浆基本一致，60min 内的浆液流动度稍有增加，但幅度不大。所有参与试验的外加剂均能够适应现场注浆需要保持较长时间流动度不大幅度降低的需要；②掺加 HR 水泥流变增强剂的水泥浆液与空白浆液试块各龄期的抗压强度比分别为 8.40、4.25、4.19、3.31、3.44、2.92，各龄期强度增加显著，早强效果更为明显，而其他四种增强剂效果均不明显；③掺加 HR 水泥流变增强剂的水泥浆液终凝后平均收缩量仅为 0.2mm，收缩率仅为 0.3%，而空白样本和掺加其他 4 种增强剂的平均收缩量在 10.5～13mm 之间，收缩率高达 14.9%～18.4%。经某地铁车站锚索施工现场验证，HR 水泥流变增强剂的性能与室内试验基本吻合，早强性能卓越，收缩率甚微，养护龄期在 1.5～2d 即可达到开挖的强度要求，是一种非常理想的注浆浆液掺加剂。

关键词： 增强剂；超增强剂；流动度；抗压强度；收缩率

0　引言

锚杆（索）支护是目前北方最常用的深基坑支护形式，基坑施工遵循“分层开挖、分层支护”的原则，预应力张拉锁定后才能开挖下一层，锚固注浆目前都是采用压注水泥浆，水泥浆上升强度的时间较长，一般需要龄期为 10～14d，开挖下一层需要较长的技术间歇，影响基坑施工各班组的流水造成窝工，并严重影响基坑施工的总工期。市面上也有一些快硬水泥和高强灌浆料，但这些材料价格高且凝固快，容易堵泵，不适应锚杆（索）注浆设备的泵送要求。

同时，抗浮锚杆和其他注浆工程为了进度或抢险需要，也有尽快上强度的需求，亟须一种产品解决此问题。

适用于水泥基胶凝材料的增强剂，按照化学成分一般分为强电解质无机盐类、有机类和复合类。

无机盐类：主要包括氯盐类、硫酸盐和硝酸盐类，氯盐增强剂主要有氯化钙、氯化钠、氯化铝等。氯盐类增强剂是应用历史最长、效果最显著的增强剂品种。不过氯盐类的增强剂只准在不配钢筋的素混凝土中掺加，对于钢筋混凝土，特别是预应力钢筋混凝土，以及有金属预埋件的混凝土中，要慎重使用这类外加剂，限制 Cl^-（氯离子）含量的引入量，甚至要禁止使用。硫酸盐类增强剂主要有硫酸钠、硫酸钾和硫酸钙。掺硫酸盐增强剂的混凝土，要注意预防泛碱和白华现象。硫酸盐的掺量应通过试验确定，以免引起碱集料反应破坏或硫酸盐过量产生的侵蚀破坏[1]。硝酸盐和亚硝酸盐也能对水泥水化过程起促进早强作用。

有机类：最常用的有机化合物增强剂为三乙醇胺。三乙醇胺是一种表面活性剂，掺入水泥基胶凝材料中，在水泥水化过程中起催化剂的作用，它能够加速 C_3A 的水化和钙矾石的形成，起到早强作用，同时对混凝土后期强度也有一定的提高[2]。甲酸钙是另一种有机化合物增强剂，据了解能够较好地提高早期强度[3]。聚羧酸外加剂通过减水作用也能有效提高水泥基胶凝材料抗压强度[4]。

复合类：通过对各种增强剂组分之间的复合，以及增强剂组分与减水剂组分之间的复合，可以收到比单一增强剂更好的改性效果，可大幅度提高混凝土的早期强度发展速率，既能较好地提高混凝土的早期强度，又对混凝土后期强度发展带来好处[5]，还能避免有些早强组分引起混凝土内部钢筋锈蚀等。

本课题室内试验充分考虑浆液的可注性，在水泥浆液中掺加不同增强剂，并限定统一的浆液流动度范围，测定不同龄期的抗压强度，验证不同增强剂的性能效果。同时根据试验结果，选择性能最优的一款增强剂进行现场应用检验，为注浆工程对早强型外加剂的选择提供建议和指导。

1　室内试验方案

本试验的水泥采用青岛即墨中联 P · O 42.5 水泥，增强剂选择了如下几种：氯化钙（$CaCl_2$ 含量 95.1%）；硫酸钠（Na_2SO_4 含量 99.2%）；三乙醇胺（$C_6H_{15}NO_3$ 含量 99.3%）；合成甲酸钙增强剂［$Ca(HCOO)_2$］；HR 水泥流变增强剂，其中复合类增强剂选择的是青岛慧睿科技有限公司的 HR 水泥流变增强剂（HR 代表的是品牌），试验用水为自来水。

主要试验设备：立式搅拌机，标养箱，试验模具（70.7mm³），圆锥模，压力试验机等。

试验方法：①初始流动度控制标准，310mm ± 10mm；②养护条件，模拟青岛市地下浅层环境条件（温度 15℃，湿度 70%）；③六个养护龄期，24h、48h、72h、7d、10d、28d。

测试数据：①浆液流动度，初始流动度，30min 流动

基金项目：国家自然科学基金资助项目（51708316）；山东省自然科学基金重点项目（ZR2020KE009）

度，60min 流动度；②各龄期试块抗压强度；③试块终凝后的收缩量。

根据各增强剂的厂家推荐掺量，制定试验样本，编号及增强剂掺量见表 1。

浆液试样编号及增强剂掺量　　表 1

试样编号	增强剂名称	掺量
Z-0	空白	—
Z-1	氯化钙	2.00%
Z-2	硫酸钠	2.00%
Z-3	三乙醇胺	0.05%
Z-4	合成甲酸钙	0.50%
Z-5	HR 增强剂	2.50%

部分试验影像资料见图 1。

(a) 称量配比

(b) 混合搅拌

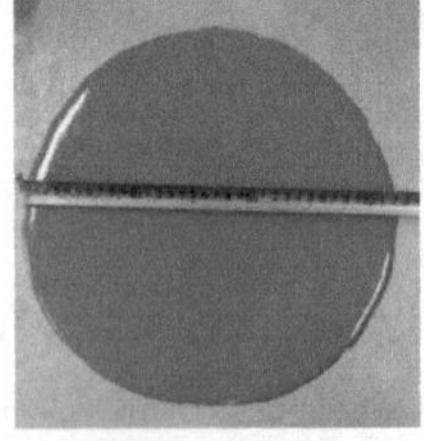
(c) 流动度测试

(d) 试块制作

(e) 收缩量测量

(f) 试块强度检测

图 1　部分试验影像资料

2　各增强剂的性能分析

2.1　对流动度的影响

空白水泥浆液 Z-0 样本初始流动度 304mm，30min 流动度增加 10mm，60min 流动度增加了 2mm。

掺加氯化钙的水泥浆液 Z-1 样本初始流动度 319mm，30min 流动度增加 1mm，60min 流动度增加了 3mm。

掺加硫酸钠的水泥浆液 Z-2 样本初始流动度 309mm，30min 流动度增加 0.5mm，60min 流动度增加了 19mm。

掺加三乙醇胺的水泥浆液 Z-3 样本初始流动度 316mm，30min 流动度减小 1mm，60min 流动度增加了 3mm。

掺加合成甲酸钙的水泥浆液 Z-4 样本初始流动度 301mm，30min 流动度增加 41mm，60min 流动度增加了 81.5mm。

掺加 HR 水泥流变增强剂的水泥浆液 Z-5 样本初始流动度 303mm，30min 流动度增加 16mm，60min 流动度增加了 13.5mm。

各增强剂对浆液流动度影响曲线见图 2。

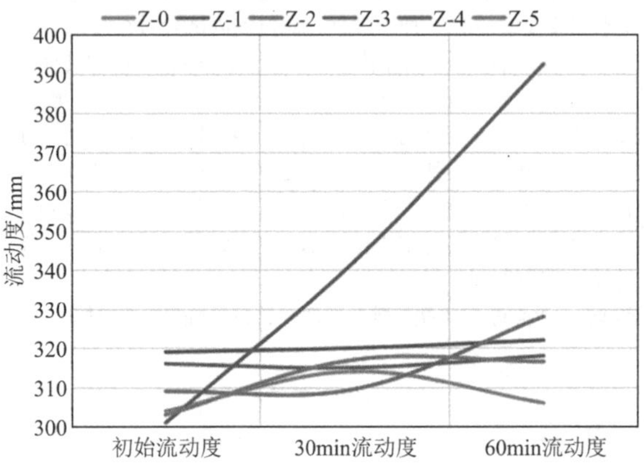

图 2　各增强剂对浆液流动度影响曲线

通过各浆液样本经时流动度曲线图可以看出，掺加合成甲酸钙的浆液 60min 内的流动度增幅较大，缓凝效果明显；掺加其他四种外加剂对流动度的影响不大，与空白水泥浆基本一致，60min 内的浆液流动度稍有增加，但幅度不大，均能够适应现场注浆需要保持较长时间流动度不大幅度降低的需要。

2.2　对各龄期强度的影响

空白水泥浆液 Z-0 样本试块 24h 强度 3.58MPa，48h 强度 8.44MPa，72h 强度 9.4MPa，7d 强度 13.83MPa，10d 强度 15.20MPa，28d 强度 20.13MPa。

掺加 HR 水泥流变增强剂的水泥浆液 Z-5 样本试块 24h 强度 30.08MPa，48h 强度 35.90MPa，72h 强度 39.41MPa，7d 强度 45.86MPa，10d 强度 52.29MPa，28d 强度 58.72MPa。与空白浆液试块的强度比分别为 8.40、4.25、4.19、3.31、3.44、2.92，各龄期强度显著增加，特别是 24h 强度即超过 30MPa，达到了通常设计要求的 28d 强度要求，28d 龄期强度增加了 192%。

其他四种外加剂中，掺加氯化钙的 Z-1 样本浆液试块 24h 抗压强度比为 1.15，48h 时的抗压强度比为 0.67，降低幅度较大，72h 时又比空白浆液增加了 30%，7d 和 10d 强度增加了 11%～15%，28d 强度增加了 8%；掺加硫酸钠 Z-2 的浆液试块 24h 强度提高得最多，强度比为 1.93，也仅有 6.93MPa，48h、72h 的强度与空白样本基本持平，7d 和 10d 的强度降低超过 13%～15%，28d 强度降低 8%；掺加三乙醇胺 Z-3 的浆液试块 24h 和 48h 的强度比为 0.75，后续龄期强度增长 13%～15%；掺加合成甲酸钙 Z-4 样本的浆液试块 24h 抗压强度比 0.6，48h 强度比 1.23，72h 强度比 1.11，7d 强度比 0.9，10d 和 28d 强度比分别为 1.06 和 1.09。

各龄期抗压强度曲线见图 3，各龄期抗压强度比见图 4。

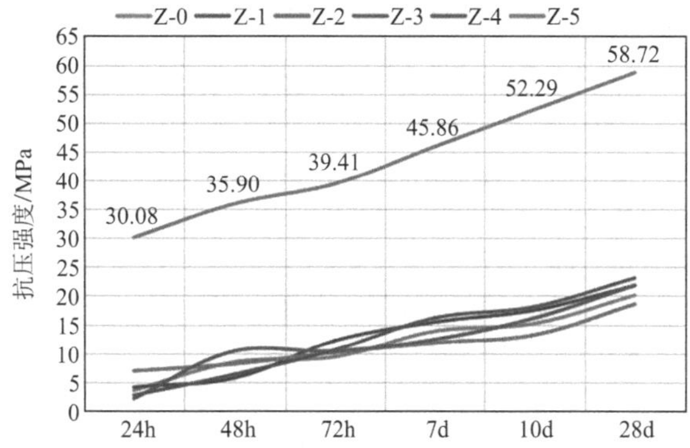

图 3　各龄期抗压强度曲线图

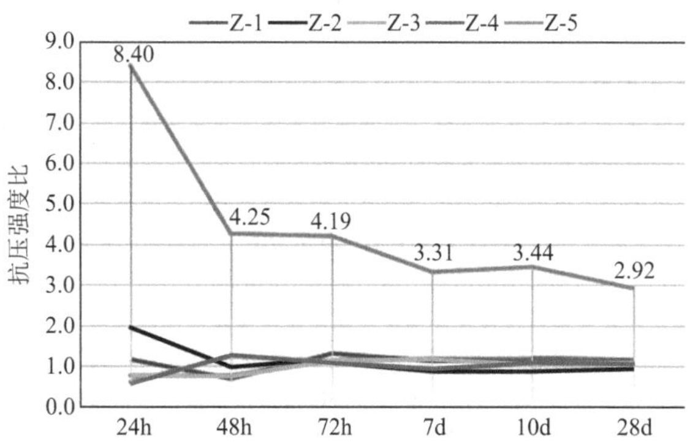

图 4　各龄期抗压强度比曲线图

试验数据表明，HR 水泥流变增强剂掺加在水泥浆液中，大大提高了其强度；而其他四种均不太明显，对提高浆液早起强度达到张拉条件作用有限。

2.3　对浆液收缩的影响

各浆液样本收缩量柱状图见图 5。

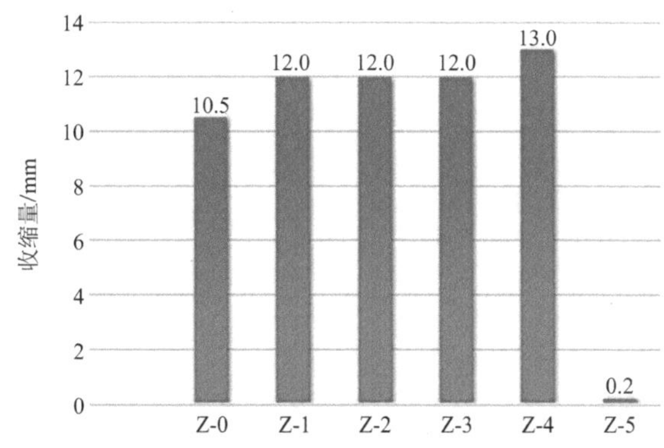

图 5　各浆液样本收缩量柱状图

空白水泥浆液 Z-0 样本浆终凝后收缩量为 10.5mm，收缩率为 14.9%。

掺加氯化钙的水泥浆液 Z-1 样本、掺加硫酸钠的水泥浆液 Z-2 样本及掺加三乙醇胺的水泥浆液 Z-3 样本浆终凝后收缩量均为 12.0mm，收缩率为 17.0%。

掺加合成甲酸钙的水泥浆液 Z-4 样本浆终凝后收缩量为 13.0mm，收缩率为 18.4%。

掺加 HR 水泥流变增强剂的水泥浆液 Z-5 样本浆终凝后收缩量为 0.2mm，收缩率为 0.3%。

3　应用实例

室内试验表明，HR 水泥流变增强剂性能优异，于 2024 年 7 月 3 日起在青岛市某深基坑工程进行现场应用验证。该基坑长为 285.8m，基坑深度约 21.7m，主体围护结构采用内支撑和桩锚支护体系。

典型桩锚支护剖面见图 6。

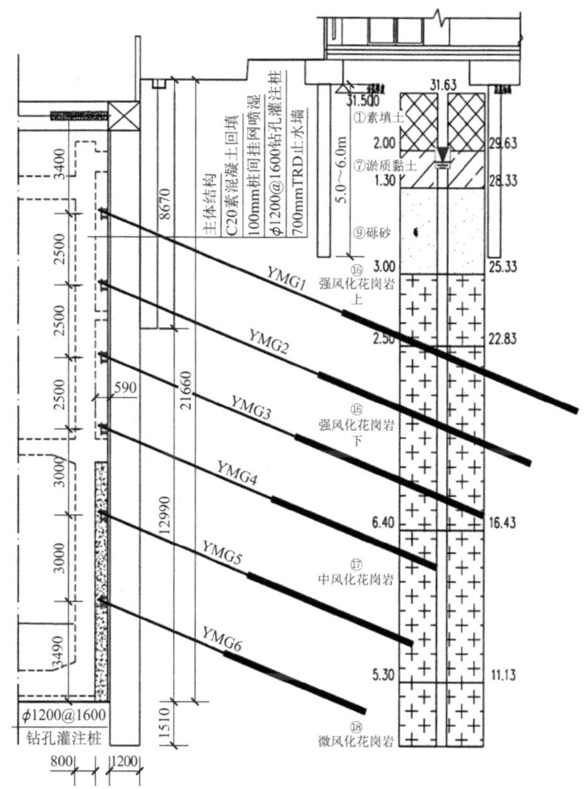

图 6　典型支护剖面及锚索参数图

本项目锚索预应力锁定值 425kN，张拉力较大，张拉时锚固体抗压强度应不低于 20MPa，按照常规水泥浆的配比，养护龄期要 10～14d 才能达到预应力张拉所需强度，严重影响工期进度，造成窝工，总承包单位的需求是养护 3d 进行预应力张拉，以便开挖下一层。本项目使用了 HR 水泥流变增强剂，现场浆液配比为 P · O 42.5 水泥：HR 增强剂：水＝1：0.025：0.32，测试了初始流动度，留置试块多组，经自然养护进行的强度检测及收缩量测量见表 2。

自然养护强度检测及收缩量　　表 2

编号	初始流动度	收缩量/mm	抗压强度/MPa	
			43h	62h
X-1	305	0.2	30.4	41.7
X-2	308	0.3	40.3	46.9
X-3	309	0.3	38.7	42.8

经压力机试压试块，3 组的试块 43h 抗压强度均超过 30MPa，即养护两天即可达到预应力张拉条件。总包单位

进行了 3d 龄期的预应力张拉，获得了成功，保证了工期进度，使现场形成了流水施工，避免了窝工。现场施工照片见图 7。

图 7　现场施工图片

4　结论

为探寻一种适用于水泥基浆液的早强型添加剂，选择了 4 种常用的增强剂和一种新型高性能超增强剂，经室内试验分析及现场验证，得出以下结论：

（1）经对各掺加剂对浆液经时流动度影响的分析表明，掺加合成甲酸钙的浆液 60min 内的流动度增幅较大，缓凝效果明显；掺加其他四种外加剂对流动度的影响不大，与空白水泥浆基本一致，60min 内的浆液流动度稍有增加，但幅度不大。所有参与试验的外加剂均能够适应现场注浆需要保持较长时间流动度不大幅度降低的需要。

（2）掺加 HR 水泥流变增强剂的水泥浆液与空白浆液试块 24h、48h、72h、7d、10d、28d 龄期的抗压强度比分别为：8.40、4.25、4.19、3.31、3.44、2.92，各龄期强度增加显著，室内试验 24h 强度即超过了 30MPa，不仅早强，而且 28d 龄期强度增加了 192%。

而其他四种增强剂效果均不明显，对提高浆液早期强度达到张拉条件作用有限。

（3）经对各样本凝固后的试块收缩量进行测量，空白样本和掺加其他四种增强剂的平均收缩量在 10.5～13.0mm 之间，收缩率为 14.9%～18.4%。而掺加 HR 水泥流变增强剂的水泥浆液终凝后平均收缩量仅为 0.2mm，收缩率为 0.3%，收缩甚微。

（4）经施工现场验证，HR 水泥流变增强剂的性能与室内试验基本吻合，早强性能卓越，收缩率甚微，养护龄期在 1.5～2d 即可达到锚索张拉锁定开挖的强度要求，是一种非常理想的注浆浆液掺加剂。

参考文献：

[1] 葛勇，杨文萃，袁杰，等. 无机盐对混凝土耐久性影响研究现状[J]. 低温建筑技术, 2007(5): 6-8.

[2] 叶飞，何彪，田崇明，等. 三乙醇胺增强剂研究进展及在隧道工程中的应用展望[J]. 现代隧道技术, 2021, 58(4): 67-78.

[3] 杨晓. 常用增强剂对砂浆早期收缩和开裂性能的影响[D]. 哈尔滨：哈尔滨工业大学, 2017.

[4] 杨沫，李宇鹏，白静静，等. 超早强外加剂在超高性能混凝土中的性能研究[J]. 中国水泥, 2024(S2): 254-256.

[5] 李喜振，马万里，等. 快锚浆液性能对比试验及超早强剂的工程应用[C]//中国建筑地基基础工程理论与技术前沿 2024. 郑州：郑州大学出版社, 2024: 378-381.

高性能裂解橡胶温拌改性沥青的温拌效果探究

丁红丽[1]，李　苹[2]，贾晓凡[1]，赵　雪[1]，王兆力[1*]

（1. 甘肃路桥善建科技有限公司，兰州 730030；2. 甘肃路桥建设集团有限公司，兰州 730030）

摘　要：本文采用废旧轮胎胶粉作为主要原材料于高温高压反应釜中反应制备一种裂解温拌改性剂，使用扫描电子显微镜（SEM）和透射电子显微镜（TEM）表征改性剂在不同反应条件下的微观结构，通过将裂解橡胶温拌改性剂材料添加至不同型号机制沥青及改性沥青产品评价改性剂材料的温拌效果，通过 SEM、FI-TR 及荧光显微镜测试手段对沥青的微观结构进行表征分析，采用动态剪切流变试验、低温小梁弯曲试验分析测试、混合料压实度测试分析对不同掺量的裂解橡胶温拌改性剂产品的温拌效果进行评价分析从而确定具有最佳温拌效果的改性剂掺量。研究结果表明，长时间的高温处理会使开裂橡胶的微观结构从颗粒状变为薄膜状，表明聚合物部分断裂。动态剪切流变试验表明，热裂解橡胶改善了沥青的低温性能；在 5%的用量下，观察到低温性能的最佳增强。

关键词：废旧轮胎胶粉；热裂解；裂解橡胶；温拌改性剂；温拌沥青

0　引言

近年来，温拌沥青（WMA）在质量上与热拌沥青（HMA）非常接近，但由于现场试验时间有限，其长期性能的评估对于充分了解 WMA 对路面使用寿命的影响至关重要，路面使用寿命通常为 15～20 年[1]。WMA 技术具有几个显著优势：首先，它减少了能源消耗，从而实现了节能减排。骨料干燥和加热等方法可以将燃料消耗减少 30%。Yousefi 和其他人的研究将此归因于与 WMA 的混合温度较低，表明与 HMA 相比，WMA 的生产能耗降低了 60%～80%。减少率随 WMA 路面生产温度而变化。Samieadel，Gong[2-5]等人在表 1 中展示了混合料的混合温度和能耗降低的情况。

混合料的混合温度和能耗降低情况　　表 1

项目	WAM-Foam	Aspha-Min	Sasobit	Evtherm
混合温度降低/°C	43～63	30	18～54	50～75
能耗降低率	30%～40%	30%	20%	50%～75%

废旧轮胎胶粉作为一种经济高效的抗老化改性剂，已经引起人们的关注。将橡胶改性与 WMA 结合可以提高沥青性能，控制混合和压实温度，减少能源使用和污染，降低道路噪声，部分替代沥青，节约原材料。High 等人研究了温拌添加剂对橡胶改性沥青水稳定性的影响，并注意到浸泡后 Evotherm、Sasobit 和 Advera 等添加剂的改善。Ameri 等人探索了蜡基温拌橡胶改性沥青的水稳定性，研究温拌橡胶改性沥青的相变，结果表明表面活性剂基添加剂不受沥青相变和温度敏感突变的影响。Wang 等人评价了基于 EWMA 表面活性剂的温拌橡胶改性沥青，提高了中低温延展性和弹性恢复；评估了温拌添加剂对橡胶改性沥青的影响，得出的结论是，基于表面活性剂的温拌橡胶总体表现最佳。虽然胶粉在沥青中的溶胀速度较慢，但热剪切会加速其降解和高温剪切沥青老化，造成严重污染。活化/脱硫可以抵消这一点，增强橡胶改性沥青的储存稳定性，降低混合和压实温度。废橡胶改性沥青的研究和应用十分广泛。废轮胎橡胶热解产生的粗芳烃对 SBS 改性沥青的软化和膨胀有积极影响，对可用性没有影响，支持直接使用的可行性[6-7]。

本文希望通过技术开发，利用橡胶沥青改性沥青的综合优势，开拓胶粉新的利用渠道，开发出一种性能上和市场上成熟温拌剂性能相当，但是造价上低于温拌沥青的新型温拌橡胶沥青材料，并实现节能环保。以从废旧橡胶热解得到的橡胶油为研究对象，通过室内试验，对比粗芳烃油不同掺量对沥青胶结料高温性能、均匀性和胶体结构的影响，在目前公路路网“降本增效”的大背景下具有重要的现实意义。

1　试验部分

1.1　原材料及试验制备方案

本研究中使用的温拌改性剂是使用废轮胎胶粉、活化剂、高温高压反应釜和其他材料制备的。首先，将特定量的废轮胎胶粉和活化剂以及其他原料放入反应釜。搅拌速度为 30～50r/min，温度保持在 180～2000°C，搅拌持续 17～24h。反应完成后，提取材料随后验证沥青及其混合物的性能。图 1 为裂解橡胶温拌改性剂及温拌改性沥青的制备工艺流程图。

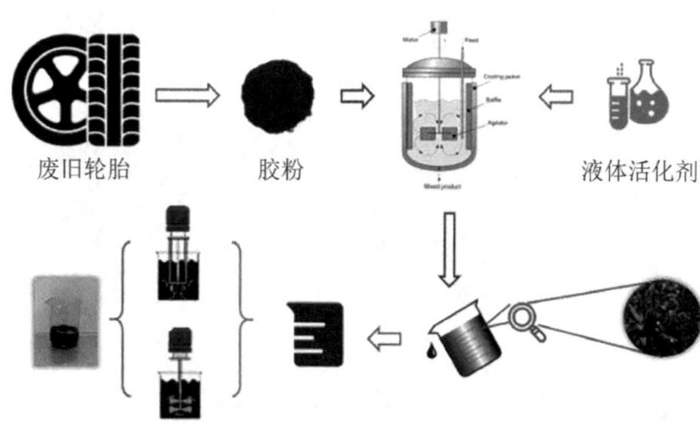

图 1　裂解橡胶温拌改性剂及温拌改性沥青的制备工艺流程图

1.2　试验表征设备

动态剪切流变试验结果表明，通过弯曲梁流变仪试验，增温剂对沥青的高温性能有显著改善作用，但对低温性能有不利影响。本研究使用美国 TA 公司的 AR1500EX 动态剪切流变仪对不同 TBS 改性沥青进行黏弹性分析。使用直

中央引导地方科技发展资金项目“石墨烯增强 TBS 橡胶复合改性沥青关键技术研究及示范应用”（23ZYQA314）。

径 25mm 的振动板，温度扫描范围为 40～82℃。试验结果用于评估沥青结合料的高温性能。

2 试验结果讨论

2.1 微观结构表征

从图 2（a）～（d）可以看出，普通 40 目橡胶粉最初表现出以微米颗粒堆积为特征的微观结构。在反应釜中经过 12h 的高温裂解处理后，微观结构转变为薄膜形态。这种变化可能源于聚合物橡胶粉末在高温反应条件下发生部分聚合物断裂。在达到 20h 的反应时间时，微观结构显示聚合物材料转变为塑性状态。但是随着高温下的进一步开裂和活化处理，橡胶粉末材料恢复到类似于其初始烧结铰链结构的聚集状态。这种微观结构变化可能是由于橡胶粉的网络结构在活化剂和高温开裂的影响下迅速断裂造成的。这一过程导致交联键断裂，并释放出许多大分子链作为可溶性成分。

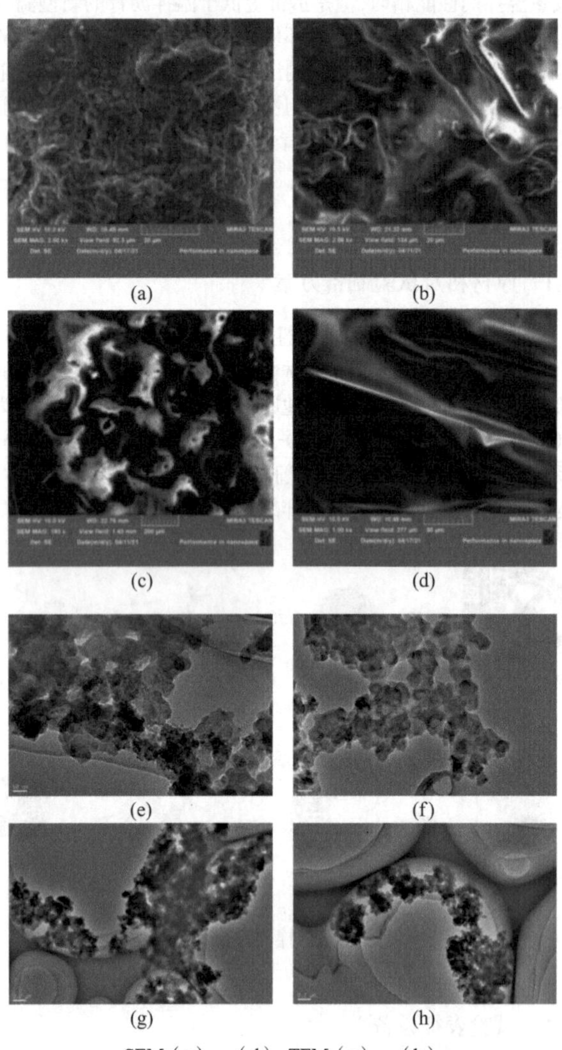

SEM（a）～（d）；TEM（e）～（h）

图 2 不同样品的 SEM 和 TEM 测试结果

橡胶分子是高分子量聚合物，含有各种分子组分，特别是活性 S—S 键，在高温条件下和胺活化剂存在下断裂后表现出增强的反应性。因此，从本研究的制备过程中可以推断，活化剂与高温裂解条件相结合有助于加速橡胶交联网络的打开。这一过程表明了生产表面活性轻油改性材料的明显趋势。从图 2（e）～（f）可以看出，反应时间为 20h 的样品的透射电子显微镜（TEM）结果显示了薄片状微观结构，与扫描电子显微镜（SEM）的发现一致。聚合物的微观结构状态类似于模拟的开裂橡胶，表现出延伸的层结构。当反应时间为 24h 时，样品表现出明显的聚集，其特征是多个薄层的堆叠，如 TEM 和 SEM 分析。这种聚集可能是由于在高温条件下和延长的反应时间下，橡胶粉末中一些开裂键的交联增加，但仍保持相对分散的状态。

从图 3 中可以看出，在将试验制备的热解橡胶热机械改性剂材料添加到基础沥青和改性沥青基质中后，表面看起来更加均匀。在渗出储存稳定性方面，这是相对可比的。性能趋势表明，添加这种改性剂可以提高材料的稳定性。

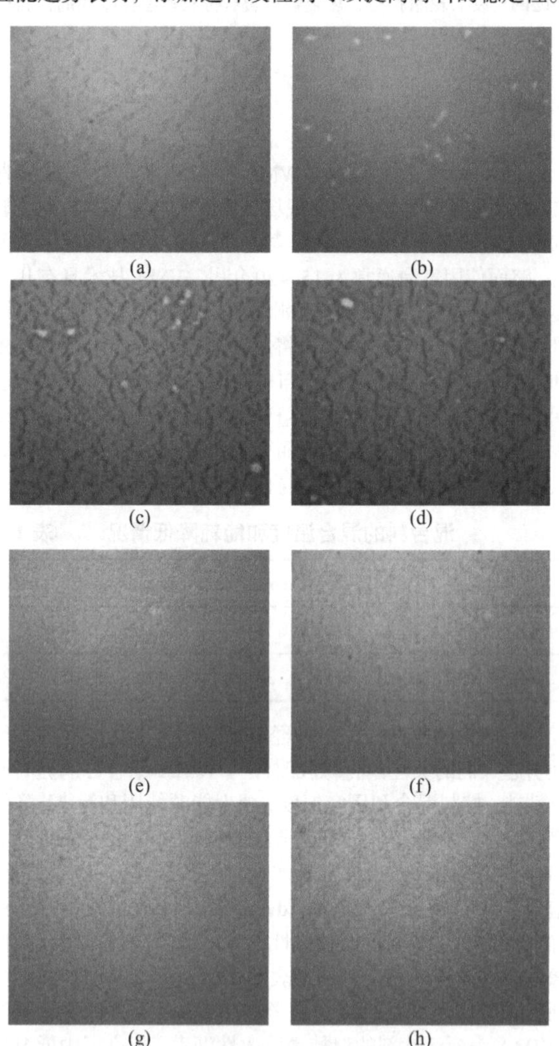

图 3 不同裂纹橡胶样品的荧光显微镜

如图 4 所示，亚甲基 CH_2 伸缩振动产生的特征峰在 2920～2850cm^{-1}；在 1600cm^{-1} 附近有一个低强度特征峰，这是由基质沥青中苯环的不对称呼吸振动产生的。该特征峰通常用于分析沥青的老化程度；1456cm^{-1} 的特征峰是由亚甲基 CH2 的剪切振动产生的，1375cm^{-1} 的特性峰是由甲基 CH3 的伞形振动产生的；在末端有三个微弱的特征峰，它们是由亚砜基团在 1030cm^{-1} 处的伸缩振动、苯环在 860cm^{-1} 的伸缩振动和芳香支链在 745cm^{-1} 的弯曲振动产生的。

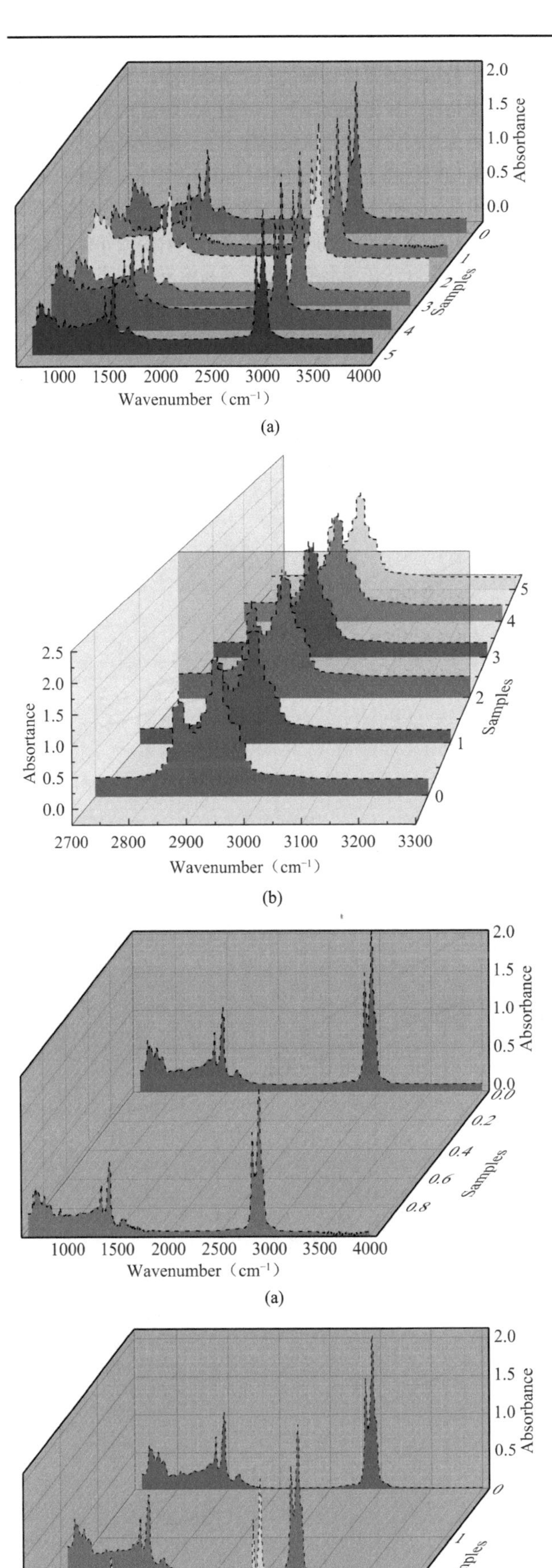

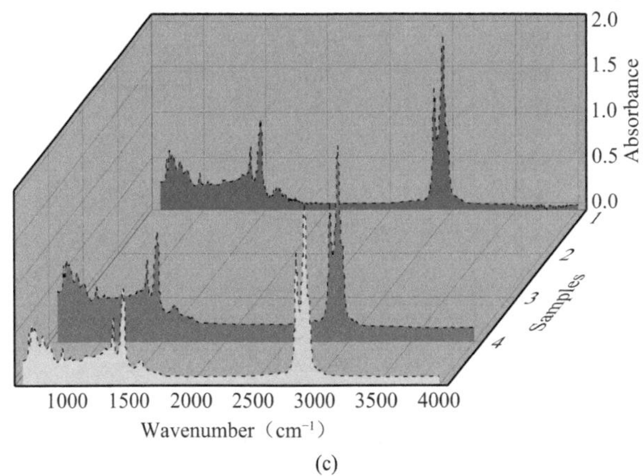

图 4　不同裂解橡胶温拌给改性沥青的傅里叶变换红外光谱测试数据

2.2　流变特性测试结果分析

从图 5 可以看出，几种沥青中的S和m在−12℃、−18℃和−24℃下均满足指标要求。随着裂解橡胶改性剂掺量的增加，沥青的低温蠕变刚度先增加后降低，在低温范围内又增加后降低。整体效果模式不明显。当含量为 5%时，蠕变刚度接近基层沥青，具有相对最小的值和最佳的低温性能。在其他剂量下，即使沥青在使用过程中变得易碎且更容易开裂，开裂的橡胶也会在一定程度上降低沥青的低温性能。

如图 5（c）所示，实验室的S/m值使温拌改性沥青在低温范围内随着用量的增加而波动和增加。曲线显示出相对平缓的波动，表明略有增加。在−24℃和−12℃之间，趋势保持一致。在 5%的剂量下，沥青的S/m值相对较低，在较低的温度下，它接近基础沥青的S/m值。k指数越小，表明沥青的低温抗裂性越好。根据温拌改性沥青S/m的评价，5%似乎是最佳用量。

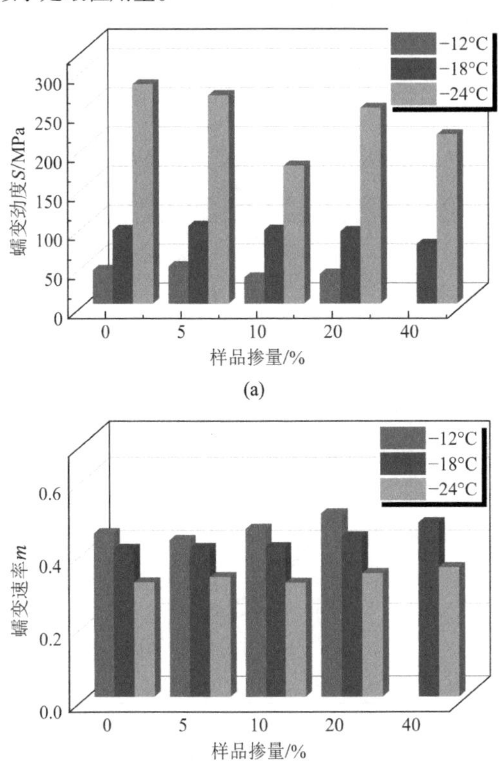

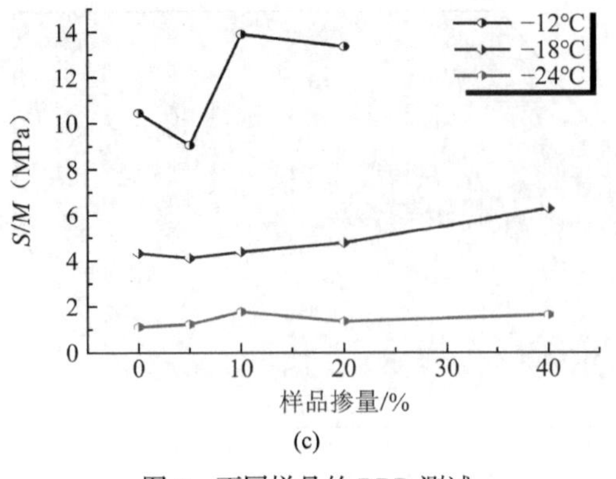

(c)

图 5　不同样品的 BBR 测试

复数形式的复剪切模量（G*）是评价沥青抗变形性能的重要指标。在相同条件下，G*越大，沥青的抗变形能力越强。温拌沥青的动态流变试验表明，随着温度的升高，复合剪切模量趋于降低，而相位角δ趋于增大。详细的试验结果见图 6。相位角δ是评估沥青黏弹性性能的关键指标，定义了其黏度和弹性之间的正比关系。较小的相位角表明沥青弹性更好，在变形条件下更容易恢复，并表现出优异的抗变形性。在相同条件下，这是因为开裂的胶粉聚合物材料已经具有优异的抗变形性，从而提高了沥青材料的抗变形能力。

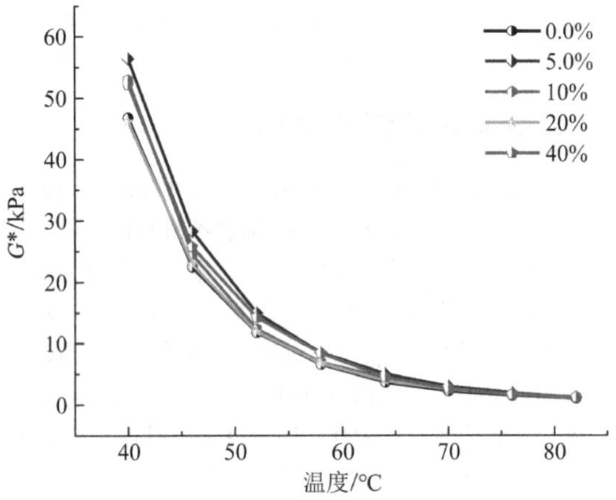

(a) 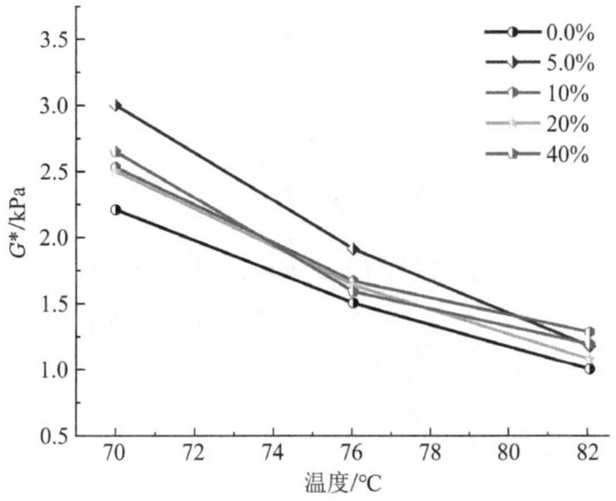　(b)

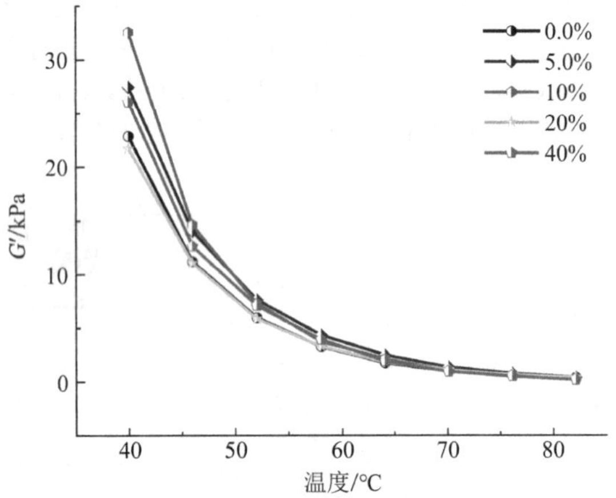

(c) 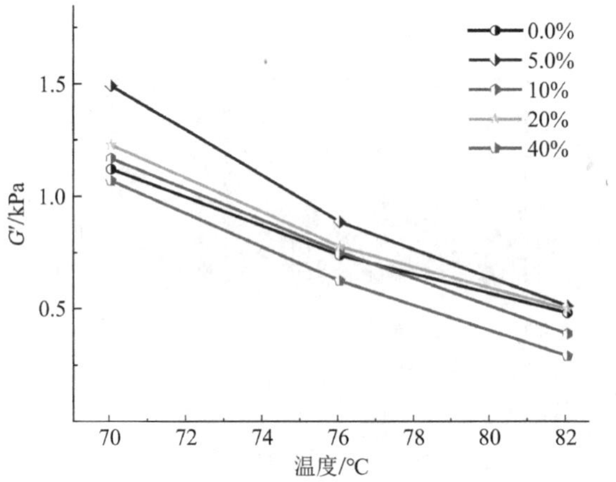　(d)

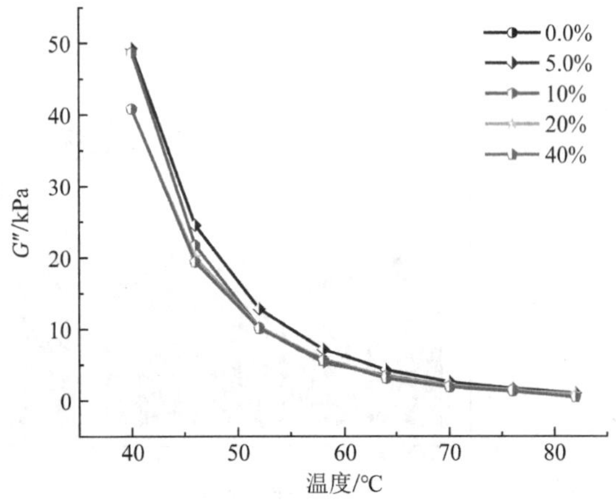

(e) 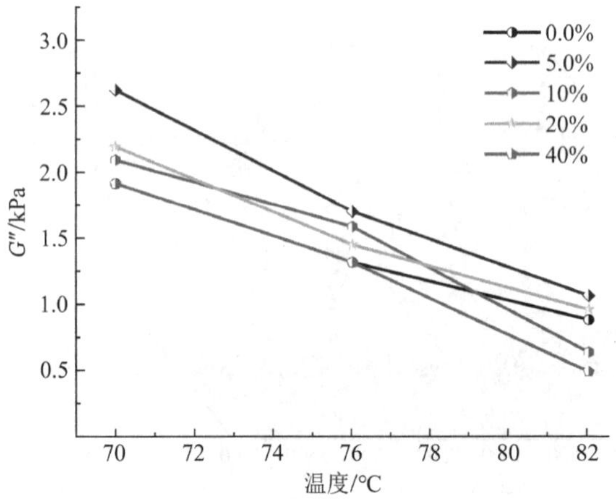　(f)

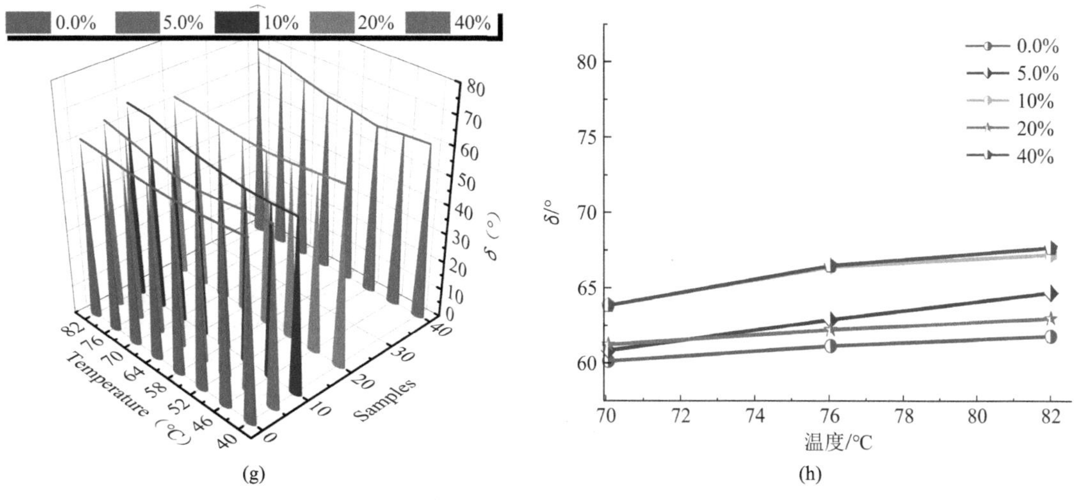

图 6　不同掺量样品的 DSR 测试温度扫描曲线

在 70～94℃的中高温范围内，车辙系数随着温度的升高而降低，添加了温拌改性剂的材料表现出更好的抗车辙性能。美国的 SHRP 研究项目使用$G^*/\sin\delta$来评估沥青的高温等级，并要求$G^*/\sin\delta$不小于 1.0kPa。从图 7（c）～（d）可以看出，5%和 10%温拌改性沥青的高温等级可达 88。

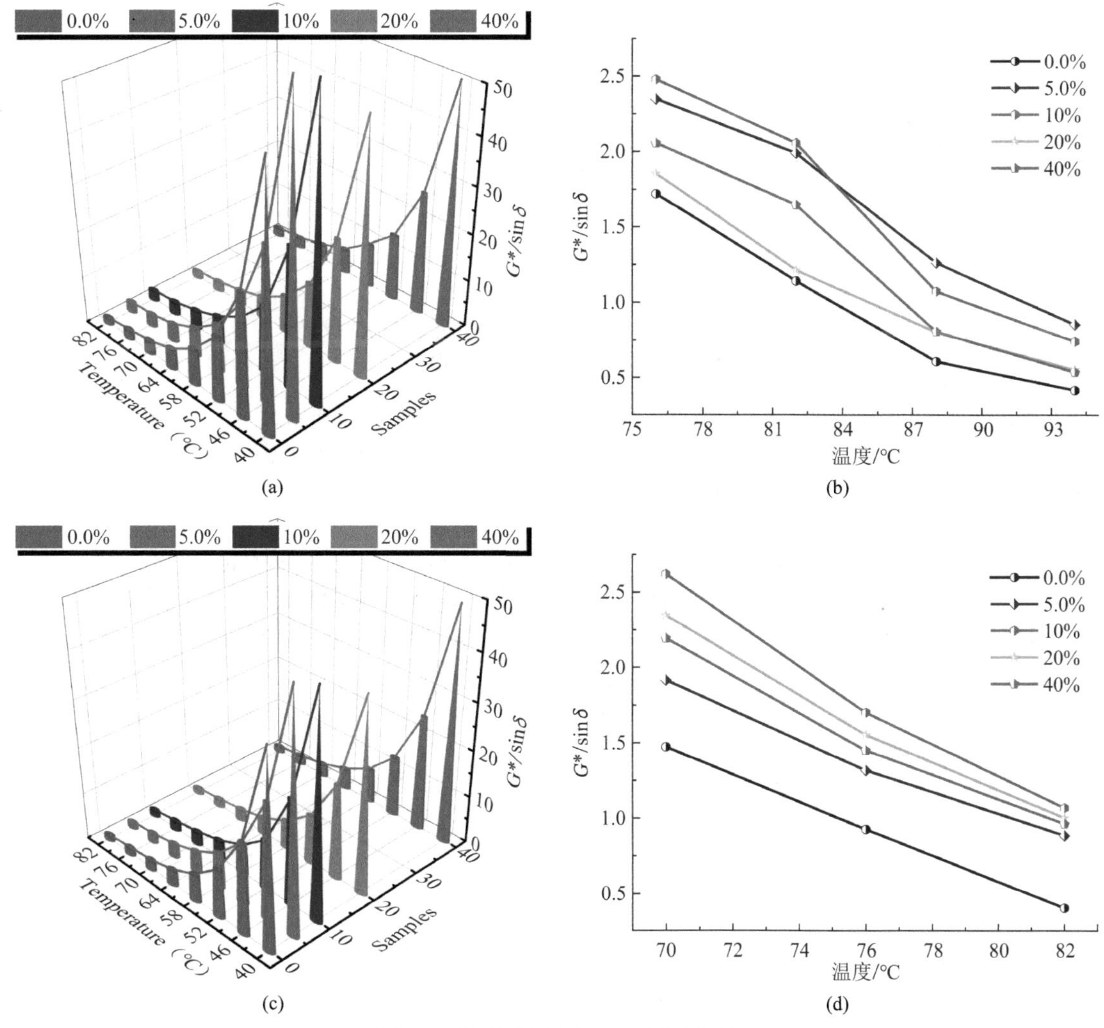

图 7　不同掺量样品的 DSR 测试结果

从图 8 可以看出，温拌改性沥青的线性黏弹性范围随着试验温度的升高而逐渐增大，随着角频率的增加而减小。因此，可以看出，温度和应变频率是影响温拌沥青线性黏弹性范围的重要因素。因此，应选择适当的试验温度和角频率，以确保温拌沥青的动态剪切流变试验在其线性黏弹性范围内进行。

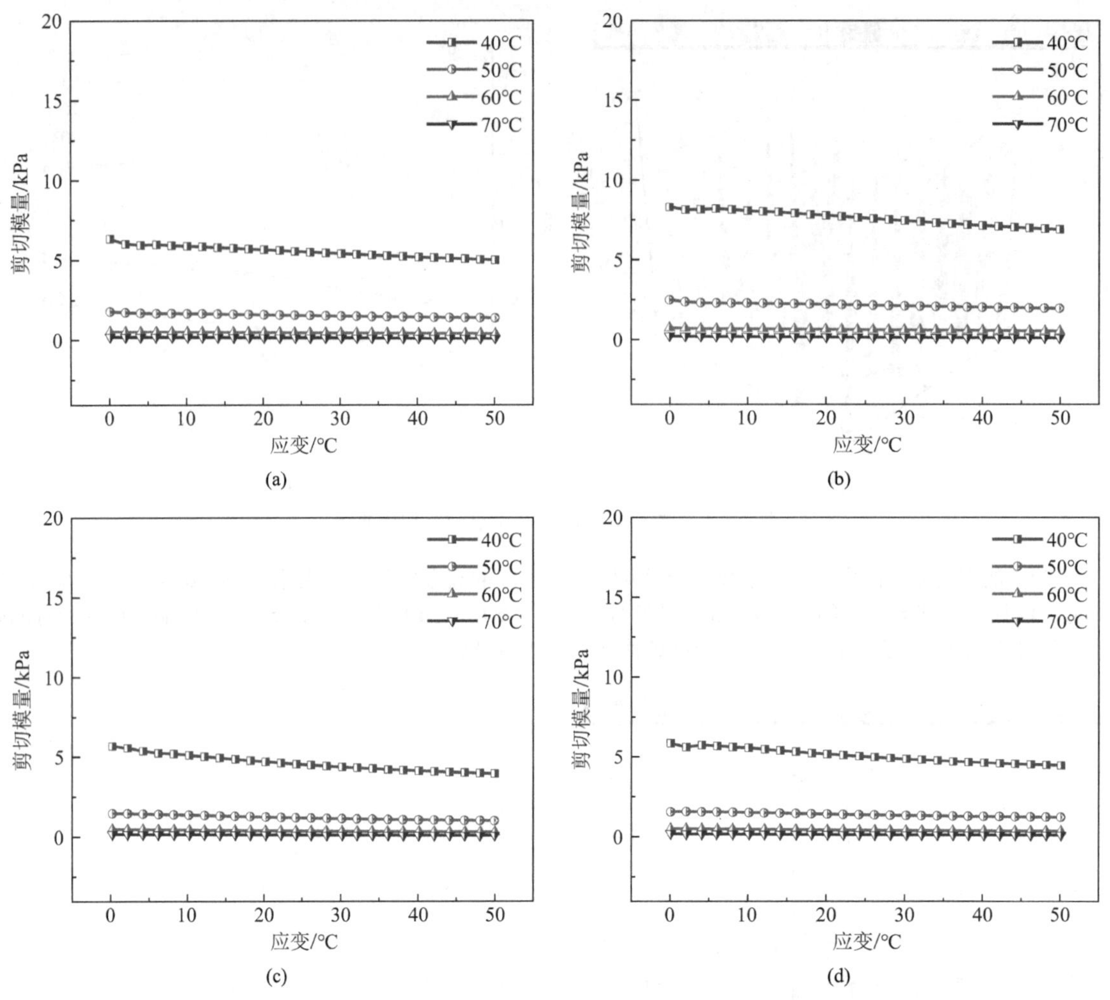

图 8 不同温度下热机械改性沥青的应变扫描曲线

(a) 20%；(b) 10%；(c) 5%；(d) 3%

在动态剪切流变试验中，必须确保沥青材料保持在其线性黏弹性范围内，以保证试验结果的稳定性。研究表明，影响沥青材料线性黏弹性范围的主要因素是温度和应变水平。因此，本研究在不同试验温度和应变水平下进行了应变扫描试验。该研究使用的测试温度范围为 400～700℃，增量为 100℃，角频率为 1rad/s、10rad/s、50rad/s 和 100rad/s。温拌改性沥青在不同温度和角频率下的振幅应变扫描曲线如图 9 所示。

从图 9 可以看出，温拌改性沥青的线性黏弹性范围随着试验温度的升高而逐渐增大，而线性黏弹性幅度随着角频率的增加而减小。因此，可以看出，温度和应变角频率是影响温拌沥青线性黏弹性范围的重要因素。因此，应选择适当的试验温度和角频率，以确保温拌沥青在其线性黏弹性范围内进行动态剪切流变试验。

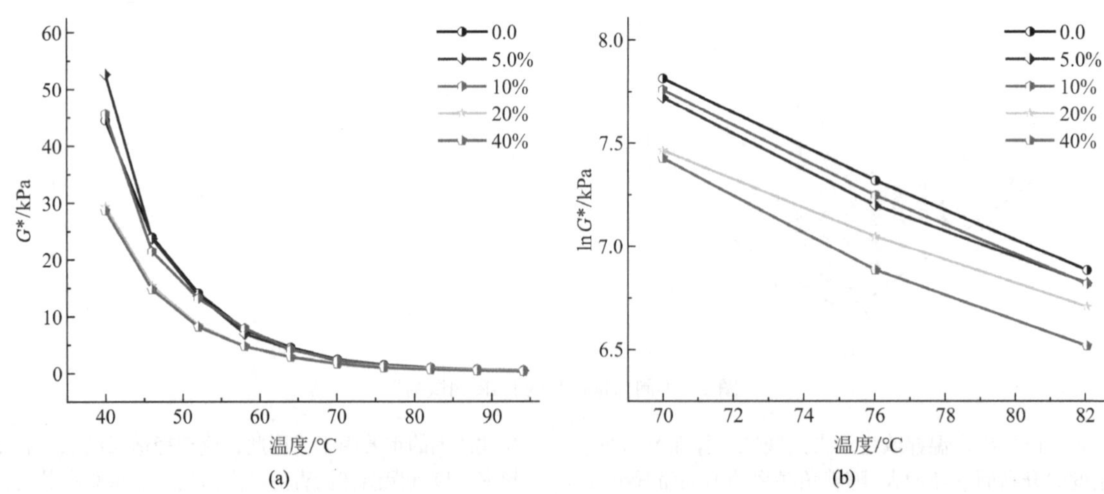

图 9　温拌改性沥青在不同温度和角频率下的振幅应变扫描曲线

3 结论

本文创新性地使用废旧轮胎胶粉作为原材料制备温拌沥青改性剂，研究了不同添加剂温拌沥青的高温流变性能、中温疲劳性能和低温流变性能，得出以下结论：

（1）采用复剪切模量、相位角、车辙系数和疲劳系数等指标对温拌改性沥青的高温性能进行了评价，使用蠕变劲度（S）、蠕变速率（m）和S/m比等参数评估了裂解橡胶温拌改性温拌沥青的低温性能。

（2）研究发现，掺入裂解橡胶温拌改性剂材料可以有效改善沥青的低温性能。添加橡胶颗粒改善了温拌改性沥青的低温流变性能，从优选温拌沥青混合料压实效果角度评价，在制备温拌改性沥青混合料时，添加裂解橡胶温拌改性剂的掺量最佳为 3%～10%，且混合料在 150～160℃拌合，130～140℃成型，混合料的各项指标均与改性沥青（在 180～190℃拌合成型）时相比没有明显的衰减，可以降低拌合温度约 25℃。

（3）空隙率在 3%～5%范围内，流值 FL 在 2～5 范围内，矿料间隙率 VMA ≥ 14，沥青饱和度 VFA 在 65～75 范围内，马歇尔稳定度 MS ≥ 10.0kN，浸水马歇尔残留稳定度 ≥ 10%，冻融劈裂试验残留强度比 ≥ 85%，车辙动稳定度可达 6238 次/mm，确定了提高温拌沥青低温流变性能的最佳用量为 3%～10%。

参考文献：

[1] LIU H, WONG L. Data mining tools for biological sequences[J]. Journal of Bioinformatics and Computational Biology, 2003, 1(1): 139-167.

[2] ZHAO P H, DONG M L, YANG Y S, et al.Research on the mechanism of surfactant warm mix asphalt additive based on molecular dynamics simulation[J]. Coatings, 2021, 11(11): 1303.

[3] SAMIEADEL A, FINI E H. Interplay between wax and polyphosphoric acid and its effect on bitumen thermomechanical properties[J]. Construction and Building Materials, 2020, 243: 118318.

[4] SAMIEADEL A, OLDHAM D, FINI E H. Multi-scale characterization of the effect of wax on intermolecular interactions in asphalt binder[J]. Construction and Building Materials, 2021, 309: 124512.

[5] ZHANG H L, HUANG M, HONG J, et al. Molecular dynamics study on improvement effect of bis (2-hydroxyethyl) terephthalate on adhesive properties of asphalt-aggregate interface[J]. Fuel, 2021, 285: 119175.

[6] GONG Y, XU J, YAN E H. Intrinsic temperature and moisture sensitive adhesion characters of asphalt-aggregate interface based on molecular dynamics simulations[J]. Construction and Building Materials, 2021, 292: 123462.

[7] LONG Z W, YOU L Y, TANG X Q, et al. Analysis of interfacial adhesion properties of nano-silica modified asphalt mixtures using molecular dynamics simulation[J]. Construction and Building Materials, 2020, 255: 119354.

[8] XU G J, WANG H. Study of cohesion and adhesion properties of asphalt concrete with molecular dynamics simulation[J]. Computational Materials Science, 2016, 112: 161-169.

新质生产力视角下深基础工程领域桩工机械用齿轮泵发展趋向探究

梁 健
（西安理工大学高科学院工程管理系，西安 713700）

摘 要：以新质生产力为视角，对桩工机械用齿轮泵在基础工程领域的应用作了深入分析。通过对齿轮泵性能提升、智能化发展、节能环保等发展方向的全面阐述，为深基础工程领域技术进步的推进提供强有力的学术支持。
关键词：新质生产力；深基础工程；桩工机械；齿轮泵

0 引言

随着经济的快速发展和城市化进程的不断推进，深基础工程在建筑、交通、能源等领域的重要性日益凸显。桩工机械作为深基础工程施工的关键设备，其性能和技术水平直接影响着工程的质量和效率。齿轮泵作为桩工机械液压系统的核心部件之一，在新质生产力的背景下，面临着新的机遇和挑战。深入研究桩工机械用齿轮泵的发展趋向，对于提高深基础工程施工的效率和质量，降低成本，实现可持续发展具有重要意义。某大型企业生产的典型桩工机械设备如图 1 所示。用于大型桩工机械设备的大流量高压齿轮泵如图 2 所示。

图 1 某典型桩工机械设备

图 2 大型桩工机械设备用大流量高压齿轮泵

1 新质生产力的内涵与特征

1.1 新质生产力的内涵

新质生产力是指在新技术、新产业、新业态、新模式等新经济形态下，以科技创新为核心驱动力，以提高资源利用效率、降低环境污染、提升产品和服务质量为目标，实现经济可持续发展的生产力。

1.2 新质生产力的特征

新质生产力的特征分为创新性、高效性、绿色性、融合性，其结构如图 3 所示。

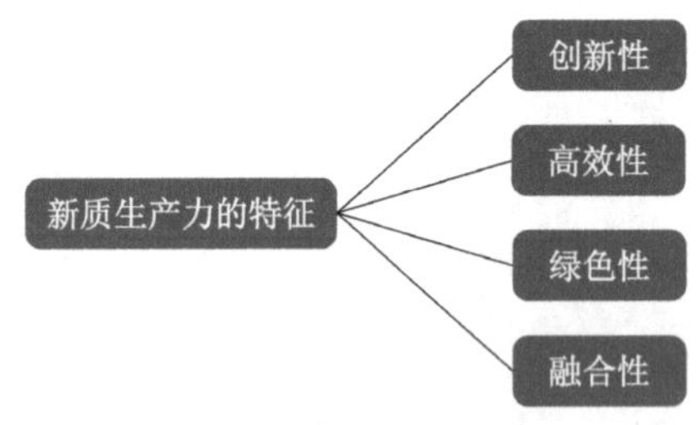

图 3 新质生产力的特征

1.2.1 创新性

通过不断引进新技术、新工艺、新材料来促进产业的升级和经济的发展，新质生产力强调了科学技术创新的核心地位。比如在桩工机械领域中，桩工的智能化水平随着数字化技术、人工智能技术和物联网技术的应用而不断提高，大大提高了施工的效率与质量。

1.2.2 高效性

新质生产力以最大限度地提高经济效益为目的，以提高资源利用效率、降低生产成本为重点，提高生产效率。在桩工机械用齿轮泵的发展中，通过对齿轮泵进行优化设计，提高齿轮泵容积效率和机械效率；采用先进的制造工艺和材料，使桩工机械的工作效率得到提高。

1.2.3 绿色性

经济发展与环境保护应相协调、相统一，以减少对环境的污染。注重采用环保材料和节能技术，减少泄漏和噪声污染，降低能源消耗，在发展桩工机械用齿轮泵方面做到绿色施工。

1.2.4 融合性

新质生产力推动不同行业间的一体化发展，不断形成产业生态和经济增长点。桩工机械用齿轮泵的发展需要与实现智能化、高效化、绿色化的液压技术、传感技术、控制技术、通信技术等多个领域进行深度融合。

2 桩工机械用齿轮泵的技术现状

2.1 齿轮泵的工作原理与特点

齿轮泵是一种依靠齿轮啮合运动来输送液体的容积式泵。它具有结构简单、体积小、重量轻、自吸性能好、工作可靠等优点，但也存在流量和压力脉动较大、噪声较高等缺点，其工作原理如图 4 所示。

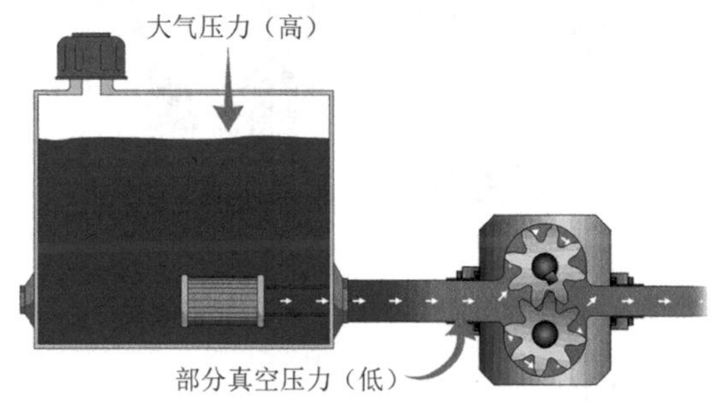

图 4 齿轮泵的工作原理

2.2 桩工机械对齿轮泵的要求

2.2.1 高压、大流量

桩工机械在工作过程中需要承受较大的负荷和冲击，对齿轮泵的性能要求较高，因此，桩工机械在使用过程中需要承受桩工机械的液压系统，并为桩锤、钻头等工作部件提供足够的压力和流量来进行驱动。据统计，在大型旋挖钻机中，液压系统工作压力可达 35～45MPa，流量可达 500～600L/min。齿轮泵要满足桩工机械的工作需要，需要有高电压和大流量的输出能力。

2.2.2 可靠性高

桩工机械的工作环境恶劣，齿轮泵在恶劣的环境下要能长期稳定地工作，需要有良好的可靠性和耐久性。行业调查表明，齿轮泵平均无故障工作时间应不短于 5000h。

2.2.3 噪声低

桩工机械的工作噪声较大，为了降低施工现场的噪声污染，齿轮泵需要具备较低的噪声水平。一般来说，齿轮泵的噪声应控制在 80dB 以下。

2.3 目前桩工机械用齿轮泵存在的问题

2.3.1 高压、大流量输出具有局限性

以某大型桩工机械为例，其所需液压系统流量为 600L/min，而目前常用的单个齿轮泵最大流量仅为 120L/min（此处 120L/min 远小于 600L/min）。为满足系统要求，不得不采用 5 台齿轮泵并联工作。每台齿轮泵的成本为 1800 元左右，多台并联后总成本为 $5 \times 1800 = 9000$ 元，相比使用一台高性能大流量齿轮泵（假设高性能大流量齿轮泵成本为 5000 元）成本大幅增加。

同时，多台泵并联工作增加了故障点，系统可靠性降低。假设单个齿轮泵的可靠性为 92%（以百分比表示），则 5 台并联后的可靠性为 $92\%^5 \approx 65.908\%$。

理想情况下，一台能够满足该大型桩工机械液压系统要求的齿轮泵应具备流量为 600L/min，且能在 28MPa 高压下稳定工作。而目前的齿轮泵在相同压力下，流量仅能达到 120L/min，差距为 $600 - 120 = 480$L/min。

2.3.2 无法实时监测和控制的影响

（1）可靠性方面

不能实时监测齿轮泵的运行状态，无法及时发现潜在故障。例如，在一项对 100 台桩工机械的调查中，有 20 台因齿轮泵故障导致停工，其中因未能及时监测到泵的异常磨损、过热等问题而引发故障的占比达到 70%。若能实现实时监测，通过传感器检测泵的温度、压力、振动等参数，可以提前预警故障，减少停工损失。假设每次因故障停工造成的损失为 5000 元，那么在一定时间内，平均每 100 台齿轮泵由于智能化程度低导致的损失可达 $20 \times 70\% \times 5000 = 70000$ 元。

（2）使用寿命方面

缺乏实时控制功能，无法根据实际工况调整泵的运行参数，可能导致设备过度磨损或在不利条件下运行。以某深基础工程领域桩工机械用齿轮泵为例，在理想的运行条件下，使用寿命可达 8000h。但由于不能实时发现潜在故障和异常振动以及磨损，做出转速调整等控制措施，导致实际使用寿命仅为 6800h（明显小于理想时长）。经过对 50 台使用该型号齿轮泵的桩工机械的统计，平均每台泵因智能化程度低导致的使用寿命缩短了 $8000 - 6800 = 1200$h，增加了设备更换成本。

2.3.3 能量损失与泄漏问题突出

（1）能量利用率低

目前桩工机械用齿轮泵的能量利用率仅为 60%左右。以一台功率为 100kW 的齿轮泵为例，在工作过程中，实际有效输出功率仅约为 $100 \times 60\% = 60$kW，而损失的功率为 $100 \times (1 - 60\%) = 40$kW。假设该泵每天工作 8h，一年工作 300d，则一年浪费的能量为 $100 \times (1 - 60\%) \times 8 \times 300 = 96000$kW · h。以每千瓦时工业电费为 0.6 元计算，一年因能量利用率低造成的电费损失为 $100 \times (1 - 60\%) \times 8 \times 300 \times 0.6 = 57600$ 元。

（2）泄漏量占比高

泄漏量占总流量的 3%～5%。以一台流量为 200L/min 的齿轮泵为例，泄漏量在 $200 \times 3\% = 6$L/min 到 $200 \times 5\% = 10$L/min 之间。同时，意外泄漏还会造成环境污染，增加处理成本。考虑泄漏对环境的影响以及后续处理费用，损失巨大。

3 新质生产力视角下桩工机械用齿轮泵的发展趋向

3.1 性能提升

3.1.1 高压化、大流量化

齿轮泵在工业领域是必不可少的。泵的耐压能力和流量输出可以通过对齿轮泵结构设计和材料选择的优化而得到明显的改善。

一方面，从结构设计上讲，齿轮的外形、尺寸以及啮合方式等都能得到很好的优化。如：采用新型渐开式的线齿形设计，可使齿轮啮合更顺畅，从而减少由于撞击而产生的压力波动，使齿轮泵耐压能力得到提高。合理设计泵体流道结构，可使流体阻力降低，流量输出也随之增加。

另一方面，从材料选用上来说，采用高强度合金钢制造齿轮和泵体。强度和耐磨性极佳的高强度合金钢，能承受得比较高的压力和磨损，使泵的寿命得到延长。

经过实际的验证，这些优化的措施可以使齿轮泵的性能得到明显的改善，从而为高效的工程齿轮泵运行提供强有力的保证。

3.1.2 低噪声化

在工业生产中，齿轮泵的噪声问题一直以来都备受关注。可采用如下先进降噪技术有效降低齿轮泵的噪声水平。

首先，齿轮参数的合理计算选择是重要的降噪措施。可以通过对模数、齿数以及压力角等参数的精确测算和调整，使啮合更加顺畅，噪声也会因啮合良好而降低。比如适当减小模数，能使线速降低，从而减低噪声；同时对齿轮的传动比进行合理的齿数比选择，可使震动幅度降低。经过大量的试验和实际应用，以上措施一般可降低5～10dB。

其次，采用吸声材料也是一种降噪的有效方法。吸声材料安装在齿轮泵的外壳内部或周围，如吸声棉、泡沫塑料、玻璃纤维等，能将噪声能量吸收掉，使噪声传播减少。这些吸声材料具有很好的吸声性能，可以消耗噪声转化为热能或其他形式的能量，可以起到很好的作用。试验表明，齿轮泵的噪声可以在安装吸声材料后降低 8～12dB。

此外，隔声的罩面是降噪的直接有效措施。隔声罩能完全包裹齿轮泵，阻隔其扩散到周围环境的途径。隔声罩一般采用多层结构，有吸声层、隔声层及防护层等；吸声式隔声罩，如吸声棉等，能起到一定的吸收作用；隔声式隔声器有隔声筒、隔声板等。齿轮泵的噪声可以通过对隔声式隔声罩的结构、材料进行合理的设计而降低到 10～15dB。

综上所述，通过优化齿轮参数、采用吸声材料和安装隔声罩等先进的降噪技术，可以显著降低齿轮泵的噪声水平，为生产现场提供更加安静、舒适的环境。齿轮泵的噪声主要来源于齿轮啮合时的冲击和流体流动的噪声。假设原齿轮泵的噪声为N_1（dB），通过优化齿轮参数，使齿轮啮合时的冲击噪声降低了a（dB），采用吸声材料使流体流动噪声降低了b（dB），则优化后的噪声为$N_2 = N_1 - a - b$。例如，某桩工机械的齿轮泵噪声为 80dB，通过优化齿轮参数使泵体内的液压冲击噪声降低了 5dB，采用吸声材料使流体流动噪声降低了 8dB，则优化后的噪声为$N_2 = 80 - 5 - 8 = 67$dB。图 5 所示为某桩工机械用齿轮优化后的齿轮轴。

图 5 已做齿形优化的桩工机械齿轮泵的齿轮轴

3.1.3 高可靠性

在众多的工业应用的场合当中，齿轮泵的可靠性十分重要。采用冗余设计是加强齿轮泵的可靠性设计的有效途径之一。

通过冗余设计可以大幅度提高齿轮泵的耐冲击性能。在工程设备生产当中，齿轮泵或将面临着诸如压力波动、机械碰撞等各种突发冲击，而这种冲击将会严重损坏齿轮泵内部结构，影响其正常运转。在设备运转过程中，齿轮的振动引发的冲击导致了齿轮泵的损坏。通过采用冗余设计，增加泵的备用部件，可以极大地提高齿轮泵的抗冲击、抗疲劳性能，延长其使用寿命，为桩工机械设备工作的稳定运行提供坚实的保障。

假设原齿轮泵的平均无故障工作时间为T_1（h），通过采用冗余设计，增加泵的备用部件，使可靠性提高k倍。则优化后的平均无故障工作时间为$T_2 = T_1 \times k$。例如，某型号桩工机械的工程齿轮泵平均无故障工作时间为 5000h，采用冗余设计后可靠性提高了 1.5 倍，则优化后的平均无故障工作时间为$T_2 = 5000 \times 1.5 = 7500$h。

3.2 智能化发展

（1）实时监测与故障诊断

利用传感器技术对齿轮泵的运行状态进行实时监测，及时发现故障隐患，并通过智能诊断系统进行故障诊断和预警。

假设传感器对齿轮泵的各项参数进行监测，每秒采集n个数据点。通过对这些数据进行分析，判断泵的运行状态。例如，压力传感器采集到的压力数据为$P(t)$，在时间t_1

到t_2内，压力的变化率为$\Delta P/\Delta t = [P(t_2) - P(t_1)]/(t_2 - t_1)$。如果压力变化率超过一定阈值，则判断可能存在故障隐患。通过智能诊断系统，可以对多个参数进行综合分析，提高故障诊断的准确性。

（2）智能控制

通过采用先进的控制算法，实现对齿轮泵的流量、压力等参数的精确控制，提高桩工机械的工作效率和精度。

采用比例积分微分（PID）控制算法，对齿轮泵的流量进行控制。假设目标流量为Q_{target}，实际流量为Q_{actual}，误差为$e = Q_{\text{target}} - Q_{\text{actual}}$。PID控制器的输出为$u(t) = K_p \times e(t) + K_i \times \int e(t)\,dt + K_d \times de(t)/dt$，其中$K_p$、$K_i$、$K_d$分别为比例系数、积分系数和微分系数。通过调整这些系数，可以实现对流量的精确控制。例如，在某桩工机械施工中，目标流量为600L/min，实际流量为580L/min，误差为$e = 600 - 580 = 20\text{L/min}$。通过调整PID控制器的比例系数、积分系数和微分系数，使实际流量逐渐接近目标流量。图6所示是智能油泵试验台，它可以实时监测试验台的性能参数，也能对油泵智能控制的效果进行检测。

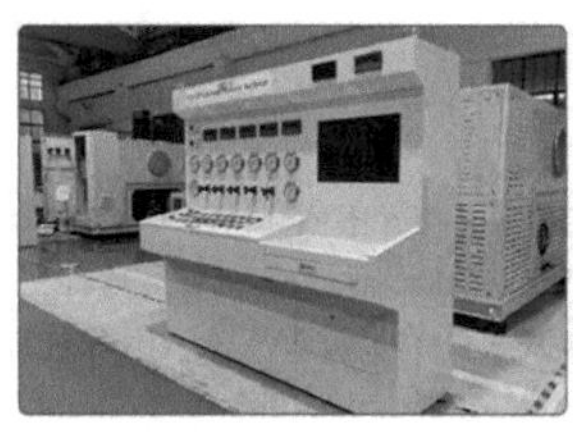

图6　智能油泵试验台

3.3　节能环保

3.3.1　高效节能

通过优化齿轮泵的设计和制造工艺，提高泵的容积效率和机械效率，降低能量损失，实现高效节能。

齿轮泵的能量利用率可以通过以下公式计算：$\eta = P_{\text{out}}/P_{\text{in}}$，其中$\eta$为能量利用率，$P_{\text{out}}$为输出功率，$P_{\text{in}}$为输入功率。假设原齿轮泵的输入功率为$P_1$，输出功率为$P_2$，能量利用率为$\eta_1 = P_2/P_1$。通过优化设计和制造工艺，提高了容积效率和机械效率，使输出功率提高到P_3，输入功率降低到P_4，则优化后的能量利用率为$\eta_2 = P_3/P_4$。例如，原齿轮泵输入功率为100kW，输出功率为60kW，能量利用率为$\eta_1 = 60/100 = 0.6$。经过优化后，输入功率降低到90kW，输出功率提高到65kW，则优化后的能量利用率为$\eta_2 = 65/90 \approx 0.72$，提高了约20%。

3.3.2　环保材料与密封技术

采用环保材料和先进的密封技术，减少齿轮泵的泄漏，降低对环境的污染。

假设原齿轮泵的泄漏量为L_1，采用环保材料和先进的密封技术后，泄漏量降低到L_2。泄漏量的降低比例为$r = (L_1 - L_2)/L_1$。例如，原齿轮泵泄漏量为5L/min，采用新的密封技术后泄漏量降低到2L/min，则泄漏量的降低比例为$r = (5-2)/5 = 0.6$，即泄漏量降低了60%。图7所示的桩工机械用齿轮泵采用了新的密封结构，对密封圈进行了新的尺寸设计，保证了齿轮泵的密封性能。

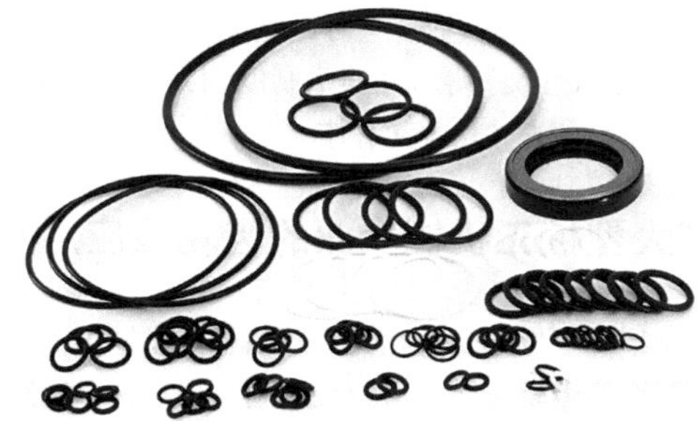

图7　桩工机械用齿轮泵密封圈

4　促进桩工机械用齿轮泵创新发展的策略与建议

4.1　加强科技创新

在齿轮泵的技术研发上加大投入是必不可少的。对于企业攻克关键技术难题，政府可设立专项资金予以支持，同时，鼓励企业开展与高等院校、科研单位的产学研合作。探索新的创新课题如：故障预警和远程控制，通过传感器技术对运行状态进行实时监控；通过流体力学分析软件优化内部流场，从而减少能量损耗；等等。

4.2　推动产业升级

引导技术改造和产业升级。在技术改造方面，企业要加大力度更新生产设备，引进自动化生产线，提高生产效率和产品质量。同时，对尺寸精度、表面质量等采用精密加工工艺进行改进，对装配工艺进行优化，确保装配的精确性和可靠性。通过参加行业展会、举办产品推介会宣传品牌和产品、强化售后服务，提高客户满意度等。另外，提高产品质量，增强企业核心竞争力，不断提升创新能力，成立相关技术的研发中心，加大知识产权保护力度，确保有效保护创新成果等。

4.3　完善标准体系

先开展需求调研，组织相关专家、企业代表对市场需求、技术发展趋势进行深入调研，确定制定标准的方向和侧重点。然后参考国内外有关标准，在保证先进性、操作性的前提下进行草案起草，内容包括产品技术要求、试验方法、检验规则、标志、包装、运输、贮存等。标准实施后进行效果评估，并根据新技术、新方法进行修订完善，做到科学合理。标准要对产品设计、制造、检测等进行规范，对结构设计和材料选择、制造工艺及质量控制要求、检验方法及检验规则等设计要求进行明确。

4.4　加强人才培养

高校应加强相关专业的建设，优化课程设置，如设置齿轮泵设计、制造等专业课程内容；加强与企业合作，建立实习基地开展实践教学等。企业和行业协会可以通过举办技术培训班、研讨会等形式组织职业培训。建立和完善人才激励机制，包括为技术骨干和创新人才提供更高的薪酬和福利待遇，吸引、留住优秀人才；建立升迁通道，给予业绩优秀者晋升机会等，提供良好的职业发展空间；设立荣誉奖励，政府和行业协会可设立“齿轮泵技术创新奖”“齿轮泵技术人才奖”等人才奖励制度，以激励更多的人投身到技术创新和人才培养工作中来。

5 某大型桩工机械企业的齿轮泵应用案例

某大型桩工机械企业在其生产的旋挖式钻机上，采用了一款新型的齿轮泵。该齿轮泵采用高强度合金钢制造，具有高压、大流量、低噪声的优点。齿轮泵最大的工作压力达到 45MPa，流量达到 600L/min，通过优化设计和采用先进的制造工艺满足大型旋挖式钻机的工作需要。齿轮泵同时采用先进的降噪技术，将噪声水平降低到 75dB 以下，使施工现场环境质量有了很大的提高。另外，该齿轮泵还装有实时监控泵运行状态的智能监控系统，能够及时发现故障隐患并加以预警、远程诊断，使设备的维护效率和可靠性得到了很好的提高，同时也使齿轮泵的运行状态得到了很好的改善。这个大型桩工机械企业的生产现场如图 8 所示。

图 8 大型桩工机械企业生产现场

6 结论

从新质生产力的角度看，桩工机械用齿轮泵在深基础工程领域的发展趋势，表现出性能提升、发展智能化、节能环保等方向。通过强化科技创新、促进产业升级、完善标准体系、加强人才培养等策略，促进桩工机械用齿轮泵的创新发展，提高其在深基础工程领域的应用水平，为促进我国高质量发展基础设施建设作出贡献，促进桩工机械用齿轮泵在深基础工程领域的进一步拓展。

桩工机械用齿轮泵在今后的发展中，将继续向高压化、大流量化、低噪声化、高可靠性、智能化、节能环保方向发展。同时，齿轮泵的性能和质量也将随着新技术、新材料、新工艺的不断涌现而不断提升，应用领域也将日益扩大。相信在各方的共同努力下，桩工机械用齿轮泵的发展前景必将更加广阔。

参考文献：

[1] 万律，朱三毛，李元辉. 液压泵降噪技术的发展及应用[J]. 工程机械, 2023, 54(11): 81-85+10.

[2] 齐国宁，吴宝海，符江锋. 高速高压燃油齿轮泵典型卸荷槽对比分析[J]. 航空学报, 2024, 45(5): 344-359.

[3] 王亚飞，莫延亮，赵亮，等. 外啮合齿轮泵综合性能的提高[J]. 液压气动与密封, 2023, 43(8): 86-90.

[4] 杨华. 齿轮泵降噪分析与措施[J]. 液压气动与密封, 2023, 43(2): 81-83.

[5] 陈宗斌，何琳，廖健. 内啮合齿轮泵发展综述[J]. 液压与气动, 2021, 45(10): 20-30.

[6] 姚春芳. 齿轮泵研究的现状与发展简论[J]. 中国石油和化工标准与质量, 2017, 37(21): 120+122.

[7] 杨世强. 齿轮泵研究的现状与发展[J]. 中国高新区, 2017, (15): 153.

[8] 陈东海，陈晨. 齿轮泵流量脉动问题的研究现状[J]. 科技风, 2015, (6): 103.

[9] 蒋祖武. 浅析国内外航空用齿轮泵的发展[J]. 装备制造技术, 2014, (9): 184-185.

[10] 张宗元，赵升吨. 齿轮液压泵的结构合理性探讨[J]. 锻压装备与制造技术, 2014, 49(1): 29-32.

[11] 王兆菊. 内啮合齿轮泵研究热点及趋势[J]. 农业机械, 2008, (29): 76-77.

[12] 徐社连，侯波. 适合在装载机液压系统中使用的新型齿轮泵研究[J]. 煤炭工程, 2008, (9): 99-100.

[13] 李玉龙. 齿轮泵 CAD 的发展趋势[J]. 拖拉机与农用运输车, 2005, (4): 14-16.